科学出版社“十四五”普通高等教育本科规划教材

核动力装置热工水力

陈文振　于　雷　郝建立　编著

科　学　出　版　社

北　京

内 容 简 介

本书以压水堆核动力装置作为主要对象，介绍热工水力的基本概念、基本理论和计算、分析方法。全书共 11 章，包括核能与反应堆发展概况、热工水力分析的任务，堆芯材料和热源分布，热工水力学的理论基础，反应堆内稳态与正常瞬态热工分析，蒸汽发生器和稳压器的热工分析，核动力装置内的水力分析，反应堆稳态及正常瞬态热工设计和分析，海洋和机动条件下流动和换热，以及核动力装置热工水力计算分析工具等。

本书内容既有基本的理论知识，又有最新的一些科研成果，可作为核能科学与工程专业的本科教材，也可供有关专业的研究生、工程技术人员和科研人员参考使用。

图书在版编目（CIP）数据

核动力装置热工水力 / 陈文振，于雷，郝建立编著. —北京：科学出版社，2023.10

科学出版社“十四五”普通高等教育本科规划教材

ISBN 978-7-03-074643-6

Ⅰ. ①核… Ⅱ. ①陈…②于…③郝… Ⅲ. ①压水型堆－核动力装置－热工水力学－高等学校－教材 Ⅳ. ①TL33

中国国家版本馆 CIP 数据核字（2023）第 016400 号

责任编辑：王 晶 / 责任校对：郑金红
责任印制：彭 超 / 封面设计：苏 波

科学出版社出版
北京东黄城根北街 16 号
邮政编码：100717
http://www.sciencep.com
武汉中科兴业印务有限公司印刷
科学出版社发行 各地新华书店经销
*
2023 年 10 月第 一 版 开本：787×1092 1/16
2023 年 10 月第一次印刷 印张：22
字数：513 000

定价：98.00 元

（如有印装质量问题，我社负责调换）

再版说明

本书第一版在首届全国教材建设奖评选中荣获“全国优秀教材二等奖”。

本书第一版于2013年由中国原子能出版社发行，从传热学与流体力学的角度，较为系统地介绍与探讨了核动力装置热工水力的相关知识与问题，内容既有基本理论知识，又有一些新的科研进展介绍。本书第一版从发行到现在十年的时间里，我国核能经历了日本福岛核电站严重事故带来的短暂停滞与调整，到快速发展的新阶段，例如，到2023年4月，我国已建成发电的核电装机容量为5682万kW，共有在建和运行核电机组78台，其中运行机组24台。国家“十四五”规划纲要明确指出，到2025年我国在运核电装机将达到7000万kW。同一时期，我国船用核动力建设也取得了长足的发展。显然，这一快速发展要求有更多的工程、科研与运行人员参与，及时学习与掌握有关核动力装置热工水力的知识，是一项重要的工作。本书正是基于这种背景下再版编写，可作为核能科学与工程专业的本科教材，也可供核能有关专业的研究生、工程技术人员和科研人员参考使用。科学出版社将其列为“十四五”普通高等教育规划教材，决定对其修订出第二版，看来是很有必要、很及时，也值得感谢！

本书第一版经过作者十年的教学实践，在反应堆与核动力工程相关专业的教学中取得了很好的效果，也得到来自许多老师、学生，以及科研、工程技术与运行人员的宝贵意见与肯定，并获得了“全国优秀教材二等奖”。趁此次修订出第二版的机会，作者对第一版的内容、文字和公式做了一些修改与勘误，主要是对第7章核动力装置水力分析中，蒸汽发生器倒U形管内倒流现象分析进行了更新，补充了作者近几年来在相关问题的科研成果。同时，第10章海洋和机动条件下的流动和换热、第11章核动力装置热工水力计算分析工具简介等内容也做了适当的修改。考虑学习的基础性和系统性，以及教学需求、效果与连续性，本书第二版基本上还是保持了第一版内容的体系结构、风格特色与主要章节，由简到难、循序渐进，在注重形象思维的基础上，突出基础知识的工程应用特点，既便于教学也便于自学。

尽管在第二版的修订与编写过程中，努力纠正所发现的差错与问题，但限于编者的水平，加之编写时间仓促，书中的疏漏在所难免，希望读者批评指正。

序

《核动力装置热工水力》一书是作者在长期教学和科研实践的基础上，结合我国核能发展的现状和需求撰写而成的，既有基本理论知识的讲述，又有作者最新研究成果和前沿动态的介绍，其目的是使读者能够较为系统、全面地掌握核动力装置热工水力分析的基本理论和基本的计算、分析方法，为以后的科研和工程实践打下一定的基础。

本书选择压水堆核动力装置为主要讨论对象，对其他相关的堆型也具有一定的借鉴意义；本书在对反应堆热工水力的基本概念、基本原理进行讲述的基础上，对一回路重要设备的热工水力进行重点分析，并对船用核动力装置在海洋和机动性条件下的流动和换热探索性研究的初步结果进行了介绍。本书在内容的安排上既考虑到学习的系统性和基础性，又注重具体问题的分析和解决，由浅入深，循序渐进，既可以作为核动力工程专业热工水力课程的教材，又满足相关专业对热工水力基础知识的需求。

本书具有实用性和创新性，符合我国核能发展的要求，我愿意把它推荐给核能领域的学生和科技工作者，相信大家会从中受益。

中国工程院院士

2012年6月

前　　言

2011 年日本地震所引起的福岛核事故对国际核能的发展产生了极大的影响，但是从长远发展来看，中国的能源政策是仍将坚定不移地发展核能。本书正是基于这种背景下编写的，目的是使读者能够较为全面地掌握核动力装置热工水力分析的基本理论和基本的计算、分析方法，为以后的科研和工程实践打下一定的基础。

本书在对热工水力的基本概念、基本原理进行描述的基础上，对一回路反应堆、蒸汽发生器、稳压器进行重点分析，并对船用核动力在海洋和机动性条件下的流动和换热研究的初步结果进行了相关介绍。本书在内容的安排上，既考虑学习的系统性和基础性，又注重具体问题的分析和解决，以及最新的科研成果的介绍，由浅入深、循序渐进。考虑到我国核电厂与船用核动力的发展现状，本书选择压水堆核动力装置作为主要讨论对象，讨论结果对其他堆型也有一定的借鉴意义。其中：第 1 章简要介绍核能与反应堆发展的概况、核反应堆动力装置分类，以及核动力装置热工水力分析的目的、任务与方法；第 2 章介绍堆芯材料和热源分布；第 3 章阐述核动力装置传热学的理论基础；第 4 章对反应堆内稳态传热进行分析；第 5 章对蒸汽发生器和稳压器的热力性能特性进行分析和介绍；第 6 章阐述核动力装置水力学的基础知识；第 7 章对核动力装置内的流动与水力问题进行讨论，分析自然循环下倒 U 形管内倒流现象及其影响因素；第 8 章简要介绍反应堆稳态热工设计原理、方法和步骤，并对单通道模型和子通道模型进行讨论；第 9 章介绍反应堆正常瞬态热工分析方法，并对反应堆瞬态快速仿真进行分析和介绍；第 10 章对海洋和机动条件下核动力装置流动和换热进行分析和介绍；第 11 章简要介绍核动力装置热工水力计算分析工具的发展概况，以及船用核动力装置的自然循环分析平台。每章之后附有少量习题，以便加深学习。本书作为核动力工程专业热工课程的教材，核能科学与工程的其他各相关专业可以根据教学要求进行适当的取舍。

本书撰写分工如下：第 1～6、9 章由陈文振编写；第 7 章由陈文振、郝建立编写；第 8 章由于雷编写；第 10 章由于雷、陈文振编写；第 11 章由郝建立、于雷编写；每章的习题部分由陈文振编写；全书由陈文振负责统稿。

本书编写过程吸收了章德、陈志云、商学利、鄢炳火 4 位博士和王乔硕士的部分研究成果，并得到了赵新文的大力支持，肖红光博士、储玺硕士也做了大量的校对工作，在此一并表示衷心的感谢。

限于编者的水平，书中内容难免存在不当之处，敬请读者批评指正。

编　者

2012 年 6 月

符 号 表

A 主要符号表

符号	意义	符号	意义
a	热扩散系数；加速度；系数	M	质量
A	面积；系数	n	系数；中子密度
Ar	阿基米德数	Nu	努塞特数
b	系数	p	压力
B	系数	P	功率；湿周；栅距
c	传播速度；系数	Pr	普朗特数
c_p	比定压热容	q，q''	热流密度，面热流密度
C	系数；缓发先驱核浓度	q'	线热流密度
d	直径；系数	q'''	体热流密度
D	直径；间距	q_0	外加中子源强
D_e	当量直径	Q	热流量；流体体积流量
f	摩擦系数	R	半径；热阻
F	作用力；面积；系数	Re	雷诺数
Fo	傅里叶数	s	比熵；轴坐标
g	重力加速度	S	滑速比
G	质量流速	t	时间
Gr	格拉斯霍夫数	T	温度；周期
h	比焓	T_{m}	平均温度；熔点
h_{fg}	汽化潜热	T_{s}	饱和温度
H	高度，长度；焓	T_{w}	壁面温度
k	中子增殖因子	u	流体速度；比热力学能
K	传热系数；局部阻力系数	U	速度；热力学能
L	长度	v	速度；比体积
l	长度；一代中子寿命	V	体积；速度
m	质量；质量流量	x	质量含汽率

B　希腊字母符号表

符号	意义	符号	意义
α	对流换热系数；空泡份额	δ	厚度
ρ	密度；反应性	$\Delta\rho$	密度差
μ	动力黏度	ν	运动黏度；比体积
λ	导热系数；衰变常数	β	缓发中子份额；体积膨胀系数
Σ	宏观截面	σ	微观截面
ϕ	中子通量密度；周期；时间	ω	倒周期
φ	脱体角	Δ	绝对粗糙度

C　上角标符号表

符号	意义	符号	意义
*	无量纲量	–	平均值
•	流率	+	无量纲量

D　下角标符号表

符号	意义	符号	意义
c	包壳；临界	l，f	流体；液体
i	编号；序号	g	氦气隙；蒸汽；气相
v	蒸汽；气相	w	固体壁面
s	饱和状态	∞	主流
in	入口	out	出口
u	燃料		

目　录

第1章 绪 论

1.1 核能与反应堆发展概况

1939 年，梅特纳和弗瑞士在研究铀核裂变时发现，铀的相对原子质量大于它所产生裂变碎片的相对原子质量总和，即在铀核裂反应过程中，发生了质量亏损，这个质量亏损的数值正好与裂变反应所放出的能量对应，并且根据爱因斯坦的质能关系式，计算出了每个铀原子核裂变时能够放出的能量。这个能量就是原子核裂变能，称为核能。

后来，哈恩、约里奥·居里及哈尔班等又发现更重要的一点：在铀核裂变释放出巨大能量的同时，还放出 2～3 个中子。以放出 2 个中子为例分析，1 个中子与 1 个铀核进行裂变反应，产生能量，放出 2 个中子；这 2 个中子又与另外 2 个铀核裂变反应，产生 2 倍的能量，再放出 4 个中子……。依此类推，这样的链式反应，以级数增加持续下去，势不可挡。为了研究实现链式反应的条件，美国决定建造一座自持链式反应装置—原子核反应堆。1942 年 12 月，由费米领导的科研小组，在芝加哥大学斯塔格运动场的看台底下的一个实验室内建造了世界上第一座原子核反应堆——“芝加哥”一号堆，简称 CP-1。该反应堆是用石墨层和铀层相间堆砌，共有 57 层，高 6 m，呈扁球形。堆中间留了许多小孔，内插镉棒，调节镉棒插入的深浅，改变其吸收中子的多少，便可达到控制核裂变反应速率的目的。1942 年 12 月 2 日下午，反应堆开始正常运行，拉开了人类利用原子核能的序幕。当时这个反应堆的运行功率只有 0.5 W，10 天后上升到 200 W。1951 年，美国利用一座生产钚的反应堆的余热试验发电，电功率为 200 kW。1954 年，苏联在莫斯科附近的奥布宁斯克建成了世界上第一座核电站，输出功率为 5000 kW。由此，人类进入和平利用核能的时代。

再后来，英国和法国相继建成一批生产钚和发电两用的气冷堆核电站，美国在建造世界上第一艘压水堆核潜艇的基础上，又建成了电功率 9 万 kW 的压水堆核电站。进入 20 世纪 60 年代，工业大国在核武器竞赛的同时也竞相建造核电站。特别是经历第一次石油危机后，核电站发展在 20 世纪 70 年代中期进入高潮，增长的速度远高于火电和水电，苏联、美国、法国、比利时、德国、英国、日本、加拿大等发达国家都建造了大量核电站，截至 2021 年 9 月，全球在运核电机组 443 台，总装机容量超过 394 GW。我国自 20 世纪 80 年代开始设计和建造核电站，自行设计的秦山核电站于 1991 年并网发电，随后从法国引进的大亚湾核电站也并网发电。根据中国核能行业协会公布的《中国核能发展报告 2023》，截至发布时，中国大陆运行核电机组 54 台，额定装机容量为 5682 万 kW，位列全球第三。在建核电机组 24 台，总装机容量 5682 万 kW。继续保持全球第一。

从已运行的核电站装机容量可知，居于首位的美国，2021 年拥有 93 座核反应堆，其装机容量占全世界的近四分之一，核发电量占其国内总发电量约 18.9%。其次是法国、中国、俄罗斯和韩国。2021 年，法国有核反应堆 56 座，核能发电量约占其国内总发电量的 70%，是所有国家中占比最高的。据世界核能协会的参考情景假设，全球核电装机容量预计每年以 2.6%的速度增长，到 2030 年达到 439 GW，到 2040 年达到 615 GW。更乐观的情景预计 2030 年达到 521 GW，2040 年达到 839 GW。在相当长一段时期内，核电将成为清洁、低碳能源的支柱。

我国的煤炭、水力和石油资源有一定的蕴藏量，但是人口众多，人均能耗低。随着国家经济发展，特别是今后几十年将有大幅度的经济增长，煤、石油和水力的开发将不能满足需要。另外，煤和石油还是主要的化学、工业原料，不断大量消耗不仅会导致资源过早枯竭，还将给环境造成越来越严重的污染。因此，零碳排放，稳定输出，兼具部分调峰能力的核电，是我国能源发展规划的组成部分，是补充或替代常规能源的重要力量。

核能除用来发电外，还可以作为船舶、火箭、宇宙飞船、人造卫星等的动力和能源。特别是核动力不需要空气助燃，它能够在地下、水下、空间等缺乏空气的环境下工作，为人类开发海底世界、探索太空等提供理想动力和能源。

1.2 核反应堆动力装置简介

本书介绍的核反应堆是裂变反应堆。反应堆内链式裂变反应释放出来的核能首先在燃料元件内转化为热能，然后通过导热、辐射和对流的方式传递给冷却剂。核反应堆根据冷却剂的不同可分为水冷堆、气冷堆和液态金属冷却堆；根据慢化剂的不同可分为轻水堆、重水堆和石墨堆；根据用途的不同可分为研究堆、试验堆、动力堆和生产堆；根据引起裂变的中子能量的不同可分为热中子堆、中能中子堆和快中子堆；根据所用燃料的不同可以分为铀燃料堆、钍燃料堆和钚燃料堆；根据燃料布置的不同可以分为均匀堆和非均匀堆，等等。从堆型来看，在已经建成、正在建造和计划建设的核反应堆中，以水为冷却剂和慢化剂的堆占绝大多数。因此，本书的内容主要针对压水堆核动力主回路装置来编写，本节主要介绍压水堆、沸水堆和重水堆核动力装置的基本原理和特征等。

1.2.1 压水堆核动力装置

压水堆核动力装置主要由一回路系统、二回路系统及其他辅助系统和设备组成。图 1.2.1 为压水堆核动力回路系统示意图。其中，一回路系统由反应堆、稳压器、反应堆冷却剂泵（主泵）、蒸汽发生器及相应的管道等组成。二回路系统由蒸汽发生器二次侧、汽轮机、发电机、冷凝器、凝结水泵、给水泵、给水加热器和中间汽水分离再热器等设备组成。现分别作简要介绍。

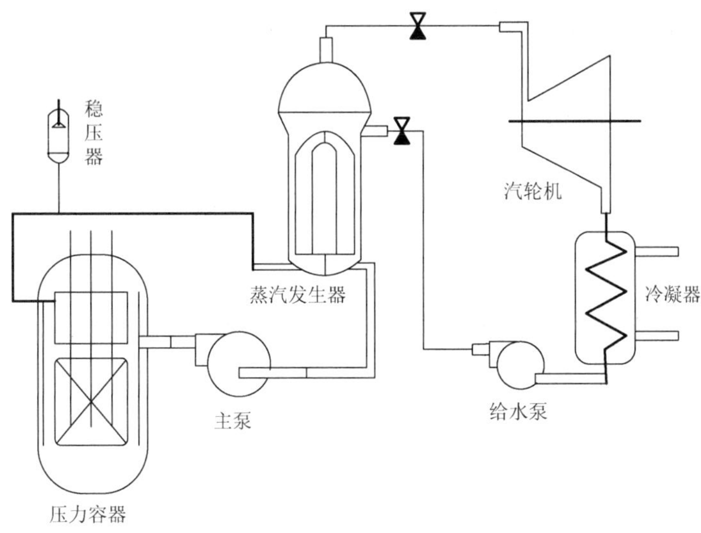

图 1.2.1　压水堆核动力回路系统示意图

1. 反应堆

反应堆通常是以铀或钚作核燃料，可控地进行链式裂变反应，并持续不断地产生裂变能和进行热量传递的一种特殊的原子锅炉。压水堆的冷却剂是水。一方面压水堆不允许水在堆内沸腾，另一方面为了提高转化效率，要求提高冷却剂的温度，因此在使用水做冷却剂时，要提高冷却剂系统压力（一般堆内压力为 15～15.5 MPa）。由于水的慢化能力及载热能力都比较好，所以用水做慢化剂和冷却剂的压水堆，结构紧凑，堆芯体积小，堆芯的功率密度大。以一座典型的高温高压水做冷却剂的压水堆为例：它是一个外形直径约 5 m，壁厚约 200 mm，总高约 13 m 的圆柱形高压反应容器。容器内设有实现原子核裂变反应的堆芯和堆芯支承结构，顶部装有控制反应堆裂变反应的控制棒传动机构，随时调节和控制堆芯中控制棒的插入深度。

堆芯是原子核反应堆的心脏，裂变链式反应就在这里进行。它主要由核燃料组件、控制棒组件和既作中子慢化剂又作为冷却剂的水组成。典型压水堆燃料是高温烧结的圆柱形（UO_2）陶瓷块，直径约 8 mm，高 13 mm，称为燃料芯块。其中（^{235}U）的浓缩度约 3%～5%，圆柱形燃料芯块一个一个地重叠着放在外径约 9.5 mm、厚约 0.57 mm 的锆合金的包壳管中，锆管两端用端塞焊接密封，构成细长的燃料棒元件。这种锆合金管称为燃料元件包壳。这些燃料元件按 15×15 或 17×17 正方形排列，中间用弹簧型定位架定位夹紧，组成棒束型核燃料组件。每一个燃料组件包括 200 多根燃料元件，如图 1.2.2 所示。中间有些位置空出来放控制棒，控制棒的上部连成一体成为棒束。每一个棒束都在相应的燃料组件内上下运动。控制棒在堆内布置得很分散，主要是为控制和展平功率的大小和分布。除特殊要求外，燃料组件外面通常不加装方形盒，以利于冷却剂的横向流动。加上端部构件，整个元件长 3～4 m，横截面为边长约 20 cm 的正方形。

控制棒用铪或银铟镉合金等吸收中子能力较强的材料外包不锈钢包壳制成。若干根棒连接成棒束，由堆顶上的传动机构上、下抽插堆芯，以控制和调节堆芯内裂变中子的数目来达到控制裂变反应速率。当反应堆启动或提升功率时，只要将控制棒逐步提升，此时堆内中子数目增多，铀核裂变随之增加，核能释放增多，冷却水的温度升高，输出热功率上升。达到一定功率后，只要将控制棒适度回抽，使堆芯的中子数目保持一定，反应堆就会稳定在某一功率下运行。如果要使反应堆降低功率或停堆，只要将控制棒往下插，中子被控制棒吸收量就增加，堆芯内中子数目立刻减少，直至核反应停止。如果在运行过程中发生某种紧急情况或事故，控制棒将会全部自动快速插入堆芯，在较短的时间内将反应堆关闭，确保反应堆安全。

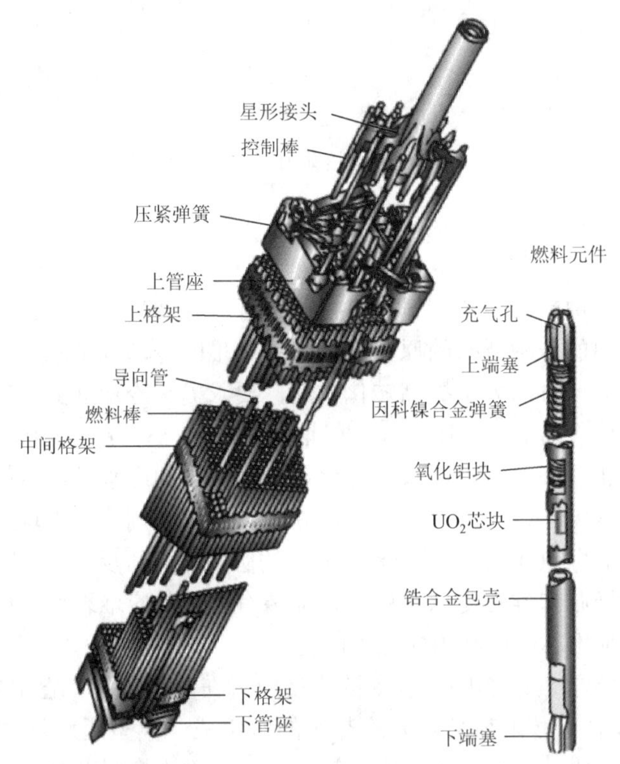

图 1.2.2　典型燃料组件

堆芯放在一个很大的压力容器——压力壳内，它是压水堆中最关键的设备之一，不可更换。比如，一座 90 万 kW 与 130 万 kW 的压水堆，压力壳直径分别为 3.99 m、4.39 m，壁厚分别为 0.2 m、0.22 m，重量分别为 330 t、418 t，高在 13 m 以上。图 1.2.3 是压水堆压力容器内结构示意图。在压力壳顶部有控制棒的驱动机构，控制棒由上部插入堆芯。作为慢化剂和冷却剂的水，由压力壳侧面进来后，经过吊篮和压力壳之间的环形间隙，再从下部进入堆芯。冷却水通过堆芯吸热后，温度升高，密度降低，成为温度较高的水，从堆芯和压力壳上部出来，通过管路进入蒸汽发生器。一座 100 万 kW 的压水堆，堆芯每小时冷却水的流量约 6 万 t。这些冷却水并不排出堆外，而是在封闭的一回路内循环工作，其中不断抽出一部分水净化后再返回一回路。堆芯有一百多个燃料组件，这些组件内总共有四万多根三米多长、比铅笔略粗的燃料元件。

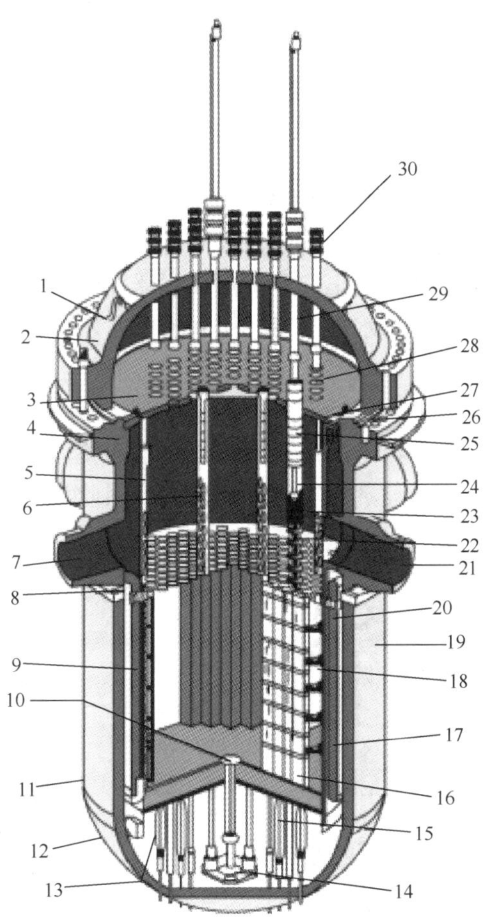

图 1.2.3　压水堆压力容器内结构

1—吊装耳环；2—封头；3—上支承板；4—内部支承凸缘；5—堆芯吊篮；6—上支承柱；7—进口接管；8—堆芯上栅格板；9—围板；10—进出孔；11—堆芯下栅格；12—径向支承件；13—底部支承板；14—仪表引线管；15—堆芯支承柱；16—流量混合板；17—热屏蔽；18—燃料组件；19—反应堆压力壳；20—围板径向支承；21—出口接管；22—控制棒束；23—控制棒驱动杆；24—控制棒导向管；25—定位销；26—夹紧弹簧；27—控制棒套管；28—隔热套筒；29—仪表引线管进口；30—控制棒驱动机构

2. 蒸汽发生器

如图 1.2.4 所示，蒸汽发生器是将反应堆的热能传递给二回路水以产生蒸汽的热交换设备，其内有很多管子。管子内、外分别为一、二回路的水，互不接触，因此，蒸汽发生器是分隔并连接一、二回路的重要设备。一回路的高温高压水流过蒸汽发生器管内时，通过管壁进行热交换，将二回路里的水变成 6～7 MPa、280℃左右的高温蒸汽。蒸汽发生器通常由直立式倒 U 形传热管束、管板、三级汽水分离器及外壳容器等组成。一回路冷却剂由蒸汽发生器下封头的进口管进入一回路水室，经过倒 U 形传热管向二回路水放热后汇集到下封头的出口水室，再流向一回路主泵吸入口。而 U 形管外侧的二回路给水是由蒸汽发生器筒体的给水接管进入环形管的，经环形通道流向底部，然后沿着倒 U 形管束的外空间上升，同时被加热，部分水变为蒸汽，汽水混合物进入上部汽水分离器，经过粗、细两级分离和第三级分离干燥后达到一定干度的饱和蒸汽，汇聚到蒸汽发生器顶部出口处，经二回路主蒸汽管道进入汽轮机。

3. 稳压器

反应堆里冷却剂的温度在常温与 300 多℃间变化，体积会有很大的收缩和膨胀。由于冷却剂的体积变化，在密闭回路内会引起压力变化和波动，如果不采取措施，反应堆的运行就不稳定。所以，在冷却剂的出口和蒸汽发生器之间设有稳压器，又称为容积补偿器。它的作用是补偿一回路冷却水温度变化引起的回路水容积的变化，以及调节和控制一回路系统冷却剂的工作压力。稳压器结构呈圆柱形筒体，下部为水，底部设有电加热元件，顶部设有喷雾器，如图 1.2.5 所示。正常运行时，稳压器内近一半容积为水，另一半为保持一定压力的蒸汽。开启电加热元件可使热水沸腾，在稳压器上部产生蒸汽，提高压力。当上部喷雾冷水，可使蒸汽凝结降低压力。因此，稳压器是利用蒸汽的可压缩性来保持堆内冷却水压力稳定。

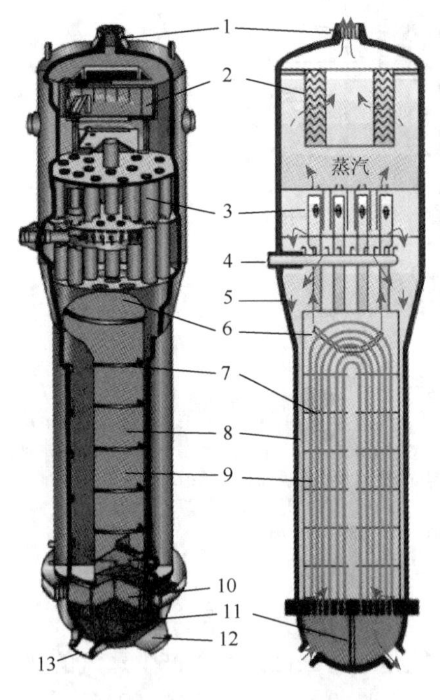

图 1.2.4　蒸汽发生器

1—蒸汽出口管嘴；2—蒸汽干燥器；3—旋叶式汽水分离器；4—给水管嘴；5—水流；6—防振条；7—管束支承板；8—管束围板；9—管束；10—管板；11—隔板；12—冷却剂出口；13—冷却剂入口

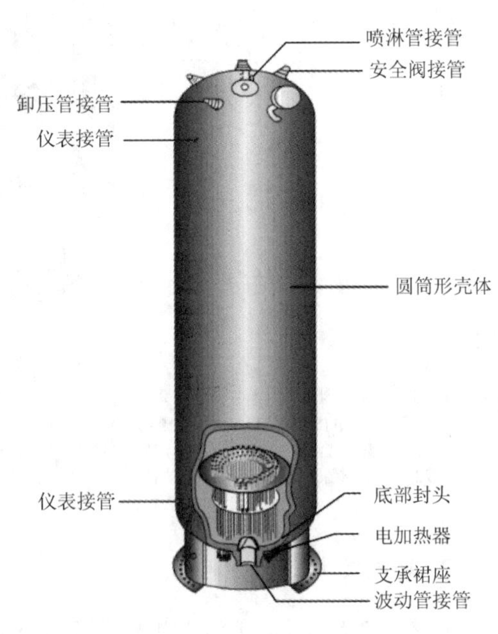

图 1.2.5　稳压器

4. 反应堆冷却剂泵

从反应堆内吸热后的冷却剂，进入蒸汽发生器放热后，经过一回路循环泵又可回到反应堆内实现循环。一回路循环泵又称主泵，是核动力装置的关键设备之一，是一回路中唯一的高速转动的机械设备。核电站主泵采用直立式、单级、混流式轴封泵。泵和电机分开，电动机在上部，电动机上设有飞轮，以增加泵的转动惯量。当主泵断电时，泵仍能继续转动几分钟，使冷却剂流动。核电站每台主泵的冷却剂流量为每小时两万多吨，泵的电机功率为5000～9000 kW。

包括压力容器、蒸汽发生器、主泵、稳压器及有关阀门的整个系统，是一回路的压力边界。它们都安置在安全壳内，称为核岛。

5. 汽轮发电机机组

汽轮发电机机组是二回路系统的主要设备。它由饱和汽轮机、发电机、冷凝器和中间汽水分离加热器组成。从蒸汽发生器出来的高温蒸汽，通过高压汽轮机做功后，一部分变成了水滴。经过汽水分离器将水滴分离出来后，剩余的蒸汽又进入低压汽轮机继续膨胀做功，推动叶轮转动。从低压汽轮机出来的蒸汽在冷凝器里冷凝成水。冷凝水经过两组预热器后，又回到蒸汽发生器吸收一回路冷却水传递的热量，变成高温蒸汽，继续循环。整个二回路的水在蒸汽发生器，高压、低压汽轮机，冷凝器和预热器组成的密封系统内循环流动，不断重复由水变成高温蒸汽，蒸汽冷凝成水，水又变成高温蒸汽的过程。

另外，为了保证核电站反应堆和一回路冷却剂系统的正常运行，并为事故状态提供安全保护措施，以防止放射性的扩散和污染，一回路系统中还设置了20多个一回路辅助系统。为了保证二回路系统的正常运行，二回路系统亦相应设置一系列辅助系统。

从第一代商用压水堆电站诞生以来，压水堆的发展经历了很多的改进。压水堆的单堆电功率，已由10万kW增加到130万kW，热能利用效率由28%提高到33%，堆芯功率密度由每升50 kW提高到约100 kW，燃料元件的燃耗也加深了3倍。到目前为止，压水堆核电站的燃料元件、主泵、蒸汽发生器、稳压器、压力容器的设计，正向标准化、系列化的方向发展。有关各国在这方面都有详细的研究计划，并开展广泛的国际合作，可以认为压水堆已经发展为一种成熟的堆型。

1.2.2 重水堆核动力装置

重水堆是发展较早的核电站反应堆之一，较为成熟。我国的秦山三期核电站就是采用重水堆。

重水堆的主要优点或特点是由重水的核特性决定的。重水和天然水（轻水）的热物理性能差不多，因此作为冷却剂时，都需要加压。但是，重水和轻水的核特性相差很大，这个差别主要表现在中子的慢化和吸收上。在目前常用的慢化剂中，重水的慢化能力仅次于轻水，可是重水最大优点是它的吸收热中子的概率比轻水要低200多倍，使得重水的“慢化比”远高于其他慢化剂。重水具有中子吸收截面小而慢化性能好的特点，因此用重水慢化的反应堆，可直接利用天然铀做反应堆核燃料，从而使得建造重水堆的国家，不必建造浓缩铀厂和后处理厂。由于重水吸收的中子少，重水堆内中子除维持链式反应外，还有较多的剩余可以用来使 ^{238}U 转变为 ^{239}Pu，所以有较高的经济效益。另外，重水堆的燃料元件，是安装在几百根互相分离的压力管内。压力管破裂前重水有少量泄漏，容易发现和处理，而且当压力管破裂造成失水事故时，事故只局限在个别压力管内。

重水堆也存在一些缺点，一是重水的价格较贵。虽然从天然水中提取重水，比从天然铀中制取浓缩铀容易，但由于天然水中重水含量太低，20 t 天然水中约含有 3 kg 重水，所以重水反应堆的建造和发展不如轻水堆普遍。二是重水堆由于使用天然铀，后备反应性少，所以需要经常补充新燃料，为此经常停堆，这对要求连续发电的核电站是必须要考虑的。三是由于重水慢化能力比轻水低，为了使裂变产生的快中子得到充分的慢化，堆内慢化剂的需要量就很大。再加上重水堆使用的是天然铀等原因，重水堆的堆芯体积比压水堆大 10 倍左右。

重水堆按其结构形式大致可以分成压力管式和压力壳式。加拿大发展起来的以天然铀为核燃料、重水慢化、加压重水冷却的卧式压力管式重水堆现在已经很成熟。1962 年，加拿大第一座 2 万多 kW 电功率的小型重水堆建成。1966 年，第一座 20 万 kW 电功率的示范重水堆—道格拉斯角核电站启动。商业核电站主要是采用加拿大原子能公司发展的压力管卧式重水堆，如图 1.2.6 所示。压力管式重水堆是用压力管把重水慢化剂和冷却剂分开。卧式堆芯结构的重水堆更便于设备的布置和换料维修。以我国秦山三期两座电功率为 72 万 kW 的重水堆核电站为例，重水堆采用天然铀作为核燃料，将其制成圆柱状装在外径为 13 mm、长约 500 mm 的锆合金包壳管内，构成棒状燃料元件，37 根燃料棒组成一束，棒之间用锆合金块隔开，端头由锆合金支承板连接，构成长为 0.5 m、外径为 150 mm 左右的燃料棒束。

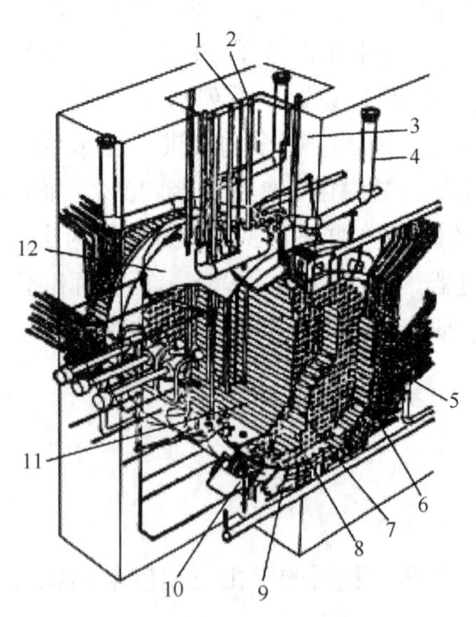

图 1.2.6 压力管卧式重水堆示意图

1—通量探测器导向管；2—控制棒导向管；3—堆室墙；4—事故卸压管；5—冷却剂进出水管；6—端部件；7—钢球屏蔽；8—端屏蔽延伸管；9—端屏蔽外管板；10—嵌入环；11—容器管；12—排管容器

反应堆堆芯由 384 根带燃料棒束的压力管排列而成。每根压力管内装有 12 束燃料棒束。作为冷却剂的重水在管内流动带走热量。作为慢化剂的重水在反应堆排管容器中，为了防止热量传到重水慢化剂中，在压力管外设置一根同心容器管，两管之间充以 CO_2 做隔热层，以保持慢化剂温度不超过 60℃。压力管和容器管贯穿反应堆排管容器，两端与法兰固定，与容器连成一体。而控制棒设置在反应堆上部，穿过反应堆排管容器，插在慢化剂中。快速停堆时将控制棒快速插入堆内，紧急停堆时还可打开氦气阀门，将储存在毒物箱内的硝酸钆毒物注入反应堆容器的重水慢化剂中。

重水反应堆循环系统与压水堆核电站相似，如流程图1.2.7分为左右两个循环回路，对称布置。每个循环回路由2台蒸汽发生器和2台循环泵组成。每个循环回路带出反应堆的一半热量。一回路中重水冷却剂在重水循环泵唧送下由左侧循环回路流入左侧压力管，冷却堆芯燃料棒。重水被加热升温后从反应堆右侧流出，进入右侧循环回路。在右侧循环回路的蒸汽发生器中将热量传递给二回路的水，使产生的蒸汽送到汽轮机做功。而从蒸汽发生器出来的重水，又由右侧循环回路循环泵唧送入右侧压力管，在堆芯内再吸热，然后从堆芯的左侧出去，送向左侧循环回路的蒸汽发生器。

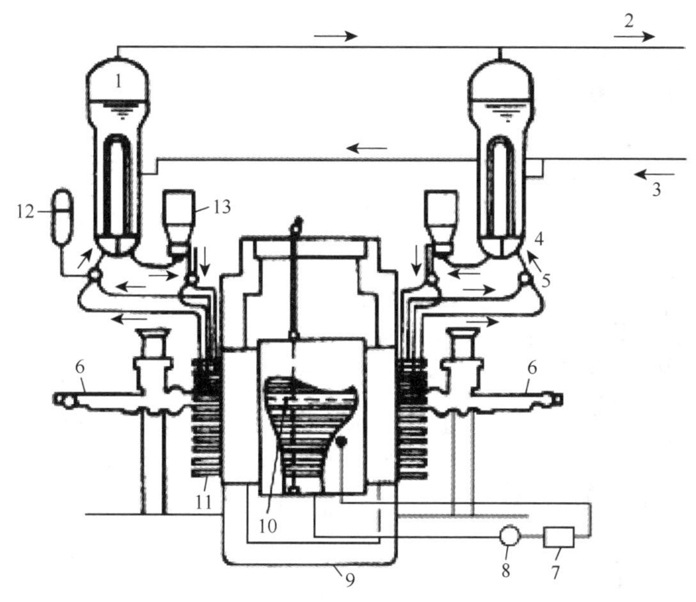

图1.2.7 重水堆核电站简化流程图

1—蒸汽发生器；2—蒸汽去汽轮机；3—给水；4—蒸汽发生器进水；5—给水集管；6—装卸料机；7—重水热交换器；8—重水泵；9—混凝土屏蔽；10—燃料；11—燃料管道；12—稳压器；13—主泵

重水堆核电站的厂房布置与压水堆核电站大致相同。以圆柱形的安全壳反应堆厂房为核心，在其周围配置有核辅助厂房、核燃料厂房、电气控制厂房及汽轮发电机厂房等。

1.2.3 沸水堆核动力装置

在对压水堆核电站有了基本了解之后，让我们再了解一下它的孪生兄弟——沸水堆。在压水堆中，一回路的水通过堆芯时被加热，随后在蒸汽发生器中将热量传给二回路的水使之沸腾产生蒸汽。那么可不可以让水直接在堆内沸腾产生蒸汽而不需要蒸汽发生器呢？沸水堆正是在核潜艇用压水堆向核电站过渡时，为回答上述问题而衍生出来的。

沸水堆是以沸腾水为慢化剂和冷却剂，并在反应堆压力容器内直接产生饱和蒸汽的反应堆。沸水堆和压水堆一样都采用低富集度^{235}U作燃料，且须停堆进行换料。沸水堆与压水堆相比有两个优点：一是省掉了一个回路，因而不再需要昂贵的蒸汽发生器；二是工作压力可以降低。为了获得与压水堆同样的蒸汽温度，沸水堆只需加压到约72个标准大气压，比压水堆低了一倍。但缺点是堆内结构复杂，且放射性会直接进入汽轮机等设备，使检修人员受到较大剂量辐射照射的威胁。

沸水堆核电站的工作原理是：来自汽轮机系统的给水进入反应堆压力容器后，沿堆芯围筒与容器内壁之间的环形空间下降，在循环泵作用下进入堆下腔室，折流向上流过堆芯，受热并部分汽化。汽水混合物经汽水分离后，水沿环形空间下降，与给水混合。蒸汽则经干燥器后出堆，通往汽轮发电机做功发电。蒸汽压力约为 7 MPa，干度不小于 99.75%。汽轮机乏汽冷凝后经净化、加热，经循环泵被送回堆芯，形成闭式循环。

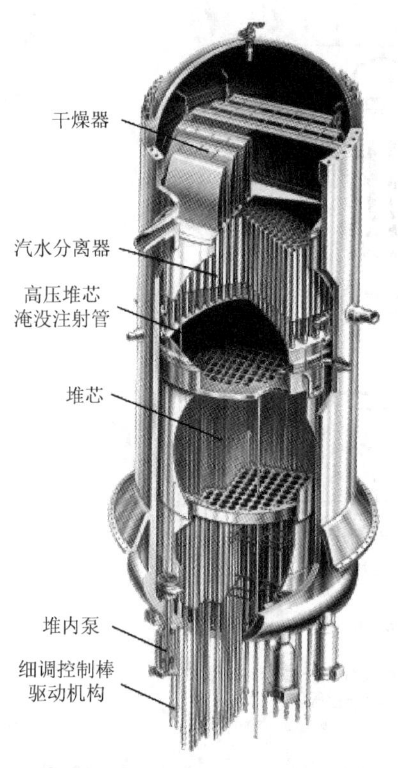

图 1.2.8　沸水堆示意图

沸水堆堆芯主要由核燃料组件、控制棒及中子测量设备等组成。典型的核燃料为正方形有盒组件，组件盒内燃料棒排列成 7×7 或 8×8 栅阵，棒外径约为 12.3 mm，高约 4.1 m，其中核燃料段约为 3.8 m。UO_2 燃料平均富集度为 2%～3%，燃料棒包壳和组件盒材料均为锆-4 合金，堆芯由 800 个左右的燃料盒组成。沸水堆的控制棒呈十字形，插在 4 个燃料盒之间，中子吸收材料为碳化硼粉末，封装在不锈钢管内，控制棒从堆底引入。这是因为，冷却剂流经堆芯后大约有 14%被变成蒸汽。为了得到干燥的蒸汽，堆芯上方设置了汽水分离器和干燥器，控制棒只能从堆芯下方插入，如图 1.2.8 所示。

反应堆的功率调节除用控制棒外，还可以改变再循环流量来实现。流量增加，带出气泡的功率就提高，堆芯空泡减少，使反应堆功率上升，随之气泡增多，直至达到新的平衡。这种改变流量的功率调节方法可使功率改变 25%的满功率而不需要控制棒任何动作，沸水堆核电站简化流程，如图 1.2.9 所示。

沸水堆与压水堆共同的缺点是热效率低、转化比低等。

1.2.4　舰船核动力装置的特点

舰船核动力装置的原理与陆上核电站的核动力装置类似，但是由于舰船的海洋工作环境和军事要求对舰船核动力装置有下列特殊要求。

（1）由于舰船的容积和重量受到一定限制，为了提高舰船的载货量、航速和舰艇的作战性能，要求核动力装置体积小、重量轻、装置布置紧凑。每单位推进马力的重量愈小愈好。这样就需要减少动力回路的重量和体积，简化或优化系统和设备。

（2）舰船长期在海洋中航行，在风浪中纵、横摇摆，起伏无常，船体经常发生 20°左右的摆动和 0.5～1 g 的振动加速度作用。核动力装置系统、设备连接结构和操纵机构在此工况下应仍能保持稳定可靠的工作，系统和设备的可靠性应比核电站更高。

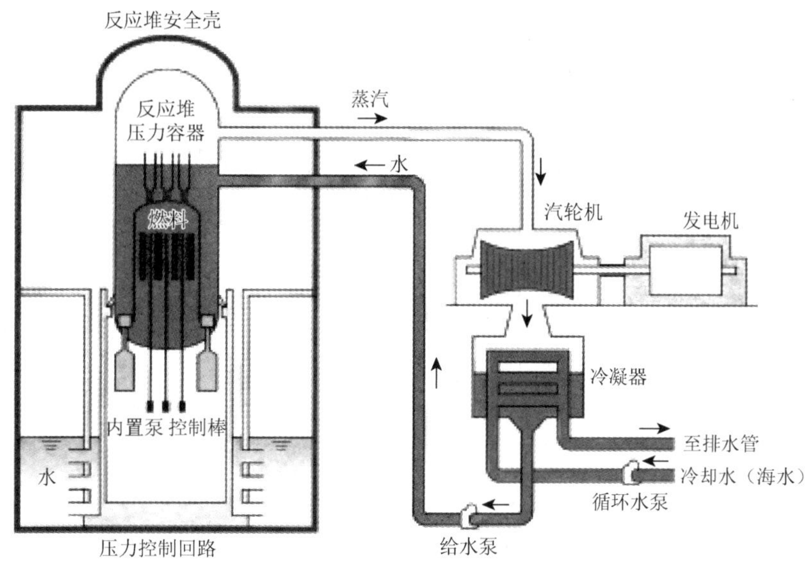

图 1.2.9 沸水堆核电站简化流程图

（3）与陆上发电设备不同，舰船除主、辅汽轮机发电机组供电外，无外来电网应急供电，因此当主、辅汽轮机停转时，必须靠备用柴油发电机组快速供电。此外，舰船在航行中运行负荷变化较大，特别是作战舰船负荷变化相当剧烈。负荷变动的量可达 100%满负荷，变动速度为 6%/min～25%/min，排水量为 2 万～4 万吨级的舰船要求在 5～8 min 内实现核动力装置紧急停车。因此建造舰船核动力装置在某些方面比陆上动力困难得多。

（4）潜艇核动力推进装置的回路系统要求更加集中紧凑。一艘大、中型潜艇其艇体耐压壳直径约为 10 m。相应要求核动力回路系统的主要设备只能布置在直径为 10 m 以内的耐压壳体内。因此，在设计建造潜艇核反应堆和蒸汽发生器等主要设备时，应根据潜艇特点，降低高度，充分利用空间，使整个核动力推进装置的管路紧凑。

舰船采用核动力，将使舰船的性能大大改善，例如，速度加快，不须经常添加燃料，续航能力可提高几十倍。尤其是水下舰船，使用了核动力，不需要大量空气即可长期在海底航行。所以说，核动力的出现，使远洋船舶和舰艇动力技术进入了一个新的时代。

核动力舰船的优越性有以下几点。

（1）利用核动力作为舰船的推进装置其最大的优点是不需要大量的燃料储备便可长期航行，续航力可以说是没有限制的。以一艘排水量为 5 万吨级的远洋船舶为例，若采用核动力，在不补充核燃料的条件下，连续航行一年，航程可达几万海里，只消耗几十千克 ^{235}U。而常规动力远洋船舶一年要消耗掉几万吨的煤炭或重油，且要在各地海港上添加燃料。核动力舰船省去了装载燃料的停泊时间，增加了航行时间。一般一艘核动力舰船反应堆一次装料可连续运行几年，最新设计的船用核动力反应堆从下水投入航运起至舰船退役不须更换核燃料，反应堆与舰船同寿期。对于洲际海区缺乏海港的地带，核动力舰船更显示出它的优点。

（2）采用核动力使舰船的有效载重量提高，有利于提高舰船的航速。普通舰船由于装载大量储备燃料而减少了有效载重量，舰船的吨位越大相应储备燃料装量也越大，按比例增加。若改用核动力，则所装载的核燃料重量几乎可以忽略不计，而且随舰船的吨位加大，核动力舰船中动力装置重量比例更小。这对民用船舶可以加大装货量，或加大功率，提高航速；对军用舰艇则可以加强舰艇的武器装备，或提高舰艇的航速，提高其战斗性能。

（3）核动力装置不需要空气助燃，这对于水下航行器特别有利，它可以高速度、长时间在水下航行。因为水下没有空气，常规潜艇在水下无法使用柴油机，必须依靠大量蓄电池作为水下航行的动力。如果全速航行，两小时左右就会把蓄电池的电全部用尽，为此必须浮出水面重新开动柴油机充电，才能继续潜水航行。即使是以每小时 5 km 速度航行，在水下最多只能停留几天。

潜艇采用核动力后，情况就大不相同了。反应堆运转时不需消耗空气，潜艇就不必浮出海面，只要携带足够的装备和给养，就可以在深水下连续航行几个月，甚至更长时间，水下航速也不受影响。近代核潜艇潜水深度可达 500 m 以上，水下航速已经超过大型水面舰只的速度，续航力可达 900 000 km 以上，它可以游弋在地球上各个大洋和终年冰封的北极，围绕地球转十几圈而不需更换核燃料。

美国是最早建造核潜艇并且研究多种类型核潜艇的国家。1946 年第二次世界大战刚结束，美国“核潜艇之父”里科弗，以一个宗教家和苦行僧的精神，为建立世界第一艘核潜艇而奔走呼吁，先游说海军部，然后游说国防部、原子能委员会。1948 年美国海军和政府正式批准核动力潜艇的建造计划。1954 年第一艘核潜艇“魟鱼”号（又名“鹦鹉螺”）建成，次年试航成功，并第一次完成横穿北极的冰下探险航行，证明核潜艇的性能良好。美国先以“飞鱼”核潜艇为模式建造了一批鱼雷攻击型的核潜艇。接着，自 1959 年开始，以“乔治·华盛顿”号为模式建造了一批“北极星”弹道导弹型核潜艇。1964 年以后又发展“海神”型导弹核潜艇。到 1978 年美国海军中已有 113 艘核潜艇服役。1980 年以后进一步发展排水量更大、武器装备更先进的“三叉戟”导弹核潜艇。目前美国最先进的在役核潜艇为第四代的俄亥俄级战略核潜艇，并正在研制第五代战略核潜艇哥伦比亚级。

20 世纪 60 年代以后，英国、法国和苏联也相继发展核潜艇。目前英国海军中有 10 余艘核潜艇在服役。法国也有 10 余艘核潜艇加入海军。苏联建造核潜艇虽比美国时间较迟，但为了与美国争夺海洋霸权，也大力发展核潜艇。自 1963 年第一艘潜艇下水以后，70 年代几乎每年建造 5～7 艘。在当时，苏联海军核潜艇总数已超过了美国。我国依靠自主开发于 1970 年建成了第一艘鱼雷攻击型核潜艇，接着又成功地建造了导弹核潜艇，加入世界核潜艇俱乐部。截至 2023 年世界上在役核潜艇总数达 160 余艘。

1.3　热工水力分析的目的、任务与方法

核动力装置热工水力是研究燃料元件传热特性、反应堆及其回路系统与设备中热量

传输特性、冷却剂流动特性的学科。

反应堆热工设计在选择电站总体参数时十分重要。通常主回路的温度和压力是选择冷却剂和电站热效率的关键参数。根据热力学原理，电站热效率是由系统产生蒸汽的最高温度和冷凝器进口的最小温度决定的。由于冷凝器进口的温度就是海水或其他冷源的温度，它是由环境温度决定的，相对来说比较固定，所以要提高核电站的热效率，就需要提高产生的蒸汽的温度，它又与反应堆出口冷却剂的温度是密切相关的。反应堆出口温度与冷却剂的选择有密切关系。例如，液态金属钠冷却剂在保证出口不沸腾的情况下只需要很低的压力就可以达到550℃左右的温度，而水则需要很高的压力（约15 MPa）才能达到330℃左右的温度。而对于高温气冷堆，则没有这样的压力与温度之间的关系。高温气冷堆的一回路系统压力通常为4～5 MPa，其出口温度可以达到700℃左右的温度。

由于电站的热效率是由系统产生蒸汽的最高温度来决定的，对于压水堆核电站，一回路的出口温度通常比起产生的蒸汽温度要高几十度。而对于沸水堆核电站，由于一回路直接产生蒸汽推动汽轮机，所以系统压力比压水堆要低得多，通常为7 MPa左右。就热效率而言，压水堆和沸水堆是差不多的，目前大约在33%。

压水堆核动力装置除一回路温度和压力之外，还有其他一些因素需要关注，例如，燃料芯块的最高温度、元件表面的临界热流密度、一回路冷却剂流量、系统布置、自然循环能力、蒸汽发生器的工作性能等，同时，这些也是热工水力设计所需要关心的。

限制反应堆功率输出的主要因素是冷却剂的输热能力，因此物理、结构等方面的设计出现矛盾时，需要通过热工水力设计来协调。压水堆核动力装置的热工水力过程是极其复杂的，为了分析这些过程，往往需要对它的物理现象建立一系列的计算分析模型，编制计算机程序进行分析求解，以及进行试验分析和验证。

1.3.1 热工水力分析的目的

压水堆核动力装置热工水力分析的目的是要保证所设计的反应堆安全、可靠和经济，通常可以分为稳态分析和瞬态分析。稳态分析主要用于包括反应堆在内的核动力装置热工设计；瞬态分析主要用于核动力装置瞬态过程和事故分析及安全审查。稳态分析的结果也是瞬态分析的初始条件。

1. 稳态分析

（1）内容：进行稳态额定工况的热工水力设计计算，研究反应堆产热、传热、输热之间达到平衡的情况下反应堆及核动力装置系统各参数的相互关系及数值大小。

（2）目的：确定反应堆的结构参数及核动力系统与装置的运行参数，为瞬态分析提供初始条件。

2. 瞬态分析

瞬态分析包括正常动态工况下的热工分析、事故动态分析。

（1）内容：研究反应堆启动、功率调节、停闭及事故工况下的瞬态过程；研究反应堆产热、传热、输热之间出现不平衡，尤其是在安全分析中研究产热大于传热的情况下，反应堆及核动力装置系统各参数的变化规律、数值大小及反应堆的安全状况。

（2）目的：确定反应堆及核动力装置在各种瞬态工况下的安全特性，设计各种安全保护系统及确定其动作整定值、动作时间，制定运行规程，对反应堆稳态及核动力装置系统设计提出修正。

1.3.2 热工水力分析任务与方法

1. 任务

压水堆核动力装置热工水力分析的基本任务是保证在正常运行期间把裂变能传到热力系统进行能量转换，在停堆后把衰变热传出来。压水堆核动力装置热工水力分析的另一个任务是确定电厂的设计准则，并对反应堆物理设计、结构设计及核动力机械、测量仪表和控制系统等的设计提出要求。在设计中要考察反应堆瞬态过程和事故工况下，反应堆及核动力装置热工水力参数是否会超过设计准则或安全准则；在运行中要预计反应堆瞬态过程和事故工况下，核动力装置热工水力参数的变化规律、数值大小，为安全运行提供依据。

2. 分析方法

压水堆核动力装置热工水力分析的方法主要有以下几种。

（1）现象分析。识别瞬态过程中的关键现象，找出关键参数，建立模化各种现象的数学模型，导出模型实验的模化比例准则，确定模化实验的基本几何尺寸及实验方法。

（2）模化实验。得出实验数据，找出关键参数的定量关系。

（3）定量分析。建立分析关系式或计算机程序，寻找参数之间的定量关系及参数在瞬态过程中的变化规律。

（4）实验验证。验证所建立的分析关系式或计算机程序的正确性、适用性。

（5）程序评价。将程序计算结果与实验数据或运行数据比较，确定误差或不确定性的大小。

3. 本课程的学习要求

了解压水堆核动力装置热工水力学的研究内容和应用对象，掌握核动力装置热工水力的基本概念、基本原理、分析方法及稳态特性和动态特性，能够应用基本概念、公式、方法和原理分析核动力装置热工水力的问题，并掌握反应堆热工设计方法。通过课堂教学与实验，感受和了解核动力装置重要的热工水力参数变化规律、数值大小与快慢程度，理解反应堆运行中的热工准则及相关条令、条例的要求。

习　　题

1. 在互联网上查询目前国内外核电及其核动力发展的最新状况。
2. 试述压水堆与沸水堆各有什么优缺点。
3. 压水堆核动力装置的基本组成是什么？
4. 舰船核动力有哪些特殊要求？
5. 热工水力分析的主要内容是什么？其目的和任务主要有哪些？

第 2 章　堆芯材料和热源分布

本章主要介绍堆芯材料及相应的热源分布。反应堆的主要功能是实现核能的产生、释放，并将释放出的核能转化为热能。它的核心部分由燃料元件、慢化剂、冷却剂、控制棒和结构材料等组成，通常称为堆芯。堆芯材料因工作在高温、高压，以及强辐照等苛刻条件下，对它的性能和使用安全性的要求很高，因此，堆芯材料必须选用具有良好的物理、化学和机械性能的材料。同时，还要充分掌握堆内的热源分布，以便为反应堆的结构设计和改进、传热计算、热工水力设计和安全校核提供条件，确保反应堆的安全运行。

反应堆堆芯所使用的材料主要有：①燃料元件材料，又包括核燃料材料、包壳材料、燃料组件材料、定位格架材料和导向管材料等；②慢化剂材料；③冷却剂材料；④反射层材料；⑤控制材料，又包括热中子吸收材料及控制棒材料、控制棒包壳材料、控制棒构件等材料；⑥屏蔽材料；⑦反应堆容器材料。

2.1　核　燃　料

裂变反应堆中所使用的核燃料通常指铀、钚和钍的同位素。实际上，可用作核燃料的元素不多。核燃料可分为可裂变材料和可转换材料两大类。通常将热中子就能够引起裂变的原子核称为易裂变核，包括 ^{235}U、^{233}U 和 ^{239}Pu、^{241}Pu。自然界存在的易裂变核只有 ^{235}U。^{241}Pu 的半衰期短，裂变截面大，在反应堆里面的积累量很少，生产成本高，所以很少单独提取和作为燃料。而将需要能量较高的中子，如快中子，才能引起裂变的原子核称为可裂变核，包括 ^{238}U 和 ^{232}Th。因为，^{238}U 和 ^{232}Th 在一定条件下吸收中子之后，按以下的衰变方式转变成易裂变核 ^{239}Pu 和 ^{233}U：

$$^{238}\mathrm{U}\ (\mathrm{n},\gamma)^{239}\mathrm{U}\xrightarrow[23.5\mathrm{min}]{\beta^-}{}^{239}\mathrm{Np}\xrightarrow[2.35\mathrm{d}]{\beta^-}{}^{239}\mathrm{Pu} \tag{2.1.1}$$

$$^{232}\mathrm{Th}\ (\mathrm{n},\gamma)^{233}\mathrm{Th}\xrightarrow[22.2\mathrm{min}]{\beta^-}{}^{233}\mathrm{Pa}\xrightarrow[27\mathrm{d}]{\beta^-}{}^{233}\mathrm{U} \tag{2.1.2}$$

所以，^{238}U 和 ^{232}Th 也称为再生物质或可转换材料。^{233}U、^{235}U、^{239}Pu 均已被用作核燃料，但只有 ^{235}U 是天然存在的，它也是目前使用最多的核燃料。不过，在天然铀矿中，^{238}U 的含量最丰富，丰度约为 99.28%，^{235}U 的丰度大约为 0.714%。

为了满足反应堆的耐高温、抗辐照和抗腐蚀等性能要求，通常把上述可作为燃料用的同位素与其他元素制成合金（如 U-Zr）、化合物（如 UO_2，UC）和混合物（如 UO_2 与 Zr-2 制成的弥散型燃料）等多种形态的燃料材料。因此，反应堆用的燃料形式很多，而且往往随堆型的不同而异，如表 2.1.1 所示。

表 2.1.1　核燃料分类表

燃料形式	形态	材料	适用堆芯
固体燃料	金属	U	石墨慢化堆
	合金	U-Al	快堆
		U-Mo	快堆
		U-ZrH	脉冲堆
	陶瓷	U_3Si	重水堆
		（U，Pu）O_2	快堆
		（U，Pu）C	快堆
		（U，Pu）N	快堆
		UO_2	轻水堆、重水堆
弥散体燃料	金属-金属	UAl_4-Al	重水堆
	陶瓷-金属	UO_2-Al	重水堆
	陶瓷-陶瓷	（U，Th）O_2-（热解石墨，SiC）	高温气冷堆
	金属-陶瓷	（U，Th）C_2-（热解石墨，SiC）-石墨，UO_2-W	高温气冷堆
液体燃料	水溶液	（UO_2）SO_4H_2O	沸水堆
	悬浊液	U_3O_8-H_2O	水均匀堆
	液态金属	U-Bi	—
	熔盐	UF_4-LiF-BeF_2-ZrF_4	熔盐堆

水堆燃料大都采用陶瓷材料，陶瓷燃料是指铀、钚等的氧化或碳化物，通过粉末冶金的方法经压制烧结而成的一种耐高温的陶瓷体燃料。陶瓷燃料的优点是：①熔点高；②热稳定性和辐照稳定性良好，有利于加深燃耗；③化学稳定性良好，与包壳和冷却剂材料的相容性也较好。不过，陶瓷燃料的突出缺点是它的热导率较低。在较为常见的陶瓷体燃料中，UC 的热导率比 UO_2 要高 3～4 倍，并且它的热导率不太受温度的影响。但是，由于 UC 的化学稳定性差，遇水会发生分解反应，加上制造成本昂贵，在压水堆中一般不采用 UC 燃料。然而，UC 具有较大的增殖比，与钠、钾等冷却剂又有良好的相容性，故它可用于快中子增殖堆。

2.1.1　核燃料分类

根据相态、基本特征和设计方式的不同，核燃料大致可分为固体燃料、弥散体燃料和液体燃料，如表 2.1.1 所示。

固体燃料的典型结构形式是用包壳材料将燃料包封起来做成燃料元件。固体燃料又可以分为金属、合金和陶瓷型燃料。

弥散体燃料是为提高燃料元件的传热效率和加深燃耗而设计的，具有高燃耗、高传热效率和高强度、耐蚀性好的特点。

在反应堆发展初期便开始研究液体燃料，它具有系统简单、可连续换料、无须制造燃料元件和固有安全性高等显著优点。液体燃料多以某种形式将燃料、冷却剂和慢化剂溶合在一起，又可分为悬浊液、液态金属和熔盐。但是由于它会腐蚀材料，辐照不稳定，燃料的后处理较困难，所以目前还没有达到工业应用的程度。

2.1.2　核燃料 UO_2

UO_2陶瓷燃料的工艺已相当成熟，常用的工艺过程大致如下。

来自气体扩散工厂的气态 UF_6 水解成 UO_2F_2 后，与稀氨水溶液混合得到重铀酸铵（ammonium diuranate，ADU）沉淀物，或者与 NH_3 和 CO_2 反应得到三碳酸铀酰铵（ammonium uranyl tricarbonate，AUC）沉淀物，得到 ADU 或 AUC 在低温 H_2 中分解生成 UO_3，而后 UO_3 继续在 550～650℃温度下还原成 UO_2。用 ADU 制得的 UO_2 是粉末状的；用 AUC 得到的是 20 μm 左右的颗粒。粉末状的 UO_2 应加水或其他有机试剂黏合剂制成颗粒。制得的颗粒状物质先按芯块尺寸和形状冷压成型，再在 1700℃左右高温下烧结，便可得到所需密度的 UO_2 芯块。UO_2 芯块经抛磨等做必要处理后即可用作燃料。

UO_2 具备陶瓷燃料的许多共同性优点，特别是它具有熔点高（燃料元件的释热率较高）、耐辐照、其中氧的吸收截面小（只有 0.002b）等优点。因此，在氧化物燃料中，UO_2 的应用最为广泛，目前大多数商用核电站和动力堆均采用不同浓缩度的 UO_2 作为燃料。此外，UO_2 还可与 PuO_2 或 ThO_2 混合使用。

UO_2 作为陶瓷燃料还有一个显著特点是它的化学惰性，与冷却剂水、锆包壳的相容性很好。它几乎不与水发生任何反应，假如包壳损坏了，这种惰性就很有必要，它不但能减少裂变产物向反应堆冷却剂释放的数量，而且对运行效率的不利影响也较小。另外，UO_2 没有同素异形体，允许有较深的燃耗，耐腐蚀性能也很好，燃料后处理和再加工比较容易。但是导热性差和在热梯度或热震下的脆性等陶瓷材料的典型特点又限制着它的高温运行。另外包壳材料的熔点及传热性能则进一步限制着陶瓷材料的高温运行。

UO_2 的性质与它的制备条件、氧铀比等都有关系，用于反应堆的 UO_2 通常烧结为药片状的芯块，烧结的 UO_2 芯块与粉末状的 UO_2 的很多性质是不同的。下面主要介绍 UO_2 的物理性质。

1. UO_2 的密度

UO_2 的理论密度是 10.95～10.97 g/cm^3。所谓理论密度是根据材料的晶格常数计算得到的密度，实际制造出来的 UO_2 芯块是由粉末状的 UO_2 烧结出来的，存在空隙。另外，UO_2 在辐照过程中所产生的裂变气体会在芯块的缺陷或气孔内聚集而形成气泡。在高温条件下，气泡合并、长大而形成鼓泡，这种现象称为肿胀。同时，固体裂变产物的积累也会使燃料肿胀。因此，为了给裂变产物提供必要的空隙，以减轻裂变产物所引起的肿胀，在制备 UO_2 芯块时，通常将其密度控制在 94%～96%的理论密度范围内。计算中一般取 95%理论密度下的值：

$$\rho_{\text{reality}} = 95\%\rho_{\text{theory}} = 10.41\ \text{g/cm}^3 \tag{2.1.3}$$

式中：ρ_{reality} 为实际密度；ρ_{theory} 为理论密度。

但是，密度降低后，燃料芯块有可能在辐照过程中出现密实化的现象，在低燃耗时芯块的体积可能会因辐照而收缩，从而可能会导致包壳的塌陷。

2. UO_2的熔点

UO_2 的熔点随氧铀比和微量杂质而变化，由于 UO_2 在高温下会析出氧，使得氧铀比在加热过程中会发生变化，所以 UO_2 的实际熔点难以测定。正是由于这个原因，不同的研究人员测得的熔点各不相同，但大致都在 2800℃左右。以下是实验测得的不同数据：(2840±20)℃；(2860±30)℃；(2800±100)℃；(2760±30)℃；(2860±45)℃；(2865±15)℃；(2800±15)℃等。通常工程上采用未经辐照的 UO_2 的熔点为(2860±15)℃，但经辐照后，UO_2 的熔点会有所下降。另外，UO_2 的熔点随燃耗的加深而减少，燃耗每增加 10^4 MW·d/t(U)，熔点下降 32℃。例如，燃耗达 50000 MW·d/t(U)的燃料，熔点为 2645℃。

3. UO_2的热导率

反应堆中所释放出的裂变能，首先要通过 UO_2 芯块的导热传出。UO_2 导热性能的好坏将直接影响芯块内的温度分布和芯块中心的最高温度，因此，UO_2 热导率在燃料元件的传热和温度场的计算中具有特别重要的意义。

热导率取决于电子和声子的活动性。许多金属在相当低的温度下，声子间的散射平均自由程会变小，热导率与绝对温度成反比。尽管对 UO_2 的热导率进行了很多研究，但实验数据仍然比较分散，得不到很好的一致。已有研究表明，UO_2 的热导率与温度、密度、燃耗深度（辐照）及 UO_2 的氧铀比等因素有关。在低温区，UO_2 的热导率随温度的升高而降低。温度在 1500℃左右时，UO_2 热导率出现最低值，之后又随运行温度的升高而增加。温度较低时，热导率随燃耗加深有较明显的降低，高温时降低不明显。此外，UO_2 的热导率会随氧铀比的增加而降低。关于 UO_2 热导率的主要影响因素还将在后面积分热导率部分做详细介绍。

4. UO_2的比定压热容

UO_2 的比定压热容随燃料的温度变化而变化，可以表示为温度的函数，由下式计算得到，如图 2.1.1 所示。

$25 < T < 1226$℃：

$$c_p = a + bT + c(T + 273.15)^2,\ a = 30438,\ b = 0.0251,\ c = -6\times10^6$$

$1226 \leqslant T < 2800$℃：　（2.1.4）

$$c_p = a + bT + cT^2 + dT^3 + eT^4,\ a = -712.25,\ b = 2.789,\ c = -0.00271,$$

$$d = 1.12\times10^6,\ e = -1.59\times10^{-10}$$

5. UO_2的热膨胀系数

由于包壳材料与 UO_2 的热膨胀系数不同，UO_2 的热膨胀可能会使其与包壳发生受力

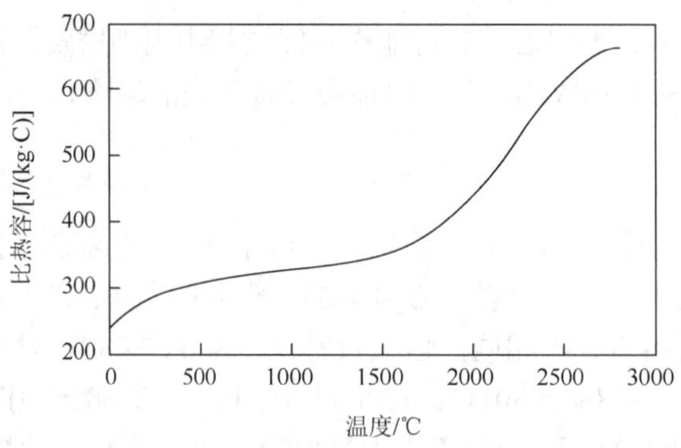

图 2.1.1　UO_2 比定压热容与温度的关系

作用，所以在分析核燃料在反应堆内的行为时，热膨胀系数也是一个重要的性质。虽然试验结果不很一致，但在 1000℃以下的热膨胀系数大约为 1×10^{-5}/℃。在大于 1000℃时可以取 13×10^{-6}/℃。

6. UO_2 裂变气体的释放

UO_2 的裂变气体会有一部分释放到芯块外面。一般认为，当燃料温度低于 600℃时，裂变气体是由于反冲并经碰撞而离开燃料表面的，与温度无关，释放率很小。当燃料温度高于 800℃时，释放率增加，而且与温度关系十分密切。

7. UO_2 芯块的开裂

UO_2 芯块在堆内受辐照后会产生径向和周向裂纹。一般认为，径向的裂纹数目较多，而且与许多因素有关。例如，在快速启堆（或过渡工况变化过大）、高功率运行和快速停堆等过程中，UO_2 芯块有可能出现龟裂、重新烧结和再龟裂等复杂现象。

2.2　包　　壳

燃料元件将裂变产生的能量以热的形式传给冷却剂。如果燃料是裸露的，与冷却剂直接接触，会使燃料发生腐蚀，同时裂变反应产生的裂变产物就会进入冷却剂中，使主冷却回路受到放射性污染，还影响冷却剂的流动，这种结果是必须要避免的。所以燃料外面通常都有一层把燃料与冷却剂隔离开的金属保护层，称为燃料包壳。这种包壳所用的材料就是包壳材料。包壳实质上还是一个结构容器，装在包壳容器内的燃料芯体是含有裂变物质的材料，这种芯体通常做成圆柱状、板状或粒状。

2.2.1　包壳的作用

包壳是放射性物质的第一道屏障，既封装核燃料，又是燃料元件的支撑结构。从工程的观点来看，包壳起着如下作用。

（1）防止冷却剂对燃料的化学侵蚀、对燃料的机械冲刷，以及冷却剂与燃料二者间的有害作用。

（2）保留裂变碎片，减少裂变气体向外释放。

（3）保持燃料元件的几何形状并使之具有足够的机械强度与刚性。

（4）作为整体燃料元件的支撑结构，构成堆芯冷却通道。包壳、控制棒导向管、燃料组件及堆内其他构件等属于堆内结构材料，它们应满足的基本要求是：

① 有良好的核性能，中子吸收截面低，感生放射性小；

② 对高温的冷却剂抗腐蚀性能好；

③ 有良好的物理和机械性质（例如熔点高，热导率高），有足够的高温强度与延性，且不太受温度和辐照的影响；

④ 加工性能好，成本低廉等。

2.2.2　包壳材料的选择

包壳材料的性质可分为核子性质和冶金学性质。核子性质包括中子吸收截面等。冶金学性质包括强度和抗蠕变能力、热稳定性、抗腐蚀性、加工性、导热性、芯体的相容性及辐照稳定性等。

就特定的燃料成分和反应堆类型而言，包壳材料的选择要求对上述诸因素作综合考虑。考虑核子性质要求包壳材料的中子吸收截面要小。除核子性质外，包壳材料的选择在许多方面与其他工程上的考虑是相似的。在优先考虑中子截面的前提下，首先要根据与燃料和冷却剂在反应堆运行温度下的相容性，对有希望的包壳材料进行筛选。

除核子性质和相容性要求以外，还要求包壳材料的热导率要大，这样有利于热量向冷却剂传输，降低燃料中心温度。另外，抗腐蚀性能、抗辐照性能、加工性能和机械性能也是要考虑的因素。

只有很少的材料适合制作燃料包壳：铝、镁、锆、不锈钢、镍基合金、石墨。目前在压水堆中广泛应用的是锆合金包壳，快堆用不锈钢和镍基合金，高温气冷堆则采用石墨作为包壳材料。在早期压水堆中，例如，扬基·罗压水堆核电站、“萨瓦纳”号和“陆奥”号核动力商船，都曾用不锈钢作包壳材料。但是不锈钢的微观中子吸收截面是锆合金的 13 倍，因此目前不锈钢包壳大都被锆合金所取代。

1. 锆合金特性

纯锆是一种银白色金属，在 20℃时理论密度为 6.55 g/cm^3，熔点为 1850℃。锆与铪的化学性质很相近，在自然存在的锆中，含铪量一般为 0.5%～3.0%。因为铪的热中子吸收截面较大（105 b 左右），所以严格控制锆中的铪含量是个重要问题，一般应低于 100 ppm（1 ppm 为百万分之一的质量浓度）。另外，氮、碳、氧、铝等杂质元素（特别是氮），即使是微量，对锆的抗腐蚀性能的影响也很显著。因此，在核工程中一般不使用纯锆，而采用抗腐蚀性能良好的锆合金，其中最常见的是 Zr-2 合金和 Zr-4 合金。两者的主要添加成分如表 2.2.1 所示。

表 2.2.1 Zr-2 与 Zr-4 包壳材料的主要添加成分

合金	Cr/%	Ni/%	Fe/%	Sn/%
Zr-2	0.05～0.15	0.03～0.08	0.07～0.2	1.2～1.7
Zr-4	0.05～0.15	7×10^{-4}	约 0.24	1.2～1.7

Zr-2 合金中加入 1.5%左右的锡，可以平衡约 10^{-3} 氮的有害作用。含有微量的铁、铬、镍可进一步增强锆合金在高温水或蒸汽中的耐腐蚀性。铬含量一般应控制在 0.1%左右，以防止合金的硬度过高。Zr-2 的热中子吸收截面不超过 0.24 b，硬度为纯锆的 2 倍；316℃时的抗拉强度为 2.08×10^8 N/m^2，屈服强度为 1.455×10^8 N/m^2。

Zr-4 中的铬、锡含量与 Zr-2 相同，只是镍含量由 Zr-2 的 0.03%～0.08%降低到 0.007%；铁含量由 0.07%～0.2%增加到 0.24%。这样就使 Zr-4 在高温水和 400℃的蒸汽中有更为良好的耐腐蚀性能，且吸氢率只有 Zr-2 的 1/3～1/2。Zr-4 的其余性能与 Zr-2 相似。

锆合金也有不足之处。它的许多性能与温度、辐照等因素关系密切，使用中必须注意以下几点。

（1）在 862℃以下时，锆合金为稳定的 α 相密集六方晶体结构，其延性强且有类似碳钢的机械和切削性能。但当到达 862℃时，锆由 α 相转变为 β 相（一种体心立方结构），从而延性下降。

（2）当前，锆合金的吸氢与氢脆效应，是水冷堆燃料元件的一个重要问题。

（3）辐照将引起锆合金屈服强度和极限强度的增加，但延伸率却大大下降。

（4）锆合金包壳在压水堆工作温度和应力范围内会产生蠕变。

（5）在高温下，锆与水（或蒸汽）将发生放出氢的锆水反应。

$$\mathrm{Zr} + 2\mathrm{H_2O}(\text{汽}) \rightarrow \mathrm{ZrO_2} + 2\mathrm{H_2}\uparrow \tag{2.2.1}$$

这是一种放热反应。据估计，一吨锆合金与水（或蒸汽）完全反应后可放出约 6.74×10^9J 的热量。在反应堆发生失水事故时，大量的锆合金包壳与蒸汽反应将释放出巨大的热量和爆炸性气体，从而加剧事故的严重性。

2. 锆合金热导率和比定压热容

Zr-2 和 Zr-4 合金材料的热导率，在 21～760℃温度范围可为

$$\lambda_c = 0.005\,47(1.8T + 32) + 13.8 \tag{2.2.2}$$

式中：温度 T 的单位是℃。

对 Zr-2、Zr-4 合金的热导率还可以用下式计算得到，图 2.2.1 也是由式（2.2.3）得到 Zr-4 合金热导率与温度的关系曲线。

$$\begin{cases} \text{Zr-2:}\ \lambda_c(T) = 95(0.17 + 1.04\times10^{-4}T + 1.08\times10^{-7}T^2) \\ \text{Zr-4:}\ \lambda_c(T) = 7.73 + 3.15\times10^{-2}T - 2.87\times10^{-5}T^2 + 1.552\times10^{-8}T^3 \end{cases} \tag{2.2.3}$$

式中：温度 T 的单位是℃；λ_c 的单位是 W/(m·℃)。

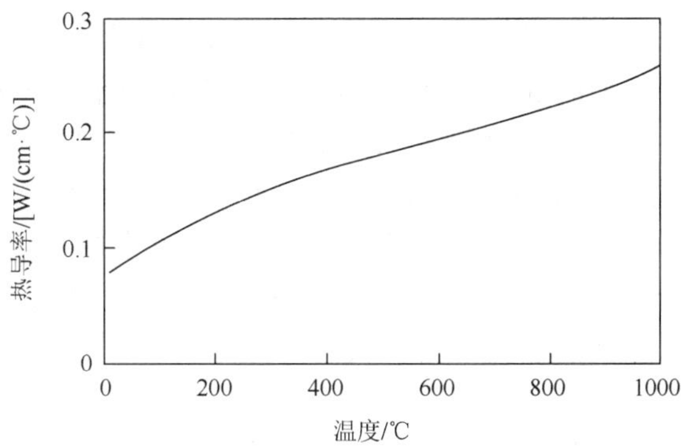

图 2.2.1　Zr-4 合金热导率与温度的关系

热工计算与分析过程中还要用到包壳材料的比定压热容。Zr-2 合金的比定压热容与温度的关系为

$$\begin{cases} 0\sim633℃：c_p = 285 + 9\,994.7\times10^{-5}(1.8T + 32) \\ 633\sim972℃：c_p = 359.6 + 9\,994.7\times10^{-5}(1.8T + 32) \\ 972\sim1050℃：c_p = 357.9 + 9\,994.7\times10^{-5}(1.8T + 32) \end{cases} \tag{2.2.4}$$

Zr-4 合金的比定压热容随温度的变化为

$$\begin{cases} 0\sim750℃：c_p = 286.5 + 0.1T \\ 750\sim℃：c_p = 360 \end{cases} \tag{2.2.5}$$

式（2.2.4）和式（2.2.5）中：c_p 单位为 J/(kg·℃)；温度 T 的单位是℃。

2.3　堆内其他结构

可用作堆内其他结构材料的金属元素，如表 2.3.1 所示。在高温水冷堆中，实际常用的其他结构材料主要是不锈钢和镍基合金。

表 2.3.1　可用作堆内其他结构材料的金属元素

项目	低热中子吸收截面（σ_a<1b）的金属元素				中等热中子吸收截面（$\sigma_a = 1\sim10$ b）的金属元素							
	Be	Mg	Zr	Al	Nb	Fe	Mo	Cr	Cu	Ni	V	Ti
吸收截面/b	0.009	0.069	0.18	0.22	1.1	2.4	2.4	2.9	3.6	4.5	5.1	5.6
熔点/℃	1280	651	1845	660	2415	1539	2625	1850	1083	1455	1900	1670

2.3.1　不锈钢

在压水堆中不锈钢主要用于除包壳以外的结构件，它的缺点是热中子吸收截面（微观吸收截面为 3.0 b，宏观吸收截面为 0.266 cm^{-1}）远高于锆合金（微观吸收截面为 0.22～0.24 b，宏观吸收截面为 0.0093 cm^{-1}）。但是，不锈钢的高温强度和抗腐蚀性能都不亚于锆合金。实验表明，奥氏体不锈钢和锆合金在压水堆的条件下（温度小于 350℃的净化水），它们的稳定腐蚀速率小于 0.006 mm/a。对设计寿命为 5～10 a 的堆芯构件，这种腐蚀速率对材料强度是不会产生任何影响的。因此，堆内构件以及与冷却剂接触的一回路设备和管道，几乎都使用不锈钢制造。此外，在温度低于 704℃条件下，不锈钢对钠的抗腐蚀能力也较高，所以在元件温度较高的钠冷快中子堆的设计中，包壳材料多使用不锈钢。

不锈钢具有相当好的抗辐照能力。在辐照的条件下，其延性的降低不如碳钢显著。在热中子堆中，不锈钢辐照性能的改变一般是不成问题的。用于快中子堆燃料包壳的不锈钢，通常要承受 3×10^{23} n/cm^2 快中子积分通量的辐照。这时虽然不锈钢的延性已显著下降，但是仍能保证作为包壳材料所需要的延性。

然而，当高温水中含有过多的氧和卤族元素时，不锈钢会遭受应力腐蚀，造成晶间裂纹或穿晶裂纹。这应通过冷却剂的水质控制加以改善。

不锈钢的种类很多，现以美国 300 系列不锈钢为例（表 2.3.2），简略说明其性质及应用。由于这类不锈钢的成分大致相同，因而它们的主要性质和用途也相近。304 型不锈钢多用于不致发生晶间应力腐蚀的场合，比如用于非焊接零件或焊后可以回火的构件。低碳 304L 型和加铌（Nb）（改善晶间腐蚀）的 347 型不锈钢可用于现场焊接后无法回火的场合。含元素钼（Mo）的 316 型和 317 型不锈钢耐酸性较强。321 型不锈钢的高温性能较好。

表 2.3.2 美国 300 系列不锈钢的成分与性质

不锈钢（美国）牌号	C/%	Cr/%	Ni/%	其他元素/%	极限强度/（N/m^2）
304 型	≤0.08	18～20	8～11	—	51 000
304L 型	≤0.03	18～20	8～11	—	48 050
309 型	≤0.08	22～26	12～15	—	51 000
316 型	≤0.08	16～18	10～14	Mo（2～3）	51 000
317 型	≤0.08	18～20	11～15	Mo（3～4）	51 000
347 型	≤0.08	17～19	9～12	Nb（<C%×10）	51 000
321 型	≤0.08	17～19	9～12	Nb + Ta≥10C	51 000

2.3.2 镍基合金

镍基合金是一种含镍量高达 70%左右的合金。表 2.3.3 给出了具有代表性的几种镍基合金的成分。因为镍基合金的含镍量远高于不锈钢的含镍量，所以镍基合金比美国 300

系列不锈钢有更好的抗应力腐蚀能力和更好的高温强度。它一般用在运行温度高（介质温度约在 350℃以上）和需要抗应力腐蚀能力强的场合，例如用于超临界反应堆的燃料包壳和蒸汽发生器的管材（以便防止由于管壁晶间裂纹造成冷却剂向二回路的泄漏）。但是，镍的热中子吸收截面（$\sigma_a = 4.6$ b）比铁（$\sigma_a = 2.62$ b）高，故镍基合金的热中子吸收截面要比不锈钢的高。因此，除特殊需要外，一般在堆芯中应尽量避免使用这种合金。

表 2.3.3　几种镍基合金的成分

合金	C/%	Cr/%	Ni/%	Mo/%	Co/%	Fe/%
因科镍 X（IncOnel X）	<0.08	14～16	<70	—	—	—
因科镍 600（IncOnel600）	0.15	15.5	72	—	—	8
哈斯特洛依 B（HaStellOyB）	0.1	1.0	65	28	—	5
哈斯特洛依 N（HaStellOyN）	0.06	7	—	16.5	<0.5	<5
哈斯特洛依 X（HaStellOy X）	0.15	22	45	9	—	—

2.4　冷却剂和慢化剂

早期的反应堆主要是用于研究或生产钚，不希望因裂变反应产生的热量使堆芯温度上升太高，于是使流体流经堆芯进行循环，把热量排出去。这种流体称为冷却剂。但对现代的水堆，冷却剂的作用是把堆芯产生的热输送到用热的地方（热交换器或发电用汽轮机）。它对反应堆进行冷却，并把链式裂变反应释放出的热量带到反应堆外面。

慢化剂是热中子堆中将燃料裂变释放出的快中子慢化成热中子以维持链式裂变反应的材料。

2.4.1　冷却剂和慢化剂的选择

选择冷却剂最重要的是载热性能要好，冷却剂必须是流体，即液体或气体。同一物质的流体，密度大的载热能力大，因此现在的压水堆用的水冷却剂是加高压的，在高温下仍然是液体状态。冷却剂流入堆芯，流经燃料元件各部分。在流经包壳表面时将此处包壳内燃料所产生的热量吸收，从而温度升高，然后流出堆芯。因此冷却剂必须能承受大量中子照射而不分解变质。可见，有机材料容易辐照分解，因此要对它进行处理。液体金属之类的单原子冷却剂不会分解，但若因为照射引起核转变，进而会增加杂质，造成感生放射性。

此外，因冷却剂通常是用化学纯度高的材料，故管道系统材料溶解到冷却剂中往往造成不良影响，对冷却剂的纯度控制必须认真考虑。这就是轻水堆或重水堆之类水冷堆的水化学问题，这种水不但要精制，还要添加必要的物质。

由热中子引起裂变反应的热中子反应堆中，为把裂变时产生的快中子的能量降低到热中子能量水平，需要使用慢化剂。为达到慢化的目的，质量数接近中子的轻原子核对中子的慢化最有利。此外，要求刚性（散射性能）良好，并且在碰撞过程中尽量少吸收中子。慢化后形成的热中子在与核燃料的原子核碰撞之前若被慢化剂吸收也是不利的，因此要选用中子吸收截面小的材料作慢化剂。综上所述，选择慢化剂首要是中子性能，即要求慢化能力好，中子吸收截面尽可能小，轻水、重水和石墨都是良好的慢化剂。冷却剂除了要具有较好的中子性能外，还要具有良好的热物性、比热容大、导热性能好、流动性能好等。另外，冷却剂、慢化剂和其他材料的相容性必须要好，自身的辐照稳定性强、成本低、易于获得。

考虑以上因素，压水堆中采用水兼作冷却剂和慢化剂。用水作冷却剂主要的缺点是沸点较低，因此一回路需要高压运行，称为“压”水堆。

2.4.2　水的物性

水的物性包括热力学性质、输运性质和其他性质。热力学性质包括温度、压力、比体积、比热容、比焓、比熵；输运性质包括热导率、动力黏度和运动黏度。其他性质有表面张力、普朗特数等。

1984 年 9 月在莫斯科召开的第十届国际水蒸气性质会议上通过了普通水三个国际骨架表，并于 1985 年 11 月由国际水和水蒸气性质协会公布，即 1985 年公布的水蒸气热力性质骨架表，它包括饱和水与饱和水蒸气的比体积和焓骨架表、水和过热蒸汽的比体积骨架表，以及水和过热蒸汽的焓骨架表，温度范围为 273.15～1073.15 K，压力达到 1000 MPa。

水物性可参考相关的水和水蒸气性质图表或手册，比如《具有㶲参数的水和水蒸气性质参数手册》（南京工学院 等，1989 年，水利电力出版社）。

2.4.3　水物性查表计算

由于水物性的数据表只是一个骨架表，计算水物性时一般要用骨架表上的数据进行插值计算。插值计算的方法有很多种，比如线性插值、多项式插值、样条插值等。在反应堆热工计算中，通常采用线性插值计算，只有在精度要求比较高时，才有必要采用样条插值或多项式插值。若采用多项式插值，一般次数不会超过三次多项式。在进行插值计算时要注意：一是尽可能采用内插，因为骨架表里面的数据没有外推性；二是不能用两相数据插值，如果插值点正好在两相点附近，要采用所在相数据和饱和态数据进行插值，所以通常要先判断插值点的状态，即处于液相还是气相状态。

下面以计算热导率的线性插值为例，说明如何查表计算水物性。如要查点的基本状态为（p, T），即压力为 p，温度为 T，则对应的热导率为 λ（p, T）。通常在物性表里面不会恰巧有（p, T）点的物性数据，否则就不用插值，直接可以查到所需的数据。在物性表里面没有（p, T）点的物性数据的时候，则可查到它对应的前后左右的数据，如表 2.4.1 所示。

表 2.4.1　物性查表计算示意

温度	p_1	p	p_2
T_1	λ_{11}	—	λ_{21}
T	$\lambda(T, p_1)$	λ	$\lambda(T, p_2)$
T_2	λ_{12}	—	λ_{22}

在表 2.4.1 中，$T_1 < T < T_2$，$p_1 < p < p_2$，且它们是物性表里面紧挨着的骨架表数据，这样可以查到四个有用的数据，即 λ_{11}、λ_{12}、λ_{21} 和 λ_{22}。通过 λ_{11} 和 λ_{12} 插值可以计算得到 $\lambda(T, p_1)$，同样通过 λ_{21} 和 λ_{22} 插值计算可以得到 $\lambda(T, p_2)$。再由 $T_2(T, p_1)$ 和 $T_2(T, p_2)$ 进行插值计算就可以得到所需要的 $T_2(p, T)$。

例 2.4.1　求 16 MPa，310℃时水的热导率。

解　第一步，判断状态：由附录Ⅱ水和水蒸气的热物性表查得 $P = 16$ MPa = 160 bar（1 bar = 10^5Pa = 1dN/mm^2，后同）前后的饱和温度为

饱和压力/bar	146.05	160	165.35
饱和温度/℃	340	?	350

进而插值算得 $P = 16$ MPa 的饱和温度为

$T_s = 340 + (160-146.05)(350-340)/(165.35-146.05) = 347.23$℃

因为 $T_s > 310$℃，所以水处于单相液态。

第二步，附录Ⅱ中，300℃以上相邻的数据是 350℃，因为不能两相插值，所以需要计算饱和态 $T_s = 347.23$℃时的热导率。

饱和温度/℃	340	347.23	350
饱和压力/bar	146.05	160	165.35
热导率/[W/(m·℃)]	0.455	?	0.447

$\lambda(T_s) = 0.455 + (0.447-0.455)(160-146.05)/(165.35-146.05) = 0.449$W/(m·℃)

第三步，计算 300℃，16 MPa 时的热导率。

压力/bar	150	160	175
热导率/[W/(m·℃)]	0.565 8	?	0.570 5

由上表得到

$\lambda = 0.565\,8 + (0.5705-0.5658)(160-150)/(175-150) = 0.568$W/(m·℃)

最后再通过插值可以得到

$\lambda = 0.568 + (310-300)(0.449-0.568)/(347.22-300) = 0.543$W/(m·℃)

温度/℃	300	310	347.23
热导率/[W/(m·℃)]	0.568	?	0.449

2.5　堆芯热源及其分布

我们知道，核燃料裂变时会释放出巨大的能量。虽然不同核燃料元素的裂变能有所不同，但一般认为每一个 ^{235}U、^{233}U 或 ^{239}Pu 的原子核，裂变时大约要释放出 200 MeV 的能量，这些能量粗分起来，可分为三类，每一类都有各自的特征。在学习反应堆内传热之前，有必要对堆热源及其分布情况有所了解。

2.5.1　裂变能释放的特点

1. 裂变能转化为热能的机理

核燃料中，可裂变核吸收热中子裂变时，产生碎片，同时放出两到三个中子、β 射线、γ 射线和中微子等。裂变能首先就是以上述物质的动能形式表现出来。这些物质与堆芯各种材料的核相碰撞而逐渐丧失动能，被碰核获得动能，温度不断地上升，直到裂变碎片和中子与被碰撞核达到热运动平衡状态为止。

2. 裂变能释放的延迟性

核裂变时，大约有 90%的能量是瞬时放出的，其余部分主要是裂变产物和中子俘获产物的 β 和 γ 衰变能，这些能量要经过一段时间后才能放出来。能量放出时间不等，有的只需几秒后便会放出，而有的却要几年后才能释放出来。这些延迟释放的裂变能给反应堆的安全带来许多麻烦。例如，反应堆停闭后必须继续冷却，否则反应堆仍然会过热直到整个堆芯被熔化掉。

3. 每次裂变放出的能量

每次裂变放出的能量与可裂变核有关，也随堆芯设计而略有变化，因为中子俘获产物与反应堆中所有使用的材料有关。表 2.5.1 中列出几种常见的可裂变同位素的裂变能数值。

表 2.5.1　几种常见的可裂变同位素的裂变能

同位素	E_f（MeV/裂变）	同位素	E_f（MeV/裂变）
^{232}Th	196.2±1.1	^{238}U	208.5±1.0
^{233}U	199.0±1.1	^{239}Pu	210.0±1.2
^{235}U	201.7±0.6	^{241}Pu	213.8±1.0

4. 裂变能的热化地点

裂变碎片的动能约占总裂变能的 84%，碎片在燃料芯块内的飞行路程很短，约 0.0127 mm，所以可以认为裂变碎片的动能在核裂变发生地转化为热能。在干净和均匀装载的反应堆内，这部分热能的空间分布与燃料芯块内热中子通量密度的分布基本上相同。裂变中子与慢化剂原子核相碰撞，将动能转化为热能，它的射程由几厘米到几十厘米不等。裂变过程中产生的 γ 射线的穿透能力很强，其动能将分别在堆芯、反射层、热屏蔽和生物屏蔽内转换为热能，也有极少部分 γ 射线穿出生物屏蔽以外。由 γ 射线产生的热量分布与堆的具体设计有关。高能 β 粒子在包壳内的射程大约为 4 mm，在铀燃料芯块内的射程小于 0.254 mm，所以高能 β 粒子的能量大部分在燃料元件内转换成热能。有小部分的高能 β 粒子穿出燃料元件进入慢化剂，但不会射到堆芯外。裂变能的近似分配如表 2.5.2 所示。

表 2.5.2　裂变能的近似分配

类型		来源	能量/MeV	射程	转化为热能的地点
裂变	瞬发	裂变碎片的动能 裂变中子的动能 瞬发 γ 的动能	168 5 7	极短 中 长	燃料元件内 大部分在慢化剂内 堆内各处
	缓发	裂变产物衰变的 β 射线能 裂变产物衰变的 γ 射线能	7 6	短 长	大部分在元件内；小部分在慢化剂内 堆内各处
过剩中子引起的（n, γ）反应		过剩中子引起的非裂变反应加上（n, γ）反应产生的 β 衰变和 γ 衰变能	≈7	有长有短	堆内各处
总计			≈200		

由以上分析可知，裂变能绝大部分在燃料元件内转化为热能，裂变能的分布与堆的具体设计和运行提棒程序有关。在缺乏精确数据时，对于热中子反应堆来说，可以假定 90%以上的裂变能在元件内转化为热量，大约 5%裂变能在慢化剂内转化为热能，而其余不到 5%的裂变能在反射层内和热屏蔽内转化为热能。近几年来，在大型压水堆设计中，常取燃料元件的释热量为堆释热量的 97.4%，而在沸水堆中取 96%。此外，堆内热源的分布还和燃耗有关。由于裂变过程的物理特征和裂变产物的衰变，反应堆在稳定运行较长时间后停堆，功率不能立即降为零，而是随时间衰减。必须指出的是，堆内各处功率的衰减是不同的，所以堆内热源的空间分布随时间变化。例如，停堆 1 h 后，元件释热等于运行时的 1%，而反射层和屏蔽层内的释热却等于运行时的 10%。这是因为停堆后释热主要是由于吸收裂变产物衰变时放出的 γ 射线而产生的，在正常运行时，这部分热量只占堆芯释热量的一小部分。

2.5.2　堆内热功率计算

1. 停堆状态下堆内热功率

在停堆（次临界）状态下堆内热功率可由中子动力学点堆模型基本方程组导出。考

虑六组缓发中子后，忽略反应堆的温度效应和中毒效应的点堆模型基本方程组可写为

$$\frac{\mathrm{d}P(t)}{\mathrm{d}t}=\left[\frac{\rho_0-\beta}{l}\right]P(t)+\sum_{i=1}^{6}\lambda_i C_i+q_0 \tag{2.5.1}$$

$$\frac{\mathrm{d}C_i(t)}{\mathrm{d}t}=\frac{\beta_i}{l}P(t)-\lambda_i C_i \tag{2.5.2}$$

式（2.5.1）和式（2.5.2）中：$P(t)$为反应堆瞬时功率；ρ_0为反应堆停堆深度，$\rho_0<0$ 且为常数；β 为缓发中子份额；l 为平均每代中子寿期；λ_i 为第 i 组先驱核衰变常数；C_i 为与第 i 组先驱核浓度相对应的功率；q_0 为与外加中子源强相对应的功率。

由于在 $t=0$ 之前反应堆在稳态功率水平 P_0 下运行，所以，当 $t\leqslant 0$ 时，上述方程组的初始条件为

$$\frac{\mathrm{d}P}{\mathrm{d}t}=\frac{\mathrm{d}C}{\mathrm{d}t}=0 \tag{2.5.3}$$

由此可得

$$C_0=\frac{\beta}{\lambda l}P_0 \tag{2.5.4}$$

将式（2.5.1）和式（2.5.2）相加得

$$\frac{\mathrm{d}\left[\sum_{i=1}^{6}C_i+P\right]}{\mathrm{d}t}=\frac{\rho_0}{l}P(t)+q_0 \tag{2.5.5}$$

系统达到稳定时，各量不应随时间变量 t 变化，故式（2.5.5）应等于零，则有

$$P(t)=\frac{-q_0 l}{\rho_0}=\text{常数} \tag{2.5.6}$$

因反应堆处在次临界状态，$\rho_0<0$，q_0 和 l 都为正的常数，故式（2.5.6）中 $P(t)>0$ 是合理的。这个结果表明：有外加中子源的次临界反应堆，可以存在一个功率稳定态。式（2.5.6）表明，稳态功率与停堆深度有关。停堆深度越浅，即越小，则稳态功率水平越大，反之越小。

2. 运行状态下堆内热功率

从反应堆物理可知，堆芯内单位体积的裂变率可计算为

$$R=\Sigma_{\mathrm{f}}\phi=N\sigma_{\mathrm{f}}\phi \tag{2.5.7}$$

式中：R 为单位体积内的裂变率，核裂变/$(\mathrm{s\cdot m^3})$；Σ_{f} 为宏观裂变截面，$\mathrm{m^{-1}}$；ϕ为中子通量密度，中子/$(\mathrm{m^2\cdot s})$；N 为可裂变核的密度，核/$\mathrm{m^3}$；σ_{f} 为微观裂变截面，$\mathrm{m^2}$。

假定堆芯内单位体积的释热率用 q'''表示，$\mathrm{MeV/(s\cdot m^3)}$，那么可计算为

$$q'''=F_{\mathrm{a}}E_{\mathrm{f}}N\sigma_{\mathrm{f}}\phi \tag{2.5.8}$$

式中：F_{a} 为堆芯的释热量占总释量的份额。若知道堆芯体积 V_{c}，$\mathrm{m^3}$，则整个堆芯释出的热功率为

$$P_{\mathrm{c}}=1.6021\times 10^{-13}F_{\mathrm{a}}E_{\mathrm{f}}N\sigma_{\mathrm{f}}\phi_{\mathrm{av}}V_{\mathrm{c}}\quad(\mathrm{W}) \tag{2.5.9}$$

式中：ϕ_{av} 是整个堆芯内的平均中子通量密度，并利用 MeV 与焦耳的关系为

$$1\text{MeV} = 1.6021 \times 10^{-13} \quad (\text{J}) \tag{2.5.10}$$

如果计入位于堆芯之外的反射层、热屏蔽等的释热量，则反应堆释出的总热功率为

$$P_c = 1.6021 \times 10^{-16} E_f N \sigma_f \phi_{av} V_c \quad (\text{kW}) \tag{2.5.11}$$

对已设计好的反应堆，式（2.5.11）中 E_f、σ_f 和 V_c 均为常数。如果燃料的装载量已知，且在堆芯的分布是均匀的，则 N 也是已知的，这样式（2.5.11）中就只有一个变量ϕ_{av}，例如，对燃料装载量为 m kg 铀的反应堆，取 $E_f \approx 200$ MeV，$\sigma_f = 582$ b，则有 $P_c \approx 4.8 \times 10^{-14}$ mϕ_{av}，可见堆功率 P_c 与ϕ_{av} 成正比，因此，通常也会用反应堆中子通量密度水平来说明其功率大小。

2.5.3　堆芯功率分布及其影响因素

介绍了堆芯在稳态条件下的功率计算式后，接着讨论堆芯功率的分布和影响，这是我们在进行反应堆热工设计与计算中需要做的工作。

堆芯内功率的分布随燃耗而变化，它由反应堆物理计算直接给出。这里介绍的堆内功率分布暂不考虑燃耗的影响。

1. 均匀裸堆中功率分布

均匀堆内燃料是均匀装载的，其功率的空间分布函数与通量密度空间分布函数相同，因此堆芯功率的空间分布可以用中子通量密度分布函数表示。

现以压水堆中常见的圆柱形堆芯为例给出其热中子通量密度的表达式，并对表达式中的各参数的物理意义作简要说明。

由反应堆物理分析可知，圆柱形均匀裸堆中热中子通量密度的分布如图 2.5.1 所示，其径向为零阶贝塞尔函数分布，轴向为余弦函数分布。把坐标原点取在堆芯的中心，其数学表达式为

$$\phi(r,z) = \phi_0 J_0\left(2.405\frac{r}{R_c}\right)\cos\left(\frac{\pi z}{L_c}\right) \tag{2.5.12}$$

式中：R_c 为堆芯的外推半径，$R_c = R + \Delta R$，m；L_c 为堆芯的外推高度，$L_c = L + 2\Delta L$，m；R 为堆芯的实际半径，m；L 为堆芯实际高度，m；J_0 为第一类零阶贝塞尔函数；$\phi(r,z)$ 为堆芯内任一位置（r, z）上中子通量密度，1/(m^2·s)；ϕ_0 为堆芯内（0, 0）位置上的中子通量密度，1/(m^2·s)；ΔR 为径向外推长度，m；ΔL 为轴向外推长度，m。

在反应堆物理分析中已知，裸堆的外推长度取决于输运平均自由程 $\lambda_{t\gamma}$，m。

$$\Delta R = 0.71\lambda_{t\gamma} \tag{2.5.13}$$

$$2\Delta L = 2 \times 0.71\lambda_{t\gamma} \tag{2.5.14}$$

在有反射层的情况下，堆芯外推长度等于反射层的节省。对于大型压水堆来说，因为 $R \gg \Delta R$，$L \gg \Delta L$，所以在初步计算中，可取 $R_c = R$，$L_c = L$。但是在精确的计算中，则必须考虑外推长度的影响。

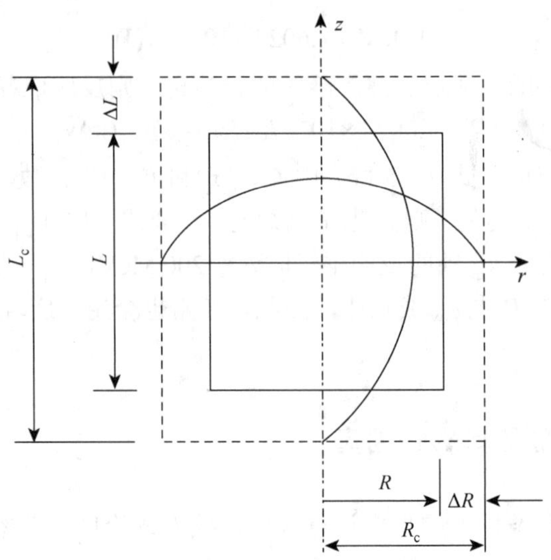

图 2.5.1　圆柱形均匀裸堆热中子通量密度分布

根据式（2.5.11）知，堆芯功率与中子通量密度成正比，因此根据式（2.5.12）可以给出均匀圆柱形裸堆功率的分布为

$$q'''(r,z)=q'''(0,0)J_0\left(2.405\frac{r}{R_c}\right)\cos\left(\frac{\pi z}{L_c}\right) \tag{2.5.15}$$

式中：$q'''(r,z)$ 为堆芯（r,z）位置的体积释热率；$q'''(0,0)$ 为堆芯中心位置的体积释热率。

$$q'''(0,0)=F_a E_f N\sigma_f\phi(0,0) \tag{2.5.16}$$

2. 影响堆功率分布的因素

本节已讨论均匀堆内功率的分布，此讨论所作的基本假定是堆芯内燃料分布是均匀的，即可裂变核密度 N 在堆芯为常数。实际上目前所建造的反应堆基本上都是非均匀的，燃料浓度按区分布，一般分为三区。此外燃料是做成元件并以栅阵形式置于堆芯，堆芯插有控制棒，堆芯还存在水隙及发生沸腾时会产生空泡，在堆芯四周存在有反射层，所有这些都会使实际的非均匀堆芯中功率分布与均匀堆的不同。下面讨论这些因素的影响。

1）燃料元件栅阵与自屏效应的影响

压水堆中一般把核燃料做成一定几何形状的元件，例如板状、圆柱形状和环（管）状，如图 2.5.2 所示。再把这些元件排列成一定的栅阵后插入慢化剂中。由于燃料元件的自屏效应，燃料元件内的中子通量密度分布与它周围的慢化剂内的中子通量密度分布会有较大的差别，如图 2.5.3 所示。

由图 2.5.3 可知，如果堆芯内、燃料元件的数量很大，排列又很均匀（大多数压水堆属于这种情况），那么非均匀堆的功率分布可以近似地用均匀堆来代替，即计算某根元件的发热率时，仍可用均匀堆这一位置上的通量，由此带来的误差并不大。

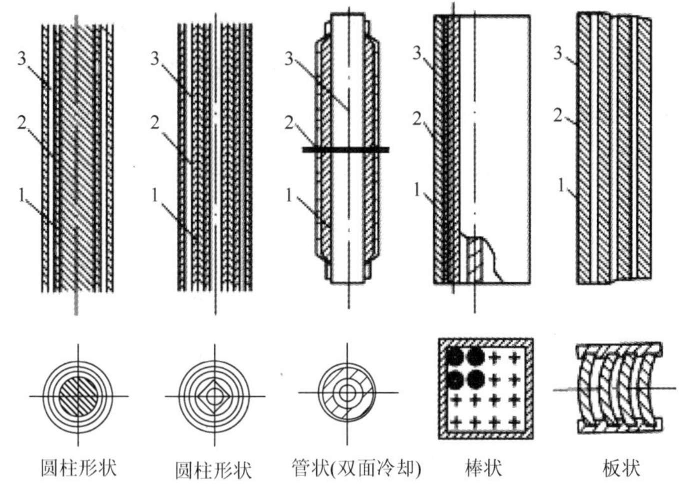

图 2.5.2　燃料元件及其组件示意图

1—燃料芯块；2—包壳；3—冷却剂通道

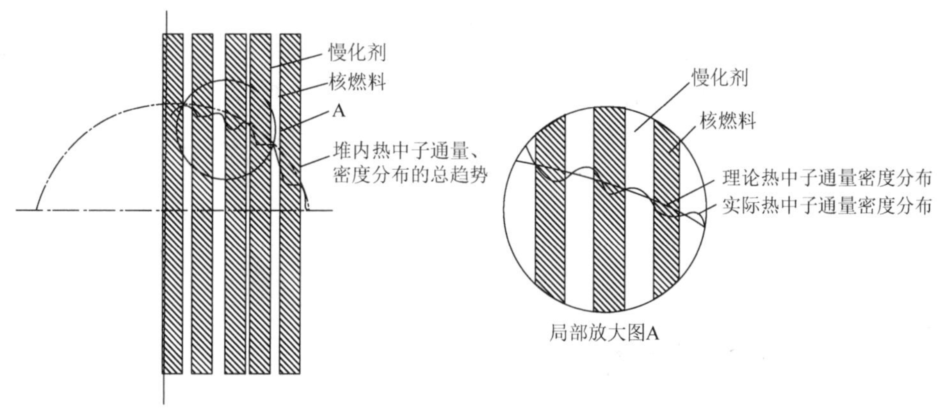

图 2.5.3　非均匀堆内热中子通量密度分布

2）核燃料浓缩度分区的影响

上面讨论的燃料元件，其可裂变核的浓缩度在每一根元件中都是相同的。早期压水堆大多采用这种方案，其优点之一就是装卸料方便。但对大型压水堆来说，单一燃料浓缩度也有不利的方面。从式（2.5.15）可知，采用单一浓缩度，元件均匀布置的堆芯内，中心区将出现一个高的功率峰值，从而限制了整个反应堆内的总功率输出量。此外，这种堆芯的平均燃耗也较低。为了克服这些缺点，现代大型压水堆通常采取燃料浓缩度分区方案。通常沿径向分为三区，如图 2.5.4 所示，在最外区布置浓缩度最高的元件，在中心区布置浓缩度最低的元件，而在中间区的元件，其燃料浓缩度介于中心区和最外区元件之间。因堆的功率近似地与中子通量密度ϕ和可裂变核的密度 N 的乘积成正比，这样布置便使中心区的功率下降而外区的功率上升（相对于均匀堆），整个堆芯功率分布得到了展平，这对提高反应堆的热功率是有利的。在反应堆运行到中心区燃料达到设计所规定的燃耗深度时，便将其取出堆芯。再把中间区和最外区的燃料元件依次往内移动。这种更换燃料方案称为倒料。应该指出，压水堆的燃料浓缩度分区根据具体要求可以有不同的方案，例如将堆芯分成两区，称为点火区和再生区。

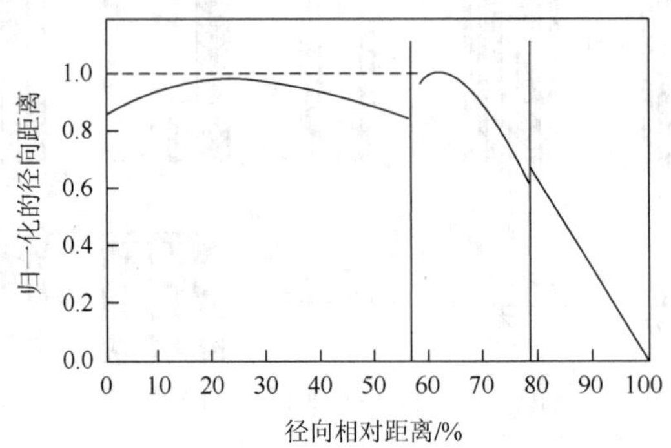

图 2.5.4　压水堆燃料浓缩度分布的影响

3）控制棒的影响

为了反应堆的安全，抵消过剩反应性，提高运行操作的灵活性，所有反应堆内都必须合理地布置一定数量的控制棒。由于控制棒是热中子的强吸收体，所以在控制棒的周围，热中子通量密度即功率将有较大的下降，而在远离控制棒的地方功率将有所上升，如图 2.5.5 所示。

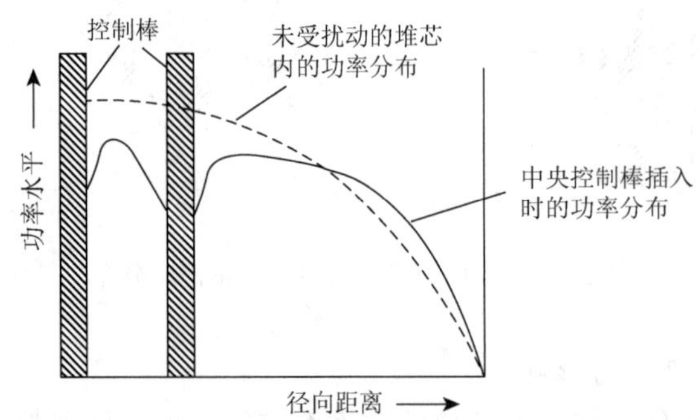

图 2.5.5　控制棒对径向功率分布的影响

同理，在寿期开始时，当控制棒部分抽出时，下部功率将有所上升。而在整个寿期内，由于下部可裂变核密度大大下降，所以轴向最大发热率将随控制棒上提而渐渐上升，如图 2.5.6 所示。

4）水隙的影响

以轻水作慢化剂的反应堆堆芯，在燃料元件盒之间，因栅距不同而产生的水隙，以及控制棒上提时所产生的水隙将有中子的慢化，使水隙附近热中子通量密度上升，从而使水隙周围的元件功率升高，增大了功率分布的不均匀性。在一个具有低浓缩铀堆芯内，

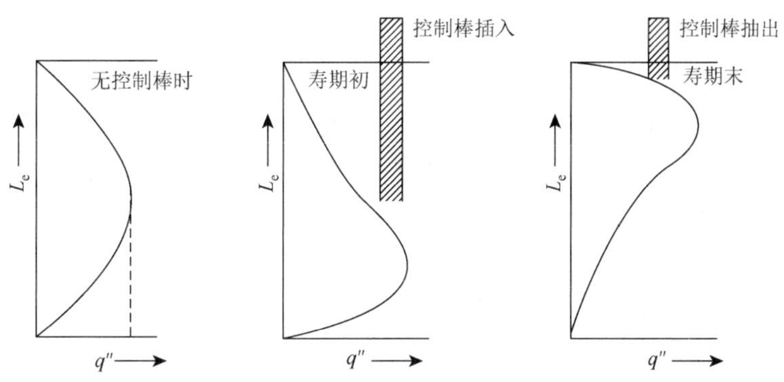

图 2.5.6 控制棒对轴向功率分布的影响

圆形水孔隙的影响示于图 2.5.7 中。为了尽量避免水隙或减小它的影响，早期水堆采用“十”字形或“Y”形控制棒，在控制棒的下端附加一个“挤水棒”。在现代压水堆中多采用束棒型控制组件。在这种情况下，控制棒的直径和元件相当，上提后留下的水隙较小，由此而引起的通量密度峰值不明显，因此可以不附加挤水棒。这样可降低压力壳高度和有利于堆芯结构设计。

5）反射层的影响

由于反射层的存在，使得热中子和快中子的泄漏减少，有的快中子在反射层内慢化为热中子。在反射层内的热中子，一部分向外泄漏，另一部分向堆芯扩散，使得堆芯四周的热中子通量密度有所升高，因而功率也有相应提高，如图 2.5.8 所示。

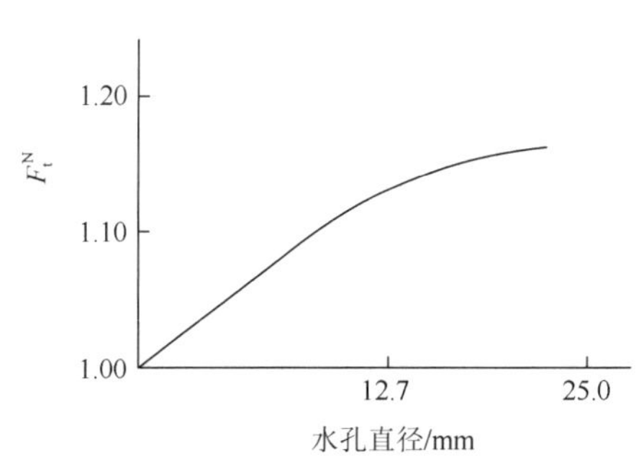

图 2.5.7 圆形水孔边缘上的功率峰因子

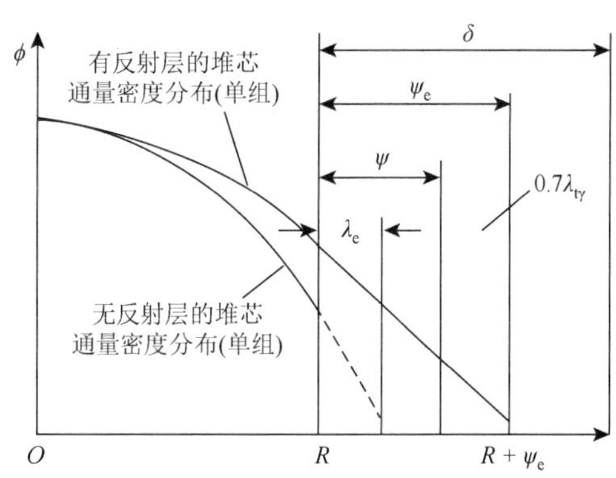

图 2.5.8 反射层对释热分布的影响

6）温度的影响

堆芯温度及冷却剂密度和中子特性之间有较密切的耦合关系。因为燃料温度变化会影响多普勒展宽共振积分，慢化剂温度变化会影响热群常数，而冷却剂密度又与宏观群常数有关。在轻水作冷却剂和慢化剂的反应堆中，因为大多数轻水堆堆芯的慢化是不充分的，所以水的局部密度降低使慢化能力减小，从而降低局部功率密度。当冷却剂流经堆芯时，水吸收裂变释热后温度升高，某些区域可能产生欠热沸腾，从而使气泡增多。

由于蒸汽的密度比水小，因此常把气泡称为空泡。在沸水堆中，堆芯上部的含汽量大于堆芯下部的含汽量，堆芯下部的热中子通量密度较高，因此控制棒一般从堆芯底部向上插入堆芯，这可以提高控制棒的效率，同时还可以展平轴向功率。近几年来，压水堆设计已取消在热管出口不允许产生空泡和沸腾的限制，在压水堆堆芯某些较热区出口附近可能会产生蒸汽泡或空泡，而蒸汽泡或空泡对中子的慢化作用比水差，因此使空泡区的中子通量密度及功率密度降低。这种影响在瞬态工况或事故工况下更为显著。由于空泡的负反应性效应，所以它能减轻某些事故的严重程度。

2.5.4　控制棒、慢化剂和结构材料的热源强度

1. 控制棒的热源强度

控制棒的热源来自两个方面：吸收堆芯的γ辐射；控制棒本身吸收中子产生（n, α）或（n, γ）反应放出的α或γ。因吸收γ射线而释热这一项，与堆芯结构、控制棒本身的结构、控制材料的性质及控制棒在堆芯内的位置有关，可用屏蔽设计的方法算出。而计算因子（n, α）或者（n, γ）反应而释热这一项，首先必须算出控制棒在单位时间内俘获的中子数。控制棒俘获的中子数可用下式估算：

$$n = 3.121\times10^{13} P\Delta K_c \quad (中子/s) \tag{2.5.17}$$

式中：3.121×10^{13}是释出 1 kJ 能量的裂变数；P的单位是 kW；ΔK_c是控制棒对中子的吸收系数，即每次裂变被控制棒吸收的中子数，中子/裂变。

控制棒的辐射俘获反应是（n, α）反应还是（n, γ）反应，主要取决于控制棒材料，若是（n, α）反应，则可以假设放出的α粒子能量$E_\alpha \approx 2$MeV。由于α粒子的射程短，其能量主要为控制棒所吸收，所以产生的功率为

$$\begin{aligned} P_\alpha &= nE_\alpha = 6.2\times10^{13} P\Delta K_c \quad (\text{MeV/s}) \\ &= 9.933\times10^{-3} P\Delta K_c \quad (\text{kW}) \end{aligned} \tag{2.5.18}$$

若控制棒吸收中子产生（n, γ）反应，则放出的γ射线的能谱有一个范围。如取其能谱的平均值为E_γ，产生的γ量子数为$\gamma(E_\gamma)$，自吸收系数为a（由于γ的穿透力强，控制棒本身只能吸收γ射线的一部分），则这部分功率P_γ可用下式表示：

$$\begin{aligned} P_\gamma &= 3.1\times10^{13} P\Delta K_c E_\gamma \gamma(E_\gamma) a \quad (\text{MeV/s}) \\ &= 4.966\times10^{-3} P\Delta K_c E_\gamma \gamma(E_\gamma) a \quad (\text{kW}) \end{aligned} \tag{2.5.19}$$

若控制棒由m种不同的吸收材料组成，且每种材料吸收中子所产生的反应类型和放出的能量不同，则控制棒因吸收中子所产生的总功率P_{ca}可用下式表示：

$$\begin{aligned} P_{ca} &= \sum_{i=1}^{m} 3.1\times10^{13} P\Delta K_c \varepsilon_i E_i a_i \quad (\text{MeV/s}) \\ &= \sum_{i=1}^{m} 4.966\times10^{-3} P\Delta K_c \varepsilon_i E_i a_i \quad (\text{kW}) \end{aligned} \tag{2.5.20}$$

式中：ε_i为第i种材料吸收的中子数占控制棒总吸收数的份额；E_i为第i种材料吸收每个中子所产生的能量，MeV；a_i为第i种材料的自吸收系数，视吸收中子后产生的反应而定，

若为（n, α）反应，则 a_i 可取为 1；其余符号含义同式（2.5.19）。

如上所述，控制棒总的释热量应为两项释热量的总和，即吸收堆芯 γ 辐射及吸收控制棒本身因（n, α）或（n, γ）反应所产生的热量的全部或一部分。

2. 慢化剂的热源强度

慢化剂内所产生的热量主要来源是裂变中子的慢化、吸收裂变产物放出的部分 β 粒子的能量、吸收各种 γ 射线的能量。这部分能量约占 5%。因为裂变快中子的大部分动能在前几次碰撞中慢化为热中子，所以，由此产生的热源分布将取决于快中子的平均自由程。在平均自由程很短的压水堆中，慢化剂中热源的分布大致与中子通量密度相同。慢化剂中的热源强度可近似用下式计算：

$$q_{\mathrm{m}}''' = 0.105 q''' \frac{(\rho_{\mathrm{m}})_{\mathrm{av}}}{\rho_{\mathrm{av}}} + (1.602 \times 10^{-13}) \Sigma_{\mathrm{s}} \phi_{\mathrm{f}} (\Delta E) \tag{2.5.21}$$

式中：q_{m}''' 是慢化剂中的热源强度；q''' 是堆芯均匀化后，某一位置的热源强度；ρ_{av} 是堆芯材料的平均密度；$(\rho_{\mathrm{m}})_{\mathrm{av}}$ 是慢化材料的平均密度；Σ_{s} 是快中子宏观弹性散射截面；ϕ_{f} 是快中子通量密度；ΔE 是每次碰撞的平均能量损失。其中，ΔE 可表示为

$$\Delta E = (E_{\mathrm{f}} - E_{\mathrm{t}}) / n \tag{2.5.22}$$

式中：E_{f} 是快中子的能量；E_{t} 是热中子能量；n 是快中子慢化成热中子所需的平均碰撞次数。

$$n = \ln(E_{\mathrm{f}} / E_{\mathrm{t}}) \zeta \tag{2.5.23}$$

式中：ζ 是平均对数能量减缩。

必须指出，若慢化剂兼做冷却剂（如在压水堆中），则慢化剂的冷却问题可与冷却剂传热问题一起考虑；若慢化剂不兼做冷却剂（如在水-石墨堆中），则慢化剂冷却问题应专门考虑。

3. 结构材料的热源强度

在堆芯内，结构材料例如燃料包壳、元件盒、定位格架、控制棒导向管等的释热几乎都是吸收了燃料放出的 γ 射线而产生的。假设 γ 射线的吸收正比于材料质量，则堆芯特定位置上某结构材料吸收 γ 射线所产生的释热率为

$$q_r''' = 0.105 q''' \frac{\rho}{\rho_{\mathrm{av}}} \tag{2.5.24}$$

此外，由结构材料与中子的相互作用生成的热量，一般认为不大于由吸收 γ 而产生的热量的 10%，所以用式（2.5.24）估算不会带来较大的误差。显然，结构材料中的热源还与结构本身的具体形状和所处的位置有密切关系。例如，压水堆中燃料元件的包壳，由于它很薄（通常小于 1 mm），对 γ 的减弱很小，就可以忽略其热源，作为无内热源的构件处理。如果构件厚度很大，就不能忽略因减弱 γ 而产生的热源。较精确的计算应按屏蔽计算公式进行。

另外，在堆芯的周围，γ 射线与中子辐射水平仍比较高，所以反射层、热屏蔽和压力容器等也会因和中子及 γ 射线相互作用而产生热量。由于碳钢和不锈钢等结构部件的快中子非弹性散射占的份额一般比较小，所以在估算时也可不考虑，这样不会带来较大的误差。

2.5.5　停堆后的释热

反应堆在停堆过程中，堆功率不能立即降为零，这是核动力不同于常规动力的一个重要方面。由反应堆物理分析可知，停堆时，由于缓发中子的作用，反应堆功率开始下降很快，随后下降速度减慢。停堆后释放的功率不可忽视，即便停堆后 10 h，也有停堆前稳态运行时功率的 0.74%。例如热功率为 600 MW 的反应堆，停堆后释放的功率在 10 h 内仍有 4 MW 以上，这些热量若不及时导出，完全可能把堆芯烧毁。因此，反应堆都设有余热排出系统，以便在停堆后将堆内热量排出。

忽略由 ^{238}U 俘获中子生成的 ^{239}U 和 ^{239}Np 在停堆后放射性衰变对剩余功率的贡献，则停堆后的堆功率由两部分组成：一部分是剩余裂变功率，由缓发中子引起的裂变所产生；另一部分是在裂变碎片和中子俘获产物在进行衰变时放出的 β 和 γ 射线能量。这两部分能量在停堆后衰减的规律不同，因此要分别进行计算。停堆前的稳定功率，记作 $P(0)$；停堆后的功率，记作 $P(t)$，它是时间的函数，取决于停堆前的功率值以及运行的时间。

1. 剩余裂变功率的减少

在计算停堆后功率的变化时，可以采用单群点堆模型进行分析。因为反应堆裂变功率的大小与中子密度成正比，所以用裂变功率表示的单群点堆模型中子动力学方程为

$$\frac{\mathrm{d}P_{\mathrm{f}}}{\mathrm{d}t}=\frac{\rho-\beta}{l}P_{\mathrm{f}}+\sum_{i=1}^{6}\lambda_i C_i \tag{2.5.25}$$

$$\frac{\mathrm{d}C_i}{\mathrm{d}t}=\frac{\beta_i}{l}P_{\mathrm{f}}-\lambda_i C_i \quad (i=1,2,\cdots,6) \tag{2.5.26}$$

式中：P_{f} 为反应堆裂变功率；t 为时间；ρ 为反应性；β 为缓发中子总份额；β_i 为第 i 组缓发中子份额；l 为瞬发中子一代寿命；λ_i 为第 i 组缓发中子先驱核衰变常数；$C_i(t)$为第 i 组缓发中子先驱核对应的功率。

停堆前，堆内反应性 $\rho=0$，即反应堆处于稳态运行状态。为了停堆，在 $t=0$ 时刻，则要向堆内引入一个阶跃负反应性 $\rho<0$。令

$$P_{\mathrm{f}}=A\mathrm{e}^{\omega t} \tag{2.5.27}$$

$$C_i=A_i\mathrm{e}^{\omega t} \tag{2.5.28}$$

式（2.5.27）和式（2.5.28）中：A 和 A_i 为待定系数。由式（2.5.25）～式（2.5.28）得

$$\rho=l\omega+\sum_{i=1}^{6}\frac{\omega\beta_i}{\omega+\lambda_i} \tag{2.5.29}$$

如果把 $l=l_0/K$，$K=\dfrac{1}{1-\rho}$ 代入式（2.5.29）得

$$\rho = \frac{l_0\omega}{1+l_0\omega} + \frac{\omega}{1+l_0\omega}\sum_{i=1}^{6}\frac{\beta_i}{\omega+\lambda_i} \tag{2.5.30}$$

式（2.5.29）和式（2.5.30）是一个特征方程，它表征参数 ω 和反应堆的特性参数 ρ，l，K，β_i 和 λ_i 之间的函数关系。目前还无法求得式（2.5.30）的 7 个精确根，ω_1，ω_2，…，ω_7，只能求得近似根。近似解法有两种：一种是图解法；另一种是迭代法。求得这 7 个根后，根据下面两式求出定常数 A_j 的表达式。

$$\frac{l_0}{l}\sum_{j=1}^{7}\frac{A_j}{\omega_j+\lambda_i} = \frac{1}{\lambda_i} \quad (i=1,2,\cdots,6) \tag{2.5.31}$$

$$\sum_{j=1}^{7} A_j = 1 \tag{2.5.32}$$

因为 $\rho<0$，全部 ω_j 均为负值，A_j 均为正值。将 ω_j 和 A_j 代入式（2.5.27）可得功率的变化规律：

$$P_{\mathrm{f}}(t) = P(0)\left(A_0\mathrm{e}^{\omega_0 t} + \sum_{i=1}^{6} A_i\mathrm{e}^{\omega_i t}\right) \tag{2.5.33}$$

式中：A_0，A_1，…，A_6 是待定常数，可由方程的初始条件求出。

当反应堆需要紧急停堆时，往往要向堆芯引入一个很大的负反应性，此时由式（2.5.33）可以得到近似解为

$$\frac{P_{\mathrm{f}}(t)}{P(0)} = A_0\exp\left[\frac{-t}{l/(1-K)}\right] + \sum_{i=1}^{6} A_i\exp(-\lambda_i t) \tag{2.5.34}$$

如果 K 比 1 小很多，则方程式（2.5.34）还可以简化为

$$\frac{P_{\mathrm{f}}(t)}{P(0)} = A_0\exp\left(\frac{-t}{l}\right) + \sum_{i=1}^{6} A_i\exp(-\lambda_i t) \tag{2.5.35}$$

可见在引入一个很大的负反应性条件下，堆功率衰减率与反应性无关。

上述模型对缓发中子采用了六组方程，求解过程需要迭代计算，在使用上还不够方便。如果采用较为简单的单组中子动力学方程，则相应的堆功率表达式为

$$P_{\mathrm{f}}(t) = P(0)\left[\left(\frac{\beta}{\beta-\rho_0}\right)\exp\left(\frac{\lambda\rho_0}{\beta-\rho_0}\right)t - \left(\frac{\rho_0}{\beta-\rho_0}\right)\exp-\left(\frac{\beta-\rho_0}{l}\right)t\right] \tag{2.5.36}$$

式（2.5.36）右边第一项是瞬发中子的贡献，第二项是缓发中子的贡献。当反应性为负时，第二项下降比另一项快。因此堆功率在开始时下降很快，而后则按第一项缓慢下降。后来之所以衰减缓慢，是由于缓发中子的影响。

由以上分析可知，在反应堆停堆之后，裂变功率大体上先是突然下降（瞬发跃变），随后就缓慢地按指数规律衰减。对于在很长时间内一直以恒定功率持续运行的轻水慢化反应堆，如果引入的负反应性绝对值大于 4%，则在剩余裂变功率起主要作用的期间内堆功率可近似地表示为

$$\frac{P_{\mathrm{f}}(t)}{P(0)} = 0.15\exp(-0.1t) \tag{2.5.37}$$

对于重水堆，则有

$$\frac{P_{\mathrm{f}}(t)}{P(0)} = 0.15\exp(-0.06t) \tag{2.5.38}$$

式中：t 以秒计算。

需要指出，式（2.5.37）与式（2.5.38）不适用于以钚为燃料的堆芯。由于 Pu 的缓发中子份额只有 0.21%左右，所以钚为燃料的堆芯剩余裂变功率是 ^{235}U 燃料的三分之一左右。

2. 衰变功率的减少

在停堆几分钟之后，中子引起的裂变功率已经衰减到很小的数值，堆芯中放射性产物衰变发热便是堆内主要的热源。这些放射性产物包括裂变碎片和中子俘获产物。放射性产物衰变功率的大小主要取决于两个因素，停堆前堆功率 $P(0)$和运行时间 t_0。

在反应堆长期运行之后停堆的瞬间，所产生的功率由实验测定，它大约为运行功率的 3%，并且最初几个小时最为关键。对于以铀为燃料的反应堆，放射性衰变热可计算为

$$\frac{P_{\mathrm{s}}(t)}{P(0)} = \frac{A}{200}\left[t^{-\alpha} - (t+t_0)^{-\alpha}\right] \tag{2.5.39}$$

式中：A、α 值与停堆后时间有关，如表 2.5.3 所示。

表 2.5.3　式（2.5.39）中的 A 与 α 值

时间范围/s	A	α
$10^{-1}\leqslant t<10$	12.05	0.0639
$10\leqslant t<1.5\times10^{2}$	15.31	0.1807
$1.5\times10^{2}\leqslant t<4\times10^{6}$	26.02	0.2834
$4\times10^{6}\leqslant t<2\times10^{8}$	53.18	0.3350

放射性衰变热也可以采用 Glasstone 关系式计算：

$$\frac{P_{\mathrm{s}}(t)}{P(0)} = \left[0.1(t+10)^{-0.2} + 0.87(t+2\times10^{7})^{-0.2}\right] - \left[0.1(t+t_0+10)^{-0.2} + 0.087(t+t_0+2\times10^{7})^{-0.2}\right] \tag{2.5.40}$$

式（2.5.39）与式（2.5.40）中：t_0 为反应堆以 $P(0)$功率持续运行的时间，单位为 s；t 为从停堆时刻算起的时间，单位为 s。

对式（2.5.40），当 $t<20$s 时，这个公式给出的结果并不理想；而当 $t>(1\sim2)\times10^{7}$s≈（1.2～2.3）$\times10^{2}$d 时，所给出的结果略为偏高。

当 $t>200$s 和 $t_0>1$a 时，衰变热可用下式计算：

$$\frac{P_{\mathrm{s}}(t)}{P(0)} = 0.95t^{-0.26} \tag{2.5.41}$$

当 t_0 有限时，上述方程应当加以修正，用修正因子 $f(t_0)$ 乘以式（2.5.41）右边即可，则

$$f(t_0) = \left[1 - \left(1 + \frac{t_0}{t}\right)^{-0.2}\right] \tag{2.5.42}$$

图 2.5.9 是根据 Glasstone 关系式（2.5.40）对反应堆分别运行 7d、30d 和 1a 停堆后功率变化曲线。从图中可知，停堆后各衰变功率变化曲线规律相同，且停堆前运行时间越长，停堆后功率越大。由于 Glasstone 关系式中还包含 ^{239}U 和 ^{289}Np 等核素裂变产物衰变的贡献，所以用它来计算停堆后相对功率，是偏保守的。

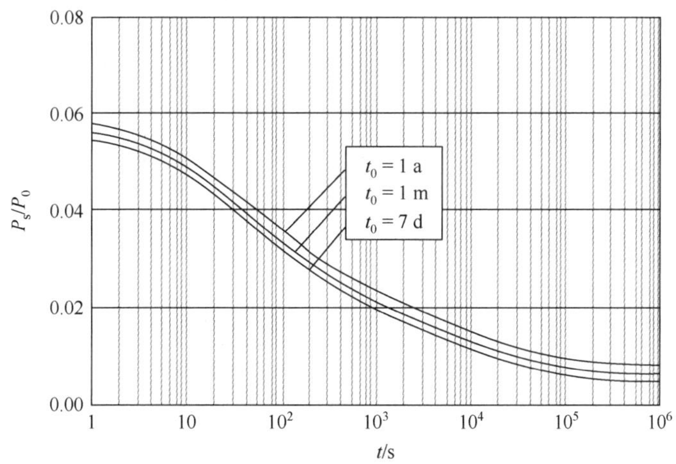

图 2.5.9　不同运行时间停堆后各衰变功率变化曲线

若停堆前反应堆在不同的功率水平上运行，则在计算剩余释热时可按下式求出平均功率：

$$P_{av} = \frac{\sum_i P_i t_i}{\sum_i t_i} \tag{2.5.43}$$

式中：t_i 为运行在 P_i 功率的持续时间，这样计算可能与实际剩余释热相差很大，特别是平均功率 P_{av} 与停堆前反应堆运行功率水平相差较大。问题在于对剩余释热的主要贡献是在反应堆停堆前的最后一段运行时间内所积累的具有最大辐射强度的裂变碎片。因此，当平均功率小于停堆前的运行功率时，则按平均功率计算的剩余释热偏低，反之偏高。

1971 年美国核学会（American Nuclear Society，ANS）颁布的标准中衰变功率曲线如图 2.5.10 所示，这条从第 1 s 至 10^9 s 的曲线是按反应堆初始装载 ^{235}U 燃料，以恒定功率 P_0 运行“无限长”时间（当所有裂变产物已达饱和平衡，即认为是“无限长”时间）计算得到的停堆衰变功率，具有较高的准确度。而反应堆运行有限时间 t_0 后的 P_s/P_0 值则是由图 2.5.9 中用 t 秒时刻的 P_s/P_0 值减去 $t+t_0$ 时刻的 P_s/P_0 值，其中，t 是停堆冷却的时间。按此计算的反应堆分别运行 20 d、200 d、“无限长”时间，以及不同停堆时间的相对衰变功率 P_s/P_0 值列于表 2.5.4。可见，对三个反应堆运行时间，1 h 的相对衰变功率都在 1.3%，停堆时间少于 1 h 的相对衰变功率 P_s/P_0 比值与停堆时间无关。但停堆时间大于 1 d 以上的衰变功率随运行时间增加而增加。例如，反应堆运行 20 d、200 d，在停堆 100 d 时 P_s/P_0 还分别有万分之三与万分之五。

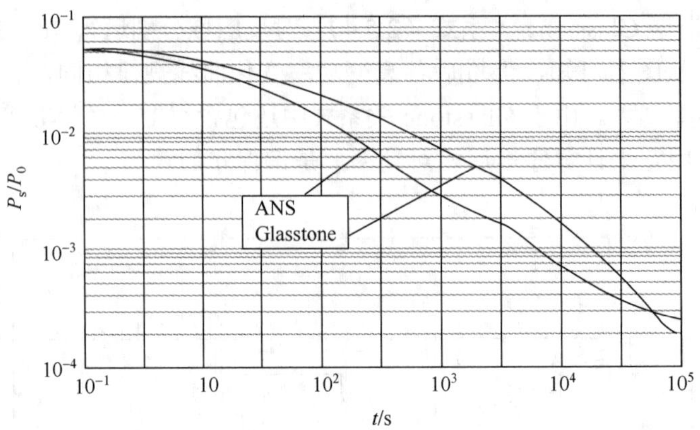

图 2.5.10　Glasstone 关系和 ANS 标准衰变功率变化

表 2.5.4　停堆后衰变热功率

运行时间	停堆后不同时刻（冷却期间）的衰变热功率与热功率的比值 P_s/P_0		
	1 h	1 d	100 d
20 d	0.013	2.5×10^{-3}	3×10^{-4}
200 d	0.013	4.1×10^{-3}	5×10^{-4}
无限长	0.013	5.1×10^{-3}	12×10^{-4}

1971 年 ANS 标准的不确定性如下：

$$
\begin{aligned}
&t<10^3\text{s：}+20\%，-40\% \\
&10^3<t<10^7\text{s：}+10\%，-20\% \\
&t>10^7\text{s：}+25\%，-50\%
\end{aligned}
\tag{2.5.44}
$$

Glasstone 关系式与 ANS 标准衰变功率曲线的比较如图 2.5.10 所示。

习　题

1. 核燃料大致可分为几类？作为燃料的 UO_2 主要特性或优缺点是什么？
2. 压水堆常用包壳材料有哪些？它们的主要特性或优缺点是什么？
3. 冷却剂和慢化剂的选择应考虑哪些因素？水作为冷却剂，有什么优缺点？
4. 查附录Ⅱ计算水的以下物性参数，并求：

（1）15.5 MPa 时饱和水的温度、密度和比焓；

（2）15 MPa，300℃时水的热导率；

（3）15 MPa 下比焓为 1 500 kJ/kg 时水的温度。

5. 裂变能释放的特点是什么？每次核裂变放出的裂变能是多少？

6. 圆柱形均匀裸堆的热功率分布是怎样的？影响堆功率分布的因素有哪些？以压水堆为例，简述它们各自对堆的功率分布的影响。

7. 控制棒、慢化剂和结构材料中的释热率有何异同点？如何计算？

8. 反应堆停堆后的热源由哪几部分组成，它们各自的特点和规律是怎么样的？

9. 以压水堆为例，说明停堆后的功率约占停堆前堆功率的百分数。大约在停堆后多长时间剩余裂变热可以忽略？

10. 某反应堆缓发中子有效份额 $\beta = 0.005\,42$，单群缓发中子衰变常数 $\lambda = 0.081\,7/\mathrm{s}$，中子每代时间 $l = 2.48\times10^{-5}\,\mathrm{s}$，若突然引入负反应性 $\rho = -0.001\,63$，而使反应堆停闭，试问连续满功率运行一年后停堆，10 s、60 s、300 s 的相对功率是多少？

11. 某压水堆，在热功率 900 MW 下稳定运行一年，然后在引入较大负反应性（绝对值大于 4%）后停堆，求停堆 1 s、10 s、100 s、1 000 s、1 h、10 h、100 h、1 000 h、1 a 后的功率随时间的变化。

12. 反应堆在 220 MW 功率下运行 100 d，求停堆 2 d、7d、30d 与 1 a 后的剩余功率。

13. 反应堆运行 10 d 后停堆，过了 10 h 剩余功率不大于 100 kW，试求反应堆运行功率是多少？

14. 试问反应堆在 110 MW 功率水平上运行多久，才能使停堆 3 d 后的剩余功率不大于 200 kW？

15. 舰船反应堆分别在 220、150、100、70 MW 的功率水平上运行 10 d，求停堆 3 d、10 d、30 d 与 100 d 后的剩余功率。

16. 利用第 12 题的数据，分析比较衰变热计算式（2.5.39）～式（2.5.43）的计算结果，看看区别有多大。

第3章　核动力装置传热学基础

在压水堆核动力装置中，核燃料裂变释放出的能量首先是通过燃料元件内的导热、元件表面与冷却剂的对流换热和冷却剂的流动带出堆芯，并经过蒸汽发生器将一回路冷却剂的热量传递给二回路工质，然后通过二回路的汽轮机将工质热量转换为功。经过蒸汽发生器一回路的冷却剂和从汽轮机出来并经过冷凝器冷却的二回路工质分别又进行下一次的循环，以此实现核能到热能再到功的周而复始的转换。为了弄清这一转换过程的热量传递规律、效率，必须对反应堆、蒸汽发生器、冷凝器等装置内的传热特点、规律、计算和分析方法等基础理论要有所了解和掌握，本章主要介绍核动力装置的传热学基础。

3.1　导　　热

热量从温度较高的物体传到与之接触的温度较低的物体，或者从一个物体中温度较高的部分传递到温度较低的部分，这个过程称为导热。单纯的导热过程是由于物体内部分子、原子和电子等微观粒子的运动，将能量从高温区域传到低温区域，而组成物体的物质并不发生宏观的位移。反应堆裂变热从燃料元件传出的过程即为导热过程。

3.1.1　导热的基本概念及定律

1. 导热的相关术语

1）温度场

温度场是某一时刻导热物体中各点温度分布的总称，一般是空间坐标和时间坐标的函数，在直角坐标系下，温度场表示为

$$T = f(x, y, z, t) \tag{3.1.1}$$

2）等温线（面）

在同一时刻，物体中温度相同的点连成的线（或面）称为等温线（面），它们分别在二维和三维空间之间进行区分。等温线（面）的特点：①不可能相交；②对连续介质，等温线（面）只可能在物体边界中断或完全封闭；③沿等温线（面）上无热量传递；④由等温线（面）的疏密可直观反映出不同区域温度梯度（或热流密度）的相对大小。

3）温度梯度

空间某点的温度梯度可表示为

$$\mathrm{grad}T = \lim_{\Delta n \to 0}\left(\frac{\Delta T}{\Delta n}\right)n = \frac{\partial T}{\partial n}n \tag{3.1.2}$$

两条等温线 T 与 $T+\Delta T$ 之间，温度变化最剧烈的方向（法线方向）n 即为温度梯度的方向。其中 n 指向温度升高的方向。

2. 导热基本定律——傅里叶定律

导热过程所遵循的傅里叶（Fourier）定律的矢量表达式为

$$\begin{cases} Q=-\lambda A \mathrm{grad} T=-\lambda A \dfrac{\partial T}{\partial n} n \\ q=Q / A=-\lambda \mathrm{grad} T=-\lambda \dfrac{\partial T}{\partial n} n \end{cases} \tag{3.1.3}$$

式中：Q 为通过面积 A 的热量，W；q 为通过单位面积的热量，W/m^2；λ 为比例系数，称为导热系数，W/(m·K)或 W/(m·℃)。关于傅里叶定律应注意以下几点。

（1）负号“−”表示热量传递指向温度降低的方向；而 $\boldsymbol{n}$ 是通过该点的等温线上法向单位矢量，指向温度升高的方向。

（2）热流方向总是与等温线（面）垂直。

（3）物体中某处的温度梯度是引起物体内部及物体间热量传递的根本原因。

（4）一旦物体内部温度分布已知，则由傅里叶定律，即可求得各点的热流量或热流密度。因而，求解导热问题的关键在于求解并获得物体中的温度分布。

（5）傅里叶定律是实验定律，是普遍适用的，即不论是否变物性、是否高温高压、是否有内热源、物体的几何形状如何、是否非稳态，也不论物质的形态（固、液、气），傅里叶定律都是适用的。因此，在反应堆内傅里叶导热定律是适用的。

3. 导热系数

根据式（3.1.3），有 $\lambda=-q\Big/\dfrac{\partial T}{\partial n} n$，即导热系数（在反应堆热工分析中常称为热导率）$\lambda$ 表示在单位温度梯度作用下物体内所产生的热流密度，它表征了物质导热能力的大小。导热系数是物性参数，单位是 W/(m·K)或 W/(m·℃)，它取决于物质的种类和热力状态（温度、压力等）。气体、液体、导电固体和非导电固体的导热系数区别很大，主要因为它们的导热机理不同。在气体中，导热是由于热运动的气体分子相互碰撞的结果。在金属导体中，主要是依靠自由电子的运动使热量转移。在非导电的固体中，导热通过分子、原子在晶格位置附近振动来实现的，也即是通过弹性波来传递能量的。至于液体中的导热情况则较为复杂，但基本上与非导电固体相似，也是通过弹性波的作用来实现的。如当温度 $T=20$℃时，4 种有代表性的物质导热系数为

纯铜 $\lambda=399$ W/(m·K)

碳钢 $\lambda=35\sim40$ W/(m·K)

水 $\lambda=0.599$ W/(m·K)

干空气 $\lambda=0.0259$ W/(m·K)

3.1.2 导热微分方程

导热是物体内部温度场不均匀分布的必然结果，只要知道任何时候物体各个部分温度分布式，在任何地点（x, y, z）和任何时刻 t 的热流密度 q（x, y, z, t）为

$$q = q_x + q_y + q_z = \left(-\lambda_x \frac{\partial T}{\partial x}\right) + \left(-\lambda_y \frac{\partial T}{\partial y}\right) + \left(-\lambda_z \frac{\partial T}{\partial z}\right) \tag{3.1.4}$$

对于各向同性体，$\lambda_x = \lambda_y = \lambda_z = \lambda$，则

$$q = -\lambda \mathrm{grad} T = -\lambda \nabla T \tag{3.1.5}$$

在导热基本定律的基础上，根据能量守恒定律，可以建立温度场的通用微分方程，即“导热微分方程”。以直角坐标系为例，在导热物体中取一微元体 dxdydz，如图 3.1.1 所示，可以建立导热微分方程：

$$\rho c_p \frac{\partial T}{\partial t} = \frac{\partial}{\partial x}\left(\lambda_x \frac{\partial T}{\partial x}\right) + \frac{\partial}{\partial y}\left(\lambda_y \frac{\partial T}{\partial y}\right) + \frac{\partial}{\partial z}\left(\lambda_z \frac{\partial T}{\partial z}\right) + q''' \tag{3.1.6}$$

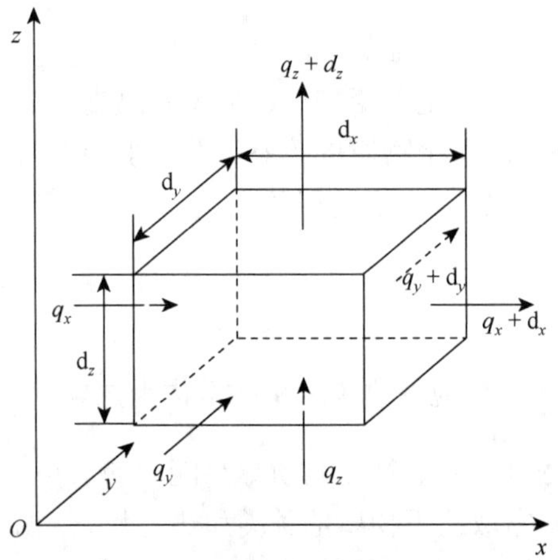

图 3.1.1　微元体的导热分析

式中：$T = f(x, y, z, t)$；ρ 为密度；c_p 为比定压热容；q''' 为单位体积的发热量；方程左边 $\frac{\partial T}{\partial t}$ 表示温度随时间的变化率；方程右边前三项表示导热传进微元体的热量，最后一项表示内热源强度。如果导热系数 λ 可取为常数，式（3.1.6）则简化为

$$\frac{\partial T}{\partial t} = a\left(\frac{\partial^2 T}{\partial x^2} + \frac{\partial^2 T}{\partial y^2} + \frac{\partial^2 T}{\partial z^2}\right) + \frac{q'''}{\rho c_p} \tag{3.1.7}$$

式中：$a = \frac{\lambda}{\rho c_p}$，单位为 m^2/s，叫作热扩散率或导温系数，它和 λ、ρ、c_p 一样，也是一个重要的热物性参数。热扩散率表征材料在非稳态导热过程中扩散热量的能力。式（3.1.7）导热方程还可以写成：

$$\nabla^2 T + \frac{q'''}{\lambda} = \frac{1}{a}\frac{\partial T}{\partial t} \tag{3.1.8}$$

式中：$\nabla^2 = \nabla \cdot \nabla$ 为拉普拉斯算子。在直角坐标系中，

$$\begin{aligned}\nabla^2 T = \nabla \cdot \nabla T &= \left(i\frac{\partial}{\partial x} + j\frac{\partial}{\partial y} + k\frac{\partial}{\partial z}\right) \cdot \left(i\frac{\partial T}{\partial x} + j\frac{\partial T}{\partial y} + k\frac{\partial T}{\partial z}\right) \\ &= \frac{\partial^2 T}{\partial x^2} + \frac{\partial^2 T}{\partial y^2} + \frac{\partial^2 T}{\partial z^2}\end{aligned} \tag{3.1.9}$$

在圆柱坐标系中，

$$\nabla^2 T = \frac{\partial^2 T}{\partial r^2} + \frac{1}{r}\frac{\partial T}{\partial r} + \frac{1}{r^2}\frac{\partial^2 T}{\partial \phi^2} + \frac{\partial^2 T}{\partial z^2} \tag{3.1.10}$$

而在球坐标系中，

$$\nabla^2 T = \frac{1}{r}\frac{\partial^2}{\partial r^2}(rT) + \frac{1}{r^2 \sin\theta}\frac{\partial}{\partial \theta}\left(\sin\theta \frac{\partial T}{\partial \theta}\right) + \frac{1}{r^2 \sin^2\theta}\frac{\partial^2 T}{\partial \phi^2} \tag{3.1.11}$$

式（3.1.10）与式（3.1.11）中：ϕ表示投在 xOy 平面上的角；θ 表示投在 xOz 平面上的角。当导热系数为常数时，可得以下几种特殊情况下的导热方程。

傅里叶方程（无内热源）：

$$\frac{\partial T}{\partial t} = \frac{\lambda}{\rho c_p}\left(\frac{\partial^2 T}{\partial x^2} + \frac{\partial^2 T}{\partial y^2} + \frac{\partial^2 T}{\partial z^2}\right) \tag{3.1.12}$$

泊松（Poisson）方程（稳态，有内热源）：

$$\frac{\partial^2 T}{\partial x^2} + \frac{\partial^2 T}{\partial y^2} + \frac{\partial^2 T}{\partial z^2} + \frac{q'''}{\lambda} = 0 \tag{3.1.13}$$

拉普拉斯（Laplace）方程（稳态，无内热源）：

$$\frac{\partial^2 T}{\partial x^2} + \frac{\partial^2 T}{\partial y^2} + \frac{\partial^2 T}{\partial z^2} = 0 \tag{3.1.14}$$

3.1.3　定解条件

导热微分方程揭示了导热物体内部不均匀温度场的内在规律，是描述导热过程共性的数学表达式，求解导热微分方程可以得到通解。但要获得某一具体导热过程的特解，还必须给出表征该特定问题的一些约束条件，这些约束条件称为定解条件（或单值性条件）。因此导热微分方程和定解条件才能构成一个具体导热问题的完整数学描述。一般地，导热问题的定解条件有几何条件、物理条件、时间条件和边界条件。

1. 几何条件

几何条件说明导热物体的形状和尺寸，确定所研究问题的空间范围。

2. 物理条件

物理条件说明导热物体的热物性特点。常物性时，各项物性参数值为常数；而变物性时，则需给出物性参数随温度（压力）变化的函数关系。

3. 时间条件

时间条件说明导热过程随时间进行的特点。稳态导热过程不随时间而变，因此没有时间条件；非稳态导热过程则需给出开始时刻导热物体的温度分布，称为初始条件。

4. 边界条件

边界条件说明导热物体边界处的温度或传热情况，反映所研究的导热过程与外界环境的相互影响。导热问题中常见的边界条件可以归纳为以下几类。

第一类边界条件：给出导热物体边界上任何时刻的温度分布，当 $t>0$ 时，即

$$T_W = f_1(x, y, z, \tau) \tag{3.1.15}$$

第二类边界条件：给出导热物体边界上任何时刻的热流密度分布，当 $t>0$ 时，即

$$-\lambda\left(\frac{\partial T}{\partial n}\right)_w = f_2(x, y, z, \tau) \tag{3.1.16}$$

第三类边界条件：给出导热物体（表面）传热量守恒关系式。导热物体表面与流体相接触，须知道表面对流换热系数 α 和周围流体温度 T_f，T_f 可以稳定不变或者随时间而变化，α 可以是局部值或者表面的平均值。固体壁导热量与表面传热量具体守恒关系式为

$$-\lambda_s\left(\frac{\partial T}{\partial n}\right)_w = a(T_w - T_f) \tag{3.1.17}$$

式中：α 及 T_f 均可为时间和空间坐标的函数。

以上三类边界条件之间有一定的联系，在一定条件下，第三类边界条件可以转化成第一、二类边界条件。由

$$\left(\frac{\partial T}{\partial n}\right)_w = -\frac{a}{\lambda_s}(T_w - T_f) \tag{3.1.18}$$

可知，当 $\dfrac{\alpha}{\lambda_s} \to +\infty$ 时，由于边界温度变化率 $\left(\dfrac{\partial T}{\partial n}\right)_w$ 只能是有限值，由式（3.1.18）得 $(T_w - T_f) \to 0$，即 $T_W = T_f$（已知）时，第三类边界条件变为第一类边界条件；而当 $\dfrac{\alpha}{\lambda_s} \to 0$ 时，则 $\left(\dfrac{\partial T}{\partial n}\right)_w = 0$，即 $q_w = -\lambda_s\left(\dfrac{\partial T}{\partial n}\right)_w = 0$，物体边界面绝热，第三类边界条件变为特殊的第二类边界条件。

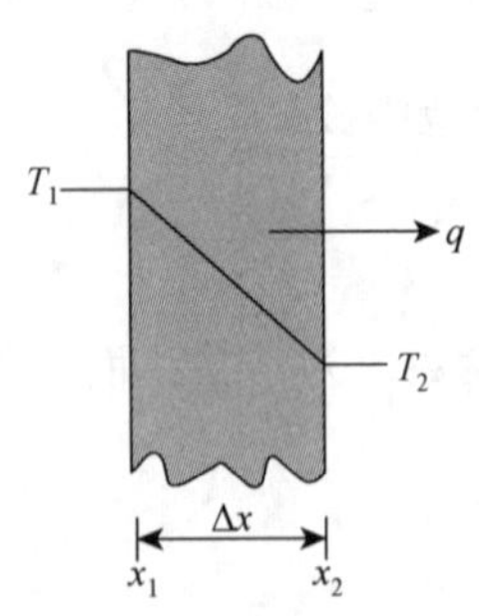

图 3.1.2　一维稳态导热问题

3.1.4　几种典型导热问题的解

1. 表面温度恒定的平板

两表面温度均匀恒定，且导热系数为常数的均质平板中的一维稳态导热，是最简单的导热问题，如图 3.1.2 所示。取梯度方向为 x，将式（3.1.3）分离变量并积分，可得

$$Q = -\lambda A\frac{T_2 - T_1}{x_2 - x_1} = -\lambda A\frac{T_2 - T_1}{\Delta x} \tag{3.1.19}$$

此方程可以整理为

$$Q=\frac{T_1-T_2}{\Delta x/\lambda A}=\frac{\Delta T}{R}=\frac{\text{温差}}{\text{热阻}} \tag{3.1.20}$$

注意：热阻 $R=\Delta x/\lambda A$ 说明其与材料的厚度成正比，与材料的导热系数和垂直于热流方向的面积成反比。这一原理很容易推广至图 3.1.3 所示的二层复合平板一维稳态导热图的情况。在稳态情况下，从左表面传入热流必须与从右表面传出的热流 Q 相等。因此有

$$Q=\frac{T_1-T_2}{\Delta x_a/\lambda_a A} \quad \text{及} \quad Q=\frac{T_2-T_3}{\Delta x_b/\lambda_b A} \tag{3.1.21}$$

$$Q=\frac{T_1-T_3}{(\Delta x_a/\lambda_a A)+(\Delta x_b/\lambda_b A)} \tag{3.1.22}$$

式（3.1.21）与式（3.1.22）说明导热与导电二者是相似的。其原因在于傅里叶定律与欧姆定律之间的相似性。因此，傅里叶定律可方便地表示为

$$\text{传导热流}=\frac{\text{总温差}}{\text{总热阻}} \tag{3.1.23}$$

对于二层复合平板，其总热阻只是两个串联热阻之和，如图 3.1.4 所示。该结论显然可推广应用至三层或多层平板。

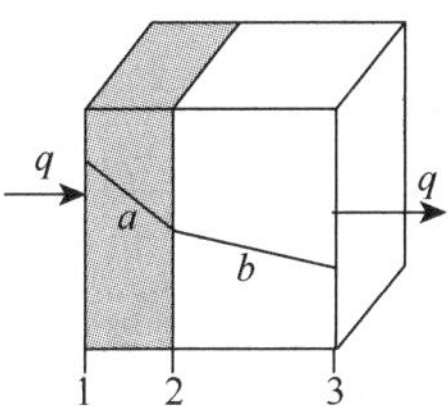

图 3.1.3　二层复合平板一维稳态导热图

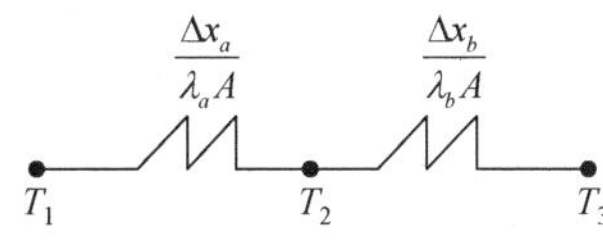

图 3.1.4　二层复合平板热阻

2. 表面温度恒定的圆筒

图 3.1.5 表示的是一个单层均质圆筒壁，其导热系数为常数且具有均匀的内外表面温度。在某一给定半径处，垂直于径向传导热流方向的面积为 $2\pi rL$，其中 L 是圆筒的长度。将其代入式（3.1.3）并取 Q 为常数，进行积分可得

$$T_2-T_1=-\frac{Q}{2\pi\lambda L}\ln\frac{r_2}{r_1} \tag{3.1.24}$$

$$Q=\frac{2\pi\lambda L(T_1-T_2)}{\ln(r_2/r_1)} \tag{3.1.25}$$

由式（3.1.25）得到单层圆筒的热阻为 $\ln(r_2/r_1)/(2\pi\lambda L)$。对于双层圆筒，用式（3.1.23）可得

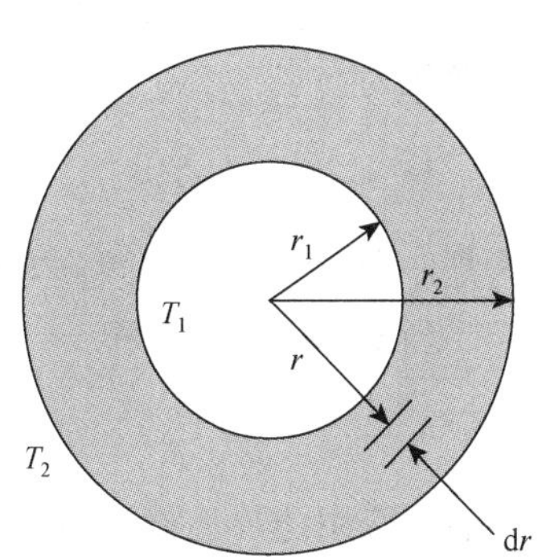

图 3.1.5　单层均质圆筒壁导热

$$Q=\frac{2\pi L(T_1-T_3)}{(1/\lambda_a)\ln(r_2/r_1)+(1/\lambda_b)\ln(r_3/r_2)} \tag{3.1.26}$$

该式同样很容易推广至三层或多层情况。对于球壁内的径向导热，某一给定半径处的传热面积为 $4\pi r^2$，将其代入傅里叶定律，积分并取 Q 为常数，可得

$$Q=\frac{4\pi\lambda(T_1-T_2)}{(1/r_1)-(1/r_2)} \tag{3.1.27}$$

由式（3.1.27）可得单层球壳的热阻是 $[(1/r_1)-(1/r_2)]/4\pi\lambda$。对于多层球壳问题，其各层热阻可线性叠加，且式（3.1.23）同样适用。

3. 变导热系数的平板

材料的导热系数与温度有关，并且对于许多工程材料来说这种依赖性很强，通常可以用线性关系式来表示。因此，变导热系数的平板，式（3.1.21）可改为

$$Q=\frac{T_1-T_2}{\Delta x/\lambda_{\mathrm{m}}A} \tag{3.1.28}$$

式中

$$\lambda_{\mathrm{m}}=\lambda_0\left(1+b\frac{T_1+T_2}{2}\right)=\lambda_0(1+b\theta_{\mathrm{m}}) \tag{3.1.29}$$

是以板的平均温度计算的导热系数，λ_0 与 b 为常数，即

$$\theta_{\mathrm{m}}=\frac{T_1+T_2}{2} \tag{3.1.30}$$

刚开始求解问题时，材料的平均温度通常是未知的，初始时只给定总温差。在这种情况下，若想保证多层壁问题计算精度，可采取的做法是：对各层间的界面温度，先给出其合理的假定值，以此算出每一层材料的导热系数，进而用式（3.1.21）确定单位面积的热流量。再根据该计算结果，从已知的表面温度算起，逐层运用傅里叶定律，对各假定的界面温度进行修正。这一过程可反复进行，直到前后两次算得的界面温度达到预先设定的精度为止。当然，这个迭代过程可利用计算机编程很容易计算得出。

4. 有内热源的平板

讨论一具有均匀内热源的平板，如图 3.1.6 所示。假定平板的导热系数为常数，且 y 和 z 方向尺寸非常大以至于仅 x 方向上的温度梯度才值得考虑，因此泊松方程公式（3.1.13）可简化为

$$\frac{\mathrm{d}^2T}{\mathrm{d}x^2}+\frac{q'''}{\lambda}=0 \tag{3.1.31}$$

这是一个二阶线性常微分方程。只需两个边界条件便可确定出 $T(x)$的解，如图 3.1.6 所示。

当 $x=0$，$T=T_1$ 和 $x=2L$，$T=T_2$ 时，将式（3.1.31）对 x 变量积分两次，可得

$$T=-\frac{q'''}{2\lambda}x^2+C_1x+C_2 \tag{3.1.32}$$

然后，应用边界条件，可得

$$C_2=T_1,\qquad C_1=\frac{T_2-T_1}{2L}+\frac{q'''L}{\lambda} \tag{3.1.33}$$

因而

$$T=\left[\frac{T_2-T_1}{2L}+\frac{q'''}{2\lambda}(2L-x)\right]x+T_1 \tag{3.1.34}$$

对于较简单的情况：$T_1=T_2=T_s$（见图 3.1.7），式（3.1.34）简化为

$$T=T_s+\frac{q'''}{2\lambda}(2L-x)x \tag{3.1.35}$$

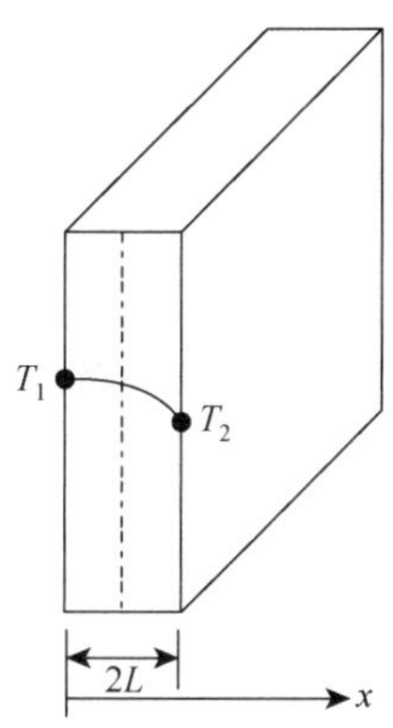

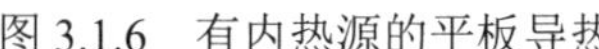

图 3.1.6　有内热源的平板导热

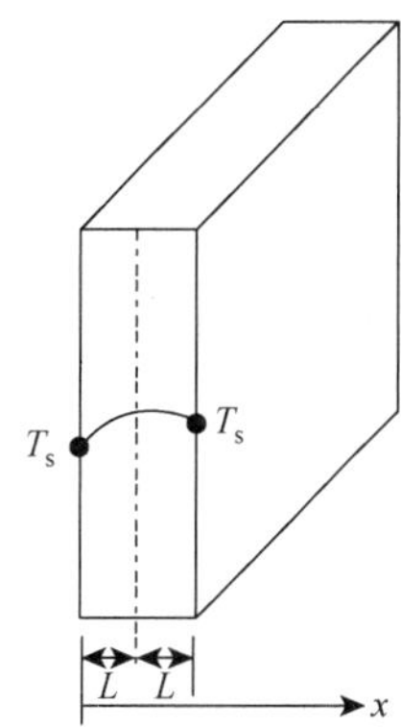

图 3.1.7　$T_1=T_2$时有内热源的平板导热

对式（3.1.35）求导，得

$$\frac{dT}{dx}=\frac{q'''L}{\lambda}-\frac{q'''x}{\lambda}=\frac{q'''}{\lambda}(L-x) \tag{3.1.36}$$

因此，流出左表面的热流为

$$-Q=\lambda A\left.\frac{dT}{dx}\right|_{x=0}=\lambda A\frac{q'''L}{\lambda}=q'''AL \tag{3.1.37}$$

式中：负号“−”表示热流的方向为轴的负方向（对于正的 Q）；AL 为乘积，表示平板体积的一半。因此，对式（3.1.37）也可有诸如其表明从左表面传出的热量是由左半平板内热源产生的解释。

5. 有内热源的圆柱

考虑一具有定导热系数和均匀内热源 q''' 的长圆柱。其表面温度是常数，圆柱对称，稳态时关于方位角的温度梯度 $\frac{\partial T}{\partial \phi}$ 为零，且圆柱很长，使得轴向温度梯度 $\frac{\partial T}{\partial z}$ 可忽略。对于这种情况，式（3.1.8）简化为

$$\frac{d^2T}{dr^2}+\frac{1}{r}\frac{\partial T}{\partial r}+\frac{q'''}{\lambda}=0 \tag{3.1.38}$$

这是一个二阶线性常微分方程，求解 $T(r)$需要两个边界条件。第一个是表面温度已知，即

$$r=r_s,\qquad T=T_s \tag{3.1.39}$$

第二个边界条件由圆柱轴线上的温度应该有限或对称这一物理要求给出，亦即当 $r=0$ 时，

$\frac{\mathrm{d}T}{\mathrm{d}r}=0$。将式（3.1.38）整理为

$$\frac{\mathrm{d}}{\mathrm{d}r}\left(r\frac{\mathrm{d}T}{\mathrm{d}r}\right)=-\frac{rq'''}{\lambda} \tag{3.1.40}$$

然后积分一次，得

$$\frac{\mathrm{d}T}{\mathrm{d}r}=-\frac{r}{2}\frac{q'''}{\lambda}+\frac{C_1}{r} \tag{3.1.41}$$

再次积分，则有

$$T=-\frac{r^2}{4}\frac{q'''}{\lambda}+C_1\ln r+C_2 \tag{3.1.42}$$

由 $r=0$ 处的有限性条件，得 $C_1=0$。应用另一边界条件即式（3.1.39），可得

$$C_2=T_{\mathrm{s}}+\frac{r_{\mathrm{s}}^2}{4}\frac{q'''}{\lambda} \tag{3.1.43}$$

因此

$$T-T_{\mathrm{s}}=\frac{r_{\mathrm{s}}^2q'''}{4\lambda}\left[1-\left(\frac{r}{r_{\mathrm{s}}}\right)^2\right] \tag{3.1.44}$$

可见，有内热源的圆柱内温度沿半径方向也是呈抛物线分布。

注意，以上介绍的导热基本原理和分析方法将在后面的燃料元件分析中具体应用。

3.2 单相对流换热

流体各部分之间发生相对位移，把热量从一处带到另一处，这种现象称为对流。流体内部存在温度差时，因流体密度随温度而改变所引起的流体流动，通常称为自然对流。流体依赖外力产生的流动，称为强迫对流。在流体中，如果各部分之间存在温度差而产生导热现象时，也必然会由于各部分因为密度差而产生自然对流。所以在流体中导热与对流总是同时产生的，除非流体所处的空间非常狭小，无法形成对流运动，这时才会有单纯的导热现象。

核动力装置中遇到大量的问题，往往是一种流体流过另一物体的表面而发生的热交换，称为对流换热，即流体流过表面时与该表面之间所发生的热量传递过程。

3.2.1 对流换热的基本概念

1. 边界层

固体壁面附近流体速度急剧变化的薄层称为速度边界层。而温度急剧变化的薄层则称为温度边界层。速度边界层的厚度通常规定为从壁面到壁面法线方向上达到主流速度99%处的距离。而温度边界层厚度则为从壁面到该壁面法线方向上达到主流过余温度99%处的距离。

2. 定性温度

在对流换热计算中，往往需要知道流体的物性参数，如导热系数、黏度、密度、比热容、热膨胀系数等，将确定流体物性参数的温度称为定性温度。常用的定性温度有：流体的主流温度、壁面温度、流体与壁面的平均温度等。

3. 特征尺寸

在对流换热计算中，要求给出流体流经壁面的尺寸大小，将表征流体流经壁面的尺寸称为特征尺寸。常用的特征尺寸有：长度、直径、当量直径或水力学直径等。

4. 准则数

描述和反映流动、传热和物理特性的无量纲参数，主要包括 *Re*、*Pr*、*Gr*、*Fr*、*Nu*、*Fo*、*Pe*、*Bi*、*St* 等，下面介绍最常用的 *Re*、*Pr*、*Nu*、*Gr*。

1）雷诺数（*Re*）

$$Re = \rho u D / \mu \tag{3.2.1}$$

式中：ρ 为流体密度，$\mathrm{kg/m^3}$；u 为流体流动速度，m/s；D 为流道水力直径，m；μ 为流体动力黏性系数，kg/(s·m)。

Re 表示流体惯性力和黏性力的相对大小，是表征流动工况的无量纲准则数。

2）普朗特数（*Pr*）

$$Pr = \mu c_p / \lambda \tag{3.2.2}$$

式中：c_p 为流体比定压热容，J/(kg·K)。

Pr 表示流体动量传输能力与热量传输能力之比，它是描述流体物理特性的无量纲准则数，如钠冷堆与水堆中的钠和水冷却剂：

钠：100～770℃，　$Pr = 1.15\times10^{-2}\sim0.39\times10^{-2}$

水：100～370℃，　$Pr = 1.75\sim5.38$

3）努塞特数（*Nu*）

$$Nu = \alpha D / \lambda \tag{3.2.3}$$

式中：α 为对流换热系数，$\mathrm{W/(m^2\cdot ℃)}$。

Nu 反映了流体导热热阻相对于对流热阻的大小，表示对流换热的强烈程度。*Nu* 值大说明导热热阻大而对流热阻小，反之亦然。

4）格拉斯霍夫数（*Gr*）

$$Gr = \frac{g\beta\Delta T l^3}{v^2} \tag{3.2.4}$$

Gr 反映了流体浮升力与黏性力的相对大小，是研究自然对流流动工况的无量纲准则数。

5. 影响对流换热的主要因素

对流体的对流换热效果产生影响的几个方面如下。

（1）流体的物性：流体的种类及流体的状态。

（2）流动的起因：强迫流动或自然流动。

（3）流动的性质：湍流或层流。

（4）表面的几何性质：流通通道的尺寸、流量大小、粗糙度，以及管内、管外或窄缝等。

（5）外界条件：外力、重力加速度、摇摆与加速运动等。

6. 对流换热系数

温度为 T_f 的流体通过温度为 T_w、表面积为 A 的表面进行对流换热所传递的热量可用牛顿冷却定律求得，即

$$Q = \alpha A(T_w - T_f)$$

或

$$q = Q / A = \alpha(T_w - T_f)$$

α 是出现在式（3.2.3）中的对流换热系数，表示单位时间通过传热面传递的热量，$W/(m^2 \cdot ℃)$或 $W/(m^2 \cdot K)$。其物理意义为通过单位换热面积，在单位温差下的对流换热量。

研究对流换热的目的是要确定对流换热系数。单相流体流动换热系数经验公式按方程（3.2.3）一般整理成如下形式：

$$\alpha = \frac{\lambda}{D} Nu \tag{3.2.5}$$

由于流体流动，对流换热过程哪怕是对单相流体也都是非常复杂的，通常没有理论或解析的换热系数公式可用，往往只能够采用经实验整理的经验公式。

3.2.2　管道内强迫对流换热及换热系数

1. 管内强迫对流换热的特征

（1）管内层流的 Re 范围为 $Re<2\,300$。$Re>10^4$ 为旺盛湍流区，$Re = 2\,300 \sim 10^4$ 为过渡区。无论层流还是湍流，都存在入口段，且入口段的换热增强。

（2）在管内充分发展的流动和换热，表面对流换热系数 α 为常数。

（3）管内流动的换热边界条件有两种，即恒壁温及恒热流条件。对层流和低 Pr 介质的对流换热，两种边界条件结果不同。如对管内层流充分发展段流动与换热，恒壁温边界条件时 $Nu = 3.66$，恒热流边界条件时 $Nu = 4.36$。但对湍流和高 Pr 介质的对流换热，两种边界条件的影响可以忽略，即 Nu 是一样的。

2. 管内湍流对流换热系数

（1）管内湍流情况下的换热系数的经验表达式较多，其中形式较简单且应用最广的是迪图斯-贝尔特（Dittus-Boelter）关系式：

$$Nu = 0.023 Re^{0.8} Pr^n \begin{cases} n = 0.4, & \text{对流体加热} \\ n = 0.3, & \text{冷却流体} \end{cases} \tag{3.2.6}$$

注意式（3.2.6）中 Re 与 Pr 的计算要全管长 l 范围内的平均值，其定性温度为管道进、出口两个截面处流体温度的算术平均值，特征流速为管内平均流速：特征长度为管内径。

当管子为非圆截面时，取当量直径。式（3.2.6）的适用范围：

①$l/D>60$ 的水力光滑管，此时入口段的影响可忽略不计；

②流体与壁面具有中等以下温差，一般对气体不超过 50℃，对水不超过 20～30℃，对油不超过 10℃；

③$Re = 10^4 \sim 1.2\times10^5$，$Pr = 0.7\sim120$；

④对恒壁温和恒热流边界条件均适用；

⑤不适用于 Pr 很小的液态金属。

按式（3.2.5）与式（3.2.6）求出 Nu 与对流换热系数 α，即可按下式求单位面积热流密度 q 或热流量 Q：

$$q = \alpha (T_w - T_f) \quad (\mathrm{W/m^2}) \tag{3.2.7}$$

$$Q = \alpha A (T_w - T_f) \quad (\mathrm{W}) \tag{3.2.8}$$

（2）虽然式（3.2.6）的适用范围受到了一定的限制，但可以在此基础上做适当的修正，将其应用范围拓展。

①短管。$l/D<60$ 的短管，由于入口效应，管子入口处边界层薄，换热得到强化，所以需引入大于 1 的修正系数：

$$c_l = 1 + (D/l)^{0.7} \tag{3.2.9}$$

②螺旋管或弯管。由于拐弯处截面上二次环流的产生，边界层遭到破坏，因而换热也得以强化，需引入修正系数：

$$c_r = \begin{cases} 1 + 1.77\dfrac{D}{R}, & \text{气体} \\ 1 + 10.3(D/R)^3, & \text{液体} \end{cases} \tag{3.2.10}$$

式中：R 为螺旋管或弯管的弯道半径。

③加热或冷却。由于流体受到加热或冷却时物性会有所变化，特别是黏性系数，会进一步影响到速度和热边界层，所以换热也会发生变化，需引入修正系数：

$$\begin{cases} \text{气体} \quad c_t = \begin{cases} (T_f / T_w)^{0.5}, & \text{被加热} \\ 1, & \text{被冷却} \end{cases} \\ \text{液体} \quad c_t = \begin{cases} (\mu_f / \mu_w)^{0.11}, & \text{被加热} \\ (\mu_f / \mu_w)^{0.25}, & \text{被冷却} \end{cases} \end{cases} \tag{3.2.11}$$

④较大温差。当流体与壁面之间有较大温差时，如超过流体与壁面温差限制，可采用西德尔-泰特（Sieder-Tate）公式：

$$Nu = 0.027 Re^{0.8} Pr^{1/3} \left(\frac{\mu_f}{\mu_w}\right)^{0.14} \tag{3.2.12}$$

式中：μ_f 是按流体主流温度取值的流体的动力黏性系数，而 μ_w 是按壁面温度取值的流体的动力黏性系数，其余物性均以流体主流温度作为定性温度取值。

（3）平行流过平板间的对流换热。这是在平板型燃料元件之间流动的情况，上述公式仍然可以用，但管径要用当量直径 $D_e = 4ab/(2a + 2b)$，b、a 分别为板元件的宽、间距。

若 a 比 b 小（采用平板型燃料元件的反应堆一般都是这种情况），则 $D_e = 2a$。

（4）管内湍流更为准确的对流换热系数可以用佩图霍夫（Petukhov）公式：

$$Nu = \frac{(f/8)RePr}{1.07 + 12.7(f/8)^{1/2}(Pr^{2/3} - 1)}\left(\frac{\mu_f}{\mu_w}\right)^n \tag{3.2.13}$$

式中：f 为摩擦系数（可从后面第 6 章的莫迪摩擦系数曲线图中查得），对于光滑管，f 可为

$$f = (0.79\ln Re - 1.64)^{-2} \tag{3.2.14}$$

对加热液体 $n = 0.11$，对冷却液体 $n = 0.25$，对定热流密度或气体 $n = 0$；式（3.2.13）的适用条件为：$10^4 < Re < 5\times10^6$；$0.8 < \mu_f/\mu_w < 40$；$0.5 < Pr < Pr^*$（$Pr^* = 200$ 时有 6%的精度，$Pr^* = 2000$ 时有 10%的精度）。

3.2.3 管道外强迫对流换热及换热系数

1. 外掠等温平板层流对流换热

当 $Re < 5\times10^5$ 时

$$Nu_x = \frac{\alpha_x x}{\lambda} = 0.332Re_x^{1/2}Pr^{1/3} \tag{3.2.15}$$

平均的努塞特数

$$Nu_m = \frac{1}{l}\int_0^l Nu_x \mathrm{d}x = 0.664Re_x^{1/2}Pr^{1/3} \tag{3.2.16}$$

以上两式中，定性温度取壁面与主流温度的平均值 $T_m = (T_w + T_b)/2$，特征长度取板长 l，特征流速为来流速度 u_b。可见，当 $Re < 5\times10^5$ 时，局部表面换热系数 α_x 与离开平板前缘的距离 $x^{1/2}$ 成反比，因此，x 越大，边界层越厚，此时 α_x 越小。

2. 横向外掠单管对流换热

1）流动与换热特点

（1）存在绕流脱体现象。在迎来流方向的前半周，是压力减小的加速流动，而在后半周为减速流动，因而会在某一点处出现分离，产生脱体。

（2）定义 $Re = \dfrac{u_b D}{\nu}$，当 $Re = 10 \sim 1.5\times10^5$ 时为层流，脱体角 $\varphi = 80° \sim 85°$，当 $Re \geqslant 1.5\times10^5$ 时为湍流，脱体角 $\varphi = 140°$。

（3）沿横截面圆周局部表面传热系数是变化的，会出现换热点回升。对层流区是由于脱体产生的扰动，对湍流区则分别是由于层流转为湍流和脱体的缘故。

（4）冲刷角 θ 对换热的影响如图 3.2.1 所示。当 $\theta < 90°$时，沿流动方向的管截面为一椭圆，脱体和扰动情况不如圆截面强烈，因而换热较弱。当 $\theta = 0°$时，若圆管终端的边界层厚度与半径相比很小，则可将圆管看成长为 l，宽为 πd 的平板来计算表面对流换热系数和换热量。

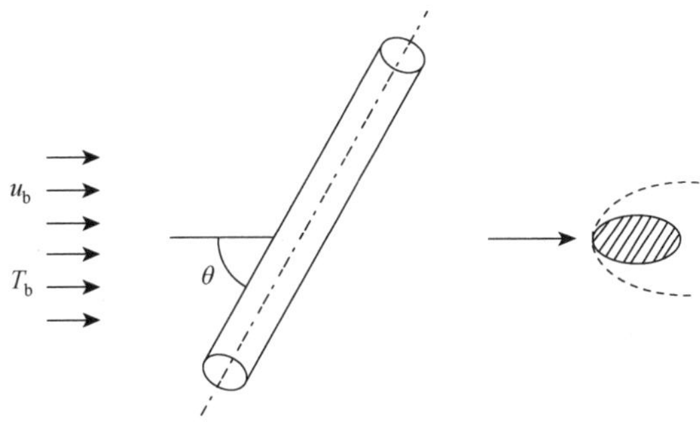

图 3.2.1　冲刷角 θ 对换热的影响

2）实验关联式

对温度和速度均匀的空气和液体，外掠单管的平均努塞特数由以下公式计算：

$$Nu=\frac{\overline{\alpha}D}{\lambda}=CRe^{n}Pr^{\frac{1}{3}} \tag{3.2.17}$$

说明：

（1）式（3.2.17）对气体和液体均适用，其中 C、n 的值如表 3.2.1 所示；

（2）定性温度取壁面与主流温度的平均值 $T_m=(T_w+T_b)/2$，特征长度管外径 d，特征流速取来流速度 u_b；

（3）适用范围，流体 $T_f=15.5\sim982$℃，壁面 $T_w=21\sim1\,046$℃，$Re=0.4\sim4\times10^6$；

（4）非圆截面的计算式仍为式（3.2.17），但此时 D 要用水力直径。

表 3.2.1　式（3.2.17）中的系数

Re	C	n
$0.4\sim4$	0.989	0.330
$4\sim40$	0.911	0.385
$40\sim4\times10^3$	0.683	0.466
$4\times10^3\sim4\times10^5$	0.193	0.618
$4\times10^5\sim4\times10^6$	0.026	0.805

3. 平行流过棒束时的换热公式

在采用棒束燃料组件的水冷反应堆内，水为纵向流过平行棒束的流动，其努塞特数的计算采用韦斯曼（Weisman）所推荐的关系式：

$$Nu=CRe^{0.8}Pr^{1/3} \tag{3.2.18}$$

式中：C 为与栅格排列有关的常数，由下式给出。

对正方形栅格，当$1.1\leqslant\frac{P}{d}\leqslant1.3$ 时，

$$C=0.042\frac{P}{d}-0.024 \tag{3.2.19}$$

对三角形栅格，当$1.1 \leqslant \dfrac{P}{d} \leqslant 1.5$ 时，

$$C = 0.026\frac{P}{d} - 0.006 \tag{3.2.20}$$

式（3.2.19）和式（3.2.20）中：P 为栅距；d 为棒径。从式中可以看出较稀疏的栅格给出较高的换热系数。如果在栅格内水所占的面积与总的横截面面积之比相同，则正方形栅格与三角形栅格的换热系数基本相等，如图 3.2.2 所示。

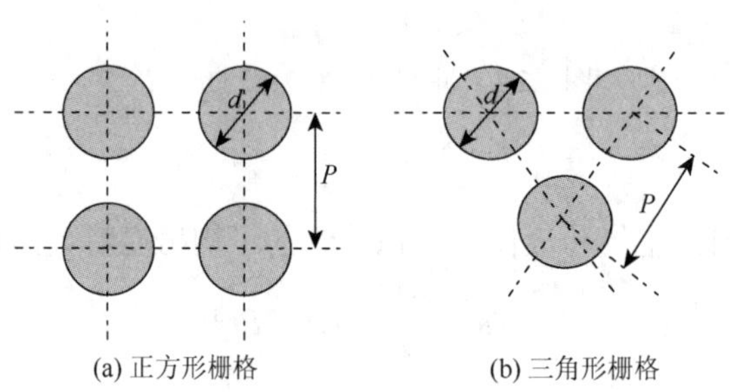

图 3.2.2　栅格排列示意图

例 3.2.1　某压水堆的棒束燃料组件为纵向流过的水所冷却。在燃料元件轴向某处，冷却剂平均温度为 300℃，平均流速为 4 m/s，包壳外表面热流密度为 1.43×10^6 W/m^2，反应堆工作压力为 14.7 MPa，元件棒外径 0.01 m，元件按正方形栅格排列，栅距为 0.013 m。求该处冷却剂换热系数及包壳外表面温度。

解　对于正方形栅格，$\dfrac{P}{d} = 1.3$，$C = 0.042\dfrac{P}{d} - 0.024 = 0.030\,6$

$$Nu = 0.030\,6 Re^{0.8} Pr^{\frac{1}{3}}$$

由压力 $p = 14.7$ MPa，$T_1 = 300$℃，查水蒸气表可得：

热导率 $\lambda_f = 0.565$（W/m·℃）；动力黏度 $\mu_f = 88.88 \times 10^{-6}$（Pa·s）；比体积 $v_f = 0.001\,379$（m^3/kg）；$Pr = 0.864$。

则运动黏度 $\nu_f = \mu_f v_f = 88.88 \times 10^{-6} \times 0.001\,379 = 0.122\,6 \times 10^{-6}$　（m^2/s）

$$D_e = \frac{4\left(P^2 = \dfrac{\pi d^2}{4}\right)}{\pi d} = 11.5 \times 10^{-3}\ \text{(m)}$$

$$Re = \frac{uD}{\nu_f} = 3.752 \times 10^5$$

$$Nu = 0.030\,6 Re^{0.8} Pr^{\frac{1}{3}} = 0.030\,6 (3.752 \times 10^5)^{0.8} (0.864)^{\frac{1}{3}} = 839.4$$

$$\alpha = \frac{\lambda_f}{D_e} Nu = \frac{0.565}{11.5 \times 10^{-3}} \times 839.4 = 41.24 \times 10^3 [\text{W}/(\text{m}^2 \cdot ℃)]$$

由 $q = \alpha(T_{cs} - T_1)$有

$$T_{cs} = T_1 + \frac{q}{\alpha} = 300 + \frac{1.43 \times 10^6}{41.24 \times 10^3} = 334.7(℃)$$

3.2.4　自然对流换热及换热系数

静止流体与固体表面接触，若其间有温度差，则靠近固体表面的流体将因受热（冷却）与主体静止流体之间产生温度差，从而造成密度差，在浮力作用下产生流体上下的相对运动，这种流动称为自然对流或自然流动。在自然对流下的热量传输过程即为自然对流换热。

1. 流动与换热的特点

（1）自然对流的驱动力与强迫对流不同，自然对流是由于温度场的不均匀性而引起密度的不均匀性并产生浮升力而引起的流动。因此，在自然对流中，没有温差就意味着没有热交换，也就没有流体的流动。但不均匀的温度场并不一定会引起自然对流，如图 3.2.3 所示的两种情形，只有图 3.2.3（a）会产生自然对流。因为图 3.2.3（b）中下板为低温，靠近下板的流体密度大于上板附近的流体密度，在重力作用下不会产生自然对流。

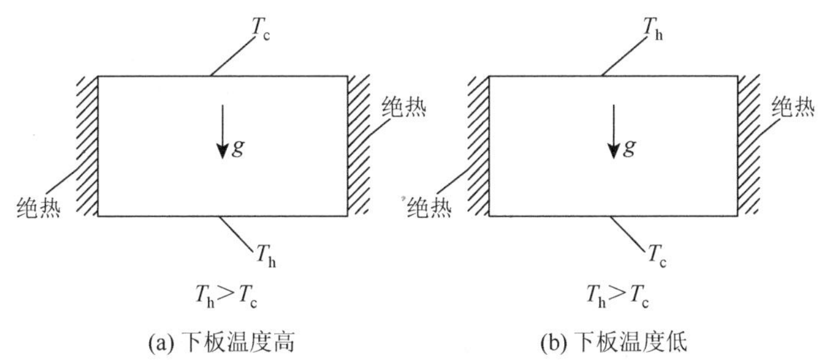

图 3.2.3　不同温差下产生的自然对流

（2）因表面换热系数很小，故其热阻常常是换热过程的主要影响因素。自然对流换热和流动无须任何动力源，是可靠、经济、平静、无噪声的换热方式，其在核动力装置中有着重要的应用。

（3）自然对流的速度和温度常是耦合的，因此自然对流的换热很复杂，通道的几何形状影响比较大，迄今尚无一个像强迫对流那样能够适用于各种几何形状通道的普遍公式，一般只能从实验得到在某些特定条件下的经验关系式。

2. 换热系数

自然对流换热同强迫对流换热一样，也用牛顿冷却定律式（3.2.7）与式（3.2.8）计算换热量。但自然对流既然是由温度梯度引起的，则必须考虑由温度梯度引起的浮升力和流体本身的重力。自然对流换热准则关系式一般形式为

$$Nu = f(Gr \cdot Pr) = C(Gr \cdot Pr)_m^n \tag{3.2.21}$$

式中：Gr 为格拉斯霍夫数；系数 C 和幂指数 n 取决于物体的几何形状、放置方式及热流

方向和 $Gr \cdot Pr$ 的范围等。而 m 是指取 $T_m = (T_w + T_b)/2$ 作为定性温度。其中，下标 w 表示壁面温度，b 表示流体主流温度。

（1）竖壁。

当壁面的热流密度 q 为常数时，霍夫曼（Huffman）推荐用以下公式计算竖板的自然对流换热（实验介质为水）：

当 $10^5 < Gr_x^* < 10^{11}$（层流时），

$$Nu_{x,\mathrm{m}} = \frac{\alpha_x}{\lambda_m} = 0.6(Gr_x^* \cdot Pr)_{\mathrm{m}}^{1/5} \tag{3.2.22}$$

当 $2 \times 10^{13} < Gr_x^* < 10^{16}$（紊流时），

$$Nu_{x,\mathrm{m}} = 0.17(Gr_x^* \cdot Pr)_{\mathrm{m}}^{1/4} \tag{3.2.23}$$

式中：Gr_x^* 为修正的格拉斯霍夫数，其表达式为

$$Gr_x^* = Gr_x \cdot Nu_x = g\beta q x^4 / (\lambda \nu^2) \tag{3.2.24}$$

式中：g 为重力加速度，m/s^2；β 为水的体积膨胀系数，1/℃；q 为表面热流密度，W/m^2；x 为特征长度，从换热起始点算起的竖直距离，m；λ 为导热系数，W/(m·K)；ν 为运动黏度，m^2/s。

米海耶夫（MИxeeb）根据实验数据（实验介质为水等）得到了下列公式，用于计算 q 为常数时的竖壁自然对流换热：

当 $10^3 < (Gr_x \cdot Pr)_{\mathrm{f}} < 10^9$ 时，

$$Nu_{x,\mathrm{f}} = 0.6(Gr_x \cdot Pr)_{\mathrm{f}}^{0.25}(Pr_{\mathrm{f}} / Pr_{\mathrm{w}})^{0.25} \tag{3.2.25}$$

当 $(Gr_x \cdot Pr)_{\mathrm{f}} > 6 \times 10^{10}$ 时，

$$Nu_{x,\mathrm{f}} = 0.15(Gr_x \cdot Pr)_{\mathrm{f}}^{1/3}(Pr_{\mathrm{f}} / Pr_{\mathrm{w}})^{0.25}$$

$$Gr_x = g\beta \Delta T x^3 / \nu^2$$

$$\Delta T = T_{\mathrm{w}} - T_{\mathrm{f}} \tag{3.2.26}$$

式中：x 为特征长度，从换热起始点算起的竖直距离；下标 f 表示水，w 表示壁面。

（2）横管。

横管的自然对流平均换热系数，对于水可用米海耶夫公式计算：

$$Nu_{\mathrm{d,f}} = 0.50(Gr_{\mathrm{d}} \cdot Pr)_{\mathrm{f}}^{0.25}(Pr_{\mathrm{f}} / Pr_{\mathrm{w}})^{0.25} \tag{3.2.27}$$

式中：下标 d 表示取横管的直径作为特征长度。式（3.2.27）适用范围是 $(Gr_{\mathrm{d}} \cdot Pr)_{\mathrm{f}} \leqslant 10^8$。此外，对游泳池式反应堆的棒束自然对流换热，进行实测的结果发现大空间的自然对流换热公式与某种棒束实测得到的自然对流换热公式基本上是一致的，棒束的换热系数比大空间的换热系数约高 20%～40%。据此，在缺乏精确数据的情况下，作为粗略近似，可用大空间自然对流的公式来计算棒束或管内的自然对流换热。

水平放置的圆柱体对液态金属的换热可用下式计算：

$$Nu_{\mathrm{d}} = 0.53(Gr_{\mathrm{d}} \cdot Pr^2)^{0.25} \tag{3.2.28}$$

式中：下标 d 表示取圆柱体的直径作为特征长度。

（3）等温表面。

对于等温表面条件下的自然对流换热系数，采用以下式子计算，其中 C，n，B 如表 3.2.2 所示。

$$Nu_{\mathrm{m}} = C(Gr{\cdot}Pr)_m^n + B \tag{3.2.29}$$

式中：下标 m 代表定性温度为平均温度 $T_{\mathrm{m}} = 0.5(T_{\mathrm{w}} + T_{\mathrm{b}})$。

表 3.2.2　式（3.2.29）中的系数和指数

几何形状	$Gr{\cdot}Pr$	C	n	B	特征尺寸及流态
外径为 d，高 H 的竖直管或高 H 的竖平面					$l=H$，对竖直管，要求 $\dfrac{d}{H} \geqslant \dfrac{35}{Gr^{1/4}}$
	$10^4 \sim 10^9$	0.59	1/4	0	层流
	$10^9 \sim 10^{13}$	0.13	1/3	0	湍流
外径为 d 的横管					$l=\mathrm{d}$
	$10^4 \sim 10^9$	0.53	1/4	0	层流
	$10^9 \sim 10^{12}$	0.13	1/3	0	湍流
面积 F，周长 U 横板					正方形，$l=l$
					长方形，$l=0.5$（l_1+l_2）
					圆形，$l=0.9d$
					不规则表面，$l=F/U$
热面朝上或冷面朝下	$10^5 \sim 2\times10^7$	0.54	1/4	0	层流
	$2\times10^7 \sim 3\times10^{10}$	0.14	1/3	0	湍流
热面朝下或冷面朝上	$3\times10^5 \sim 3\times10^{10}$	0.27	1/4	0	层流
长宽高为 l_1、l_2、l_3 的长方形固体					$\dfrac{1}{l}=\dfrac{1}{0.5(l_1+l_2)}+\dfrac{1}{l_3}$
	$10^4 \sim 10^9$	0.6	1/4	0	层流
外径为 d 的球					$l=d$
	$1 \sim 10^5$	0.43	1/4	2	层流

3.3　沸 腾 传 热

液体与温度高于其饱和温度的壁面接触被加热产生气泡的过程称为沸腾传热。在沸水堆中，沸腾两相流传热（简称沸腾传热）是堆芯内的主要传热方式；在压水堆中，允许堆芯内局部发生少量沸腾；在重水堆中，压力管内也允许发生沸腾。对于压水堆采用蒸汽发生器来产生蒸汽，因此蒸汽发生器内的二次侧运行在沸腾工况。另外，由于沸腾传热自身的特征，存在沸腾危机，所以确定临界热流密度对于反应堆堆芯的热工设计具有十分重要的意义。

在 3.2 节中介绍了冷却剂不发生相变时，对流换热系数的计算式。本节主要介绍沸腾传热系数、膜温降和沸腾危机等问题。

正如通常的不沸腾传热分析，仍然可以用传热系数和温差这两个参数来描述沸腾传热率。然而，从反应堆堆芯设计和运行的观点看，沸腾传热系数似乎并没有很大的意义。当存在沸腾时，热量是通过几种导致气泡生成的汽化机理从燃料元件表面传入液体冷却剂中的，此时并不需要表面和流体之间有很大的温差来驱动。与不沸腾传热相比，沸腾传热的温差很小，所以设计与运行者主要关心常常不是对流换热系数的表达式，而是根据临界热流密度限制值定出的设计规范，以保证足够的安全裕度。鉴于上述原因，在本节中并不去介绍沸腾传热系数的表达式，而是直接使用经验关系式计算包壳外面温度和临界热流密度。

下面只对轻水堆中存在着的两种基本沸腾传热形式，大容积沸腾和流动沸腾进行介绍。

3.3.1　大容积沸腾

1. 现象描述

大容积沸腾是指原来静止于大容积中的液体，被一加热元件加热时产生的沸腾现象，即加热面沉浸在无宏观流速的液体表面下所产生的沸腾。液体沸腾时的热流密度与过余温度有很大的关系，过余温度为加热表面的温度与液体饱和温度之差，$\Delta T = T_w - T_s$。另外，将液体整体温度低于其饱和温度的沸腾称为过冷沸腾，而液体整体温度达到其饱和温度的沸腾称为饱和沸腾。将由加热元件表面进入液体的热流密度记作 q，图 3.3.1 给出的典型大容积沸腾的 q 和 ΔT 之间关系曲线，通常称为沸腾曲线。

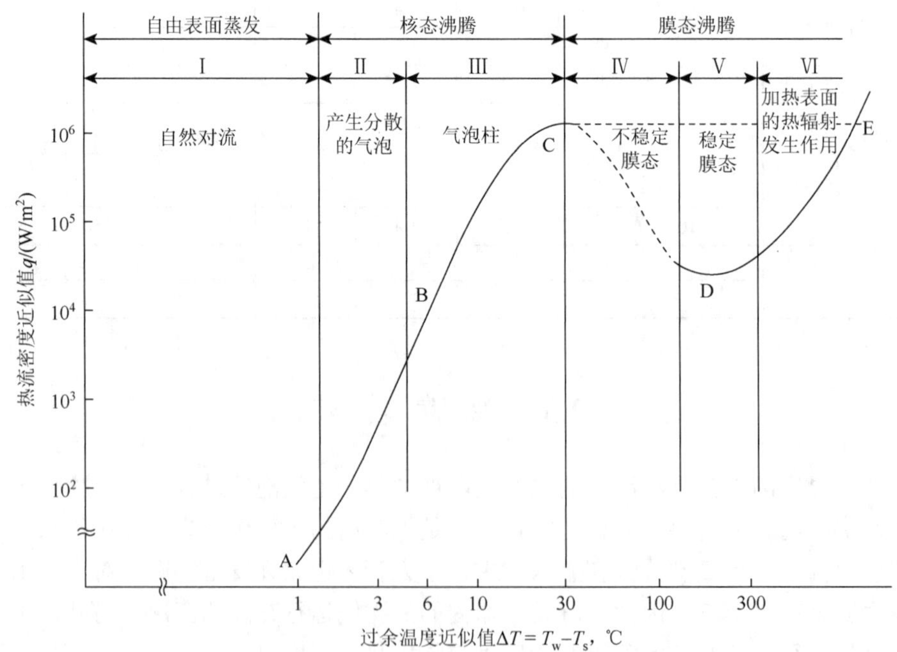

图 3.3.1　直径为 0.1 cm 的镍铬加热丝水平地浸没在 1 atm 的水中

值得指出的是，只要把 q 值除以 ΔT 值就可得到相应的换热系数 α 值。由图 3.3.1 可知，曲线可分为六段和一个点，它们正好代表一种传热工况，下面详细分析。

（1）状态Ⅰ为 3.2 节中已详细介绍的单相自然对流传热。特点是气泡未生成，q-ΔT 关系是一条缓慢增加的曲线。

（2）状态Ⅱ为泡核沸腾起始阶段，即在加热表面开始出现气泡，并快速脱离加热面各自上升至自由表面。其特点是传热主要通过自然对流与气泡脱离搅动进行的，q-ΔT 关系是一条增加较快的曲线。

（3）状态Ⅲ为泡核沸腾，即沸腾作用已很强烈，致使大量分散的气泡密集在一起而形成上升到自由表面的气泡。其特点是传热主要通过气泡脱离加热面带走的汽化潜热及对周围流体的搅动进行的，q-ΔT 关系是一条快速增加的曲线。

C 点为偏离泡核沸腾（departure from nucleate boiling，DNB）点，此时大量气泡生成来不及脱离加热表面连成气膜，传热完全靠通过气膜的导热。由于气膜热导率很低，如果此时再增加一点点热流密度，壁面温度就会急剧升高，跳跃到 E 点，这种使壁面温度急剧升高的现象称为沸腾危机。C 点对应的热流密度称为临界热流密度，q_c。对很多常用液体，E 点的温度高于大多数加热壁面材料的熔点，将使加热壁面“烧毁”。如果加热壁面不熔化，沸腾曲线将越过 E 点继续上升。所以，需要特别说明的是，出现沸腾危机加热壁面不一定会被烧毁。

（4）状态Ⅳ为过渡沸腾（部分膜态沸腾），即气泡的形成非常快，以致覆盖加热面、阻碍新液体的流入。形成的气膜使热阻加大，此时减小热流密度，q-ΔT 是一条下降的曲线。其特点是出现气膜的破裂和重新连成是脉动式的，所以这个状态为不稳定膜态沸腾。

（5）状态Ⅴ为稳定的膜态沸腾，即加热表面上气泡连成的气膜比较稳定。其特点是当 ΔT 较大，辐射传热开始产生作用，传热主要靠经气膜的导热与辐射，q-ΔT 关系是一条开始上升的曲线。

（6）状态Ⅵ也是膜态沸腾，其特点是由加热面发出的辐射成为主要的传热方式，q-ΔT 关系是一条快速上升的曲线。

2. 传热分析

1）自然对流（区域Ⅰ）

在此区域，单位面积换热速率的计算为

$$q=\frac{Q}{A}=C\frac{\lambda}{l}(GrPr)^n(T_w-T_b) \tag{3.3.1}$$

式中：T_b 为液体平均温度；n 和 C 为常数。由于 $Gr\propto\Delta T=T_w-T_b$，层流时指数 n 通常为 1/4，湍流时 n 为 1/3，这个区域的换热速率对层流将随 ΔT 的 5/4 次方变化，对湍流将随 ΔT 的 5/3 次方变化。

2）核态沸腾（nucleate boiling）（区域Ⅱ和Ⅲ）

使用最广的计算核态沸腾区换热速率的公式是罗斯瑙（Rohsenow）关系式：

$$q=\mu_f h_{fg}\sqrt{\frac{g(\rho_f-\rho_g)}{g_c\sigma}}\left[\frac{c_{pf}(T_w-T_s)}{h_{fg}Pr_f^nC_{sf}}\right]^3 \tag{3.3.2}$$

式中：μ_f为液体动力黏度，kg/(m·s)；h_{fg}为汽化潜热，J/kg；g为当地的重力加速度，m/s^2；g_c为比例常数，常取1.0 kg·m/(N·s^2)；ρ_f、ρ_g为饱和液体、饱和蒸汽的密度，kg/m^3；σ为表面张力，N/m；c_{pf}为饱和液体的比定压热容，J/(kg·K)；T_w、T_s分别为壁面、饱和液体的温度，K或℃；Pr_f为饱和液体的普朗特数；n为系数，对于水$n = 1.0$，对于大多数其他液体$n = 1.7$；C_{sf}对各种表面和液体是由经验确定的无量纲量群，一般在0.002 7～0.013。顺便指出，本节中，下标f和g相应地表示液态和气态。

可见，在核态沸腾区热流密度是与ΔT的三次方成正比例的。

临界热流密度（critical heat flux density），对应图3.3.1所示的C点，推荐的关系式为

$$q_c = 0.149\rho_g h_{fg}\left[\frac{\sigma(\rho_f - \rho_g)gg_c}{\rho_g^2}\right]^{1/4}\left(\frac{\rho_f}{\rho_f + \rho_g}\right) \tag{3.3.3}$$

可以看到，临界热流密度与加热元件无关，式（3.3.3）右端最末项通常接近1。

3）膜态沸腾（区域Ⅳ，Ⅴ和Ⅵ）

（1）水平管。

基于研究加热管表面蒸汽膜的导热及加热管的热辐射，布朗利（Bramley）提出这些区域的沸腾换热系数可用下述方程计算：

$$\alpha = \alpha_c\left(\frac{\alpha_c}{\alpha}\right)^{1/3} + \alpha_r \tag{3.3.4}$$

$$\alpha_c = 0.62\left[\frac{\lambda_{gm}^3\rho_{gm}(\rho_f - \rho_{gm})g(h_{fg} + 0.4c_{pgm}\Delta T)}{d\mu_{gm}\Delta T}\right]^{1/4} \tag{3.3.5}$$

$$\alpha_r = \frac{\xi\varepsilon(T_w^4 - T_s^4)}{T_w - T_s} \tag{3.3.6}$$

式（3.3.5）中：d为管子的外径；$\Delta T = T_w - T_s$；g边上附加的符号m表示以平均膜温$T_m = (T_w + T_s)/2$取水蒸气的物性值。

式（3.3.6）中的ξ是斯蒂芬-玻尔兹曼（stefan-boltzmann）常数，ε是表面的发射率。式（3.3.4）不易求解，因式中的换热系数是隐函数。如果近似简化导致的误差范围在许可限量之内，大多数工程上遇到的问题都是这种情况，可以用下述更简单的显式方程：

$$\pm 0.3\%: \alpha = \alpha_c + \alpha_r\left[\frac{3}{4} + \frac{1}{4}\frac{\alpha_r}{\alpha_c}\left(\frac{1}{2.62 + (\alpha_r/\alpha_c)}\right)\right] \quad (0 < \alpha_r/\alpha_c < 10) \tag{3.3.7}$$

$$\pm 5\%: \alpha = \alpha_c + \frac{3}{4}\alpha_r \quad (\alpha_r/\alpha_c < 1) \tag{3.3.8}$$

（2）竖直管。

对于竖直管，休（Hsu）和韦斯特沃特（Westwater）建议用下述关系式：

$$\alpha = 0.002Re^{0.6}\left[\frac{g\rho_g(\rho_f - \rho_g)\lambda_g^3}{\mu_g}\right]^{1/3} \tag{3.3.9}$$

$$Re \equiv \frac{4\dot{m}}{\pi D\mu_v} \tag{3.3.10}$$

式（3.3.9）和式（3.3.10）中：λ_g 为蒸汽的热导率，W/(m℃)；$\dot{m}$ 为竖直管上端的蒸汽质量流率，kg/s。对类似的条件，竖直管的换热速率比水平管的大。

（3）水平板。

基于对戊烷、四氯化碳、苯和乙醇所做的实验，贝伦森（Berenson）给出如下关系：

$$\alpha = 0.425\left[\frac{\lambda_g^3 \rho_g(\rho_f - \rho_g) g(h_{fg} + 0.4 c_{pg}\Delta T)}{\mu_g \Delta T\sqrt{\sigma g_c / g(\rho_f - \rho_g)}}\right]^{1/4} \tag{3.3.11}$$

式中：σ 为表面张力。

3.3.2　流动沸腾

在轻水反应堆中，冷却剂与燃料元件的大多数传热工况属于流动传热工况，因此必须进一步研究流动沸腾传热工况。

当液体在一个通道内或一个表面上流过，而通道面或表面保持的温度比液体的饱和温度高，就会发生流动沸腾，这是液体及蒸汽的两相混合物的流动。在反应堆研究中，流动沸腾传热危机的现象基本上可分为两类。一类是流动沸腾工况中高含汽量的沸腾临界。在这种现象中，液体被烧干，而不是生成的气泡来不及扩散到主流中去。另一类是过冷的或低含汽量的 DNB，类似于前面介绍的大容积沸腾的沸腾临界，称为 DNB 沸腾临界。DNB 沸腾临界是在热流密度很大的情况下壁面生成的气泡来不及扩散到主流中去的时候，壁面被气膜覆盖造成传热恶化，壁面温度跳跃性升高的现象。这种类型的偏离泡核沸腾在压水堆中会遇到。下面分别就烧干和 DNB 这两种类型的传热危机作较详细的介绍。

1. 烧干过程

图 3.3.2 所示为一根垂直放置的均匀加热的流道内流体被加热烧干的过程，并且热流密度较小。过冷液体自流道的底部进入后向上流动，流经流道的液体流量控制在沿流道全长上全部蒸发完。图中给出流道内所遇到的流型和相应的传热区域，在图的左侧给出管壁和流体的温度沿流道全长的变化。

液体单相对流传热区（A 区）；在这一区内，流体温度沿途上升，但仍低于其饱和温度，壁温仍低于产生气泡所必要的过热度。

泡核沸腾区：此区又细分为欠热或过冷泡核沸腾区（B 区）和饱和泡核沸腾区（C 区和 D 区）。詹斯（Jens）和洛特斯（Lottes）将水在压力为 0.7～17.2 MPa 下过冷泡核沸腾时的实验数据整理成如下公式：

$$q = \left(\frac{T_w - T_s}{25}\right)^4 \exp\left(\frac{4p}{6.2}\right) \tag{3.3.12}$$

或

$$T_w = T_s + 25\left(\frac{q}{10^6}\right)^{0.25} \exp\left(\frac{-p}{6.2}\right) \tag{3.3.13}$$

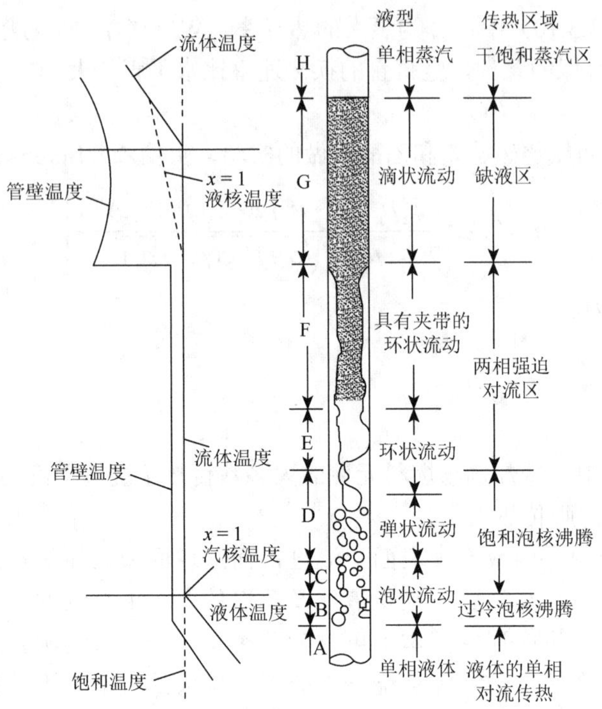

图 3.3.2　q 较小时流动沸腾危机

这个关系式不但适用于欠热沸腾，而且也适用于饱和沸腾。式中：q 为加热表面热流密度，W/m^2；p 为流体压力，MPa；T_w 为加热壁面表面的温度，℃；T_s 为流体在压力 p 下的饱和温度，℃。

汤姆（Thom）等把水在 5.17～13.79 MPa 压力下过冷泡核沸腾时的实验数据整理成：

$$q = \left(\frac{T_w - T_s}{22.7}\right)^2 \exp\left(\frac{2p}{8.7}\right) \tag{3.3.14}$$

或

$$T_w = T_s + 22.7\left(\frac{q}{10^6}\right)^{0.5} \exp\left(\frac{-p}{8.7}\right) \tag{3.3.15}$$

式中的符号和量纲与式（3.3.13）相同。用上式求得的 T_w 值比用式（3.3.13）求的值要高些。

Chen 提出了一个计算精度更好的全范围的泡核沸腾传热关系式，Chen 关系式把泡核沸腾传热系数分为两部分，强迫对流部分采用迪图斯-贝尔特关系式（3.2.6）进行修正，即

$$\alpha_c = 0.023\left[\frac{G(1-x)D_e}{\mu_f}\right]^{0.8} Pr_f^{0.4} \frac{\lambda_f}{D_e} F \tag{3.3.16}$$

式中：x 为质量含汽率；G 为质量流速，是指单位时间内流过单位面积的流体质量。

$$F = \begin{cases} 1, & X_n > 10 \\ 2.35\left(0.213 + \dfrac{1}{X_n}\right)^{0.736}, & X_n \leqslant 10 \end{cases} \tag{3.3.17}$$

而

$$X_n=\sqrt{\left(\frac{\mu_f}{\mu_g}\right)^{0.2}\left(\frac{1-x}{x}\right)^{1.8}\left(\frac{\rho_g}{\rho_f}\right)} \tag{3.3.18}$$

泡核沸腾部分为

$$\alpha_{NB}=\frac{0.00122}{1+2.53\times10^{-6}Re^{1.17}}\left[\frac{(\lambda^{0.79}c_p^{0.45}\rho^{0.49})_f}{\sigma^{0.5}\mu_f^{0.29}h_{fg}^{0.24}\rho_g^{0.24}}\right]\Delta T^{0.24}\Delta p^{0.75} \tag{3.3.19}$$

式中：$\Delta T=T_w-T_s$，$\Delta p=p(T_w)-p(T_s)$，$Re=Re_fF^{1.25}$。试验范围：0.17 MPa＜p＜3.5 MPa，q＜2.4 MW/m²，0＜x＜0.7。

Collier 将 Chen 关系式推广到欠热沸腾区的时候进行了修正，即有

$$q=\alpha_{NB}(T_w-T_s)+\alpha_c(T_w-T_b) \tag{3.3.20}$$

例 3.3.1　已知某堆的蒸汽发生器二次侧压力为 7 MPa，其中一个通道的水力直径 25 mm，质量流量为 800 kg/h，用 Chen 关系式计算壁面温度为 290℃、流动质量含汽率为 0.2 处的热流密度。

解　查本书附表 II 可知压力为 7 MPa 时的数据如下：

$\mu_f=96\times10^{-6}$N·s/m²，$\mu_g=18.95\times10^{-6}$N·s/m²，$c_{pf}=5.4\times10^3$J/(kg·K)，$\rho_f=740$ kg/m³，$\rho_g=36.5$ kg/m³，σ = 18.03N/m，$h_{fg}=1\,513.6\times10^3$J/kg，$T_s=284.64$℃，$\lambda_f=0.567$W/(m·K)

所以当 $T_w=290$℃时，有

$$\Delta T=T_w-T_s=290-284.64=5.36℃$$

再查附表 II，得到温度为 290℃时的饱和压力为 7.444 9 MPa，可得

$$\Delta p=(7.444\,9-7)\times10^6=4.449\times10^5\text{Pa}$$

质量流速是指单位时间内流过单位面积的流体质量，可以得到

$$G=\frac{\dot m}{\frac{\pi}{4}D^2}=\frac{800/3\,600}{\frac{\pi}{4}\times0.025^2}=452.7\ [\text{kg}/(\text{m}^2\cdot\text{s})]$$

下面计算强迫对流部分的传热系数，因为

$$X_n=\sqrt{\left(\frac{\mu_f}{\mu_g}\right)^{0.2}\left(\frac{1-x}{x}\right)^{1.8}\left(\frac{\rho_g}{\rho_f}\right)}=\sqrt{\left(\frac{96}{18.95}\right)^{0.2}\left(\frac{0.8}{0.2}\right)^{1.8}\left(\frac{36.54}{740.0}\right)}=0.9<10$$

$$F=2.35\left(0.213+\frac{1}{X_n}\right)^{0.736}=2.87$$

所以

$$\begin{aligned}\alpha_c&=0.023\left[\frac{G(1-x)D_e}{\mu_f}\right]^{0.8}Pr_f^{0.4}\frac{\lambda f}{D_e}F\\&=0.023\left[\frac{452.7\times(1-0.2)\times0.025}{96\times10^{-6}}\right]^{0.8}\left(\frac{96\times10^{-6}\times5.4\times10^3}{0.567}\right)\frac{0.567}{0.025}\times2.87\\&=13\,783\ [\text{W}/(\text{m}^2\cdot℃)]\end{aligned}$$

下面来计算泡核沸腾部分传热系数，先计算 Re，有

$$Re = Re_{\mathrm{f}}\,\mathrm{F}^{1.25} = \frac{452.7\times(1-0.2)\times 0.025}{96\times 10^{-6}}\times 2.87^{1.25} = 3.52\times 10^{5}$$

所以，得到

$$\begin{aligned}\alpha_{\mathrm{NB}} &= \frac{0.001\,22}{1+2.53\times 10^{-6}Re^{1.17}}\times\frac{\lambda_{\mathrm{f}}^{0.79}c_{pf}^{0.45}\rho_{\mathrm{f}}^{0.49}}{\sigma^{0.5}\mu_{\mathrm{f}}^{0.29}h_{\mathrm{fg}}^{0.24}\rho_{\mathrm{g}}^{0.24}}\times\Delta T^{0.24}\Delta p^{0.75}\\&= \frac{0.001\,22}{1+2.53\times 10^{-6}\times(3.52\times 10^{5})^{1.17}}\\&\quad\times\frac{0.567^{0.79}\times 5\,400^{0.45}\times 740^{0.49}\times 5.36^{0.24}\times(4.449\times 10^{5})^{0.75}}{(18.03\times 10^{-3})^{0.5}\times(96\times 10^{-6})\times(1\,513.6\times 10^{3})^{0.24}\times 36.5^{0.24}}\\&= 4\,192\,[\mathrm{W/(m^2\cdot ℃)}]\end{aligned}$$

最后得到

$$q = (\alpha_{\mathrm{c}}+\alpha_{\mathrm{NB}})\Delta T = (13\,783+4\,192)\times 5.36 = 9.635\times 10^{4}\ (\mathrm{W/m^2})$$

例 3.3.2　试确定反应堆堆芯在欠热沸腾工况下燃料元件表面的温度。系统压力为 7.2 MPa，冷却水在该压力下的饱和温度为 288℃。包壳外表面平均热流密度为：（1）0.5 MW/m^2；（2）5 MW/m^2。

解　对于欠热沸腾或局部沸腾，包壳外表面热流密度 q 可用式（3.3.13）计算

$$q = \left[\frac{\mathrm{e}^{p/6.2}}{0.79}(T_{\mathrm{w}}-T_{\mathrm{s}})\right]^{4}$$

由上式得膜温降为

$$\Delta T = T_{\mathrm{w}}-T_{\mathrm{s}} = \frac{0.79}{\mathrm{e}^{p/6.2}}q^{0.25} = \frac{0.79}{\mathrm{e}^{7.2/6.2}}(5\times 10^{5})^{0.25} = 6.6\ (℃)$$

由此可得包壳外表面上温度为

$$T_{\mathrm{w}} = 288+6.6 = 295\ (℃)$$

对于 5.0 MW/m^2 的平均热流密度，$\Delta T = 11.7$℃。

$$T_{\mathrm{w}} = 288+11.7 = 299.7\ (℃)$$

两相强迫对流区（E 区和 F 区）：在这一区内，紧贴流道壁面为一层很薄的液膜，由于这层液膜的有效导热，在低的热流密度下，液膜无法达到产生气泡的温度，所以液体膜层中强迫对流。液膜把流道壁面上的热量传到气态与液膜的分界面上，并在这个分界面上产生蒸发。

缺液区（G 区）和干饱和蒸汽区（H 区）：在含气量的某个临界值上，液膜完全蒸发掉。这个转变称为“蒸干”或“烧干”。发生烧干时，会伴随出现加热壁面温度跃升的现象，所以把环状流液膜中断、或烧干称为沸腾临界。从烧干点到开始向 H 区转变之间的区域称为缺液区。

烧干工况开始后，覆盖在流道壁面上的液膜破碎，并形成细小的“液流”。流体继续往前流动，加热壁面的温度大大超过流体的饱和温度时，“液流”完全被蒸干，壁面出现干涸，接下去就进入干饱和蒸汽区，在该区内，全部为单相干蒸汽，在此以后，可按前面介绍的强迫对流的适当关系式，利用水蒸气的物性计算换热系数。

2. 偏离泡核沸腾

当流道中热流密度很大时，传热工况可用图 3.3.3 表示。曲线 a 表示流体整体温度与流道长度的关系。从进口处的过冷工况开始，流体在过冷区温度不断上升。进入两相区后，流体温度保持不变。进入过热区后，流体温度再次升高。曲线 c 表示高热流密度下加热表面的温度沿流道长度的变化。此时由于加热热流密度高，所以在 DNB 点上，加热壁面的温度跃升值比高含汽量烧干点上高得多，可能使加热壁面烧毁（认为大多数材料壁面被烧毁）。壁温跃升的幅值和宽度取决于许多参数。在 DNB 点的下游，加热壁面的温度先下降后上升，这是由于流体中含汽量增加的原因所引起的。到达过热蒸汽段后，温度连续上升，这主要是由于蒸汽单相换热系数较两相流体的低的缘故。曲线 b 表示热流密度较高，但尚不足以产生烧毁时的壁温沿流道长度的变化。

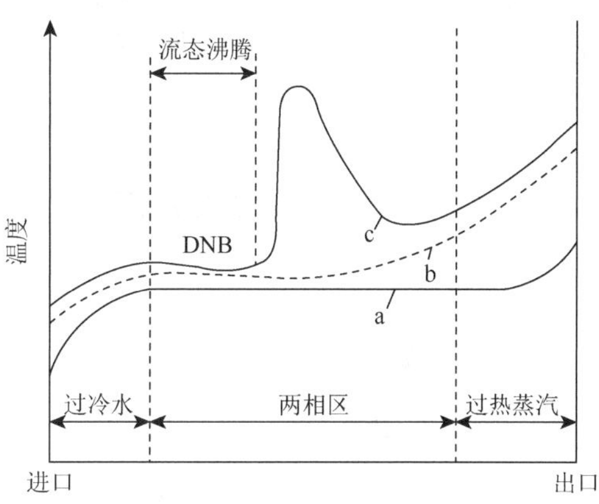

图 3.3.3　低含汽量流动沸腾危机

在压水堆的设计和运行中，确定临界热流密度的大小及其在堆芯流道中的具体位置是非常重要的。但临界热流密度与许多因素有关，例如，流道的形状、流道壁表面条件、冷却剂的物理特性及流动工况等。在压水堆分析中，通常的做法是定义一个新的参数，即偏离泡核沸腾比（departure from nucleate boiling ratio，DNBR），因水冷反应堆内发生偏离泡核沸腾往往导致燃料元件烧毁，因此，常将它称为烧毁比。

$$\mathrm{DNBR}(z) = q_{\mathrm{DNB}}(z)/q(z) \tag{3.3.21}$$

由烧毁比的定义可知，当堆芯某流道 DNBR 的最小值等于或小于 1 时，认为该流道的燃料元件包壳便会烧毁或失效。因此定义烧毁比之后，确定临界热流密度的大小及其具体位置的问题，便转化为确定 DNBR 最小值及其具体位置的问题。

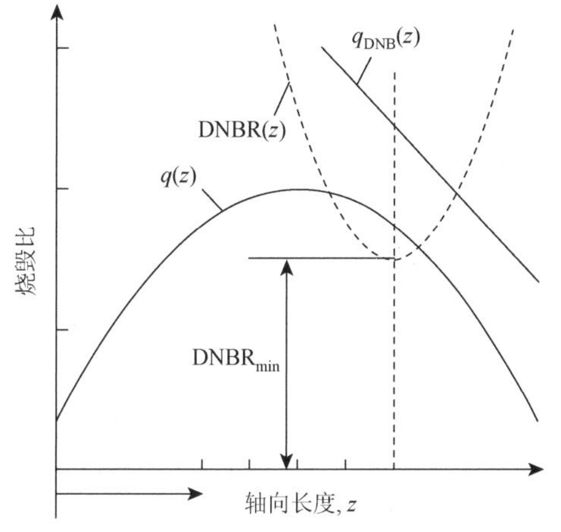

图 3.3.4　均匀装载的圆柱形裸堆中烧毁比曲线示意图

根据经验公式可以得到堆芯临界热流密度沿流道长度变化的曲线，由理论分析可得到堆芯实际热流密度沿流道长度变化的曲线。将以上两曲线相应点的纵坐标值相除便可得到堆芯烧毁比 DNBR 沿流道长度的变化曲线。例如，图 3.3.4 表示了一个均匀装载的圆柱形裸堆中烧毁比曲线图。图中，实际热流密度曲线 $q(z)$，临界热流密度曲线 $q_{\mathrm{DNB}}(z)$，烧毁比曲线 $\mathrm{DNBR}(z)$ 的变化情况。

由图 3.3.4 可知，临界热流密度沿堆芯流道长度下降，这主要是由于在一定的冷却剂质量流速和压力下，冷却剂的焓随流道长度增加的缘故。对均匀装载的圆柱形裸堆，最小烧毁比不出现在燃料元件热流密度最大处，也不在流道的出口处，而是在流道中心与出口之间。

3.3.3　临界热流密度经验公式

根据前面对沸腾临界的介绍，计算临界热流密度的关系式可以分为两大类。一类是计算低含汽率情况下的 DNB 沸腾临界的公式；另一类是计算高含汽率情况下的烧干沸腾临界的公式。图 3.3.5 中分别是 DNB 沸腾临界和烧干沸腾临界的机理示意图。由图可见，在 DNB 沸腾临界情况下，大量气泡在壁面附近产生后来不及扩展到主流中去，导致壁面附近被气膜包围形成沸腾临界。

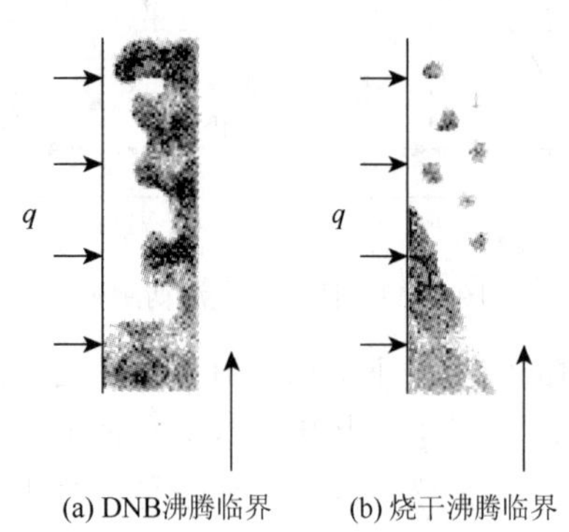

图 3.3.5　DNB 沸腾临界与烧干沸腾临界的机理示意图

1. DNB 沸腾临界

临界热流密度对水冷堆的设计和运行都是十分重要的。多年来，国内外对此已做过很多的实验研究和理论分析工作，也发表了许多研究成果，可供设计计算时选用。现在分别介绍如下。

1）欠热沸腾

欠热沸腾时临界热流密度关系式较为简便的有下面两个公式，具体可以视情况选用：

$$q_{\mathrm{DNB}} = 686(3\,600u \cdot A)^{0.5}(T_{\mathrm{s}} - T_{\mathrm{b}})^{0.33}\left(\frac{v''}{v'' - v'}\right) \tag{3.3.22}$$

$$q_{\mathrm{DNB}} = C\left(\frac{G}{10^6}\right)^m (T_{\mathrm{s}} - T_{\mathrm{b}})^{0.22} \tag{3.3.23}$$

式（3.3.22）和式（3.3.23）中：q_{DNB} 为临界热流密度，W/m²；u 为流速，m/s；A 为流通截面积，m²；T_{b} 为主流温度，℃；T_{s} 为饱和温度，℃；v''为饱和蒸汽比体积，m³/kg；v'为饱和水比体积，m³/kg；G 为质量流速，kg/(m²·h)。

式（3.3.22）的使用范围是：$u = 1.5\sim7$ m/s，$p = 14\sim21$ MPa，$T_{\mathrm{s}}-T_{\mathrm{b}} = 10\sim100$℃。式（3.3.23）中的 m 及 C 值如表 3.3.1 所示，其使用范围是：$G=$（4.7～38.2）$\times10^6$ kg/(m²·h)，$T_{\mathrm{s}}-T_{\mathrm{b}} = 3.058\sim90.63$℃。

表 3.3.1　式（3.3.23）中的 C 及 m 值

p/MPa	$C\times10^{-6}$	m
3.447	2.2738	0.160
6.894	1.451	0.275
13.79	0.7214	0.500
20.68	0.2811	0.730

式（3.3.23）能简明地表示质量流速、欠热度和压力对 q_{DNB} 的影响，便于定性分析。可以看出，此关系式对饱和沸腾不适用，因为在欠热度为零时，它得到的 q_{DNB} 等于零。这显然与事实不符。

2）W-3 关系式

W-3 关系式是计算 DNB 临界热流密度最常用的公式，由美国西屋公司 Tong 等提出。W-3 公式是对均匀加热的通道试验得到的，既可以用于圆形通道、矩形通道，也可以用于反应堆堆芯内的棒束通道。对于非均匀加热的情况，要加以修正。均匀加热情况下的 W-3 公式为

$$q_{\mathrm{DNB,eu}}=f(p,x_{\mathrm{e}},G,D_{\mathrm{e}},h_{\mathrm{in}})=3.154\varepsilon(p,x_{\mathrm{e}})\zeta(G,x_{\mathrm{e}})\psi(D_{\mathrm{e}},h_{\mathrm{in}}) \tag{3.3.24}$$

式中：

$$\varepsilon(p,x_{\mathrm{e}})=(2.022-0.062\,38p)+(0.172\,2-0.01\,427p)\times\exp[(18.177-0.598\,7p)x_{\mathrm{e}}] \tag{3.3.25}$$

$$\zeta(G,x_{\mathrm{e}})=[(0.148\,4-1.596x_{\mathrm{e}}+0.172\,9x_{\mathrm{e}}|x_{\mathrm{e}}|)\times\frac{0.7377G}{10^3}+1.037]\times(1.157-0.869x_{\mathrm{e}}) \tag{3.3.26}$$

$$\psi(D_{\mathrm{e}},h_{\mathrm{in}})=[(0.2664+0.8357\exp(-124.1D_{\mathrm{e}})]\times[0.8258+0.0003413(h_{\mathrm{l}}-h_{\mathrm{in}})] \tag{3.3.27}$$

式（3.3.24）～式（3.3.27）中：$q_{\mathrm{DNB,eu}}$ 的单位为 MW/m^2；p 为冷却剂工作压力，MPa；G 为冷却剂质量流速，kg/(m^2·s)；h_{l} 为冷却剂饱和焓；h_{in} 为管道入口处冷却剂焓，kJ/kg；D_{e} 是以加热周长（不计冷壁部分）定义的当量直径，m；x_{e} 是计算点处的平衡态含汽率。

$$x_{\mathrm{e}}=[h(z)-h_{\mathrm{in}}]/h_{\mathrm{fg}}$$

这里，$h(z)$为计算点冷却剂焓；h_{fg} 为冷却剂汽化潜热，kJ/kg。

W-3 公式的适用范围如下：

工作压力 $p=(6.895\sim15.86)$ MPa；局部热流密度 $q=(0.33469\sim19.226)\times10^6$ W/m^2；冷却剂质量流速 $G=(4.9\sim24.5)\times10^3$ kg/(m^2·h) $=(1.36\sim6.805)\times10^3$ kg/(m^2·s)；通道长度 $l=(0.254\sim3.668)$ m；含汽率 $-0.15\leqslant x_{\mathrm{e}}\leqslant0.15$；当量直径 $D_{\mathrm{e}}=(0.0051\sim0.0178)$ m；加热周长/湿润周长 $=0.88\sim1.0$；$h_{\mathrm{in}}\geqslant930$ kJ/kg；通道的几何形状：圆形、矩形和棒束。

在燃料组件内存在定位架和不加热的冷壁，并且轴向非均匀加热的情况下，要对临界热流密度进行修正，即

$$q_{\mathrm{DNB}}=\frac{q_{\mathrm{DNB,eu}}}{F}F_{\mathrm{g}}F_{\mathrm{c}} \tag{3.3.28}$$

式中：F 为轴向加热不均匀修正因子，则

$$F=\frac{C\int_0^{z_{\mathrm{DNB}}}q(z)\exp[C(z_{\mathrm{DNB}}-z)]\mathrm{d}z}{q(z_{\mathrm{DNB}})[1-\exp(-Cz_{\mathrm{DNB,eu}})]} \tag{3.3.29}$$

式中

$$C=186\frac{[1-x_{\mathrm{e}}(z_{\mathrm{DNB}})]^{4.31}}{G^{0.478}},\quad 1/\mathrm{m} \tag{3.3.30}$$

其中：z_{DNB} 是不均匀加热条件下的计算点。$z_{\mathrm{DNB,eu}}$ 是均匀加热条件下的计算点，由式（3.3.24）计算得到的DNB沸腾临界点与通道入口之间的距离，将坐标起点建在通道入口点 $z=0$，则 z_{DNB} 就是发生偏离泡核沸腾点的 z 坐标值。

式（3.3.28）中修正因子 F_{g} 描述了棒束上的定位架及混流片的作用，使临界热流密度得到提高，F_{g} 的计算式为

$$F_{\mathrm{g}}=1.0+0.2212\times10^{-4}G\left(\frac{a}{0.019}\right)^{0.35} \tag{3.3.31}$$

式中：a 是冷却剂热扩散系数，对于单箍型定位架，可取 0.019。

考虑贴近冷壁的部分流体不参与加热面的冷却，需要进行冷壁修正，式（3.3.28）中修正因子为

$$F_{\mathrm{c}}=1-R\left[13.76-1.372\exp(1.78x_{\mathrm{e}})-6.96G^{-0.0535}-0.00683p^{0.14}-12.6D_{\mathrm{e}}^{0.107}\right] \tag{3.3.32}$$

式中：$R=1-D_{\mathrm{c}}/D_{\mathrm{e}}$，而 D_{c} 是以冷却剂流通面积与湿周（含冷壁部分）定义的当量直径，m。

应该指出的是，在 W-3 公式中，平衡态含汽率是计算点处的值，而不是流道入口的值。因此平衡态含汽率是随着高度而变化的。根据给定的轴向功率分布 $q(z)$，可以得到 $x_{\mathrm{e}}(z)$，从而得到轴向每一点处的临界热流密度。

采用上述修正后，计算得到的值和实验测量得到的值之间还有差别。Tong 等曾把 W-3 公式计算的计算值与其他研究人员在实验回路测出的几千个实验数据值作了统计分析比较，如图 3.3.6 所示。图中横坐标是实验值，纵坐标是计算值。如果实验值和计算值没有误差，则相应点落在 45°对角线上。分析发现，95%以上的数据是在±23%以内。这种误差是随机性的，服从统计规律。造成这种误差可能有以下方面的原因。

流体的湍流特性及传热表面粗糙度的随机特性。这种误差约为±3%。

实验段的制造公差，包括圆管壁厚、通道尺寸等。这种误差约为±5%。

处理 q_{c} 的相关参数时，由于计算公式的不完善所引起的误差。这种误差约为±5%。

随机的和非随机的测量仪器的误差及由各种不同实验回路的系统特性产生的误差约为±10%。

以上所列的误差合计±23%，实验测得的下限值与 W-3 公式计算值之比为 $1/(1-0.23)=1.3$，即在计算时，若取实验测得的下限值，则应由 W-3 公式计算得到的值除以 1.3。因此，在热工设计中，为了保证反应堆的安全，在水堆的设计中，总是要求燃料元件表面的最大热流密度小于临界热流密度。由于 DNBR 值是随着冷却剂通道轴向位置 z 而变化的，其最小值称为最小偏离泡核沸腾比（minimum departure from nucleate boiling ratio，MDNBR），如果临界热流密度的计算公式没有误差，则当 MDNBR = 1 时，表示

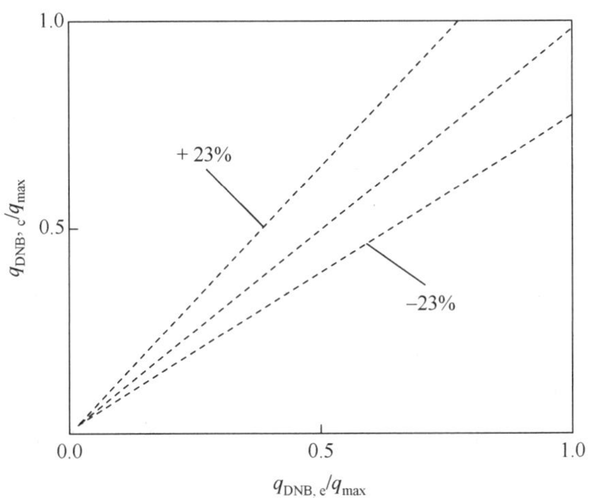

图 3.3.6　W-3 公式的计算值和实验值的比较

燃料元件发生烧毁。因此 MDNBR 通常是水堆的一个设计准则。对于稳态工况和预计的事故工况，都要分别定出 MDNBR 的值，其具体值和所选用的计算公式有关，例如用 W-3 公式，压水堆稳态额定工况时一般可取 MDNBR = 1.8～2.2，而对动态工况，则要求 MDNBR＞1.3。

3）W-2 公式

当蒸汽干度大于 0.15 时，已超过 W-3 公式的适用范围，此时就应用 W-2 公式。该公式也是由美国西屋公司提出的。此关系式算出的不是临界热流密度的本身，而是焓升。达到沸腾危机时的冷却剂焓升称作烧毁焓升，记作 Δh_{BO}。管道中冷却剂焓升达到此数值时，燃料元件很可能被烧毁。W-2 公式有两个表达式：一个用于 $x<0$ 部分，这部分在计算中使用不多，不做介绍；另一个用于 $x>0$ 部分。

$$\begin{aligned}\Delta h_{BO}(z) = \mathrm{h_c}(z) - \mathrm{h_{in}} &= 0.529(\mathrm{h_f} - \mathrm{h_{in}}) + \mathrm{h_{fg}} / 4\,190\{[0.825 + 2.3\exp(-670D_e)] \\ &\times \exp(-0.306G/10^6) - 0.41\exp(-0.004\,8z/D_e) - 1.12\rho_g/\rho_f + 0.548\}\ (\mathrm{J/kg})\end{aligned} \tag{3.3.33}$$

式中：h_{fg} 为水的汽化潜热，J/kg；z 为冷却剂通道轴向坐标，m；ρ_g 为蒸汽密度，kg/m^3；ρ_f 为饱和水的密度，kg/m^3；h_f 为冷却剂饱和焓；h_{in} 为管道进口处冷却剂焓值，J/kg；G 为冷却剂质量流速，kg/(m^2·h)；$h_c(z)$为点 z 处达到沸腾危机时的焓值。

W-2 公式适用范围：

工作压力 p = 5.488～18.914，MPa；冷却剂质量流速 G = (2～12.5)×10^6，kg/(m^2·h)；当量直径 D_e = 0.00254～0.0137，m；通道长度 l = 0.228～1.93，m；含汽率 x = 0～0.9；进口焓 h_{in} = 930 kJ/kg 至饱和水；加热周长/湿润周长 = 0.88～1.0；局部热流密度 q = (0.315～5.670)×10^6，W/m^2；通道的几何形状：圆形、矩形和棒束；加热状态：均匀和非均匀都可。

类似对 W-3 的精度分析，计算时用 W-2 公式算得的烧毁焓升值应该除以 1.332。

2. q_{DNB} 的主要影响因素

1）冷却剂的质量流速

对于过冷沸腾和低含汽量的饱和沸腾，当冷却剂的质量流速增加时，流体的扰动也增加，气泡容易脱离加热面，故临界热流密度 q_{DNB} 随质量流速增加而增加。当流速增加到一定数值后，再增加对提高 q_{DNB} 的贡献就很小。而在高含汽量饱和沸腾的情况下，如果冷却剂是环状流，冷却剂质量流速的增加反而会使加热面上的液膜变薄，从而加速烧干。冷却剂的质量流速对临界热流密度 q_{DNB} 的影响如图 3.3.7 所示。

2）进口处冷却剂的过冷度

进口处冷却剂的过冷度越大，则加热面上形成稳定的气膜所需要的热量越多，故 q_{DNB} 增加。但是，当过冷度增大到某一个数值时，热管内冷却剂就会发生气水两相流动不稳定性，q_{DNB} 下降。同样，过冷度小到某个数值时，也会使气水两相流动出现不稳定性，q_{DNB} 下降。因此，进口水的过冷度的大小不但会直接影响 q_{DNB} 值，而且还会因为出现气-水流动不稳定性而间接地影响 q_{DNB} 值。究竟如何选取进口处水的过冷度，要根据系统具体的热工和结构参数而定。

3）工作压力

压力的影响比较复杂，一方面，液体表面张力随压力升高而减小，从而使汽化核心数目增多；另一方面，汽水密度差随压力升高而减小，气泡不容易脱离加热面，延长了加热长大过程，从而使气泡脱离壁面时直径增大。

在大容积沸腾中，压力对 q_{DNB} 的影响，不同研究人员得出的结论较一致。对于水，开始时，q_{DNB} 值随压力增加；当压力增到水的临界压力值的三分之一（6.86 MPa）左右时，q_{DNB} 达到最大值；此后 q_{DNB} 随压力增加而减小。如图 3.3.8 所示。$q_{DNB,c}$ 是压力为 9.8×10^4 Pa 时水的 q_{DNB}。

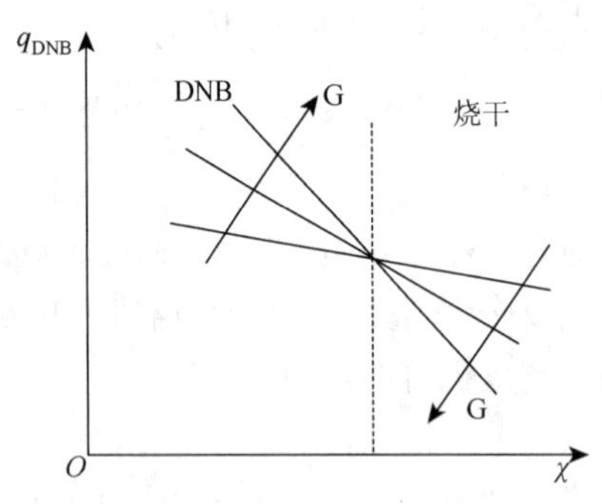

图 3.3.7　质量流速对 q_{DNB} 的影响

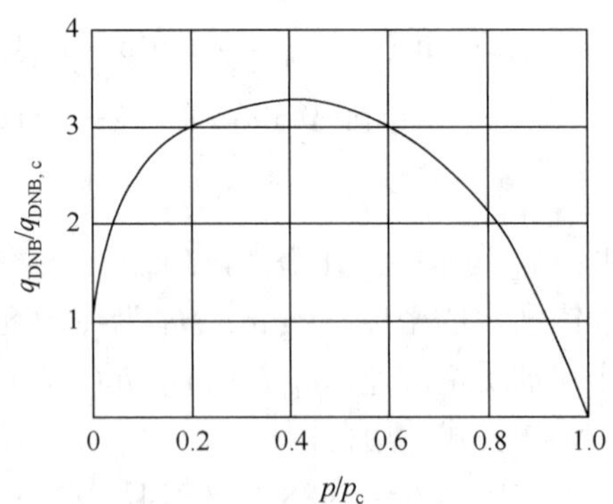

图 3.3.8　水的 q_{DNB} 随压力的变化

在加热的流动沸腾系统中，压力对 q_{DNB} 的影响，不同研究人员的观点还不太一致。一种观点认为，随压力升高 q_{DNB} 会稍有下降。但从 W-3 公式来看，当系统加热量一定时，冷却剂含汽率随压力增加而变小，因而 q_{DNB} 可能增加。

4）通道入口段长度

一般地，通道入口段长度 l 与通道直径 d 的比值 l/d 越小，受进口局部扰动的影响越大，因而 q_{DNB} 增加。当 l/d 值小于 50 时，l/d 值对 q_{DNB} 的影响较大；当 l/d 值大于 50 时，这种影响较小。

5）加热表面粗糙度

加热表面粗糙度对 q_{DNB} 的影响，只是在新堆时才较明显。表面粗糙，一方面可增加汽化核心的数目，另一方面又可增加流体的湍流扰动。在过冷沸腾和低含汽量饱和沸腾的情况下，会使 q_{DNB} 增加。但在高含气量的饱和沸腾的环状流动情况下，加热面上的粗糙度大，会加强流体的湍流扰动，使加热面上的环状薄层液膜变得更薄，从而加速烧干。运行一段时间后，加热面上的粗糙度因受流体冲刷作用而渐渐变得光滑，因而对 q_{DNB} 的影响也就较小。

3.4　凝 结 传 热

当饱和蒸汽与温度比它低的表面接触时，就会发生凝结，凝结是与沸腾相反的过程。凝结在表面上的液体在重力作用下向下流或被流动的蒸汽带走。若凝结液体的流动是层流（这是常遇到的情况），由气液交界面传至固体表面的热量依靠导热进行。凝结传热速率取决于液膜厚度，图 3.4.1 给出了液体在竖表面上的凝结示意图。液膜厚度与凝结速率和排液速率有关。对于倾斜板，排液的速率较低，这将增大液膜厚度而降低换热速率。实际中存在膜状凝结和珠状凝结两种不同的凝结方式，或两者可同时发生，较常见的是膜状凝结，其特点是整个表面被薄的液膜所覆盖。

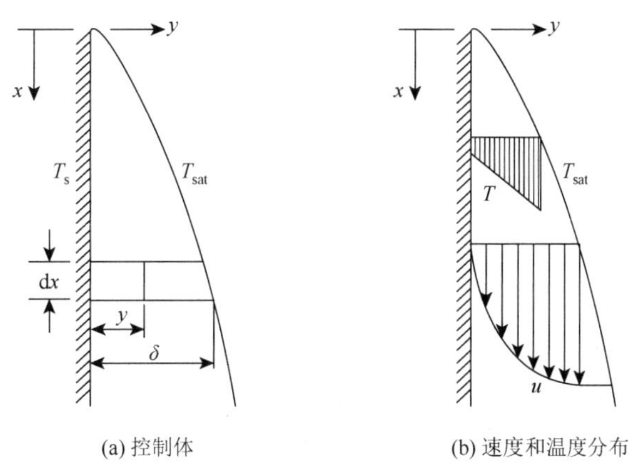

(a) 控制体　　(b) 速度和温度分布

图 3.4.1　液体在竖表面上的凝结

当不含杂质的蒸汽与可润湿的洁净表面相接触时就会发生膜状凝结。在不可能润湿的表面上，如在聚四氟乙烯上有水蒸气时，则发生珠状凝结，会形成微小的凝结液滴，其体积逐渐变大，直至被重力或蒸汽的运动带走。发生珠状凝结时，凝结的部分表面与蒸汽直接接触，因此换热速率远高于膜状凝结。本书中只讨论膜状凝结。

3.4.1　层流膜状凝结

由于在核动力装置内大多数凝结器表面较短，液膜的流速也不高，所以较常见的是层流膜状凝结。对竖壁上的这种凝结，努塞特给出的表面局部换热系数 α_x 分析解为

$$Nu_x \equiv \frac{\alpha_x x}{\lambda_f} = \left[\frac{\rho_f g(\rho_f - \rho_g) h_{fg} x^3}{4\mu_f \lambda_f (T_s - T_w)}\right]^{1/4} \tag{3.4.1}$$

式中：ρ_f、ρ_g 分别为液体、气体的密度；h_{fg} 为冷却剂汽化潜热；μ_f 为液体的动力黏度；λ_f 为液体的导热系数；T_s、T_w 分别为饱和温度与壁温。对上述结果的分析可看出，这和单相对流换热相反，温差增大的同时伴随着液膜厚度的增大，使换热系数 α 降低。

对局部换热系数在板的整个长度 l 上进行积分，可得表面平均换热系数：

$$\bar{\alpha} = \frac{4}{3}\alpha_L = 0.943\left[\frac{\rho_f g(\rho_f - \rho_g) h_{fg} x_f^3}{\mu_f l (T_s - T_w)}\right]^{1/4} \tag{3.4.2}$$

对于常见的与水平面有一个ϕ角度的倾斜板，则有

$$\bar{\alpha} = \frac{4}{3}\alpha_L = 0.943\left[\frac{\rho_f g(\rho_f - \rho_g) h_{fg} x_f^3}{\mu_f l (T_s - T_w)}\sin\phi\right]^{1/4} \tag{3.4.3}$$

实验结果表明，式（3.4.3）较保守，计算结果比实测值约低 20%。因此，对倾斜板（包括竖直板）推荐用下式：

$$\bar{\alpha} = 1.13\left[\frac{\rho_f g(\rho_f - \rho_g) h_{fg} x_f^3}{\mu_f l (T_s - T_w)}\sin\phi\right]^{1/4} \tag{3.4.4}$$

对管径 D 比液膜厚度 δ 大得多的竖直管，取 $\text{Sin}\phi = 1$，则式（3.4.4）也可用于竖直管的内表面和外表面。但式（3.4.4）不能用于倾斜管，因液膜的流动并不与管子的轴线相平行。

对管外凝结的水平管，努塞特模型的分析给出：

$$\bar{\alpha} = 0.725\left[\frac{\rho_f g(\rho_f - \rho_g) h_{fg} x_f^3}{\mu_f D (T_s - T_w)}\right]^{1/4} \tag{3.4.5}$$

当一组垂直布置的由 n 根水平管组成的管簇上发生凝结时，凝结液由上部管流向下部管，并对传热速率产生影响。对这种情况，以 nD 替代式（3.4.5）中的 D，可以在没有考虑溅射或其他效应的经验关系式时估算换热系数。

3.4.2　湍流膜状凝结

1. 竖壁

当液膜的流速足够大时，传热过程不只是导热，还有涡旋扩散，后者是湍流的特征。对于高的竖直板或水平管簇会有这种情况。当流体处于湍流状态时，不能再使用层流时

的关系式。液膜流动的 Re_f 由下式定义：

$$Re_\mathrm{f}=\frac{uD_\mathrm{e}\rho_\mathrm{f}}{\mu_\mathrm{f}}=\frac{4\rho_\mathrm{f}Au}{P\mu_\mathrm{f}} \tag{3.4.6}$$

Re_f 为 1800 左右时层流将转变成湍流。式（3.4.6）：水力直径 D_e≡$4A/P$ 为定性尺度；A 为被流动的凝结液所覆盖的面积；P 是被润湿的周长，对于宽为 W、长为 l 的倾斜覆盖表面，$A/P=lW/W=l$；对竖直管，$A/P=\pi Dl/\pi D=l$；而对水平管，$A/P=\pi Dl/l=\pi D$。

必须指出的是，对于水平管，液膜是沿管子的两侧流下，所以由层流转为湍流的雷诺数是 3600，不是 1800。但这只是在理论上有意义，由于水平管的竖向尺寸很小，在水平管上很少会发生湍流。

另外，注意到 $\dot m=\rho_\mathrm{f}Au$，而 $\dot m'=\dot m/P$，所以 Re_f 数可表示为

$$Re_\mathrm{f}=\frac{4\dot m}{P\mu_\mathrm{f}}=\frac{4\dot m'}{\mu_\mathrm{f}} \tag{3.4.7}$$

对于板面，式中 $\dot m'$ 是单位宽度的凝结液的质量流率，对于管子，$\dot m'$ 是单位长度的凝结液质量流率。$\dot m'$ 的最大值是在表面的下缘。

对竖表面上的湍流膜状凝结，柯克柏瑞德（Kirkbride）提出的平均换热系数计算式为

$$\bar\alpha=0.007\,6Re_\mathrm{f}^{0.4}\left[\frac{\rho_\mathrm{f}g(\rho_\mathrm{f}-\rho_g)\lambda_\mathrm{f}^3}{\mu_\mathrm{f}^2}\right]^{1/3} \tag{3.4.8}$$

上式可用于 $Re_\mathrm{f}>1800$。

2. 球

对球，平均表面膜状凝结换热系数为

$$\bar\alpha=0.826\left[\frac{\rho_\mathrm{f}^2g\lambda_\mathrm{f}^3}{\mu_\mathrm{f}D(T_\mathrm{s}-T_\mathrm{w})}\right]^{1/4} \tag{3.4.9}$$

同时，需注意以下几点。

（1）利用以上各式进行换热计算时，定性温度除汽化潜热 h_fg 用饱和温度 T_s 外，其余均用 $T_\mathrm{m}=(T_\mathrm{w}+T_\mathrm{s})/2$；特征长度对竖壁、竖直管取高度 h，对水平管、球取外径 D。

（2）求出表面的换热系数后，可按牛顿冷却定律计算换热量，即 $Q=aA(T_\mathrm{s}-T_\mathrm{w})$。而凝结速率（单位时间内凝结的液膜质量）则按 $\dot m=Q/h_\mathrm{fg}$ 计算。

（3）直径为 D，高为 H 的圆管水平放置和竖直放置的比较。设水平放置和竖直放置时液膜流动均为层流，其表面换热系数分别为 α_H 和 α_V，则

$$\frac{\alpha_H}{\alpha_V}=\frac{0.729}{0.943}\left(\frac{H}{D}\right)^{\frac{1}{4}}=0.77\left(\frac{H}{D}\right)^{\frac{1}{4}} \tag{3.4.10}$$

当 $H/D<2.86$ 时，$\alpha_V>\alpha_H$；当 $H/D=2.86$ 时，$\alpha_V=\alpha_H$；当 $H/D>2.86$ 时，$\alpha_V<\alpha_H$。一般在工业情况下，$H/D>2.86$，所以 $\alpha_V<\alpha_H$，因此，冷凝器在可能的情况下尽量做成卧式。

（4）上述实验关联式只适用于蒸汽流速较低的场合，对于水蒸气时流速小于 10 m/s，对于氟利昂蒸气，流速小于 0.5 m/s。

3. 液膜流动状态的确定

由于式（3.4.6）中的凝结液流动速度是未知量，所以需要采用试凑算法。将质量流率以传热速率表示，则有

$$\dot{m}=\frac{Q}{h_{\mathrm{fg}}}=\frac{\bar{\alpha}A(T_{\mathrm{s}}-T_{\mathrm{w}})}{h_{\mathrm{fg}}} \tag{3.4.11}$$

将式（3.4.11）代入式（3.4.7）得

$$Re_{\mathrm{f}}=\frac{4\bar{\alpha}A(T_{\mathrm{s}}-T_{\mathrm{w}})}{P_{\mu\mathrm{f}}h_{\mathrm{fg}}} \tag{3.4.12}$$

由于液膜流动的临界雷诺数是已知的 $(Re_{\mathrm{f}}|_{\mathrm{crit}}\approx 1800)$，由式（3.4.4）和式（3.4.12）可知，若

$$4.52\left[\frac{\rho_{\mathrm{f}}g(\rho_{\mathrm{f}}-\rho_{\mathrm{g}})\lambda_{\mathrm{f}}^{3}(T_{\mathrm{s}}-T_{\mathrm{w}})^{3}}{\mu_{\mathrm{f}}^{5}h_{\mathrm{fg}}^{3}}l^{3}\sin\phi\right]^{1/4}<1800 \tag{3.4.13}$$

则在竖直板、倾斜板和竖直管的流动为层流。

由式（3.4.5）和式（3.4.12）可知，若

$$9.11\left[\frac{\rho_{\mathrm{f}}g(\rho_{\mathrm{f}}-\rho_{\mathrm{g}})\lambda_{\mathrm{f}}^{3}(T_{\mathrm{s}}-T_{\mathrm{w}})^{3}}{\mu_{\mathrm{f}}^{5}h_{\mathrm{fg}}^{3}}(nD)^{3}\right]^{1/4}<3\,600 \tag{3.4.14}$$

则在 n 根水平管管簇上的流动是层流。

由式（3.4.9）和式（3.4.12）可知，若

$$0.002\,96\left[\frac{\rho_{\mathrm{f}}g(\rho_{\mathrm{f}}-\rho_{\mathrm{g}})\lambda_{\mathrm{f}}^{3}(T_{\mathrm{s}}-T_{\mathrm{w}})^{3}}{\mu_{\mathrm{f}}^{5}h_{\mathrm{fg}}^{3}}l^{3}\right]^{5/9}>1800 \tag{3.4.15}$$

则在竖面上是湍流。

3.4.3 膜状凝结的影响因素

影响膜状凝结的因素主要有以下几个方面。

（1）不凝结气体。蒸汽中含有不凝结气体，一方面降低气液界面蒸汽分压力，即降低蒸汽饱和温度，从而减小凝结换热的驱动力 $\Delta T=T_{\mathrm{s}}-T_{\mathrm{w}}$。另一方面蒸汽在抵达液膜表面凝结前，需通过扩散方式才能穿过不凝结气体层，从而增加了传热阻力。分析表明，水蒸气中质量分数占 1%的空气会使表面换热系数降低 60%。

（2）蒸汽流速。蒸汽流速对凝结换热的影响与流速大小、方向及是否撕裂液膜有关。并且，提高蒸汽流速对排除不凝气体有好处。

（3）其他影响因素有以下几点。

①蒸汽过热度。此时需考虑蒸汽显热的影响，计算时将公式中的汽化潜热 h_{fg} 换成过热蒸汽与饱和液的焓差即可。显然这样将导致表面换热系数的增大。

②液膜过冷度及温度分布的非线性。计算时将公式中的汽化潜热 h_{fg} 用 $h'_{fg} = h_{fg} + 0.68c_p(T_s - T_w)$代替，这也将导致 α 的增大。

③管子排数。对于水平管束，沿液膜流动方向不同排管子的凝结表面的换热系数是不同的。由于液膜自上而下流动，上排管的凝液落到下排管，所以，第一排管表面的凝结换热系数 α_1 比第二排管的 α_2 大，第二排管的 α_2 比第三排管的 α_3 大。随着管排数（同一铅垂面内）的增加，凝结表面换热系数减少。

④液膜波动。液膜波动带来的扰动将强化凝结换热。

⑤蒸汽中含油。蒸汽中含有油类将使凝结表面结垢，从而削弱换热。

⑥凝结表面几何形状。改变表面几何形状的目的是尽量减薄凝结液膜，从而强化换热。

习　　题

1. 什么叫温度场？等温线有何特点？它们能够相交吗？

2. 导热系数与热扩散率（热扩散系数或导温系数）的物理意义是什么？它们有何区别？

3. 导热基本定律（傅里叶定律）并不含时间，因此有人认为它不适用于动态过程的分析，对吗？为何？

4. 有人认为在反应堆工作时处于高温、高压，导热基本定律（傅里叶定律）并不适用，你认为对吗？为何？

5. 一维无内热源导热体的稳态导热微分方程为 $\frac{\partial^2 T}{\partial x^2} = 0$，不含导热系数，因此说导热体内温度分布与导热系数无关，你认为对吗？为何？

6. 什么是导热问题的定解条件？有几类？

7. 导热问题的边界条件有几类？你能够分别写出它们的表达式吗？

8. 想了解反应堆压力容器内壁的温度 T_1，但无法在内表面上安装热电偶，只在离外壁厚的 1/3 处安装了测点，测得温度为 T_2，同时测出外壁温度 T_3。设高压容器的内直径远大于厚度，试求反应堆运行时压力容器内壁温度。

9. 核动力管路采用两种不同材料组合保温壁，两层厚度相等，第二层的平均直径是第一层的 2 倍，而第二层的导热系数是第一层的 1/2 倍。如果把两层互换，其他条件不变，试问管道单位长度热损失有没有改变？

10. 本章式（3.1.25）是导热系数为定值时圆筒壁的结果，试推导导热系数随温度为线性关系式时的热量表达式。

11. 在一个简单的测量铜板导热系数的实验中，纯铜板的厚度为 2 cm，两表面分别维持在 150℃和 50℃，测得通过铜板的热流密度为 1.82 MW/m^2。温度 $T = 20$℃时导热系数为 399 W/(m·K)，求导热系数关系式 $\lambda = 399(1 + bT)$中的 b 值。（提示：温度需分段）

12. 什么是定性温度、特征尺寸？

13. 什么是准则数？强迫对流与自然对流换热的常用准则数有哪些？它们的物理意义如何？

14. 强迫对流与自然对流换热最大的不同点是什么，说说你在核动力装置中所看到的这两种现象。

15. 在相同条件下，流体冲刷一根管子，横向冲刷与纵向冲刷相比，哪个换热系数大，为什么？

16. 在例 3.2.1 中，元件按三角形栅格排列，其他条件不变，重新求冷却剂换热系数及包壳外表面温度，与例 3.2.1 比较两种栅格排列结果的大小，并从热工角度来看哪个排列更好一些？

17. 有一压水反应堆，若在燃料元件沿高度方向上的某一个小段上，冷却剂的平均温度 $T_1 = 310$℃，平均流速 $u = 5$ m/s，燃料元件表面平均热流密度 $q = 1.5\times10^6$ W/m^2，冷却剂的工作压力为 $p = 14.7$ MPa，其栅格为三角形排列，棒径 $d_{cs} = 10$ mm，栅距 $P = 12.5$ mm。求在该小段上，包壳表面的平均换热系数和元件表面的平均温度。

18. 试解释什么是大容积沸腾、流动沸腾、过冷（欠热）沸腾、饱和沸腾。

19. 什么是沸腾危机、临界热流密度？过冷（欠热）沸腾情况下是否会出现沸腾危机？

20. 什么叫偏离泡核沸腾（DNB）、烧干？它们有什么区别？

21. 烧毁与沸腾危机是一个概念吗？沸腾危机一定会烧毁加热壁面吗？

22. 影响临界热流密度的主要因素有哪些？

23. 什么叫烧毁比？对均匀圆柱形堆，其最小烧毁比的位置应该在什么位置？

24. 系统压力为 7 MPa，包壳外表面平均热流密度为 8×10^6 W/m^2，冷却水在该压力下的饱和温度为 285℃，分别用 Jen-Lottes 公式和 Thom 公式确定反应堆堆芯在欠热泡核沸腾工况下燃料元件表面的温度。

25. 已知某堆工作压力为 14.7 MPa，元件棒外径 0.01 m，元件按正方形栅格排列，栅距为 0.013 m，质量流量为 0.3 kg/s，用 Chen 关系式计算壁面温度为 350℃、流动质量含汽率为 0.2 处的热流密度。

26. 已知系统中水的工作压力为 15 MPa，通道当量直径为 1.36 cm，通道进口水的比焓为 1275 kJ/kg，水的质量流速为 9.8×10^6 kg/(m^2·h)，系统的饱和水比焓为 1620 kJ/kg，冷却剂轴向某处的含气率为–0.1645（过冷状态），试用 W-3 公式计算该处的临界热流密度。

27. 膜状凝结与珠状凝结有什么异同点？影响膜状凝结的主要因素有哪些？

28. 为什么蒸汽中含有不凝结气体，会影响凝结换热的效果？

29. 压力为 1 个大气压的饱和水和水蒸气，用管壁为 90℃的水平铜管来凝结，有两种方案：用一根直径为 10 cm 的铜管；或用 1 根直径为 1 cm 的铜管。假设其他条件相同，要使产生的凝结量最多，应采取哪种方案？这一结论与蒸汽压力和铜管壁温是否有关？

第 4 章　反应堆内稳态传热分析

反应堆内燃料芯块裂变产生的热量，是通过燃料芯块、氦气间隙和元件包壳传入冷却剂中，再由冷却剂输出堆外。燃料芯块与元件包壳内热传递为导热过程，包壳与冷却剂的热传递为对流换热过程。而气隙和包壳间的热传递包括导热和辐射过程。当芯块温度较低时，辐射传热很小，可忽略。芯块温度较高时，一般将辐射的影响与导热的作用一同考虑，因此，本书的分析均不单独考虑辐射传热的影响。这样分析燃料元件内温度场与热传递问题，实际上是对燃料芯块、氦气隙、元件包壳及包壳与冷却剂之间的传热进行逐一的分析。

4.1　定热导率燃料元件导热

热导率（即第 2、3 章讲到的导热系数）是各种材料的一种物性参数，前面介绍了燃料芯块、氦气隙和燃料元件包壳材料热导率的特点，特别是 UO_2 燃料芯块的热导率受多种因素的影响。在反应堆工作期间，由于温度变化大，UO_2 燃料芯块的热导率随时间变化明显，应考虑其对堆内传热的影响。本节先讨论热导率为定值的情况，下一节再考虑热导率变化的情况。

4.1.1　燃料芯块导热

假设裂变能都在燃料芯块中转化为热能，燃料芯块中产生的热能则要通过径向导热才能传递给冷却剂，燃料芯块内热传递是属于有内热源条件下的导热。为了简化分析，做如下几个假设。

（1）元件轴向导热可以忽略。由于燃料元件长度远大于直径（或厚度），径向温度梯度比轴向大好几个数量级，所以这个假设不会带来大的计算误差。

（2）裂变能在燃料内的径向分布是均匀的。实际上，由于燃料的自屏效应，热中子通量密度在燃料芯块内的径向分布是不均匀的，外围高中心低，所以发热率的分布也是不均匀的。然而由于元件棒径较小，忽略这种空间变化不会带来不可接受的计算误差。

（3）元件几何条件和冷却剂条件都是对称的，因而可以忽略沿元件横截面周向的传热。

（4）燃料元件处于稳态传热。

1. 圆柱形燃料芯块

图 4.1.1 表示一圆柱形燃料芯块的横截面，其半径为 r_u，长度为 L，具有均匀体积热

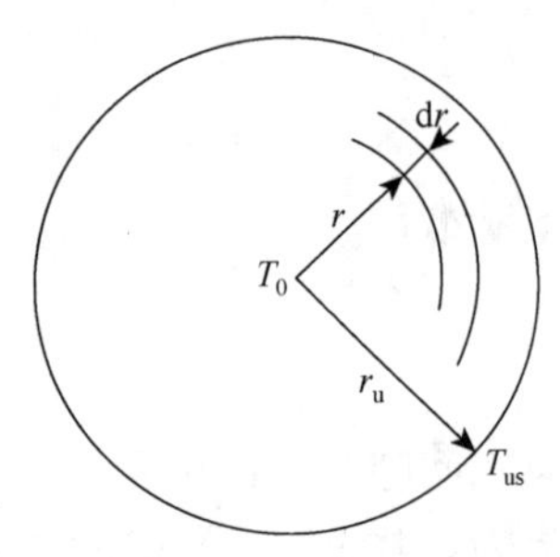

图 4.1.1　圆柱形燃料芯块的横截面

源 q'''。若忽略轴向导热，根据第 3 章有内热源的圆柱的导热问题求解，可以得到定热导率条件下的温度分布为

$$T(r)-T_{us}=\frac{r_u^2 q'''}{4\lambda_u}\left[1-\left(\frac{r}{r_u}\right)^2\right] \tag{4.1.1}$$

式中：λ_u 为燃料热导率，W/m·℃；T_{us} 为燃料芯块表面 $r=r_u$ 处的温度。

将边界条件 $r=0$，$T=T(0)=T_0$ 代入方程式（4.1.1）得

$$T_0=T_{us}+\frac{q'''}{4\lambda_u}r_u^2 \tag{4.1.2}$$

则式（4.1.1）可以写为

$$T(r)=T_0-\frac{q'''}{4\lambda_u}r^2 \tag{4.1.3}$$

从方程式（4.1.3）可以看出，沿着燃料芯块径向（r 方向），温度呈抛物线分布，温度最大值在芯块中央对称轴上。对式（4.1.2）做如下变换：

$$T_0-T_{us}=\frac{q''' r_u^2 \pi \mathrm{d}L}{4\lambda_u \pi \mathrm{d}L} \tag{4.1.4}$$

令

$$\Delta T_u=T_0-T_{us};\quad q'=\frac{q''' r_u^2 \pi \mathrm{d}L}{\mathrm{d}L};\quad R_u=\frac{1}{4\pi\lambda_u} \tag{4.1.5}$$

则

$$\Delta T_u=R_u q' \tag{4.1.6}$$

或

$$T_0=T_{us}+R_u q' \tag{4.1.7}$$

式中：q'为线性热流密度，W/m；R_u 称为芯块单位长度上的热阻，m·℃/W。

2. 板状燃料芯块

板状燃料元件具有的突出优点是传热面积大、无氦气隙、径向热阻小。与棒状元件相比在同样的运行功率下，燃料中心到包壳外表面的温差小。因此，板状燃料元件也是压水型反应堆中常见的一种元件类型。

设有一平板状燃料芯块如图 4.1.2 所示。由于 y 和 z 两个方向的尺寸比 x 方向大，故可把燃料平板认为只有 x 方向有温度降。根据第 3 章有内热源的平板的导热问题求解，可以求得定热导率时的温度分布为

$$T=-\frac{q'''}{2\lambda_u}x^2+C_1x+C_2 \tag{4.1.8}$$

由于中央平面两边几何对称，两边的热流密度数值相等而方向相反，中央平面上净热流为零，所以有 $x=0$，$\frac{\mathrm{d}T}{\mathrm{d}x}=0$ 和 $T=T(0)=T_0$。将其代入式(4.1.8)得到：$C_1=0$，$C_2=T_0$，于是得到平板状燃料芯块上的温度分布为

$$T(x)=T_0-\frac{q'''}{2\lambda_{\mathrm{u}}}x^2 \tag{4.1.9}$$

从方程式（4.1.9）可以看出，沿着燃料板横向（x 方向），温度也呈抛物线分布，温度最大值也在平板中央对称面上。

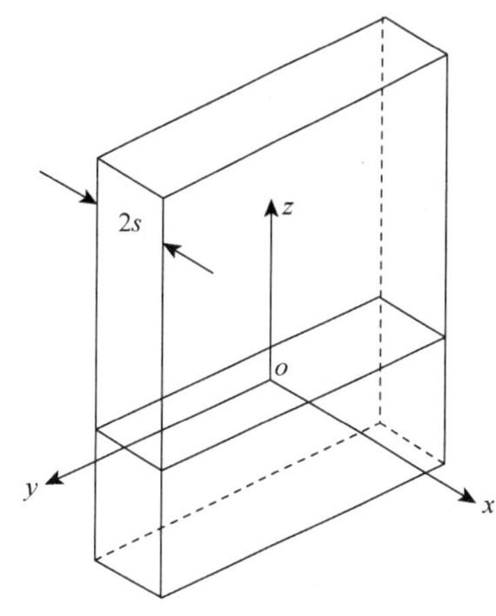

图 4.1.2　板状燃料芯块

令 $x=s$，由式（4.1.9）可得到燃料板表面上的温度 T_{us} 的表达式：

$$T_{\mathrm{us}}=T_0-\frac{q'''}{2\lambda_{\mathrm{u}}}s^2 \tag{4.1.10}$$

或

$$T_0-T_{\mathrm{us}}=\frac{q'''}{2\lambda_{\mathrm{u}}}s^2 \tag{4.1.11}$$

在燃料板上取一微段 dL，假定在该段上热源强度均匀分布，对式（4.1.11）做如下变换：

$$T_0-T_{\mathrm{us}}=\frac{q'''2sb\mathrm{d}L\cdot s}{2\lambda_{\mathrm{u}}\cdot 2b\mathrm{d}L} \tag{4.1.12}$$

因

$$q'=\frac{q'''2sb\mathrm{d}L}{\mathrm{d}L} \tag{4.1.13}$$

故

$$T_0-T_{\mathrm{us}}=\frac{q'\cdot s}{2\lambda_{\mathrm{u}}2b} \tag{4.1.14}$$

令

$$R_{\mathrm{u}}=\frac{s}{2\lambda_{\mathrm{u}}2b};\qquad \Delta T_{\mathrm{u}}=T_0-T_{\mathrm{us}} \tag{4.1.15}$$

可得

$$\Delta T_{\mathrm{u}}=R_{\mathrm{u}}q' \tag{4.1.16}$$

$$T_0=T_{\mathrm{us}}+\Delta T_{\mathrm{u}}=T_{\mathrm{us}}+R_{\mathrm{u}}q' \tag{4.1.17}$$

由上述表达式可知，圆柱形燃料芯块和板状燃料芯块的温差、热阻和线热流密度的表达式形式是一样的，但是热阻公式不相同。

应特别指出：对圆柱形燃料芯块，q'确定时，其温度降与燃料芯块的表面半径无关，该温降仅与其线功率密度 q'和燃料的热导率有关，见式（4.1.5）与式（4.1.6）。从传热的观点来看，q'确定时，芯块温降与燃料芯块半径关系不大，这意味着可以采用更细的燃料

元件得到同样的线功率密度而不致超过堆芯温度的极限。由于采用较细的棒能更有效地提高对流传热，减少燃料装量，所以这个特点对堆芯设计的经济性具有重要的意义。

当考虑到燃料芯块的自屏效应时，重复上述计算，结果表明，实际上燃料芯块内热源均匀分布的假定会使所得到的燃料芯块温降稍有增加，所以上述计算是偏于保守的，也是安全的计算方法。

4.1.2　气隙导热

1. 导热模型

尽管气隙的厚度很小，但气体的热导率很低，气隙内会产生相当大的温降，所以必须考虑气隙导热问题。对圆柱形燃料元件，由于氦气隙非常薄，可以忽略氦气对流换热的贡献，并且进一步假设氦气隙辐射传热放在导热中一起考虑，把氦气隙看成是均匀的圆筒。那么根据第 3 章无内热源的圆筒导热模型，可以推导出下列关系：

$$Q = -\lambda_g A \frac{dT}{dr} \tag{4.1.18}$$

又由于圆筒侧面积 $A = 2\pi rL$，视气隙热导率 λ_g 为常数，且 $q' = \dfrac{Q}{L}$，将其代入上式积分可得

$$-\frac{q'}{2\pi\lambda_g}\int_{r_u}^{r}\frac{1}{r}dr = \int_{T_{us}}^{T(r)}dT \tag{4.1.19}$$

即

$$T(r) = T_{us} - \frac{q'}{2\pi\lambda_g}\ln\left(\frac{r}{r_u}\right) \tag{4.1.20}$$

或

$$T(r) = T_{ci} + \frac{q'}{2\pi\lambda_g}\ln\left(\frac{r_{ci}}{r}\right) \tag{4.1.21}$$

又由边界条件：$r = r_u$，$T = T_{us}$，可得

$$T_{us} = T_{ci} + \frac{q'}{2\pi\lambda_g}\ln\left(\frac{r_{ci}}{r_u}\right) \tag{4.1.22}$$

或

$$\Delta T_g = R_g q' \tag{4.1.23}$$

$$R_g = \frac{1}{2\pi\lambda_g}\ln\left(\frac{r_{ci}}{r_u}\right) \tag{4.1.24}$$

式（4.1.23）和式（4.1.24）中：$\Delta T_g = T_{us} - T_{ci}$，$T_{ci}$ 为包壳内表面温度，℃；r_{ci} 为包壳内半径，m；r_u 为燃料芯块半径，m；R_g 为气隙线性热阻，m·℃/W。

对于薄壁圆筒，当 $\frac{r_{ci}}{r_u} \to 1$ 时，$R_g = \frac{1}{2\pi\lambda_g}\ln\left(\frac{r_{ci}}{r_u}\right) \approx \frac{\delta_g}{2\pi\lambda_g r_u}$，可按平板导热来处理：

$$q = \frac{\lambda_g (T_{us} - T_{ci})}{\delta_g} \quad \text{或} \quad q' = \frac{2\pi\lambda_g r_u (T_{us} - T_{ci})}{\delta_g} \tag{4.1.25}$$

式中：$\delta_g = r_{ci} - r_u$。

堆芯运行一段时间后，间隙内将成为氦气和裂变气体的混合气体，因此热导率在堆芯寿期内是不断变化的。典型的氦气热导率可取为常温下 $\lambda_{He} = 0.15$ W/(m·℃)，165℃时 $\lambda_{He} = 0.2$ W/(m·℃)。而裂变气体热导率为 0.01 W/(m·℃)。因此在 500 W/cm 的线功率密度和 $\delta_g = 0.005$ cm 厚的间隙条件下，将产生 300℃或更高的间隙温差。

2. 气隙接触导热模型

当反应堆燃耗达到一定深度时，燃料芯块和包壳在许多点上发生相互接触，如图 4.1.3 所示的接触导热模型。通常定义一个有效的气隙换热系数 α_g。这样通过间隙的温降可表示为

$$\Delta T_g = q / \alpha_g \tag{4.1.26}$$

式中：α_g 是一个经验系数，典型值范围为 0.8～1.1 W/(cm²·℃)。因为

$$q\big|_{r=r_u} = \frac{q'''(\pi r_u^2 L)}{2\pi r_u L} = \frac{q'}{2\pi r_u} \tag{4.1.27}$$

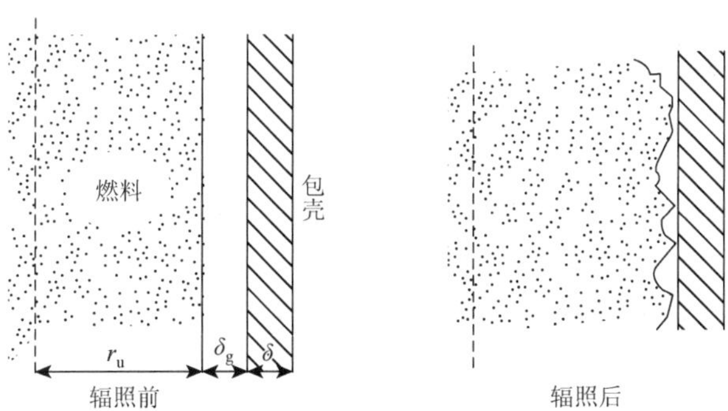

图 4.1.3　接触导热模型

将式（4.1.27）代入式（4.1.26）得

$$\Delta T_g = \frac{q'}{2\pi r_u \alpha_g} \tag{4.1.28}$$

对于 500 W/cm 的线功率密度，用上式求得的间隙温差为 140～193℃。

4.1.3　包壳导热

由于包壳很薄，一般可以忽略其发热，看成无内热源的圆筒壁。类似于对氦气隙导

热的分析，可得

$$q' = \frac{T_{ci} - T_{cs}}{\dfrac{1}{2\pi\lambda_c}\ln\dfrac{r_{cs}}{r_{ci}}} = \frac{\Delta T_c}{R_c} \tag{4.1.29}$$

或

$$\Delta T_c = R_c q' \tag{4.1.30}$$

式（4.1.29）～式（4.1.30）中：$\Delta T_c = T_{ci} - T_{cs}$ 为包壳温降，℃；$R_c = \dfrac{1}{2\pi\lambda_c}\ln\dfrac{r_{cs}}{r_{ci}}$ 为包壳线性热阻，m·℃/W；r_{cs} 为包壳外半径，m；λ_c 为包壳材料热导率，W/(m·℃)。

对于平板元件，包壳导热可按下式处理：

$$\Delta T_c = \frac{q\delta_c}{\lambda_c} = \frac{q'\delta_c}{2b\lambda_c} \tag{4.1.31}$$

式中：b 为平板的宽度，m；δ_c 为平板的厚度，m。

第 2 章已经介绍过，动力堆包壳材料一般采用 Zr-2 和 Zr-4 合金，其热导率在温度 21～760℃范围内可用下式计算：

$$\lambda_c = 0.005\,47(1.8T + 32) + 13.8\ \text{W/(m·℃)} \tag{4.1.32}$$

式中：T 的单位是℃。在正常的工作状态下，包壳材料锆合金热导率 $\lambda_{Zr} = 16$ W/ (m·℃)，包壳厚度 δ_c 很小，使得包壳内温降 ΔT_c 很小。例如，当 $q' = 400$ W/m，$\delta_c = 0.053$ cm 时，则 ΔT_c 仅为 43℃。

4.1.4　包壳表面对流换热

对于压水反应堆，正常工况下，包壳外壁与冷却剂的换热方式主要是强迫对流换热。近几年设计的压水堆，特别是电站堆，正常工况下，热管中允许出现过冷沸腾，在动态工况下允许出现饱和沸腾。

包壳外表面与冷却剂对流换热过程可用牛顿冷却定律来描述：

$$q = \alpha(T_{cs} - T_l) \tag{4.1.33}$$

式中：T_{cs} 为包壳壁面温度，℃；T_l 为冷却剂温度，℃；α 为对流换热系数，W/(m^2·℃)。$\Delta T_\alpha = (T_{cs} - T_l)$表示包壳外表面到冷却剂流道中心线上的温降，主要贡献是层流底层液膜内的温降，通常称为膜温降。

对流换热系数的值取决于冷却剂的物性和流动工况，现在假定对流换热系数 α 是已知的。利用方程式（4.1.33）可进一步导出从元件包壳表面到冷却剂的温度降表达式：

$$\Delta T_\alpha = T_{cs} - T_l = \frac{q}{\alpha} = \frac{q'}{2r_{cs}\pi\alpha} = R_\alpha q' \tag{4.1.34}$$

式中：$R_\alpha = 1/(2r_{cs}\alpha\pi)$。

分析表明，从包壳外表面到冷却剂的换热效率很高，α 值可高达 4.5 W/(cm^2·℃)。在轻水反应堆内，包壳外表面到冷却剂温降的典型值仅为 10～20℃。

例 4.1.1　压水堆燃料棒中，芯块直径为 8.19 mm，锆包壳厚度为 0.57 mm，包壳的外径为 9.5 mm，如果总体冷却剂温度为 315℃，芯块功率密度为 3.20×10^8 W/m^3。试确定芯块中心温度和包壳外表面温度。包壳与冷却剂交界面上的对流换热系数可取 3.4 W/(cm^2·℃)，芯块的热导率为 3 W/(m·℃)，锆的热导率为 18 W/(m·℃)。

解　冷却剂和包壳之间的温差为

$$T_{cs}-T_1=\frac{q'''r_u^2}{2\alpha r_{cs}}=\frac{(3.20\times10^8)\times0.004\,095^2}{2\times(3.4\times10^4)\times0.004\,75}=17\ (℃)$$

因为 T_1 为 315℃，所以包壳外表面的温度为

$$T_{cs}=315+17=332\ (℃)$$

包壳温度降为

$$T_{ci}-T_{cs}=\frac{q'''r_u^2}{2\lambda_c}\ln\frac{r_{cs}}{r_{ci}}=\frac{(3.20\times10^8)\times0.004\,095^2}{2\times18}\ln\frac{0.004\,75}{0.004\,18}=19\ (℃)$$

氦气隙等效换热系数典型值范围为 0.8～1.1 W/(cm^2·℃)，这里取 0.8 W/(cm^2·℃)，则氦气隙温降为

$$\Delta T_g=\frac{q'''r_u^2}{2\alpha_g r_u}=\frac{(3.20\times10^8)\times0.004\,095}{2\times8\,000}1\approx82\ (℃)$$

芯块温降为

$$\Delta T_u=\frac{q'''}{4\lambda_u}r_u^2=\frac{(3.20\times10^8)\times0.004\,095^2}{4\times3}1\approx447\ (℃)$$

把前面求得的相应温差项相加可得到燃料中心温度为

$$T_0=447+82+19+332=880\ (℃)$$

4.1.5　元件径向总温降

把前面各节求得的燃料芯块温降、氦气隙温降、包壳温降和膜温降相加便得到从燃料元件中心线到流道中心的总温降表达式为

$$\Delta T=T_0-T_1=\Delta T_u+\Delta T_g+\Delta T_c+\Delta T_A=(R_u+R_g+R_c+R_\alpha)q' \tag{4.1.35}$$

当然，对板状燃料元件，由于没有氦气隙，式（4.1.35）中的 R_g 为零。式中各种符号的意义和单位同前，这里不再赘述。

一般地，反应堆内冷却剂温度的变化比较小，例如在轻水堆中，冷却剂温度从 263℃升高到 300℃左右，而在液态金属快中子增殖堆中，冷却剂温度从 370℃升高到 510℃。为了安全，必须将燃料元件中心线上的温度限制在燃料的熔点以下，因此，燃料元件径向允许温降将受到燃料熔点的限制，而且对允许的线功率密度也有相应的限制。对于某一确定的功率，反应堆堆芯尺寸基本上由最大允许线功率密度确定。若将方程式（4.1.35）改写成

$$q' = \frac{2\pi\Delta T}{\dfrac{1}{2\lambda_u} + \dfrac{\ln\dfrac{r_{ci}}{r_u}}{\lambda_g} + \dfrac{\ln\dfrac{r_{cs}}{r_{ci}}}{\lambda_c} + \dfrac{1}{\alpha r_{cs}}} \tag{4.1.36}$$

则可以看到，为了获得最大的允许线功率密度和最小的堆芯尺寸，必须使热导率 λ_u、λ_g、λ_c 和换热系数 α 达到最大。

4.2　变热导率燃料元件导热

前面进行了定热导率燃料元件导热分析，但燃料芯块的热导率一般都与温度有关。对于热导率较大的金属燃料，采用算术平均温度下的热导率来计算燃料芯块的温度场，由此引起的误差不会太大，这在初步估算时是允许的。但对于热导率较小的燃料，例如现代大型压水堆常用的 UO_2 燃料，其温度变化很大，如果用热导率的算术平均值计算燃料芯块中心温度，将会带来较大的误差。因此必须考虑热导率变化，特别是随燃料温度的变化所带来的影响。

4.2.1　影响 UO_2 热导率的因素

UO_2 芯块的热导率在燃料元件的传热计算中具有重要的意义，因为导热性能的好坏将直接影响 UO_2 芯块内整体温度的分布。而温度则影响到 UO_2 的物理性能、机械性能，也会影响 UO_2 中裂变气体释放、晶粒长大等动力学过程。所以科研人员曾对 UO_2 的热导率做了大量的实验研究工作。结果表明：温度、密度、燃耗、辐照及氧铀比等对燃料的热导率有明显影响。

1. 温度的影响

温度对 UO_2 的热导率有比较大的影响。研究人员在 1100℃以内的测量表明：UO_2 热导率随温度的升高而降低。因此，早期压水堆设计采用下面的公式来计算工作温度范围内的热导率：

$$\lambda_u = 485(T + 273)^{-0.746} \quad [\text{W/(m·℃)}] \tag{4.2.1}$$

式中：T 为温度，℃。

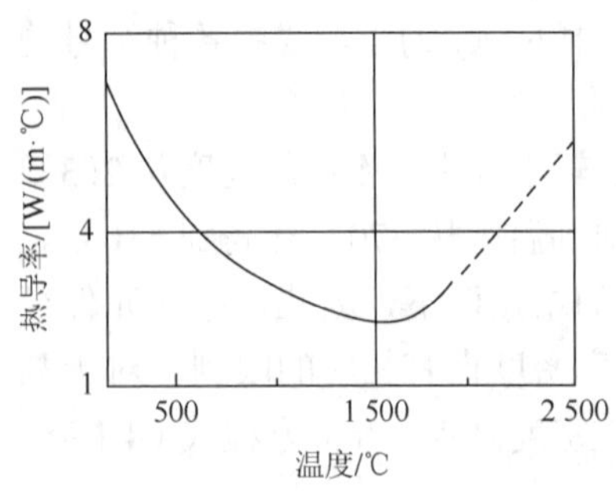

图 4.2.1　UO_2 λ_u 的热导率随温度的变化情况

后来的研究进一步表明，温度高于 1600℃时，由于 UO_2 内部辐射作用的增强，随着温度的升高，λ_u 值在降到一定值后又有所增加。图 4.2.1 给出密度相当于理论密度的未受照射的冷压烧结 UO_2 λ_u 随温度变化的情况。固体导热是依靠晶格、电子和辐射传导进行的，它们受温度影响的规律是不同的。UO_2 的热导率，在低于 1600℃时以晶格传导为主，是随温度的升高而减小的。当温度超过 1600℃时，电子和辐射传导起主要作用，温度升高，热导率增大。一般把 UO_2 的

热导率随温度的变化表示为

$$\lambda_u = \frac{1}{A+BT} + CT^3 \quad [\mathrm{W/(m \cdot ℃)}] \tag{4.2.2}$$

式中：A，B，C 为实验系数。例如，密度为 95%理论密度的冷压烧结 UO_2 λ_u 随温度变化可用下面公式计算：

$$\lambda_u = \frac{3\,824}{129.40+T} + 4.788\times10^{-11}T^3 \quad [\mathrm{W/(m \cdot ℃)}] \tag{4.2.3}$$

式中：T 为绝对温度，K。式（4.2.3）的适用范围是温度从 0～2450℃，燃耗小于 10^4 MW·d/tU。

2. 密度的影响

由于燃料中的孔隙总是使热导率降低，所以希望在燃料制造过程中能消除所有的内部气孔和空洞。但是在制造中保留一定的孔隙率对辐照期间积累起来的裂变产物的保存却是有利的，因此控制一定的孔隙率是使燃料的肿胀减小到最低程度的一种方法。

作为陶瓷材料的 UO_2 属多孔性材料，孔穴的存在也会降低其导热性能。当加工情况不同，所得的材料密度不同，其内部包含的孔穴率就不同，因而 λ_u 值不同。为了获得比较理想的密度，燃料芯块通常用粉末烧结制成，一般也只能达到理论密度的 93%～95%。λ_u 值由于有孔穴而下降也常用下式表示：

$$\lambda_{u\varphi} = \frac{1-\varphi}{1+\beta\varphi}\lambda_{100\%} \tag{4.2.4}$$

式中：$\lambda_{u\varphi}$ 为带孔穴的燃料热导率；$\lambda_{100\%}$为理论密度燃料热导率；β 为细孔形状因子，对于 90%理论密度以上的燃料 $\beta = 0.5$，低于 90%理论密度的燃料 $\beta = 0.7$；φ 为孔穴率，$\varphi = 1-D$，D 是燃料实际密度与理论密度的质量百分数。

在缺少 $\lambda_{100\%}$的数据的情况下可用公式：

$$\lambda_u = \frac{(1+0.05\beta)(1-\varphi)}{0.95(1+\beta\varphi)}\lambda_{95\%} \tag{4.2.5}$$

来计算其密度下的热导率。

3. 燃耗与辐照的影响

研究人员对燃耗效应的影响做了一些堆内实验，但是这些实验工作未能得到明确的结论，这是由于燃耗会产生其他的现象，如重构、氧的分布和孔隙的产生，这些现象对热导率有很大的影响，所以会掩盖单纯燃耗造成的影响。

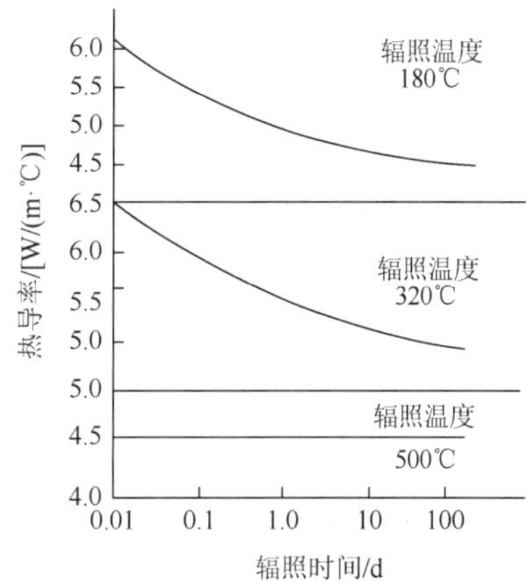

图 4.2.2　二氧化铀的热导率随燃耗与辐照的增加变化

辐照对 UO_2 热导的影响，从已发表的一些研究数据来看，总的趋势是：热导率随着辐照的增加而减少。应当指出的是辐照的影响与辐照时的温度有密切关系。大体来说，温度低于 500℃，辐照对热导率的影响比较显著，热导率随燃耗与辐照的增加而有显著的下降，具体如图 4.2.2。温度高于 500℃，特别在 1600℃以上时，辐照的影响就变得不明显了。考虑了热辐射，密度为 95%的理论密度的冷压烧结 UO_2 的热导率可参考式（4.2.3）。另有相关文献也曾给出密度为 95%理论密度的 UO_2 热导率公式：

$$\lambda_{95\%}=\frac{100}{11.75+0.0235T}\quad [\mathrm{W/(m\cdot ℃)}] \tag{4.2.6}$$

式中：T 为温度，℃。

1967 年 Belle 等调查了当时的全部数据，提出了 λ_u 与温度、孔穴率（与密度有关）和燃耗（与辐照有关）的综合关系式：

$$\lambda_u=1.7303\left(\frac{1-\varphi}{1+\beta\varphi}\right)\left[0.116+(1.8T+491.67)1.88\times10^{-4}+\frac{6.23}{1.8T+491.67}+\frac{49.82}{(1.8T+491.67)^2}+0.0139F\frac{1386}{(1.8T+491.67)}\right]^{-1} \tag{4.2.7}$$

式中：T、β、φ、D 的值与意义同式（4.2.4）；F 为与燃耗有关的量，(裂变/m^3)×10^{-20}。

4. 氧铀比的影响

氧铀比对 UO_2 的热导率也有一定的影响，随着氧铀比的增加，UO_2 的热导率将显著减小，如图 4.2.3 中表示的是(O/U)≥2 时的 UO_2 热导率的变化情况。

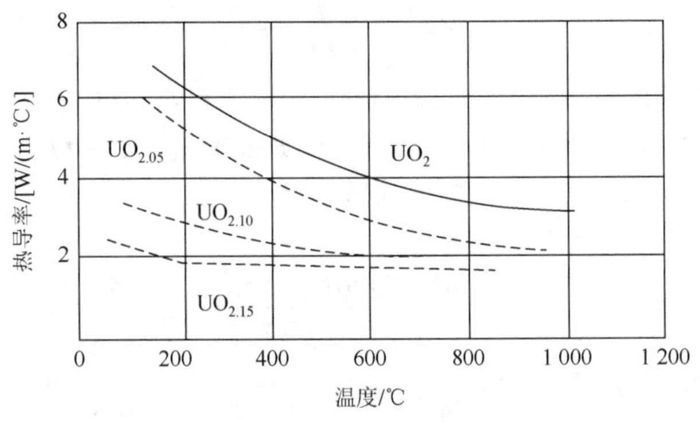

图 4.2.3　UO_2 的热导率

4.2.2　UO_2 热导率的几个经验公式与比较

1. 经验公式

对 UO_2 的热导率的大量测量结果表明，理论公式与实验之间符合的不够理想，因此一般不将其作为设计中使用的公式。当需要可靠的数值时，通常采用经验公式来计算。除了上述的经验公式，还有根据 Asamoto 等测量结果拟合的公式：

$$\lambda_u=0.0130+\frac{1}{(0.038+0.45\varphi)T}\quad [\mathrm{W/(cm\cdot ℃)}] \tag{4.2.8}$$

以及对于 95%理论密度的混合氧化物燃料，常用的热导率方程为

$$\lambda_{\mathrm{u}} = (3.11 + 0.0272T)^{-1} + 5.39 \times 10^{-13} T^3 \quad [\mathrm{W/(cm \cdot ℃)}] \tag{4.2.9}$$

式（4.2.8）和式（4.2.9）中：T 为绝对温度，φ 为孔穴率。

2. 不同公式比较与分析

自从压水堆出现以来，就有许多的专家和学者对 UO_2 的热导率进行了大量的分析和研究。他们利用数学关系推导出了 UO_2 的热导率的计算公式，但是大多数都未应用到实际的反应堆设计中去。那是因为推导 UO_2 热导率计算公式的时候，忽略了一些次要因素，这样在实际应用中误差比较大。所以说大多数人都是利用实验数据拟合出一些 UO_2 的热导率的经验公式作为实际设计应用中的理论依据。

下面针对一些推导出的、只与温度有关的 UO_2 热导率经验公式进行分析比较，把温度在 100～2800℃的热导率的变化值绘制成曲线，如图 4.2.4 所示。

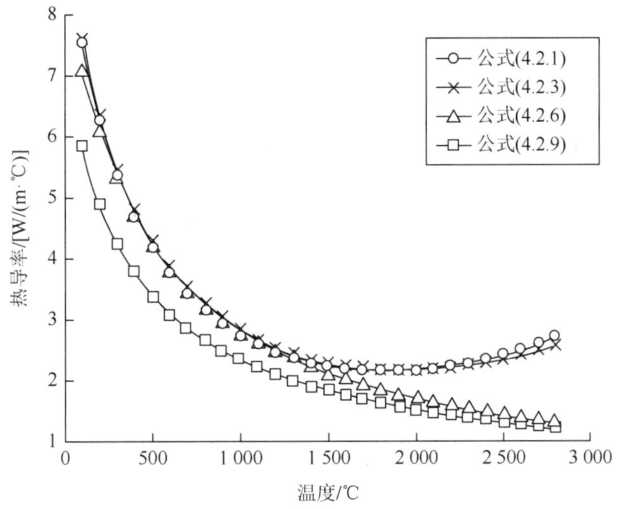

图 4.2.4　4 种 UO_2 热导率随温度变化的分析比较图

由图 4.2.4 可以看出：UO_2 热导率的经验公式（4.2.1）与式（4.2.6）是随温度的增加而减小的，而经验公式（4.2.3）与式（4.2.9）在温度为 1700℃后有所增加，与实际变化情况较为接近。除了经验公式（4.2.1）外，其他几个热导率经验公式在温度较低时的计算值比较接近。由于实际燃料芯块的工作温度一般都在 1700℃以内，UO_2 热导率偏差就比较小了，从而说明大部分的 UO_2 热导率的经验公式都可以在反应堆运行的燃料芯块温度的范围内使用。

4.2.3　包壳与氦气隙的热导率

1. 包壳

由于在反应堆运行期间，燃料元件的工作条件是极其苛刻的，它要受到中子流的强烈辐照，高温高速冷却剂的腐蚀、侵蚀以及裂变产物的腐蚀，此外，还要承受热和机械应力的作用。为了保持燃料元件的完整性，使它能够可靠工作，就必须为不同类型的反应堆选择合适的包壳材料。大多数金属材料的热导率随温度升高而减小，其变化规律近似为线性函数。目前使用最广泛的材料是锆-锡合金，在压水堆系统中优先使用 Zr-2、Zr-4 合金（见表 4.2.1），它们的热导率计算公式见式（2.2.2）与式（2.2.3）。

表 4.2.1　Zr-2、Zr-4 合金试样在 750℃下经 20 h 真空退火的热导率

热导率/[W/(m·℃)]	温度/℃								
	100	200	300	400	500	600	700	800	850
Zr-2	13.4	14.5	15.6	17.0	18.4	19.9	21.5	23.1	23.1
Zr-4	13.6	14.3	15.2	16.4	18.0	20.1	22.5	25.2	26.6

2. 氦气隙

一般在堆芯运行一段时间后，间隙内的气体将变成氦气和裂变气体的混合气体。因此氦气热导率在堆芯寿期内是不断变化的，典型的氦气的热导率可取 0.2 W/(m·℃)，而裂变气体热导率为 0.01 W/(m·℃)。在不考虑裂变产生气体的情况下，其热传导率 λ_g 可用下式计算：

$$\lambda_g = 0.0025(T + 273)0.72 \quad [\mathrm{W/(m \cdot ℃)}] \tag{4.2.10}$$

式中：T 为温度，℃。

4.2.4　燃料芯块积分热导率

若是在已知燃料芯块热导率的表达式之后，将其带入热传导方程中积分就可以求得燃料芯块从中心轴线到其表面的温度分布。但是，由于热导率与温度为非线性关系，要直接计算比较麻烦。所以把热导率对温度的积分作为一个整体看待，由此引出积分热导率的概念，这样处理使变热导率的问题变得比较简便。

1. 圆柱形燃料芯块

考虑同图 4.1.1 所示横截面的一圆柱形燃料芯块，其半径为 r_u，长度为 L，具有均匀体积热源 q'''。设热量只沿半径方向导出，忽略轴向导热。以 r 为半径的面作为一个等温面来研究，它的面积 $A = 2\pi rL$。在稳定工况下，单位时间内通过柱面 A 的热量 Q 等于它所包围的圆柱内的总释热率，即

$$Q = -2\pi rL\lambda_u \frac{\mathrm{d}T}{\mathrm{d}r} = q'''\pi r^2 L \tag{4.2.11}$$

简化整理得

$$-\lambda_u \mathrm{d}T = \frac{q'''}{2} r\mathrm{d}r \tag{4.2.12}$$

积分得

$$\int_{T_r}^{T_0}\lambda_u \mathrm{d}T=\frac{q'''}{4}r^2 \tag{4.2.13}$$

式中：T_0是燃料芯块的中心温度；T_r是半径为r处的温度。当$r=r_u$时，$T_r=T_{us}$，故有

$$\int_{T_{us}}^{T_0}\lambda_u \mathrm{d}T=\frac{q'''}{4}r_u^2 \tag{4.2.14}$$

由式（4.2.13）和式（4.2.14）可得

$$\int_0^{T_r}\lambda_u \mathrm{d}T=\int_0^{T_{us}}\lambda_u \mathrm{d}T+\frac{q'''}{4}(r_u^2-r^2) \tag{4.2.15}$$

又因为$q'=\pi r_u^2 q'''$，则式（4.2.14）又可以表示为

$$\int_{T_{us}}^{T_0}\lambda_u \mathrm{d}T=\frac{1}{4\pi}q' \tag{4.2.16}$$

我们把式（4.2.16）称为圆柱形燃料芯块积分热导率，单位为W/m。通常积分热导率的数据是以$\int_0^{T_0}\lambda_u(T)\mathrm{d}T$的形式给出的，所以有

$$\int_{T_{us}}^{T_0}\lambda_u(T)\mathrm{d}T=\int_0^{T_0}\lambda_u(T)\mathrm{d}T-\int_0^{T_{us}}\lambda_u(T)\mathrm{d}T \tag{4.2.17}$$

则式（4.2.16）可写成：

$$\int_0^{T_0}\lambda_u \mathrm{d}T=\int_0^{T_{us}}\lambda_u \mathrm{d}T+\frac{q'}{4\pi} \tag{4.2.18}$$

积分热导率也可以由实验测得（见表4.2.2），这样就可以避免对温度进行积分。已知积分热导率的数值以后，就容易确定一个给定的中心温度所对应的功率水平，这对设计者是很方便的。积分热导率与温度的关系，也可以做成如图4.2.5的形式，这样可以通过温度查得积分热导率，也可以通过积分热导率查得温度。

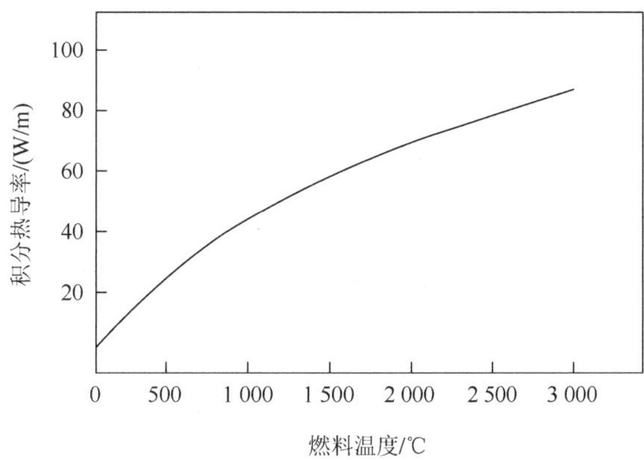

图4.2.5　95% UO_2积分热导率随温度变化

表 4.2.2　UO_2的积分热导率

T/℃	$\int_0^T \lambda \mathrm{d}t$ / (W / cm)	T/℃	$\int_0^T \lambda \mathrm{d}t$ / (W / cm)	T/℃	$\int_0^T \lambda \mathrm{d}t$ / (W / cm)
50	4.48	800	42.02	1738	66.87
100	8.49	900	45.14	1876	68.86
200	15.44	1000	48.06	1990	71.31
300	21.32	1100	50.81	2115	74.88
400	26.42	1200	53.41	2348	79.16
500	30.93	1298	55.84	2432	81.07
600	34.97	1405	58.40	2805	90.00
700	38.65	1560	61.95		

例 4.2.1　已知燃料元件棒 $q' = 300$ W/cm，UO_2 芯块（95%理论密度）的表面温度 $T_{us} = 600$℃，试求燃料元件的中心温度。如果燃料元件的中心温度为 1200℃，那么芯块表面温度又为多少？

解　由式（4.2.18）得

$$\int_0^{T_0} \lambda_u \mathrm{d}T = \int_0^{600} \lambda_u \mathrm{d}T + \frac{300}{4\pi}$$

式中：$\int_0^{600} \lambda_u \mathrm{d}T$ 由表 4.2.2 查得 34.97 W/cm，代入上式得

$$\int_0^{T_0} \lambda_u \mathrm{d}T = 58.84$$

再由表 4.2.2 查得温度介于 1 405～1 560℃，作线性插值求得燃料元件的中心温度 $T_0 = 1\,424$℃。

同样，由表 4.2.2 查得 1200℃时的积分热导率为 53.41 W/cm，代入式（4.2.18）得

$$\int_0^{T_{us}} \lambda_u \mathrm{d}T = \int_0^{1200} \lambda_u \mathrm{d}T - \frac{300}{4\pi} = 53.41 - 23.87 = 29.54 \ \ (\mathrm{W/cm})$$

再由表 4.2.2 查得温度介于 400～500℃，作线性插值求得燃料芯块表面温度 $T_{us} = 469.2$℃。

一些学者已经为烧结芯块提供了热导率的积分表达式。例如，对于 95%密实的 UO_2，温度在 0～1 650℃时，MAcDonald 和 Thompson 提出以下公式：

$$\int_0^T \lambda \mathrm{d}T = 40.4\ln(464 + T) + 0.027\,366 \times \exp(2.14 \times 10^{-3} T) - 248.02 \tag{4.2.19}$$

以及温度在 1 650℃到熔点之间时，则有

$$\int_{1650}^T \lambda \mathrm{d}T = 0.02(T - 1\,650) + 0.027\,366 \times \exp(2.14 \times 10^{-3} T) - 0.943\,77 \tag{4.2.20}$$

式中：T 的单位是℃；$\int \lambda \mathrm{d}T$ 的单位是 W/cm。

2. 平板形燃料芯块

在厚度为 $2s$，宽度为 b 的燃料平板上取一微段 $\mathrm{d}L$，仍然如图 4.1.2 所示，但要考虑热导率的变化。通过 x 平面的热量为

$$Q_1 = -\lambda_u A \frac{\mathrm{d}T}{\mathrm{d}x} = -\lambda_u b \mathrm{d}L \frac{\mathrm{d}T}{\mathrm{d}x} \tag{4.2.21}$$

而宽度为 b 的燃料平板产生的热量为

$$Q_2 = q''' \cdot b \cdot \mathrm{d}L \cdot x \tag{4.2.22}$$

显然，两热量相等。于是就有

$$-\lambda_u \mathrm{d}T = q''' x \mathrm{d}x \tag{4.2.23}$$

将式（4.2.23）积分得

$$\int_{T_0}^{T(x)} -\lambda_u \mathrm{d}T = \frac{q'''}{2} x^2 \tag{4.2.24}$$

或

$$\int_{T(x)}^{T_0} \lambda_u \mathrm{d}T = \frac{q'''}{2} x^2 \tag{4.2.25}$$

又因 $q''' = \dfrac{1}{2bs} q'$，当 $x = s$ 时，$T = T(s) = T_{us}$，则式（4.2.25）可写成：

$$\int_{T_{us}}^{T_0} \lambda_u \mathrm{d}T = \frac{s}{4b} q' \tag{4.2.26}$$

式（4.2.26）称为平板形燃料芯块积分热导率，单位为 W/m。由圆柱形和平板形燃料的积分热导率形式可以看出，不论燃料芯块是圆柱形还是平板形，燃料的积分热导率都可以写成同一形式：

$$\int_{T_{us}}^{T_0} \lambda_u \mathrm{d}T = Cq' \tag{4.2.27}$$

对圆柱形：

$$C = \frac{1}{4\pi} \tag{4.2.28}$$

对平板形：

$$C = \frac{s}{4b} \tag{4.2.29}$$

从以上的分析可知：圆柱形燃料芯块和平板形燃料芯块的温差、热阻和线热流密度的表达式形式是一样的，但热阻公式不相同。由于燃料芯块的温度降与燃料的热导率成反比，所以要想降低温差，在线热流密度相同的情况下，只有提高燃料的热导率，而 UO_2 陶瓷型燃料的热导率很低，所以采用以金属为基体的弥散型燃料将是今后堆芯设计的发展方向。

4.3　燃料元件与冷却剂温度场

4.3.1　冷却剂输热方程

冷却剂输热过程是指，在冷却剂流经堆芯的过程中，把从燃料元件表面传入冷却剂

的热量带出堆外的过程。下面应用能量守恒方程来研究这个过程，以便得到冷却剂输热方程，为进一步推导堆芯轴向温度分布打下基础。作基本假定如下。

（1）只研究由若干根燃料元件和其相应的冷却剂所组成的单通道，并假定堆芯内各单通道之间没有热量和冷却剂流量的交换，流道长度与燃料元件的长度相等。

（2）元件的线热流密度沿轴向是变化的，记作 $q'(z)$。当冷却剂不沸腾时，$q'(z)$ 近似为余弦分布，$q'(z)=q'(0)\cos\dfrac{\pi z}{L_e}$。当流道内冷却剂沸腾时，可近似认为 $q'(z)=q'_{av}\varphi(z)$，其中 $\varphi(z)$ 为归一化分布函数。若 $q'(z)$ 的变化很复杂，则可对元件进行分段处理，在每一小段内，线热流密度的变化可视为轴向坐标 z 的线性函数。

（3）在燃料元件的全长上，冷却剂流体与元件之间的对流换热系数 α 采用平均值。实际上 α 沿流道长度要发生小的变化，但是考虑这种小的变化时，将使分析变得不必要的复杂，而采用平均值能够得到较好的结果。

（4）在流道的全长上，燃料、气隙和包壳的热导率及冷却剂的热物性参数也都为常数。

（5）由于流道的轴向长度远大于直径，元件和冷却剂的轴向导热都可忽略不计。

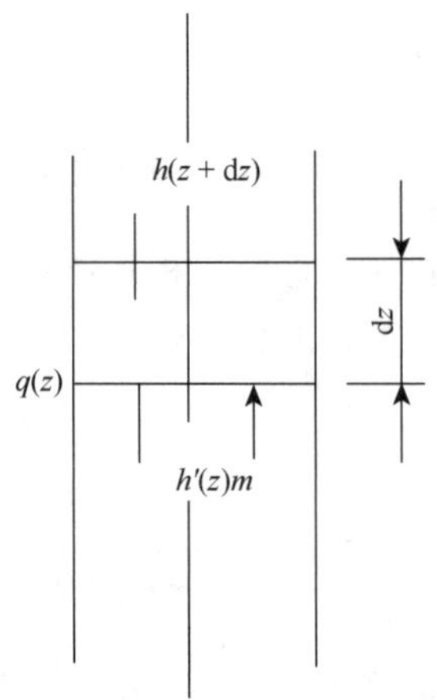

图 4.3.1　单通道示意图

下面根据上述假定和能量守恒方程来建立冷却剂输热方程。考虑一流道内坐标 z 处，有一长度为 dz 的一个微元段，见图 4.3.1，该微元段上热平衡方程为

$$\dot{m}c_p\mathrm{d}T=q'(z)\mathrm{d}z \tag{4.3.1}$$

式中：$\dot{m}$ 为该流道内冷却剂的质量流量，kg/s；c_p 为冷却剂比定压热容，J/(kg·℃)；$q'(z)$ 为 z 位置的线功率密度，W/m。

假设在流道内发生了沸腾。从饱和沸腾点向前，冷却剂沿流道继续吸收热量，其焓不断地上升，但温度保持不变，直到冷却剂全部汽化。因此 dz 段上的热平衡方程应该用焓表示为

$$\dot{m}\mathrm{d}h=q'(z)\mathrm{d}z \tag{4.3.2}$$

式中：dh 为冷却剂的焓升，J/kg。

4.3.2　冷却剂轴向温度场

1. 单相冷却剂温度场

当冷却剂为单相液体时，堆芯流道内冷却剂的轴向温度场表达式可用式（4.3.1）导出。从流道进口处$-L/2$ 到任意点 z 积分方程式（4.3.1）可得

$$T_1=T_{1,\mathrm{in}}+\frac{1}{\dot{m}c_p}\int_{-\frac{1}{2}}^{z}q'(z)\mathrm{d}z \tag{4.3.3}$$

若热流密度沿轴向为余弦分布，将代入方程式（4.3.3）积分可得

$$T_1(z)=T_{1,\text{in}}+\frac{1}{\dot{m}c_p}\frac{q'(0)L_\text{e}}{\pi}\left(\sin\frac{\pi z}{L_\text{e}}+\sin\frac{\pi L}{2L_\text{e}}\right) \tag{4.3.4}$$

方程（4.3.4）给出冷却剂温度 T_1 随流道长度的变化规律。令 $z=0$ 可得到流道中点的冷却剂温度，而令 $z=+L/2$ 可得到冷却剂在流道出口处的温度：

$$T_{1,\text{ex}}=T_{1,\text{in}}+\frac{2q'(0)L_\text{e}}{\dot{m}c_p\pi}\sin\frac{\pi L}{2L_\text{e}} \tag{4.3.5}$$

移项得

$$\Delta T_1=T_{1,\text{ex}}-T_{1,\text{in}}=\frac{2q'(0)L_\text{e}}{\dot{m}c_p\pi}\sin\frac{\pi L}{2L_\text{e}} \tag{4.3.6}$$

等式两边同除以 2 得

$$\frac{\Delta T_1}{2}=\frac{q'(0)L_\text{e}}{\dot{m}c_p\pi}\sin\frac{\pi L}{2L_\text{e}} \tag{4.3.7}$$

将式（4.3.7）代入式（4.3.4）可得

$$T_1(z)=T_{1,\text{in}}+\frac{\Delta T_1}{2}+\frac{q'(0)L_\text{e}}{\dot{m}c_p\pi}\sin\frac{\pi z}{L_\text{e}} \tag{4.3.8}$$

用不同 z 的值代入式（4.3.8），可得到不同位置 z 处的冷却剂温度，由此得到的冷却剂轴向温度表示在图 4.3.2 中。在推导中曾假设释热率在轴向按余弦函数分布，对于这种情况，由图 4.3.2 可以看出：在冷却剂流道的进口段，由于释热率较低冷却剂的温度上升较慢，中间段由于释热率较大温度上升较快。而在出口段还是由于释热率较低温度上升速率又减慢下来，但始终呈上升趋势，直到流道出口处，冷却剂温度才到达最大值。

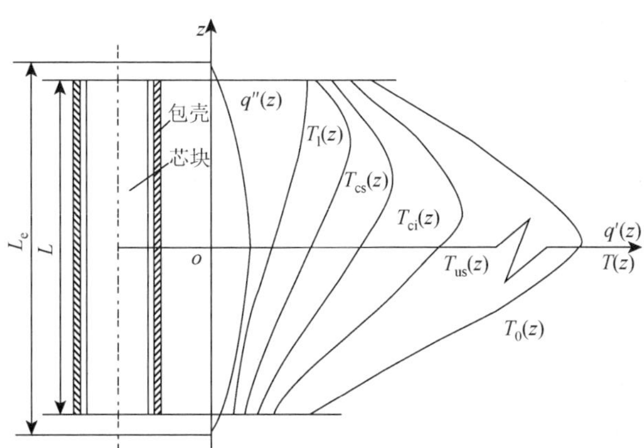

图 4.3.2　燃料元件轴向温度分布示意图

2. 沸腾时冷却剂温度场

当流道内冷却剂发生沸腾时，冷却剂轴向温度场要用方程式（4.3.2）得到。从流道入口处 $-L/2$ 到任意点 z 积分方程式（4.3.2）可得

$$h(z) = h_{in} + \frac{1}{\dot{m}} \int_{-\frac{L}{2}}^{z} q'(z)\,\mathrm{d}z \tag{4.3.9}$$

由于冷却剂的密度沿流道发生较大的变化，使得堆芯中子增殖受到影响，进而影响到轴向功率的分布形状。后面将看到，在轻水反应堆中靠近堆芯入口处冷却剂的密度较高，所以轴向功率峰值向堆芯底部移动。设此时的线性热流密度可表示为

$$q'(z) = q'_{av}\varphi(z) \tag{4.3.10}$$

式（4.3.10）中 $\varphi(z)$ 为线性功率密度沿轴向归一化分布函数，它由反应堆物理计算给出。将式（4.3.10）代入方程式（4.3.2）可得

$$h(z) = h_{in} + \frac{1}{\dot{m}} q'_{av} \int_{-\frac{L}{2}}^{z} \varphi(z)\,\mathrm{d}z \tag{4.3.11}$$

将 $z = L/2$ 代入式（4.3.11）可得流道出口处冷却剂焓值，即

$$h\left(\frac{L}{2}\right) = h_{in} + \frac{Q}{\dot{m}} \tag{4.3.12}$$

式中：Q 为整个流道的发热率，W。

$$Q = \int_{-\frac{L}{2}}^{\frac{L}{2}} q'(z)\,\mathrm{d}z \tag{4.3.13}$$

流道发热率可由堆芯热功率及堆芯流道的总数求得

平均流道：
$$Q_{av} = P / n \tag{4.3.14}$$

热管流道：
$$Q_h = F_R^N \frac{P}{n} \tag{4.3.15}$$

式（4.3.14）和式（4.3.15）中：Q_{av} 为堆芯平均流道；Q_h 为热管的发热率；n 为堆芯流道总数，F_R^N 为径向核热管因子；P 为堆芯总的热功率，W。

4.3.3 燃料元件轴向温度场

燃料元件轴向温度场是指燃料芯块区、氦气隙区和包壳区温度的轴向分布。求出这些轴向分布的表达式，可确定各区温度最大值在轴向的位置。显然，只要把冷却剂轴向温度分布的表达式与前面已导出的元件各区的温降表达式相加，就能得到燃料元件轴向温度场的表达式。

1. 包壳外表面温度场

先考虑冷却剂不发生沸腾的情况。此时包壳外表面轴向温度场的表达式为

$$T_{cs}(z) = T_1(z) + \Delta T_a(z) \tag{4.3.16}$$

式中：$T_1(z)$为沿流道轴向位置 z 处冷却剂的温度；$\Delta T_a(z)$为沿流道轴向位置 z 处流体的膜温降。将式（4.1.34）与式（4.3.4）代入式（4.3.16）得

$$T_{cs}(z) = T_{1,in} + \frac{\Delta T_1}{2} + \frac{q'(0)L_e}{\dot{m}c_p\pi}\sin\frac{\pi z}{L_e} + \frac{q'(z)}{\alpha\pi \mathrm{d}_{cs}} \tag{4.3.17}$$

如果 $q'(z)$为余弦函数，即

$$q'(z) = q'(0)\cos\frac{\pi z}{L_e} \tag{4.3.18}$$

代入式（4.3.18）并作适当的变换后，可得

$$T_{cs}(z) = T_{1,in} + \frac{\Delta T_1}{2} + \frac{q'(0)L_e}{\dot{m}c_p\pi}\sin\frac{\pi z}{L_e} + \Delta T_a(0)\cos\frac{\pi z}{L_e} \tag{4.3.19}$$

式（4.3.19）对圆柱形或平板形燃料元件均适用。把 $T_{cs}(z)$ 描绘成曲线，已表示在图 4.3.2 中。由图可知，$T_{cs}(z)$ 沿轴向是变化的，并在某一位置上出现最大值。这个最大值位置的表达式放到下一节去推导，这里继续就包壳外表面上轴向温度场进行讨论。

根据以上的推导和图 4.3.2 中的曲线可知，包壳外表面温度的最大值，出现在流道的中点和出口之间。这是因为它受两个因素的影响：一是冷却剂的温度，它沿流道是不断上升的，但在接近流道两端的地方，上升较慢，在中间段上升较快；二是膜温压，它与流道内线功率密度 $q'(z)$成正比的，并且在靠近流道两端的地方小，在中间段大。当这两个因素综合后，就决定了包壳外表面最高温度发生在冷却剂流道的中点和出口之间。

再考虑冷却剂发生沸腾的情况。此时包壳外表面的轴向温度分布不能用一个单一函数表示。在冷却剂达到欠热沸腾之前，$T_{cs}(z)$ 仍按式（4.3.19）计算；从欠热沸腾开始，$T_{cs}(z)$ 必须用下面的经验公式计算：

$$T_{cs}^*(z) = T_s + 25\left(\frac{q}{10^6}\right)^{0.25}\exp\left(\frac{-p}{6.2}\right) \tag{4.3.20}$$

在图 4.3.3 中给出了冷却剂仅发生欠热沸腾时，包壳外表面温度的变化。

壁面能生成气泡的条件是壁面需要一定的过热度，其数值由冷却剂的性质及压力决定。在强迫对流换热的情况下，随着热流密度增大，壁温 $T_{cs}(z)$ 升高较快。一旦达到 $T_{cs}(z) = T_{cs}^*(z)$ 时，该点就是欠热沸腾起始点（记作 z_{L1}），这点之后 $T_{cs}(z) \geqslant T_{cs}^*(z)$ 。此段为欠热沸腾段。对于不发生饱和沸腾的管道，由于管道上端的热流密度降低，所以到达某点（ z_{L2} ）后 $T_{cs}(z) < T_{cs}^*(z)$，欠热沸腾即停止。这种管道壁温度变化曲线由三段组成：$T_{cs}(z) \geqslant T_{cs}^*(z)$ 段为欠热沸腾段，在 z_{L1} 和 z_{L2} 之间；$T_{cs}(z) < T_{cs}^*(z)$ 为不沸腾段，在 z_{L1} 以下和 z_{L2} 以上；z_{L1}、z_{L2}，用 $T_{cs}(z)$、$T_{cs}^*(z)$ 两条曲线相交求得。

发生饱和沸腾的管道，壁温仍按式（4.3.20）计算，所得结果如图 4.3.4 所示。将图 4.3.4 与图 4.3.3 比较看出，冷却剂达到饱和沸腾之后，包壳外表面温度变化要平缓得多，这是因为气泡的扰动增强了传热的结果。

2. 包壳内表面温度场

由于包壳外表面的温度表达式和包壳温降表达式都已导出，把两者相加即可得到包壳内表面轴向温度场的表达式如下：

$$T_{ci}(z) = T_{cs}(z) + \Delta T_c(z) \tag{4.3.21}$$

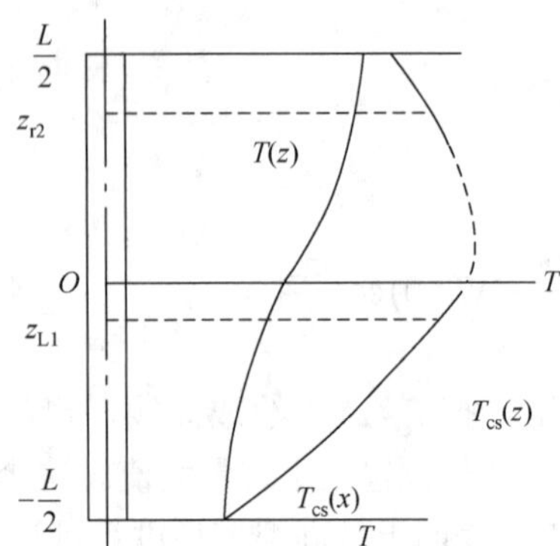

图 4.3.3　欠热沸腾包壳外表面温度分布

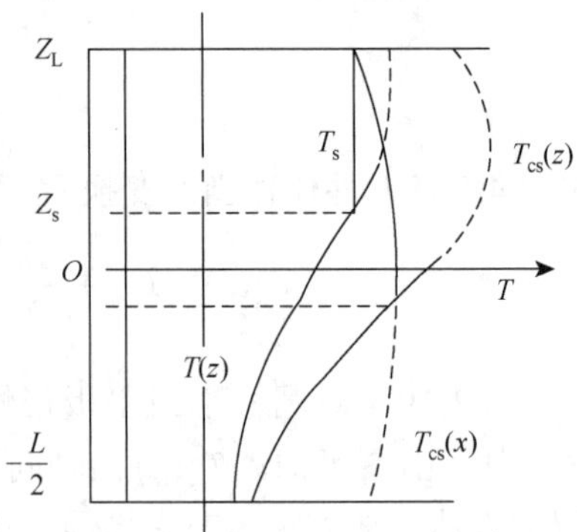

图 4.3.4　饱和沸腾包壳外表面温度分布

由于 $\Delta T_{c}(2)=\Delta T_{c}(0)\cos\dfrac{\pi z}{L_{e}}$，代入式（4.3.21）得

$$T_{ci}(z)=T_{cs}(z)+\Delta T_{c}(0)\cos\frac{\pi z}{L_{e}} \tag{4.3.22}$$

3. 燃料芯块表面温度场

仿照推导式（4.3.22）的做法，把包壳内表面轴向温度表达式与氦气隙温降的表达式相加可得燃料芯块表面轴向温度场表达式为

$$T_{us}(z)=T_{ci}(z)+\Delta T_{g}(0)\cos\frac{\pi z}{L_{e}} \tag{4.3.23}$$

使用气隙导热模型时，式中 $\Delta T_{g}(0)$ 表达式为

$$\Delta T_{g}(0)=\frac{q'(0)}{2\pi\lambda_{g}}\ln\frac{d_{ci}}{d_{u}} \tag{4.3.24}$$

使用接触导热模型时，式中 $\Delta T_{g}(0)$ 表达式为

$$\Delta T_{g}(0)=\frac{q'(0)}{\pi d_{u}a_{g}} \tag{4.3.25}$$

4. 燃料芯块中心温度场

同样，将燃料表面轴向温度场表达式加上燃料芯块温降表达式可得燃料芯块中心温度场表达式为

$$T_{0}(z)=T_{us}(z)+\Delta T_{u}(0)\cos\frac{\pi z}{L_{e}} \tag{4.3.26}$$

整理式（4.3.26），可得

$$T_{0}(z)=T_{1,in}+\frac{\Delta T_{1}}{2}+\frac{q'(0)L_{e}}{\dot{m}c_{p}\pi}\sin\frac{\pi z}{L_{e}}+\left[\sum\Delta T(0)\right]\cos\frac{\pi z}{L_{e}} \tag{4.3.27}$$

式中

$$\sum \Delta T(0) = \Delta T_{\mathrm{u}}(0) + \Delta T_{\mathrm{g}}(0) + \Delta T_{\mathrm{c}}(0) + \Delta T_{\mathrm{a}}(0) \tag{4.3.28}$$

对于沸腾段，则

$$T_0^*(z) = T_{\mathrm{s}} + (T_{\mathrm{cs}} - T_{\mathrm{s}}) + q'(z) R_{\mathrm{fe}} \tag{4.3.29}$$

式中：R_{fe} 为燃料元件内各区的线性热阻之和，m·℃/W

4.4 燃料元件最高温度及其位置

4.3 节中已导出燃料元件的轴向温度分布表达式，并用图线表示了最高温度的轴向位置；本节进一步寻找包壳外壁和燃料最高温度出现的轴向位置和计算最大值的表达式。因为燃料最高温度超过其熔点时，放射性裂变产物的第一道屏障便遭到破坏。而包壳最高温度超过一定值时会影响到包壳材料的强度和抗腐蚀性能等。例如在压水堆中用锆合金作包壳时，其表面工作温度一般不得超过 350℃，否则将会加速包壳材料的腐蚀，所以确定燃料和包壳温度最大值的大小及其轴向位置，对于反应堆热工设计者和反应堆运行者都是极其重要的。

将式（4.3.19）对 z 求导数，并令其等于零，整理该方程可得到包壳外表面温度最高值 $T_{\mathrm{cs}}^{\max}$ 的轴向位置 z_{cs} 将 z_{cs} 值代入式（4.3.19），便可得到 $T_{\mathrm{cs}}^{\max}$ 值。

1. 冷却剂不发生沸腾

由式（4.3.19）及 $\mathrm{d}T_{\mathrm{cs}}(z)/\mathrm{d}z = 0$，可得

$$\frac{q'(0)}{\dot{m}c_p}\cos\frac{\pi z_{\mathrm{cs}}}{L_{\mathrm{e}}} - \Delta T_{\mathrm{a}}(0)\frac{\pi}{L_{\mathrm{e}}}\sin\frac{\pi z_{\mathrm{cs}}}{L_{\mathrm{e}}} = 0 \tag{4.4.1}$$

令 $\beta_{\mathrm{cs}} = \dfrac{\pi z_{\mathrm{cs}}}{L_{\mathrm{e}}}$ 代入式（4.4.1），可得

$$\mathrm{tg}\beta_{\mathrm{cs}} = \frac{1}{\Delta T_{\mathrm{a}}(0)}\frac{q'(0)L_{\mathrm{e}}}{\dot{m}c_p\pi} \tag{4.4.2}$$

由此式可得 β_{cs}，再由 β_{cs} 的表达式可得到包壳外表面轴向温度最大值的位置 $z_{\mathrm{cs}}^{\max}$ 值，将 $z_{\mathrm{cs}}^{\max}$ 值代入式（4.3.19）得到包壳外表面温度的最大值表达式为

$$T_{\mathrm{cs}}^{\max} = T_{1,\mathrm{in}} + \frac{\Delta T_1}{2} + \frac{q'(0)L_{\mathrm{e}}}{\dot{m}c_p\pi}\sin\beta_{\mathrm{cs}} + \Delta T_{\alpha}(0)\cos\beta_{\mathrm{cs}} \tag{4.4.3}$$

利用如下两个三角函数公式：

$$\sin\beta_{\mathrm{cs}} = \frac{\mathrm{tg}\beta_{\mathrm{cs}}}{\sqrt{1+\mathrm{tg}^2\beta_{\mathrm{cs}}}}; \qquad \cos\beta_{\mathrm{cs}} = \frac{1}{\sqrt{1+\mathrm{tg}^2\beta_{\mathrm{cs}}}} \tag{4.4.4}$$

可将式（4.4.3）变换为

$$T_{\mathrm{cs}}^{\max} = T_{1,\mathrm{in}} + \frac{\Delta T}{2} + \frac{q'(0)L_{\mathrm{e}}}{\dot{m}c_p\pi}\frac{\mathrm{tg}\beta_{\mathrm{cs}}}{\sqrt{1+\mathrm{tg}^2\beta_{\mathrm{cs}}}} + \frac{\Delta T_{\mathrm{a}}(0)}{\sqrt{1+\mathrm{tg}^2\beta_{\mathrm{cs}}}} \tag{4.4.5}$$

由式（4.4.1）得

$$\frac{q'(0)L_{\rm e}}{\dot{m}c_p\pi}=\Delta T_{\rm a}(0){\rm tg}\beta_{\rm cs} \tag{4.4.6}$$

将式（4.4.6）代入式（4.4.5）并作整理后得

$$T_{\rm cs}^{\max}=T_{1,\rm in}+\frac{\Delta T_1}{2}+\Delta T_{\rm a}(0)\sqrt{1+{\rm tg}^2\beta_{\rm cs}} \tag{4.4.7}$$

因为$\frac{\Delta T_1}{2}=\frac{q'(0)L_{\rm e}}{\dot{m}c_p\pi}\sin\frac{\pi L}{2L_{\rm e}}\approx\frac{q'(0)L_{\rm e}}{\dot{m}c_p\pi}$，把它代入式（4.4.6）可得

$${\rm tg}\beta_{\rm cs}=\frac{\Delta T_1/2}{\Delta T_{\rm a}(0)} \tag{4.4.8}$$

再将式（4.4.8）代入式（4.4.7），可得

$$T_{\rm cs}^{\max}=T_{1,\rm in}+\frac{\Delta T_1}{2}+\sqrt{\Delta T_{\rm a}^2(0)+\left(\frac{\Delta T_1}{2}\right)^2} \tag{4.4.9}$$

同样，令式（4.3.27）对 z 的导数为零，可得燃料元件芯块中心轴向最大温度的位置 $z_0^{\max}$ 和最大值 $T_0^{\max}$ 的表达式如下：

$${\rm tg}\beta_0={\rm tg}\frac{\pi z_0}{L_{\rm e}}=\frac{\Delta T_1/2}{\sum\Delta T(0)} \tag{4.4.10}$$

$$T_0^{\max}=T_{1,\rm in}+\frac{\Delta T_1}{2}+\sqrt{\left[\sum\Delta T(0)\right]^2+\left(\frac{\Delta T_1}{2}\right)^2} \tag{4.4.11}$$

由式（4.4.8）和式（4.4.10）可以看出，在不沸腾流道中，包壳外表面温度最大值和燃料中心温度最大值都位于流道中点与出口点之间，这是由两个原因造成的：一是 $T_{\rm cs}(z)$ 和 $T_0(z)$ 都随冷却剂的温度上升而上升；二是对 $T_{\rm cs}(z)$ 和 $T_0(z)$ 有贡献的温降，在流道中点以前一直随 z 增加，而在流道中点以后，却一直随 z 的增加而下降，并且它们的下降幅度比冷却剂温度上升的幅度相差越来越大。

2. 冷却剂发生沸腾

对于沸腾流道，欠热沸腾开始以后，$T_{\rm cs}^*(z)$ 和 $T_0^*(z)$ 由式（4.3.20）和式（4.3.29）表示。对于一定的压力，饱和温度 $T_{\rm s}$ 也是一定的。式（4.3.20）的第二项决定于 q'的变化，$T_{\rm cs}^{\max}$ 发生在热流密度最大值处或欠热沸腾起始点处。同样，对式（4.3.29），由于 $T_{\rm s}$ 是一个已知数，第二项 $T_{\rm cs}–T_{\rm s}$ 的数值取决于 q'。对大多数压水堆在 2.8～16.7℃范围内，而最后一项也取决于 q'（其变化幅度可达数百摄氏度）。所以，$T_0^*(z)$ 值主要决定于热流密度，进而可以认为热流密度最大值处是 $T_0^*(z)$ 值达到最大值处。

当热流密度不能用解析函数表达时，和 $T_{\rm cs}^*(z)$ 直接由式（4.3.19）和式（4.3.20）计算；$T_0(z)$、$T_0^*(z)$ 则由式（4.3.26）和式（4.3.29）计算，并分段进行。而 $T_{\rm cs}^{\max}$ 和 $T_0^{\max}$ 及其所在位置则由（或 $T_{\rm cs}^*(z)$）和 $T_0(z)$（或 $T_0^*(z)$）曲线查取。

习　　题

1. 有学者认为反应堆 q'确定时，燃料芯块的温度降与燃料芯块的尺寸无关，该温降仅仅与其线功率密度 q'和燃料的热导率有关，你认为对吗？

2. 反应堆运行中，芯块与包壳间的气隙热阻会不会改变？为何？

3. 已知 UO_2 燃料棒 $r = 2.5$ mm，$q''' = 900\text{MW/m}^3$，UO_2 芯块（95%理论密度）的表面温度 $T_{us} = 400$℃，试求燃料的中心温度。

4. 已知线功率密度 $q' = 500$ W/cm，氦气隙厚 0.05 cm，氦气热导率 $\lambda_g = 0.002$ W/(cm·℃)，有效气隙传热系数 $\alpha_g = 1$ W/(cm^2·℃)，堆芯燃料半径 $r_u = 0.45$ cm，求氦气隙温降 ΔT_g。

5. 某反应堆采用板状元件，包壳材料为 Zr-2，包壳厚度 1.5 mm。包壳外表面温度为 300℃。包壳的表面热流密度为 553 kW/m^2。试求包壳内外表面间的温差。

6. 某压水堆燃料元件 UO_2 芯块直径为 9.5 mm，元件外径为 10.5 mm，包壳厚度为 0.4 mm，包壳热导率为 20 W/(m·℃)。满功率时，包壳与芯块刚好接触，接触压力为零，包壳外表面温度为 342℃，包壳外表面热流密度为 1.4 MW/m^2。试求芯块的中心温度。

7. 压水堆燃料元件，芯块直径为 8.2 mm，锆包壳厚度为 0.6 mm，包壳的外径为 9.6 mm，如果总体冷却剂温度为 320℃，芯块功率密度为 3.5×10^8 W/m^3。试确定芯块中心温度和包壳外表面温度。包壳与冷却剂交界面上的对流换热系数可取 3.5 W/(cm^2·℃)，芯块的热导率为 3.5 W/(m·℃)，锆的热导率为 19 W/(m·℃)。

8. 某 PWR 燃料元件组件轴向某处，冷却剂平均温度 305℃，线热流密度为 17.8 kW/m，燃料元件包壳外径为 9.5 mm，包壳厚度 0.57 mm，气隙厚度 0.08 mm，燃料平均热导率为 3.6 W/(m·℃)，包壳平均热导率为 13.6 W/(m·℃)，气隙热导率为 0.3 W/(m·℃)，包壳与冷却剂的对流换热系数为 30000 W/(m^2·℃)，求该点处燃料芯块的中心温度，并分析对流换热系数 α 值对燃料芯块中心温度的影响。

9. 影响 UO_2 热导率的因素有哪些？温度是如何影响它的？

10. 什么是积分热导率？试分别推导板状与棒状燃料芯块温度从 T_{us} 到 T_0 的积分热导率。

11. 已知元件棒线功率密度 $q' = 36$ kW/m，燃料导热系数为 $\lambda_u = 485(T + 273)^{-0.746}$ W/(m·℃)，表面温度为 500℃，试求燃料的中心温度。

12. 圆柱形 UO_2 燃料元件，已知表面热流密度为 1.7 MW/m^2，芯块表面温度为 400℃，芯块直径为 10 mm，计算以下两种情况燃料芯块中心最高温度：（1）热导率为常数，$\lambda = 3$ W/(m·℃)；（2）热导率为 $\lambda = 1 + 3\exp(-0.0005T)$ W/(m·℃)。

13. 已知燃料元件棒 $q' = 300$ W/cm，UO_2 芯块（95%理论密度）的表面温度 $T_{us} = 1000$℃，利用表 4.2.2 求：燃料元件的中心温度；如果燃料元件的中心温度为 1600℃，那么芯块表面温度又为多少？

14. 已知某压水堆燃料元件芯块半径为 4.5 mm，包壳内半径为 4.7 mm，包壳外半径为 5.5 mm，冷却剂温度为 308℃，冷却剂与包壳之间换热系数为 28 kW/(m^2·℃)，燃料芯块热导率为 5 W/(m·℃)，包壳热导率为 18 W/(m·℃)，气隙热导率为 0.28 W/(m·℃)，试计算燃料芯块的平均温度不超过 1 204℃的最大线热流密度 q'。

15. 圆柱形堆芯中的某根燃料元件，其芯块直径为 8.8 mm，燃料元件外径为 10 mm，包壳厚度为 0.5 mm，最大线功率密度 $q' = 42$ kW/m，冷却剂进口温度为 245℃，冷却剂出口温度为 267℃，堆芯高度为 2 600 mm，冷却剂流量为 1 200 kg/h，冷却剂与元件间的换热系数为 27 kW/(m^2·℃)。在芯块与包壳之间有某种气体。试求燃料元件轴向 $z = 650$ mm 处（轴向坐标 z 的原点取在元件的中点）的燃料中心温度。设包壳热导率为 20 W/(m·℃)，气体的热导率为 0.23 W/(m·℃)，芯块热导率为 3 W/(m·℃)，水的比热容为 4.81 kJ/(kg·℃)。

16. 假设反应堆轴向功率按余弦分布，试推导板状元件燃料和包壳温度最大值及其轴向位置的表达式。

17. 对燃料元件而言，当冷却剂与包壳对流换热系数下降时，芯块中心最高温度的值及位置将如何变化？

18. 试画出棒状燃料元件沿半径与轴向的温度分布图，说说它们各有什么规律？

第 5 章　蒸汽发生器与稳压器内热工分析

蒸汽发生器与稳压器作为压水堆核动力装置中重要的热力设备，它们的热工、水力性能的好坏直接影响反应堆的运行状况和安全经济性，所以必须对其进行分析，以掌握它们的热工水力性能。

5.1　蒸汽发生器传热

蒸汽发生器是一回路向二回路传递热量的设备，它既是一回路设备，又是二回路设备，是压水堆核动力装置中一、二回路的枢纽。在蒸汽发生器中，一回路冷却剂在传热管束内流动，二次侧给水则在管束外和壳体内流动。二次侧给水通过传热管束从一次侧获得热量而被加热成为饱和的汽水混合物，然后向上流过汽水分离器和干燥器，产生的饱和蒸汽从蒸汽接管流向主蒸汽系统，而沉下的饱和水与给水混合后进行再循环。

蒸汽发生器的传热计算包括传热设计和校核计算。传热设计计算是指在结构形式和一回路、二回路参数已给定的情况下，对传热面积所进行的计算。传热校核计算是指在设备传热面积给定情况下，由部分已知参数求另一些参数的计算。例如，按额定负荷确定了传热面积之后，对低负荷工况进行的校核计算，以及按设备运行参数确定污垢热阻的校核计算等。

5.1.1　传热模型

一回路冷却剂通过蒸汽发生器传递给二回路工质的热功率为

$$P_1 = \dot{m}_1(h_{\text{in}} - h_{\text{out}}) \tag{5.1.1}$$

式中：$\dot{m}_1$ 为一回路冷却剂质量流量，kg/s；h_{in}、h_{out} 分别为反应堆冷却剂进出蒸汽发生器的比焓，kJ/kg。

忽略排污损失，则根据热平衡方程可求出蒸汽产量 m_{s}，kg/s：

$$m_{\text{s}} = \eta_{\text{sg}} P_1 / (h_{\text{g}} - h_{\text{f}}) \tag{5.1.2}$$

式中：h_{g} 和 h_{f} 分别为饱和蒸汽焓和给水焓，kJ/kg；η_{sg} 为蒸汽发生器的热效率，对自然循环蒸汽发生器，一般取 $\eta_{\text{sg}} = 0.98\sim0.99$。

热量由一次侧传递至二次侧所需要的传热面积：

$$F = P_1 / K\Delta T_{\text{m}} \tag{5.1.3}$$

式中：K 为总传热系数；ΔT_{m} 为传热温差。

通过蒸汽发生器 U 形管的传热过程为：一回路冷却剂与管内壁的对流换热、管壁的导热、污垢层的导热、管外壁与二回路工质的对流换热。如果将传热管看作圆筒，则

$$K = \frac{1}{\dfrac{d_o}{\alpha_1 d_i} + \dfrac{1}{\alpha_2} + R_w + R_f} \tag{5.1.4}$$

式中：α_1、α_2分别为一次侧和二次侧对流换热系数，W/(m^2·K)；d_i，d_o分别为传热管内直径、外直径，m；R_w为管壁导热热阻，m^2·K/W；R_f为污垢热阻，m^2·K/W。式（5.1.4）是按传热管外侧表面为基准来计算传热面积的，当然，管壁很薄时，可以将其视为平板处理。

管壁导热热阻为

$$R_w = \frac{d_o}{2\lambda_w}\ln\frac{d_o}{d_i} \tag{5.1.5}$$

式中：λ_w为传热管材料的热导率，W/(m·K)。

在蒸汽发生器两侧工质的流量、比热容及沿传热面的传热系数均保持不变的条件下，对数平均传热温差可由传热方程和热平衡方程导出：

$$\Delta T_m = \frac{\Delta T_{max} - \Delta T_{min}}{\ln(\Delta T_{max} / \Delta T_{min})} \tag{5.1.6}$$

式中：ΔT_{max}，ΔT_{min}分别为计算区段两侧最大、最小温差。

上述分析表明，传热设计计算的主要步骤是：计算传热温差，确定各项热阻，求总传热系数，最后根据所传递的热量求传热面积。考虑到计算误差及堵管裕量等因素，对由传热计算求得的传热面积应留有裕量，通常可多出8%～10%。

蒸汽发生器传热设计计算的方法有：集总参数法、一维方法及三维方法。对单流程蒸汽发生器，如取代表性传热管展开，则流体温度沿流程的分布如图5.1.1所示。二次侧工质在上升通道入口区有一定的欠热度。全程分为三区，Ⅰ区及Ⅲ区分别为热端及冷端的预热区，Ⅱ区为沸腾区。应按各区分别计算传热温差和传热系数。图中，T_w为管壁温度，T_m及T'_m分别为冷端及热端在上升通道入口处的二次侧水温。在$Ⅲ_2$区，壁温尚低于相应压力下的饱和温度，相当于单相对流换热。在Ⅰ区及$Ⅲ_1$区，二次侧水温尚未达到饱和温度，而壁温已高于饱和温度，相当于表面沸腾。当给水温度较高，循环倍率较大（循环倍率指二次侧上升流道内汽水混合物总质量流量与水蒸气质量流量之比），因而进入上升通道的水欠热度较小时，可将预热区与沸腾区合并计算且不计欠热度。按此计算的结果与实验数据相比，合并计算的误差在工程允许范围内。

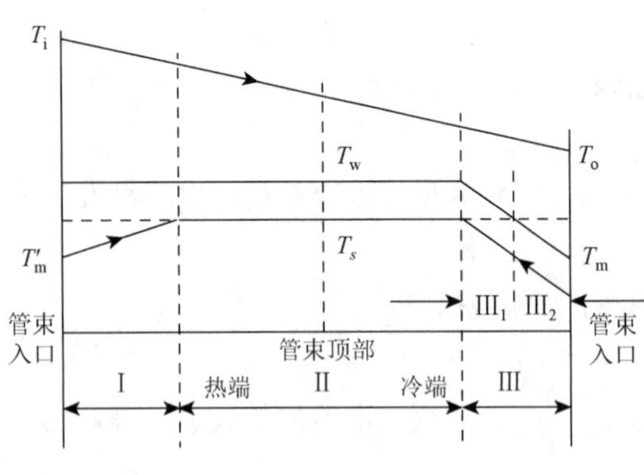

图5.1.1　流体温度沿传热管流程的分布

5.1.2　一次侧传热过程

通常情况下（特别是强迫循环时），一次侧冷却剂与传热管管壁之间的传热属于管内

湍流换热。对这一换热方式已有相当充分的研究，经典的对流换热系数计算公式为

流体被加热：　$Nu = 0.024\,3Re^{0.8}Pr^{0.4}$

流体被冷却：　$Nu = 0.026\,5Re^{0.8}Pr^{0.3}$

对于 $Re>10^4$ 的液体，Mcadams 推荐使用 Dittus-Boelter 公式：

$$Nu = 0.023Re^{0.8}Pr^{0.4} \tag{5.1.7}$$

各准则数中的物性参数按流体的算术平均温度求值。上述方程未考虑黏度变化的影响，对此，Sieder-Tata 综合了有关数据后推荐：

$$Nu = 0.027Re^{0.8}Pr^{0.33}(\mu / \mu_{\mathrm{w}})^{0.14} \tag{5.1.8}$$

物性参数除 μ_{w} 按传热管壁温度求值外，其余仍按流体的算术平均温度求值。

因 $Nu = \alpha_1 d_{\mathrm{i}}/\lambda_1$，故按 Dittus-Boelter 公式一次侧换热系数为

$$\alpha_1 = 0.023\lambda_1 Re^{0.8}Pr^{0.4} / d_{\mathrm{i}} \tag{5.1.9}$$

式中：λ_1 为流体导热系数。由上式可知，一次侧换热系数 α_1 取决于一回路冷却剂的质量流速、黏度、导热系数、比热容和管子直径等。

5.1.3　二次侧传热过程

蒸汽发生器二次侧的传热比起一次侧要复杂些，因为二次侧工质在其流动过程中经历了具有不同传热特性的各个区段。对 U 形管自然循环蒸汽发生器，其二次侧工质沿着传热面先后经历了预热区和沸腾区。在预热区，工质和传热管壁之间为单相的对流传热和欠热沸腾传热，在沸腾区则是管间饱和沸腾传热。

1. 二次侧预热区传热过程

若一次侧冷却剂温度较高，而二次侧工质压力又较低（对应的饱和温度也较低），在预热区可能出现欠热沸腾换热。因此，在预热区存在单相介质的对流换热和欠热沸腾换热两种不同特性的传热过程。

（1）预热区的对流换热。

当二次侧流体在管外冲刷传热管束时，换热系数也可按 Dittus-Boelter 公式计算，但公式中应使用流道的当量直径 d_{e}。

考虑纵向冲刷和横向冲刷管束两种不同情况的公式为

$$\alpha = CRe^{A}Pr^{B}\lambda_l / d_{\mathrm{e}} \tag{5.1.10}$$

式中：A、B、C 为系数，列于表 5.1.1。表中 P、d 分别为管束节距及管子外径。

表 5.1.1　对流换热关系式中的系数

项目	纵向			横向		
	A	B	C	A	B	C
正方排列	0.8	0.4	$0.042P/d—0.024$	0.563	0.333	0.547
三角排列	0.8	0.4	$0.026P/d—0.006$	0.563	0.333	0.547

作为 U 形管蒸汽发生器预热区管束间的实际流动，既不是纵向，也不是严格的横向冲刷，而是斜向流动，此时，可以分别计算出纵向和横向冲刷换热系数后，采用其均方根值作为有效换热系数。

（2）预热区的欠热沸腾传热。

在预热段计算中首先要确定欠热沸腾起始点，然后按单相对流换热及欠热沸腾公式分别计算。

在欠热沸腾时，其换热系数比单相对流时高好几倍。由于欠热沸腾的复杂性，迄今研究还不很充分，多数文献都推荐采用较为简单的 Jens-Lottes 公式和 Thom 公式：

Jens-Lottes
$$\alpha = 1.264 q^{3/4} \exp(p/6.2) \tag{5.1.11}$$

Thom
$$\alpha = 44.4 q^{0.5} \exp(p/8.7) \tag{5.1.12}$$

式（5.1.11）和式（5.1.12）中：p 为工作压力，MPa；q 为热流密度，W/m^2。

Jens-Lottes 公式的适用条件：管子内径为 3.63～5.74 mm；管子长度 l 为 21～168 d_i；压力为 0.7～17.2 MPa；水温为 115～340℃；质量流速的范围为$(1.05\sim11)\times10^4$ kg/(m^2·s)；热流密度 q 可达到 12.5×10^6 W/m^2。Thom 公式的适用条件：压力为 0.7～17.2 MPa；热流密度为$(2.8\sim6.0)\times10^5$ W/m^2。

Rohsenow 指出，Jens-Lottes 公式和 Thom 公式不仅用于表面欠热沸腾传热计算，也可用于低含汽率的饱和泡核沸腾的传热计算。

2. 二次侧沸腾区传热过程

对自然循环蒸汽发生器的沸腾区传热，尚无令人满意的理论和计算公式。国立研究型大学莫斯科动力学院曾为建立最合理的换热系数计算方法进行了研究，确立了换热系数与流速、质量含汽率、流道几何形状以及其他因素之间的复杂关系。但在蒸汽发生器的多数工作条件下，这些因素对换热系数的影响不大。因而，目前工程上大多采用大容积泡核沸腾传热计算公式，如式（5.1.11）和式（5.1.12）就被推荐使用，此外较常用的还有以下公式。

（1）Rohsenow 公式。

Rohsenow 对于水的大容积泡核沸腾得到下列关系式：

$$\alpha = \left(\frac{c_{pl}}{h_{fg} Pr C_w}\right)\left(\mu_l h_{fg}\sqrt{g(\rho_l - \rho_g)/\sigma}\right)^{0.33} q^{0.67} \tag{5.1.13}$$

式中：C_w 为取决于加热表面-液体组合的常数，对水-镍不锈钢可取 0.013；σ 为液体-水蒸气界面的表面张力，N/m；C_{pl} 为饱和液体的比定压热容，J/(kg·℃)；h_{fg} 为汽化潜热，J/kg；μ_l 为饱和液体的动力黏度，kg/(m·s)；ρ_l，ρ_v 分别为饱和液体和饱和蒸汽的密度，kg/m^3；Pr 为饱和液体的普朗特数；q 为热流密度，W/m^2。

上式适用于单组分饱和液体在清洁壁面上的泡核沸腾。

（2）Kutateradze 简化公式。

Kutateradze 提出了大容积泡核沸腾传热计算的简化公式，在工程上应用较广：

$$\alpha = 5 p^{0.2} q^{0.7} \tag{5.1.14}$$

式中单位：p 为 MPa，q 为 W/m^2，α 为 W/(m^2·℃)。

由上述公式可看到热流密度和压力对大容积泡核沸腾的影响。通常，换热系数正比于 q^n，由 Rohsenow 和苏联学者的公式得出 n 为 0.65～0.70。此外，沸腾传热系数随压力升高而增大，但呈现比较复杂的关系。

不同公式计算的沸腾传热系数值相差颇大，这一方面反映了沸腾传热机理较为复杂，另一方面沸腾传热还和传热面状况等因素有关。曾有文献将各种泡核沸腾公式与由运行核电厂蒸汽发生器获得的总传热数据做比较，发现没有一个公式能与实际数据相吻合，特别是在高热流密度区的数据比任一方程都要高得多。

5.1.4　管壁热阻和污垢热阻

管壁热阻大小取决于传热管材料导热系数和管子尺寸。为了减小管壁热阻，一般采用小直径的薄壁管。管壁的导热系数与温度有关。对于 Inconel-600，热导率的公式：

$$\lambda_{\mathrm{w}}=14.244+1.555\times10^{-2}T_{\mathrm{w}} \tag{5.1.15}$$

对于 Incoloy-800，则为

$$\lambda_{\mathrm{w}}=11.628+1.57\times10^{2}T_{\mathrm{w}} \tag{5.1.16}$$

式中：T_{w} 为管壁平均温度，℃。对其他材料可以查找物性参数表或由生产厂家提供。

管壁热阻的大小用式（5.1.5）计算，一般能达到总热阻的 40%～50%。传热管材料导热系数较小时，管壁的热阻相对大一些。

污垢热阻与传热管材料及运行水质等因素有关。蒸汽发生器在运行一段时间后，由于一、二次侧水质不够纯净，会使管壁积有一定厚度的污垢，或者由于表面本身的腐蚀而积垢，这种情况称为表面积垢。积垢的表面由于污垢或腐蚀层的存在，虽然其很薄（0.05 mm 左右），但它的导热系数很小，因而会产生较大的污垢热阻。在工程计算中，有以下几种分析和考虑污垢热阻的方法。

（1）减少对流换热系数，以分析相应侧污垢的影响。

（2）单独列出 R_{f}，采用经验数据。这是常用的一种方法。早期对于奥氏体不锈钢通常取污垢热阻值为 5.29×10^5 m^2·℃/W，此后，由于传热管材料的改进，且二次侧水质已采取严格的控制措施，污垢热阻明显减小。

（3）在计算总传热系数时不计污垢热阻，而在进行热力分析时引入一个考虑了污垢影响的安全系数。

5.2　蒸汽发生器的稳态特性

蒸汽发生器的稳态特性是指冷却剂平均温度随核动力装置（特别是船用）负荷变化的规律，不同的运行方案具有不同的稳态特性，可以通过传热方程加以分析。

5.2.1 不同运行方式的稳态特性

由式（5.1.3）可知，对于确定的某一蒸汽发生器，可以通过改变一、二侧的传热温差，达到调节蒸汽发生器负荷的目的。假设传热系数不变，并取传热温差为算术平均温差，则传热方程变为

$$\frac{P_1}{KF}=\Delta T_m=\frac{(T_i-T_s)+(T_o-T_s)}{2}=T_{av}-T_s \tag{5.2.1}$$

式中：T_i 和 T_o 分别为蒸汽发生器冷却剂进、出口温度；T_s 为二次侧流体的饱和温度。根据式（5.2.1），不同运行方案的稳态特性分析如下。

1. 冷却剂平均温度 T_{av} 不变的运行方式

在该运行方式下，蒸汽发生器的稳态特性是当负荷输出功率水平变化时，一回路冷却剂平均温度 T_{av} 不变。由式（5.2.1）可得，当装置负荷 Q 降低，P_1 降低，T_{av} 不变，则二次侧工质饱和温度 T_s 将升高，相应的饱和压力 p_s 随之增大，如图 5.2.1 所示；反之，当负荷升高则饱和压力降低。

冷却剂平均温度 T_{av} 不变的运行方式主要优点有：有利于改善瞬态工况的堆芯功率分布；减轻一回路压力与容积控制系统的工作负担；减少负荷变化对反应堆堆芯结构部件的热冲击；具有较好的机动性，能够满足船用核动力装置的要求。其缺点是：对二回路系统和设备有较大的热冲击应力；加重蒸汽发生器、给水调节系统及汽轮机调速系统等工作负担。

2. 二回路压力 p_s 保持不变的运行方式

同样由式（5.2.1）可得，在该运行方式下，当负荷 Q 变化时，P_1 变化，一回路冷却剂平均温度变化，而二回路饱和蒸汽压力及相应的蒸汽温度保持不变，如图 5.2.2 所示，其主要优、缺点与方案 1 正好相反。

由于该运行方式减轻了对汽轮机、给水泵和蒸汽调压阀的负荷，所以船用核动力装置也常采用该方式。

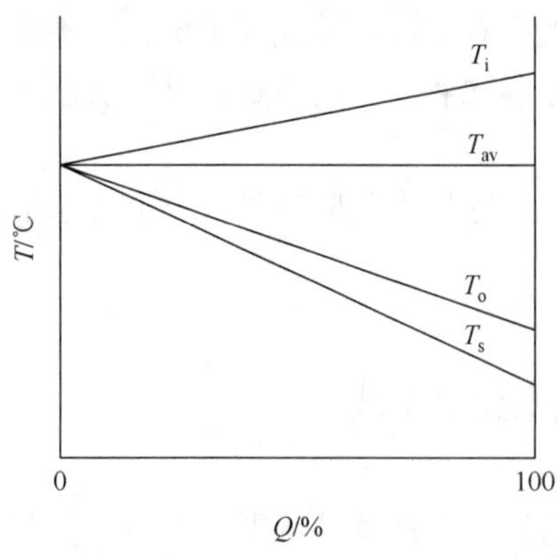

图 5.2.1 T_{av} 不变的运行方式

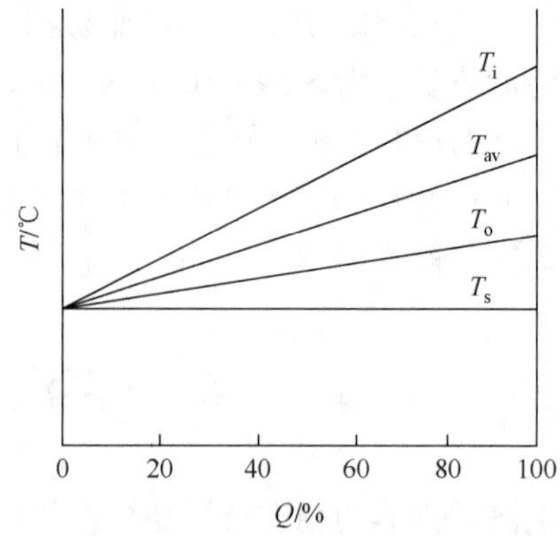

图 5.2.2 二回路压力 p_s 保持不变的运行方式

3. 组合运行方式（折中方式）

组合运行方式为上述两种运行方式的组合，如图 5.2.3 所示。在低负荷段内采用蒸汽压力 p_s 不变的运行方式，以适应较少较慢的负荷变化；而在高负荷段内，则采用平均温度 T_{av} 不变的运行方式，以满足较大较快的负荷需要。这样，就可以充分发挥上述两种方式的优点，克服它们各自的缺点。

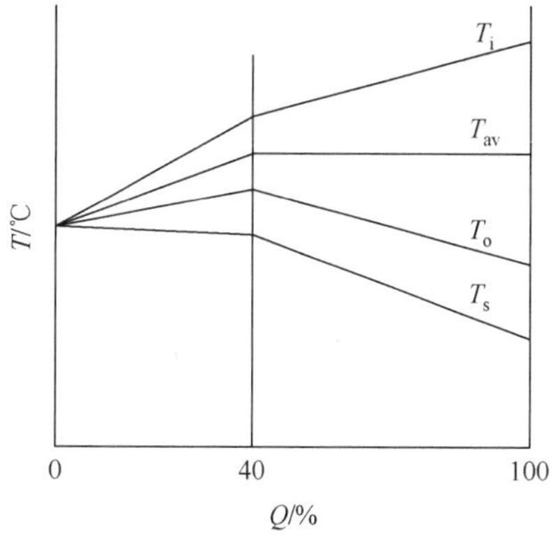

图 5.2.3　组合运行方式

5.2.2　稳态特性计算方法

蒸汽发生器的稳态特性计算是指在核动力装置运行方式确定及传热面积给定的情况下，由一些已知参数求另一些参数。即在冷却剂平均温度 $T_{av}=f(p)$给定的条件下，导出二次侧蒸汽温度 T_s、压力 p_s 及蒸汽流量 m_s 等参数的稳态方程式，并据此进行参数计算。这要求计算出不同负荷下的总传热系数 K，因此，传热系数的计算成为蒸汽发生器稳态特性计算的关键。为了求出传热系数并保证一定的精度，作简化假设：①由于冷却剂流量保持不变，因而当温度变化不大时，可假定一次侧换热系数 α_1 保持不变；②忽略管壁热导率 λ_w 和污垢热阻 R_f 的变化。

根据以上假设，由式（5.1.4）可以看出传热系数 K 主要受二次侧换热系数 α_2 的影响，而 α_2 与热流密度 q 及蒸汽发生器压力 p_s 等因素有关。通常在计算 α_2 时应先假定 α_2 值，然后通过反复迭代求取；在求得传热系数 K 后，可以确定蒸汽发生器的对数平均温差 ΔT_m，进而求得蒸汽温度 T_s。计算方法如下。

（1）设定计算工况及 $T_{av}=f(p)$。

（2）假定二次侧换热系数 α_2 或蒸汽压力 p_s，迭代计算传热系数 K。

（3）求取 T_s 和 p_s。设蒸汽发生器进、出口冷却剂温差为 $\Delta T=T_i-T_o$，则对数平均温差可由下式表示：

$$\Delta T_m = \Delta T / \ln\left(\frac{T_i - T_s}{T_o - T_s}\right) \tag{5.2.2}$$

即

$$T_s = \frac{T_o \exp(\Delta T / \Delta T_m) - T_i}{\exp(\Delta T / \Delta T_m) - 1} \tag{5.2.3}$$

根据式（5.2.3）求得蒸汽温度后，可进一步求得蒸汽压力 p_s 及蒸汽流量 m_s。

稳态特性要求计算一系列工况，而每一工况又需要反复迭代，因此需要编程计算。

5.3　稳压器内热力分析

压水堆冷却剂系统是一个以高温高压水为工质的封闭环路。冷却剂系统内流体温度的改变，会引起冷却剂密度的变化和体积的变化，进而引起冷却剂系统压力的变化。稳压器是压力安全系统的核心设备，它的基本功能就是补偿冷却剂的体积改变，控制冷却剂系统压力的变化。另外，它还具有热力除气器的作用，用来去除主系统中的有害气体。

5.3.1 冷却剂体积变化的分析

1. 稳态运行特性引起的冷却剂体积变化

每一个核动力装置都有自身稳态功率运行特性及不同稳态运行功率下的冷却剂平均温度（T_{av}）的整定程序。因此，当反应堆处于不同功率水平稳态运行时，一般具有不同的 T_{av} 整定值，也就意味着具有不同的反应堆冷却剂体积。通常将由稳态功率运行特性引起的主系统冷却剂体积的变化称为稳态功率变化容积。

当核动力装置采用二回路压力（p_s）不变的运行方式时，反应堆由零功率提升至满功率会导致冷却剂平均温度变化几十度，这也就意味着冷却剂体积的增加可达几立方米或更多。

当核动力装置采用 T_{av} 不变的运行方式时，功率水平改变也会引起冷却剂体积的变化，这是因为：

（1）水的比体积与温度为非线性关系，尽管冷却剂平均温度不变，但因主系统的热段温度升高，冷段温度降低，致使热段水的膨胀体积不能完全为冷段水的收缩体积补偿而相抵消。因此总冷却剂体积仍有变化；

（2）反应堆一回路系统的布置设计，不可能使主系统管道和设备中热段冷却剂容积等于冷段冷却剂容积，所以当热段与冷段中冷却剂温度变化时，其总冷却剂体积的变化就不可能完全抵消。

2. 瞬态过程中冷却剂体积变化

在核动力装置瞬态过程中，如果反应堆功率 P_R 与二回路输出功率 P_Z 失去匹配，反应堆功率 P_R 的过剩与不足，将造成冷却剂平均温度 T_{av} 的升高或降低，从而导致冷却剂体积的变化，即

$$\frac{dT_{av}}{dt}=\beta(P_R-P_Z) \tag{5.3.1}$$

式中：β 为比例系数，它与负荷变化速率、主系统中流动水体积等因素有关。

由式（5.3.1）可见，当 $P_R>P_Z$ 时，$dT_{av}/dt>0$，冷却剂平均温度上升会导致体积膨胀，主系统压力升高；当 $P_R<P_Z$ 时，$dT_{av}/dt<0$，冷却剂平均温度下降会导致体积收缩，主系统压力降低。瞬态过程中冷却剂体积变化的幅值较大，因而会导致冷却剂系统的压力波动较大。

冷却剂体积波动大小的主控因素是核动力装置负荷变化幅值与变化速率。负荷变化范围越大，冷却剂体积波动的幅值越大；负荷变化速率越大，冷却剂体积波动越大。另外，冷却剂流量对体积的波动也有一定的影响。在装置负荷变化时，冷却剂温度的变化将滞后于负荷的变化。在一定的一回路水容积内，冷却剂温度变化滞后时间与冷却剂流

量成反比。因此，当冷却剂流量增加时，冷却剂温度变化滞后时间短，变化范围小，从而减小了冷却剂的体积波动值。

另外还有研究表明，当主系统水容积、冷却剂流量相同，装置的负荷变化范围和变化速率相同，则反应堆负温度系数的绝对值越大，冷却剂体积波动就越小。这是因为当不考虑功率外调节系统（如控制棒的调节）的作用时，堆功率调节仅靠负温度反馈效应，则负温度系数绝对值较大时，堆功率响应负荷变化较快，冷却剂体积波动较小。

5.3.2　稳压器内部的热力过程

1. 压力波动的计算

在没有喷雾和不考虑稳压器面壁向外界散热的情况下，蒸汽的膨胀和压缩过程可以认为是绝热过程，服从如下状态方程：

$$p_1V_1^k = p_2V_2^k \tag{5.3.2}$$

式中：p_1、p_2 分别为过程进行中的初压和终压，MPa；V_1、V_2 分别为稳压器内蒸汽的初始和终了体积，m^3；k 为绝热指数，对饱和蒸汽近似为 $1.035 + 0.1x$；x 为终点蒸汽干度。

在初始状态，主冷却剂系统各部分冷却剂的质量为

$$m_{c1i} = \frac{V_{1i}}{v_{c1i}} \tag{5.3.3}$$

式中：v_{c1i} 为冷却剂系统各部分初始状态温度下的比体积，m^3/kg。

整个闭式回路中初始状态的质量 m_{c1} 为各部分质量之和，即

$$m_{c1} = \sum_{i=1}^{n} m_{c1i} = \sum_{i=1}^{n} \frac{V_{1i}}{v_{c1i}} \tag{5.3.4}$$

同样，由于波动，整个闭式回路的质量变为

$$m_{c2} = \sum_{i=1}^{n} \frac{V_{2i}}{v_{c2i}} \tag{5.3.5}$$

式中：v_{c2i} 为冷却剂系统各部分温度改变后所对应的比体积，m^3/kg。

则质量变化量为

$$\Delta m_c = m_{c2} - m_{c1} \tag{5.3.6}$$

对应的体积变化量为

$$\Delta V_c = \Delta m_c v_c \tag{5.3.7}$$

式中：v_c 为冷却剂在稳压器温度下的比体积，m^3/Kg。

据式（5.3.2），稳压器内绝热过程终点压力等于：

$$p_2 = \frac{p_1}{\left(1 + \dfrac{\Delta V_c}{V_1}\right)^k} \tag{5.3.8}$$

而压力 p_2 应该在主冷却剂系统的额定压力上下限范围内。

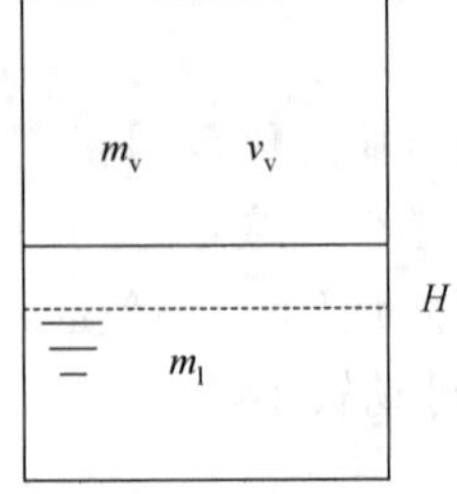

图 5.3.1　物理模型

2. 饱和状态时温度与压力变化

考虑稳压器内工质已处于饱和状态，反应堆功率 P_R 突然增加或二回路输出功率 P_Z 减少，二者失去匹配。现以一定功率 $P = P_R - P_Z$ 对稳压器内工质加热，工质开始蒸发，此时该稳压器内的温度、压力将会上升，液位下降。为此建立的分析模型如图 5.3.1 所示。假设，开始时稳压器内液体和气体的饱和温度与压力分别为 T_0、p_0，忽略稳压器表面和管路的热量泄漏，则能量方程与初始条件为

$$P = h_{fg}\rho_l A\frac{dH}{dt} + \left[c_{pl}(m_l - \rho_l AH) + c_{pv}(m_v + \rho_l AH)\right]\frac{dT}{dt} \tag{5.3.9}$$

$$t = 0: T = T_0,\quad H = 0$$

式中：P、h_{fg}、ρ、A、H、c_p、m、T 分别是加热功率、工质汽化潜热、密度、蒸发面积、液位下降高度、比定压热容、质量、温度；下标 l、v 分别表示液体、气体。由于上部分气体的质量比下部分液体质量小，因此式（5.3.9）可简化为

$$P = h_{fg}\rho_l A\frac{dH}{dt} + c_{pl}(m_l + m_v)\frac{dT}{dt} \tag{5.3.10}$$

假设冷却介质的汽化潜热、液体密度和比定压热容在较小的压力范围内随温度变化不大，则由式（5.3.9）与式（5.3.10）可求得

$$Pt = h_{fg}\rho_l AH + c_{pl}(m_l + m_v)(T - T_0) \tag{5.3.11}$$

饱和蒸汽的状态用 R-K 方程来描述：

$$\begin{cases} p = \dfrac{RT}{V_m - b} - \dfrac{a}{T^{0.5}V_m(V_m - b)} \\ a = \dfrac{0.427\,48R^2T_{cr}^{2.5}}{p_{cr}};\quad b = \dfrac{0.086\,64RT_{cr}}{p_{cr}} \end{cases} \tag{5.3.12}$$

式中：V_m、R、T_{cr}、p_{cr} 分别为摩尔体积、摩尔气体常数、临界温度、临界压力。在液位下降高度 H 时，水蒸气的比体积为

$$v_v = \frac{V_0 + AH - (T - T_0)\beta}{m_0 + AH\rho_l} \tag{5.3.13}$$

式中：V_0、m_0、β 分别为水蒸气初始的体积、初始质量、液体的体积膨胀系数。另外，稳压器内气液为饱和状态，温度与压力有一一对应关系，不同的冷却介质有不同的饱和线方程，以水为例，用对比态参数给出：

$$\frac{p}{p_{cr}} = \exp\left[\frac{1}{(T/T_{cr})} \times \frac{\sum_{i=1}^{5} k_i(1 - T/T_{cr})^i}{1 + k_6(1 - T/T_{cr}) + k_7(1 - T/T_{cr})^2} - \frac{(1 - T/T_{cr})}{k_8(1 - T/T_{cr})^2 + k_9}\right] \tag{5.3.14}$$

式中：$k_i\ (i = 1, 2, \cdots, 9)$为常数，如表 5.3.1 所示。

表 5.3.1　k_i 值

$k_1 = -7.691\ 234\ 546$	$k_2 = -26.080\ 236\ 96$	$k_3 = -168.170\ 6546$	$k_4 = 64.232\ 855\ 04$
$k_5 = -118.964\ 622\ 5$	$k_6 = 4.167\ 117\ 32$	$k_7 = 20.975\ 0676$	$k_8 = 10^9$
$k_9 = 6$	$P_{cr} = 22.12$ MPa	$T_{cr} = 373.99$℃	

式（5.3.11）～式（5.3.14）即为稳压器内以水为工质的蒸发过程的基本方程，用数值计算可求得稳压器内的温度、压力和液位随时间的变化规律。

3. 蒸汽凝结

当系统出现体积增加，膨胀的冷却剂通过波动管流入稳压器时，可用凝结一部分蒸汽的办法来帮助蒸汽相补偿较大的压力波动。凝结蒸汽的办法就是进行喷雾冷却，冷的喷雾水喷入蒸汽相与蒸汽混合进行热交换，促使蒸汽凝结，从而降低稳压器的压力。

当将冷却水喷淋到静止水蒸气中时，冷却水从喷嘴喷射后，开始温度上升速率很大，以后逐渐变慢。如果使冷却水飞行的距离与喷嘴孔径之比接近 10，即可使其温升达到全部温升的 70%～90%。所以，可以认为所有冷却水穿过蒸汽空间到达水面时，已完全达到饱和状态。

蒸汽冷凝的质量可根据冷却水与蒸汽间的热平衡求出，这时：

$$m_k = \frac{m_{sp}(h_{so} - h_{sp})}{h_{fg}} \tag{5.3.15}$$

式中：m_k、m_{sp} 为凝结水和喷雾量，kg；h_{so}、h_{sp} 为饱和水焓和喷雾水焓，kJ/kg；h_{fg} 为工作压力下的汽化潜热，kJ/kg。

5.3.3　稳压器容积计算

稳压器容积计算对于核动力装置的运行安全具有重要意义。本节简要介绍一种稳压器瞬态过程容积计算方法。该方法从质量、能量、容积守恒方程出发，经过适当简化，对稳压器容积变化的基本规律与主要影响因素进行分析。该方法既可以通过图解或手算来求解，也可编程计算。

1. 稳压器内部容积的划分

稳压器内部容积可划分为三部分，共五块，如图 5.3.2 所示。

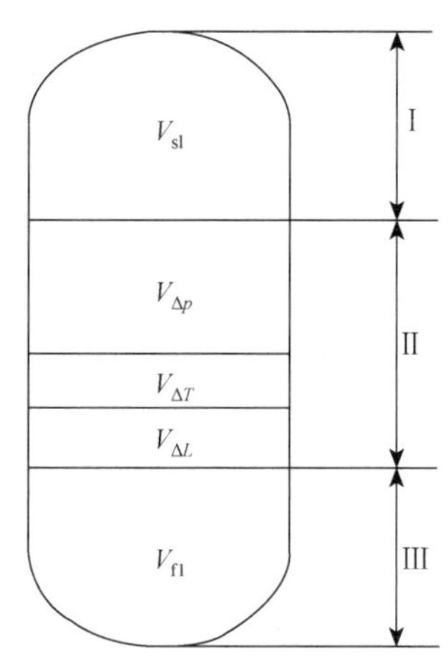

图 5.3.2　稳压器内部容积的划分

第一部分为最小蒸汽容积 V_{s1}，是波动流入之前的稳压器内部蒸汽容积，它是保证瞬态过程中压力变化不超过某一规定范围的最小蒸汽容积。即容积 V_{s1} 是抑制可能发生的压力正波动所必需的，由波动流入瞬态过程的要求所决定。

第二部分为最小水容积 V_{f1}，是指波动流出之前的稳压器内部水容积，它是保证瞬态过程中压力变化不超过某一规定范围的最小水容积。即容积 V_{f1} 是抑制可能发生的压力负波动所必需的，由波动流出瞬态过程的要求所决定。如果在瞬态过程中时还要考虑由某种结构因素决定的水容积（如舰船摇摆时电加热器不露出水面），则 V_{f1} 应受到补充条件的检验，并应在两种限制条件中取较大的值。

第三部分为稳态水位变化容积，由稳态运行特性所决定，包括：①稳态功率变化容积 $V_{\Delta P}$；②水位计测量误差容积 $V_{\Delta L}$；③温度测量误差与控制死区容积 $V_{\Delta T}$。

2. 容积计算的基本假设

为了实现对稳压器内部过程的分析，需要进行合理的简化，为此做如下假设。

（1）只考虑单次波动过程；

（2）蒸汽释放阀和安全阀不动作；

（3）在波动过程之前或之后，蒸汽和水处于平衡状态；

（4）在波动过程之前或之后，喷雾水与蒸汽凝结所形成的液滴在降至液面时达到与蒸汽相平衡的状态；

（5）忽略电加热器投入对水的加热作用；

（6）忽略蒸汽在稳压器壁面凝结的影响；

（7）通过波动管进入稳压器的过冷水不与稳压器内的饱和水混合；

（8）忽略气相中除蒸汽外其他气体的影响。

上述假设的本质是将稳压器看作一个孤立体，把稳压器内部瞬态过程的分析转化为波动初始与波动终了的状态分析。

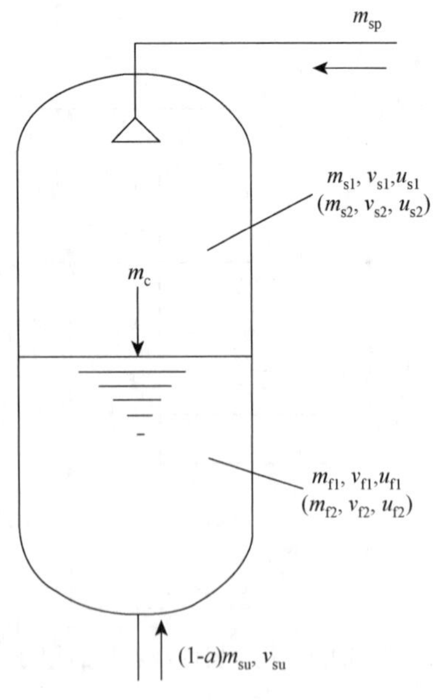

图 5.3.3　波动流入过程简图

3. 最小蒸汽容积的计算

如图 5.3.3 所示，在波动流入过程中，设反应堆冷却剂系统产生的总波动量为 m_{su}，令 $\alpha = m_{sp}/m_{su}$ 为喷雾比，即 $m_{sp} = \alpha m_{su}$ 为喷雾量，另一部分，即$(1-\alpha)m_{su}$ 通过波动管流入稳压器。稳压器中气相及液相质量分别由初始状态的 m_{s1}、m_{f1} 改变为 m_{s2}、m_{f2}。在喷雾过程中引起的蒸汽凝结量为 m_c。由此可建立蒸汽相的基本方程。

（1）质量守恒方程

$$m_{s2} = m_{s1} - m_c \tag{5.3.16}$$

（2）能量守恒方程

$$U_2 - U_1 = Q - W \tag{5.3.17}$$

式中：U 为气相热力学能；Q 为与外界热量交换，输入为正，输出为负；W 为机械功。式（5.3.17）可展开为

$$U_1 = m_{s1}u_{s1} + \alpha m_{su}u_{sp}$$

$$U_2 = m_{s2}u_{s2} + \alpha m_{su}u_{f2} + m_c u_{f2}$$

$$W = -\int p\mathrm{d}V_{\mathrm{su}} = -\frac{1}{2}(p_1 + p_2)m_{\mathrm{su}}v_{\mathrm{su}}$$

上式中：u 为比热力学能；v 为比体积；下角标 1 为波动初始状态参数；下角标 2 为波动后状态参数，s、f 分别表示气相与液相参数；su 及 sp 分别表示波动水和喷雾水参数。

将以上各式及式（5.3.16）代入式（5.3.17），并消去 m_{c} 项，可得

$$m_{\mathrm{s}2}(u_{\mathrm{s}2} - u_{\mathrm{f}2}) = m_{\mathrm{s}1}(u_{\mathrm{s}1} - u_{\mathrm{f}2}) - \alpha m_{\mathrm{su}}(u_{\mathrm{f}2} - u_{\mathrm{sp}}) + \frac{1}{2}m_{\mathrm{su}}(p_1 + p_2)v_{\mathrm{su}} + Q$$

或

$$m_{\mathrm{s}2} = m_{\mathrm{s}1}\frac{u_{\mathrm{s}1} - u_{\mathrm{f}2}}{u_{\mathrm{s}2} - u_{\mathrm{f}2}} - \alpha m_{\mathrm{su}}\frac{u_{\mathrm{f}2} - u_{\mathrm{sp}}}{u_{\mathrm{s}2} - u_{\mathrm{f}2}} + \frac{m_{\mathrm{su}}}{2}\frac{(p_1 + p_2)v_{\mathrm{su}}}{u_{\mathrm{s}2} - u_{\mathrm{f}2}} + \frac{Q}{u_{\mathrm{s}2} - u_{\mathrm{f}2}} \tag{5.3.18}$$

将式（5.3.18）代入式（5.3.16），可得

$$\begin{aligned} m_{\mathrm{c}} &= m_{\mathrm{s}1} - m_{\mathrm{s}2} \\ &= m_{\mathrm{s}1}\left(1 - \frac{u_{\mathrm{s}1} - u_{\mathrm{f}2}}{u_{\mathrm{s}2} - u_{\mathrm{f}2}}\right) + \alpha m_{\mathrm{su}}\frac{u_{\mathrm{f}2} - u_{\mathrm{sp}}}{u_{\mathrm{s}2} - u_{\mathrm{f}2}} - m_{\mathrm{su}}\frac{pv_{\mathrm{su}}}{u_{\mathrm{s}2} - u_{\mathrm{f}2}} - \frac{Q}{u_{\mathrm{s}2} - u_{\mathrm{f}2}} \end{aligned} \tag{5.3.19}$$

3）容积守恒方程

$$m_{\mathrm{s}1}v_{\mathrm{s}1} + m_{\mathrm{f}1}v_{\mathrm{f}1} = m_{\mathrm{s}2}v_{\mathrm{s}2} + m_{\mathrm{f}1}v_{\mathrm{f}1} + \alpha m_{\mathrm{su}}v_{\mathrm{f}2} + (1-\alpha)m_{\mathrm{su}}v_{\mathrm{su}} + m_{\mathrm{c}}v_{\mathrm{f}2} \tag{5.3.20}$$

将式（5.3.18）与式（5.3.19）代入式（5.3.20），并引入 $u_{\mathrm{fg}} = u_{\mathrm{s}2} - u_{\mathrm{f}2}$，$v_{\mathrm{fg}} = v_{\mathrm{s}2} - v_{\mathrm{f}2}$，整理得

$$\begin{aligned} m_{\mathrm{s}1}\left[v_{\mathrm{s}1} - v_{\mathrm{s}2} - (u_{\mathrm{s}1} - u_{\mathrm{s}2})\frac{v_{\mathrm{fg}}}{u_{\mathrm{fg}}}\right] &= m_{\mathrm{su}}\left[v_{\mathrm{su}} + \frac{v_{\mathrm{su}}(p_1 + p_2)}{2}\cdot\frac{v_{\mathrm{fg}}}{u_{\mathrm{fg}}}\right] \\ &\quad - \alpha m_{\mathrm{su}}\left[\frac{v_{\mathrm{fg}}(u_{\mathrm{f}2} - u_{\mathrm{sp}})}{u_{\mathrm{fg}}} - (v_{\mathrm{f}2} - v_{\mathrm{su}})\right] + \frac{Qv_{\mathrm{fg}}}{u_{\mathrm{fg}}} \end{aligned} \tag{5.3.21}$$

令辅助函数 $F(p) = f(p_2) = v_{\mathrm{fg}}/u_{\mathrm{fg}}$，并注意到，$V_{\mathrm{s}1} = m_{\mathrm{s}1}v_{\mathrm{s}1}$，$V_{\mathrm{su}} = m_{\mathrm{su}}v_{\mathrm{su}}$，经推导得

$$V_{\mathrm{s}1} = \frac{V_{\mathrm{su}}\left[1 + \frac{1}{2}(p_1 + p_2)F(p)\right] - m_{\mathrm{sp}}[(u_{\mathrm{f}2} - u_{\mathrm{sp}})F(p) - v_{\mathrm{f}2} + v_{\mathrm{su}}]}{\frac{1}{v_{\mathrm{s}1}}[v_{\mathrm{s}1} - v_{\mathrm{s}2} - (u_{\mathrm{s}1} - u_{\mathrm{s}2})F(p)]} \tag{5.3.22}$$

式（5.3.22）即为计算最小水蒸气容积 $V_{\mathrm{s}1}$ 的基本公式，其中已忽略与外界热量交换项。这样，在预先给定 m_{su}（或 V_{su}、v_{su}）及 p_1、α 之后，为满足正波动时压力峰值不超过某一规定值 p_2[注意 $F(p) = f(p_2)$]，则可由上式求出应具有的 $V_{\mathrm{s}1}$ 值。

4. 最小水容积的计算

如图 5.3.4 所示，在波动流出过程中，反应堆冷却剂系统的冷却剂体积收缩，其波动量 m_{su} 由稳压器波动流出补偿。由于稳压器气相体积增大，压力迅速下降，对应的饱和温度下降，液相因过热而产生“闪发”（flashing）现象，此时，应考虑闪发质量 m_{fl} 对于抑制压力降低的贡献。其基本方程有以下几种。

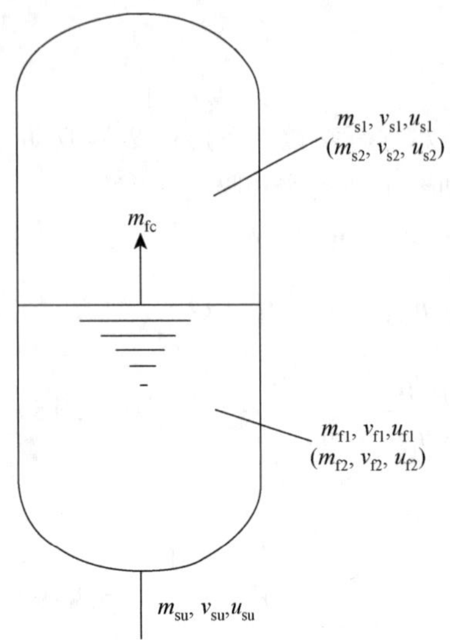

图 5.3.4　波动流出过程简图

（1）质量守恒方程

气相

$$m_{s2}=m_{s1}+m_{fc} \tag{5.3.23}$$

液相

$$m_{f2}=m_{f1}-m_{su}-m_{fc} \tag{5.3.24}$$

（2）能量守恒方程

$$U_2-U_1=Q-W \tag{5.3.25}$$

式（5.3.25）各参数具体为

$$U_1=m_{s1}u_{s1}+m_{f1}u_{f1}$$

$$U_2=m_{s2}u_{s2}+m_{f2}u_{f2}+m_{su}u_{su}$$

$$W=(p_1+p_2)\ m_{su}v_{su}$$

其中 u_{su} 及 v_{su} 为波动过程中液相的平均比热力学能及比体积，相应可写出波动水的比焓为

$$h_{su}=u_{su}+\frac{1}{2}(p_1+p_2)v_{su} \tag{5.3.26}$$

经推导和整理，可得

$$m_{s2}=m_{s1}\frac{u_{s1}-u_{f2}}{u_{fg}}+m_{f1}\frac{u_{s1}-u_{f2}}{u_{fg}}-m_{su}\frac{h_{su}-u_{f2}}{u_{fg}}-\frac{Q}{u_{fg}} \tag{5.3.27}$$

$$m_{f1}=m_{f1}\frac{u_{f1}-u_{f2}}{u_{fg}}+m_{s1}\frac{u_{s1}-u_{s2}}{u_{fg}}-m_{su}\frac{h_{su}-u_{f2}}{u_{fg}}-\frac{Q}{u_{fg}} \tag{5.3.28}$$

（3）容积守恒方程

$$m_{s2}v_{s2}+m_{f2}v_{f2}=m_{s1}v_{s1}+m_{f1}v_{f1} \tag{5.3.29}$$

类似上面推导的方法可得

$$V_{f1}=\frac{V_{su}\left[1+(h_{su}-u_{f2})\dfrac{F(p)}{v_{f2}}\right]-\dfrac{V_{s1}}{v_{s1}}\left[(v_{s2}-v_{s1})-(u_{s2}-u_{s1})F(p)\right]}{\dfrac{1}{v_{f1}}\left[(u_{f1}-u_{f2})F(p)+(u_{f2}-u_{f1})\right]} \tag{5.3.30}$$

式（5.3.30）即为计算最小水容积的基本公式。其中，当给定 V_{su}、V_{s1} 及 p_1，并规定瞬态过程中压力变化峰值不低于某一给定值 p_2 时，则该式求得的 V_{f1} 是最小水容积。

5. 稳态水位变化时容积的计算

1）稳态功率变化容积 $V_{\Delta P}$

核动力装置稳态运行特性给定了反应堆冷却剂系统温度对于功率的整定值，运行功率水平的改变导致冷却剂容积改变，需通过稳压器补偿。

设反应堆冷却剂系统总容积为 V_0，热段与冷段容积分别为 V_H 和 V_C，令

$$\chi=\frac{V_H}{V_o} \tag{5.3.31}$$

$$V_{\mathrm{C}} = (1-\chi)V_{\mathrm{o}} \tag{5.3.32}$$

当反应堆由稳定功率状态 1 改变至状态 2 时，热段内冷却剂温度由 T_{H1} 变为 T_{H2}，相应的质量改变为

$$\Delta m_{\mathrm{H}} = \chi V_{\mathrm{o}}\left(\frac{1}{v_{\mathrm{H2}}}-\frac{1}{v_{\mathrm{H1}}}\right) \tag{5.3.33}$$

而冷段内冷却剂温度由 T_{C1} 变为 T_{C2}，相应的质量改变为

$$\Delta m_{\mathrm{C}} = (1-\chi)V_{\mathrm{o}}\left(\frac{1}{v_{\mathrm{C2}}}-\frac{1}{v_{\mathrm{C1}}}\right) \tag{5.3.34}$$

如不考虑补水系统和冷却剂排放的容积补偿，反应堆冷却剂系统内冷却剂质量总的改变量为上述两项之和，则

$$\Delta m_{\mathrm{HC}} = V_{\mathrm{o}}\left[\chi\left(\frac{1}{v_{\mathrm{H2}}}-\frac{1}{v_{\mathrm{H1}}}\right)+(1-\chi)\left(\frac{1}{v_{\mathrm{C2}}}-\frac{1}{v_{\mathrm{C1}}}\right)\right] \tag{5.3.35}$$

则 $V_{\Delta p} = \Delta m_{\mathrm{HC}} \cdot v_{\mathrm{c2}}$ 或 $V_{\Delta p} = \Delta m_{\mathrm{HC}} \cdot v_{\mathrm{H2}}$

2）水位计测量误差容积 $V_{\Delta L}$

对于设定的稳压器水位，当存在水位计测量负偏差时，实际的蒸汽相容积减小；当存在水位计测量正偏差时，实际的水容积减小。对设定的最高及最低水位，这种偏差的存在对应最小蒸汽容积或最小水容积的减小。

设水位计量程为 L（m），测试误差为±K（%），稳压器内径 D（m），则水位计测量误差容积按下式计算：

$$V_{\Delta L} = \frac{\pi}{4}D^2LK \tag{5.3.36}$$

3）温度测量误差及控制死区容积 $V_{\Delta T}$

由于冷却剂温度测量误差及存在控制死区，二者叠加造成的平均温度误差为±ΔT_{av}，相应的冷却剂容积变化将由稳压器补偿。

设冷却剂平均温度整定值为 T_{av}，而（$T_{\mathrm{av}}+\Delta T_{\mathrm{av}}$）与（$T_{\mathrm{av}}-\Delta T_{\mathrm{av}}$）时冷却剂比体积分别记为 v_f' 、 v_f''，由此可求出相应的容积为

$$V_{\Delta T} = V_{\mathrm{o}}v_{\mathrm{f1}}\left(\frac{1}{v_f'}-\frac{1}{v_{\mathrm{f}}''}\right) \tag{5.3.37}$$

6. 计算的简化及图解法

利用上述方程组并进行合理简化，可以进行稳压器容积计算。

1）V_{s1} 的简化

式（5.3.22）中的比热力学能差可以用比焓差代替，即

$$u_{\mathrm{s1}}-u_{\mathrm{s2}} \approx h_{\mathrm{s1}}-h_{\mathrm{s2}}; \qquad u_{\mathrm{f2}}-u_{\mathrm{sp}} \approx h_{\mathrm{f2}}-h_{\mathrm{sp}}$$

计算表明，由此带来的 V_{s1} 误差约为 3%。

此外，当 p 在 13～17 MPa 内变化时，V_{s1} 公式中 $\left[1+\frac{1}{2}(p_1+p_2)F(p)\right]$ 这一项数值较为

稳定，可以足够准确地取为 1.13，而数值偏差不超过 $^{+0.0007}_{-0.0013}$。

上述公式用图解法更为简捷。令

$$B=\frac{v_{s1}}{v_{s1}-v_{s2}-(h_{s1}-h_{s2})F(p)}=f(p_1,\Delta p) \tag{5.3.38}$$

式中：$\Delta p=p_2-p_1$，则式（5.3.22）可改写为

$$V_{s1}=B[1.13V_{su}-m_{sp}(h_{f2}-h_{sp})F(p)-v_{f2}+v_{su}] \tag{5.3.39}$$

辅助函数 B 的计算结果示于图 5.3.5 中。

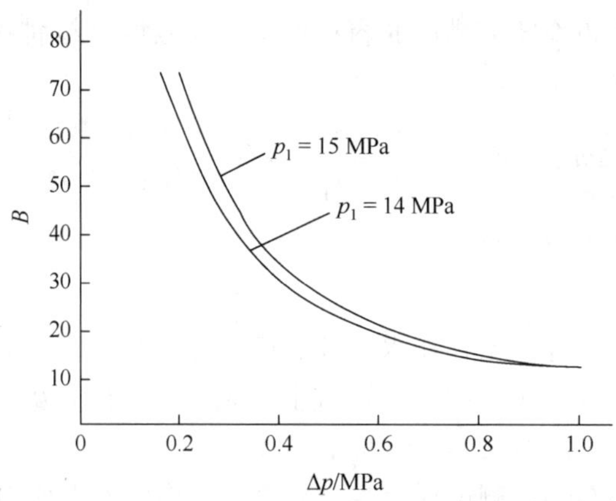

图 5.3.5　辅助函数 $B=f(p_1,\Delta p)$

2）V_{f1} 公式的简化

式（5.3.30）同样可以用比焓差代替比热力学能差，即

$$u_{f1}-u_{f2}\approx h_{f1}-h_{f2} \tag{5.3.40}$$

$$u_{s1}-u_{s2}\approx h_{s1}-h_{s2} \tag{5.3.41}$$

$$h_{su}-u_{f2}\approx\frac{1}{2}(h_{f1}-h_{f2})+p_2v_{f2} \tag{5.3.42}$$

令辅助函数 C、D、E 如下：

$$\begin{gathered}C=\frac{1}{v_{s1}}[(v_{s2}-v_{s1})-(h_{s2}-h_{s1})F(p)]\\ D=\frac{1}{v_{f1}}[(h_{f1}-h_{f2})F(p)+v_{f2}-v_{f1}]\\ E=1+\frac{1}{2}(h_{f1}-h_{f2})\frac{F(p)}{v_{f2}}+p_2F(p)\end{gathered} \tag{5.3.43}$$

显然，上述辅助函数均为 Δp 及 p 的函数，计算结果示于图 5.3.6。则 V_{f1} 用图解法表示的形式为

$$V_{f1}=\frac{V_{su}E-V_{s1}C}{D} \tag{5.3.44}$$

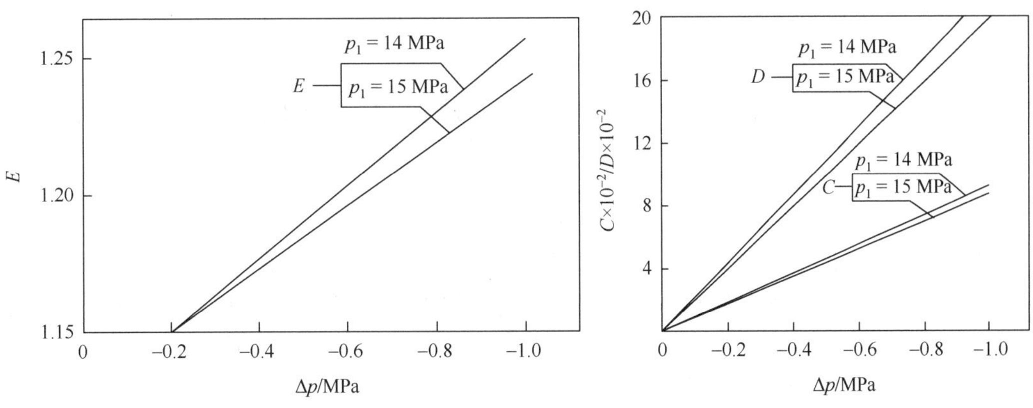

图 5.3.6　辅助函数 C、D、E

习　题

1. 蒸汽发生器的传热计算包括哪些内容？

2. 什么叫污垢热阻？在工程计算中，如何分析和考虑污垢热阻？

3. 如何应用传热方程来分析蒸汽发生器的稳态特性，请举例说明。

4. 某蒸汽发生器一回路侧工作压力为 14.7 MPa，冷却剂流速为 4 m/s，入口温度为 295℃，出口温度为 275℃，二回路侧饱和压力为 4 MPa，给水温度为 220℃，蒸汽发生器传热管内外直径分别为 21 mm、25 mm，管壁导热系数为 18 W/(m·℃)，污垢热阻取 32(cm^2·℃)/W，求蒸汽发生器所需的传热面积。

5. 核动力装置采用 T_{av} 不变的运行方式时，即功率改变，T_{av} 不变，为何也会引起冷却剂体积的变化？

6. 试简要分析稳压器内冷却剂在稳态与瞬态过程中体积变化的规律。

7. 稳压器内初始压力为 14 MPa，求蒸汽由初始体积增加到 6/5（或减少到 5/6）时的压力。

8. 压水堆一回路内水的体积为 50 m^3，平均温度为 280℃，压力为 14 MPa，当冷却剂温度下降到 260℃时，求稳压器内水体积变化多少？

第 6 章　核动力装置水力学基础

反应堆运行期间，燃料元件的工作温度、冷却剂的输热率与焓升（温升）、临界热流密度及主循环泵的唧送功率等均与冷却剂的流动状态、流量和压降等因素密切相关，即与核动力装置内水力学密切相关。因此，我们必须要掌握核动力装置内冷却剂的水力特性。本章主要介绍单相流与两相流水力学基础知识。

6.1　单相流基本方程

单相流基本方程主要指进行单相流水力计算时所需要和应用的方程，为基本守恒方程，现分别介绍如下。

6.1.1　连续性微分方程

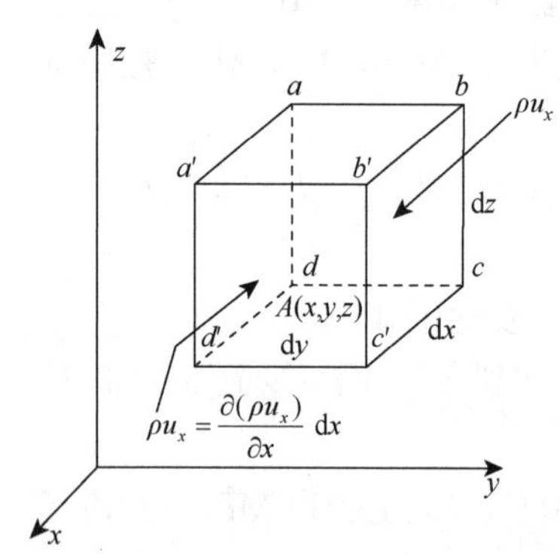

图 6.1.1　平行六面体流体微元

设在充满运动流体的空间中，取一个微小的空间平行六面体，其边长为 dx、dy 和 dz，并分别与三个坐标轴平行，如图 6.1.1 所示。根据连续性条件，在单位时间内，流入和流出六面体的流体质量的总差值，应等于该时间内由于流体密度改变而引起的流体质量的增加值，得到的可压缩流体的连续性微分方程为

$$-\left[\frac{\partial(\rho u_x)}{\partial x}+\frac{\partial(\rho u_y)}{\partial y}+\frac{\partial(\rho u_z)}{\partial z}\right]\mathrm{d}x\mathrm{d}y\mathrm{d}z\mathrm{d}t=\frac{\partial\rho}{\partial t}\mathrm{d}x\mathrm{d}y\mathrm{d}z\mathrm{d}t \tag{6.1.1}$$

或

$$\frac{\partial\rho}{\partial t}+\frac{\partial(\rho u_x)}{\partial x}+\frac{\partial(\rho u_y)}{\partial y}+\frac{\partial(\rho u_z)}{\partial z}=0 \tag{6.1.2}$$

又可写为

$$\frac{\partial\rho}{\partial t}+\mathrm{div}(\rho u)=0 \tag{6.1.3}$$

对于不可压缩流体，密度 ρ 为常数，因此有

$$\mathrm{div}(u)=\frac{\partial u_x}{\partial x}+\frac{\partial u_y}{\partial y}+\frac{\partial u_z}{\partial z}=0 \tag{6.1.4}$$

方程式（6.1.2）与方程式（6.1.4）本质上是质量守恒方程，无论对黏性流体或非黏性流体都是正确的。

6.1.2　流体运动微分方程

1. 非黏性流体运动微分方程

在非黏性流体中没有切应力，设 X，Y，Z 分别表示单位质量力在 x，y，z 轴的投影，分析作用在该微小平行六面体上的作用力，得非黏性流体的运动微分方程：

$$\begin{cases} X-\dfrac{1}{\rho}\dfrac{\partial p}{\partial x}=\dfrac{\mathrm{d}u_x}{\mathrm{d}t} \\ Y-\dfrac{1}{\rho}\dfrac{\partial p}{\partial y}=\dfrac{\mathrm{d}u_y}{\mathrm{d}t} \\ Z-\dfrac{1}{\rho}\dfrac{\partial p}{\partial z}=\dfrac{\mathrm{d}u_z}{\mathrm{d}t} \end{cases} \tag{6.1.5}$$

式（6.1.5）也称为欧拉运动方程。对于不可压缩流体，其密度 ρ 为一常数，此时，式（6.1.5）中有四个未知数：u_x、u_y、u_z、p，已经有三个方程，再加上连续性微分式（6.1.4），在数学上是封闭的，具备了求解这四个未知数的可能性。

2. 黏性流体运动微分方程

以应力形式表示的黏性流体运动的微分方程为

$$\begin{cases} X-\dfrac{1}{\rho}\left(\dfrac{\partial p_{xx}}{\partial x}-\dfrac{\partial \tau_{yx}}{\partial y}-\dfrac{\partial \tau_{zx}}{\partial z}\right)=\dfrac{\mathrm{d}u_x}{\mathrm{d}t} \\ Y-\dfrac{1}{\rho}\left(\dfrac{\partial p_{yy}}{\partial y}-\dfrac{\partial \tau_{xy}}{\partial x}-\dfrac{\partial \tau_{zy}}{\partial z}\right)=\dfrac{\mathrm{d}u_y}{\mathrm{d}t} \\ Z-\dfrac{1}{\rho}\left(\dfrac{\partial p_{zz}}{\partial z}-\dfrac{\partial \tau_{xz}}{\partial x}-\dfrac{\partial \tau_{yz}}{\partial y}\right)=\dfrac{\mathrm{d}u_z}{\mathrm{d}t} \end{cases} \tag{6.1.6}$$

式中：p 和 τ 分别表示压应力和切应力，它们的第一个下标表示作用面的法线方向，第二个下标表示应力的作用方向。

对于不可压缩流体，通常其密度和作用于其上的质量力是已知的。因此上式中尚有九个应力分量和三个速度分量共十二个未知数。式（6.1.6）中有三个方程式，再加上一个连续性微分方程式（6.1.4）也只有四个方程式。四个方程式是不能求解十二个未知数的，需再寻找补充关系式，寻找这十二个未知数之间的关系。如果流动符合牛顿假设的层状运动的情况，则式（6.1.6）中的六个切应力可用牛顿内摩擦定律代入，三个压应力也可以用三个方向的平均压力 p 和流速分量 u_x、u_y、u_z 的函数来表示。式（6.1.6）最后可写成如下的形式：

$$\begin{cases} X-\dfrac{1}{\rho}\dfrac{\partial p}{\partial x}+\nu\nabla^2 u_x=\dfrac{\mathrm{d}u_x}{\mathrm{d}t} \\ Y-\dfrac{1}{\rho}\dfrac{\partial p}{\partial y}+\nu\nabla^2 u_y=\dfrac{\mathrm{d}u_y}{\mathrm{d}t} \\ Z-\dfrac{1}{\rho}\dfrac{\partial p}{\partial z}+\nu\nabla^2 u_z=\dfrac{\mathrm{d}u_z}{\mathrm{d}t} \end{cases} \tag{6.1.7}$$

式中：∇^2 为 $\frac{\partial^2}{\partial x^2}+\frac{\partial^2}{\partial y^2}+\frac{\partial^2}{\partial z^2}$ 的简写；ν 为运动黏度。

式（6.1.7）就是适用于不可压缩黏性流体的运动微分方程式，通常称为纳维-斯托克斯（Navier-Stokes，N-S）方程式。N-S 方程式与连续性微分方程式合在一起，成为一基本微分方程组，可用以求解不可压缩黏性流体运动的问题。

6.1.3　流体微小流束的伯努利方程

1. 非黏性流体

根据运动的边界条件和起始条件，求解非黏性流体运动微分方程式和流体连续性微分方程式所组成的微分方程组，原则上可以求得运动要素 u_x、u_y、u_z、p。但是由于流体运动的复杂性，运动的边界条件和起始条件，通常不能用函数形式给出，即使是非黏性流体，要满足这些条件，数学上也会遇到很大的困难。对于黏性流体，则困难更大。只是针对个别特定的流体运动情况，才可能求上述方程组的解析解。

下面把研究的问题限制在非黏性流体的定常流动。定常流动时有

$$\frac{\partial p}{\partial t}=0 \tag{6.1.8}$$

$$\frac{\partial u_x}{\partial t}=\frac{\partial u_y}{\partial t}=\frac{\partial u_z}{\partial t}=0 \tag{6.1.9}$$

由非黏性流体运动微分方程式（6.1.5）可以推得

$$\mathrm{d}W-\frac{1}{\rho}\mathrm{d}p-\mathrm{d}\left(\frac{u^2}{2}\right)=0 \tag{6.1.10}$$

式中：W 为单位质量力。对不可压缩流体，密度 ρ 为常数，则有

$$\mathrm{d}\left(W-\frac{p}{\rho}-\frac{u^2}{2}\right)=0 \tag{6.1.11}$$

或

$$W-\frac{p}{\rho}-\frac{u^2}{2}=C \tag{6.1.12}$$

式中：C 为常数。式（6.1.12）表示在同一流线上（或沿同一微小流束上）各点的 $W-\frac{p}{\rho}-\frac{u^2}{2}$ 值为常数，对不同的流线，则为不同的常数。在工程中最常见的是作用在流体上的质量力只有重力的情况，即

$$gz+\frac{p}{\rho}+\frac{u^2}{2}=C \tag{6.1.13}$$

称为伯努利方程，是流体力学中最常用的公式之一。

方程式中 $gz+\frac{p}{\rho}+\frac{u^2}{2}$ 为单位质量流体所具有的总机械能。这个方程式表明：在重力

作用下的不可压缩非黏性流体定常流动中，沿同一流线（或沿同一微小流束）上的各单位质量流体所具有的总机械能是相等的。所以这个方程式是自然界最普遍规律之一的能量守恒定律的一种特殊形式。对于同一流线上（或同一微小流束上）的任何两点 1 和 2 来说，伯努利方程（6.1.13）可以写为

$$gz_1 + \frac{p_1}{\rho} + \frac{u_1^2}{2} = gz_2 + \frac{p_2}{\rho} + \frac{u_2^2}{2} \tag{6.1.14}$$

或

$$z_1 + \frac{p_1}{\rho g} + \frac{u_1^2}{2g} = z_2 + \frac{p_2}{\rho g} + \frac{u_2^2}{2g} \tag{6.1.15}$$

2. 黏性流体

前面得到在重力作用下不可压缩非黏性流体做定常流动时的伯努利方程。为了能更好地解决工程上的实际问题，必须把这方程式的适用范围从非黏性流体过渡到黏性流体，从微小流束扩展到总流。在这里，先求出黏性流体微小流束的伯努利方程。黏性流体运动时，由于黏性的作用，形成了对流体运动的阻力（摩擦力）。所以在运动过程中，黏性流体为了克服这些阻力，就会有部分机械能耗损而变成热能散失。流体质点在运动的过程中，其总机械能将不断地减少。如果黏性流体从点 1 流向点 2，那么点 2 处的总机械能必定小于点 1 处的总机械能，即

$$gz_1 + \frac{p_1}{\rho} + \frac{u_1^2}{2} > gz_2 + \frac{p_2}{\rho} + \frac{u_2^2}{2} \tag{6.1.16}$$

设以 s 表示单位质量流体克服 1—2 流程间的阻力所损失的机械能，则得黏性流体微小流束的伯努利方程为

$$gz_1 + \frac{p_1}{\rho} + \frac{u_1^2}{2} = gz_2 + \frac{p_2}{\rho} + \frac{u_2^2}{2} + s \tag{6.1.17}$$

$$z_1 + \frac{p_1}{\rho g} + \frac{u_1^2}{2g} = z_2 + \frac{p_2}{\rho g} + \frac{u_2^2}{2g} + \xi \tag{6.1.18}$$

式中：用高度 ξ 表示机械能的损失。

6.1.4　总流的连续性方程

在 6.1.1 节中曾得到流体的连续性微分方程式，对于流束状的总流，连续性方程具有较简单的形式。

取如图 6.1.2 所示的流管，假设流动为定常流动，有效断面 1 和 2 的面积分别为 A_1、A_2，平均流速 u_1、u_2，并考虑到以下条件。

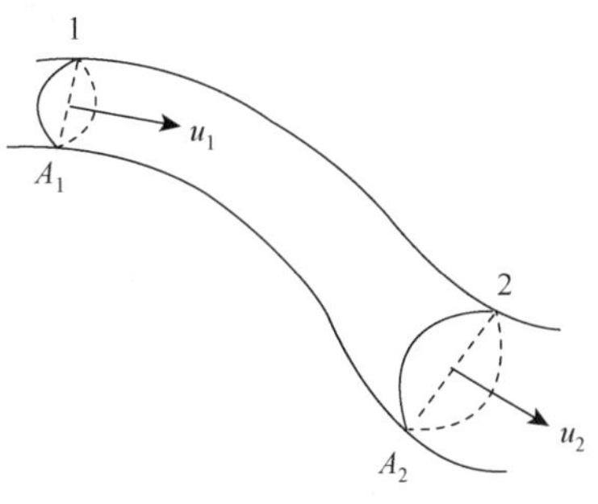

图 6.1.2　管流示意图

（1）因为是定常流动，所以流管的形状不随时间而改变。

（2）流管是由流线组成的，所以不可能有流体穿过流管的侧面。

（3）流体是连续介质，在流管中的流体不可能出现任何空隙。

在图 6.1.2 中可以肯定，在 dt 时间内流入第一个有效断面的流体质量必定等于在此时间内由第二个有效断面流出的流体质量，即

$$\rho_1 u_1 A_1 \mathrm{d}t = \rho_2 u_2 A_2 \mathrm{d}t \tag{6.1.19}$$

或

$$\dot{m} = \rho_1 u_1 A_1 = \rho_2 u_2 A_2 = C \tag{6.1.20}$$

式中：C 为常数。这是以质量流量表示的总流连续性方程，其中 $\dot{m}$ 是流道内流体的质量流量，kg/s；ρ_1，ρ_2 分别为截面 A_1 和 A_2 处的流体密度，kg/m^3。

对不可压缩流体，密度 ρ 为常数，则有

$$u_1 A_1 = u_2 A_2 = C \tag{6.1.21}$$

这是以体积流量表示的总流连续性方程。

对等截面流道有 $A_1 = A_2$，则

$$\rho_1 u_1 = \rho_2 u_2 = C \tag{6.1.22}$$

6.1.5 总流的伯努利方程

总流是由许多微小流束组成的。现在介绍以黏性流体微小流束的伯努利方程为基础来推导总流的伯努利方程。假设所分析的总流是在重力作用下作定常流动的不可压缩黏性流体，为定常流动，通过对总流内的任一微小流束写伯努利方程的积分得

$$gz_1 + \frac{p_1}{\rho} + \frac{\alpha_1 u_1^2}{2} = gz_2 + \frac{p_2}{\rho} + \frac{\alpha_2 u_2^2}{2} + s \tag{6.1.23}$$

$$z_1 + \frac{p_1}{\rho g} + \frac{\alpha_1 u_1^2}{2g} = z_2 + \frac{p_2}{\rho g} + \frac{\alpha_2 u_2^2}{2g} + \xi \tag{6.1.24}$$

α_1、α_2＞1，称为动能修正系数，分别表示在 A_1、A_2 面上，用平均流速计算的动能来代替真实流速计算的动能时，必须加以修正的系数。在式（6.1.23）与式（6.1.24）中通常认为 $\alpha_1 = \alpha_2 = \alpha$，而在湍流时，$\alpha_1$、$\alpha_2$ 常取 1。

式（6.1.23）或式（6.1.24）就是著名的总流伯努利方程。它与总流的连续性方程一起是解决工程上流体运动问题的两个非常重要的方程。

6.2 管内单相流压降计算

在稳定的单相流动系中，任意两个截面间的压力变化，都可用动量守恒方程来推得。考虑如图 6.2.1 所示的一维流动。设流体自下而上流过流道，取微元体 $A\mathrm{d}z$，作用在该微元体上的力：上下端面的压力差 dp，重力 mg，因流动阻力产生的、相当于作用在 A 面积上的摩擦压力差 dp_{f}。按照动量守恒原理，微元体 $\rho A\mathrm{d}z$ 上作用力的合力应等于该体积元内

流体动量的变化。在一维流动假定下，所有变量仅是坐标 z 的函数，与流道的径向坐标无关，因此，动量守恒方程为

$$-A\mathrm{d}p - A\mathrm{d}p_{\mathrm{f}} - Ag\rho\mathrm{d}z = A\rho\mathrm{d}z\frac{\mathrm{d}u}{\mathrm{d}t} \tag{6.2.1}$$

整理后可得

$$\mathrm{d}p = -\mathrm{d}p_{\mathrm{f}} - g\rho\mathrm{d}z - \rho\frac{\mathrm{d}u}{\mathrm{d}t}\mathrm{d}z \tag{6.2.2}$$

式中：$\frac{\mathrm{d}u}{\mathrm{d}t}$是微元体的加速度。对于一维流动有 $u=\frac{\mathrm{d}z}{\mathrm{d}t}$，则上式又可写为

$$-\mathrm{d}p = \mathrm{d}p_{\mathrm{f}} + g\rho\mathrm{d}z + \rho u\mathrm{d}u \tag{6.2.3}$$

式中：$\mathrm{d}p_{\mathrm{f}}=\rho\mathrm{d}F$；$\rho$ 为流体密度，$\mathrm{kg/m^3}$；$\mathrm{d}F$ 是由于摩擦引起的单位质量流体的能量损失，N·m/kg。

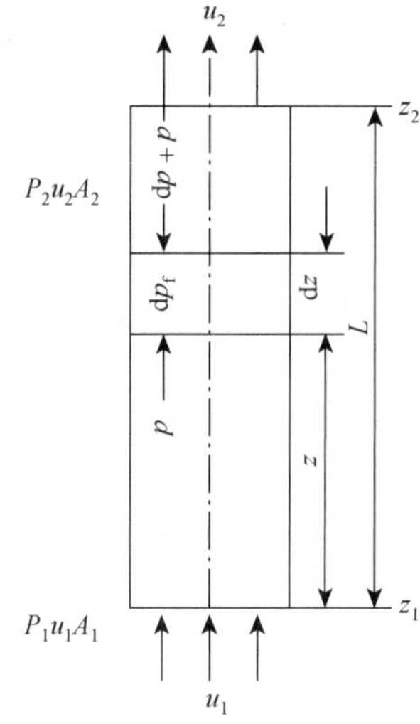

图 6.2.1　垂直流道压降

对于压水堆来说，整个流道内冷却剂密度可用流道进出口密度的平均值来近似，则式（6.2.3）积分后得

$$p_1 - p_2 = g\rho(z_2 - z_1) + \rho(u_2^2 - u_1^2)/2 + \rho\int_{z_1}^{z_2}\mathrm{d}F \tag{6.2.4}$$

式中各项可分别写为

$$\Delta p_{\mathrm{el}} = g\rho(z_2 - z_1) \tag{6.2.5}$$

表示冷却剂从 z_1 提升到 z_2 时，由于位能增加所引起的静压损失，称为提升压降（或重力压降）。

$$\Delta p_{\mathrm{a}} = \rho(u_2^2 - u_1^2)/2 \tag{6.2.6}$$

表示冷却剂在流道截内产生加速流动时，冷却剂动能增加而引起的压降，称为加速压降。

$$\Delta p_{\mathrm{f}} = \rho\int_{z_1}^{z_2}\mathrm{d}F \tag{6.2.7}$$

表示流道内因摩擦力引起的静压损失，称为摩擦压降。则式（6.2.4）又可写为

$$\Delta p = p_1 - p_2 = \Delta p_{\mathrm{f}} + \Delta p_{\mathrm{a}} + \Delta p_{\mathrm{el}} \tag{6.2.8}$$

式（6.2.8）表明，管内流体从截面 1 到截面 2 时总的静压降 Δp 由摩擦压降，加速压降和提升压降三部分组成。要计算 Δp，必须先算出摩擦压降，加速压降和提升压降。对单相流，加速压降和提升压降按式（6.2.5）与式（6.2.6）比较容易计算，而摩擦压降是流动过程的阻力压降，本书后面将重点进行介绍。

6.2.1　管内流动型态和流动阻力压降

1. *流动型态*

单相流的流动型态一般分为层流和紊流，当然它们之间有个过渡区。由于层流和紊流的规律是不同的，在实际计算中，必须首先判别流动型态，然后才能决定用哪个公式计算。要判别流动型态，只要求出该流动的雷诺数后与临界雷诺数比较就可得出。如圆

管内流动的临界雷诺数为 $Re_c = 2\,300$，当 $Re < Re_c$ 时管内流动为层流，当 $Re > Re_c$ 时管内流动为紊流。

2. 流动阻力压降

流体在管内流动时，由于克服黏性所引起的阻力，将有部分机械能不可逆地转化为热能而散失，前面将这部分能量损失用符号 ξ 表示。下面来讨论管内的流动阻力的类型。

设有一管内流动如图 6.2.2 所示，在管路上有弯头、阀门、管道断面的扩大和缩小等。当流体沿管道流动时，沿流动方向的每一个单位长度上都将存在流体黏性引起的摩擦阻力。流体由于克服摩擦力而损失的机械能，即前面的摩擦损失或沿程摩擦压降 Δp_f。

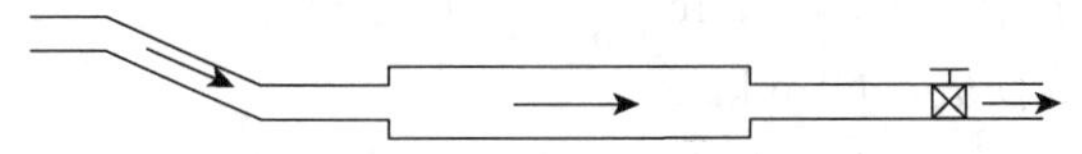

图 6.2.2　有形状阻力的管内流示意图

流体在管内运动时，除了受到沿程的摩擦阻力以外，还受到另外形式的阻力。例如，当流体流过阀门、弯头、突然扩大和突然缩小等部位时，由于通道形状、大小和方向的突然改变，以致流动结构（如流速分布、方向等）要改变，且伴随着有大量漩涡的产生，我们将由此产生的机械能损失称为局部压力损失或局部压降。流体在整个流程中因为阻力所损失压降为上述两种压降（摩擦压降和局部压降）的总和。摩擦压降与局部压降的计算下面将进一步介绍。

6.2.2　沿程摩擦压降

对于单相流，摩擦压降由达西（Darcy）公式计算：

$$\Delta p_f = f\frac{H}{D}\frac{\rho u^2}{2} \tag{6.2.9}$$

式中：Δp_f 为摩擦压降，Pa；H 为流道的长度，m；D 为流道的直径，m；ρ 为冷却剂密度，kg/m^3；u 为冷却剂平均流速，m/s；f 为摩擦系数。

Δp_f 计算中的关键是准确地求得不同条件下的摩擦系数 f。实验已证明，摩擦系数 f 与流体的流动型态（层流与湍流）、流动状态（定型流动与未定型流动）、受热情况（等温与非等温）等因素有关。

1. 圆形流道中作定型等温流动时的 f 值

对于在圆形流道中作定型等温流动的流体，在层流的情况下，即当 $Re < 2300$ 时，摩擦系数 f 计算公式有

水在圆管中流动时

$$f = 64/Re \tag{6.2.10}$$

油在圆管中流动时

$$f = 75/Re \tag{6.2.11}$$

式中：$Re = \dfrac{u\rho D}{\mu}$，$\mu$ 为冷却剂的动力黏度，Pa·s；在紊流的情况下，即当 Re>2300 时，则

$$f = CRe^{-0.2} \tag{6.2.12}$$

对于光滑圆管，系数 C 取 0.184。对于非光滑圆管，摩擦系数按莫迪摩擦系数曲线图 6.2.3 计算。该图中右边纵坐标 Δ 为表面绝对粗糙度，mm。其值与流道管子材料和加工方法有关。Δ/D 为表面相对粗糙度。

莫迪曲线由实验得到，适用于圆形管等温或接近等温条件。由图 6.2.3 可见，在层流区中，摩擦系数 f 仅与 Re 有关，与流道内表面的粗糙度无关，这与式（6.2.12）完全一致。

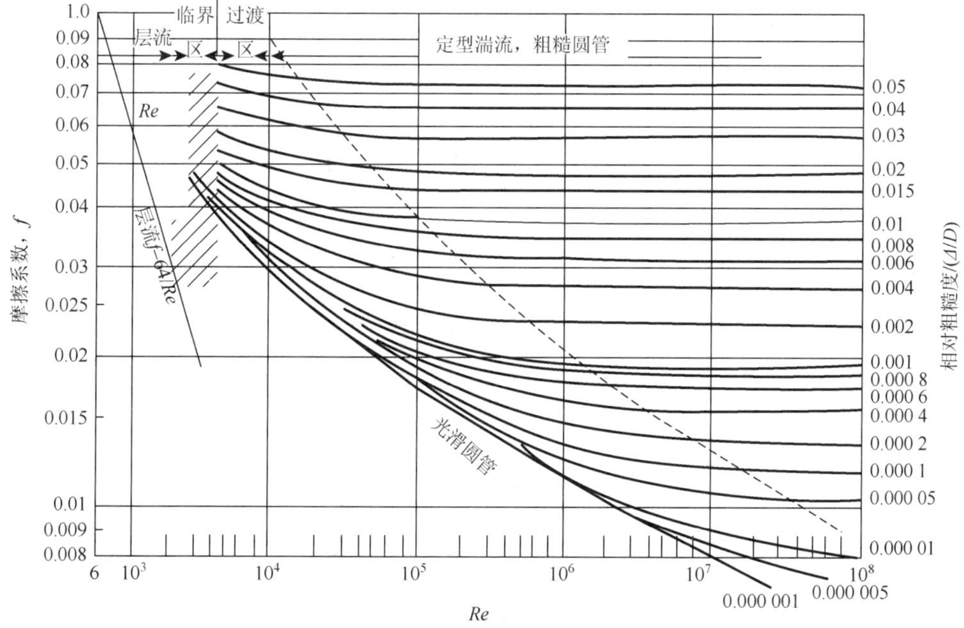

图 6.2.3　莫迪摩擦系数曲线图

对紊流的情况下，也可以用以下公式计算。

1）光滑区

当 2 300 < Re < $26.98\left(\dfrac{D}{\Delta}\right)^{\frac{8}{7}}$ 时，流动属光滑区。在这个区域内，摩擦系数仍与相对粗糙度无关，而仅与雷诺数有关。其原因是管壁粗糙凸出部分淹没在黏性底层内，粗糙凸出部分并未破坏黏性底层的层流性。

当 2300<Re<10^5 时，还可用布拉休斯公式进行计算：

$$f = \frac{0.3164}{\sqrt[4]{Re}} \tag{6.2.13}$$

当 $Re>10^5$ 时，可用下列两个公式计算。

勃朗特-尼古拉兹公式：

$$\frac{1}{\sqrt{f}}=2\lg(Re\sqrt{f})-0.8 \tag{6.2.14}$$

卡那柯夫公式：

$$f=\frac{1}{(1.81\lg Re-1.5)^2} \tag{6.2.15}$$

2）粗糙区

当 $26.98\left(\dfrac{D}{\varDelta}\right)^{8/7}<Re<\dfrac{191.2}{\sqrt{f}}\left(\dfrac{D}{\varDelta}\right)$ 时，流动属于粗糙区。在这一区域中，黏性底层的厚度接近于平均粗糙凸出高度，有些凸出部分已穿过黏性底层，在凸出物的后部形成漩涡，造成附加的能量损失。在这一区域，f 的大小不仅与 Re 数有关，而且还与相对粗糙度有关，可以用阔尔布鲁克公式计算：

$$\frac{1}{\sqrt{f}}=-2\lg\left(\frac{\varDelta}{3.7D}+\frac{2.51}{Re\sqrt{f}}\right) \tag{6.2.16}$$

3）完全粗糙区

当 $Re>\dfrac{191.2}{\sqrt{f}}\left(\dfrac{D}{\varDelta}\right)$ 时，流动属于完全粗糙区。在这一区域中，黏性底层的厚度已远小于粗糙凸出高度，以致最小的粗糙凸出部分都被湍流所绕流，并在凸出部分的后面形成漩涡区。在这一区域里，f 与 Re 无关而仅与相对粗糙度有关，可以用尼古拉兹公式计算：

$$f=\frac{1}{\left(1.74+2\lg\dfrac{D}{2\varDelta}\right)^2} \tag{6.2.17}$$

几种常用管壁的绝对粗糙度 $\varDelta$ 值，如表 6.2.1 所示。

表 6.2.1　几种常用管壁的绝对粗糙度

材料	管内壁状态	$\varDelta$/mm	材料	管内壁状态	$\varDelta$/mm
黄铜、铝、塑料、玻璃	新的、光滑的	0.0015～0.01	钢管	新的、涂沥青的钢管	0.03～0.05
				常规的、涂沥青的钢管	0.10～0.20
				镀锌钢管	0.12～0.15
钢管	新的、冷拔无缝钢管	0.01～0.03	铸铁管	新的	0.25
	新的、热轧无缝钢管 新的、轧制无缝钢管	0.05～0.10		锈蚀的	1.0～1.5
	轻微锈蚀钢管	0.10～0.20		起皮的	1.5～3.0
	锈蚀钢管	0.20～0.30		新的、涂沥青的	0.1～0.15

此外，还可用下列各式进行粗略的计算。

油在铜管或铝管中的湍流用：

$$f = \frac{0.3164}{\sqrt[4]{Re}} \tag{6.2.18}$$

水在钢管或铁管中的湍流取：

$$f = 0.02 \sim 0.03 \tag{6.2.19}$$

2. 非圆形流道中作定型等温流动时的 f 值

由于压水堆燃料均采用棒状或板状元件，所以几乎所有冷却剂流道是非圆形的。在这种非圆形流道内作定型等温流动时的摩擦系数仍可用同样条件下的圆形流道有关式子计算。但流道的内径需要用非圆形流道的当量 D_e 直径来计算，即

$$D_e = \frac{4 \times 冷却剂流道的横截面积}{冷却剂流道的湿润周长} \tag{6.2.20}$$

需要指出，虽然非圆形流道的计算中使用了当量直径，但仍不能完全消除流道几何形状对摩擦系数所造成的影响。实验表明，摩擦系数还与堆芯栅格形状、栅格节距和棒径比 P/D、棒数及运行工况等因素有关。因此，准确的摩擦系数数值，只有通过实验才能得到。

3. 非等温流动时的 f 值

流体在反应堆堆芯或蒸汽发生器中流动时，存在热交换（加热或冷却），使流体的温度不仅沿截面变化，而且沿流道的长度方向也发生变化，即流动为非等温的，流体的黏度和速度分布也会随着变化，进而影响到 f 值。对于这个问题，先按流体的平均温度计算等温流动的摩擦系数 f_{iso}，然后再对它作适当的修正，便可得非等温流动时的摩擦系数 f_{no}。非等温流动湍流摩擦系数可采用西德尔-泰特（Sieder-Tate）关系式：

$$f_{no} = f_{iso}\left(\frac{\mu_w}{\mu_f}\right)^{0.14} \tag{6.2.21}$$

式中：f_{no} 为非等温流动的摩擦系数；f_{iso} 为用主流平均温度计算的等温流动摩擦系；μ_w 为按管壁温度确定的流体动力黏度；μ_f 为按主流温度确定的流体动力黏度。

对于压力为 10.34～13.79 MPa 的水，Rohsenow 和克拉克（Clark）所作的实验表明，式（6.2.21）中的指数应为 0.6，而不是 0.14。

4. 未定型流动对摩擦系数的影响

以上给出的摩擦系数的计算式都是定型流动情况下的值。通常进入流道内的流体是不能立即达到定型流动的，而是要在流道内流过足够长度 L_e 后才能达到。根据相关实验结果，流体湍流时 $L_e \approx 40D$，D 是流道的直径；层流时，$L_e \approx 0.03DRe$。在进口长度 L_e 内，流体流动的性质和流体速度的分布都要发生很大的变化，流体的流动尚未定型，这时流体的摩擦系数要比定型流动（$>L_e$）的摩擦系数大。主要原因有：

（1）在进口处速度分布是近乎均匀的，在紧靠壁面的边界层内形成陡降的速度梯度，由此产生一个大的壁面切应力；

（2）流体从匀速转变为定型流动的稳定速度分布过程中，部分流体动量增加。

因此，不能用定型流动的摩擦系数计算进口长度内未定型流动的摩擦系数。未定型流动的摩擦压降目前还没有可供计算用的精确表达式，但实际计算中常作近似处理：当 $L_e/D_e>100$ 时，整个流道可当作定型流动来计算摩擦压降，基本能符合要求。

6.2.3　局部压降

局部压降是指流体在流道的进口、出口、阀门、弯头和堆芯中元件定位格架等产生的压降。由于流体流经这些地方的运动非常复杂，所产生的压降一般只能由实验确定。只有对比较简单的几何形状，才能由理论分析给出结果。局部压降不仅与雷诺数、流道表面粗糙度等因素有关，而且与这些地方的流道几何形状有关。下面介绍几种简单几何形状的局部压降计算式。

1. 流道截面突然扩大

图 6.2.4 表示不可压缩流体在流道截面突然扩大处的流动。在忽略截面 1-1 和截面 2-2 之间高度变化及沿程摩擦阻力后，流体流动可用伯努利方程（6.1.24）描述如下：

$$\frac{p_1}{\rho g}+\frac{\alpha_1 u_1^2}{2g}=\frac{p_2}{\rho g}+\frac{\alpha_2 u_2^2}{2g}+\xi \tag{6.2.22}$$

由于在湍流中 $\alpha_1=\alpha_2\approx 1$，由上式得突然扩大的局部压力损失为

$$\Delta p_{\mathrm{ce}}=h\rho g=(p_1-p_2)+\frac{\rho}{2}\left(u_1^2-u_2^2\right) \tag{6.2.23}$$

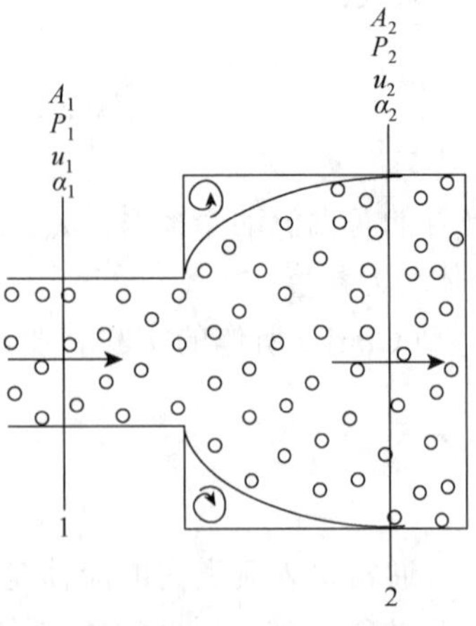

式中：Δp_{ce} 是突然扩大处的形阻压降，$\mathrm{N/m^2}$，现在再对截面 1—1 和截面 2—2 之间的流体段列出流动轴方向的动量方程式。

图 6.2.4　突然扩口流道内流动

作用在流段上的各外力分别为：作用在截面 1 上的力 p_1A_1；作用在截面 2 上的力 p_2A_2。实验研究指出，作用在断面处环形面积（A_2-A_1）上的反作用力，可以按流体静压力的规律分布计算，故为 $p_1(A_2-A_1)$，因此沿流动方向的动量方程为

$$\dot{m}(u_2-u_1)=p_1A_1+p_1(A_2-A_1)-p_2A_2 \tag{6.2.24}$$

式中：p_1、p_2 分别为截面 1 和 2 处流体的静压力，Pa；A_1、A_2 分别为截面 1 和 2 处的流道面积，$\mathrm{m^2}$；$\dot{m}$ 为流道中流体的质量流量，kg/s；u_1、u_2 分别为截面 1 和 2 处流体的速度，m/s。

将连续方程 $\dot{m}=\rho u_1A_1=\rho u_2A_2$ 代入式（6.2.24）得

$$p_1-p_2=\rho\left(u_2^2-u_2u_1\right) \tag{6.2.25}$$

将式（6.2.25）代入式（6.2.23）得

$$\Delta p_{ce} = \frac{\rho}{2}\left(1 - \frac{u_2}{u_1}\right)^2 u_1^2 \tag{6.2.26}$$

将 $u_1A_1 = u_2A_2$ 代入上式又可得

$$\Delta p_{ce} = \frac{\rho}{2}\left(1 - \frac{A_1}{A_2}\right)^2 u_1^2 = K_e \frac{\rho}{2} u_1^2 \tag{6.2.27}$$

式中：$K_e = (1 - A_1 / A_2)^2$ 为流道截面突然扩大的形阻系数，也称为博尔达-卡诺（Borda-Carnot）系数。其较为准确的值取决于雷诺数和截面的变化，并由实验测定，有关数据如图 6.2.5 所示。其中 δ 为流道小截面积与大截面积之比。实验证明，上述计算 K_e 的公式有足够的准确度，可以在实际中使用。

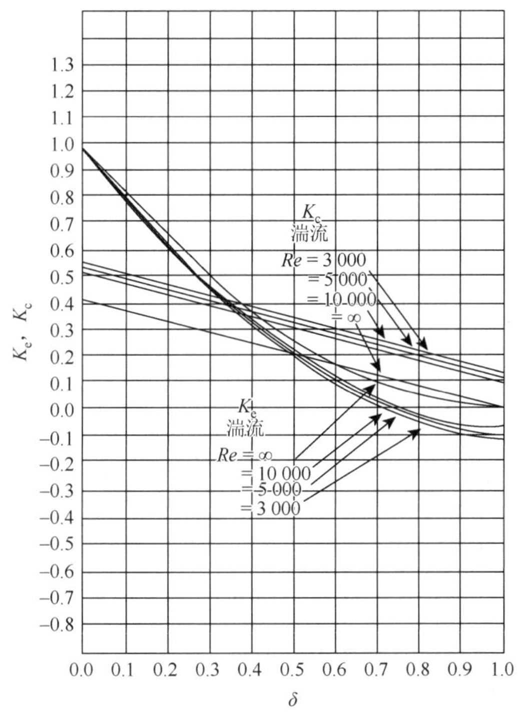

图 6.2.5　突然扩口与突然缩口的形阻系数

将 $u_1A_1 = u_2A_2$ 代入式（6.2.25）可得截面 1 和 2 的压降表达式：

$$p_1 - p_2 = \left[\left(\frac{A_1}{A_2}\right)^2 - \frac{A_1}{A_2}\right]\rho u_1^2 = \left(\frac{1}{A_2^2} - \frac{1}{A_1A_2}\right)\frac{\dot{m}^2}{\rho} \tag{6.2.28}$$

因为 $A_2 > A_1$，所以方程式（6.2.28）右边是负值。这表明 $p_1 < p_2$，即流体在面积突然扩大的情况下将产生一个负的压降，也就是说，截面突然扩大，速度下降，静压上升。

2. 流道截面突然缩小

图 6.2.6 表示流道截面突然缩小的情况。从图中可知，流道在流入小截面的流道后，

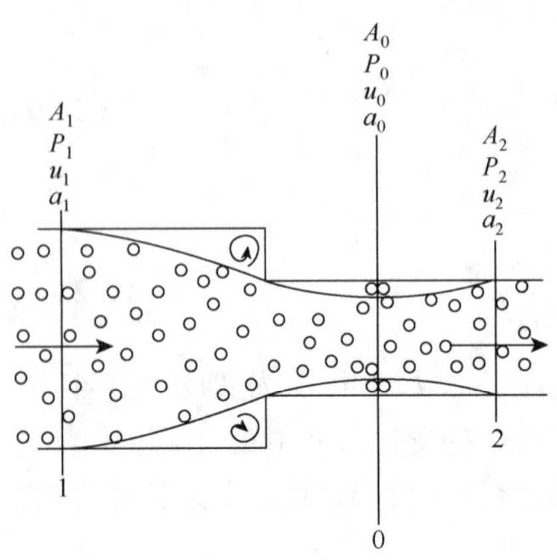

图 6.2.6　突然缩口流道内的流动

出现一个截面为 A_0 的缩颈，流体在缩颈处有涡流损失，然后再扩大到面积 A_2。因此，突然缩小的形阻压降是流体从截面 A_1 逐渐收缩成 A_0，然后再扩大为 A_2 时产生的。

由动量守恒方程可以得到流体在截面 1 和 2 之间的压力变化为

$$p_1 - p_2 = \rho\left(u_2^2 - u_1^2\right)/2 + \Delta p_{cc} \tag{6.2.29}$$

式中：Δp_{cc} 为突然缩小的形阻压降。类似于式（6.2.27），可写出：

$$\Delta p_{cc} = K_c \frac{\rho}{2} u_2^2 \tag{6.2.30}$$

对于截面突然缩小的形阻压降习惯上用缩口处（面积小的）流速 u_2 表示。式（6.2.30）中 K_c 称为突然缩小形阻系数，一般表示为

$$K_c = a\left[1 - (A_2/A_1)^2\right] \tag{6.2.31}$$

其值也可由图 6.2.5 查得。式（6.2.31）中的 a 是无因次经验系数，其数值在 0.4～0.5，本书取 $a = 0.4$。将式（6.2.31）与式（6.2.30）代入式（6.2.29）得

$$p_1 - p_2 = \rho\left(u_2^2 - uu_1^2\right)/2 + 0.4\left[1 - (A_2/A_1)^2\right]\frac{\rho}{2}u_2^2 \tag{6.2.32}$$

再将 $u_1A_1 = u_2A_2$ 代入式（6.2.32）后得

$$p_1 - p_2 = 0.7\left(\frac{1}{A_2^2} - \frac{1}{A_1^2}\right)\frac{\dot{m}^2}{\rho} \tag{6.2.33}$$

因 $A_2 < A_1$，故式（6.2.33）右边是正值。由此可见 $p_1 > p_2$，即流体在面积突然缩小的情况下将产生正的压降。也就是说，截面突然缩小，速度上升，静压下降。

3. 局部压降的普遍公式

除上述两种形阻压降外，流体在流过回路弯管、接管及各种阀门时也会因为局部阻力而产生集中的形阻压降。由这些部件造成的局部形阻压降与上述突然扩大和突然缩小的形阻压降的水力现象本质上是一样的，那么，局部压降损失的计算公式的结构形式应当是相同的，但是公式中的局部形阻系数对不同的局部阻力来讲是不同的。这样，可以得出计算局部压降损失的普遍公式为

$$\Delta p_c = K\frac{\rho}{2}u^2 \tag{6.2.34}$$

式中：K 为局部形阻系数，对不同的局部压降，其值是不同的，一般由实验测定；u 为进口或出口处的速度，根据具体流道形状取 u_1 或 u_2。

一般地，某种局部形阻系数并不是常数，还应该与流动型态有关，即局部形阻系数不但与断面的几何条件，而且还应该与雷诺数有关，如图 6.2.5 所示。一般在层流中需要考虑雷诺数的影响。在工程中的管内流动多为湍流，而且雷诺数也比较大，在这种情况下，局部形阻系数与雷诺数无关而成为常数。

4. 局部阻力系数

前面指出，局部形阻系数通常由实验来确定。下面列举一些常用的局部形阻系数值（也称为局部阻力系数）。除特别指明的以外，都是相应于局部阻力后的流速。

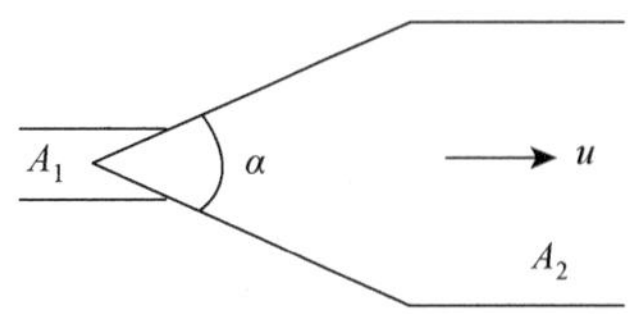

图 6.2.7　逐渐扩大流道内的流动

（1）流道逐渐扩大，如图 6.2.7 所示。

$$K = \frac{f}{8\sin\dfrac{\alpha}{2}}\left[1-\left(\frac{A_1}{A_2}\right)^2\right]+k\left(1-\frac{A_1}{A_2}\right) \tag{6.2.35}$$

式中：f 为摩擦阻力系数；k 为与扩张角 α 有关的系数。

当 $A_1/A_2 = 1/4$ 时的 k 值列于表 6.2.2 中。

表 6.2.2　不同扩张角时系数 *k* 的值

α	2	4	6	8	10	12	14	16	20	25
k	0.022	0.048	0.072	0.103	0.138	0.177	0.221	0.270	0.386	0.645

当扩张角 $\alpha<20°$时，可以近似地由下式计算：

$$k = \sin\alpha \tag{6.2.36}$$

一般认为扩张角 $\alpha = 5°\sim8°$时，K 值为最小。

（2）逐渐缩小流道内的流动，如图 6.2.8 所示。

$$K = \frac{1}{8\sin\dfrac{\alpha}{2}}\left[1-\left(\frac{A_2}{A_1}\right)^2\right] \tag{6.2.37}$$

式中：α 为渐缩角。

（3）管路进口的流动，如图 6.2.9 所示。

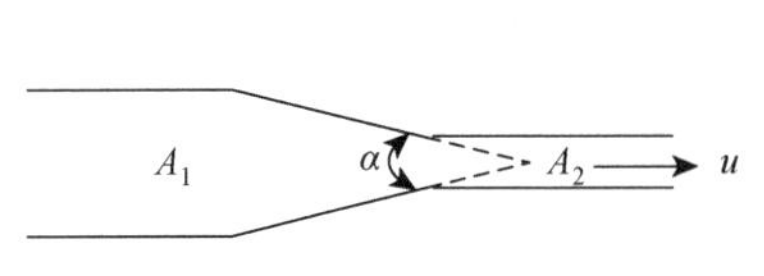

图 6.2.8　逐渐缩小流道内的流动

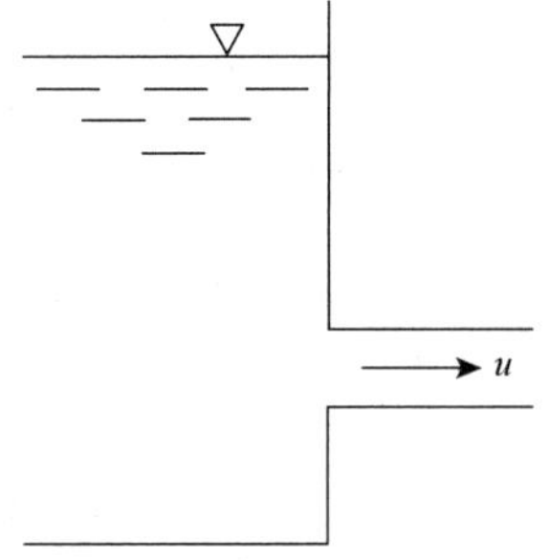

图 6.2.9　管路进口的流动

管路进口的 K 与进口处的形状有关，其值列于表 6.2.3 中。

表 6.2.3　管路进口的 *K* 值

进口边缘形状	K	进口边缘形状	K
锐缘	0.5	修圆的边缘	0.06
稍加修圆的边缘	0.10～0.20	光滑而且很好修圆的边缘	0.005

（4）管路出口的流动，如图 6.2.10 所示。

管路出口阻力系数可按下式计算，其中断面面积 A_2 为无限大。

$$K=\left(1-\frac{A_1}{A_2}\right)_{A_2=\infty}=1 \tag{6.2.38}$$

（5）弯头的流动，如图 6.2.11 所示。

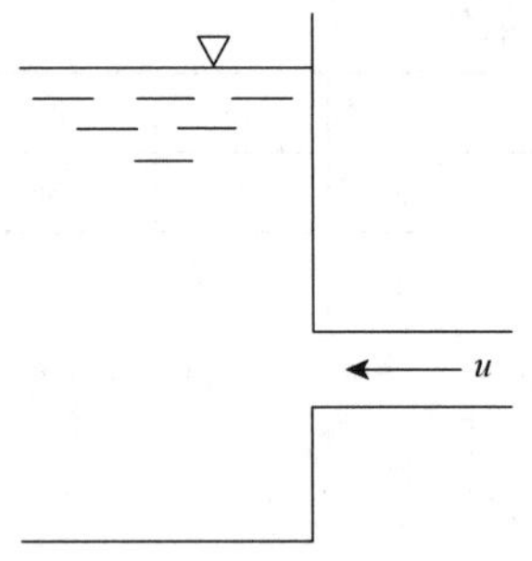

图 6.2.10　管路出口的流动

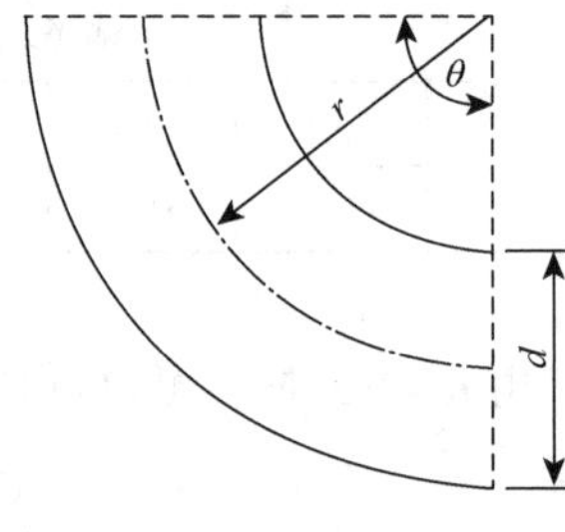

图 6.2.11　弯头的流动

$$K=\left[0.131+0.163\left(\frac{d}{r}\right)^{3.5}\right]\frac{\theta}{90^\circ} \tag{6.2.39}$$

式中：θ 为弯角；d 为管径；r 为弯头的曲率半径。

当 $\theta=90^\circ$时，按式（6.2.39）计算的弯头阻力系数列于表 6.2.4 中。

表 6.2.4　$\theta=90^\circ$不同管径与旋转半径比值条件下 *K* 值

r	0.4	0.5	0.6	0.7	0.8	0.9	1.0
K	0.137	0.145	0.157	0.177	0.204	0.241	0.291

（6）闸阀附近的流动，如图 6.2.12 所示。

闸阀的 K 值，如表 6.2.5 所示。

表 6.2.5　不同开闸面积时阻力系数

$\frac{d-h}{d}$	0	$\frac{1}{8}$	$\frac{2}{8}$	$\frac{3}{8}$	$\frac{4}{8}$	$\frac{5}{8}$	$\frac{6}{8}$	$\frac{7}{8}$
K	0.00	0.07	0.26	0.81	2.06	5.52	17.0	97.8

（7）蝶阀附近的流动，如图 6.2.13 所示。

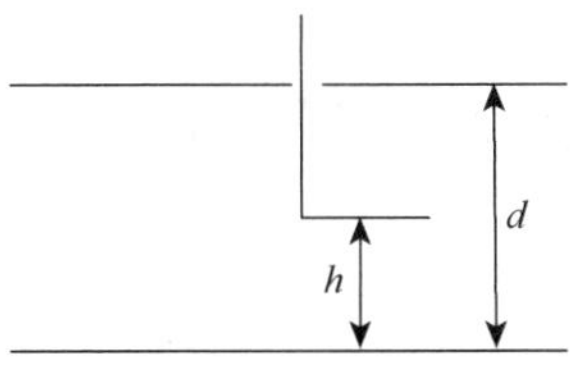

图 6.2.12　闸阀附近的流动

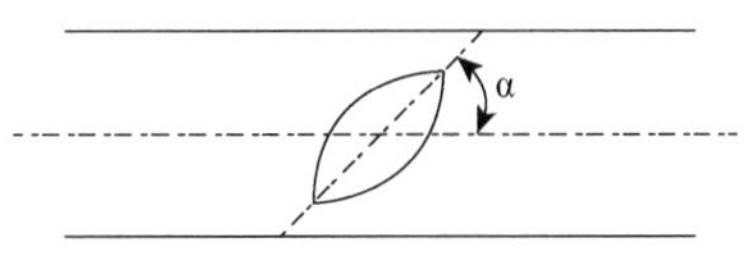

图 6.2.13　蝶阀附近的流动

蝶阀的 K 值，如表 6.2.6 所示。

表 6.2.6　不同倾斜角时阻力系数

α	5°	10°	15°	20°	25°	30°	35°	40°	45°	50°	55°	60°	65°	70°	90°
K	0.24	0.52	0.90	1.54	2.51	3.91	6.22	10.8	18.7	32.6	58.8	118	256	751	∞

（8）截门附近的流动，对如图 6.2.14（a）所示，$K=3\sim5.5$。对如图 6.2.14（b）所示的截门，$K=1.4\sim1.85$。

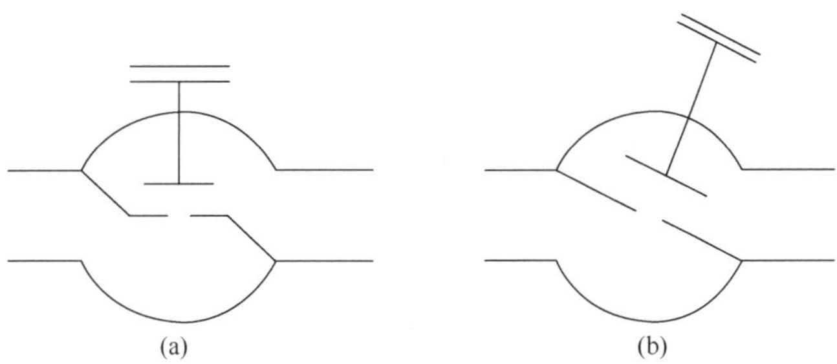

图 6.2.14　截门附近的流动

（9）进口滤网（安装在水泵的吸水管进口）：

$$K=(0.675\sim1.575)\left(\frac{A}{A_n}\right)^2 \tag{6.2.40}$$

式中：A 为吸水圆管的截面积；A_n 为滤网所有孔眼的面积。

如果滤网带有逆止阀，则 K 值如表 6.2.7 所示。

表 6.2.7　不同管径时阻力系数

管径 d/cm	4	7	10	15	20	30	50	75
K	12	8.5	7	6	5.2	3.7	2.5	1.6

选用或计算局部形阻系数时必须注意的情况：各种局部损失不是发生在流动的某一个断面上，而是发生在长度不大的流段中。所以，如果两个局部阻力相隔太近，那么它们就会互相影响。在这种情况下，就不能应用确定局部形阻系数的经验公式或采用表中所列的数值，因为这些公式或数值是在没有别的阻力影响的条件下得到的。对特别重要的情况，应专门进行实验来确定局部形阻系数值。

此外，在管道中测压或测流量时，必须考虑局部阻力对取压点或流量计的影响，在取压点或流量计的前、后保证有足够的直管段长度。

以上分别介绍了摩擦损失和局部损失的计算。实际上，一个管路系统往往是由好几段管子连接起来的，而且其中还有一些管件。这时，流体在这管路中流动时总的损失将等于所有摩擦损失和局部损失之和。

6.2.4　管中的水锤现象

在满管而流的管道中，由于液体速度的迅速改变而引起压力急剧变化的现象，称为水锤现象。如果把安装在管道出口端的阀门迅速地全部或部分关闭（或开启）时，则在管中便产生由于液体惯性所引起的压力突然增高（或降低）；或者把安装在管道进口端的阀门迅速地全部或部分关闭（或因供水管路的水泵突然停止运转），那么管中压力就会急剧降低，甚至可能形成真空。这种压力的增高或降低都可能是很大的，并且具有锤击的特征，所以称为水锤。当水锤现象发生时，管内任一点的压力和速度均随时间而变化，所以这时的流动是非定常流动。

在研究液体的平衡或运动的规律时，认为液体是不可压缩的流体。但是研究水锤问题时，则必须考虑液体的压缩性。此外也要考虑管壁的变形，否则会得出与实际情况不相符的结论。

假设水从一个大水箱中以平均流速 u_0 沿直径为 d 的管子流动。在某一时刻，突然关闭管路出口端的阀门，则阀门前的一层液体停止流动。由于它的动量在极短的时间内由原来的值转变为零，引起了这层液体压力的突然升高。这升高的压力称为水锤压力，以 Δp 表示。同时，被压缩的液体密度便增大某一数值 $\Delta\rho$。在紧靠着阀的一层液体停止下来后，在下一个无限小时间 Δt 内，紧邻着的第二层液体又停止下来，并受到压缩，压力增高。依此类推，第三层、第四层液体……逐次停止下来，并产生增压。这样就形成一个高压区和低压区的分界面（即已经停止下来的液体质点和继续运动着的液体质点的分界面），这个分界面以等于该管中声音传播的速度 c 向水箱方向移动，这个速度 c 称为水锤波的传播速度，而这个分界面的移动也称为水锤波的移动或水锤波的传播。

儒柯夫斯基证明，管道阀门突然关闭时，在阀门前产生的水锤压力可达到下列数值：

$$\frac{\Delta p}{\rho g}=\frac{c}{g}(u_0-u) \tag{6.2.41}$$

式中：c 为水锤波传播速度；ρ 为液体的密度；g 为重力加速度；u_0 为水锤前（阀门关闭前）管中的平均流速；u 为水锤后管中的平均流速，在阀门全部关闭的情况下 $u=0$。

管中水锤波的传播速度可确定为

$$c = \frac{c_0}{\sqrt{1 + \frac{\varepsilon d}{E\delta}}} \tag{6.2.42}$$

式中：c_0 为在水中声的传播速度，一般 $c_0 \approx 1\,425\text{m/s}$；$\varepsilon$ 为水的弹性系数；E 为管路材料的弹性系数；d 为管子内径；δ 为管壁厚度。

在式（6.2.42）中，分母大于 1，因此 $c < c_0 \approx 1\,425\text{m/s}$。

如果近似地假定 $c \approx 1\,000\text{m/s}$ 和 $g \approx 10\text{m/s}^2$，则可近似地得

$$\frac{\Delta p}{\rho g} = \frac{1\,000}{10}(u_0 - u) = 100(u_0 - u) \tag{6.2.43}$$

亦即管中平均流速突然减小 1m/s 的数值时，压力就会增高相当于 100 m 水柱的压力。

下面继续讨论水锤波传播的情况。

我们已经知道，在管道中水锤波以速度 c 从阀门开始逆流移动（传播）。假使管长为 l，那么经过 $t = l/c$ 的时间，水锤波的前锋通过整个管道而到达水箱。这时管中液体全部停止了流动，而且处于压缩状态。来自管内方面的压力较高，而在水箱内的压力较低，显然这种状态是不能平衡的，因而紧邻管路入口处的第一层的水将以速度 c 冲向水箱。与此同时，第一层液体结束了受压状态。接着第二、第三层液体……相继结束受压状态。这样，管中的液体高压区和低压区的分界面，即水锤波将以速度 c 自水箱向阀门传播，经过 $t = l/c$ 的时间返回阀门。

水锤波往返一次的时间称为一相。一个相长的时间为

$$T = 2t = \frac{2l}{c} \tag{6.2.44}$$

上面谈到阀门突然关闭，但是关闭时间总不会等于零，而是某一个有限值 T_b。它与 T 的对比关系有以下的两种情况。

（1）$T_b < T$，即水锤波还没有由水箱反射回来，阀门关闭过程就已经完成。

在 $T_b < T$ 条件下产生的水锤称为“直接水锤”。

直接水锤的条件也可写成下面的形式：

$$l > \frac{cT_b}{2} \tag{6.2.45}$$

而式（6.2.41）就是直接水锤引起的附加压力。

（2）$T_b > T$，即 $l < \dfrac{cT_b}{2}$，从水箱反射回来的水锤波能够在阀门关闭完成以前到达阀门。

在 $T_b > T$ 的条件下产生的水锤称为“间接水锤”。

显然，间接水锤增大的压力比直接水锤为小，这是因为产生间接水锤时，阀门关闭过程还没有完成水锤波已经反射回来，阀门前的压力也就立即减小。因此要减弱水锤，应尽可能增大不等式 $T_b > T$，即 $l < \dfrac{cT_b}{2}$。此外用增加某种装置也能减弱水锤。

减弱水锤的具体办法有以下几种。

（1）增加阀门关闭或开启的时间。

（2）缩短管路。

（3）在管路上装置安全阀等。

6.2.5　气穴和汽蚀

1. 气穴和汽蚀现象

在运动液体中，如果某一区域的压力等于或低于当地液体饱和压力时，那么在这个区域内液体将会沸腾而产生气泡，同时溶解于液体中的气体也从液体中析出。这种气泡如聚集在低压区域附近，就会形成气穴现象。例如液体在先收缩后扩散的管道中流动时，如果加大喉部的流速，则压力降低。当压力降低到一定程度时，在喉道下游就有气泡聚集，形成气穴，如图 6.2.15 所示。气泡不断地产生，又不断地被液流带走，随着液流进入较高压力区域。当气泡随液体到达静压超过饱和汽压力的区域时，气泡将发生凝结而破裂。这种破裂在很短的时间内发生，周围的液体又会以很大的加速度冲向刚刚消失的气泡中心，发生激烈的撞击，压力急剧增高，同时伴随局部高温的产生。这种局部压力降低而在液体中产生气泡，又由于压力的回升使气泡产生凝结和破灭，并伴随着有强烈的振动和噪声的过程，就称为汽蚀现象或汽蚀作用。

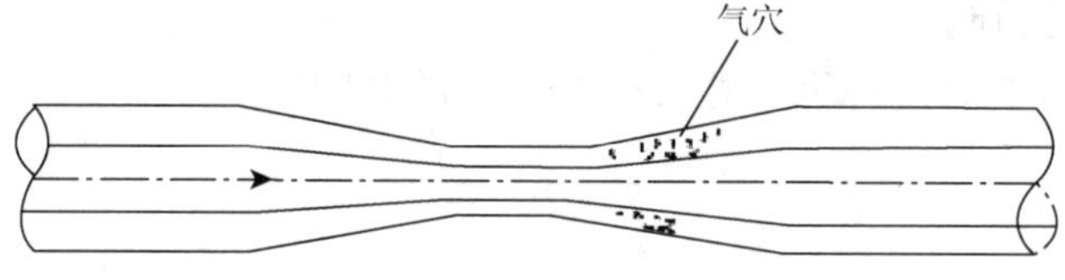

图 6.2.15　管内流动气穴

气穴产生以后，气泡被带往下游，也可能进入取压管中，影响测压精度。如果是流量计，则在气穴发生后，流量计的效率亦将降低。在水泵和水轮机等水力机械中，当发生气穴时，常常会导致：

（1）破坏流体的连续性，造成流道堵塞，流阻增大，泵的扬程显著下降，甚至造成液体脱流和使泵工况中断；

（2）气泡破灭造成对叶轮的强烈高频水力冲击，使叶轮等受到严重损伤，致使局部金属表面机械剥落，最终破坏，其形貌具有海绵状或蜂窝状特征；

（3）产生强烈的运行噪声和振动，形成局部温升，造成壁面化学和电化学腐蚀破坏。

2. 汽蚀余量

表征汽蚀的特征量是汽蚀余量（net positive suction head，NPSH）。NPSH 是指在泵吸入口处单位重量液体所具有的超过汽化压力的富余能量，它仅和泵进口处绝对压力 p、液体在当地温度下对应的饱和压力 p_s 及泵进口截面上的液体平均流速 u 有关，可定义为

$$\mathrm{NPSH}=\frac{p}{\rho g}-\frac{p_{\mathrm{s}}}{\rho g}+\frac{u^2}{2g} \tag{6.2.46}$$

因此，NPSH 代表泵进口处单位重量液体必须超过汽化压力的最低限度的能量。液体压力愈低，温度愈高，则 NPSH 就愈小，泵发生汽蚀的危险性增加。

由于叶轮进口处的液体压力不是均匀分布的，半径越大的地方压力越小，所以在叶轮入口与叶轮前盘盖相交的区域是最易发生汽蚀的地方。要使泵不产生汽蚀，必须保证最小压力区的压力值大于饱和压力。常把该区域的汽蚀余量称为最小汽蚀余量 $\mathrm{NPSH_{min}}$。当泵进口处超过汽化压力的能量数值降低到正好等于最小汽蚀余量时，认为叶轮内将开始产生汽蚀。故泵不发生汽蚀的必要条件是：

$$\mathrm{NPSH}>\mathrm{NPSH_{min}} \quad 或 \quad \Delta\mathrm{NPSH}=\mathrm{NPSH}-\mathrm{NPSH_{min}}>0 \tag{6.2.47}$$

最小汽蚀余量与流量的关系目前尚无精确的计算方法，只能由试验得到。当保持流量和转速恒定，减少 NPSH 直到扬程 H 开始下降，H 下降起点 C 为汽蚀临界点（见图 6.2.16）。C 点标志汽蚀已发展到一定程度。汽蚀常在此之前就发生，但由于不影响或不明显影响外特性称为潜在汽蚀。要直接测定临界点 C 很困难，常用扬程较 C 点下降某一 ΔH 值的 D 点来代替临界点。由 D 点所得汽蚀余量即为泵的最小汽蚀余量。ISO 标准规定 D 点的选择为 $\Delta H=(3+x)H\%$，其中离心泵 $x=0$，混流泵 $x=1$，轴流泵 $x=2$。

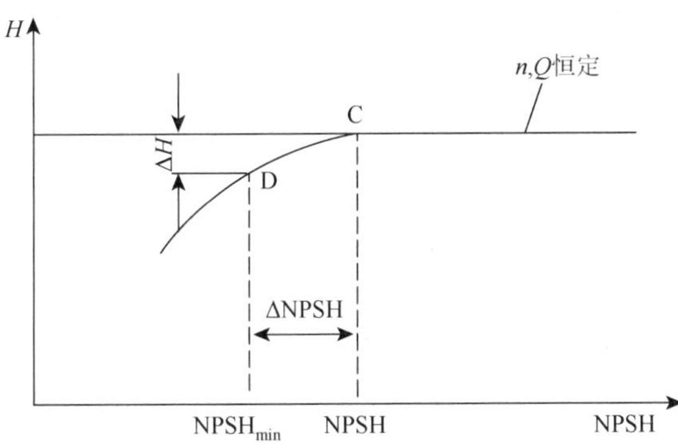

图 6.2.16　汽蚀临界点

作为最小汽蚀余量的近似计算，可按下式进行：

$$\mathrm{NPSH_{min}}=\left(\frac{5.62n\sqrt{Q}}{y}\right)^{4/3} \tag{6.2.48}$$

式中：n 为转速，r/min；Q 为设计流量，$\mathrm{m^3/s}$；y 为经验系数，对混流泵可取 $y=900$～1000。

气穴和汽蚀是个复杂的现象，在这里只是作极其简单的介绍，以期在压力和流量测量，以及泵和叶轮机械运行中引起注意。

6.3　两相流基本方程

两相流动是指固体、液体、气体三个相中的任何两个相组合在一起，具有相界面的流动体系。它可以由气、液、固相中的任意两相组合在一起形成，也可以由彼此不相同混合的两种液体构成。按组成的化学成分，可以分为双组分两相流动和单组分两相流动。按系统是否加热，可以分为绝热两相流动和加热两相流动。在反应堆系统内所遇到的基本上都是非绝热的两相流，例如在蒸汽发生器的上升管内，是气、液两相的非绝热流动。另外，在电站压水堆内，正常运行工况下，通常允许燃料元件表面产生局部沸腾及在最热流道内发生饱和沸腾。在事故工况下则有更多的冷却剂流道会发生不同程度的饱和沸腾，在这些情况下，冷却剂的流动就由原来的单相流变成两相流。

两相流明显改变了冷却剂的换热性能和流动特性，因此，熟悉和掌握两相流的基本规律和计算方法，对设计和运行反应堆都是非常重要的。本节主要介绍气、液两相流动。

6.3.1 基本概念

1. 流型的概念

单相流体力学中，将流动区分为层流和湍流两种流动型态，它们呈现完全不同的流动（动量传递）特性和传热特性。这样，可以根据流动的型态，在进行传热和水力计算时采用不同的公式与图表。而对两相流，其特性很复杂，则不能沿用单相流的方法，将两相流流动区分为层流和湍流，而是用流型来描述流动的相分布和流动特性的。不同的两相流流型反映了不同的流动特性和传热特性，流型变化意味着相交界面形状变化，因而意味着相之间的动量传递模式和热传递模式变化。

描述流型的方法通常采用形态学观察的方法，即按两相的相对形态进行区分，将流型分为泡状流、弹状流、环状流、滴状流，等等。因此，流型研究的内容就是在各种不同条件下，确定流型的类别以及各流型之间相互转化的过渡条件，或称过渡准则。而描述两相流类别和过渡条件的方式也常用流型图：用两个组合参数为代表的二维坐标图线构成的流型图。

流型描述主要特点是：①描述两相流动形态的参数很多，难以用简单的二维坐标表达；②实验识别方法的主观性和流型变化多样性；③两相流动往往是不充分发展的；④流道几何形状的影响明显；⑤难以普适地描述流型及其过渡条件，流型图还只能作为一种定性判别的手段。

与单相流层流和湍流特性分析类似，流型研究的目的是，对不同流型建立传热与水力计算模型、公式或图表，以便在实际应用中，可以利用流型图大致确定两相流具体的流型，然后按不同流型选取相应的计算公式或图表，避免或减少计算与分析的误差。

2. 垂直加热流道中的流型

观察下列条件下垂直加热流道中的流型：在流道壁面受均匀热流加热，热流密度不太高，入口为近饱和水，出口为单相蒸汽。只要流道足够长，随着沿途水的蒸发，会依次发生如图 3.3.2 所示的各种流型。

入口单相液体被加热到饱和温度时，壁面形成一热附面层，壁面超出液体饱和温度的温度称为过余温度。当过余温度达到成核温度条件时就在壁面产生气泡，而后脱离壁面形成泡状流（液相呈连续状态，气相为大小不同、形状各异的气泡形式弥散在液相内），随着流动推进，气泡量增加，合并形成大气块，便依次进入弹状流（大块弹状气泡与含有弥散小气泡的液块间隔地出现）和环状流（液相沿管壁呈膜状流动，且气相在流道芯部流动，这种工况参数范围很窄，通常是部分液相液滴夹杂在气芯中一起流动）。热量不断加入，含汽率不断增加，气流核芯内蒸气流量不断增加和加速，使环型液膜界面呈波状，液相以液滴形式被不断卷入气芯。流动继续推进中，液膜因受气芯夹带和本身受热蒸发变薄，直至完全消失，称为干涸。这时流道流动呈弥散着大量小液滴的弥散流或称雾状流，最后液滴全部蒸发，流动进入单相气体流动。

不过，在一定条件下，上述某些流型不会出现。例如，当壁面加热热流密度很高时，气泡产生率大，会跨越泡状流直接进入弥散流。又如，在绝热流动下，不会出现纯弥散状流动。因为绝热流动时无壁面液膜蒸干过程。液膜仅通过气芯卷吸液滴而减薄，这种机械过程无法使环状液膜完全消失，极限情况下为较薄的液环附着壁面流动。另一方面，流体动力不平衡会造成流型变化。例如，气泡复合成块过程，小液滴形成及破碎过程均需经历相当距离和时间，这会导致某些流型范围延伸，或压缩，或消失。

3. 水平加热流道中的流型

水平加热管中的流动流型变化过程与垂直加热流动流型类似。由于受重力作用，导致气相分布的不对称，出现了层状流动，流动型式的变化更为复杂些。

图 6.3.1 展示了入口速度较低（<1 m/s）与低热流密度下均匀加热的情况下，入口为欠热水的水平蒸发管的流动过程出现的流型。当入口速度较高时，则重力效应相对减弱，相分布趋于对称，流型变化过程接近于垂直加热流动的流型。

在水平加热管中，相分布的不对称与流体受热导致波状层状流区，流道顶部会发生间断性再湿润与干涸，这种干涸是不稳定的。当达到环状流动区域时，流道壁面上部就会逐渐扩大干涸区，最终使管道四周的壁面出现干涸。

应当指出，图 6.3.1 所示的是典型的流动工况，流动工况受流速、加热量、含气量等条件的影响，当这些条件改变时，可能造成出现的流型区域少于图 6.3.1 所示的流型。

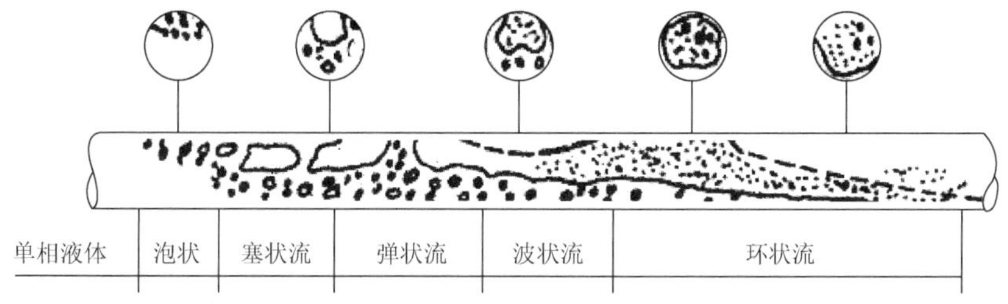

图 6.3.1　水平加热蒸发管中的流动型式

4. 两相流基本宏观物理量

1）质量流量

两相流体的总质量流量 $\dot{m}$ 定义为单位时间流过任一流道截面的气液混合物的质量，kg/s。每一相的质量流量与总质量流量关系为

$$\dot{m}=\dot{m}_{\mathrm{f}}+\dot{m}_{\mathrm{g}} \tag{6.3.1}$$

式中：下标 g、f 分别表示气相和液相。

2）体积流量、相速度

两相流动的总体积流量为 Q，$\mathrm{m^3/s}$，定义为单位时间流过任一流道截面的气液混合物的体积：

$$Q=Q_{\mathrm{g}}+Q_{\mathrm{f}}=\dot{m}_{\mathrm{g}}/\rho_{g}+\dot{m}_{\mathrm{f}}/\rho_{\mathrm{f}} \tag{6.3.2}$$

每一相的真实相平均速度 u，m/s，定义为

$$u_{\mathrm{g}}=Q_{\mathrm{g}}/A_{\mathrm{g}};\quad u_{\mathrm{f}}=Q_{\mathrm{f}}/A_{\mathrm{f}} \tag{6.3.3}$$

3）空泡份额和质量含汽率

空泡份额 α 定义为两相混合物流经任一截面时气相所占的面积 A_{g} 与截面总面积 A 之比，即气相占有的流道截面份额为

$$\alpha=A_{\mathrm{g}}/A \tag{6.3.4}$$

质量含汽率定义为任一流道截面上气相质量流量与两相混合物总质量流量之比，又常称为干度或含汽率。即

$$x=\dot{m}_{\mathrm{g}}/\dot{m}=\frac{\rho_{\mathrm{g}}u_{\mathrm{g}}A_{\mathrm{g}}}{\rho_{\mathrm{g}}u_{\mathrm{g}}A_{\mathrm{g}}+\rho_{\mathrm{f}}u_{\mathrm{f}}A_{\mathrm{f}}} \tag{6.3.5}$$

上式又可表示为

$$S=\frac{u_{\mathrm{g}}}{u_{\mathrm{f}}}=\frac{x}{1-x}\frac{A_{\mathrm{f}}}{A_{\mathrm{g}}}\frac{v_{\mathrm{g}}}{v_{\mathrm{f}}}=\frac{1-\alpha}{\alpha}\frac{x}{1-x}\frac{\rho_{\mathrm{f}}}{\rho_{\mathrm{g}}} \tag{6.3.6}$$

式中：S 称为两相滑速比。当 $u_{\mathrm{g}}=u_{\mathrm{f}}$ 时，$S=1$，为两相速度相等的均匀流。将式（6.3.6）重新整理，给出包括滑动影响在内的 α 与 x 之间的关系式：

$$\alpha=\frac{1}{1+\dfrac{1-x}{x}\dfrac{v_{\mathrm{f}}}{v_{\mathrm{g}}}S} \tag{6.3.7}$$

$$x=\frac{1}{1+\dfrac{v_{\mathrm{g}}}{v_{\mathrm{f}}S}\dfrac{1-\alpha}{\alpha}} \tag{6.3.8}$$

式（6.3.7）表明，在压力和含汽量为定值的情况下，α 将随 S 的增加而降低。图 6.3.2 给出了 6.895 MPA 压力下两相流系统不同滑速比时，α 与 x 之间的关系。应当指出，滑速比的值目前尚无精确的计算式，只能通过实验或 α 的数值求得。

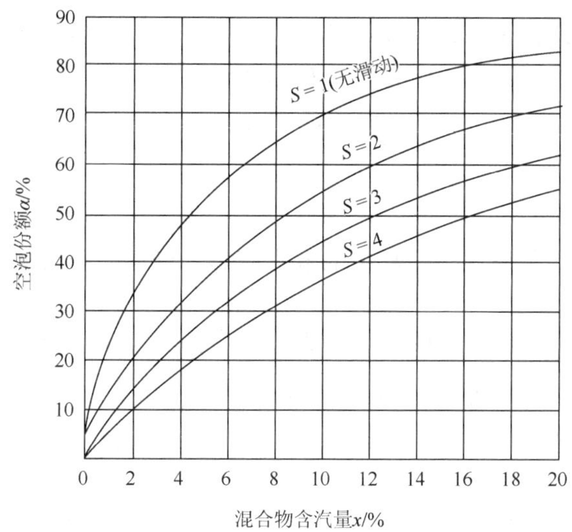

图 6.3.2　在 6.895 MPA 及不同滑速比条件下水的 α 与 x 的关系

实验发现，S 随系统压力和体积流量的增加而减少，随功率密度的增加而增加。实验还发现，在高压下 S 随含汽量增加而增加，但在很低的压力下，S 却随含汽量的增加而减小。

例 6.3.1　压力为 0.1 MPa 和 6.8 MPa 的气水混合物系统，水蒸气的质量含汽率 x 为 2%，滑速比 $S=1$，分别计算空泡份额。

解　水在 0.1 MPa 工况下，$\rho_g/\rho_f \approx 1/1603$；在 6.8 MPa 工况下，$\rho_g/\rho_f \approx 1/21$

由式（6.3.7）得

$$\alpha = \frac{1}{1+\frac{1}{1603}\frac{1-0.02}{0.02}} = 97.03\%$$

$$\alpha = \frac{1}{1+\frac{1}{21}\frac{1-0.02}{0.02}} = 30\%$$

这个简单例子说明，即使含汽率很小，空泡份额值已相当大。流场不均一性相当可观，并且不均一性随压力不同而不同，在低压下尤为显著。

6.3.2　基本方程

1. 质量守恒方程

定常态流动下，常截面一维流动微元 dz 的质量守恒方程为

$$\mathrm{d}\dot{m} = \mathrm{d}(\dot{m}_g + \dot{m}_f) = 0 \tag{6.3.9}$$

$$\dot{m} = \dot{m}_g + \dot{m}_f = 常数 \tag{6.3.10}$$

$$\dot{m}_g = \dot{m}x = \rho_g A_g u_g = \rho_g \alpha A u_g \tag{6.3.11}$$

$$\dot{m}_f = \dot{m}(1-x) = \rho_f A_f u_f = \rho_f (1-\alpha) A u_f \tag{6.3.12}$$

将式（6.3.11）与式（6.3.12）代入式（6.3.9）与式（6.3.10）得

$$d\left[\alpha\rho_g u_g + (1-\alpha)\rho_f u_f\right] = 0 \tag{6.3.13}$$

$$\alpha\rho_g u_g + (1-\alpha)\rho_f u_f = \dot{m}/A = 常数 \tag{6.3.14}$$

2. 动量守恒方程

由动量守恒原理，作用在每一相上的合力应等于该相的动量变化率。于是，对于气相有

$$\begin{aligned} &pA_g - (p+\mathrm{d}p)A_g - \mathrm{d}F_g - F_i - A_g\rho_g g\sin\theta\,\mathrm{d}z \\ &= (\dot{m}_g + \mathrm{d}\dot{m}_g)(u_g + \mathrm{d}u_g) - \dot{m}_g u_g - u_f\,\mathrm{d}\dot{m}_g \end{aligned} \tag{6.3.15}$$

式中：$\mathrm{d}F_g$ 是气相与壁面之间的摩擦阻力，N；F_i 是气液两相交界面上的摩擦阻力，N；化简上式，并忽略高阶项后得

$$-A_g\mathrm{d}p - \mathrm{d}F_g - F_i - A_g\rho_g g\sin\theta\,\mathrm{d}z = \dot{m}_g\mathrm{d}u_g + u_g\mathrm{d}\dot{m}_g - u_f\mathrm{d}\dot{m}_g \tag{6.3.16}$$

同理，对于液相有

$$-A_f\mathrm{d}p - \mathrm{d}F_f + F_i - A_f\rho_f g\sin\theta\,\mathrm{d}z = \dot{m}_f\mathrm{d}u_f \tag{6.3.17}$$

式中：$\mathrm{d}F_f$是液相与壁面之间的摩擦阻力。将式（6.3.16）与式（6.3.17）相加，并注意得到

$$-A\mathrm{d}p - (\mathrm{d}F_g + \mathrm{d}F_i) - \sin\theta(A_g\rho_g + A_f\rho_f)g\mathrm{d}z = \mathrm{d}(\dot{m}_g u_g + u_f\dot{m}_f) \tag{6.3.18}$$

上式两边除以 $A\mathrm{d}z$，整理后得

$$\begin{aligned} -\frac{\mathrm{d}p}{\mathrm{d}z} &= \frac{\mathrm{d}F_g + \mathrm{d}F_f}{A\mathrm{d}z} + \frac{1}{A}\frac{\mathrm{d}(\dot{m}_g u_g + \dot{m}_f u_f)}{\mathrm{d}z} + [\alpha\rho_g + (1-\alpha)\rho_f]g\sin\theta \\ &= -\left(\frac{\mathrm{d}p_{f,tp}}{\mathrm{d}z} + \frac{\mathrm{d}p_{a,tp}}{\mathrm{d}z} + \frac{\mathrm{d}p_{e,tp}}{\mathrm{d}z}\right) \end{aligned} \tag{6.3.19}$$

式（6.3.19）指出：总压降梯度由摩擦压降梯度$-\frac{\mathrm{d}p_{f,tp}}{\mathrm{d}z}$、加速压降梯度$-\frac{\mathrm{d}p_{a,tp}}{\mathrm{d}z}$和提升压降梯度$-\frac{\mathrm{d}p_{e,tp}}{\mathrm{d}z}$三部分组成。加速压降梯度可表示为

$$-\frac{\mathrm{d}p_{a,tp}}{\mathrm{d}z} = \frac{1}{A}\frac{\mathrm{d}(\dot{m}_g u_g + \dot{m}_f u_f)}{\mathrm{d}z} = G^2\frac{\mathrm{d}}{\mathrm{d}z}\left[\frac{(1-x)^2}{(1-\alpha)\rho_f} + \frac{x^2}{\alpha\rho_g}\right] \tag{6.3.20}$$

摩擦压降梯度和提升压降梯度分别为

$$-\frac{\mathrm{d}p_{f,tp}}{\mathrm{d}z} = \frac{\mathrm{d}F_g + \mathrm{d}F_f}{A\mathrm{d}z} \tag{6.3.21}$$

$$-\frac{\mathrm{d}p_{e,tp}}{\mathrm{d}z} = [\alpha\rho_g + (1-\alpha)\rho_f]g\sin\theta = \rho_m g\sin\theta \tag{6.3.22}$$

式中：$\rho_m = \alpha\rho_g +$（$1-\alpha$）ρ_f为两相流混合物密度。

6.4　两相流压降计算

对式（6.3.19）进行积分后，即可得两相流总压降：

$$-\int_{H_0}^{H} \mathrm{d}p = \int_{H_0}^{H} \frac{\mathrm{d}p_{\mathrm{f,tp}}}{\mathrm{d}z}\mathrm{d}z + G^2\int_{H_0}^{H} \mathrm{d}\left[\frac{(1-x)^2}{(1-\alpha)\rho_{\mathrm{f}}} + \frac{x^2}{\alpha\rho_{\mathrm{g}}}\right] + g\sin\theta\int_{H_0}^{H} \rho_{\mathrm{m}}\mathrm{d}z \tag{6.4.1}$$

式中：H 为两相流道总高度；H_0 为沸腾起始点高度。

6.4.1　摩擦压降

1. 过冷沸腾时摩擦压降

过冷沸腾摩擦压降的计算仍可用达西（Darcy）公式（6.2.9），但式中的 f 要用过冷沸腾时摩擦系数 f_{LB}，其值可由门德勒尔（Mendler）等推荐的关系式计算：

$$\frac{f_{\mathrm{LB}}}{f_{\mathrm{iso}}} = (1-0.004\,5\Delta T_{\mathrm{JL}})\left[1+2.185\left(\frac{10^6}{G}\right)^{2/3}\psi\right] \tag{6.4.2}$$

式中：f_{iso} 是按流体平均温度计算的等温摩擦系数；G 是流体的质量流速，$\mathrm{kg/(m^2 \cdot h)}$；$\psi = 1-(\Delta T_{\mathrm{JL}}/\Delta T)$，其中 ΔT_{JL}、ΔT 分别为按 Jens—Lottes 公式（3.3.12）、对流换热公式计算的壁面与冷却剂的温差，即

$$\Delta T_{\mathrm{JL}} = T_{\mathrm{s}} + 25(q/10^6)^{0.25}/\mathrm{e}^{(p/6.2)} - T_{\mathrm{b}}$$

式中：T_{s}、T_{b} 分别是液体的饱和温度与主流温度，℃；

$$\Delta T = q\Big/\left[0.03\left(\frac{\lambda_{\mathrm{f}}}{D_{\mathrm{e}}}\right)Re^{0.8}Pr^{1/3}\right]$$

式（6.4.2）适用于高压（压水堆）情况。

2. 饱和沸腾时摩擦压降

在计算两相摩擦压降时，经常要用到两相摩擦乘子 ϕ_{10}^2，其定义为

$$\phi_{10}^2 = \frac{\dfrac{\mathrm{d}p_{\mathrm{f,tp}}}{\mathrm{d}z}}{\dfrac{\mathrm{d}p_{\mathrm{f}}}{\mathrm{d}z}}$$

式中：$\dfrac{\mathrm{d}p_{\mathrm{f}}}{\mathrm{d}z}$ 表示以等价于两相流总质量流量的液相在同一管内流动时的摩擦压降梯度。则由上式可得

$$\Delta p_{\mathrm{f,tp}} = \int_{H_0}^{H}\phi_{10}^2\mathrm{d}p_{\mathrm{f}} = \frac{\Delta p_{\mathrm{f}}}{H-H_0}\int_{H_0}^{H}\phi_{10}^2\mathrm{d}z \tag{6.4.3}$$

对非均匀加热流道，巴罗塞（Barozy）通过整理大量的实验数据，提出了两组曲线，一组以 ϕ_{10}^2 和 $\left(\dfrac{\mu_{\mathrm{f}}}{\mu_{\mathrm{g}}}\right)^{0.2}\left(\dfrac{\rho_{\mathrm{g}}}{\rho_{\mathrm{f}}}\right)$ 为坐标，以含汽率 x 为参变量的关系曲线，适用于质量流速 $G = 1\,356\ \mathrm{kg/(m^2 \cdot s)} = 4.89\times10^6\ \mathrm{kg/(m^2 \cdot h)}$，如图 6.4.1 所示。另一组曲线示于图 6.4.2，用于修正其他质量流速下的值。

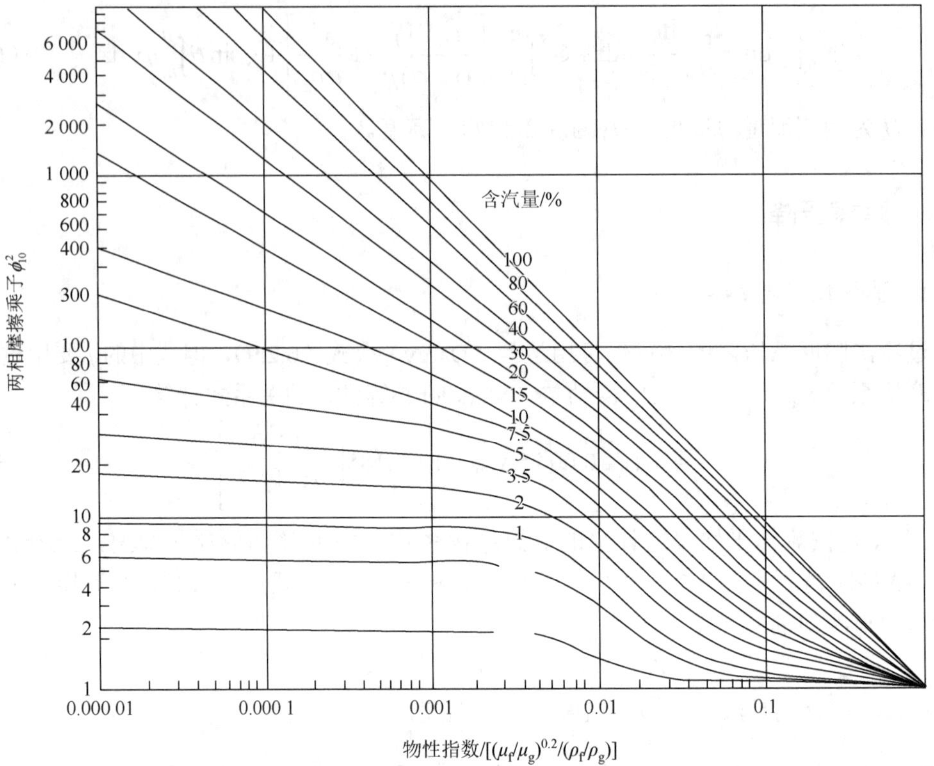

图 6.4.1 1 356 kg/(m²·s) = 4.89×10⁶ kg/(m²·h)情况下两相摩擦乘子

Ω 的插值公式与摩擦压降公式分别为

$$\Omega = \Omega_2 + \frac{\ln(G_2 / G)}{\ln(G_2 / G_1)}(\Omega_1 - \Omega_2) \tag{6.4.4}$$

$$\Delta p_{\mathrm{f,tp}} = \Omega \Delta p_{\mathrm{f}} \phi_{10}^2 (G = 1\,356) \tag{6.4.5}$$

6.4.2 加速压降

在面积不变的加热流道内，加速压降是由气液混合物的密度变化所引起的，由式(6.3.20)可得沸腾段内加速压降为

$$\Delta p_{\mathrm{a,tp}} = G^2 \int_{H_0}^{H} \mathrm{d}\left[\frac{x^2}{\alpha \rho_{\mathrm{g}}} + \frac{(1-x)^2}{(1-\alpha)\rho_{\mathrm{f}}}\right] = G^2 \left[\frac{x_{\mathrm{e}}^2}{\alpha_{\mathrm{e}} \rho_{\mathrm{g}}} + \frac{(1-x_{\mathrm{e}})^2}{(1-\alpha_{\mathrm{e}})\rho_{\mathrm{f}}} - \frac{1}{\rho_{\mathrm{f}}}\right] \tag{6.4.6}$$

式中：x_e 和 α_e 分别表示沸腾段出口处的质量含汽率和空泡份额。式（6.4.6）表明，两相流加速压降仅取决于流道出口条件，而与加热方式无关，$\Delta p_{\mathrm{a,tp}}$ 随着空泡份额与含汽率的增大而增大。

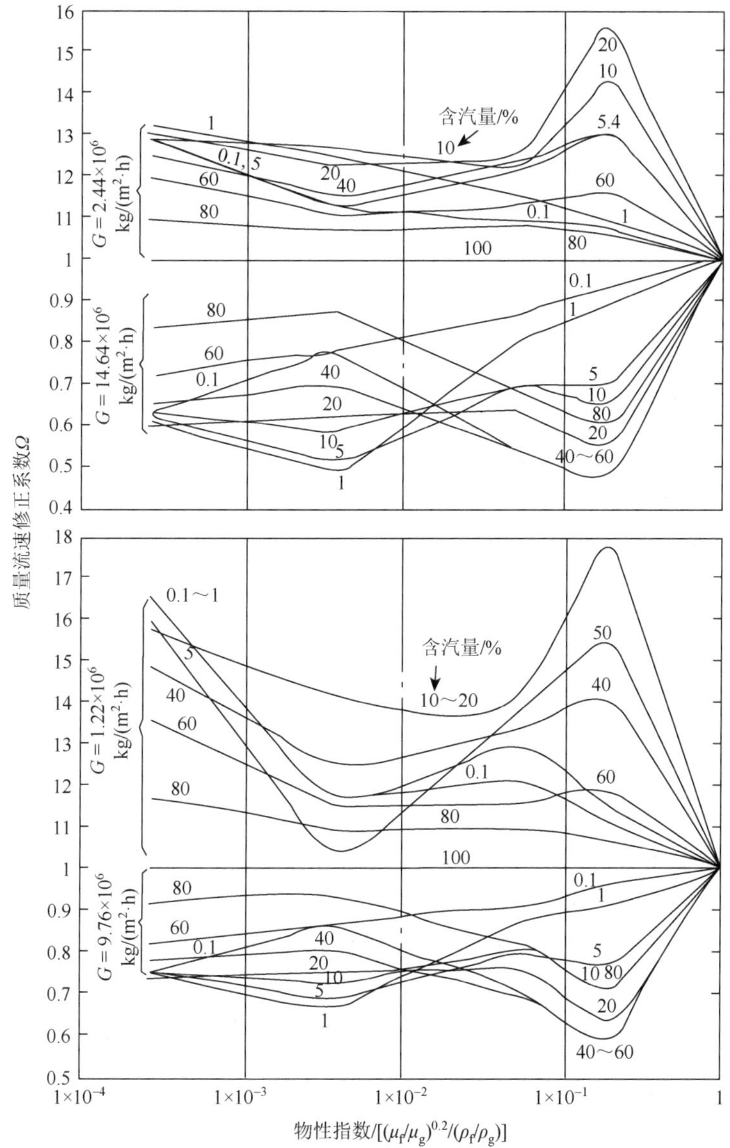

图 6.4.2 质量流速修正系数 Ω 与物性指数的关系

6.4.3 提升压降

由式（6.3.22）可得沸腾流道内两相流提升压降：

$$\Delta p_{\mathrm{e,tp}} = g\sin\theta\int_{H_0}^{H}\rho_{\mathrm{m}}\mathrm{d}z = g\sin\theta\int_{H_0}^{H}[\rho_{\mathrm{g}}\alpha + \rho_{\mathrm{f}}(1-\alpha)]\mathrm{d}z \tag{6.4.7}$$

式（6.4.7）的积分与流道的加热方式有关。不同的加热方式或不同沸腾方式，空泡份额与流道的长度有不同的关系，如图 6.4.3 所示。在计算 $\Delta p_{\mathrm{e,tp}}$ 时，首先要根据沸腾状态找出 α 与 z 的关系，然后进行积分求解。

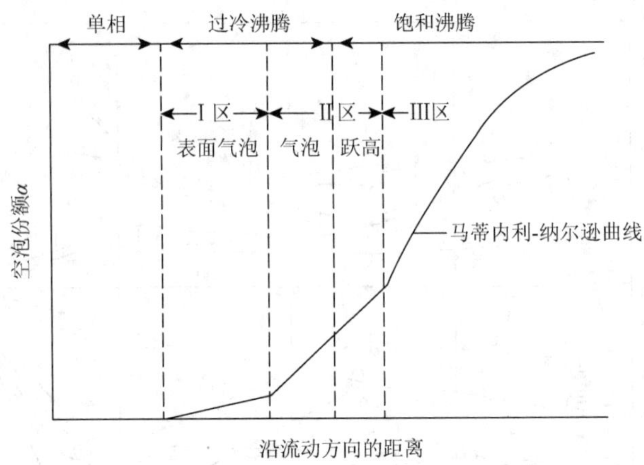

图 6.4.3 受热通道内的空泡份额

6.4.4 局部压降

当两相流体流过定位格架和堆芯出口等局部阻力件时，同样也会产生局部压降，且要比单相流时大。这里只讨论截面突然扩大、突然缩小和孔板的两相流局部压降。假设，流动是一维的，流道截面突变处的流动是绝热的，故 x 为常数。局部压降与总压降相比很小，认为局部处的 ρ_f 和 ρ_g 为常数。

1. 截面突然扩大

与单相的截面突然扩大压降计算方法类似，但两相流体的动量要分别计算，参见图 6.2.4，写出如下动量方程：

$$-p_1A_1 + p_2A_2 - p_1(A_2 - A_1) = \dot{m}_g(u_{g2} - u_{g1}) + \dot{m}_f(u_{f2} - u_{f1}) \tag{6.4.8}$$

假定扩大处出现涡流的管壁上的压力 $p_0 = p_1$，再由方程（6.3.11）与方程（6.3.12）及 α 的定义式（6.3.4），则式（6.4.8）变换为

$$p_1 - p_2 = \dot{m}^2\left\{\frac{(1-x)^2}{\rho_f}\left[\frac{1}{(1-\alpha_2)A_2^2} - \frac{1}{(1-\alpha_1)A_1A_2}\right] + \frac{x^2}{\rho_g}\left(\frac{1}{\alpha_2A_2^2} - \frac{1}{\alpha_1A_1A_2}\right)\right\} \tag{6.4.9}$$

通常截面 2 的空泡份额 α_2 会大于截面 1 处的 α_1，这一变化很难估计。在 $A_1/A_2 \geqslant 0.5$ 和高空泡份额的情况下，α 的变化可忽略不计，即有 $\alpha_1 = \alpha_2 = \alpha$，于是式（6.4.9）可化简为

$$p_1 - p_2 = \dot{m}^2\left\{\left(\frac{1}{A_2^2} - \frac{1}{A_1A_2}\right)\left[\frac{(1-x)^2}{(1-\alpha)\rho_f} + \frac{x^2}{\alpha\rho_g}\right]\right\} \tag{6.4.10}$$

上式与单相截面突然扩大的压降表达式（6.2.28）形式上完全一样，只是这里是两相流，要采用动量比体积 $\frac{(1-x)^2}{(1-\alpha)\rho_f} + \frac{x^2}{\alpha\rho_g}$ 代替式（6.2.28）中的单向比体积（$1/\rho$）。当 $x = 0$，$\alpha = 0$，式（6.4.10）即为式（6.2.28）。由式（6.4.10）可见，流经截面突然扩大处的两相流也产生净压升。并且，对于相同的 $\dot{m}$、A_1 和 A_2 来说，由于 $x < \alpha$，所以两相流的净压升比单相流的大。

2. 截面突然缩小

两相流通过截面突然缩小的压降计算公式，可通过单相流的压降计算公式进行修正得到，即以两相流的平均密度代替单相流密度，然后修正单相流的形阻系数。两相流通过截面突然缩小，仍可以认为 $\alpha_1 \approx \alpha_2 \approx \alpha$，则截面突然缩小处的平均密度为

$$\rho = (1-\alpha)\rho_{\rm f} + \alpha\rho_{\rm g} \tag{6.4.11}$$

在远离水的临界压力下，$\alpha\rho_{\rm g}$ 值很小时，可以忽略不计，即认为截面突然缩小的局部压力损失是由液相引起的。又根据实验，对两相流式（6.2.31）中的无因次经验系数 $a \approx 0.2$，则利用式（6.4.11），类似于式（6.2.33）的推导，可得到经突缩处两相流压降为

$$\begin{aligned} p_1 - p_2 &= 1.2\left[\left(\frac{A_1}{A_2}\right)^2 - 1\right]\frac{\rho_{\rm f} u_{\rm f1}^2 (1-\alpha)}{2} \\ &= 0.6\dot{m}^2\left(\frac{1}{A_2^2} - \frac{1}{A_1^2}\right)\frac{(1-x)}{(1-\alpha)\rho_{\rm f}} \end{aligned} \tag{6.4.12}$$

因为 $A_1 > A_2$，所以 $p_1 > p_2$。这表明两相流在截面突然缩小处产生压降。在反应堆堆芯流道内 x 值远小于 α 值，故由式（6.4.12）可知，截面突然缩小处的两相流的压力损失要比单相流大，且 α 值越高，流经截面突然缩小处的压降就越大。

3. 孔板

单相流流经孔板时的质量流量与压降间的关系为

$$\dot{m}_{\rm f} = A'_0\sqrt{2\rho_{\rm f}\Delta p_{\rm f,sp}} \tag{6.4.13}$$

$$\dot{m}_{\rm g} = A'_0\sqrt{2\rho_{\rm g}\Delta p_{\rm g,sp}} \tag{6.4.14}$$

$$A'_0 = C_{\rm d}\frac{A_0}{\sqrt{1-(A_0/A)^2}} \tag{6.4.15}$$

其中：A_0 和 A 分别是孔板和流道的横截面积，$\rm m^2$；$C_{\rm d}$ 是流量系数，其值与孔板的形状和测压孔的位置等因素有关，由实验测定。其他符号同前。

对两相流流经孔板时，类似有

$$\dot{m}_{\rm f} = A'_{\rm 0f}\sqrt{2\rho_{\rm f}\Delta p_{\rm f,tp}} \tag{6.4.16}$$

$$\dot{m}_{\rm g} = A'_{\rm 0g}\sqrt{2\rho_{\rm g}\Delta p_{\rm g,tp}} \tag{6.4.17}$$

上两式中：$m_{\rm f}$、$m_{\rm g}$ 分别为液相和气相质量流量；$\Delta p_{\rm f,tp}$、$\Delta p_{\rm g,tp}$ 分别为液相和气相所引起的两相流压降。$A'_{\rm 0f}$、$A'_{\rm 0g}$ 分别为

$$A'_{\rm 0f} = C_{\rm d}\frac{A_{\rm 0f}}{\sqrt{1-(A_0/A)^2}} \tag{6.4.18}$$

$$A'_{\rm 0g} = C_{\rm d}\frac{A_{\rm 0g}}{\sqrt{1-(A_0/A)^2}} \tag{6.4.19}$$

式中：$A_{\rm 0f}$、$A_{\rm 0g}$ 分别是液相和气相在孔板内所占的流通面积，且 $A_{\rm 0f} + A_{\rm 0g} = A$。将式（6.4.18）

与式（6.4.19）相加得

$$A'_{0g} + A'_{0g} = C_d \frac{A_0}{\sqrt{1-(A_0/A)^2}} \tag{6.4.20}$$

比较式（6.4.15）与式（6.4.20）有

$$A'_{0g} + A'_{0g} = A'_0 \tag{6.4.21}$$

假定两种流动情况下的 C_d 没有多大变化，且两相流中的气、液质量流量与单相流相同，则合并式（6.4.13）、式（6.4.14）、式（6.4.16）、式（6.4.17）和式（6.4.21）得

$$\sqrt{\Delta p_{f,sp}/\Delta p_{f,tp}} + \sqrt{\Delta p_{g,sp}/\Delta p_{g,tp}} = 1 \tag{6.4.22}$$

注意气、液各相流经孔板时的压降，即

$$\Delta p_{g,tp} = \Delta p_{f,tp} = \Delta p_{tp} \tag{6.4.23}$$

则式（6.4.22）变为

$$\sqrt{\Delta p_{tp}} = \sqrt{\Delta p_{f,sp}} + \sqrt{\Delta p_{g,sp}} \tag{6.4.24}$$

由此可见，如果分别计算出气、液两相单独流经孔板时的压降，则两相流流经孔板的压降就可由式（6.4.24）求得。气、液两相各自的质量流量可由总流量和含汽率求得，见式（6.3.11）、式（6.3.12）。

默多克（Murdock）在很宽的运行工况范围内做了大量实验，提出了如下修正式：

$$\sqrt{\Delta p_{tp}} = 1.26\sqrt{\Delta p_{f,sp}} + \sqrt{\Delta p_{g,sp}} \tag{6.4.25}$$

可见，修正式求得的 ΔP_{tp} 要比式（6.4.24）大一些。

习　题

1. 单相流体摩擦系数的主要影响因素有哪些？

2. 说说在核动力装置中，常见哪些局部压降。

3. 什么叫水锤？为什么会出现水锤？什么叫直接水锤、间接水锤？

4. 管中平均流速突然减小 5 m/s 的数值时，压力会增加多少？

5. 减弱水锤的具体办法有哪些？

6. 什么叫气穴和汽蚀？它们有何危害？

7. 常温常压下的水以速度 10 m/s 匀速流过高为 1m、半径为 1 cm 的垂直光滑管，求进出口压降。

8. 什么叫流型？说说在垂直加热流道中常遇到的流型。

9. 试写出质量流速、相速度、空泡份额与滑速比的定义。

10. 试导出气水两相流的空泡份额、含汽率和滑速比之间的关系式（6.3.6）。

11. 压力为 0.1 MPa 和 6.8 MPa 的汽水混合物系统，水蒸气的质量含汽率 x 为 2%，滑速比 $S=2$，分别计算空泡份额。

12. 利用第 11 题的数据分析：两相流流过突然扩大时的静压升，突然缩小时的静压降与单相比，是大还是小。

13. 证明：

$$\frac{(\dot{m}_{\rm g}u_{\rm g}+\dot{m}_{\rm f}u_{\rm f})}{A}=G^2\left[\frac{(1-x)^2}{(1-\alpha)\rho_{\rm f}}+\frac{x^2}{\alpha\rho_{\rm g}}\right]$$

14. 按下述条件计算内径为 5 cm 的汽水沸腾通道出口处的摩擦压降：压力为 15 MPa；进口处饱和水的质量流量为 2.5 kg/s，出口含汽率为 0.183。

15. 试计算内径由 30 mm 突然扩大至 60 mm 的水平管中气水两相流的压力变化和压力损失。假设系统压力为 15 MPa，含汽率为 0.04，质量流量是 1 kg/s。

第 7 章　核动力一回路水力分析

为了使所设计的反应堆具有良好的经济性和安全性，不仅要进行传热特性分析，而且还要了解与流动有关的水力学问题。核动力回路水力分析大致包括：①分析计算核动力回路内冷却剂的流动压降，确定堆芯冷却剂的流量分布和回路管道、部件的尺寸及冷却剂循环泵所需要的唧送功率；②确定自然循环输热能力。反应堆依靠自然循环输出功率或停堆后的衰变热，需要通过水力计算确定在一定的反应堆功率下的自然循环水流量，结合传热计算，确定反应堆的自然循环输热能力；③分析系统的流动稳定性。对于存在气水两相流动的装置，像反应堆或蒸汽发生器等，要对其系统的流动稳定性进行分析。寻求改善或抑制流动不稳定性的方法。

典型压水堆主回路的总压降 Δp 主要由反应堆内压降 Δp_R、蒸汽发生器内的总压降 Δp_G 与一回路管道内（包括主泵内）的流动总压降 Δp_F 部分组成：

$$\Delta p = \Delta p_R + \Delta p_G + \Delta p_F$$

为了求得一回路系统的总压降，必须先求得上式右边各压降值。

7.1　反应堆内压降计算

典型压水堆内的总压降 Δp_R 主要由冷却剂进口接管压降 Δp_{in}，流经热屏蔽时的压降 Δp_{hs}、堆的下腔室压降 Δp_{lp}、堆芯压降 Δp_{co}、堆芯出口压降 Δp_{ex} 及出口接管压降 Δp_{out} 等部分组成：

$$\Delta P_R = \Delta p_{in} + \Delta p_{hs} + \Delta p_{lp} + \Delta p_{co} + \Delta p_{ex} + \Delta p_{out} \tag{7.1.1}$$

以下重点求堆芯的压降。堆芯流体从入口到出口时总的静压降 ΔP_{co} 由摩擦压降、提升压降和加速压降组成。由于存在定位格架等结构，还应考虑局部阻力引起的压力损失 Δp_c，此时式（7.1.1）中的 Δp_{co} 应为

$$\Delta p_{co} = \Delta p_f + \Delta p_a + \Delta p_{el} + \Delta p_c \tag{7.1.2}$$

7.1.1　摩擦压降

压水堆堆芯流道内摩擦压降可以根据第 6 章介绍的达西公式计算：

$$\Delta p_f = f_{no} \frac{H}{De} \frac{\rho_f}{2} u_f^2 \tag{7.1.3}$$

式中：f_{no} 是考虑到冷却剂流过元件表面被加热的影响，参考式（6.2.21）计算：$f_{iso}\left(\frac{\mu_w}{\mu_f}\right)^{0.6}$，

而 f_{iso} 则要根据 Re 与相对粗糙度查莫迪摩擦系数曲线图 6.2.3 求得；H 为堆芯流道的长度；De 为燃料元件围成流道的当量直径；ρ_f、u_f 分别为堆芯流道内冷却剂的平均密度、速度。

7.1.2　提升压降

对于压水堆，整个堆芯流道内冷却剂密度可用流道进出口密度的平均值 ρ 相近似，于是提升压降计算为

$$\Delta p_{el} = g\rho(z_2 - z_1) = g\rho H \tag{7.1.4}$$

它表示冷却剂从入口 z_1 提升到出口 z_2 时，由于位能增加所引起的压力损失；式中 H 为堆芯流道的高度。

7.1.3　加速压降

因加热或冷却引起的密度变化的等面积加速压降其表达式为

$$\Delta p_a = \int_{u_1}^{u_2} \rho u \mathrm{d}u = \frac{\dot{m}}{A}(u_2 - u_1) = G^2(1/\rho_2 - 1/\rho_1)$$

而流体经过的流道面积改变而产生的等密度加速压降其表达式为

$$\Delta p_a = \int_{u_1}^{u_2} \rho u \mathrm{d}u = \rho\left(u_2^2 - u_1^2\right)/2$$

当然，对于密度与面积都变化的流道，需要找出密度与速度的关系进行积分。

在反应堆中，流道面积可以认为不变，而经常采用进出口密度的平均值 ρ 来计算加速压降：

$$\Delta p_a = \rho u(u_2 - u_1) = \frac{\rho_1 u_1 + \rho_2 u_2}{2}(u_2 - u_1) \approx \rho\left(u_2^2 - u_1^2\right)/2 \tag{7.1.5}$$

可见，因加热引起密度变化或流道截面积的变化而产生的加速流动时，加速压降主要是冷却剂动能增加而引起的压降。

7.1.4　定位格架的局部压降

在反应堆中，冷却剂流经燃料定位格架时的压降，属于局部压降（又称形阻压降）。由于造成这类形阻压降的各种因素中大多数属于随机性因素，所以通常需要由实验测定。蜂窝式定位格架的结构类似于截面突然变化（先收缩后扩大）的孔板，故其压降可以按突然缩小和突然扩大的形阻之和或直接按孔板形阻计算。当然，这样计算只是一种近似的估算。

在计算定位格架形阻压降 Δp_c 的各种经验公式中，以雷梅（Rehme）给出的经验公式应用得最广泛，该式为

$$\Delta p_c = K_c \xi^2 \frac{\rho}{2} u_b^2 \tag{7.1.6}$$

式中：K_c 为定位格架形阻系数。ξ 是定位格架所占流道面积与无格架时的自由流道面积之比；u_b 是棒束中流体的平均流速，m/s；根据雷赫梅经验数据得到的定位格架形阻系数随

定位格架棒束中 Re 的变化关系曲线，如图 7.1.1 所示。棒束中的 Re 定义为

$$Re = \frac{\rho u_b D_e}{\mu} \tag{7.1.7}$$

式中：$D_e = 4A/H$ 为定位格架处棒束的当量直径，A 为棒束中无约束的总流通面积，H 为元件壁面的总润湿周长；μ 为流体的动力黏度。

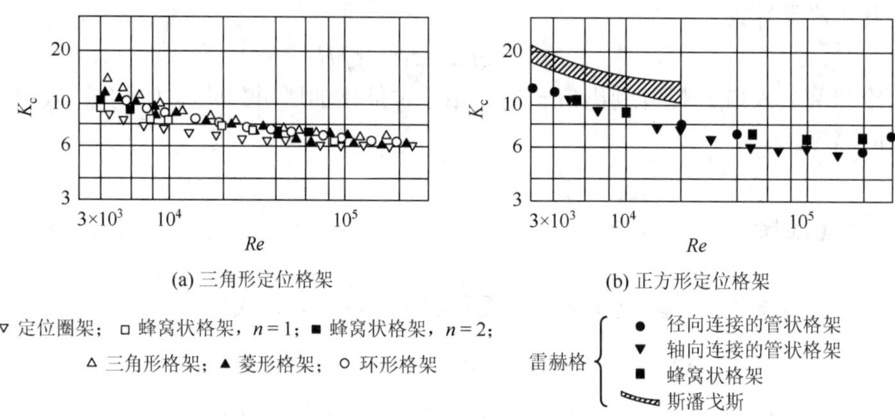

图 7.1.1　形阻系数 K_c 与棒束 Re 的关系

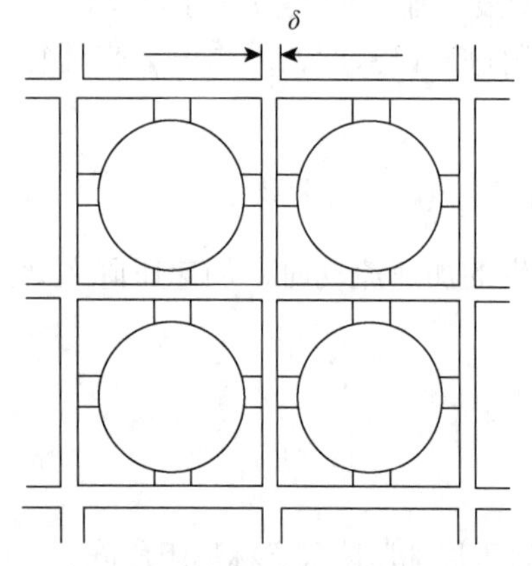

图 7.1.2　蜂窝式定位格架（正方形排列）

例 7.1.1　某压水堆的开式棒束燃料组件采用正方形栅格排列，燃料元件棒的外径为 d= 10.72 mm，长度为 L = 3.78 m，栅距 P = 14.3 mm。燃料元件包壳相当于一根光滑的冷拉管。燃料元件组件沿高度用八段蜂窝式定位格架固定，定位架板条的厚度（见图 7.1.2）δ = 0.8 mm。水在燃料棒间的冷却剂流道中由下向上流，平均温度 $\overline{T_f} = 300$℃，平均流速 $\overline{u_f} = 4.35$ m/s，运行压力 p = 15.5 MPa，燃料元件包壳外表面平均温度 $\overline{T_{cs}} = 320$℃。假设图 7.1.1 的形阻系数同样适用于开式棒束燃料组件，试计算水在冷却剂流道进出口间的压力变化（忽略流道进出口处的压力损失）。

解　查附录Ⅱ可知，在 p = 15.5 MPa，$\overline{T_f} = 300$℃时，有

$$\rho_f = 1/v_f = 727.45 \text{kg/m}^3, \qquad \mu_f = 92.3\times10^{-6}\ \text{Pa}\cdot\text{s}$$

在 p = 15.5MPa，$\overline{T_{cs}} = 320$℃下，$\mu_w = 85.1\times10^{-6}$ Pa·s 流道内提升压降 $\Delta p_{el} = \rho_f g L$ = 727.45×9.81×3.78 = 2.7×10^{-2} MPa。为求得摩擦压降，应先算出

$$D_e=\frac{4P^2-\pi d^2}{\pi d}=\frac{4\times 14.3^2-3.1416\times 10.72^2}{3.1416\times 10.72}=13.57\ (\text{mm})$$

$$Re=\frac{D_e\rho_f\overline{u_f}}{\mu_f}=\frac{13.57\times 10^{-3}\times 727.45\times 4.35}{92.3\times 10^{-6}}=4.65\times 10^6$$

$$\frac{\varepsilon}{D_e}=\frac{0.0015}{13.57}=11\times 10^{-5}$$

因 $L/D_e=3.78/(13.57\times 10^{-3})=278.56>100$，故沿流道的全部长度可按定型流动计算摩擦系数。由上述 Re 与 ε/D_e 查莫迪曲线图 6.2.3 可得 $f_{iso}=0.0145$。考虑加热的影响

$$f_{no}=f_{iso}\left(\frac{\mu_w}{\mu_f}\right)^{0.6}=0.0145\left(\frac{85.1\times 10^{-6}}{92.3\times 10^{-6}}\right)^{0.6}=0.0138$$

则摩擦压降为

$$\Delta p_f=f_{no}\frac{L}{D_e}\frac{\rho_f}{2}u_f^2=0.0138\times\frac{3.78}{13.57\times 10^{-3}}\frac{727.45\times 4.35^2}{2}=2.65\times 10^{-2}\ (\text{MPa})$$

根据 Re，由图 7.1.1（b）外推估算得到定位格架形阻系数 $K_g=6.5$。对于正方形栅格，ξ 值应为

$$\xi=\frac{2P\delta}{P^2-\pi d^2/4}=\frac{2\times 14.3\times 0.86}{14.3^2-3.1416\times 10.72^2/4}=0.2$$

而形阻压降为

$$\Delta p_c=K_c\xi^2\frac{\rho_f}{2}u_f^2=6.5\times 0.2^2\times\frac{727.45\times 4.35^2}{2}=1.79\times 10^{-3}\ (\text{MPa})$$

于是冷却剂在堆芯流道进出口间的压力变化为

$$p_1-p_2=\Delta p_{cl}+\Delta p_f+8\Delta p_c=2.7\times 10^{-2}+2.65\times 10^{-2}+8\times 1.79\times 10^{-3}$$
$$=6.78\times 10^{-2}\ (\text{MPa})$$

7.2　蒸汽发生器内压降计算

7.2.1　一回路侧阻力压降计算

这里以图 7.2.1 为例说明 U 形管自然循环蒸汽发生器一回路侧阻力压降计算。

1. 传热管内的摩擦压降

摩擦压降采用下式计算：

$$\Delta p_f=f\frac{H}{d}\frac{\rho_f u_f^2}{2}\qquad(7.2.1)$$

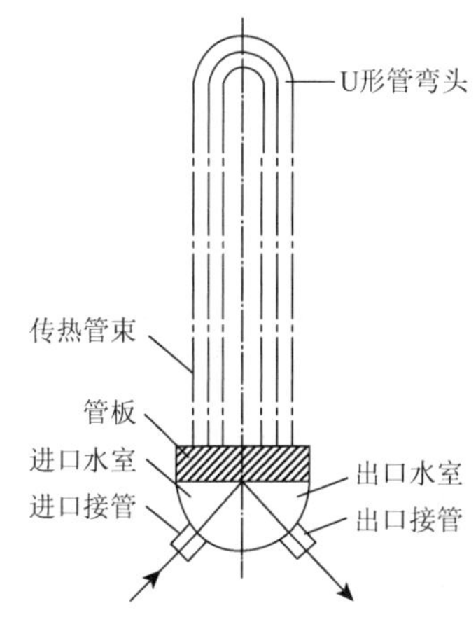

图 7.2.1　U 形管自然循环蒸汽发生器一回路侧示意图

式中：摩擦阻力系数根据雷诺数范围，从 6.2.2 小节中选取合适的公式计算；平均传热管长度包括两端在管板内的长度；一回路冷却剂在传热管内的平均密度和平均流速按流道进出口算术平均温度和一回路压力计算。

2. *局部阻力压降*

局部阻力压降共由 7 部分组成，按 6.2.3 小节中介绍的方法，选取合适的公式计算。

（1）由进口接管至进口水室通道截面突然扩大的局部阻力压降 Δp_A 按式（6.2.27）计算，式中，局部阻力系数按图 6.2.5 查取，或按式 $K_e = (1-A_1/A_2)^2$ 计算。其中较小通道截面为接管横截面，较大通道截面为与冷却剂接触的管板半圆面；冷却剂密度按入口温度和一回路压力计算；冷却剂流速按进口接管内的速度计算。

（2）进口水室内转弯局部阻力压降 Δp_B 按式（6.2.34）计算。式中，局部阻力系数按式（6.2.39）计算或表 7.2.1 查取；冷却剂密度按入口温度和压力计算；冷却剂流速按进口接管内的速度计算。

（3）由进口水室至传热管束，通道截面突然缩小的局部阻力压降 Δp_C 按式（6.2.30）计算，式中，局部阻力系数按图 6.2.5 查取，其中较小通道截面为传热管束的流通截面，较大通道截面为与冷却剂接触的管板半圆面；冷却剂密度可以按上面相同的方法计算或根据出口接管内的压力与温度来确定。冷却剂流速按出口接管内的速度计算。

（4）在 U 形管弯头内转弯 180°的局部阻力压降 Δp_D 按式（6.2.34）计算。式中转弯局部阻力系数按表 7.2.1 查取，取 0.5。

（5）由传热管束至出口水室，通道截面突然扩大的局部阻力压降 Δp_E 按式（6.2.27）计算。式中，局部阻力系数按图 6.2.5 查取，或按式 $K_e = (1-A_1/A_2)^2$ 计算。其中较小通道截面为传热管束的流通截面，较大通道截面为与冷却剂接触的管板半圆面。

（6）在出口水室内转弯的局部阻力压降 Δp_F 按式（6.2.34）计算。式中，局部阻力系数按表 7.2.1 查取。

（7）由出口水室至出口接管，通道截面突然缩小的局部阻力压降 Δp_G 按式（6.2.30）计算。式中，局部阻力系数按图 6.2.5 查取，其中较小通道截面为出口接管流通截面，较大通道截面为与冷却剂接触的管板半圆面。蒸汽发生器一回路侧的局部阻力压降之和为

$$\Delta p_{lc} = \Delta p_A + \Delta p_B + \Delta p_C + \Delta p_D + \Delta p_E + \Delta p_F + \Delta p_G \tag{7.2.2}$$

忽略流速变化的影响，蒸汽发生器一回路侧的总压降为

$$\Delta p_{gt} = \Delta p_f + \Delta p_{lc} \tag{7.2.3}$$

表 7.2.1　转弯局部阻力系数

结构形式	在某一转弯角度时局部阻力系数			结构形式	阻力系数
	<30°	30°～70°	>70°		
在管子弯头内的平滑转弯	0	0.1	0.2	从联箱（内径大于 350 mm）或气包进入管束	0.5
在联箱内急剧转弯	0.8	0.8～1.0	1.2	从管子进入联箱（内径大于 350 mm）或气包	1.0
在 U 形弯头内转弯	0.5			进入壳侧或从壳侧流出	1.5
在壳体内 90°转弯	1.0			在壳体内流过支撑板的 180°转弯	1.5

7.2.2　二回路侧自然循环与水力计算

自然循环是指在闭合回路内依靠上升段和下降段内流体密度差与位差所产生的压头形成的水循环。在自然循环蒸汽发生器内，不仅在一回路侧可以发生自然循环，二回路侧同样存在自然循环。研究蒸汽发生器自然循环的目的是分析蒸汽发生器在运行中，一、二回路工质流动的水力特性及稳定性，提高其核动力运行的安全可靠性和防止管子腐蚀破裂等。对蒸汽发生器二回路侧的自然循环分析还要确定循环倍率的大小，循环倍率 C 是自然循环的一个重要的热工参数，它定义为上升流道内汽水混合物总质量流量 m_t 与蒸汽质量流量 m_g 之比，即

$$C = \frac{m_t}{m_g} = \frac{1}{x_e} \tag{7.2.4}$$

1. 水循环回路

图 7.2.2 所示为立式 U 形管自然循环蒸汽发生器二回路侧的基本循环回路，它由下降通道、上升通道和连接它们的衬筒缺口和汽水分离器等组成。其中，在外壳与衬筒之间的下降空间内流动的是非饱和单相水，它是由来自二回路的给水与从汽水分离器分离出来的再循环饱和水混合而成。而在上升通道中流体受热产生蒸汽，流动的是汽水混合物。进入蒸汽发生器的给水温度一般低于蒸汽发生器工作压力下的饱和温度，给水与汽水分离器分离出来的再循环饱和水混合后还未达到饱和温度，为过冷水。即使给水温度达到饱和温度，由于水柱静压力的缘故，上升空间入口处的水温也低于对应压力下的饱和温度，所以上升空间中传热面可分为预热段和蒸发段两部分。在传热面上，还有一个上升段，提高了循环的压头，所以上升通道的总高度由预热段 H_1、蒸发段 H_2 和上升段 H_3 组成，其中蒸发段和上升段的总和称为含气段，上升空间的预热段也称为不含气区段。开始沸腾的位置称为“沸腾起始截面”或简称“沸腾点”。通过沸腾点以后，随着流体的进一步向前流动，蒸汽含量不断增加，因此在含气区段的蒸发段内，汽水混合物的密度是不断变化的。在同一系统工

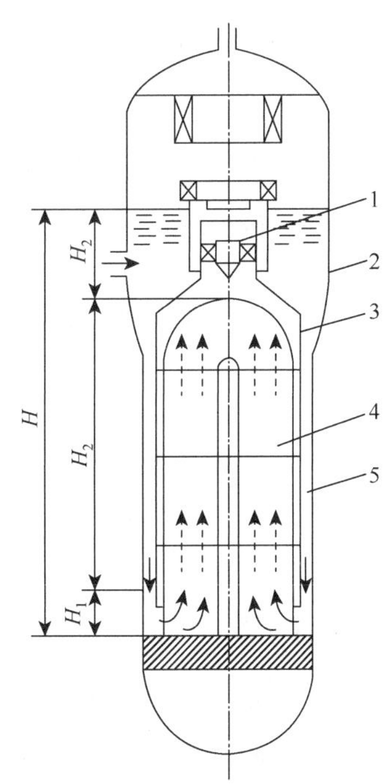

图 7.2.2　立式自然循环蒸汽发生器的基本水循环回路

1—汽水分离器；2—筒体；3—套筒；4—上升通道；5—下降通道

作压力下，单相水的密度大于汽水混合物的密度，因两者的密度差在回路中形成了驱动压头。在压头驱动下，水会沿着下降通道向下流动，而汽水混合物则沿着上升通道向上流动，于是形成了自然循环。

2. 水循环基本方程

无论是单相流还是两相流，对于任意结构的流道，给定两个流通截面之间的压降为

$$\Delta p = p_1 - p_2 = \Delta p_{el} + \Delta p_a + \Delta p_f + \Delta p_c \tag{7.2.5}$$

式中：p_1、p_2 分别是流体在所给定的通道截面 1 和 2 处的静压力；Δp_{el} 为重力压降；Δp_a 为加速度压降；Δp_f 为摩擦压降；Δp_c 为局部压降。

对于式（7.2.5），在稳定循环流动情况下，$\Delta p = \sum_{i=1}^{n} \Delta p_i = 0$，则其变为

$$-\sum_{i=1}^{n} \Delta p_{el,i} = \sum_{i=1}^{n} \Delta p_{f,i} + \sum_{i=1}^{n} \Delta p_{a,i} + \sum_{i=1}^{n} \Delta p_{c,i} \tag{7.2.6}$$

以 Δp_d 表示驱动压头，则自然循环的基本条件是驱动压头等于总流动阻力

$$\Delta p_d = -\sum_{i=1}^{n} \Delta p_{el,i} = \sum_{i=1}^{n} \Delta p_{f,i} + \sum_{i=1}^{n} \Delta p_{a,i} + \sum_{i=1}^{n} \Delta p_{c,i} \tag{7.2.7}$$

式（7.2.7）表明，在自然循环中，由循环回路的上升通道和下降通道中流体密度差所产生的驱动压头，用于克服循环回路的总流动阻力。

若用 Δp_{up} 和 Δp_{dc} 分别表示上升通道和下降通道的流动阻力，则有

$$\Delta p_d = \Delta p_{up} + \Delta p_{dc} \tag{7.2.8}$$

在水循环计算中，通常把克服上升通道流动阻力后剩余的驱动压头称为有效压头 Δp_{ef}，即

$$\Delta p_{ef} = \Delta p_{dc} \tag{7.2.9}$$

此式即为二回路侧水循环基本方程式。解此基本方程时，由于对驱动压头及上升通道中的流动阻力要精确计算困难较大，一般只能作近似计算。以下介绍用均匀流模型进行水循环计算的方法。

3. 水循环的计算

水循环计算的基本任务是求取循环回路的驱动压头及流动阻力，根据有效驱动压头与下降通道阻力之间的平衡关系，求出循环水速度及循环倍率。

由于驱动压头及各项流动压降均为质量流量的函数，为此水循环计算要先假设总质量流量，或在蒸汽产量给定的条件下假设循环倍率。通常采用后一种假定，进行迭代计算。

1）驱动压头

确定驱动压头要计算下降通道、预热区、沸腾区及上升区的重力压降，计算难点在于确定各区段的密度。在加热通道特别是受热两相流通道中，汽水混合物的密度是连续变化的。一般将计算区分成若干小段，在每一小段中认为密度是常数，进而求取各段的重力压降。因此，在近似计算时，只要计算各区段的平均密度，它可取区段进、出口密度的算术平均值或对数平均值。

已知蒸汽质量流量，设循环倍率初始值为 C，则有下降通道的热平衡式：

$$h_{\mathrm{fd}} + (C-1)h_{\mathrm{f}} = Ch_{\mathrm{m}} \tag{7.2.10}$$

式中：h_{fd}、h_{f}和 h_{m} 分别为给水、饱和水和下降通道混合流体的比焓，由此式求出 h_{m}，进而求得下降通道混合流体的密度 ρ_{m}。

预热区内流体的平均密度 ρ_1 近似取下述算术平均值：

$$\rho_1 = (\rho_{\mathrm{m}} + \rho_{\mathrm{f}})/2 \tag{7.2.11}$$

上升区内汽水混合物不受热，其密度取沸腾区出口汽水混合物密度 ρ_{out}：

$$\rho_3 = \rho_{\mathrm{out}} = \frac{\rho_{\mathrm{f}}}{1 + \dfrac{1}{C}\left(\dfrac{\rho_{\mathrm{f}} - \rho_{\mathrm{g}}}{\rho_{\mathrm{g}}}\right)} \tag{7.2.12}$$

式中：ρ_{f}、ρ_{g} 分别为饱和水与饱和汽的密度。沸腾区内的汽水混合物密度随高度而改变，在近似计算中可假设密度与高度呈线性关系，由此计算沸腾区的混合物平均密度 ρ_2。也曾有文献建议以 ρ_{f} 及 ρ_3 的对数平均值作为混合物平均密度：

$$\rho_2 = \ln\left(\frac{\rho_{\mathrm{f}}}{\rho_3}\right)\bigg/\left(\frac{1}{\rho_3} - \frac{1}{\rho_{\mathrm{f}}}\right) \tag{7.2.13}$$

至此，驱动压头可按下式计算：

$$\Delta p_{\mathrm{d}} = \rho_{\mathrm{m}} gH - g(\rho_1 H_1 + \rho_2 H_2 + \rho_3 H_3) \tag{7.2.14}$$

式中：H 为下降通道；H_1 为预热区；H_2 为沸腾区；H_3 为上升区高度。

2）总流动压降

自然循环中总流动压降由 3 部分组成：下降通道压降、上升通道压降及汽水分离器压降。按压降性质的不同，又可分为摩擦压降、加速压降和局部压降。

（1）摩擦压降。

下降通道内摩擦压降按单相流动摩擦压降公式计算，流体密度取 ρ_{m}。

在上升通道中，预热区内为单相摩擦压降，预热区水的密度取 ρ_0。沸腾区内为两相流动，可用均匀流模型计算摩擦压降，按两相摩擦乘子修正，计算密度可取 ρ_2。

（2）加速压降。

下降通道内单相水的密度变化很小，速度变化不大，因而它的加速压降可忽略不计。

上升通道入口为单相水，出口为汽水混合物，加速压降可按下式近似计算：

$$\Delta p_a = G^2\left(\frac{1}{\rho_3} - \frac{1}{\rho_m}\right) \tag{7.2.15}$$

式中：G 为上升通道中汽水混合物的总质量流速，$\mathrm{kg/(m^2 \cdot s)}$。

（3）局部压降。

自然循环回路中的局部压降包括：衬筒缺口处单相流横向冲刷传热管束并折流而上的压降；流量分配挡板的压降；管束支撑板的压降；汽水混合物斜向冲刷 U 形管弯头的压降；汽水分离器的压降等。

由上述水循环计算方法可见，由于驱动压头及流动总压降均为质量流量的函数，水循环计算时需先在蒸汽产量给定的条件下假设循环倍率初值，或假定总质量流量。所以，初次计算求得的驱动压头和总流动压降并不相等，为此必须重新设循环倍率初值进行计算。因而水循环计算是一个反复试算迭代过程，直到在一定精度下驱动压头等于总流动压降，此时对应的循环倍率即为所求。

在迭代计算过程中，应注意到总流动压降随循环倍率增加而增加，驱动压头则随循环倍率增加而降低。其次，蒸汽发生器二次侧工作压力提高时，汽水密度差减小，则驱动压头减小，将影响水循环的稳定性。

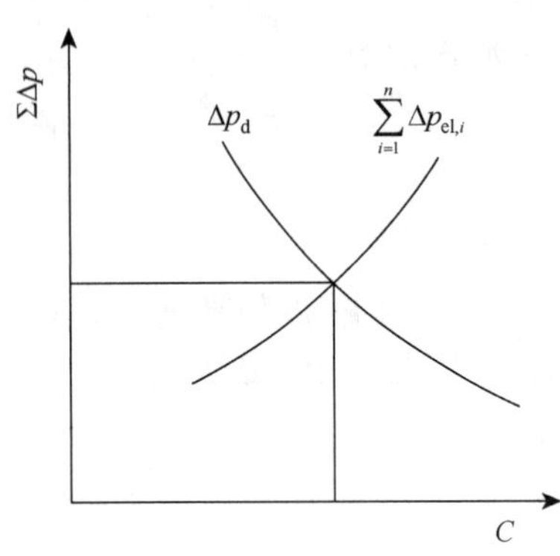

图 7.2.3　循环倍率 C 的图解法

除用迭代法进行水循环计算外，还可用图解法，即对给定的蒸汽产量同时假设一系列循环倍率，分别求出与每一循环倍率相对应的驱动压头和总流动阻力，并将它们绘制成曲线，如图 7.2.3 所示。两曲线的交点就是水循环方程的解，交点的横坐标即为给定蒸汽产量下的循环倍率。如按上述水循环计算方法，编制程序计算，将大大提高水循环计算的速度和精度。

必须指出，由于传热管束热端蒸汽质量流量较高，而另一些局部可能出现滞流区，所以在管束间横截面上气相流动一般是不均匀的。然而以集总参数法为基础的上述计算结果却掩盖了这一事实。此外，由于流体密度变化的不均匀性，用平均密度来综合反映，其结果也只能是近似的。精确的计算必须按空间分布，至少应将传热管分段，计算各段的传热和流动特性，此时可采用数值计算，或用专业的 CFD 软件计算。

7.3　管路压降与泵功率

7.3.1　管路压降

在反应堆的热工水力分析中，还需要知道冷却剂在反应堆一回路系统内循环流动时的总压降。例如在计算冷却剂循环泵所消耗的功率，以及确定堆的自然循环能力时都需要总压降的数值。总压降由反应堆、蒸汽发生器和管路压降组成。前面我们讨论了一回路冷却剂环流体在流过反应堆和蒸汽发生器中的压降计算方法。管路压降相对容易计算，在反应堆的一回路冷却剂环路内，沿管路的每一部分都有因摩擦而产生压降，还有进口和出口损失以及流动方向效应。此外，流动系统内阀门和其他的局部阻力件对压力损失也有贡献。

计算核动力管路压降通常采用的步骤是，首先根据流体在管路中的温度情况，把管路压降划分为若干段，算出每一段内的各类压降之和，然后再把各段的压降相加，即得到整个管路的总压降。假设把管路划分成几段，则管路总压降的数学表达式可以写成：

$$\Delta p_{\mathrm{t}} = \sum_{i=1}(\Delta p_{\mathrm{el}} + \Delta p_{\mathrm{a}} + \Delta p_{\mathrm{f}} + \Delta p_{\mathrm{c}})_i \tag{7.3.1}$$

或

$$\Delta p_{\mathrm{t}} = \sum_{i=1} \Delta p_{\mathrm{el},i} + \sum_{i} \Delta p_{\mathrm{a},i} + \sum_{i} \Delta p_{\mathrm{f},i} + \sum_{i} \Delta p_{\mathrm{c},i} \tag{7.3.2}$$

式中，右边的各项依次表示回路中的提升压降、加速压降、摩擦压降、局部压降的总和。对于闭合管路，系统中产生的加速压降之和为零，这样式（7.3.2）变为

$$\Delta p_{\mathrm{t}} = \sum_{i=1} \Delta p_{\mathrm{el},i} + \sum_{i} \Delta p_{\mathrm{f},i} + \sum_{i} \Delta p_{\mathrm{c},i} \tag{7.3.3}$$

提升压降，摩擦压降、局部压降按第 6 章介绍的方法和公式计算。

7.3.2　泵功率

冷却剂循环泵所需要的唧送功率，也取决于冷却剂的流量和在反应堆系统中流动所产生的总压降。在大多数反应堆系统中，冷却剂是靠泵或风机强迫循环的，为了克服冷却剂所流经的包括反应堆堆芯、管道、蒸汽发生器在内的一回路的压力损失，必须给循环的冷却剂提供相应的驱动压头，为此就需要消耗唧送功率。唧送功率的大小与一回路冷却剂的流量和压力损失有关，即

$$\text{唧送功率} = \text{总压力损失} \times \text{质量流量}/\text{密度} \tag{7.3.4}$$

例如，某实际反应堆，一回路内总的压力损失大约为 25×10^4 Pa，冷却剂的质量流量为 1.83×10^4 kg/s，冷却剂在堆内工作压力下的平均密度为 691 kg/m^3，故

$$\text{唧送功率} = 25\times10^4\times1.83\times10^4/691 = 6.62\times10^6\ (\mathrm{W})$$

7.4　堆芯冷却剂流量的分配

反应堆热工设计之前，必须知道堆内的热源空间分布和各冷却剂通道的流量分配。由于堆芯各流动通道发出的功率不同及各流动通道所处的位置不同，造成各流动通道的冷却剂流量不同，研究堆芯流量分配即研究这种不同的程度。据此才能按照堆芯结构及材料的物性参数计算堆内的焓场和温度场。本节讨论堆内各冷却剂通道的流量分布或分配问题。

在一个流动系统中，若各通道具有共同的出入口，称为并联通道。压水堆堆芯是由大量平行的冷却剂通道组成的并联通道，反应堆内的上、下腔室就是这些平行通道的共同出入口。若各通道间的流体没有质量、动量和热量的迁移。例如，若把带盒的燃料组件看作是一个通道，则整个堆芯就是一组闭式并联通道。无盒燃料组件构成的通道，或一个组件中燃料棒束构成的通道，它们和相邻通道之间的流体可能会发生混合或交混，在热工设计时需要考虑这些通道之间的质量、动量和热量的迁移，则这些并联通道就是开式通道；如果开式通道之间的迁移量为零，则仍可按闭式通道处理。冷却剂总流量可以根据反应堆总热功率求得，但要确定各冷却剂通道内流量分配却不是一件容易的事。由于堆内冷却剂流动情况复杂，不能单纯依靠理论分析，必须理论与实验相结合，才能求得满足工程要求的流量分配的近似解。比较可靠的方法是根据相似理论，通过对整个流动系统作水力模拟实验，直接测量流量分布。更准确的数据甚至需在反应堆建成后进行堆内实测才能得到。堆芯流量分配计算属于水力学的问题，分析堆芯流量分配的方法

和思路是：认为反应堆上下腔室足够大，则堆芯各通道的压降近似相等；若堆芯各通道发热量不同，则冷却剂受热不同，状态不同，进而水力学特性不同，即在相同的进出口压降情况下，堆芯各通道流量不同。下面以压水堆为例，具体讨论闭式通道的流量分配计算方法。

7.4.1　堆芯流量分配的计算方法

在求解并联闭式通道的流量分配时，首先要列出已知条件及稳态工况下各通道的有关守恒方程。对于闭式通道，只要考虑一维向上（或向下）流动，不必计及相邻通道冷却剂的质量、动量和热量的迁移，所以这些守恒方程式的形式比较简单，图 7.4.1 给出了堆芯并联通道示意图。

在确定并联通道的流量分配时，需要知道以下一些条件。

（1）下腔室的压力分布，即各并联通道入口处的压力 p_{11}，p_{12}，…，p_{1i}，…，p_{1n}（这里 n 为并联通道的个数）一般入口压力分布是通过水力模拟实验测得，或根据经验数据给出，作为设计的已知条件。

（2）上腔室的压力分布，即各个并联通道的出口压力，对压水堆，初步设计中一般假设上腔室的压力是均匀的：

$$p_{21} = p_{22} = \cdots = p_{2i} = \cdots = p_{2n} \tag{7.4.1}$$

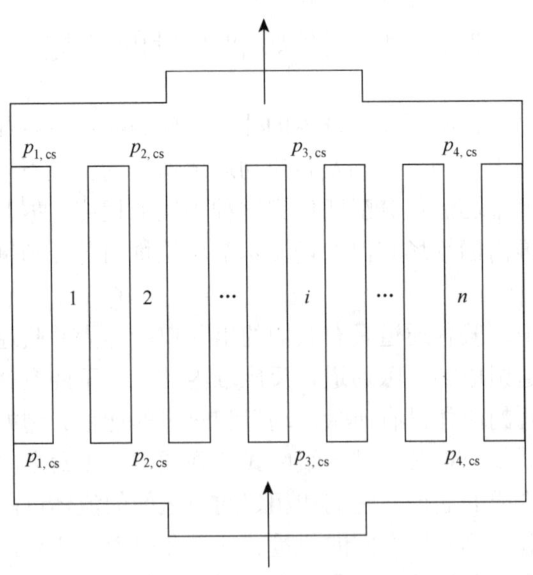

图 7.4.1　堆芯并联通道示意图

在进行计算时所采用的基本方程式如下。

（1）质量守恒方程。

设冷却剂总循环流量为 m_t，各并联通道分流量分别为 m_1，m_2，…，m_i，…，m_n 则质

量守恒方程为

$$(1-\xi)m_{\rm t}=\sum_{i=1}^{n}m_i \tag{7.4.2}$$

式中：ξ 为旁流系数（目前电厂压水堆 $\xi\approx5\%$），它表示冷却剂不通过堆芯而旁流的流量占 $m_{\rm t}$ 的份额。

（2）动量守恒方程。

对于第 i 通道，其一般式可写成：

$$p_{1i}-p_{2i}=f(L_i, D_{{\rm e}i}, A_i, m_i, \mu_i, \rho_i, x_i, a_i) \tag{7.4.3}$$

式中：$i=1, 2, \cdots, n$；p_{1i}，p_{2i} 为分别为第 i 通道冷却剂的进出口压力；L_i，$D_{{\rm e}i}$，A_i 分别表示第 i 通道的长度、当量直径和流通截面积；m_i，μ_i，ρ_i，x_i，a_i 分别表示第 i 通道的质量流量、黏度、密度、含汽率及空泡份额。

（3）能量守恒方程。

对于任一闭式通道 i 中微元长度 Δz（见图 7.4.2）的热平衡方程式可以写成：

$$\frac{A_i\Delta[\rho_i h_i(z)]}{\Delta t}+\frac{m_i\Delta h_i(z)}{\Delta z}=q'(z)\qquad(i=1,2,\cdots,n) \tag{7.4.4}$$

式中：i 为通道的序号；A 为通道流通截面积；ρ 为冷却剂密度；$h_i(z)$为在位置 z 处冷却剂的焓；$\Delta h_i(z)$为冷却剂流过通道 Δz 时的焓升；Δt 为冷却剂流过 Δz 所需的时间；m 为冷却剂质量流量；$q'(z)$为轴向高度 z 处燃料元件的线功率密度。

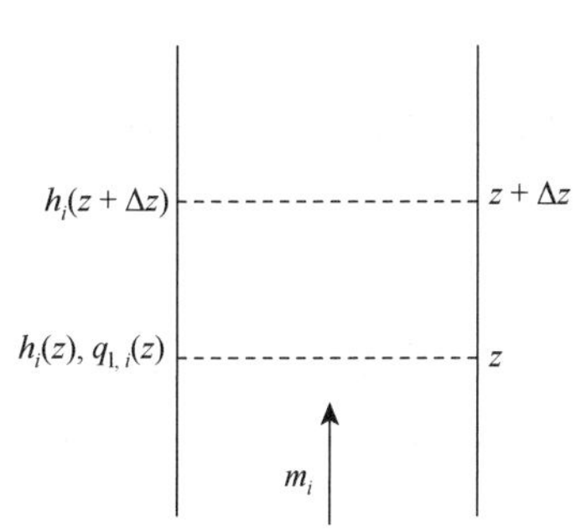

图 7.4.2　闭式通道热平衡示意图

式（7.4.4）左端第一项表示在通道 i 的位置 z 处微元体 $A_i\Delta z$ 中冷却剂焓随时间的变化值，第二项表示在位置 z 处冷却剂流经长度 Δz 后所带出的热量，右端表示燃料元件棒在 z 至 $z+\Delta z$ 的长度内释出的热量。对于稳态，左端第一项为零，于是式（7.4.4）可变为

$$\frac{m_i\Delta h_i(z)}{\Delta z}=q'(z)\quad(i=1,2,\cdots,n) \tag{7.4.5}$$

对于闭式通道，m_i 沿整个 z 轴为常数，因此可把式（7.4.5）写成积分形式：

$$m_i[h_i(L)-h_i(0)]=\int_0^L q'(z)\,{\rm d}z\quad(i=1,2,\cdots,n) \tag{7.4.6}$$

式中：L 为通道长度，进口处 $z=0$，出口处 $z=L$。

计算时要求解的量是：各通道冷却剂流量 m_1，m_2，…，m_i，…，m_n；上腔室压力 p_2；以及用来确定各通道内热物性的冷却剂焓（由焓转换成相应的温度，然后再确定冷却剂的热物性）。在通道出口处焓值可表示成 h_1，h_2，…，h_i，…，h_n。这样要求的量共有 $2n+1$ 个，方程也有 $2n+1$ 个。因此只需要联立求解质量守恒方程、动量守恒方程和能量守恒方程共 $2n+1$ 个方程，就能解得包括各通道冷却剂流量在内的 $2n+1$ 个未知数。若要提高计算精确度，需要把整个通道沿轴向分成若干个距离足够小的步长。从通道入口开始，先假定一组满足式（7.4.2）的流量分配数据，然后应用动量守恒方程、能量守恒方程及已知的各通道进口压力、进口焓，计算冷却剂通过第一个步长的出口压力和出口焓。在计算第一步长的压降时所用的冷却剂的热物性，按堆芯入口温度确定。接着把第一步长的出口压力、出口焓作为第二步长的入口参数，计算第二步长的出口压力、出口焓，在计算第二步长压降时所用的冷却剂热物性可按第二步长的出口温度确定。这样沿通道轴向逐个步长计算下去直到通道出口。若计算所得的 n 个通道出口压力不符合给定边界条件式（7.4.1），必须重新修改所假定的通道入口流量分配数据，按上述介绍的方法再进行迭代计算，直至各通道出口压力满足所给定的边界条件式（7.4.1）为止。这时所得的各通道流量和冷却剂沿轴向的焓分布即为所求。

实际上要达到各通道出口压力完全相等，即完全满足边界条件式（7.4.1）是不可能的。通常是迭代到满足下列收敛准则：

$$\max\left|p_{2i}-p_2\right|<\varepsilon$$

式中：p_{2i} 为任一通道 i 的出口压力；p_2 为各通道出口压力平均值；ε 为给定的允许误差。若对封闭式通道进行粗略估计，则可把整个通道作为一个步长进行计算。

7.4.2 堆芯流量分配分析

1. 流道压降

由第 6 章和第 7.1 节中可知，堆芯各通道的压降由摩擦压降、加速压降、提升压降、定位格架压降、进出口压降组成，即

$$\Delta p=\Delta p_{\mathrm{in}}+\Delta p_{\mathrm{f}}+\Delta p_{\mathrm{a}}+\Delta p_{\mathrm{el}}+\Delta p_{\mathrm{c}}+\Delta p_{\mathrm{ex}} \tag{7.4.7}$$

把所有的局部阻力压降归并在一起，式（7.4.7）写为

$$\Delta p=\sum\Delta p_{\mathrm{c}}+\Delta p_{\mathrm{f}}+\Delta p_{\mathrm{a}}+\Delta p_{\mathrm{el}} \tag{7.4.8}$$

将各压降的具体表达式代入，则有

$$\Delta p=\left(\sum_{i=1}^{n}K_i+f\frac{L}{D_{\mathrm{e}}}\right)\frac{\rho u^2}{2}+\rho gL+\frac{1}{2}\rho(u_2^2-u_1^2) \tag{7.4.9}$$

在堆芯单相流的条件下，式（7.4.9）右边最后一项的加速压降与其他项相比要小得多，可以忽略，这样有

$$\Delta p=\left(\sum_{i=1}^{n}K_i+f\frac{L}{D_{\mathrm{e}}}\right)\frac{\rho u^2}{2}+\rho gL \tag{7.4.10}$$

为方便起见，令

$$B=\left(\sum_{i=1}^{n}K_i+f\frac{L}{D_{\mathrm{e}}}\right)\frac{1}{2A^2} \tag{7.4.11}$$

将 B 代入式（7.4.10）得

$$\Delta p=Bvm^2+\rho gL \tag{7.4.12}$$

式中：$v=1/\rho$ 为比体积；m 为质量流量。式（7.4.12）适用于堆芯任一流道。

2. 流量分配分析

取堆芯中两个最有代表性的通道。

（1）平均通道（平均管）：反应堆堆芯平均发热通道，各参数下标注 av。

（2）热通道（热管）：反应堆堆芯中发热最多、工作条件最恶劣的通道，各参数下标注 h；则有

$$\Delta p_{av} = B_{av} v_{av} m_{av}^2 \pm \rho_{av} gL \tag{7.4.13}$$

$$\Delta p_h = B_h v_h m_h^2 \pm \rho_h gL \tag{7.4.14}$$

式(7.4.14)中：右边第二项的正号“+”表示冷却剂向上流动，提升压降为正；负号“–”表示冷却剂向下流动，提升压降为负。如果堆芯为单流程，且各流道的结构相同，摩擦系数之间的差异可忽略，则有

$$B_h = B_{av} = B \tag{7.4.15}$$

根据反应堆上下腔室足够大，各通道的压降相等的假定有

$$\Delta p_{av} = \Delta p_h \tag{7.4.16}$$

$$B_{av} v_{av} m_{av}^2 \pm \rho_{av} gL = B_h v_h m_h^2 \pm \rho_h gL \tag{7.4.17}$$

将式（7.4.17）整理得

$$\frac{m_h}{m_{av}} = \sqrt{\frac{v_{av}}{v_h} \pm \frac{L(\rho_{av} - \rho_h)g}{v_h B m_{av}^2}} \tag{7.4.18}$$

用 n 表示式（7.4.18）左边的比值，并忽略提升压降的贡献，则

$$n = \frac{m_h}{m_{av}} \approx \sqrt{\frac{v_{av}}{v_h}} \tag{7.4.19}$$

式中：n 称为冷却剂流量分配因子。它表示热管内冷却剂质量流量与平均管内冷却剂质量流量之比。

由于平均管的释热率小于热管释热率，所以平均管内冷却剂比体积（或密度）小于（大于）热管内冷却剂比体积（或密度），即 $v_{av} < v_h$（或 $\rho_{av} > \rho_h$），则由式（7.4.19）可知 $n<1$，冷却剂流量分配因子总是小于 1，这说明释热率不均匀使得越热的流道中冷却剂的流量反而越小。对于热管，其释热率大，流量反而减小，温度进一步上升使之比体积（或密度）进一步增大（或减小），热管的工作条件变得更为恶劣。

必须指出，在上面推导和分析中，我们主要考虑堆芯各流道释热率不均匀的影响，实际中还要考虑以下因素。

（1）进入下腔室的冷却剂，不可避免地会形成许多大大小小的涡流，进而有可能造成各流道进出口处的静压力不相同。

（2）各通道在堆芯所处的位置不同，其流道截面的几何形状及尺寸也不可能完全相同，例如处在燃料组件边上或角上的流道，其流道截面和中心处就可能不同。

（3）燃料元件和燃料组件在制造和安装等过程存在误差，会造成的各通道几何形状及尺寸不同。

这三个方面引起的冷却剂流量分配恶化可能与释热率分布引起的冷却剂流量分配恶

化叠加，加重了热管的不利后果。

对两相流动堆芯流量分配分析，其推导过程同单相流动，但热管内两相流含汽量比单相流要大，即比体积（或密度）要大（或小），造成两相流摩擦阻力比单相流摩擦阻力要增加，使两相流的 B_h 值进一步增加，$B_h > B_{av}$ 在两相流比单相流更加明显，根据式（7.4.17）有

$$n = \frac{m_h}{m_{av}} = \sqrt{\frac{B_{av} v_{av}}{B_h v_h} \pm \frac{L(\rho_{av} - \rho_h) g}{v_h B m_{av}^2}} \tag{7.4.20}$$

因此，B_h 的增加，热管两相流动时质量流量比单相流动下降更严重。当含汽量进一步增加时，还须考虑加速压降的影响。

7.5　流动不稳定性

在加热的流动系统中，如果流体发生相变即出现两相流时，流体以非均匀形态所出现较大的体积变化可能导致流动的不稳定性。注意，这里的流动不稳定性是指在一个质量流密度、压降和空泡之间存在耦合的两相系统中，流体受到一个微小的扰动后所产生的流量漂移或者以某一频率的恒定振幅或变振幅进行的流量振荡。这种现象与机械系统中的振动很相似。质量流密度、压降和空泡可看作是机械系统中的质量、激发力和弹簧，在这中间，质量流密度和压降之间的关系起着重要的作用。流动不稳定性不仅发生在热源有变化的情况下，而且在热源保持恒定的情况下也会发生。

在反应堆、蒸汽发生器及其他存在两相流的设备中一般都不允许出现流动不稳定性，其主要原因如下。

（1）流量和压力振荡所引发的机械力会使部件产生有害的机械振动，而持续的机械振动会导致部件的疲劳损坏。

（2）流动振荡会干扰控制系统。在冷却剂同时兼作慢化剂（例如水）的反应堆中，流动振荡会引起反应堆特性的快速变化，使得这一问题变得更为突出。

（3）流动振荡会使部件的局部热应力产生周期性变化，从而导致部件的热疲劳破坏。

（4）流动振荡会使系统内的传热性能变坏，极大地降低系统的输热能力，并使临界热流密度大幅度下降，造成沸腾临界过早出现。实验证明，当出现流动振荡时，临界热流密度的数值会降低 40%。

两相流不稳定性大致可分为静力学不稳定性和动力学不稳定性。

静力学不稳定性是非周期性地改变系统的稳态工作运行点，它的基本特征是系统在经受一个微小扰动后，会从原来的稳态工作点转变到另一个不相同的稳态工作点运行。这类不稳定性是由于系统的流量与压降之间的变化、流型转换或传热机理的变化所引起的。

动力学不稳定性是周期性地改变系统的稳态工作状况，这里惯性和反馈效应是制约流动过程的主要因素。它的基本特征是当系统经受某一瞬间的扰动时，在以声速传播的压力扰动和以流动速度传播的流量扰动之间的滞后和反馈作用下，流动发生周期性振荡。这类不稳定性的产生主要是由于系统的流量、密度、压降之间的延迟与反馈效应、热力

学不平衡性及流型的转换等原因引起的。以下粗略介绍几种不稳定性现象，并对动力学不稳定性进行分析。

7.5.1　流动不稳定性概述

1. 流型不稳定性

流型不稳定性是在两相流中从泡状流与弹状流转到环状流的过渡状态下出现的。在加热通道中随着气泡数量的增加，泡状流或弹状流可能使流型转换成环状流。其特点是环状流的压降较低。当流道的两端压差在保持不变的情况下，就会促使系统的流量增加，接着气泡生成率下降，使流型又返回到泡状流或弹状流。随着气泡块的增大而压力损失，将使流量减小，如此循环往复便发生流量振荡。选取适当的出口含汽量可以避免这种不稳定性。压水堆一般在出口含汽量较低的条件下运行，即低于上述过渡点。而沸水堆则在这个过渡点以上运行，所以压水堆中流型不稳定性问题通常不会发生。

2. 蒸汽爆发不稳定性

蒸汽爆发不稳定性又称泡核不稳定性。这种不稳定性，是由于液相的突然汽化导致混合物密度急速下降而引起的。它与流体的性质、通道的几何形状、加热面的状况密切相关。例如，对于非常清洁光滑的加热面，为了激活汽化核心，需要相当大的过热度，大的壁面过热度，也使近壁面的液体高度过热，在这种情况下，一旦汽化核心被激活，生成的气泡就会在高度过热液体的加热下突然长大，产生大量蒸汽形成爆发式沸腾，伴随气泡的长大，还会将液体从加热通道中逐出。快速蒸发降低了周围液体和加热面的温度，一旦气泡脱离壁面后，温度较低的加热面重新被液体覆盖，汽化核心暂时被抑制，直到加热面重新建立起大的过热度，过程再次重复进行。这种不稳定行为，在一个循环里包含升温、核化、逐出及再进入的过程。液态金属系统容易发生这种类型的不稳定性，这是因为它的两个相的密度差很大，蒸汽的压力-温度曲线的斜率很小，又有良好的浸润性。这些特性使得液态金属在气泡开始长大以前就达到很高的过热度，一旦气泡生成，在高过热度液体的加热下就会很快长大，同时把液体从加热通道中逐出。对于大多数水冷反应堆系统，由于沸腾所需要的过热度不大，在正常运行工况下蒸汽爆发不稳定性并不构成一个问题。这种不稳定性在反应堆事故工况的再淹没阶段却是很有用的，电厂应急堆芯冷却系统的实验结果表明，一旦冷却剂碰到炽热的燃料元件，蒸汽爆发所引起的两相混合物的飞溅，有助于燃料元件快速冷却下来。

3. 发散不稳定性

发散不稳定性是简单的水力不稳定性。在这种不稳定性中，流量突然发生发散性变化（通常针对小流量）。在流量减少而系统压降增加的情况下，就会出现发散性流动不稳定性。在蒸汽发生器及沸水堆内均有这种现象。沸腾会使流道压力损失增加，因此热量输入不变而流量略有降低时会进一步发生沸腾，压力损失又进一步增加。其结果是压力损失不断增加，流量持续下降，直到稳定区运行或者发生烧毁。

4. 并联通道管间脉动

并联通道管间还会发生流动不稳定性，即所谓管间脉动。在发生管间脉动时，尽管并联通道的总流量及上下腔室的压降并无显著变化，可是其中某些通道的进口流量 m_f 却会发生周期性的变化。当一部分通道的水流量增大时，与之并联工作的另一部分通道的水流量则减小，两者之间的流量脉动呈 180°相位差。与此同时，这些通道出口的蒸汽量 m_g 也相应发生周期性的变化。这样，一部分通道进口水流量的脉动与其出口蒸汽流量的脉动呈 180°相位差，即当水流量最大时，蒸汽量最小；而当水流量最小时，蒸汽流量最大。图 7.5.1 所示出了并联通道脉动时的汽、水流量的周期性变化。

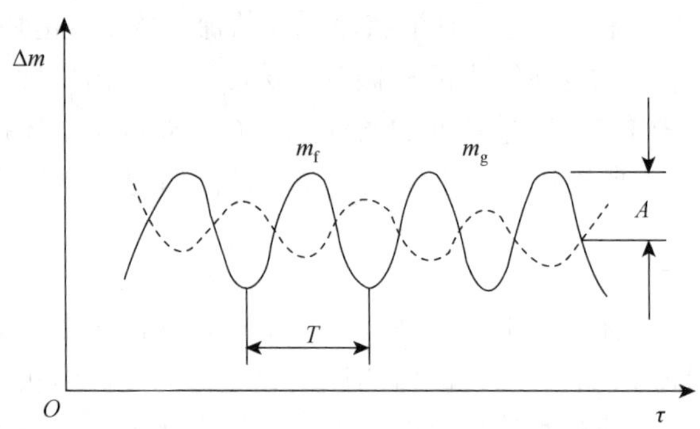

图 7.5.1　并联通道脉动时的汽、水流量的周期性变化

管间脉动的频率一般为 1～10 次/min，频率的高低取决通道的受热情况、结构型式及流体的热力参数。水的脉动流量与平均流量的最大偏差，称为脉动振幅 A，而相邻两个最大（或最小）水流量之间的间隔时间称为脉动周期 T。上述气水两相流的脉动现象是非周期性的流量漂移。

影响管间脉动的主要因素有以下几种。

（1）压力。压力越高，蒸汽和水的比体积相差越小，局部压力升高等现象越不易发生，因而脉动的可能性也就越小。

（2）出口含汽量。出口含汽量越小，汽水混合物体积的变化也越小，流动也就越稳定。

（3）热流密度。热流密度越小，汽水混合物的体积由热流密度的波动而引起的变化也就越小，脉动的可能性也就越小。

（4）流速。进口流速越大，阻滞流体流动的蒸汽体积增大现象就越不易发生，因而可以减轻或避免管间脉动。

消除管间脉动，除了可以调节与以上因素有关的参数外，最有效的方法是在加热段的进口加装节流件，提高进口阻力。

5. 密度波振荡

对于密度波振荡，微小的流量变化能够引起系统较大的流动振荡。密度波属低频振荡（通常小于 1 Hz），由连续波定律可知其振荡周期大约是流体质点穿越通道所需时间的 1～2 倍。密度波振荡可作如下的物理解释：在受热通道中，进口流量的微量减少，将使流体的出口焓值增加，空泡份额上升，因而引起流体的出口密度下降。在通道中由于不沸腾段长度与沸腾段长度的改变，这一扰动必将导致摩擦压降、加速压降、提升压降和传热性能的变化。在一定的通道几何特性、运行工况和边界条件下，扰动使压力脉动在出口处有 180°的相位差。多次的反馈作用，形成系统流量、密度和压降的周期性振荡。增加进口阻力、提高系统压力和增大质量流密度有助于改善系统的不稳定性。

6. 压降振荡

当系统存在可压缩体积及系统运行在接近水动力特性曲线的负斜率区时，有可能发生压降振荡。压降振荡频率比密度波振荡频率约小一个量级（0.1 Hz）。

压降振荡的一种物理解释：当系统的下游加热管段 CD（见图 7.5.2）处于发生流量漂移的边缘，质量流量的微小下降就会引起该段流动阻力的增加。如果系统 AD 两点间的驱动压头保持不变，C 点的压力就会升高，迫使流体流入可压缩体积（波动箱）。与此同时，系统上游 AB 管段的压降和流量开始下降，CD 管段流量的进一步降低将会引起该管段阻力的减少，C 点的压力随之下降，于是流体离开可压缩体积流入 CD 管段。上述过程在可压缩体积与加热管段间的相互作用下往复进行，形成持续性的压降振荡。

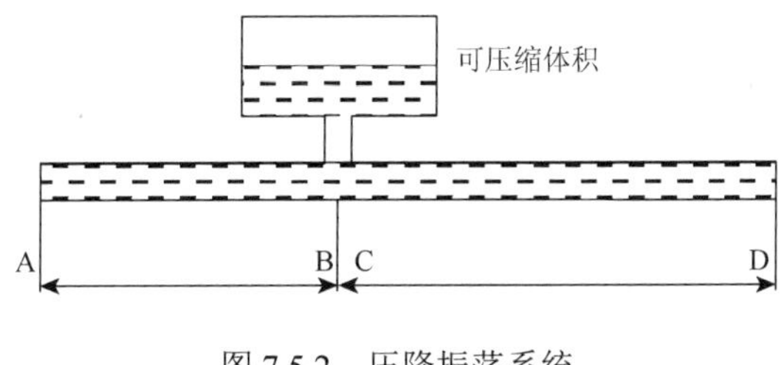

图 7.5.2　压降振荡系统

7. 水动力学不稳定性

水动力学不稳定性在加热的两相系统中最为常见，它是指受热流道内产生的持续的流量和压力振荡。流量和压力振荡不一定同相，压力振荡可能滞后于流量振荡。由于这种不稳定性大大地降低了临界热流密度，在反应堆内不能允许其发生，所以也是反应堆设计者最为关注的不稳定性问题之一。流量发生非周期性的漂移是其主要的特点。莱迪内格（Ledinegg）在 1938 年最早研究了这种不稳定性，所以又叫作 Ledinegg 不稳定性。

发生水动力不稳定性的原因，可以由一个具有恒定热量输入的沸腾通道的压降与流量之间的关系曲线，即水动力特性曲线（图 7.5.3）说明。当进入通道内的水流量很大、外加的热量不足以使水达到沸腾时，通道内流动的流体全都是水，这样，如果流量降低，则通道内的压降也随着按单相水的水动力特性曲线单调下降(图 7.5.3 曲线Ⅱ中的 cb 段)。当进入通道内的水流量降低到一定程度后，通道内开始出现沸腾段，这时压降随流量变化的趋势就要由两个因素来决定：①由于流量的降低，压降有下降的趋势；②由于产生沸腾，汽水混合物体积膨胀流速增加，从而使压降反而随流量的减少而增大。压降究竟随流量如何变化，要看这两个因素中哪一个因素起主要作用。如果第一个因素起主要作用，则压降就会随流量的减少而降低，图 7.5.3 中的曲线 I 或曲线Ⅱ中的 bO 段属于这种情况。如果第二个因素起主要作用，就会出现流量减少压降反而上升的现象（图 7.5.3 曲线Ⅱ中的 fa 段）。当到 a 点所对应的流量 m_a 以后，如果继续降低流量，通道出口出的含气量就会很大，甚至会出现过热段，流量越低，过热段所占的比例越大，这时体积膨胀的因素对增加压降所起的作用已经很小了，压降差不多是沿着过热蒸汽的水动力曲线随流量而单调下降（图 7.5.3 曲线Ⅱ中的 aO 段）。图 7.5.3 曲线Ⅱ表明的情况说明 Δp 与 m 之间并不是单调关系，在曲线 a、f 两点之间所包含的压降范围内（图 7.5.3 的阴影部分）对应一个压降可能有三个不同的流量。由于水动力特性曲线的这种变化，当提供一个外加驱动压头 Δp_d 时，通道中的流量就有可能出现不同的数值，可以是 m_1，也可以是 m_3（后面将会看到 m_2 所对应的状态是停留不住的）。如果并联工作的各个通道处于这种流动工况，虽然它们两端的压差是相等的，但是却可以具有不相等的流量。某一个通道中的流量可能时大时小（非周期性的变化），与此同时，在并联通道的总流量不变的情况下，其他通道的流量也会发生相应的非周期性变化，这就发生了水动力不稳定性。下面对此做进一步的分析。

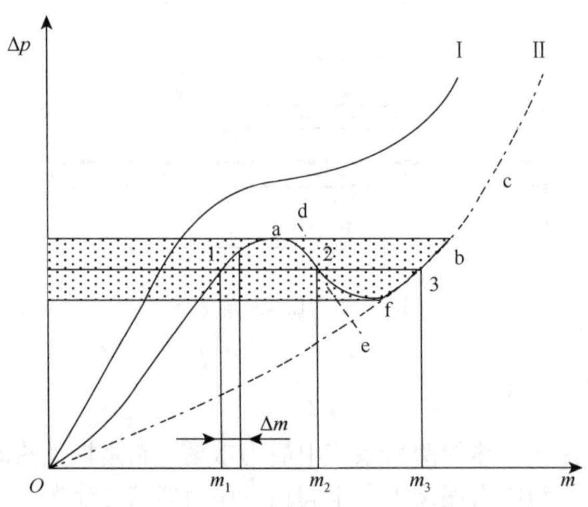

图 7.5.3　加热通道内的水动力特性曲线

7.5.2　水动力学不稳定性分析

1. 关系式推导

假设通道由不沸腾段 L_{no}（忽略过冷沸腾对摩擦压降的影响，把过冷沸腾段归并在不沸腾段内）和饱和沸腾段 L_b 组成，如图 7.5.4 所示。若忽略通道内的加速压降，则沿通道全长的压降 Δp_t 可表示为

$$\Delta p_t = \Delta p_f + \Delta p_{f,tp} \tag{7.5.1}$$

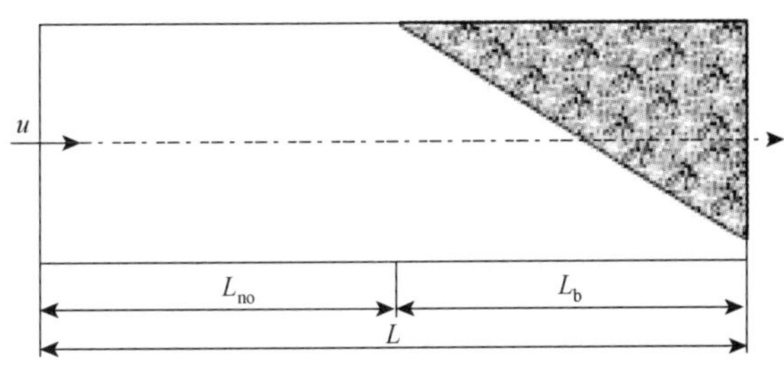

图 7.5.4　均匀加热的水平圆形通道内的流动

式中：Δp_f 是不沸腾段内的摩擦压降；$\Delta p_{f,tp}$ 是饱和沸腾段内的摩擦压降。不沸腾段内的摩擦压降可以写成：

$$\Delta p_f = f\frac{L_{no}}{D}\frac{m^2\overline{v}_f}{2A^2} \tag{7.5.2}$$

式中：f 是不沸腾段的摩擦系数；m 是流体的质量流量；A 是通道的流通截面积；D 是通道的直径；v_f 是不沸腾段内水的平均比体积。因为 $v_f \approx v_{fs}$，v_{fs} 是饱和水的比体积，则式（7.5.2）也可以写成：

$$\Delta p_f = f\frac{L_{no}}{D}\frac{m^2 v_{fs}}{2A^2} \tag{7.5.3}$$

与此相似，饱和沸腾段内的摩擦压降表示为

$$\Delta p_{f,tp} = f_{tp}\frac{L_B}{D}\frac{m^2 v_{tp}}{2A^2} \tag{7.5.4}$$

式中：f_{tp} 是饱和沸腾段内的摩擦系数；$v_{tp} = (v_{fs} + v_{ex})/2$。$v_{ex}$ 是饱和沸腾段出口处汽水混合物的比体积，假定混合物为均匀流模型，则

$$v_{ex} = v_{fs}(1 - x_{ex}) + v_{gs}x_{ex} \tag{7.5.5}$$

式中：v_{gs} 是饱和蒸汽的比体积；x_{ex} 是出口含气量，$x_{ex} = q'(L - L_{no})/(mh_{fg})$，其中 q' 是线热流密度，h_{fg} 是汽化潜热。合并式（7.5.2）～式（7.5.4）可得

$$\Delta p_t = \frac{m^2}{2A^2 D}(fL_{no}v_{fs} + f_{tp}L_B v_{tp}) \tag{7.5.6}$$

式（7.5.6）中的 L_{no} 和 L_b 可由系统的热平衡求得

$$L_{no} = m(h_{fs} - h_{in})/q' \tag{7.5.7}$$

$$L_b = L - L_{no} = L - m(h_{fs} - h_{in})/q' \tag{7.5.8}$$

式中：h_{fs} 是饱和水的比焓；h_{in} 是通道进口处水的比焓。令 $v_{fg} = v_{gs} - v_{fs}$，$\Delta h_{in} = h_{fs} - h_{in}$，并把 L_{no} 和 L_b 值代入式（7.5.6），整理后得

$$\Delta p_t = A\frac{m^3}{q'} + Bm^2 + Cq'm \tag{7.5.9}$$

因 f 和 f_{tp} 与 m 的关系很弱，故式（7.5.9）中的 A，B，C 可视为与 m 和 q' 无关的三个常数，其中

$$A = \frac{8}{\pi^2 D^5}\left[v_{fs}\Delta h_{in}(f - f_{tp}) + \frac{1}{2}f_{tp}\frac{\Delta h_{in}^2}{h_{fg}}v_{fg}\right] \tag{7.5.10}$$

$$B = \frac{8}{\pi^2 D^5}f_{tp}L\left(v_{fs} - \frac{\Delta h_{in}}{h_{fg}}v_{fg}\right) \tag{7.5.11}$$

$$C = \frac{4}{\pi^2 D^5}f_{tp}L\frac{\Delta h_{in}}{h_{fg}} \tag{7.5.12}$$

式（7.5.9）即为沸腾通道内的水动力特性方程式。它是一个三次方程，其解可能是三个实根，即在同一个压降下可能有三个不同的流量，流动为不稳定的。若方程的解是一个实根或一个实根两个虚根，则流动为稳定的。式（7.5.9）有什么样的根，主要取决于其中的系数 A，B，C。下面进一步对这些根进行分析，看看有什么样的结果和物理意义。当然，对垂直沸腾通道也可以导出与式（7.5.10）相同形式的水动力特性方程式，只不过其中的系数 A，B，C 不相同，还要考虑重力压降的影响。

2. 三个根

将三个根所对应的压力、流量特性表示在图 7.5.3 上，如曲线 $o$afc 所示，它表明压力与流量之间不是单调函数，在曲线的两个拐点 af 之间所包含的压降范围（图中阴影部分），一个压降可能有三个不同的流量。由于水动力特性曲线的这种变化，当提供一个外加驱动压头时，流道中的流量就可能出现不同的数值，可以是 m_1，也可以是 m_2，还可以是 m_3。换之，如果并联工作的各个流道都处于这种流动工况，那么，虽然它们两端的压差相等，但却也可以具有不相等的流量。某一流道中的流量可能时大时小，非周期性地变化着。与此同时，在并联流道内总流量不变的情况下，各流道中也会发生非周期性的流量变化。出现了水动力不稳定，堆芯某些流道会因流量不足而导致燃料元件烧毁。

这种流动不稳定性是由于如下两个主要影响因素所造成的。

（1）流量下降时，压降也随之下降。

（2）由于流道内产生了沸腾，汽水混合物体积膨胀，流速增加，使压降反而随流量减少而增大。当流量变小时，总的压降是增加还是降低，这要看两个因素中哪一个起主要作用而定。

设开始时，流量很大，加热量不足以使水发生沸腾，流道内全部是水。假定这对应的是 Oafc 曲线上的 c 点。再让流量渐渐下降，则流道内压降按单相水的水动力特性单调地下降，直到 b 点，流道内开始出现沸腾，第二个因素开始起作用，但是压降还是下降。随着沸腾气泡的增加，流量又继续下降，到了 f 点，第二个因素起主要作用，则压降就会随流量的减少而增加，如曲线的 fa 段所示，即负斜率$[\partial(\Delta p_t)/\partial m<0]$区段，则流动是不稳定的。到了 a 点所对应的冷却流量 m_a 时，由于流量继续下降，流道出口处的含气量便进一步增加，直到全部为饱和蒸汽甚至为过热蒸汽，这时体积膨胀对压降的增加所起的作用越来越小，第一个因素又起主要作用，压降再次单调地下降。如图中曲线的 ao 所示。可见，有三个实根时，流动是不稳定的，一个实根，流动才稳定。

3. 一个实根

设开始时，流量很大，但加热量较前一种情况小些，这时流动所对应的状态为曲线 I 上的某点。如让流量下降，压降也单调地沿曲线 I 下降。直到某点，流道内发生沸腾，但如上所述，第一个影响因素始终起主导作用，压降会继续下降，虽然不增加，但沸腾产生的蒸汽还是使压降上升，所以综合两个因素的影响，下降变得缓慢些。当流道内含汽量大，甚至过热时，压降又单调地更快地下降。

设开始时，流量很大如 m_c，但将加热量降得很低，流道内根本不出现沸腾，流道内在整个过程中都是水，那么压降便沿图中虚线下降。如果开始时加热量保持第一种情况的加热量，但流量为 m_a，流道内开始时含汽量便很大，当使流量下降时，第二因素对压降的影响与第一的因素相比可以忽略，那么压降便会按 aO 曲线下降。

4. 稳定性准则

从上面分析中不难发现，如果系统运行在正斜率[$\partial(\Delta p_t)/\partial m>0$]区段，则流动是稳定的。如果系统运行在即负斜率[$\partial(\Delta p_t)/\partial m<0$]区段，则流动是不稳定的。在[$\partial(\Delta p_t)/\partial m<0$]的区段中，若能提供这样一个驱动压头随流量的变化曲线，即其斜率的负值比水动力特性曲线的负值更小，则就可以使流量稳定下来。此时若通道内的流量有所增加，则驱动压头低于系统压降，流体将减速，从而使流量重新稳定，虽然[$\partial(\Delta p_t)/\partial m<0$]，但系统仍然是稳定的。因此水动力稳定性准则给出为

$$\partial(\Delta p_d)/\partial m-\partial(\Delta p_t)/\partial m<0 \tag{7.5.13}$$

式中：Δp_d 是驱动压头。

5. 防止水动力不稳定性的措施

从上面的分析可以看出，要防止水动力不稳定性可以从以下几方面着手。

（1）使系统不在水动力特性曲线为[$\partial(\Delta p_t)/\partial m<0$]的区段内运行。如果遇到系统必须在[$\partial(\Delta p_t)/\partial m<0$]的区段运行时，可采用大流量下压头会大大下降的水泵以满足[$\partial(\Delta p_d)/\partial m$]–[$\partial(\Delta p_t)/\partial m$]$<0$。

（2）消除与避开曲线中的[$\partial(\Delta p_t)/\partial m<0$]的区段，使压降和流量成为单值的函数对应关系。主要方法有以下几种。

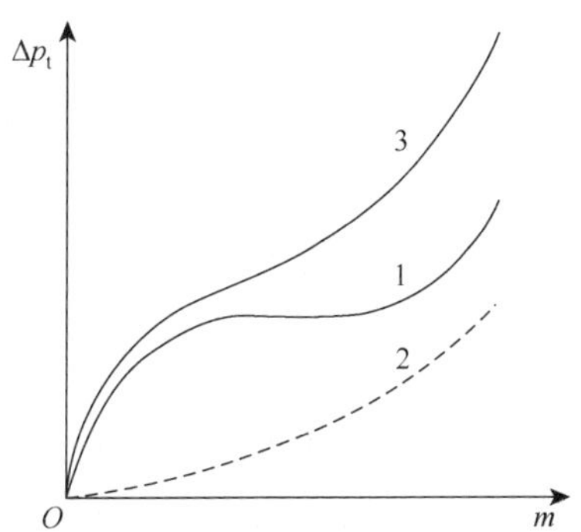

图 7.5.5　节流对水动力特性的影响

1—未加节流装置；2—节流装置的压降特性；3—加了节流装置

①在通道进口加装节流件，增大进口局部阻力。图 7.5.5 中的曲线 2 为节流装置阻力损失与流量的关系。因为流道进口一般为过冷水，密度不变，所以其压降随流量的增加而增加，压降与流量的平方成正比。曲线 1 为未装节流装置时流道的水动力特性。曲线 3 则为加装节流装置后流道的水动力特性。曲线 3 是由曲线 1 和曲线 2 以流量相等所对应的压降相加而得到的。此时一个压降只对应一个流量，曲线单调上升。

②选取合理的系统运行压力。系统的运行压力越高，两个相的密度就相差得越小，流动就越稳定，如图 7.5.6 所示。这是因为两相流出现流动不稳定性的根本原因在于，当水变成蒸汽时，汽水混合物的密度变化比较大。当压力到达临界压力时，水和蒸汽的密度相同，即使没有其他措施，不稳定性也不会出现。

（3）合理地选取系统的入口处水的欠热度。

通道进口处水的欠热度（过冷度）也会影响水动力特性的稳定性。通常欠热度（过冷度）对水动力特性的影响有一个临界值。不同的装置临界值可能不相同，这要根据系统的具体设计参数而定。小于该临界值，减小水的欠热度（过冷度），可使流动趋于稳定，如图 7.5.7 所示。当欠热度（过冷度）为零时，式（7.5.9）中的系数 A 等于零，压降 Δp_t 便与质量流量的平方成正比，这时对应于每一压降有两个流量，一个为正值，另一个为负值，实际上对应于一个压降只有一个流量，故不会发生流动不稳定。大于此临界值，减小进口欠热度（过冷度）会增加沸腾段的长度，结果反而使流动的稳定性降低。可见当欠热度（过冷度）大于临界值时，只有增加流道进口的欠热度（过冷度），才会提高流动的稳定性。

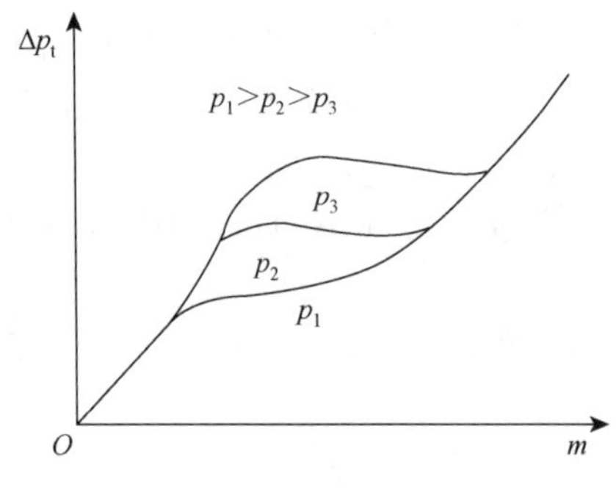

图 7.5.6　压力对水动力特性的影响

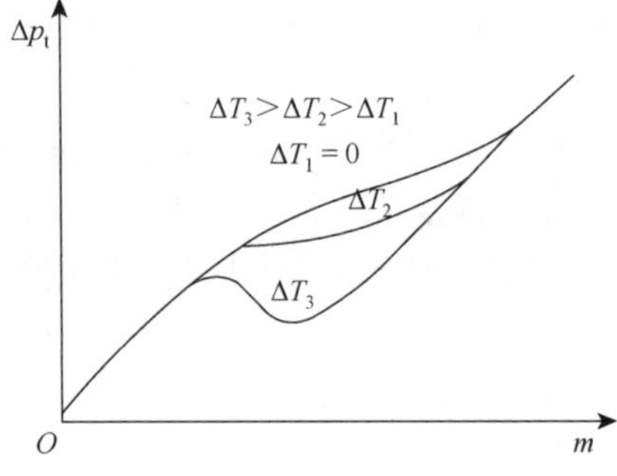

图 7.5.7　欠热度对水动力特性的影响

7.6　反应堆内自然循环

7.6.1　基本概念与方程

在第 7.2.2 节中已经介绍自然循环的概念，即自然循环是指在重力作用下的闭合系统中，流体不依赖外界动力源，仅利用冷、热源流体密度差与位差产生的驱动力而进行的循环流动。对于反应堆系统来说，如果堆芯结构和管道系统设计得合理，就能够利用这种驱动压头推动冷却剂在一回路中循环，并带出堆内产生的热量（裂变热或衰变热）。不论是单相流动系统还是两相流动系统，产生自然循环的原理都是相同的。由于自然循环冷却可有效地增强反应堆的非能动安全性，降低主泵噪声和功耗，提高一体化反应堆的性价比，所以自然循环技术在新一代反应堆的设计与运行中占有重要的地位。

具体地说，对于压水反应堆装置，自然循环是指冷却剂不是依靠主冷却剂泵强制循环，而是靠蒸汽发生器和反应堆之间的冷、热中心位差所造成的热驱动压头而产生的在一回路中的循环流动，从而导出堆芯中产生的热量，如图 7.6.1 所示。对于沸水堆或自然循环蒸汽发生器，自然循环是指仅依靠堆芯或蒸汽发生器内冷段、热段之间的密度差所造成的热驱动压头而产生的介质循环流动，从而导出堆芯中产生的热量或者一回路系统的热量。

图 7.6.2 表示一个沸水堆堆芯的自然循环回路。它由下降段 AB，上升段 CE 以及连接它们的上腔室和下腔室组成。其中上升段由加热段 CD（堆芯）和一个在它上面的不加热的吸力腔组成。为了便于分析，假定堆芯径向的中子通量密度分布是均匀的，即堆芯所有燃料元件冷却剂通道内的释热量都等于平均通道的释热量。过冷水以 m_{in} 的流量自下降段经由下腔室进入上升段。在加热段长度 L_{no} 内被加热达到饱和状态（忽略过冷沸腾），而后在饱和沸腾段长度 L_b 内再继续被加热并产生蒸汽，此后上升段中的流体是汽水混合物。由于汽水混合物的密度比水小，所以在下降段中由单相水产生的提升压降（负值）的绝对值比上升段中汽水混合物产生的提升压降（正值）的绝对值来得大，两者相加（代数和），其差额部分就是回路的驱动压头。在该压头的推动下，水就沿着下降段向下流，而汽水混合物则沿着上升段向上流，形成自然循环。所产生的蒸汽在上腔室内从液体中分离出来，然后被送往动力装置，其流量为 m_g。其余的饱和水，流量为 m_f，与从动力装置返回的流量为 m_{fd} 的较冷给水混合，沿着下降段向下流，进行再循环这个过程与 7.2 节中的蒸汽发生器二次侧流动过程类似。

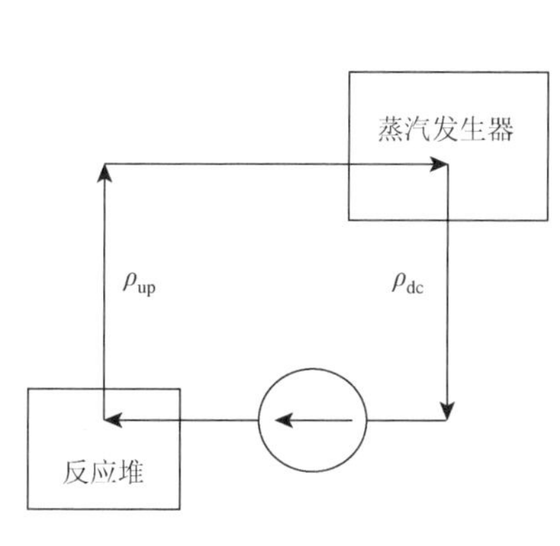

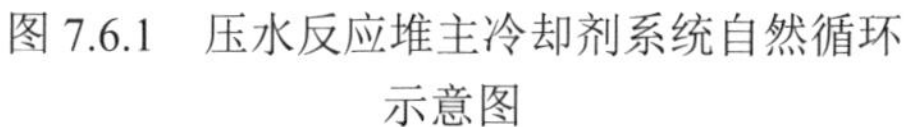
图 7.6.1　压水反应堆主冷却剂系统自然循环示意图

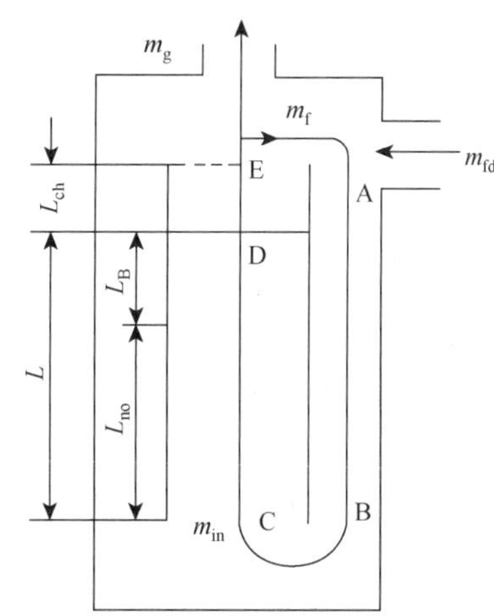

图 7.6.2　沸水堆堆芯的自然循环回路

显然，在自然循环情况下，$\Delta p_t = 0$，于是式（7.3.3）可变为

$$-\sum_i \Delta p_{el,i} = \sum_i \Delta p_{f,i} + \sum_i \Delta p_{c,i} \tag{7.6.1}$$

若用 Δp_d 表示驱动压头，$\Delta p_d = -\sum_i \Delta p_{el,i}$，用 Δp_{up} 和 Δp_{dc} 分别表示上升段内和下降段内的压力损失之和，则式（7.6.1）可以改写为

$$\Delta p_d = \Delta p_{up} + \Delta p_{dc} \tag{7.6.2}$$

式（7.6.2）表明，在自然循环回路中，由流体的提升压降所提供的驱动压头，用于克服回路中的流动阻力。如果驱动压头比给定流量下的系统压力损失小，流量就自动降低，直到建立起另一个新的平衡工况为止。通常把克服上升段压力损失后的剩余驱动压头称为有效压头，用 Δp_{ef} 表示，这样可以写出方程：

$$\Delta p_{ef} = \Delta p_{d} - \Delta p_{up} \tag{7.6.3}$$

将式（7.6.2）代入式（7.6.3）得

$$\Delta p_{ef} = \Delta p_{dc} \tag{7.6.4}$$

式（7.6.4）称为沸水堆内水循环基本方程式，与式（7.2.9）相同。

显而易见，堆芯内的质量平衡为

$$m_{fd} = m_{g} \tag{7.6.5}$$

$$m_{g} + m_{f} = m_{in} \tag{7.6.6}$$

上升段出口含汽量 $x_{e,\,ex}$ 按定义为

$$x_{e,\,ex} = m_{g}/(m_{g} + m_{f}) = m_{fd}/(m_{fd} + m_{f}) = m_{fd}/m_{in} \tag{7.6.7}$$

如果系统对外界没有热损失，则在上升段的进口处有如下的热平衡方程：

$$m_{in}h_{in} = m_{f}h_{f} + m_{fd}h_{fd} \tag{7.6.8}$$

式中：h_{in} 为再循环水流量 m_{f} 和给水流量 m_{fd} 混合后的平均比焓，也就是上升段的进口比焓；h_{f} 为再循环水的饱和比焓；h_{fd} 为给水比焓。上述方程稍加变动后便可求得 h_{in}，即

$$h_{in} = (1 - x_{e,\,ex})h_{f} + x_{e,\,ex}h_{fd} \tag{7.6.9}$$

上升段传递给流体的总热量 Q_{t} 可由系统的热平衡方程求得

$$Q_{t} = m_{in}[(h_{f} + x_{e,\,ex}h_{g}) - h_{in}] \tag{7.6.10}$$

或

$$Q_{t} = m_{g}(h_{g} - h_{fd}) \tag{7.6.11}$$

式中：h_{g} 为饱和蒸汽的比焓。

7.6.2　堆内水流量确定

求解回路中各种压降的方法已经在前面几节做了相关介绍，在给定运行参数和堆芯具体结构尺寸的情况下，系统内的驱动压头和各种压力损失都可以由相应的公式计算。而反应堆自然循环水力计算的目的，是在给定的反应堆功率和已知的堆芯结构条件下，求解反应堆系统的自然循环水流量。至于求得的循环流量是否能够满足反应堆热工设计准则的要求，则需要通过堆芯热工计算才能确定。如果算出的自然循环水流量不能满足热工设计准则要求，则在调整反应堆热工参数或修改堆芯结构（例如增加吸力腔的长度、加大流通截面积等）的基础上重新计算堆的自然循环水流量，并根据新确定的循环水流量再进行堆芯热工计算。上述过程需要经过多次反复，直到满足热工设计准则要求为止。

自然循环水流量可以用差分法或图解法求解式（7.6.4）而得到。由于受热系统，特别是在反应堆内，功率分布是不均匀的，所以引起流体密度变化不均匀，对于这种情况用解析法求解一般很难实现，而需要采用数值方法。

差分法通常是把式（7.6.4）或式（7.6.1）用回路（系统）各段的平均密度 $\overline{\rho}_i$ 写成差分方程的形式然后再求解。如果回路的每一边都分成高度为 Δz 的 n 段，则得到差分方程为

$$\sum_{i=1}^{n} g\overline{\rho}_i\Delta z-\sum_{i=n+1}^{2n} g\overline{\rho}_i\Delta z=\sum_{i=1}^{2n}\frac{C_{\mathrm{f},i}\overline{\rho}_i u_i^2}{2} \tag{7.6.12}$$

式中：g 为重力加速度；$C_{\mathrm{f},i}$ 为第 i 段的总阻力损失系数；u_i 为第 i 段的平均流速。为了计算循环流量，需要用迭代法，开始时可以先假设一个流量，根据释热量，计算相应的密度，然后重新计算流量，并对前后两次流量进行比较。经过若干次这样的计算，直至假设的流量和算出的流量相等，或者两者的差小于某一预定值为止。

图解法给出的解虽有其近似性，但由于快速、简便，这种求解方法在某些场合仍然有其实际应用价值。下面就如何求解式（7.6.4）作简要介绍。

因为 Δp_{ef} 和 Δp_{dc} 两者都是系统流量 m 的函数，当上升段内的释热量及其分布，以及系统的结构尺寸确定后，根据式（7.6.3）用改变系统水流量的办法可以得到不同流量下的有效压头 Δp_{ef}；选定坐标后，可以画出 Δp_{ef} 随 m 的变化曲线，如图 7.6.3 所示。用同样的办法在同一坐标中画出下降段的 Δp_{dc} 与 m 间的关系式。上升段和下降段的压力损失都随着 m 的增加而增加，因此，有效压头是随着 m 的增加而下降的。这两条曲线的交点就是式（7.6.4）的解。相交点是 $\Delta p_{\mathrm{ef}}=\Delta p_{\mathrm{dc}}$ 的工况，即有效压头全部用于克服下降段的压力损失。交点的横坐标就是所要求的系统的自然循环水流量。

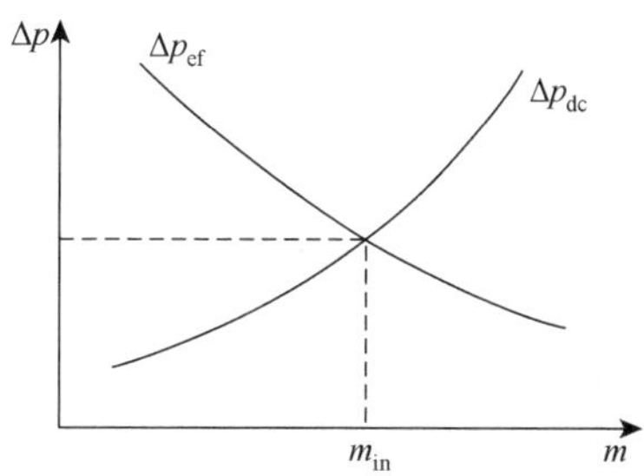

图 7.6.3　自然循环水流量的图解法

实际的沸水堆堆芯通常是由大量的相互平行的冷却剂通道组成的。由于堆芯径向中子通量密度分布的不均匀性，在不同的冷却剂通道内核燃料释出的热量是各不相同的。显然，不同的冷却剂通道所产生的蒸汽量以及随之而来的出口含汽量也各不相同。因此，在反应堆内各冷却剂通道所形成的驱动压头就都不一样。中子通量密度高的那些通道，驱动压头大，而位于堆芯边缘附近的通道，因为中子通量密度低，驱动压头也就比较小。驱动压头的这种变化，导致堆芯内各冷却剂通道内的流量也会发生相应的变化。计算多通道沸水堆堆芯内流量分配及自然循环总流量是一个十分烦琐的过程，要经过多次迭代，通常要用计算机来完成。

以上内容均是以沸水堆堆芯为例进行介绍的，但其全部内容和计算步骤对于压水堆一回路系统也是完全适用的。例如为简化上述计算内容和步骤，可将反应堆看成加热点源，蒸汽发生器看成冷却点源，热源和冷源之间的高度为 L，热段（反应堆出口至蒸汽发生器进口）冷却剂的密度为 ρ_{h}，冷段（蒸汽发生器出口至反应堆进口）冷却剂的密度为 ρ_{c}，则驱动压头为

$$\Delta p_{\mathrm{d}}=(\rho_{\mathrm{c}}-\rho_{\mathrm{h}})gL \tag{7.6.13}$$

上升段的总压力损失为

$$\Delta p_{\mathrm{up}}=\Delta p_{\mathrm{up,f}}+\Delta p_{\mathrm{up,c}} \tag{7.6.14}$$

式中：$\Delta p_{up,f}$是上升段（整个热段长度）的摩擦压降；$\Delta p_{up,c}$是上升段所有的局部压降之和。所以有效压头为

$$\Delta p_{ef} = \Delta p_{d} - \Delta p_{up} \tag{7.6.15}$$

下降段的总压力损失为

$$\Delta p_{dc} = \Delta p_{dc,f} + \Delta p_{dc,c} \tag{7.6.16}$$

式中：$\Delta p_{dc,f}$是下降段（整个冷段长）的摩擦压降；$\Delta p_{dc,c}$是下降段所有局部压降之和（包括循环泵停转，冷却剂自然循环时流过水泵的局部阻力）。

由于实际情况下，反应堆不是点热源，蒸汽发生器也不是点冷源，则驱动压头的计算并非如此简单，反应堆和蒸汽发生器内冷却剂流经时也有各种压降，所以整个自然循环计算也如前面沸水堆堆芯中的计算一样是烦琐的迭代过程。

从上述内容可知，自然循环的建立是依靠驱动压头克服了回路内上升段和下降段的压力损失而产生的。如果驱动压头不足以克服上述压降，自然循环能力就要下降或循环最终停止。这可能是由于上升段和下降段的摩擦压降和局部压降太大，因此需要想办法减小这些压降，例如采用管径稍大的管子，尽量减少各种局部压降的阻力件等。另外也可能是由于驱动压头太小，即由于上升段（热段）和下降段（冷段）之间流体的密度差不够大。在核电厂中还可能由于蒸汽发生器二次侧的冷却能力过强，反而会使一回路的自然循环能力减小以致中断。核电厂蒸汽发生器的一次侧是倒U形管，只有当U形管两侧内的流体具有较大的密度差时，才会产生一定的驱动压头。如果当二次侧的冷却能力过强（流量很大、温度较低），就会很快地把一次侧的水温在倒U形管的上升段降下来，使之与下降段中的水温相差甚少，驱动压头就会大大降低，使自然循环能力减小，甚至中断。

另外，自然循环必须是在一个流体连续流动的回路（或容器）中进行，如果中间被隔断，就不能形成自然循环。例如在堆芯中产生了气体，并积存在压力容器的上腔室，使热段出水管裸露出水面，不能形成一个流通回路，自然循环就要中断。还有如果在蒸汽发生器的倒U形管顶部积存了较多的气体，驱动压头又不能使倒U形管上升段中的水（或汽水混合物）赶走积存的气体，自然循环也要停止下来。

7.7 蒸汽发生器倒U形管内倒流分析

在第5章及7.2节中已经针对蒸汽发生器进行了热工分析和水力计算，但是研究人员在核动力装置自然循环试验中发现，立式倒U形管蒸汽发生器（U-tube steam generator，UTSG）部分倒U形管内存在倒流现象。即蒸汽发生器出口腔室内温度较低的一回路冷却剂通过倒U形管倒流至进口腔室；而蒸汽发生器作为一回路系统的冷源，并联倒U形管束内倒流现象的出现使得蒸汽发生器有效传热面积减少，流动阻力系数大幅增加，导致系统自然循环能力降低，无法有效带走堆芯热量，对反应堆运行带来较大的安全隐患。

针对自然循环条件下，蒸汽发生器并联倒U形管束内的倒流现象，在本节中，首先

介绍倒流发生机理，进而探讨倒流判断的方法及比例模化条件；在此基础上，简要介绍倒流流量及倒流管数量的计算方法，以期加深读者对倒流现象的认知。

7.7.1　倒流机理分析

倒 U 形管蒸汽发生器是核动力装置的主要换热设备，相比于强迫循环，在自然循环条件下，蒸汽发生器的流动换热情况变化很大。由于自然循环流量低，倒 U 形管内压降并不是流量的单值函数，会出现一个压力值对应多个流量值的现象，当蒸汽发生器流动换热满足一定临界条件，部分倒U形管就会发生倒流现象，这是典型的静态流动不稳定现象。

典型的蒸汽发生器倒 U 形管，如图 7.7.1 所示。根据流动方向可以将 U 形管分为上升流动段和下降流动段。对于单根 U 形管，长度与管径比值 L/d_{i} 一般远大于 1，则可以采用一维方法建模表示 U 形管内的流动状态。

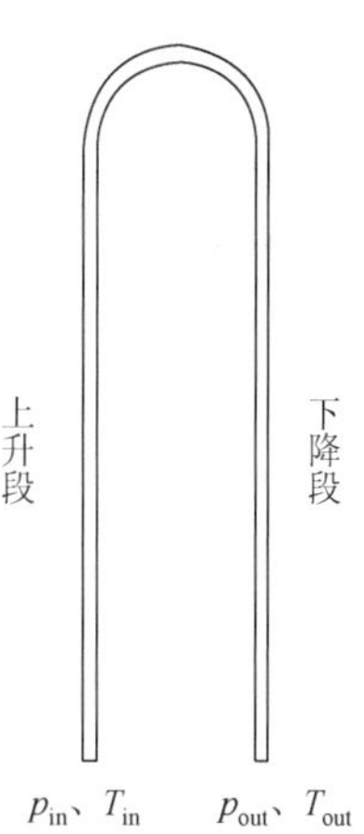

图 7.7.1　倒 U 形管示意图

U 形管内流体流动的动量变化是由流体在管内的沿程损失和流道形状改变、受到扰动等引起的局部损失以及重位势差变化组成，U 形管沿程满足一维 N-S 方程，其动量守恒方程可以表示为

$$\frac{D(\dot{m})}{ADt}+\frac{D(\dot{m}^2)}{\rho A^2 Ds}=-\frac{\partial p}{\partial s}-F_f-F_c\mp F_w \tag{7.7.1}$$

式中：$\dot{m}$ 为 U 形管内的质量流量，kg/s；ρ 为流体密度 kg/m^3；A 为 U 形管内流动截面积，m^2；p 为流体压力，Pa；下标 f 表征摩擦阻力项；下标 c 表征局部阻力项；下标 w 表征重力项；上升段为负、下降段为正。

将式（7.7.1）沿 U 形管内流体流动方向积分，可以得到如下关系式：

$$\frac{L}{A}\frac{\mathrm{d}\dot{m}}{\mathrm{d}t}=(p_{\mathrm{in}}-p_{\mathrm{out}})+\Delta p_f+\Delta p_c+\Delta p_w+\Delta p_s \tag{7.7.2}$$

式中：L 为 U 形管长度，m；下标 in 和 out 为 U 形管入口和出口；下标 s 为空间加速度压降。其中，摩擦阻力压降、局部压降和加速压降可分别表示为

$$\Delta p_f=f\frac{L}{\mathrm{d}_i}\frac{\dot{m}^2}{2A^2\bar{\rho}} \tag{7.7.3}$$

$$\Delta p_c=K\frac{\dot{m}^2}{2A^2\bar{\rho}} \tag{7.7.4}$$

$$\Delta p_s=\left(\frac{1}{\rho_{\mathrm{out}}}-\frac{1}{\rho_{\mathrm{in}}}\right)\frac{\dot{m}^2}{A^2} \tag{7.7.5}$$

式（7.7.3）～式（7.7.5）中：$\bar{\rho}$、ρ_{in}、ρ_{out} 分别为倒 U 形管内流体平均密度、入口密度和出口密度，kg/m^3；单相运行条件下加速压降很小，可以忽略。

稳态条件下，流量不变，$\dfrac{\mathrm{d}\dot{m}}{\mathrm{d}t}=0$，进而可求得 U 形管进出口总压差：

$$\Delta p_{\text{total}} = (p_{\text{in}} - p_{\text{out}}) = \Delta p_f + \Delta p_c + \Delta p_w \tag{7.7.6}$$

其中，倒 U 形管的重力压降可以通过对重力项沿流动方向积分求得

$$\Delta p_w = -\int_0^{\frac{L}{2}} \rho(s) g \mathrm{d}s + \int_{\frac{L}{2}}^{L} \rho(s) g \mathrm{d}s = -\frac{\rho_o g c_p m}{hP} \beta(T_{\text{in}} - T_{\text{s}}) \left(1 - \mathrm{e}^{-\frac{h_t PL}{2mc_{\text{p}}}}\right)^2 \tag{7.7.7}$$

进而可得，稳态条件下的倒 U 形管进出口压差计算公式：

$$\Delta p_{\text{total}} = \frac{m^2}{2A^2 \overline{\rho}} \left(f \frac{L}{\mathrm{d}_i} + K \right) - \frac{\rho_o g c_p m}{h_t P} \beta(T_{in} - T_{\text{s}}) \left(1 - \mathrm{e}^{-\frac{h_t PL}{2mc_p}}\right)^2 \tag{7.7.8}$$

根据典型蒸汽发生器倒 U 形管结构参数和运行参数计算得到的流量-压降特性曲线如图 7.7.2 所示。图中正流总压降可根据式（7.7.8）计算、重力压降根据式（7.7.7）计算得到，阻力压降包括摩擦阻力与局部阻力压降。倒流倒 U 形管压降计算时，不考虑倒流管的换热，倒流管进出口压差只包括阻力压降。

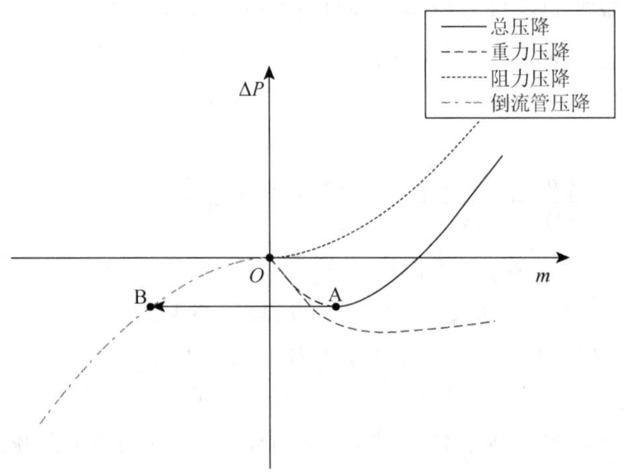

图 7.7.2　倒 U 形管流量-压降特性曲线

由图 7.7.2 可以看出，在一定的入口温度及二次侧温度条件下，随着入口流量增大，重力压头先下降后上升，并逐渐趋近于零，而不可逆阻力损失则随流量单调递增。在这两项的共同作用下，总的压降先下降后上升，并非流量单值函数。正流条件下，存在压降最低点 A，特性曲线 *O*A 段斜率为负值，为流动不稳定区域。

假设在 A 点右侧存在某一工作点，随着流量降低，进出口压差的降低为负值，倒 U 形管内稳定正流可以保持，这是由于重力压头的变化速率小于阻力压降的变化速度。当倒 U 形管流动工况到达 A 点，若流量继续下降，驱动力减少速度大于阻力的减少速度，则不能保持稳定。管内流量会从 A 点漂移到 B 点，即倒 U 形管内发生倒流，A 点对应工作点即为倒 U 形管倒流发生的临界条件。在相同的压降条件下，由于倒流管流动压降只包含阻力压降部分，B 点对应的绝对流量值大于 A 点，即对单个倒 U 形管而言，倒流时的流量大于正流时的流量。

由以上分析可知，倒U形管发生倒流的临界点满足$\dfrac{d\Delta p}{d\dot{m}}=0$，而倒U形管的压降由进口处一、二次侧温差$TD$（$TD=T_{\text{in}}-T_{\text{s}}$）和倒U形管的流量$\dot{m}$决定，拐点处的进口一、二次温差和流量即为临界温差$TD_c$和临界流量$\dot{m}_c$。对式（7.7.8）求导得到临界点处特征参数之间关系式：

$$TD_c=\frac{\dot{m}_c^{\ 2}}{A^2\rho_0^{\ 2}\beta gl}\left(\frac{fL}{d_i}+K\right)\Bigg/\left[\frac{\dot{m}_c}{\phi}\left(1-\mathrm{e}^{-\frac{\phi}{2\dot{m}_c}}\right)^2+\left(\mathrm{e}^{-\frac{\phi}{2\dot{m}_c}}-\mathrm{e}^{-\frac{\phi}{\dot{m}_c}}\right)\right] \tag{7.7.9}$$

式中：$\phi=\dfrac{h_{\text{t}}PL}{c_p}$。

由式（7.7.9）可得，临界入口流量$\dot{m}_c$与临界一、二次侧温差TD_c一一对应。对于固定的进口流量$\dot{m}$，对应倒流发生的临界温差TD_c，当实际$TD>TD_c$时倒流就会发生；或者对于固定的进口处一、二次侧温差TD，对应倒流发生的临界流量$\dot{m}_c$，当实际流量$\dot{m}<\dot{m}_c$时倒流就会发生。

对单个倒U形管，倒流是否发生主要取决是否达到发生倒流的临界点，而临界点的分布又受到一系列因素的影响。综合可见，倒流现象受到倒U形管的工作条件（倒U形管一、二次侧温差、流量等）、倒U形管结构参数（管径、管长等）、工质的物性参数（导热系数、膨胀率等）的影响。

7.7.2　倒流的判断准则

通过倒流机理分析可知，影响倒流临界点的因素较多，如果对所有影响因素进行系统的分析，所需工作量过大，且不具有普遍意义。因此，本节为获得普适的倒流判断准则，通过对单相流体基本守恒方程进行无量纲处理，利用小扰动理论，提出具有一定普适性的倒流判断准则。

1）无量纲方程

根据Ishii的假设，忽略管内流体密度随时间的变化，通过对一维N-S方程进行无量纲处理，可得

$$\rho^{+}U=\rho_{\text{r}}^{+}U_{\text{r}} \tag{7.7.10}$$

$$L\frac{\partial U_{\text{in}}}{\partial\tau}=Eu_{\text{u}}-\left(\frac{0.3164}{\mathrm{Re}_{\text{u}}^{0.25}}L+K\right)\frac{U_{\text{in}}^2}{2}+\Pi_{\text{Ri}} \tag{7.7.11}$$

$$U_{\text{in}}\frac{\partial\theta}{\partial S}=-4D\cdot St\cdot\theta \tag{7.7.12}$$

$$U_{\text{in}}\frac{\partial\rho^{+}}{\partial S}=4D\cdot St\cdot(1-\rho^{+}) \tag{7.7.13}$$

式中：无量纲参数如表7.7.1所示。

表 7.7.1　无量纲参数

无量纲数	表达式	无量纲数	表达式
欧拉数	$Eu_u = \dfrac{\Delta p}{\rho_{in} u_0^2}$	雷诺数	$Re_u = \dfrac{\rho_{in} u_0 d_0}{\mu}$
斯坦顿数	$St = \dfrac{h_{sp}}{\rho_{in} u_0 c_p}$	理查森数	$\Pi_{Ri} = \dfrac{\Delta\rho g H}{\rho_{in} u_0^2}$

注：表中 u_0 为 U 形管初始速度。

由表 7.7.1 可知，欧拉数表征压力和惯性力之比；雷诺数表征惯性力与黏性力之比；斯坦顿数 $St = \dfrac{Nu}{RePr}$ 表征对流换热的一个准数，在流体的温度和流速等条件相同时，St 愈大，发生于流体与固体壁面之间的对流换热过程就愈强烈；理查森数，表征浮升力与惯性力之间的关系。

由式（7.7.13）可得

$$\rho^+(S) = 1 - \left(1 - \rho_{in}^+\right) e^{-4D\cdot St\cdot S/U_{in}} \tag{7.7.14}$$

从而可得

$$\Delta\rho = (\rho_0 - \rho_{in}) \frac{(1 - e^{-2D\cdot St\cdot L/U_{in}})^2}{2D\cdot St\cdot L/U_{in}} \tag{7.7.15}$$

代入理查森数的表达式得

$$\Pi_{Ri} = U_{in} Fr_u \frac{\left(1 - \rho_{in}^+\right)}{\rho_{in}^+} \frac{(1 - e^{-2D\cdot St\cdot L/U_{in}})^2}{2D\cdot St\cdot L} \tag{7.7.16}$$

式中：$Fr_u = \dfrac{gd_0}{u_0^2}$ 为弗劳德数。

由式（7.7.14）～式（7.7.16）得

$$Eu_u = \left(\frac{0.3164}{Re_u^{0.25}} L + K\right) \frac{U_{in}^2}{2} = -U_{in} Fr_u \frac{\left(1 - \rho_{in}^+\right)}{\rho_{in}^+} \frac{(1 - e^{-2D\cdot St\cdot L/U_{in}})^2}{2D\cdot St\cdot L} \tag{7.7.17}$$

2）特征准则数

由小扰动理论，假设蒸汽发生器倒 U 形管内流体在运行时有微小扰动，即

$$U_{in}(\tau) = 1 + \delta(\tau) \tag{7.7.18}$$

将式（7.7.18）代入式（7.7.11），可得

$$\frac{d\delta}{d\tau} = -\lambda\delta \tag{7.7.19}$$

式中：$\lambda = \dfrac{[(fL + K) - \Pi_{Ri}]}{L}$。

从而可得

$$\delta = \delta_0 \mathrm{e}^{-\lambda \tau} \tag{7.7.20}$$

由式（7.7.20）可以看出，当 $\lambda > 0$ 时，倒 U 形管内流动是稳定的，此时

$$\frac{0.3164}{Re_{\mathrm{u}}^{0.25}} L + 0.262 + 0.326\left(\frac{d_0}{r_{\mathrm{u}}}\right)^{3.5} > \Pi_{\mathrm{Ri}}$$

当 $\lambda < 0$ 时，倒 U 形管内流动是不稳定的，此时

$$\frac{0.3164}{Re_{\mathrm{u}}^{0.25}} L + 0.262 + 0.326\left(\frac{d_0}{r_{\mathrm{u}}}\right)^{3.5} < \Pi_{\mathrm{Ri}}$$

因此，倒 U 形管内倒流判断准则为

$$\frac{0.3164}{Re_{\mathrm{u}}^{0.25}} L + 0.262 + 0.326\left(\frac{d_0}{r_{\mathrm{u}}}\right)^{3.5} = \Pi_{\mathrm{Ri}}$$

由于理查森数可以表示为雷诺数的函数，所以存在特征雷诺数 $Re_{\mathrm{u,c}}$ 使得

$$\frac{0.3164}{Re_{\mathrm{u,c}}^{0.25}} L + 0.262 + 0.326\left(\frac{d_0}{r_{\mathrm{u}}}\right)^{3.5} = \Pi_{\mathrm{Ri}} \tag{7.7.21}$$

当 $Re_{\mathrm{u}} > Re_{\mathrm{u,c}}$ 时，流动是稳定的；当 $Re_{\mathrm{u}} < Re_{\mathrm{u,c}}$ 时，流动是不稳定的。特征雷诺数 $Re_{\mathrm{u,c}}$ 的表达式为

$$Re_{\mathrm{u,c}} = \left[\frac{0.3164L}{\Pi_{\mathrm{Ri}} - 0.262 + 0.326(d_0/r_{\mathrm{u}})^{3.5}}\right]^4 \tag{7.7.22}$$

类似上述推导也可以采用特征格拉斯霍夫数 U_{rc} 表征，具体为

$$Gr_{\mathrm{c}} = \frac{4Re_u^2 D \cdot \mathrm{st} \cdot L\left(\dfrac{0.3164}{Re_u^{0.25}} L + K\right)}{\rho_{\mathrm{in}}^{+}\left[2e^{-2D\cdot \mathrm{st}\cdot L}(1+2D\cdot \mathrm{st}\cdot L) - \mathrm{e}^{-4D\cdot \mathrm{st}\cdot L}(1+4D\cdot \mathrm{st}\cdot L) - 1\right]} \tag{7.7.23}$$

3）特征准则数对倒流临界点的影响

在进行并联倒 U 形管流量分配计算时，由于各个管内流量也是未知，所以无法直接由特征雷诺数进行倒流管空间分布的判断。但是由于并联倒 U 形管进出口压降相同，所以可以由特征雷诺数计算获得特征压降，对倒流管空间分布进行判断，从而对并联倒 U 形管内流量分配进行计算。本小节以特征雷诺数作为倒流的判断依据，以蒸汽发生器并联倒 U 形管束输出热量和反应堆功率平衡为收敛判据，对并联倒 U 形管束流量分配进行计算。

在核动力自然循环系统中，热源为反应堆，冷源为蒸汽发生器，在反应堆稳定运行状态，通过并联倒 U 形管束传递到蒸汽发生器二次侧的热量应等于反应堆热功率 p。因此将反应堆热功率作为已知量。

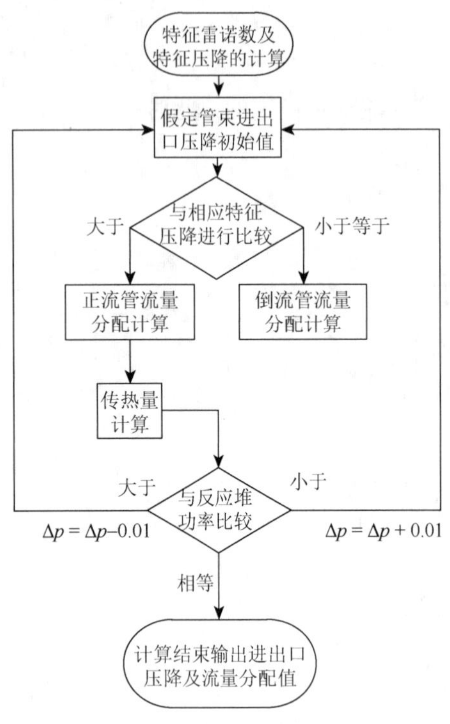

图 7.7.3　程序计算流程图

计算的已知条件有：反应堆热功率，一回路系统压力，倒 U 形管几何尺寸，蒸汽发生器一次侧入口流体温度，二次侧饱和压力和二次侧饱和温度。

计算内容包括：并联倒 U 形管束进出口压降，每根倒 U 形管内流量。

计算的方法和步骤为：首先假设并联倒 U 形管进出口压降，利用特征雷诺数求得特征压降；然后对每组倒 U 形管内流动状态进行判断，并对管内流量进行计算；对传热量进行计算，并与反应堆功率进行比较，若相等，则计算结束。反之则对并联倒 U 形管进出口压降进行修改，重新计算。针对并联倒 U 形管内流量分配的程序计算流程图，如图 7.7.3 所示。

利用以上方法对两种典型自然循环工况进行模拟计算，工况 I 为自然循环额定功率运行工况，工况 II 运行功率相对工况 I 较低。计算所得结果与实验值对比如表 7.7.2 所示。

表 7.7.2　两种工况主要参数

项目	参数名					
	P/P_e		$\dot{m}_{net}/\dot{m}_e$		$\triangle p$	
工况	I	II	I	II	I	II
实验值	1.000	0.887	1.000	0.951	×	×
计算值	1.000	0.887	0.996	0.947	−527.12	−481.14
误差	0	0	0.4%	0.4%	×	×
RELAP5	1.000	0.887	1.008	0.958	−535	−492

注：表中，下标 e 表示参考值，下标 net 代表净流量（正流流量值减去倒流流量值）。

由表 7.7.2 可以看出，通过计算所得结果和实验值符合良好。表中计算所得总流量为正流管流量减去倒流管流量，计算值和实验值误差在 5‰以内。通过计算得到倒 U 形管束进出口压降与通过 RELAP5 所得结果接近。

针对实验现象，取某一根管为具体分析对象，模拟实验中倒 U 形管入口温度 T_{in} 逐渐升高的过程，其中 $\overline{T_{sec}}$ 取实验中二次侧入口温度和出口温度的算数平均值，流量取总入口流量的平均值。计算得到该倒 U 形管出口温度如图 7.7.4 所示，进出口压降计算结果如图 7.7.5 所示。由图 7.7.4 和图 7.7.5 可以看出，随着入口温度的升高，出口温度逐渐上升，进出口压降逐渐减小，理论计算所得结果和实验值符合较好。

上述分析可知，蒸汽发生器工况确定后，可以获得倒 U 形管特征格拉斯霍夫数和雷诺数关系曲线，当倒 U 形管格拉斯霍夫数高于特征格拉斯霍夫数时，管内流体流动是不稳定的，将会发生倒流现象。选取某型蒸汽发生器四种倒 U 形管（管长分别为 380 d_0、450 d_0、500 d_0、560 d_0），对倒 U 形管内流体流动稳定性进行分析，计算结果如图 7.7.6 所示。

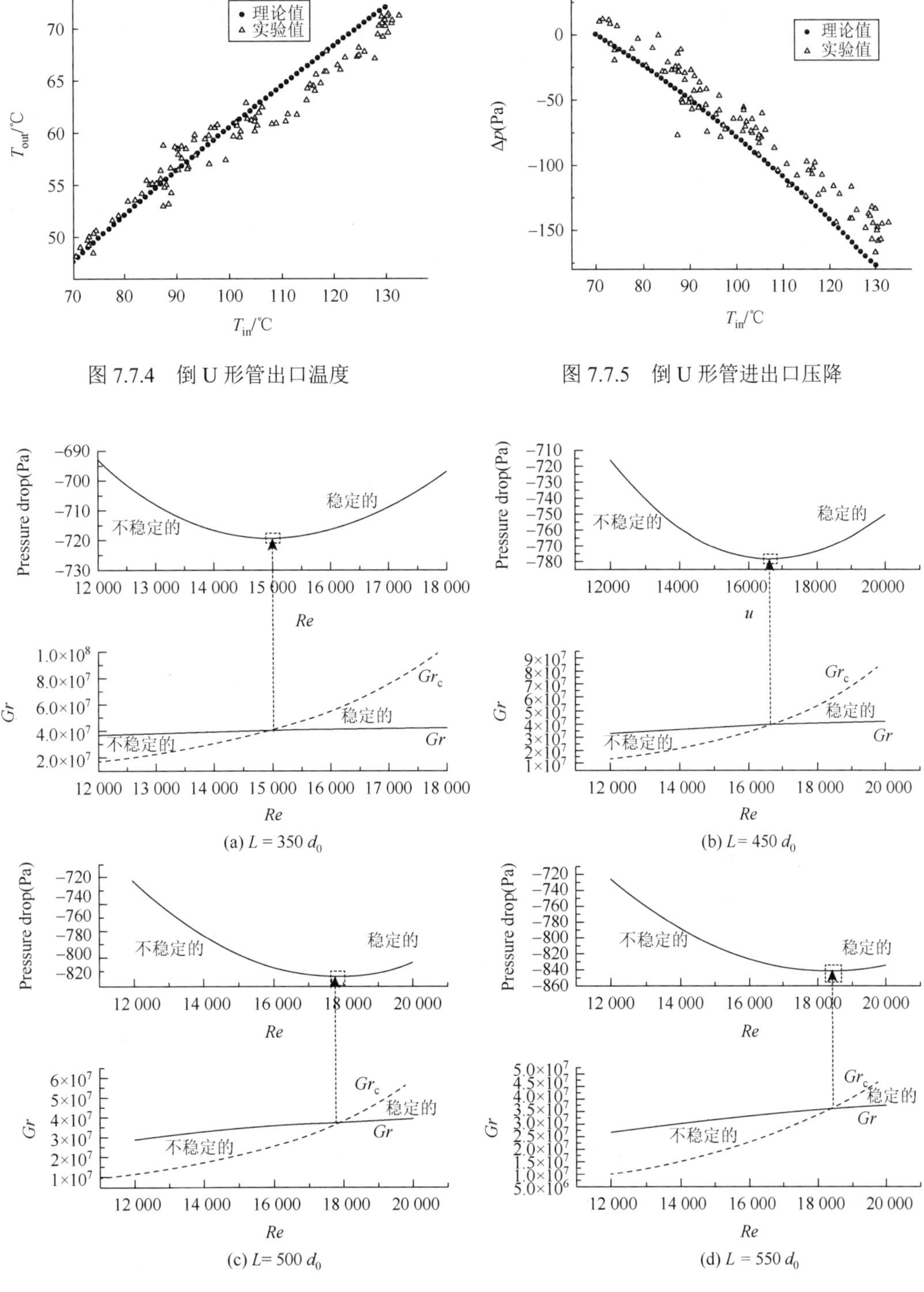

图 7.7.4　倒 U 形管出口温度

图 7.7.5　倒 U 形管进出口压降

图 7.7.6　倒 U 形管束流动稳定性计算

由图 7.7.6 可以看出，在低流量条件下，随着倒 U 形管雷诺数增加，特征格拉斯霍夫数明显变大，而格拉斯霍夫数增加幅度相对较少（通过对数据进行分析可以发现，在计算范围内，倒 U 形管格拉斯霍夫数持续增加）。由前面分析可知，当倒 U 形管格拉斯霍夫数高于特征格拉斯霍夫数时，倒 U 形管内流体流动是不稳定的，会发生倒流现象。而当倒 U 形管格拉斯霍夫数低于特征格拉斯霍夫数时，倒 U 形管内流体可以维持稳定的正向流动。

由图 7.7.6 还可以看出，随着倒 U 形管管长增加，发生倒流临界点对应的雷诺数增加，特征格拉斯霍夫数下降，对于该型蒸汽发生器，随着一次侧入口流量下降，倒 U 形管内格拉斯霍夫数下降，倒流现象首先发生在短管内。

在此基础上，利用特征格拉斯霍夫数，分析蒸汽发生器一次侧流体无量纲入口密度 ρ_{in}^{+} 对倒 U 型管内流体流动不稳定的影响，结果如图 7.7.7 所示。不难看出，当蒸汽发生器一次侧入口密度降低时，倒流现象更容易发生。

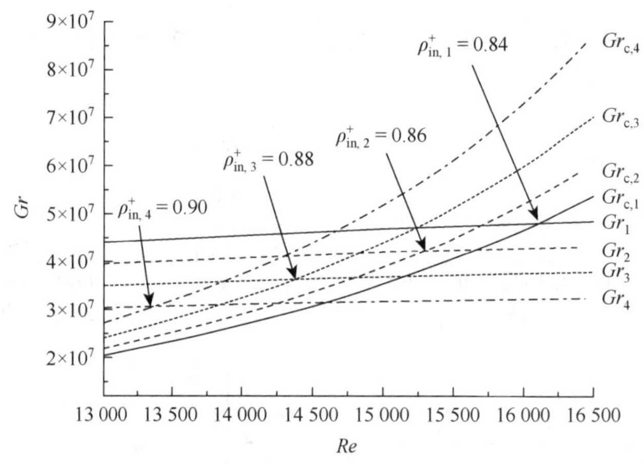

图 7.7.7　入口密度对倒 U 形管倒流影响

7.7.3　倒流问题的比例模化方法

蒸汽发生器倒 U 形管内流动不稳定是属于自然循环系统的局部现象，在进行比例模化研究时可以将一回路自然循环流量作为蒸汽发生器一次侧入口边界条件，从而模拟出倒 U 形管内的流动不稳定现象，并对其影响因素进行分析。

在对蒸汽发生器进行比例模化研究时，一般采用近似复制方法（即模型中传热管及其布置与原型相同，但数量减少的方法）进行模拟，但是没有考虑蒸汽发生器一次侧进出口腔室流场和温度场与倒 U 形管内倒流现象之间的相互影响，具有一定的局限性。本小节在对蒸汽发生器一次侧倒 U 形管内倒流进行分析的基础上，利用相似性原理，对自然循环蒸汽发生器一次侧进行比例模化。

倒 U 形管倒流判断准则（特征雷诺数）具体见式（7.7.23）。蒸汽发生器一次侧倒 U 形管内倒流比例模化研究的目的是在较小的尺寸条件下（较少的倒 U 形管数目条件下），对蒸汽发生器 U 形管内倒流特性进行模拟，要求模型倒 U 形管内发生的倒流条件与原型相同。这意味着模型中倒 U 形管的特征雷诺数与原型相同，即在蒸汽发生器一次侧倒流比例模化时，无量纲准则数 r_u/d_0 ，H_0/d_0 ，St 和 Fr_{u} 原型应保持一致。

对蒸汽发生器倒 U 形管内流动不稳定现象进行比例模化研究时要求模型与原型的倒 U 形管的特征雷诺数保持严格相似，而倒 U 形管进出口区域（进出口腔室）的流场和温度场对特征雷诺数影响较大，因此需要对进出口腔室及接管内流动传热现象进行分析。由于部分倒 U 形管内存在倒流现象，在倒 U 形管入口区域内流体流动具有显著的三维特性，所以进出口腔室和接管内流体的守恒方程为

$$\nabla\cdot(\rho\vec{u})=0 \tag{7.7.24}$$

$$\rho(\vec{u}\cdot\nabla\vec{u})=\rho\vec{g}-\nabla p+\nabla\cdot(\mu\nabla\vec{u})+\frac{1}{3}\nabla(\mu\nabla\cdot\vec{u}) \tag{7.7.25}$$

$$\nabla\cdot(\lambda\nabla T)=\rho[\vec{u}\cdot\nabla(c_pT)] \tag{7.7.26}$$

式中：μ 为动力黏度；λ 为流体热导率。

采用积分类比法，由式（7.7.24）～式（7.7.26）可以得到相似准则数。由式（7.7.24）等号左边第一项和等号右边第一项得弗劳德数，其表达式为

$$Fr_{\mathrm{p}}=\frac{gd_{\mathrm{p}}}{u_{\mathrm{p}}^2} \tag{7.7.27}$$

$$Fr_{\mathrm{r}}=\frac{gd_{\mathrm{r}}}{u_{\mathrm{r}}^2} \tag{7.7.28}$$

式中：下标 p 表示进出口腔室内流场；下标 r 表示进出口接管流场。该准则数表征惯性力与重力之间的关系。

进出口腔室和并联 U 形管束交界处水力直径的表达式为

$$d_{\mathrm{p}}=\frac{4P}{a_{\mathrm{p}}}=\frac{4N\pi(d_0/2)^2}{N\pi d_0}=d_0 \tag{7.7.29}$$

式中：P 和 a 分别表示湿周和流通面积。

单值条件包括几何条件、物理条件和边界条件。几何条件包括：倒 U 形管内流体水力学直径，倒 U 形管外径，倒 U 形管直管高度，弯管半径，倒 U 形管根数 N，倒 U 形管束的间距，进口接管直径，进出口腔室半径，进出口接管长度，进出口接管方位。物理条件包括：流体的物理性质（密度，比定压热容，动力黏度，导热系数 λ 等），管壁热导率。边界条件包括：流体进口流速、进口密度、参考密度、进口温度、二次侧饱和水温。

因此，可以得到相似准则数有 22 个，包括：

$$\frac{H_0}{d_0},\ \frac{r_u}{d_0},\ Fr_u,\ Re_u,\ Eu_u,\ St,\ \frac{\rho_{\mathrm{in}}}{\rho_0},\ \frac{\lambda_{\mathrm{wall}}}{\lambda},\ Eu_{\mathrm{p}},\ Eu_{\mathrm{r}},\ Re_{\mathrm{p}}$$

$$Re_{\mathrm{r}},\ Pr,\ \frac{\rho_{\mathrm{r}}}{\rho_0},\ \frac{T_{\mathrm{r}}}{T_{\mathrm{s}}},\ Fr_{\mathrm{p}},\ Fr_{\mathrm{r}},\ \frac{s_1'}{d_0},\ \frac{r_{\mathrm{p}}}{d_{\mathrm{r}}},\ \frac{l_{\mathrm{r}}}{d_{\mathrm{r}}},\ (\theta_1,\varphi_1),\ (\theta_2,\varphi_2)$$

由因次分析定理可知，由单值条件的物理量得到的独立的相似准则数应有 14 个。

因此决定U形管内特征雷诺数的独立的定性准则有

$$\frac{H_0}{d_0},\ \frac{r_u}{d_0},\ \frac{s_1}{d_0},\ \frac{r_p}{d_r},\ \frac{l_r}{d_r},\ \frac{\rho_r}{\rho_0},\ \frac{T_r-T_s}{T_s}$$

$$\frac{\lambda_{wall}}{h_{sp}d_0},\ \frac{\rho_0 u_r d_r^2}{\mu N d_0},\ \frac{gd_0^3\rho_0^2}{\mu^2},\ Pr,\ Fr_r,\ (\theta_1,\varphi_1),\ (\theta_2,\varphi_2)$$

特征雷诺数可以写成：

$$Re_{u,c}=f\left(Pr,\frac{T_r-T_s}{T_s},\frac{\rho_r}{\rho_0},\frac{gd_0^3\rho_0^2}{\mu^2},\frac{H_0}{d_0},\frac{r_u}{d_0},\frac{s_1}{d_0},\frac{\lambda_{wall}}{h_{sp}d_0},\frac{\rho_0 u_r d_r^2}{\mu N d_0},Fr_r,\frac{r_p}{d_r},\frac{l_r}{d_r},(\theta_1,\varphi_1),(\theta_2,\varphi_2)\right) \tag{7.7.30}$$

自然循环工况下，一回路系统的流量和流体温度是由系统的冷热源芯位差、密度差及回路阻力决定的。而蒸汽发生器内U形管内的倒流现象对系统密度差及回路阻力产生影响，从而对系统流量产生影响。因此，在针对蒸汽发生器一次侧内倒流进行研究时，其进口条件需要由实际核动力装置测量获得。

根据相似第二定理，同一种类的现象，当单值条件相似，而且由单值条件的物理量所组成的相似准则在数值上相等，则这些现象就相似。在本小节中，通过对上述准则数对倒流的影响进行分析，获得了比例模化的条件。无量纲参数在模型和原型间比率的表达式为

$$\Pi_R=\frac{\Pi_M}{\Pi_P} \tag{7.7.31}$$

式中：下标R、M和P分别表征比例、模型和原型。

由相似第二定理得，当决定U形管内特征雷诺数的14个定性准则都满足$\Pi_R=1$时，模型与原型的倒流现象是相似的，得

$$(Pr)_R=1 \tag{7.7.32}$$

$$\left(\frac{T_r-T_s}{T_s}\right)_R=1 \tag{7.7.33}$$

$$\left(\frac{\rho_r}{\rho_0}\right)_R=1 \tag{7.7.34}$$

$$\left(\frac{gd_0^3\rho_0^2}{\mu^2}\right)_R=\left(\frac{d_0^3\rho_0^2}{\mu^2}\right)_R=1 \tag{7.7.35}$$

$$\left(\frac{H_0}{d_0}\right)_R=1 \tag{7.7.36}$$

$$\left(\frac{r_u}{d_0}\right)_R=1 \tag{7.7.37}$$

$$\left(\frac{\lambda_{wall}}{h_{sp}d_0}\right)_R=\left(\frac{\lambda_{wall}}{d_0h_0}+\frac{1}{2}\ln\frac{d_1}{d_0}+\frac{\lambda_{wall}}{h_1d_1}\right)_R=1 \tag{7.7.38}$$

$$\left(\frac{s_1}{d_0}\right)_{\mathrm{R}}=1 \tag{7.7.39}$$

$$\left(\frac{\rho_0 u_{\mathrm{r}} d_{\mathrm{r}}^2}{\mu N d_0}\right)_{\mathrm{R}}=1 \tag{7.7.40}$$

$$(Fr_{\mathrm{r}})_{\mathrm{R}}=\left(\frac{g d_{\mathrm{r}}}{u_{\mathrm{r}}^2}\right)_{\mathrm{R}}=\left(\frac{d_{\mathrm{r}}}{u_{\mathrm{r}}^2}\right)_{\mathrm{R}}=1 \tag{7.7.41}$$

$$\left(\frac{R_{\mathrm{p}}}{d_{\mathrm{r}}}\right)_{\mathrm{R}}=1 \tag{7.7.42}$$

$$\left(\frac{l_{\mathrm{r}}}{d_{\mathrm{r}}}\right)_{\mathrm{R}}=1 \tag{7.7.43}$$

$$(\theta_1)_{\mathrm{R}}=(\varphi_2)_{\mathrm{R}}=(\theta_2)_{\mathrm{R}}=(\varphi_2)_{\mathrm{R}}=1 \tag{7.7.44}$$

蒸汽发生一次侧等温等压水-水比例模化条件具体如表 7.7.3 所示。根据表 7.7.3 建立蒸汽发生器实验段，可以在较少的规模范围条件下实现对蒸汽发生器并联 U 形管束倒流现象的实验研究。

表 7.7.3　等温等压水-水比例模化条件

编号	模化条件	说明
1	$(\mu)_{\mathrm{R}}=1$	模型流体物性参数与原型相同
2	$(c_{\mathrm{p}})_{\mathrm{R}}=1$	
3	$(\lambda)_{\mathrm{R}}=1$	
4	$(\lambda_{\mathrm{wall}})_{\mathrm{R}}=1$	模型管壁材料与原型相同
5	$(u_{\mathrm{r}}/N^{0.2})_{\mathrm{R}}=1$	模型进口流速与 U 形管数目有关；进口温度与原型相同
6	$(T_{\mathrm{r}})_{\mathrm{R}}=1$	
7	$(T_{\mathrm{s}})_{\mathrm{R}}=1$	蒸汽发生器二次侧工作应与原型相同
8	$(d_0)_{\mathrm{R}}=1$	U 形管的几何结构与原型相同，数目减少
9	$(d_1)_{\mathrm{R}}=1$	
10	$(H_0)_{\mathrm{R}}=1$	
11	$(r_{\mathrm{u}})_{\mathrm{R}}=1$	
12	$(s_1)_{\mathrm{R}}=1$	并联 U 形管束间隔与原型相同
13	$(d_{\mathrm{r}}/N^{0.4})_{\mathrm{R}}=1$	进出口腔室及进出口接管与原型几何相似，进出口腔室和接管几何尺寸跟 U 形管数目有关，进出口接管方位与原型相同
14	$(l_{\mathrm{r}}/N^{0.4})_{\mathrm{R}}=1$	
15	$(r_{\mathrm{p}}/N^{0.4})_{\mathrm{R}}=1$	
16	$(\theta_1)_{\mathrm{R}}=(\varphi_2)_{\mathrm{R}}=(\theta_2)_{\mathrm{R}}=(\varphi_2)_{\mathrm{R}}=1$	

7.7.4　倒流流量与倒流管数计算简介

假设蒸汽发生器 U 形管总根数为 N，出现倒流的 U 形管根数占总数的比例为ϕ，单根 U 形管流通面积为 A，热段来流温度为 T_{hotleg}，蒸汽发生器进口腔室温度为 T_{inlet}，出口腔室温度为 T_{outlet}。

对于进口腔室，正流流量和倒流流量分别为

$$\dot{m}_{\text{f}} = N(1-\phi)v\rho_{\text{inlet}}A \tag{7.7.45}$$

$$\dot{m}_{\text{r}} = N\phi u\rho_{\text{outlet}}A \tag{7.7.46}$$

根据质量守恒，有

$$\dot{m} = \dot{m}_{\text{f}} - \dot{m}_{\text{r}} = N(1-\phi)v\rho_{\text{inlet}}A - N\phi u\rho_{\text{outlet}}A \tag{7.7.47}$$

式中：$\dot{m}$ 为蒸汽发生器的自然循环流量，kg/s；$\dot{m}_{\text{f}}$ 为正流总流量，kg/s；$\dot{m}_{\text{r}}$ 为倒流总流量，kg/s；u 为倒流 U 形管内平均流速，m/s；v 为正流 U 形管内平均流速，m/s；ρ_{inlet} 为进口腔室流体密度；ρ_{outlet} 为出口腔室流体密度，kg/m³。

根据能量守恒，有

$$\dot{m}\cdot h_{\text{hotleg}} + \dot{m}_{\text{r}}\cdot h_{\text{outlet}} = \dot{m}_{\text{f}}\cdot h_{\text{inlet}} \tag{7.7.48}$$

将式（7.7.47）代入式（7.7.48）有

$$\dot{m}_{\text{r}} = \dot{m}\frac{h_{\text{hotleg}} - h_{\text{inlet}}}{h_{\text{inlet}} - h_{\text{outlet}}} \tag{7.7.49}$$

式中：h_{inlet} 为正流 U 形管入口流体的焓，即为进口腔室流体平均焓值，J/kg；h_{outlet} 为倒流 U 形管出口流体的焓，即为出口腔室平均焓值，J/kg；h_{hotleg} 为堆芯热段流体的焓，J/kg。

由式（7.7.49）可知，对于稳定的自然循环状态，倒流流量可根据自然循环流量 $\dot{m}$、堆芯热段温度 T_{hotleg}、蒸汽发生器出口腔室温度 T_{outlet}（近似为堆芯入口温度）及蒸汽发生器进口腔室温度 T_{inlet} 计算；根据倒流流量和蒸汽发生器出口腔室温度，就可以计算总的倒流管根数。

习　题

1. 堆芯块压降由哪几项组成？写出式子。

2. 某压水堆的开式棒束燃料组件采用正方形栅格排列，燃料元件棒的外径为 $d = 7$ mm，长度为 $L = 1.5$m，栅距 $p = 12$ mm。燃料元件包壳相当于一根光滑的冷拉管。燃料元件组件沿高度用八段蜂窝式定位格架固定，定位架板条的厚度（图 7.1.2）$\delta = 0.7$ mm。水在燃料棒间的冷却剂流道中由下向上流，平均温度 $T_{\text{f}} = 280$℃，平均流速 $u_{\text{f}} = 4$ m/s，运行压力 $p = 15.5$ MPa，燃料元件包壳外表面平均温度 $T_{\text{cs}} = 310$℃。试计算水在冷却剂流道进出口间的压力变化。

3. 某压水堆有 38 000 根燃料棒，堆芯总流量是 15 000 kg/s。燃料棒高度为 3.7 m，外径为 11.2 mm，三角形排列，栅距 14.7 mm，水的密度取 720 kg/m³，动力黏度为

91×10^{-6} Pa·s，计算堆芯内的提升压降、摩擦压降和进出口的局部压降。

4. 自然循环蒸汽发生器一次侧回路的局部阻力压降由哪几部分组成？

5. 什么叫循环倍率？它是如何确定的？

6. 某反应堆，一回路内总的压力损失大约为 50×10^4 Pa，冷却剂的质量流量为 3×10^4 kg/s，冷却剂在堆内工作压力下的平均密度为 700 kg/m^3，求水泵的唧送功率。

7. 试分析热管内冷却剂质量流量与平均管内冷却剂质量流量为什么不同，以及影响流量分配的因素有哪些。

8. 为什么说两相流时热管与平均管流量分配更严重？

9. 什么是流动不稳定性？为什么会出现流动不稳定性？对反应堆热工性能的影响如何？

10. 什么叫并联通道管间脉动？其主要影响因素有哪些？

11. 防止水动力学不稳定性的主要方法有哪些？

12. 什么叫自然循环，其产生的条件是什么？在水堆核动力装置中，会有哪些自然循环现象？

13. 如何提高反应堆回路中的自然循环能力？

14. 蒸汽发生器二次侧回路的水循环的计算分析与反应堆系统的水循环的计算分析有什么异同点？

15. 在压水堆一回路内，反应堆和蒸汽发生器可视为冷源和热源，它们之间的高差为 H，冷却剂流过反应堆后的温升为 ΔT，并通过流过蒸汽发生器向二回路放热，相应的冷、热段内冷却剂的平均密度分别为 ρ_c 和 ρ_h，求该自然循环的驱动压头。

16. 在什么情况下会使反应堆一回路的自然循环中断？

17. 为什么立式倒 U 形管蒸汽发生器 U 形管内会发生倒流流动？在强迫循环条件下会发生倒流现象吗？

18. 影响倒 U 形管蒸汽发生器 U 形管内倒流流动特性的主要因素有哪些？

19. 为什么说立式倒U形管蒸汽发生器U形管内发生倒流现象属于流动不稳定性问题？

20. 如何计算出倒 U 形管蒸汽发生器内的倒流流量与倒流管数？

21. 在实际装置中，如何判断立式倒 U 形管蒸汽发生器 U 形管内发生了倒流？它们会有哪些危害？

第 8 章 反应堆稳态热工设计

反应堆稳态热工设计是指在额定功率下的反应堆热工水力学参数的选定与校核。压水堆的稳态设计主要关心稳定功率运行时堆芯内燃料芯块中心最高温度及芯块内温度分布、燃料包壳外表面的最高温度与分布、燃料元件表面的换热系数及冷却剂的流动状态、流过堆芯活性区的流量，以及流量分配情况、堆芯最小烧毁比、堆芯冷却剂出口的含汽率、冷却剂系统在各个部件内的流动压降等。本章介绍压水堆的稳态热工水力设计。

8.1 热工设计准则

为了防止放射性物质泄漏，核动力装置设置了四道包容放射性的屏障。第一道屏障为燃料芯块，它能保留住 98%以上的放射性裂变产物，余下不到 2%的放射性物质被第二屏障燃料元件包壳管所密封，也可以将第一道屏障与第二道屏障合称为第一道屏障，即燃料元件；第三道屏障为高强度的压力容器及封闭的一回路系统承压边界，如果包壳管破损，第三道屏障可以包容从包壳泄漏出来的放射性物质；第四道屏障为安全壳或舰船堆舱壁，当第三道屏障再发生泄漏，可由第四道屏障有效地容纳放射性物质，防止向外界释放，从而有力地保护环境和公众的安全。

为了核动力装置的安全运行，确保多道屏障的完整性，核动力装置设计中提出了热工安全设计准则。以压水堆为例，这些热工设计准则主要包括下面几项。

（1）核燃料芯块温度设计准则。燃料元件芯块内最高温度应低于其相应燃耗下的熔化温度。对于压水堆采用的燃料 UO_2，其熔点约为 2800℃，但经过辐照后，其熔点将会下降。实测表明燃耗每增加 10000 MW·d/tU，其熔点约下降 32℃。所以，在通常所达到的燃耗深度下，熔点将降低到 2650℃左右。在稳态热工设计中，目前燃料元件中心最高温度选取的限制值大多介于 2200～2450℃。

燃料的最高温度一般在核燃料芯块的中心，难以测量。由于燃料的最高温度主要取决于燃料的线功率密度（正比于功率），因而通过限制反应堆功率来限制燃料的线功率密度，比如设置正常运行时最大允许功率≤118%额定功率。对单台主泵运行或主泵低速运行，也都有不同的反应堆功率限制。如果运行中反应堆功率超过限值，则控制系统自动动作，通过反插控制棒来限制反应堆功率。船用核动力装置全寿期内、满功率稳态运行时，燃料芯块的最高温度一般在 1500～1700℃；超功率等瞬态时会更高一些，但安全裕量充足。

造成燃料芯块的温度超过限制值的主要原因还是反应堆产热、传热、输热的严重不匹配。如果快速引入较大的正反应性，反应堆功率激增，由于瞬时燃料元件的产热远远大于传输热，燃料芯块温度会快速上升。如果保护系统能够及时动作抑制反应堆功率的增加并使反应堆到达可接受状态，燃料芯块温度就不会达到其熔点；否则，燃料芯块将会高温熔化。这类功率运行时的反应性事故发生很快，事故时间以秒为量级；如三英里岛、福岛核电厂核事故，是由于燃料元件失去有效冷却，在衰变热作用下，燃料芯块持续升温，直至超过熔点，这些事故一般需要几十分钟或数小时。对于较小的（如船用的）核动力装置，由于运行功率与衰变热相对较低，该类事故的发展更为缓慢。

（2）包壳热工设计准则。包壳的破损机制主要包括材料制造缺陷造成的破损、元件焊缝缺陷造成的破损、燃料芯块辐照产生膨胀力作用下的破损、包壳内外压差造成失稳引起的破损、包壳内外壁之间过大的温差应力造成的破损、材料腐蚀破损、包壳发生氢脆以及由于沸腾危机造成的烧毁等。

包壳热工设计准则为不允许燃料包壳发生沸腾危机。沸腾危机是燃料元件传热条件恶化引起的，包壳温度会在极短时间内快速跃升到高值，并可超过包壳的熔点，造成包壳被烧穿，通常称为烧毁。烧毁一般发生在高功率运行时。

通常用 DNBR 定量地表示这个限制条件，其定义为

$$\mathrm{DNBR}=\frac{临界热流密度}{实际热流密度} \tag{8.1.1}$$

在整个堆芯内 DNBR 的最小值称为最小偏离核态沸腾比，或最小临界热流密度比，或最小烧毁比。用 MDNBR 或 DNBR_{min} 表示；为了使燃料元件不易烧毁，在设计超功率及可预计的瞬态运行过程中，MDNBR 均不应低于某一规定值。如果用来计算临界热流密度的公式没有误差，且当 MDNBR 为 1 时，则表示燃料元件表面要发生沸腾临界。如果计算公式存在误差，那么 MDNBR 就要比 1 定得大些。一般对于核动力装置，稳态工况保证最小烧毁比 $\mathrm{DNBR}_{min}=2.0\sim2.2$；正常动态工况：$\mathrm{DNBR}_{min}\geqslant1.3$。

包壳的另一个热工限制是防止发生“烧干”。反应堆发生如全部电源丧失事故时，反应堆虽然能够及时停堆，但衰变热会使得燃料元件周围的冷却剂被“烧干”，即加热成为蒸汽。蒸汽的传热性能较差，不能导出余热时，燃料元件包壳的温度会持续上升，1 020～1 070 K 包壳开始肿胀；1 223 K 包壳开始穿孔；1 273～1 373 K 锆水反应明显；通常以燃料元件包壳最高表面温度不超过 1 204℃为安全限制值，主要是防止锆水反应变得激烈，使包壳脆化；在 2 030K，Zr-4 包壳熔化。由于包壳材料的熔点低于铀合金芯块，所以反应堆发生全部电源丧失、冷却剂失流、冷却剂丧失等事故时，包壳会先于燃料芯块毁坏。

（3）冷却剂温度限制。冷却剂温度限制的意义主要是防止冷却剂发生整体沸腾，否则产生的传热恶化、温差应力、热冲击及流动不稳定会对反应堆的安全带来严重威胁。该准则一般通过限制反应堆冷却剂的出口温度、进出口温差、稳压器与反应堆热端冷却剂的温差来实现。正常运行工况下必须保证燃料元件和堆内构件能得到充分冷却；在事故工况下能提供足够的冷却剂以排出堆芯余热。

从图 8.1.1 中可见，对反应堆热工设计限值的考虑，最底下的线是堆芯内某一参数的平均值，比如说是堆芯的平均热流密度。由于堆芯内热中子注量率的空间分布不均匀会造成热流密度的空间分布不均匀，所以考虑了径向和轴向的功率分布不均匀，可得稳态

情况下堆芯内最热点处的热流密度—稳态热点值。然后进一步考虑工程安装和制造的误差，可以得到稳态热点有可能的最大值。再考虑运行中有可能出现的超功率瞬态，得到瞬态设计限值。这样，对于热流密度，可以规定瞬态设计限值就是临界热流密度，只要堆芯中实际的最大热流密度小于瞬态设计限值，就不会发生沸腾临界。

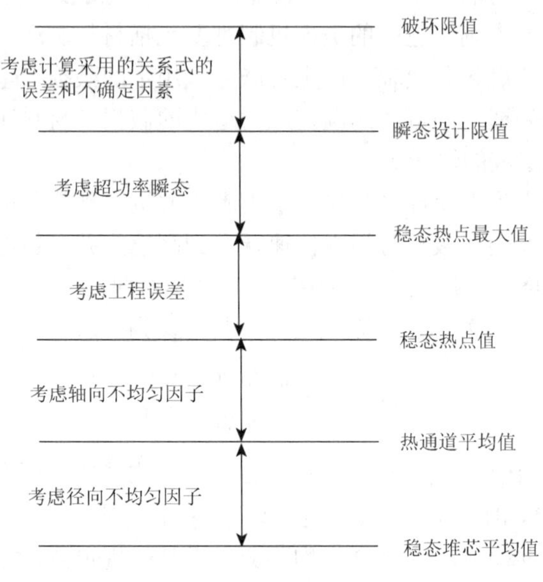

图 8.1.1　热工设计限值

反应堆热工设计限制准则的确定论计算主要有两种方法：一种是全堆芯计算，即采用三维堆芯物理程序与三维热工水力计算程序（如全堆芯子通道计算等）对反应堆功率分布与热工水力参数进行全面模拟计算，进而确定反应堆热工设计参数，并进行校核计算；另一种方法是采用“热管”模型进行近似计算。下面首先介绍热管及热管因子等概念。

8.2　热管因子和热点因子

反应堆内功率分布与温度分布是不均匀的。在反应堆内，即使燃料元件的形状、尺寸、密度和裂变燃料富集度都相同，堆芯内中子通量密度的分布也还是不均匀的；再加上堆芯内存在控制棒、水隙、空泡及在堆芯周围存在反射层，就更加重堆芯内中子通量整体分布和局部分布的不均匀性，而船用反应堆的功率不均匀性会更强些。当不考虑在堆芯进口处冷却剂流量分配得不均匀，以及不考虑燃料元件的尺寸、性能等在加工、安装、运行中的工程因素造成的偏差，单纯从核的原因来看，堆芯内就存在着某一积分功率输出最大的燃料元件冷却剂通道，这种积分功率输出最大的冷却剂通道通常就称为热管或热通道；在近似计算中，如果考虑各种原因造成的流量分配不均匀，通常将流量分配最低的冷却剂通道与积分功率输出最大的冷却剂通道叠加，构成校核计算中选取的热管或热通道，这些热管或热通道实际上不一定存在，仅仅是从校核计算的需求出发，将各种产热、传输热的不利因素均加在一个冷却剂通道内。同时，在热通道内，还存在着某一燃料元件表面热流密度最大的点，这种点通常称为热点。热管和热点对确定堆芯功率的输出量起着决定性的作用。

相对于热管，平均管是一个具有设计的名义尺寸、平均的冷却剂流量和平均的释热率的假想通道，平均管反映整个堆芯的平均特性。在已经确定堆的额定功率、传热面积以及冷却剂流量等条件以后，确定堆芯内热工参数的平均值是比较容易的。为了衡量有关的热工参数的最大值偏离平均值的程度，引进热管、热点和平均管的概念，在此基础上引入热管因子和热点因子。而热管（热点）因子通常又分为核热管（热点）因子和工程热管（热点）因子，下面分别加以介绍。

8.2.1　核热管因子和核热点因子

在实际计算中，常用的核热管因子和核热点因子主要有两种。

1. 热流密度核热点因子

为了定量地表征热管和热点的工作条件，堆芯功率分布（有时称为堆芯功率整体分布）的不均匀程度常用热流密度核热点因子 F_q^{N} 表示；在单通道模型中，人为地假设热点位于热管内，故 F_q^{N} 有时也称为热流密度核热管因子。如果不考虑堆芯中控制棒、水隙、空泡和堆芯周围反射层的影响，则有

$$F_q^{\mathrm{N}} = \frac{堆芯最大热流密度}{堆芯平均热流密度} = \frac{q_{\max}}{q} = F_{\mathrm{R}}^{\mathrm{N}} F_{\mathrm{Z}}^{\mathrm{N}} \tag{8.2.1}$$

式中：$F_{\mathrm{R}}^{\mathrm{N}}$ 为径向热流密度核热管因子。其定义为

$$F_{\mathrm{R}}^{\mathrm{N}} = \frac{热管的平均热流密度}{堆芯平均热流密度} = \frac{\overline{q}_{\mathrm{h}}}{q} \tag{8.2.2}$$

其中：上标 N 表示只考虑了核因素，下标 R 表示径向。在这里，平均热流密度指的是高度方向上（径向）的平均，即

$$\overline{q}_{\mathrm{h}} = \int_0^L q_{\mathrm{h}}(z)\,\mathrm{d}z / L \tag{8.2.3}$$

用同样的方式，可以定义轴向热流密度核热管因子

$$F_{\mathrm{Z}}^{\mathrm{N}} = \frac{热管的最大热流密度}{热管的平均热流密度} = \frac{q_{\max}}{q_{\mathrm{h}}} \tag{8.2.4}$$

在实际计算中，必须要考虑控制棒、水隙、空泡等局部因素对功率分布的影响，还应考虑到在堆芯核设计中如应用 R-Z 坐标计算时的方位角影响，以及核计算不准确性所造成的误差，故式（8.2.1）应改写为

$$F_{\mathrm{q}}^{\mathrm{N}} = F_{\mathrm{R}}^{\mathrm{N}} F_{\mathrm{Z}}^{\mathrm{N}} F_{\mathrm{L}}^{\mathrm{N}} \tag{8.2.5}$$

式（8.2.5）中 $F_{\mathrm{L}}^{\mathrm{N}}$ 是与反应堆的具体结构（例如控制棒、燃料元件等的形式及其布置情况）有关的局部功率峰值核热点因子。目前船用核动力装置反应堆的设计中通常取 1.1～1.2。

2. 焓升核热管因子

核因素引起的热管和平均管中的冷却剂焓升的比值，称为焓升核热管因子，并用 $F_{\Delta h}^{\mathrm{N}}$ 表示，即

$$F_{\Delta h}^{\mathrm{N}}=\frac{\text{热管的焓升}}{\text{平均管的焓升}}=\frac{\Delta h_{\max}}{\Delta h} \tag{8.2.6}$$

如果整个堆芯装载完全相同的燃料组件，又假设热管和平均管内冷却剂的流量相等，并忽略其他的工程因素的影响，则堆芯冷却剂的焓升核热管因子就等于热流密度径向核热管因子 $F_{\mathrm{R}}^{\mathrm{N}}$，这个结论可从下面的推导得出。

$$\begin{aligned}F_{\Delta h}^{\mathrm{N}}&=\frac{\text{热管平均线功率}\times\text{堆芯高度}/\text{冷却剂流量}}{\text{平均管平均线功率}\times\text{堆芯高度}/\text{冷却剂流量}}\\&=\frac{\int_0^L\overline{q}_l F_{\mathrm{R}}^{\mathrm{N}}\phi(z)\,\mathrm{d}z}{\overline{q}_1 L}=\frac{F_{\mathrm{R}}^{\mathrm{N}}\int_0^L\phi(z)\,\mathrm{d}z}{L}=F_{\mathrm{R}}^{\mathrm{N}}\overline{\phi}(L)\end{aligned} \tag{8.2.7}$$

因轴向归一化功率分布 $\phi(z)$ 是对轴向全长 L 的功率平均值归一后得到的，故 $\overline{\phi}(L)$ 等于 1，于是得到

$$F_{\Delta h}^{\mathrm{N}}=F_{\mathrm{R}}^{\mathrm{N}} \tag{8.2.8}$$

在实际计算热管冷却剂焓升时，还应计入 $F_{\mathrm{L}}^{\mathrm{N}}$ 的影响。

8.2.2 工程热管因子和工程热点因子

关于热流密度核热点因子 F_q^{N} 和焓升核热管因子 $F_{\Delta h}^{\mathrm{N}}$ 的定义式中，所涉及的燃料元件的热流密度和冷却剂的焓升，都是应用名义（设计）值，即没有考虑到诸多燃料元件等在加工、安装及运行中的各类工程因素所造成的实际值与设计值之间的偏差。但在实际计算中，都必须考虑这些工程因素所造成的偏差。

上述工程上不可避免的误差，会使堆芯内燃料元件的热流密度、冷却剂流量、冷却剂焓升及燃料元件的温度等偏离名义值（设计值）。为了定量分析由工程因素引起的热工参数偏离名义值的程度，这里引出热流密度工程热点因子 F_q^{E} 和焓升工程热管因子 $F_{\Delta h}^{\mathrm{E}}$ 的概念。其含义是由工程因素引起的热管（热点）处的最大参数值与名义值之间的比值。随着反应堆的设计、建造和运行经验的累积，工程热管因子的计算方法也在不断发展，先后有两种方法在实际中采用较多，分别是乘积法和混合法。

1. 乘积法

在反应堆的热工计算中可以看到，影响燃料元件表面热流密度和冷却剂焓升的工程因素是多方面的，例如加工、安装所产生的误差以及运行中可能产生的燃料棒的弯曲变形等。在反应堆发展的早期，由于缺乏经验，为了确保反应堆的安全，通常把所有的工程偏差都看作是非随机性的，因而在综合计算影响热流密度的各个工程偏差的时候，保守地采用了将各个工程偏差相乘的办法，这就是乘积法。乘积法的含义是指所有的有关

的最不利的因素都同时集中在热点处，而所谓最不利的因素指的是在综合计算时取对安全不利的方向的最大工程偏差。由此可见，乘积法虽然满足堆内燃料元件的热工设计安全要求，但却降低了反应堆的经济性。这是因为工程热管因子的数值大了，为了确保安全，相应地就必须降低燃料元件的平均释热率，从而限制堆芯功率的输出。下面介绍用乘积法计算热管因子的方法。

首先介绍热流密度工程热管因子。燃料元件芯块的直径、密度、核燃料的富集度和包壳外径都可能存在加工误差，这些误差影响着燃料元件外表面的热流密度。这些误差彼此是互相独立的，若把这些误差全都看作是非随机误差，那么当知道这些合格产品中的各项最大误差之后，就可以得到热流密度工程热管因子，即

$$F_q^{\mathrm{E}}=\frac{\dfrac{\pi}{4}d_{\mathrm{u,a}}^2 e_{\mathrm{a}}\rho_{\mathrm{a}}d_{\mathrm{cs,a}}}{\dfrac{\pi}{4}d_{\mathrm{u,n}}^2 e_{\mathrm{n}}\rho_{\mathrm{n}}d_{\mathrm{cs,n}}} \tag{8.2.9}$$

式中：d 为直径；e 为核燃料富集度；ρ 为密度；下标 n 表示的是名义值，也就是设计值；下标 a 表示的是加工后的值，取具有最不利误差的值。假如负误差对安全最不利，就取具有负误差的最小值，反之则取正误差的最大值。d_{cs} 是包壳外径，由于外径越小，燃料棒表面面积就越小，从而导致表面热流增大，所以包壳外径的加工值 $d_{\mathrm{cs,a}}$ 取的应该是一批产品中的最小值，而其他取的都是最大值。可以看到，这样的乘积法把最不利的因素都集中到一点，是偏保守的。

然后分析焓升工程热管因子。由于反应堆类型的不同，影响冷却剂比焓升的工程偏差因素也不相同，对于压水堆来说，其焓升工程热管因子由以下 5 个分因子组成。

（1）燃料芯块加工误差引起的焓升工程热管分因子。

这项分因子为

$$F_{\Delta h,1}^{\mathrm{E}}=\frac{\dfrac{\pi}{4}\bar{d}_{\mathrm{u,a}}^2\bar{e}_{\mathrm{a}}\bar{\rho}_{\mathrm{a}}}{\dfrac{\pi}{4}d_{\mathrm{u,n}}^2 e_{\mathrm{n}}\rho_{\mathrm{n}}} \tag{8.2.10}$$

各个加工后的值，要取一批元件全长上平均误差中对安全不利方向的最大值。之所以要取元件全长上的平均误差，是因为热通道内的焓升反映的是对整个通道长度的积分效果，正负误差会互相抵消。

（2）元件和冷却剂通道尺寸误差引起的焓升工程热管分因子。

冷却剂通道尺寸误差包括燃料元件包壳外直径加工误差、燃料元件栅格距离的安装误差和反应堆运行后燃料棒弯曲变形而使得堆芯内流道尺寸产生的误差。这些误差会影响到冷却剂的流量，从而影响冷却剂的焓升，由此引起的焓升工程热管分因子为

$$F_{\Delta h,2}^{\mathrm{E}}=\frac{\Delta h_{\mathrm{h,max,2}}}{\Delta h_{\mathrm{n}}}=\frac{\int_0^L q_{\mathrm{l,h}}(z)\,\mathrm{d}z/\dot{m}_{\mathrm{h,min,2}}}{\int_0^L q_{\mathrm{l,h}}(z)\,\mathrm{d}z/\dot{m}_{\mathrm{m}}}=\frac{\dot{m}_{\mathrm{m}}}{\dot{m}_{\mathrm{h,min,2}}} \tag{8.2.11}$$

式中：下标 m 表示平均管；h 表示热管；下标中的 min 是表示该值取最小值对安全最不利。功率输出和冷却剂流量是两个互相独立的量，因此当考虑通道尺寸误差引起的冷却

剂流量变化的时候，并不影响积分功率的输出，可以把它作为一个不变的量而暂时不予考虑，正如在 $F_{\Delta h,1}^{\mathrm{E}}$ 中只考虑发热量而暂时不考虑冷却剂流量变化是同一个道理。

下面将冷却剂流量比转化为通道的尺寸比，借以引入上面的几个工程误差。

同样，先把与此无关的热工参数设为常量，单纯考虑燃料元件冷却剂通道尺寸的误差，并认为平均管和热管的冷却剂流动压降相等，即 $\Delta p_{\mathrm{h}}=\Delta p_{\mathrm{m}}$。为简化起见，流动压降只考虑沿程摩擦压降，而不考虑定位格架和导流叶片引起的局部压降。根据第 6 章相关知识，沿程摩擦系数通常可以表示为

$$f=CRe^{-n} \tag{8.2.12}$$

因为 $Re=\rho vD_{\mathrm{e}}/\mu$，于是有

$$\Delta p\approx\Delta p_{\mathrm{fric}}=f\frac{\rho v^2L}{2D_{\mathrm{e}}}\propto\frac{\dot{m}_{\mathrm{m}}^{2-n}}{D_{\mathrm{e}}^{1+n}A^{2-n}} \tag{8.2.13}$$

所以，在 $\Delta p_{\mathrm{h}}=\Delta p_{\mathrm{m}}$ 时，可以得到热管和平均管的流量之比

$$\frac{\dot{m}_{\mathrm{h}}}{\dot{m}_{\mathrm{m}}}=\frac{A_{\mathrm{h}}D_{\mathrm{e,h}}^{\frac{1+n}{2-n}}}{A_{\mathrm{m}}D_{\mathrm{e,m}}^{\frac{1+n}{2-n}}} \tag{8.2.14}$$

最后得到焓升工程热管因子

$$\begin{aligned}F_{\mathrm{E},\Delta h,2}&=\frac{\Delta h_{\mathrm{h,max,2}}}{\Delta h_{\mathrm{n}}}=\frac{\dot{m}_{\mathrm{m}}}{\dot{m}_{\mathrm{h,min,2}}}=\frac{A_{\mathrm{m}}D_{\mathrm{e,m}}^{\frac{1+n}{2-n}}}{A_{\mathrm{h}}D_{\mathrm{e,h}}^{\frac{1+n}{2-n}}}=\\&\frac{p_{\mathrm{n}}^2-\frac{\pi}{4}d_{\mathrm{cs,n}}^2}{\overline{p}_{\mathrm{h,min}}^2-\frac{\pi}{4}\overline{d}_{\mathrm{cs,n,max}}^2}\times\left[\frac{(4\mathrm{p}_{\mathrm{n}}^2-\pi d_{\mathrm{cs,n}}^2)/(\pi d_{\mathrm{cs,n}})}{\left(4\overline{p}_{\mathrm{h,min}}^2-\pi\overline{d}_{\mathrm{cs,n,max}}^2\right)/(\pi\overline{d}_{\mathrm{cs,h,max}})}\right]^{\frac{1+n}{1-n}}\end{aligned} \tag{8.2.15}$$

其中：$\overline{d}_{\mathrm{cs,h,max}}$ 表示对燃料元件外直径，取通道内的平均最大值为最不利的因素。另外，更精确的计算还需要考虑各种局部压降和提升压降，提升压降是因为热管与平均管内温度不同造成的冷却剂密度不同引起的。不过这些因素都没法得到理论解的形式，需要通过实验进行测量。

（3）堆芯下腔室流量分配不均匀引起的焓升工程热管分因子。

由于堆芯下腔室结构上的原因，分配到堆芯各冷却剂通道的流量是不均匀的。这种不均匀程度可以用诸如 CFD 的计算软件分析求出，但一般需从反应堆本体的水力模拟装置中实验测出。实测的数据表明，堆芯各燃料元件冷却剂通道的流量与平均管流量相比，有大有小，但从反应堆热工设计安全要求出发，总是取热管分配到的流量小于平均管的流量，于是有

$$F_{\Delta h,3}^{\mathrm{E}}=\frac{\Delta h_{\mathrm{h,max,3}}}{\Delta h_{\mathrm{n}}}=\frac{\int_0^L q_{1,h}(z)\,\mathrm{d}z/\dot{m}_{\mathrm{h,min,3}}}{\int_0^L q_{1,h}(z)\,\mathrm{d}z/\dot{m}_{\mathrm{m}}}=\frac{\dot{m}_{\mathrm{m}}}{\dot{m}_{\mathrm{h,min,3}}} \tag{8.2.16}$$

式中：$\dot{m}_{\mathrm{h,min,3}}$ 为由堆芯下腔室分配到热管的冷却剂流量，通常由实验测出。一般来说，要小于平均管的流量，因此取最小值是最不利的因素。

（4）冷却剂流量再分配引起的焓升工程热管分因子。

热管内的冷却剂流量再分配指的是由于热管内产生气泡而增大流动压降，导致热管冷却剂流量减少，而多出的这一部分冷却剂就要流到堆芯其他相邻的冷却剂通道上去。所以

$$F_{\Delta h,4}^{\mathrm{E}}=\frac{\Delta h_{\mathrm{h,max,4}}}{\Delta h_{\mathrm{h,max,3}}}=\frac{\int_0^L q_{1,h}(z)\,\mathrm{d}z/\dot{m}_{\mathrm{h,min,4}}}{\int_0^L q_{1,h}(z)\,\mathrm{d}z/\dot{m}_{\mathrm{h,min,3}}}=\frac{\dot{m}_{\mathrm{h,min,3}}}{\dot{m}_{\mathrm{h,min,4}}} \tag{8.2.17}$$

式中：$\dot{m}_{\mathrm{h,min,4}}$为发生流量再分配后的热管冷却剂流量。

$F_{\Delta h,4}^{\mathrm{E}}$的定义与其他几个焓升工程热管分因子的定义有所不同。$F_{\Delta h,4}^{\mathrm{E}}$不是用平均管流量与热管流量之比来表示，而是用同一个热管的两个流量之比来表示。其中一个是只考虑了因堆芯下腔室流量分配不均匀而分配到热管的流量，另一个是在下腔室流量分配不均匀的基础之上，又考虑了热管内因冷却剂沸腾而使流动阻力增加、再分配后的流量。

$\dot{m}_{\mathrm{h,min,4}}$可以通过使热管压降与热管的驱动压头相等来求得。热管的驱动压头要比平均管的小一些，这是由于各燃料元件冷却剂通道出口处压力相同，而入口处压力却不同所引起的。

由于堆芯下腔室流量分配不均匀，所以热管分配到的流量比平均管少些。若用 δ 来表示这种流量减少的比例，则有

$$\delta=\frac{\dot{m}_{\mathrm{m}}-\dot{m}_{\mathrm{h,min,3}}}{\dot{m}_{\mathrm{m}}} \tag{8.2.18}$$

从而得到

$$\dot{m}_{\mathrm{h,min,3}}=\dot{m}_{\mathrm{m}}(1-\delta) \tag{8.2.19}$$

根据式（8.2.13），可得热管的摩擦压降与平均管的摩擦压降之比为

$$\frac{\Delta p_{\mathrm{fric,h}}}{\Delta p_{\mathrm{fric,m}}}=(1-\delta)^{2-n} \tag{8.2.20}$$

由于加速压降和局部压降都与流量的平方成正比，所以可以得到

$$\frac{\Delta p_{\mathrm{acc,h}}}{\Delta p_{\mathrm{acc,m}}}=(1-\delta)^2 \tag{8.2.21}$$

$$\frac{\Delta p_{\mathrm{form,h}}}{\Delta p_{\mathrm{form,m}}}=(1-\delta)^2 \tag{8.2.22}$$

这样，热管的压降可以表述为

$$\Delta p_{\mathrm{h}}=K_{\mathrm{fric,\,h}}\Delta p_{\mathrm{fric,\,m}}+K_{\mathrm{a,\,h}}(\Delta p_{\mathrm{in,\,m}}+\Delta p_{\mathrm{out,\,m}}+\Delta p_{\mathrm{acc,\,m}})+\Delta p_{\mathrm{grav,\,h}} \tag{8.2.23}$$

式中：$K_{\mathrm{fric,\,h}}=(1-\delta)^{2-n}$，$K_{\mathrm{a,\,h}}=(1-\delta)^2$。

由此可见，热管的驱动压头可以由平均管的各个压降乘以相应的修正因子而得到，而这些修正因子都来源于下腔室流量分配不均匀。因此对提升压降不必作修正，但因热管的冷却剂密度与平均管的不同，所以提升压降这一项是带有近似性的。有了热管的驱动压头，就可以求得热管内的冷却剂流量，进而利用式（8.2.18）计算$F_{\Delta h,4}^{\mathrm{E}}$。

(5）冷却剂交混引起的焓升工程热管分因子。

在相邻的冷却剂通道内，冷却剂相互之间进行着横向的动量、质量和热量的交换。热管中较热的冷却剂与相邻通道中较冷的冷却剂的相互交混，使热管中的冷却剂焓升降低。考虑横向交混后，热管冷却剂的实际最大焓升就不同于热管冷却剂名义最大焓升。这种误差属于非随机性误差，也很难从理论上分析得到，而只能通过实验或者经验关系式确定。由相邻通道的冷却剂交混引起的焓升工程热管分因子可以表示为

$$F_{\Delta h,5}^{\mathrm{E}}=\frac{\Delta h_{\mathrm{h,max},5}}{\Delta h_{\mathrm{h,max}}} \tag{8.2.24}$$

综合以上 5 项焓升工程热管因子，可以得到总的焓升工程热管因子为

$$F_{\Delta h}^{\mathrm{E}}=F_{\Delta h,1}^{\mathrm{E}}\times F_{\Delta h,2}^{\mathrm{E}}\times F_{\Delta h,3}^{\mathrm{E}}\times F_{\Delta h,4}^{\mathrm{E}}\times F_{\Delta h,5}^{\mathrm{E}} \tag{8.2.25}$$

这就是乘积法得到的焓升工程热管因子，其中只有 $F_{\Delta h,5}^{\mathrm{E}}$ 是小于 1 的数，其他 4 个分因子都是大于 1 的数，哪些是不利的工程因素在这里就反映出来了。

2. 混合法

混合法是把燃料元件和冷却剂通道的加工、安装及运行中产生的误差分成两大类：一类是非随机误差，例如由堆芯下腔室流量分配不均匀、流动交混及流量再分配等因素造成的热管冷却剂实际焓升与名义焓升之间的偏离；另一类是随机误差，如燃料元件及冷却剂通道尺寸的加工、安装误差。在计算焓升工程热管因子时，由于存在两类不同性质的误差，所以首先分别计算各类误差造成的分因子量，然后逐个相乘得到焓升工程热管因子。对于非随机误差，用前面介绍的乘积法，而对于随机误差，则用误差分布规律的相应公式计算，这就是混合法。

用随机误差进行计算时，认为所有有关的不利工程因素是按一定的概率作用在热管和热点上的。与前面的乘积法相比，有几点不同：一是取“不利的工程因素”而非“最不利的工程因素”；二是“按一定的概率作用在热管和热点上”，而非“必然同时集中作用在热管和热点上”；三是有一定的可信度而非“绝对安全可靠”。

在详细计算属于随机误差的各个分因子之前，先对随机误差量有关的基本概念做一个简单的回顾。

在大批生产某一产品的过程中，要测定工件的加工误差，以检验产品的质量是否合格。如果对同一种工件，不能逐件测定其误差，那么就只能在批量产品中抽查一定数量的工件，这种检验产品的方式称为抽样检查。抽样检查的工件数应占总生产工件数的百分比，需根据具体情况而定。对大批产品抽样检查后进行统计分析表明，加工误差的出现有如下的规律。

对单个产品来说，加工误差的大小与正负带有偶然性，即误差属于随机变量的性质。但按同一图纸大批生产同一工件时，加工误差的大小与正负服从高斯分布（正态分布）。加工件数越多，这一结论越正确，而且还具有下述特点：①小误差比大误差出现的概率多；②大小相等、符号相反的正负误差出现的概率近似相等；③极大的误差值，不论正负，其出现的概率都非常小。

正态分布的概念密度 $y(x)$ 为

$$y(x)=\frac{1}{\sqrt{2\pi\sigma}}\exp\left(-\frac{x^2}{2\sigma^2}\right) \tag{8.2.26}$$

式中：σ 称为均方误差，其定义为

$$\sigma=\sqrt{\frac{x_1^2+x_2^2+\cdots+x_N^2}{N}} \tag{8.2.27}$$

均方误差的意义是指在一批产品中某种零件加工后的实际尺寸与标准尺寸的偏差值平方的均方根。令

$$x_i=x_{ir}-x_n \tag{8.2.28}$$

式中：x_n 是工件的标准尺寸；x_{ir} 是第 i 个工件加工后的实际尺寸。式（8.2.28）说明，x_i 是第 i 个工件加工后的实际尺寸与标准尺寸之差，所以均方误差又称为标准误差。均方误差的 3 倍通常称为极限误差，用符号［3σ］表示。

在 $\pm x$ 范围内，误差出现的概率为

$$p=\int_{-x}^{x}y\mathrm{d}x=\frac{1}{\sqrt{\pi}}\int_{-x}^{x}\exp\left(-\frac{x^2}{2\sigma^2}\right)\mathrm{d}\left(\frac{x}{2\sigma}\right)=\frac{1}{\sqrt{\pi}}\int_{-t}^{t}\mathrm{e}^{-t^2}\mathrm{d}t \tag{8.2.29}$$

式中：$t=\dfrac{x}{\sqrt{2\sigma}}$，用 $x=\pm3\sigma$ 代入式（8.2.29），得到 $p=99.7\%$。在设计反应堆的时候，经常取极限误差［3σ］作为合格产品的容许误差范围。

以上对直接测量的物理量的误差进行了分析，但是有些物理量在某些场合不能或不便于直接测量，那么它们就只能借助于与这些物理量有关的一些能直接测量的物理量，再进行计算得到。这种测量称为间接测量，间接测量值的误差与直接测量值的误差之间存在一定的关系。

设物理量 C 是直接测量得到量（$c_1, c_2, c_3, \cdots, c_n$）的任一线性函数，假设 $C=f(c_1, c_2, c_3, \cdots, c_n)$，各个 c_i 的误差（$\Delta c_1, \Delta c_2, \Delta c_3, \cdots, \Delta c_n$）将使 C 产生一个间接误差 ΔC，这就是间接测量误差。如果（$c_1, c_2, c_3, \cdots, c_n$）的误差属于随机误差，且服从正态分布，则 ΔC 也属于随机误差，也服从正态分布。

采用相对误差表示直接测量值的误差更能反映误差的特性。所谓某一物理量的相对误差，是指该物理量误差的绝对值与其名义值的比，而相对均方根误差为

$$\sigma_C=\frac{\sigma}{C} \tag{8.2.30}$$

式中：σ 为物理量 C 的均方误差绝对值。假设物理量为

$$C=(c_1^{\mathrm{m}}c_2^{\mathrm{n}}c_3^{\mathrm{p}})/(c_4^{\mathrm{r}}c_5^{\mathrm{s}}) \tag{8.2.31}$$

则 C 的相对标准误差为

$$\sigma_C=\frac{\sigma}{C}=\sqrt{\left(\frac{\partial C}{\partial c_1}\right)^2\left(\frac{\sigma_{c_1}}{C}\right)^2+\left(\frac{\partial C}{\partial c_2}\right)^2\left(\frac{\sigma_{c_2}}{C}\right)^2+\cdots+\left(\frac{\partial C}{\partial c_5}\right)^2\left(\frac{\sigma_{c_5}}{C}\right)^2} \tag{8.2.32}$$

即

$$\sigma_C = \sqrt{\left(\frac{m\sigma_{c_1}}{c_1}\right)^2 + \left(\frac{m\sigma_{c_2}}{c_2}\right)^2 + \cdots + \left(\frac{m\sigma_{c_5}}{c_5}\right)^2} \tag{8.2.33}$$

下面根据各项工程热管（热点）因子的性质，先分别计算各分因子的值，然后再综合成总的工程热管（热点）因子。

3. 热流密度工程热点因子 F_q^{E}

用混合法计算热流密度工程热点因子包含四个方面的影响因素，即燃料芯块直径、密度、燃料富集度和燃料包壳外径的加工误差。这些误差都是随机误差，符合正态分布，并且各个影响因素的误差是互不相关的独立变量。这样就可以得到包壳外表面热流量的极限相对误差为

$$\left[\frac{3\sigma_q^{\mathrm{E}}}{q_{\mathrm{n,max}}}\right] = 3\sqrt{\left(\frac{2\sigma_u}{d_{\mathrm{u,n}}}\right)^2 + \left(\frac{\sigma_\rho}{\rho_{\mathrm{n}}}\right)^2 + \left(\frac{\sigma_{\mathrm{e}}}{e_{\mathrm{n}}}\right)^2 + \left(\frac{\sigma_{\mathrm{cs}}}{d_{\mathrm{cs,n}}}\right)^2} \tag{8.2.34}$$

式中：$q_{\mathrm{n,\,max}}$ 为燃料元件表面热流量名义最大值；$d_{\mathrm{u,\,n}}$，σ_{u} 分别为燃料元件芯块直径的名义值和均方误差；ρ_{n}，σ_ρ 分别为芯块密度的名义值和均方误差；e_{n}，σ_{e} 分别为富集度的名义值和均方误差；$d_{\mathrm{cs,\,n}}$，σ_{cs} 分别为包壳外直径的名义值和均方误差。这几项均方误差分别定义为

$$\sigma_{\mathrm{u}} = \sqrt{\frac{\Delta d_{\mathrm{u},1}^2 + \Delta d_{\mathrm{u},2}^2 + \cdots + \Delta d_{\mathrm{u},N}^2}{N}} \tag{8.2.35}$$

$$\sigma_\rho = \sqrt{\frac{\Delta\rho_1^2 + \Delta\rho_2^2 + \cdots + \Delta\rho_N^2}{N}} \tag{8.2.36}$$

$$\sigma_{\mathrm{e}} = \sqrt{\frac{\Delta e_1^2 + \Delta e_2^2 + \cdots + \Delta e_N^2}{N}} \tag{8.2.37}$$

$$\sigma_{\mathrm{cs}} = \sqrt{\frac{\Delta d_{\mathrm{cs},1}^2 + \Delta d_{\mathrm{cs},2}^2 + \cdots + \Delta d_{\mathrm{cs},N}^2}{N}} \tag{8.2.38}$$

其中 N 为抽样检查的工件数。这样可得热流密度工程热点因子为

$$F_q^{\mathrm{E}} = \frac{q_{\mathrm{h,max}}}{q_{\mathrm{n,max}}} = \frac{q_{\mathrm{n,max}} + \Delta q}{q_{\mathrm{n,max}}} = 1 + \frac{\Delta q}{q_{\mathrm{n,max}}} = 1 + \left[\frac{3\sigma_q^{\mathrm{E}}}{q_{\mathrm{n,max}}}\right] \tag{8.2.39}$$

4. 焓升工程热管因子 $F_{\Delta h}^{\mathrm{E}}$

用混合法计算焓升工程热管因子同样需要先计算五个分因子。其计算式如下。

（1）燃料芯块加工误差引起的焓升工程热管分因子。

如前所述，它是由燃料芯块直径、密度和燃料富集度的加工误差所造成的。这三项加工误差都属于随机性误差，故 $F_{\Delta h,1}^{\mathrm{E}}$ 的计算方法为

$$\left[\frac{3\sigma_{\Delta h,1}^{\mathrm{E}}}{\Delta h_{\mathrm{n,max}}}\right]=3\sqrt{\left(\frac{2\sigma_{\mathrm{u,hm}}}{d_{\mathrm{u,n}}}\right)^2+\left(\frac{\sigma_{\rho,\mathrm{hm}}}{\rho_{\mathrm{n}}}\right)^2+\left(\frac{\sigma_{\mathrm{e,hm}}}{e_{\mathrm{n}}}\right)^2} \tag{8.2.40}$$

式中：下标 hm 表示计算均方误差时应取热管全长上的误差的平均值。即

$$\sigma_{\mathrm{u,hm}}=\sqrt{\frac{\Delta\bar{d}_{\mathrm{u},1}^2+\Delta\bar{d}_{\mathrm{u},2}^2+\cdots+\Delta\bar{d}_{\mathrm{u},N}^2}{N}} \tag{8.2.41}$$

从而得到分因子为

$$F_{\Delta h,1}^{\mathrm{E}}=1+\left(\frac{3\sigma_{\Delta h,1}^{\mathrm{E}}}{h_{\mathrm{n,max}}}\right) \tag{8.2.42}$$

（2）元件和冷却剂通道尺寸误差引起的焓升工程热管分因子。

包壳外径的加工误差与栅格距离的安装误差属随机误差，而元件的弯曲变形所造成的通道尺寸的平均误差，要测量是相当困难的，故从保守角度出发，弯曲变形误差取其最大值，并且作为非随机误差处理。

包壳外径的加工误差为

$$\left[\frac{3\sigma_{\mathrm{cs,hm}}}{\Delta d_{\mathrm{cs,n}}}\right]=3\sqrt{\frac{\Delta\bar{d}_{\mathrm{cs},1}^2+\Delta\bar{d}_{\mathrm{cs},2}^2+\cdots+\Delta\bar{d}_{\mathrm{cs},N}^2}{N}}\Big/d_{\mathrm{cs,n}} \tag{8.2.43}$$

其中：$\Delta\bar{d}_{\mathrm{cs},N}^2$ 应取抽样检查中第 N 个燃料元件全长上包壳外径平均误差中的正的最大值。这样相应的焓升工程热管因子为

$$F_{\Delta h,\mathrm{cs}}^{\mathrm{E}}=1+\left(\frac{3\sigma_{\mathrm{cs,hm}}}{h_{\mathrm{cs,n}}}\right) \tag{8.2.44}$$

栅格距离的安装误差为

$$\left[\frac{3\sigma_{\mathrm{p}}}{p_{\mathrm{n}}}\right]=3\sqrt{\frac{\Delta\bar{p}_1^2+\Delta\bar{p}_2^2+\cdots+\Delta\bar{p}_N^2}{N}}\Big/p_{\mathrm{n}} \tag{8.2.45}$$

与此相应的焓升工程热管因子为

$$F_{\Delta h,\mathrm{p}}^{\mathrm{E}}=1-\left(\frac{3\sigma_{\mathrm{p}}}{p_{\mathrm{n}}}\right) \tag{8.2.46}$$

与元件的弯曲变形相对应的焓升工程热管因子为

$$F_{\Delta h,\mathrm{b}}^{\mathrm{E}}=p_{\mathrm{min,b}}/p_{\mathrm{n}} \tag{8.2.47}$$

式中：$p_{\mathrm{min,b}}$ 为热管全长上燃料元件棒弯曲变形后的最小格栅距离；p_{n} 为格栅距离的名义值。于是热管的流通面积为

$$A_{\mathrm{h}}=(p_{\mathrm{n}}F_{\Delta h,\mathrm{p}}^{\mathrm{E}}F_{\Delta h,\mathrm{b}}^{\mathrm{E}})^2-\frac{\pi}{4}(d_{\mathrm{cs,n}}F_{\Delta h,\mathrm{cs}}^{\mathrm{E}})^2 \tag{8.2.48}$$

由此可得热管的水力直径为

$$D_{\mathrm{e,h}}=\frac{4A_{\mathrm{h}}}{\pi d_{\mathrm{cs,n}}F_{\Delta h,\mathrm{cs}}^{\mathrm{E}}} \tag{8.2.49}$$

把式（8.2.49）代入式（8.2.15）就可以得到

$$F_{\Delta h,2}^{\mathrm{E}}=\frac{A_{\mathrm{m}}D_{\mathrm{e,m}}^{\frac{1+n}{2-n}}}{A_{\mathrm{h}}D_{\mathrm{e,h}}^{\frac{1+n}{2-n}}}=\frac{A_{\mathrm{m}}D_{\mathrm{e,m}}^{\frac{1+n}{2-n}}}{A_{\mathrm{h}}\left(\dfrac{4A_{\mathrm{h}}}{\pi d_{\mathrm{cs,n}}F_{\Delta h,\mathrm{cs}}^{\mathrm{E}}}\right)^{\frac{1+n}{2-n}}} \tag{8.2.50}$$

至于堆芯下腔室流量分配不均匀引起的焓升工程热管分因子 $F_{\Delta h,3}^{\mathrm{E}}$，热管内冷却剂流量再分配引起的焓升工程热管分因子 $F_{\Delta h,4}^{\mathrm{E}}$，相邻通道间冷却剂交混引起的焓升工程热管分因子 $F_{\Delta h,5}^{\mathrm{E}}$，都是非随机性误差，其计算方法和乘积法中介绍的相同。

8.2.3　降低热管因子和热点因子的途径

热管因子及热点因子值是影响反应堆热工设计安全性和经济性的重要因素，也是反应堆的重要技术性能指标之一。因此，在反应堆设计时必须设法降低它们的数值。热管因子及热点因子是由核和工程两方面不利因素造成的，因而要减小它们的数值也必须从以下两方面着手。

（1）在核方面。主要是沿堆芯径向装载不同富集度的核燃料；在堆芯周围设置反射层；在堆芯径向不同位置布置一定数量的控制棒和可燃毒物棒（这个办法的缺点是中子利用不经济）。以上几种办法只能部分改善堆芯径向功率分布的不均匀性。至于展平堆芯轴向功率分布，实际上只能采用设置反射层或长短控制棒结合的办法。

（2）在工程方面。主要是合理地控制有关部件的加工及安装误差，同时需要兼顾工程热管因子和工程热点因子数值的减少和加工费用的增加。通过合理的结构设计和反应堆水力模拟实验，改善堆芯下腔室的冷却剂流量分配的不均匀性。加强堆芯内相邻冷却剂通道间的流体横向交混，以降低热管内冷却剂的焓升。

随着反应堆设计、建造和运行经验的积累，热管因子及热点因子的数值也在逐渐降低。表 8.2.1 列出了早期核电厂压水堆的热管因子及热点因子在不同年代的取值。从表中可以看到 F_q^{E} 和 $F_{\Delta h}^{\mathrm{E}}$ 的值都大于 1，因为都是取不利于安全的工程偏差（仅流动交混因子 $F_{\Delta h,5}^{E}$ 小于 1，但所有工程分因子综合后的 $F_{\Delta h}^{\mathrm{E}}$ 仍大于 1）。因此在考虑了工程因素的影响后，计算所得的燃料元件的最高温度比没有考虑工程偏差时的要高。

表 8.2.1　早期核电厂压水堆的热管因子及热点因子在不同年代的取值

符号	20 世纪 50 年代设计，60 年代初运行	20 世纪 60 年代设计，60 年代未运行	20 世纪 60 年代中设计，70 年代初运行	20 世纪 70 年代初设计，70 年代中运行	20 世纪 70 年代后设计
F_{xy}^{N}	—	1.60	1.46	1.435	1.435
F_z^N	—	1.80	1.72	1.67	1.54（1.35）
F_{U}	—	1.08	1.08	1.08	1.05

续表

符号	20 世纪 50 年代设计，60 年代初运行	20 世纪 60 年代设计，60 年代末运行	20 世纪 60 年代中设计，70 年代初运行	20 世纪 70 年代初设计，70 年代中运行	20 世纪 70 年代后设计
$F_q^N = F_{xy}^N F_z^N F_u^N$	—	3.11	2.71	2.59	2.32（2.02）
F_q^E	1.08	1.04	1.04	1.03	1.03
$F_q = F_q^N F_q^E$	5.17	3.24	2.82	2.67	2.39（2.10）
$F_{\Delta h,1}^E F_{\Delta h,2}^E$	1.14	1.14	1.08	1.08	—
$F_{\Delta h,3}^E$	1.07	1.07	1.03	1.03	—
$F_{\Delta h,4}^E$	1.05	1.05	1.05	1.05	—
$F_{\Delta h,5}^E$	—	0.95	0.92	0.92	—
$F_{\Delta h}^E = \prod_{i=1}^{5} F_{\Delta h,i}^E$	1.28	1.22	1.075	1.075	—
$F_{\Delta h}^N = F_{xy}^N F_U^N$	—	1.73	1.58	1.545	—
$F_{\Delta h} = F_{\Delta h}^N F_{\Delta h}^E$	—	2.11	1.70	1.67	—

8.3　单通道模型堆芯稳态热工设计

在堆芯的初步热工设计中，普遍采用的分析模型是单通道模型。单通道模型通常从组件内选取一个具有代表性的通道，它在整个堆芯高度上与相邻通道之间没有冷却剂的动量、质量和能量的交换，即把所要计算的热管看作是孤立的、封闭的。这种分析模型最适合于计算闭式通道。对于开式通道，由于相邻通道间的流体发生横向的质量、动量和热量的交换，应用这种模型进行分析时需要用横向交混工程热管因子来修正焓升。

8.3.1　热工设计参数选择

在开展反应堆热工设计前，相关专业人员需要共同确定这些问题：①反应堆堆型、核燃料、慢化剂、冷却剂和结构材料等种类；②反应堆功率、堆芯功率分布不均匀系数和水铀比允许的变化范围；③燃料元件的形状、布置方式和栅距；④冷却剂流过堆芯的流程、温升和流量分配情况。

一个较好的堆芯设计方案是由物理、热工和结构的多次反复迭代计算得到的。方案确定后，结构设计尽可能满足热工和物理设计方面的要求，当然物理、热工也应考虑工艺、材料方面的限制，最后得到一个各方面都能接受的切实可行的方案。

需要指出，热工设计必须以热工水力实验为依据，热工设计中的一些关键数据要经过实验验证，确保设计安全可靠。

压水堆内冷却剂的运行压力、堆的进出口温度、流量和流速等热工参数的选择，直接影响到堆的安全性。因此，合理选择冷却剂的热工参数是堆芯热工设计的重要内容。本节仅扼要阐述堆热工参数对核动力装置设计的一些影响及这些参数的取值范围。

1. 冷却剂的工作压力

为了提高核动力装置的热效率，必须提高冷却剂的压力。现代压水堆常用压力约为 15.5 MPa，对应的饱和温度约为 345℃。大幅度提高压力，会使反应堆部件的制造费用增加。因此，压水堆工作压力一般都不超过 15.5 MPa。

2. 冷却剂的出口温度

反应堆的热效率与冷却剂的平均温度密切相关。冷却剂出口温度 T_0 愈高，核动力装置的热效率愈高。但 T_0 的选取考虑三个方面因素：①燃料包壳材料受抗高温腐蚀性能的限制。不同堆型的燃料包壳所允许的最高表面温度是不同的，对于压水堆，锆合金包壳的允许表面工作温度不高于 350℃。②为保证反应堆堆内的正常热交换，元件壁面与冷却剂间要有足够大的膜温压降 T_c-T_1。如果燃料包壳温度 T_c 限定为 350℃左右，冷却剂温度 T_1 至少应比此值低 10～15℃，这样才能保证堆内的正常热交换。③为确保反应堆的稳定性，冷却剂出口温度 T_0 一般应比工作压力下的饱和温度低 20℃左右。

3. 冷却剂进口温度

由载热方程 $P_t = \dot{m}c_p(T_0 - T_i)$ 可知，当反应堆热功率 P_t 与冷却剂出口温度 T_0 确定时，冷却剂进口温度 T_i 与流量 $\dot{m}$ 是一一对应关系。T_i 越高，堆内温升(T_0-T_i)越低，平均温度($T_0 + T_i$)/2 越高，从而得到的循环效率及电站效率也就越高。而降低温升(T_0-T_i)意味着同样条件下需要提高冷却剂的流量，从而增加主循环泵的唧送功率，使电站净效率和净电功率输出降低。因此，冷却剂进口温度 T_i 的选取应进行综合考虑。

4. 冷却剂流量

冷却剂流量的大小，取决于反应堆的安全性与核电站的经济性。如上所述，提高冷却剂流量，使电站净效率和净电输出降低，使系统管道和设备的尺寸加大。反之，在其他条件相同的情况下，如果减小冷却剂流量，则冷却剂进口温度 T_i 降低，使堆内温升(T_0-T_i)提高，平均温度($T_0 + T_i$)/2 就下降，从而使电站效率和总电功率降低。此外，由于冷却剂流量减小，放热系数和临界热通量值将下降，这对堆芯安全是不利的。所以，冷却剂流量的选取也应综合考虑。双流程堆芯冷却剂温升一般为 56～80℃，单流程堆芯冷却剂温升一般为 35℃左右。

8.3.2 热工设计的一般步骤和方法

核反应堆有各种各样的用途，用途不同，对设计的要求也有所不同，反映在计算步骤上也会有所不同。例如，在保证核安全的前提下，船用核动力装置总是将装置的重量与功率的比值、机动性等作为主要的要求，而商用电站核反应堆则将重量与功率的比值放在第二位，将经济性放在第一位。显然这些不同的要求，反映在计算步骤上也会有所差别。本小节以船用核动力装置为背景，介绍单通道模型热工设计的一般步骤和方法。

1）计算堆芯热功率

根据计算任务书提出船用核动力装置的轴马力、装置的重量与功率的比值等主要要求。反应堆热工设计方面应与一、二回路系统设计方面初步商定有关的热工参数。属于二回路系统的热工参数主要是动力循环蒸汽初参数及给水温度；而属于一回路系统的热工参数则是堆内冷却剂的工作压力、温度和流量。由此可以估算出核动力装置的总效率和需要反应堆输出的热功率。

其中，所需的堆芯热功率必须根据船舶所需的轴马力和装置的总效率来计算。推进船舶所需要的轴功率应由船舶的排水量和航速决定，其计算式如下：

$$P_{\mathrm{s}} = 0.735\frac{V^{3/2}u^3}{C_{\mathrm{w}}} \tag{8.3.1}$$

式中：P_{s}为船舶的轴功率，W；V为船舶的排水量，m^3；u为船舶的航速，节；C_{w}为经验系数，由船型模拟试验测定。

对于给定的船舶，在一定的航行状态下，它的排水量是一定的。在船体没有寄生物的状态下，经验系数也是一个定值。当V和C_{w}一定时，船舶的轴功率完全取决于船舶的航速。船舶的轴功率与堆芯的热功率的关系为

$$P_{\mathrm{t}} = \frac{P_{\mathrm{s}}}{\eta_{\mathrm{t}}} \tag{8.3.2}$$

式中：P_{t}为堆芯热功率，W；P_{s}为船舶轴功率，W；η_{t}为装置效率。

装置的总效率由装置的类型决定，用蒸汽轮机作主机的压水堆核动力装置，η_{t}的取值范围可参见表 8.3.1。

表 8.3.1　核动力装置总效率取值范围

<table>
<tr><td colspan="3">二回路用饱和蒸汽作为工质</td></tr>
<tr><td>蒸汽压力/MPa</td><td colspan="2">总效率</td></tr>
<tr><td>1.5～3.9</td><td colspan="2">0.16～0.23</td></tr>
<tr><td>3.9～4.2</td><td colspan="2">0.24～0.27</td></tr>
<tr><td colspan="3">二回路用过热蒸汽作为工质</td></tr>
<tr><td>蒸汽压力/MPa</td><td>蒸汽温度/℃</td><td>总效率</td></tr>
<tr><td>1.2～1.5</td><td>250～280</td><td>0.167～0.185</td></tr>
<tr><td>3.9～4.2</td><td>390～440</td><td>0.33～0.38</td></tr>
</table>

船用核动力装置的效率在表 8.3.1 中所列数值范围的下限附近取值。

在设计时，核动力装置的主要设备均未加工出来，所以总效率也无法准确知道。在初步设计时，可以通过表 8.3.1 进行估算。

2）计算元件包壳外表面平均热流密度

元件包壳外表面平均热流密度应由堆芯热工设计准则和热管因子来确定。先由临界热流密度除以一个适当的安全系数得到允许的包壳外表面最大热流密度 q_{max}，在堆芯热工稳态计算中，如果采用 W-3 公式计算，这个安全系数可取 2.0。然后根据最大热流密度 q_{max} 和热管因子计算平均热流密度：

$$q = \frac{q_{max}}{F_q^N F_q^E} \tag{8.3.3}$$

式中：q 为元件包壳外表面平均热流密度，W/m^2；q_{max} 为元件包壳外表面最大允许热流密度，W/m^2。

3）堆芯传热面积

堆芯发出的热功率必须通过元件包壳的外表面传给冷却剂。元件包壳的外表面称为传热面。总的传热面积可根据下式计算：

$$A_t = \frac{P_t}{q} \tag{8.3.4}$$

式中：A_t 为总的传热面积，即堆芯所有元件包壳外表面面积之和，m^2。

4）确定堆芯结构

堆芯布置是堆芯方案选择的第二个重要环节。当知道堆芯总的传热面积之后，热工设计方面只要选取元件棒直径、栅距、元件排列方式（例如三角形或正方形排列）和每个燃料组件内元件的根数，便可以算出堆芯的高度和直径，这样堆传热尺寸的计算也就暂时告一段落。然而问题并不这样简单，堆芯结构参数也绝非热工设计方面独自可以确定，热工设计部门必须会同堆芯结构设计部门和堆芯物理计算部门三方共同讨论决定。在讨论中，三方都有自己的要求，这些要求往往是互相矛盾的，在确保动力装置主要性能的前提下，经反复地仔细地分析比较，协商后得到一个折中处理方案。

现以元件棒直径、栅距和元件排列方式为例说明如下。

（1）元件棒直径的物理计算方面，希望元件棒径大一点。这样对于一定的核燃料来说元件棒的根数可以减少，元件的包壳材料便随之减少，因而有利于中子的经济性。而热工设计方面却希望元件棒小一点。这样元件棒的根数增加，传热面便随之增加，有利于增加传热。由此可见，热工设计方面和物理计算方面在元件棒的直径参数上，彼此有着互相矛盾的要求。再看栅距参数。

（2）栅距的物理计算方面，从追求最佳水铀比出发提出栅距值，而热工设计方面却从增加换热系数与减少流动阻力出发提出栅距值。

（3）元件棒排列方式。元件棒排列方式通常有两种：三角形和正方形。在三角形排列方式中，一个元件组件内，棒之间的距离处处相同。因此同一组件内热中子通量密度的分布较均匀。按三角形排列的方式进行排列，燃料组件的横截面是六角形。这样堆芯截面就接近圆形，堆芯在径向排列较紧凑些。元件棒按正方形排列时，便没有上述两个优点。但是六角形燃料组件的定位格架加工困难，正方形燃料组件的定位格架加工较方便。由于上述原因，堆芯结构设计方面希望用正方形燃料组件。目前新型压水型反应堆，元件棒的排列均按正方形。由上述分析可知，堆芯结构布置是一个非常重要的工作，它涉及的专业较多，只有通过各有关专业的计算者的充分协商才能较妥善地解决各专业之间的矛盾，得到一个较合理的堆芯结构。

5）堆芯高度和直径

经过协商，共同确定元件的直径、栅距、元件排列方式，一个组件内的元件棒根数以及组件每边的长度之后，便可着手计算堆芯的高度和直径。现以元件按正方形排列为例，把堆芯高度和直径的计算步骤与公式介绍如下。

假设堆芯共有 N 根燃料元件，则有

$$N \times \pi d_{cs} \times L = \frac{P_t}{q} \tag{8.3.5}$$

式中：d_{cs} 为燃料元件包壳外径，m；P_t 为堆芯输出的总热功率，W；L 为堆芯高度，m。

假定每一个组件内有 n 根燃料元件，每个组件边长（包括水隙）为 T 和堆芯等效直径为 D_e，则

$$\frac{N}{n}T^2 = \frac{\pi}{4}D_e^2 \tag{8.3.6}$$

将上两式联立并消去 N，可得

$$\frac{\pi}{4}D_e^2 \times \frac{n}{T^2} \times \pi d_{cs} \times L = \frac{P_t}{q} \tag{8.3.7}$$

在式（8.3.7）中 L 和 De 为未知数，为了求得 L 和 D_e，必须再建立一个补充方程，通常堆物理设计方面希望将 L/D_e 限定在以下范围：

$$\frac{L}{D_e} = 0.9 \sim 1.5 \tag{8.3.8}$$

根据式（8.3.8）选取一个 L/D_e 比值代入式（8.3.7）便可求得堆芯高度 L 和堆芯等效直径 D_e。将所得的 L 和 D_e 分别代入式（8.3.4）和式（8.3.5）便可求得相应的燃料元件棒总根数 N。

必须指出，这里使用了堆芯等效直径 D_e，这是由于具有正方形横截面的燃料元件组件不可能布置成正好是圆形截面的堆芯。为计算方便起见，根据横截面相等的原则，把堆芯的非圆形横截面等效成圆形，其直径记作 D_e 并称为等效直径。

6）堆芯平均水力参数

求得堆芯高度和等效直径后，就可根据选定的格栅参数计算堆芯冷却的流通面积、冷却剂流量和冷却剂流经堆芯的总压降。

堆芯冷却剂流通面积按下式计算：

$$A_t = \frac{\pi D_e^2}{4} - \frac{N}{4}\pi d_{cs}^2 = \frac{\pi}{4}(D_e^2 - N d_{cs}^2) \tag{8.3.9}$$

式中：A_t 为冷却剂流经堆芯的总流通截面，m^2；D_e 为堆芯等效直径，m；d_{cs} 为燃料元件包壳外径，m。

堆芯冷却剂总的有效流量计算。假设堆芯不发生冷却剂沸腾，则可根据下式计算总的有效流量：

$$P_t = \dot{m}_t c_p \Delta T \tag{8.3.10}$$

由式（8.3.10）得

$$\dot{m}_{\mathrm{t}} = \frac{P_{\mathrm{t}}}{c_p \Delta T} \tag{8.3.11}$$

式中：$\dot{m}_{\mathrm{t}}$为堆芯冷却剂总的有效流量，kg/s；P_{t}为堆芯总的热功率，W；c_p为堆芯中冷却剂比定压热容，J/(kg·℃)；ΔT为冷却剂在堆芯出口与进口处之温度差，℃。

根据前面的堆芯结构参数，便可求出堆芯冷却剂的平均流速和冷却剂流经堆芯的压降。整个环路的压降可按$\Delta P_{环} \approx 3\Delta P_{堆}$初步估算，由此评估主泵所需的功耗和压头。

7）堆芯安全校核计算

显然，堆芯结构设计方面、堆物理设计方面和热工设计方面在经过堆芯结构协商之后，各自都在同时进行自己的计算工作。在设计中如果发现自己的计算有某几个参数甚至整个设计很不合理时，便要在第 6 步随时提出重新进行堆芯结构协商的要求。这种重新协商也可能要进行多次（与计算人员的经验有关），但是最后总可得到各自都满意的结果，协商工作也初步告一段落，热工设计方面终于完成了上面 6 个计算步骤。此时，结构设计方面确定堆芯结构形式和尺寸等工作已初步完成；堆物理设计方面确定临界体积和核燃料的总装载量等工作也初步完成；热工设计方面确定堆芯总的热功率，总的堆芯换热面积，平均热流密度，冷却剂总的有效流量及其在堆芯的平均流速等工作也初步完成。热工设计方面接下去的计算工作就是进行堆芯安全校核工作。

所谓堆芯安全校核就是进一步估算堆芯工作条件最恶劣的流道中，冷却剂实际可能的最高温度，元件包壳的实际可能的最高温度和其外表面的实际可能最大热流密度及燃料元件中心实际可能的最高温度等，并看看它们是否超过堆芯热工安全准则。如果没有超过，那么热工方案计算工作便告一段落；如果有一个温度或元件包壳外表面热流密度超过热工准则，那么方案就不能通过。如果出现这种情况，那么便要修改方案中的有关参数，或者全部推倒方案，重新开始上述方案计算的步骤。一般来说，进行方案计算时，总是选取多方案同时齐头并进地进行计算。个别方案不通过是可能的；另一方面所有通过的方案，也不可能都是比较理想的，热工设计方面需要从备选方案中挑选 2～3 个较好的方案，进一步进行堆芯热工性能的技术指标验算。堆芯安全校核中需要验算的各个参数一般采用单通道程序来计算，具体的计算内容和方法步骤将放到 8.3.3 节中进行介绍。

8）堆芯热工性能技术指标验算

堆芯热工性能技术指标主要有堆芯的功率密度、热效率、单位功率流量。堆芯功率密度是指堆芯输出的热功率与堆芯体积之比，具体计算式为

$$q''' = \frac{P_{\mathrm{t}}}{V} = \frac{P_{\mathrm{t}}}{\frac{\pi}{4} D_{\mathrm{e}}^2 L} \tag{8.3.12}$$

式中：q'''为堆芯功率密度，W/m^3；V为堆芯总体积，m^3；L为堆芯高度，m。

目前大型压水堆的堆芯功率密度为(70～110)×10^6 W/m^3。

船用核动力装置热效率是指船舶螺旋桨的轴功率与堆芯热功率之比：

$$\eta_{\mathrm{e}} = \frac{P_{\mathrm{s}}}{P_{\mathrm{t}}} \tag{8.3.13}$$

式中：P_{s}为船舶螺旋桨的轴功率，W；η_{e}为动力装置的热效率。

堆芯冷却剂总流量与堆芯热功率之比 N_G 为

$$N_G = \frac{\dot{m}_t}{P_t} \tag{8.3.14}$$

也称为堆芯单位功率流量，kg/(kW·s)；式中 $\dot{m}_t$ 为堆芯总的冷却剂流量，kg/s。

N_G 反映两个方面的内容：一是此比值大，主循环泵所消耗的功率大，这意味着动力装置的热效率相应下降；二是这个比值大，一回路及环路上的设备尺寸增大，这使得动力装置的造价和重量相应上升。

目前堆芯冷却剂总流量与热功率之比值一般为 5.555～8.83 kg/(MW·s)。

如果所选定的几个方案中，上述三个堆芯热工技术指标有不符合要求的，就应放弃，符合要求的方案就保留。显然作为有一定经验的热工设计者，所选择的几个方案中，不可能一个都不能通过，一般说来多数都是可行的。如果有两到三个方案是较满意的，则反应堆堆芯热工方案计算便算完成。堆芯热工设计方面尔后的任务是把全部计算结果整理成堆芯热工方案设计技术文件。

8.3.3 安全校核

在 8.3.2 节中讲到，反应堆热工水力方案计算中，设计到第 6 个步骤为止，应该确定的主要热工参数都已初步确定。但这些参数是否可行，即堆芯在这些参数下工作时，是否安全，还不能做出判断。要回答这个问题，还必须进行安全校核。所谓安全校核，就是校核燃料元件的包壳温度、中心温度和最小烧毁比是否满足热工准则，以及计算热管出口处冷却剂的含汽量，以便分析流动稳定性。而要验算以上各个参数，就需要知道热管内冷却剂的轴向焓场分布。可是计算冷却剂焓场分布必须先知道冷却剂流量；计算冷却剂流量又必须知道流体物性参数；流体的物性参数又与流体的温度和压力有关。因此整个计算过程是一个迭代过程。该计算工作通常需要由单通道稳态热工设计程序来完成，计算流程如图 8.3.1 所示。

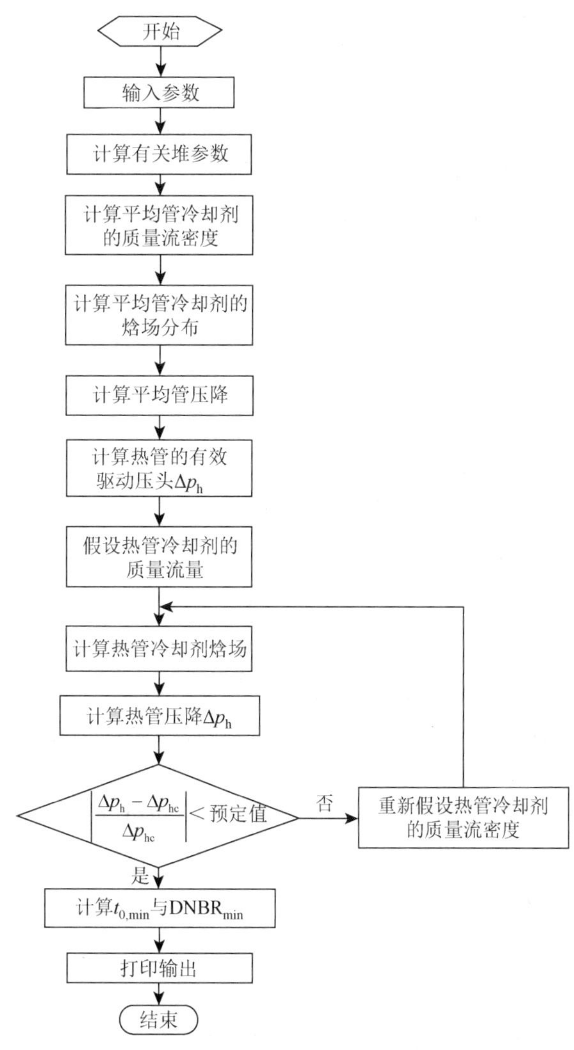

图 8.3.1　单通道稳态热工设计程序计算流程图

其中主要的计算内容和方法如下：

（1）计算平均管冷却剂质量流量。

平均管中，冷却剂的平均质量流速 G_{av} 等于堆芯冷却燃料元件所用的实际有效总流量除以堆芯冷却燃料元件用的有效流道横截面积得到。所谓冷却燃料元件用的有效总流量，是指进入反应堆的压力容器的冷却剂总流量同未参与冷却燃料元件的分流量之差值。未参与冷却燃料元件的流量由下列几部分流量组成：①从压力容器进口管嘴直接漏到压力壳出口管嘴的流量；②从堆芯进口腔室向上，经堆芯围板与吊篮筒体之间的环形空间进入堆芯出口腔室的流量；③流入控制棒导向套管内，用以冷却控制棒，而后流出套管与堆芯出口腔室流量混合，之后再流出压力容器的流量；④在控制棒导向管外围不参与冷却燃料元件的一部分流量；⑤从压力容器进口处直接流到压力容器上封头内用来冷却压力容器上封头的流量等。以上五部分流量的总和称为旁通流量或漏流流量，其大小常用旁通系数或漏流系数来度量，以 ε_s 表示，其定义式为

$$\varepsilon_s = \frac{\dot{m}_\varepsilon}{\dot{m}_t} \tag{8.3.15}$$

式中：$\dot{m}_t$ 为进入压力容器的冷却剂总流量，kg/s；$\dot{m}_\varepsilon$ 为压力容器内的冷却剂旁通流量，kg/s。

在各种不同结构的反应堆中，旁通流量系数是不同的。在计算时，一般的做法是根据经验提出一个合理的数值进行计算，此数值最后由堆芯结构和试验来确定。一般该值不超过 10%。

知道旁通流量后，平均管的质量流速便可用下式求得

$$G_{av} = \frac{(1-\varepsilon_s)}{NA_b}\dot{m}_t \tag{8.3.16}$$

式中：G_{av} 为平均管质量流速，kg/(m^2·s)；A_b 为相应于一根燃料元件的冷却剂流通面积，m^2；N 为堆芯燃料棒的总根数。

（2）计算平均管冷却剂焓分布。

平均管中冷却剂焓的计算式为

$$h_l(z) = h_{l,in} + \frac{L}{A_b G_{av}}\int_0^z q(z)\,\mathrm{d}z \tag{8.3.17}$$

式中：$h_l(z)$为冷却剂流道中沿轴向 z 处冷却剂的焓值，kJ/kg；$h_{l,in}$ 为冷却剂流道轴向进口处冷却剂的焓值，kJ/kg；$q(z)$为燃料元件包壳外表面的热流密度或冷却剂流道表面热流密度，kW/(m^2·s)；L 为流道内的加热当量周长，m；A_b 为冷却剂流道的横截面积，m^2；G_{av} 为平均管道中的平均质量流速，kg/(m^2·s)。

在不发生沸腾的平均管道中，还可以获得温度场，其表达式为（需要将定压比热假设为常数）

$$T_l(z) = T_{l,in} + \frac{L}{A_b G_{av} c_p}\int_0^z q(z)\,\mathrm{d}z \tag{8.3.18}$$

式中：$T_l(z)$为冷却剂流道中沿轴向 z 处冷却剂的温度，℃；$T_{l,in}$ 为冷却剂流道轴向进口处冷却剂的温度，℃；c_p 为流道中冷却剂的比定压热容，kJ/(kg·℃)。

（3）计算热管冷却剂焓升。

在热管中，冷却剂焓场的计算公式可通过热管因子对平均管中冷却剂焓场计算公式修正获得

$$h_{1,h}(z)=h_{1,in}+\frac{F_{\Delta h}^{N}F_{\Delta h}^{E}L}{A_{b}G_{av}}\int_{0}^{Z}q(z)\,dz \tag{8.3.19}$$

式中：$h_{1,h}(z)$为热管中轴向 z 处的冷却剂焓值，kJ/kg；$F_{\Delta h}^{N}$ 为核焓升热管因子；$F_{\Delta h}^{E}$ 为工程焓升热管因子。

（4）校核最小烧毁比。

当$-0.15<x<+0.15$ 时，需要用 W-3 公式或者相应堆型专用公式计算临界热流密度，随后的 DNBR 可选用下列公式计算：

$$\text{DNBR}=\frac{q_{c}(z)F_{g}F_{c}}{q_{av}F_{q}^{N}F_{q}^{E}} \tag{8.3.20}$$

式中：$q_c(z)$为非均匀加热的临界热流密度，W/m^2；F_g 为燃料元件定位格架修正因子，具体计算见式（3.3.31）；F_c 为燃料组件含冷壁修正因子，具体计算见式（3.3.32）；q_{av} 为元件外表面平均热流密度，W/m^2；F_{q}^{N} 为堆芯径向核热流密度热点因子；F_{q}^{E} 为工程热流密度热点因子。

当 $x>+0.15\sim0.9$ 时，需要用 W-2 公式计算烧毁焓升，随后的 DNBR 可选用下列公式计算：

$$\text{DNBR}=\frac{\Delta h_{BO}}{h_{1}(z)-h_{1,i}} \tag{8.3.21}$$

式中：Δh_{BO} 为包壳烧毁时的冷却剂焓升，kJ/kg；$h_1(z)$为冷却剂焓，kJ/kg；$h_{1,i}$ 为堆芯进口处冷却剂的焓，kJ/kg。

在压水堆中，必须验算最小烧毁比。如果验算结果满足热工准则，则热管中的燃料元件便不会发生烧毁，整个堆芯也是安全的，因此接下去便可校核燃料元件的最高温度。

（5）验算燃料元件最高温度。

在验算燃料元件最高温度时，堆芯轴向的功率分布仍按余弦分布，但是必须考虑工程热管因子的影响。因此把工程热管因子引入到在第 4 章已推导的计算元件最高温度的计算式中去，如果要精确计算则堆芯轴向发热率应由堆芯物理程序计算获得或实测给定。

虽然燃料元件轴向功率分布是连续的，但是堆物理设计方面向反应堆热工设计方面提供的轴向功率分布是分段给出的。后者如何利用前者所给出的轴向功率资料呢？在精确计算时，热工设计方面也在轴向进行分段，段数一般与物理给出的段数相同，并且把每一小段上元件的功率看作常数。在校核元件最高温度时，通常采用如下步骤：①根据选定的反应堆堆芯入口温度和上面所划分的轴向小段，从堆芯入口端算起，逐段计算冷却剂的温度，一直算到堆芯出口为止；②根据各小段上冷却剂的温度，计算元件包壳外表面温度；③计算元件包壳内表面温度；④计算燃料元件芯块表面温度；⑤最后计算燃料元件芯块中心温度。

综上所述，在运行过程中改变最佳提棒程序或对初步设计进行优化时，校核燃料元件中心温度的步骤是：先将流道进行分段，根据堆芯进口处冷却剂的温度逐段向堆芯出口计算冷却剂的温度，再根据求得的冷却剂轴向温度分布，由外向内计算元件径向温度分布，最后得到元件轴线上的温度分布和元件中心最大温度值及其在轴向的位置；把求得的元件中心最高温度与热工设计准则比较，确认是否满足。必须指出，在方案设计中，堆芯功率分布在径向为贝塞尔函数，轴向为余弦函数计算即可。而在运行中，由于改变了提棒程序，进行安全校核时，功率分布则必须取改变后的实际功率分布计算。

（6）冷却剂沿流道轴向的温度。

如果冷却剂在堆芯未发生沸腾，则冷却剂沿流道轴向温度分布的计算式可用工程热管因子对式（8.3.18）进行修正得到

$$T_1(z)=T_{1,\mathrm{in}}+\frac{F_{\Delta T}A_{\mathrm{L}}}{A_{\mathrm{b}}G_{\mathrm{av}}c_p}\int_0^z q(z)\,\mathrm{d}z \tag{8.3.22}$$

式中：$T_1(z)$为沿流道轴向 z 处冷却剂的温度，℃；$T_{1,\mathrm{in}}$ 为堆芯入口处冷却剂的温度，℃；$F_{\Delta T}$ 为热管内冷却剂温升热管因子。

如果堆芯冷却剂发生了沸腾，式（8.3.22）便不能使用。此时，先利用式（8.3.19）计算出冷却剂沿流道轴向的焓，再利用水物性表查出相应的冷却剂温度。

（7）元件包壳外表面沿轴向的温度。

如果堆芯冷却剂未发生相变，包壳外表面最高温度可用下式计算

$$T_{\mathrm{cs}}^{\max}=T_{1,\mathrm{in}}+F_{\Delta T}\frac{\Delta T}{2}+\sqrt{(F_{\Delta T_\alpha}\Delta T_\alpha)^2+\left(F_{\Delta T_1}\frac{\Delta T}{2}\right)^2} \tag{8.3.23}$$

式中：$T_{\mathrm{cs}}^{\max}$ 为元件包壳外表面最高温度，℃；ΔT 为堆芯进出口冷却剂温差，℃；$F_{\Delta T_\alpha}$ 为热管内冷却剂膜温降热管因子；$F_{\Delta T_1}$ 为热管内冷却剂温升热管因子。

如果在流道内，冷却剂发生了相变，则包壳外表面温度可按下式求得

$$T_{\mathrm{cs}}(z)=T_1(z)+\Delta T_\alpha(z) \tag{8.3.24}$$

式中：$T_{\mathrm{cs}}(z)$为燃料元件包壳外表面在 z 处温度，℃；$\Delta T_\alpha(z)$为元件外表面与冷却剂之间的膜温降，℃，按 Jens-Lottes 公式计算。

式（8.3.24）中：$T_1(z)$已在前面步骤中得到。如果得到 $\Delta T_\alpha(z)$，则 T_{cs} 的计算也就完成。下面就来介绍 $\Delta T_\alpha(z)$的计算式。

在压水堆中，热管内冷却剂的换热机理沿流道轴向是变化的。冷却剂刚进入堆芯时为单相强迫对流换热，随着冷却剂在流道中流过路程的增长，逐渐转变为过冷沸腾换热。由于在过冷沸腾开始点以前及其以后，换热机理是不同的，因而计算冷却剂膜温降所用的公式也不相同。在过冷沸腾开始以前用单相强迫对流的换热公式计算冷却剂膜温降，在该点以后直接用 Jens-Lottes 方程来计算过冷沸腾冷却剂膜温降。具体计算公式如下。

在过冷沸腾开始点之前：

$$\Delta T_\alpha(z)=\frac{q_{\mathrm{av}}F_q^{\mathrm{N}}F_q^{\mathrm{E}}}{\alpha(z)} \tag{8.3.25}$$

式中：$\alpha(z)$为沿轴向 z 处单相强对流换热系数，$W/(m^2·℃)$；

过冷沸腾开始点之后：

$$\Delta T_{\alpha,J}(z)=T_s+25\left[F_q^N F_q^E \frac{q(z)}{10^6}\right]^{0.25}\exp(-0.161p)-T_l(z) \tag{8.3.26}$$

式中：T_s 为工作压力下冷却剂的饱和温度，℃；p 为冷却剂的工作压力，Pa；$\Delta T_{\alpha,J}$ 为用 Jens-Lottes 方程计算的冷却剂膜温压，℃。

在计算时，沿轴向高度膜温降总是选取上述两种公式所得值的较小值。两种情况可用组合式表示为

$$\Delta T_\alpha(z)=\begin{cases}\Delta T_\alpha(z), & \Delta T_\alpha(z)\leqslant \Delta T_{\alpha,J}(z)\\ \Delta T_{\alpha,J}(z), & \Delta T_{\alpha,J}(z)<\Delta T_\alpha(z)\end{cases} \tag{8.3.27}$$

（8）燃料元件包壳内表面温度。

元件包壳内表面温度的计算式可直接表示为

$$T_{ci}(z)=T_{cs}(z)+\Delta T_c(z) \tag{8.3.28}$$

式中：T_{ci} 为元件包壳内表面温度，℃；T_{cs} 为元件包壳外表面温度，℃；ΔT_c 为元件包壳内外表面间的温差，℃。

元件包壳内外表面之间的温差可按下式计算：

$$\Delta T_c(z)=\frac{\delta_c F_q^N q(z)}{\lambda_c(z)\pi d_c} \tag{8.3.29}$$

式中：δ_c 为元件包壳厚度，m；λ_c 为元件包壳材料导热系数，$W/(m·℃)$。

元件包壳厚度按下式计算：

$$\delta_c=\frac{d_{cs}-d_{ci}}{2} \tag{8.3.30}$$

式中：d_{ci} 为元件包壳内径，m；d_{cs} 为元件包壳外径，m。

元件包壳平均直径按下式计算：

$$d_c=\frac{d_{cs}+d_{ci}}{2} \tag{8.3.31}$$

需要指出的是，式（8.3.29）是将元件包壳当作平壁进行计算。

如果元件包壳不作为平壁处理而按实际的圆管进行计算的话，则元件包壳内外表面之间的温差应按下式计算：

$$\Delta T_c(z)=\frac{F_q^N F_q^E q(z)}{\lambda_c(z)2\pi}\ln\frac{d_{cs}}{d_{ci}} \tag{8.3.32}$$

（9）燃料元件芯块表面温度。

燃料元件芯块表面温度可按下式计算：

$$T_{us}(z)=T_{ci}(z)+\Delta T_g(z) \tag{8.3.33}$$

式中：T_{us} 为元件芯块径向表面温度，℃；ΔT_g 为元件芯块与元件包壳之间的气隙温差，℃。

元件芯块与包壳之间的气隙温差可按下式计算：

$$\Delta T_{\mathrm{g}}(z)=\frac{F_q^{\mathrm{N}}F_q^{\mathrm{E}}q(z)}{\pi\left(\dfrac{d_{\mathrm{ci}}+d_{\mathrm{u}}}{2}\right)\alpha_{\mathrm{g}}} \tag{8.3.34}$$

式中：d_{u}为元件芯块直径，m；α_{g}为元件芯块与包壳之间的等效传热系数，W/(m^2·℃)。

（10）燃料元件芯块最高中心温度。

燃料元件芯块最高中心温度，如果堆芯冷却剂未发生沸腾，可按下式计算：

$$T_{\mathrm{u}}^{\max}=T_{1,\mathrm{in}}+F_{\Delta T}\frac{\Delta T}{2}+F_{\Delta T_{\alpha}}\Delta T_{\alpha}^{\max}+F_{\Delta T_{\mathrm{c}}}\Delta T_{\mathrm{c}}^{\max}+F_{\Delta T_{\mathrm{g}}}\Delta T_{\mathrm{g}}^{\max}+F_{\Delta T_{\mathrm{u}}}\Delta T_{\mathrm{u}}^{\max} \tag{8.3.35}$$

式中：$F_{\Delta T_{\mathrm{c}}}$为元件包壳温降热管因子；$F_{\Delta T_{\mathrm{g}}}$为元件燃料芯块与包壳之间气隙温降热管因子；$F_{\Delta T_{\mathrm{u}}}$为元件燃料芯块中心到外部表面温降热管因子；$F_{\Delta T}$为堆芯冷却剂温升热管因子；$\Delta T_{\mathrm{c}}$为元件包壳温降，℃；$\Delta T_{\mathrm{g}}$为元件芯块与包壳之间气隙温降，℃；$\Delta T_{\mathrm{u}}$为元件芯块径向温降，℃。

目前求燃料元件芯块中心温度时，常利用积分热导率公式：

$$\int_{T_{\mathrm{us}}}^{T_0}\lambda_{\mathrm{u}}(T)\,\mathrm{d}T=\frac{F_q^{\mathrm{N}}F_q^{\mathrm{E}}q'(z)}{4\pi} \tag{8.3.36}$$

式中：T_0为燃料芯块中心温度，℃；T_{us}为燃料芯块表面温度，℃；$\lambda_{\mathrm{u}}(T)$为燃料芯块的导热系数（随温度变化），W/(m·℃)；$q'(z)$为燃料芯块线功率密度（随轴向高度变化），W/m。

从式（8.3.36）可知，当燃料芯块表面温度知道后，等式的右边参数和函数均为已知，故可直接算出。等式的左边$\lambda_{\mathrm{u}}(T)$可查询材料的物性表获得，因此即可解得各轴向位置上元件的中心温度值。据此结果，可检查元件的中心温度最大值是否满足堆芯热工设计准则。

8.3.4　试验验证

在堆芯稳态热工设计中还需要对重要的热工设计参数进行试验验证。试验验证一般是指通过设备或系统的全尺度或按照一定比例模化准则进行缩比，对其工作环境、运行状态的真实模拟、检测和检验其设计性能或其自然特性。试验验证一般是在核动力装置方案设计初期，部分热工设计参数的选取具有一定的不确定性，需要采用试验予以验证。随着设计和运行经验的积累，有些数据已比较成熟、可靠，可不必另外进行实验。但是还有一些数据则与堆芯具体结构和热工水力参数有关，必须通过实验加以验证。配合反应堆的稳态热工设计，需要进行的热工水力实验大致有以下几个方面。

1. 热工实验

（1）临界热流密度实验，验证所使用的临界热流密度计算关系式的正确性，或者通过实验，整理出可用于设计计算的经验公式或半经验公式。

（2）核燃料和包壳的热物性的测定，以及燃料与包壳间的气隙等效传热系数的测定。

2. 水力实验

（1）堆本体水力模拟实验，测定堆芯下腔室冷却剂的流量分配不均匀系数，测定压力壳内各部分的流动压降和总压降，同时测定热屏蔽内的流速分布。

（2）燃料组件水力模拟实验，测定棒束组件的沿程摩擦系数及各种形阻系数。

（3）相邻冷却剂通道间的流体交混系数的测定。

（4）堆内各部分冷却剂旁流量的测定。

（5）冷却剂过冷沸腾和饱和沸腾时的流动阻力系数的测定。

（6）加热流动沸腾时的流动稳定性实验等。

8.4　子通道模型堆芯稳态热工设计

8.3 节介绍的单通道模型，不考虑相邻通道冷却剂间的横向的动量、质量和热量交换。这样计算虽然比较简单，但与开式栅格（无盒壁组件）的实际情况有差别。随着反应堆设计经验的积累，人们发展了子通道模型。所谓子通道模型，就是认为相邻通道冷却剂间存在着横向的动量、质量和热量交换。这种交换，统称交混。由于这种交混，各通道内的冷却剂的质量流速沿轴向将发生变化（在单通道模型中，各通道内的冷却剂的质量流速沿轴向是不变的）。较热通道内的冷却剂焓和温度比没有交混时有所降低，与之相应，燃料元件的表面温度也会有所降低。在压水堆中，这种横向交混还能提高燃料元件表面的临界热流量。所有这些都有利于提高堆的安全性和经济性。但若采用子通道模型，则不能只简单地选取少数热管和热点进行计算，还必须对较大量的子通道逐一进行计算才行，因而计算工作量比较大，而且需要计算速度很快的计算机。

在子通道模型中，相邻平行通道间的冷却剂的横向交混是个十分重要的问题。这种流动交混（包括质量、动量和热量交换）的机理如下。

质量交换是通过流体粒子（分子、原子和自由电子）的扩散、通道中机械装置引起的湍流扩散、压力梯度引起的强迫对流、温差引起的自然对流及相变（如蒸发）等实现的。质量交换必然伴随着动量和热量交换。

动量交换是通过径向压力梯度、流体流动时相邻冷却剂通道流体间的湍流效应来实现的：径向压力梯度起因于通道尺寸形状的偏差和功率分布的差异。径向压力梯度可造成定向净横流，这种定向横流有时又称为转向叉流。流体运动时的湍流交混又可分为自然湍流交混和强迫湍流交混两种。自然湍流交混是由流体脉动时的自然涡团扩散引起的。在一段时间内平均来看，这种自然湍流交混并无横向的净质量转移，只有动量与热量交换。强迫湍流交混是流道中机械装置引起的，有横向的净质量转移，并伴随着动量与热量的交换。

热量交换是通过流体粒子的扩散、流体粒子间直接接触时的导热及不同温度流体间的对流与辐射来进行的。

在不同的反应堆中，交混效应还与燃料元件及其冷却剂通道的结构形式有关。一般有四种交混形式：属于自然交混类型的有自然湍流交混与转向叉流交混；属于强迫交混类型的有流动散射与流动后掠。

如前面所述，自然湍流交混不引起净质量转移，只有动量和热量交换。转向叉流是由径向压力梯度引起的，有定向净横流，并伴随着动量和热量交换。流动散射是一种无定向流动交混，它是由无导向翼片的定位架、轴向或周向肋片以及端板等引起的，这些机械部件打乱了流线并引起流体的湍动，但并不造成有明显取向的流体流动。这种效应与一般的自然湍流效应相类似，故称流动散射。应该指出，只有在突起物的下游才会引起流动散射效应。流动后掠是由绕丝定位件、有导向翼片的定位架以及螺旋形肋片等引起的。流体在掠过这些结构部件时引起了湍流定向净横流，故常称流动后掠。

由于流动交混效应的复杂性，相邻平行通道流体间的交混系数需由实验测定，或由实验整理出的经验公式算得。

8.4.1 子通道的划分

子通道的划分是人为的，可以把一个燃料组件作为一个子通道，也可以把一个燃料组件内部由相邻的几根燃料棒所包圈的冷却剂通道作为一个子通道。事实上，采用子通道模型是为了使热工计算更精确，以便挖掘反应堆的经济潜力。如果子通道划分得太粗，就达不到精确计算的目的。相反，如果子通道划分得太细，而每个子通道沿轴向又要分成许多段，那么计算的时间就会很长，费用就会比较大，而且对计算机性能要求高。为了解决这个矛盾，通常有三种子通道划分方法。

（1）将整个堆芯按对称情况计算其部分子通道，例如在几何形状对称、功率分布对称和相邻通道对称的情况下，就可根据 *XY* 轴对称和 45°角对称，只取堆芯中 1/8 的冷却剂通道进行计算。对一个燃料组件内的冷却剂通道，也这样处理。

（2）把计算分两步进行。第一步先按燃料组件对整个堆芯划分子通道，找出最热燃料组件，算出最热燃料组件在不同高度上的冷却剂流速和焓值，并以此作为第二步计算的已知边界条件。第二步再对最热燃料组件内部划分子通道，求出最热子通道在不同高度上的冷却剂流速和焓以及燃料元件最高中心温度，在水堆中还要算出最小烧毁比。在第二步中也可以根据其对称情况，只计算热组件内的 1/2、1/4 或 1/8 子通道。

（3）组合子通道的分析方法。这种方法虽然也分两步计算，和上述第二种方法相似，但子通道的划分是灵活的。在可能是热组件的附近位置上，子通道的划分要细些，将一个组件作为一个子通道；对远离热组件的区域，可将几个组件合并为一个子通道。在进行热组件内部计算时，也可按相同的原则进行处理。

由上述可见，子通道的划分主要看分析问题的需要和方便而定。在实际计算中，以上几种方法往往可以同时使用。

下面以第二种方法为例，对子通道模型的稳态热工计算步骤作简要说明。假设计算的第一步已经解决，这里只讨论在最热组件内如何划分子通道以及对子通道如何计算这样一些问题。对于燃料元件按正方形排列的方形组件，其子通道的划分如图 8.4.1 所示。在组件的中央区域，由各燃料元件中心的连线形成许多方形格子，其中大多数是由相邻的四根燃料元件围成的冷却剂通道。在组件的四边，由两根燃料元件的中心向组件边缘作垂线，因此在组件四边上的子通道，是由两根燃料元件和组件的边缘线围成的。在组件的四角上，只有自一根燃料元件的中心线向组件的两条边缘作垂线围成的一个子通道。另外因为对称，可以只计算 1/8 区域的子通道（图 8.4.1 虚线内），这些不同的子通道的标号分别是 1～6。

另一个例子是由 19 根燃料元件组成的六角形燃料组件，它的子通道的划分如图 8.4.2 所示。图中细直线是人为划定的子通道边界线，粗实线为组件框线。因为对称，同样可以只计算 1/12 子通道（图 8.4.2 虚线内）。

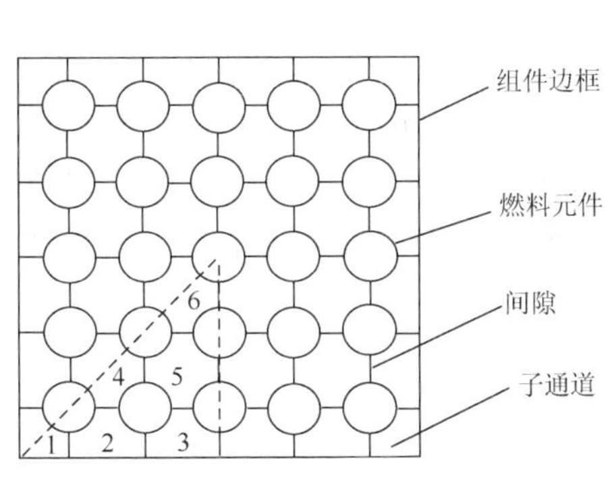

图 8.4.1　正方形栅格的子通道

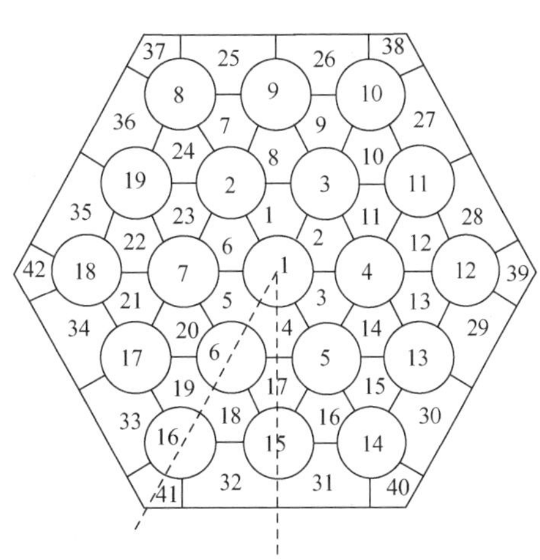

图 8.4.2　三角形格栅的子通道

8.4.2　基本方程

目前出现了许多不同的子通道分析模型和计算程序，它们之间的不同点是两相流模型、横流混合的处理方法和数学上的处理方法。而共同点则在于：都是通过求解各子通道的质量守恒方程、能量守恒方程和动量守恒方程，先求出各通道沿轴向不同高度上的流体的质量流速和焓值，然后找出热管和热点，再计算元件温度。在水堆的设计中，还要计算元件表面的临界热流密度和最小烧毁比。

下面以最简单的均相流模型下的堆芯稳态热工计算为例，简要介绍子通道热工分析原理。

1. 质量守恒方程

现仅讨论一个子通道 j 和邻通道 k 之间的冷却剂的横向质量交换。沿子通道 j 轴向分为 N 个节块（或称 N 个小段），可写出轴向第 i 个节块的质量守恒方程。根据质量守恒原理，在通道 j 中，沿轴向流入第 i 个节块的流量，减去横流到通道 k 的流量，就等于沿轴向流出第 i 个节块的流量，即

$$\dot{m}_{ji,\text{in}} - \sum_{r=1}^{N_j} \Delta\dot{m}_{jkir} = \dot{m}_{ji,\text{out}} \tag{8.4.1}$$

式中：$\dot{m}_{ji,\text{in}}$ 为子通道 j 第 i 个节块进口冷却剂流量，kg/s；$\dot{m}_{ji,\text{out}}$ 为子通道 j 第 i 个节块出口冷却剂流量，kg/s；$\dot{m}_{jkir}$ 为子通道 j 第 i 个节块向相邻通道 k 的横流，kg/s；r 为与子通道 j 相邻的通道 k 的编号，与通道 j 相邻的通道可以是多个。

在求解上述质量方程时，堆芯进口处第一个轴向节块的进口流量的确定，一般是由反应堆本体水力模拟各通道进口前的压力分布数据，而后通过计算求出各通道的进口流量。

2. 能量守恒方程

这里也只对子通道 j 轴向第 i 个节块写出能量守恒方程。即子通道 j 轴向第 i 个节块出口处冷却剂带走的能量，应等于该节块进口处冷却剂带入的能量加上节块内燃料元件传给冷却剂的能量，减去由相邻通道间冷却剂横向流动和湍流交混而引起的能量转移。一般将定位格架引起的相邻通道间冷却剂的能量转移包括在湍流交混项中，即把定位格架的局部影响转化为沿节块全长上的平均影响。于是可以写为

$$\dot{m}_{ji,\text{in}} h_{ji,\text{in}} + q_{1,ji}\Delta z - \sum_{r=1}^{N_j} Q_{jkir} - \sum_{r=1}^{N_j} M_{jkir}(\overline{h}_{ji} - \overline{h}_{ki})\Delta z = \dot{m}_{ji,\text{out}} h_{ji,\text{out}} \tag{8.4.2}$$

$$\overline{h}_{ji} = \frac{1}{2}(h_{ji,\text{in}} + h_{ji,\text{out}}) \tag{8.4.3}$$

$$\overline{h}_{ki} = \frac{1}{2}(h_{ki,\text{in}} + h_{ki,\text{out}}) \tag{8.4.4}$$

式中：$h_{ji,\text{in}}$ 为子通道 j 第 i 个节块进口冷却剂比焓，J/kg；$h_{ji,\text{out}}$ 为子通道 j 第 i 个节块出口冷却剂比焓，J/kg；M_{jkir} 为通道 j 与 k 的第 i 个节块间单位长度上的湍流交混流量，kg/(m·s)；Δz 为通道第 i 个节块的轴向长度，m；$\overline{h}_{ji}$ 为子通道 j 第 i 个节块冷却剂平均比焓，J/kg；$\overline{h}_{ki}$ 为子通道 k 第 i 个节块冷却剂平均比焓，J/kg；Q_{jkir} 为通道 j 与 k 的第 i 个节块间的横向流动带走的能量，J/s。当 $\Delta\dot{m}_{jkir}>0$ 时，$Q_{jkir}=\overline{h}_{ji}\Delta\dot{m}_{jkir}$；当 $\Delta\dot{m}_{jkir}=0$ 时，$Q_{jkir}=0$；当 $\Delta\dot{m}_{jkir}<0$ 时，$Q_{jkir}=\overline{h}_{ki}\Delta\dot{m}_{jkir}$。

M_{jkir} 为包括自然湍流交混和燃料组件定位架等机械装置引起的强迫湍流交混在内的湍流交混流量；这里把定位架引起的相邻通道间冷却剂的热量转移（强迫湍流交混）包括在自然湍流交混项 M_{jkir} 中。M_{jkir} 无法用理论方法计算，通常只能由实验确定，或根据由实验得到的经验公式进行计算。定性地说，M_{jkir} 与通道的当量直径、冷却剂流量、燃料元件直径、通道间隙的形状，以及流动摩擦阻力系数等有关。

3. 轴向动量守恒方程

各子通道的轴向动量守恒方程，都是以堆芯进口处等压面的 p_{in} 值为基准计算的。子通道 j 第 i 步长出口处流体的压力 $p_{ji,\text{out}}$，即

$$\Delta p_{ji,in}+\Delta p_{ji,\mathrm{f}}+\Delta p_{ji,a}+\Delta p_{ji,ca}+\Delta p_{ji,el}+\Delta p_{ji,\mathrm{gb}}+\Delta p_{ji,\mathrm{out,loc}} = p_{in}-p_{ji,\mathrm{out}}=\Delta p_{ji,\mathrm{out}} \tag{8.4.5}$$

式中：$\Delta p_{ji,\mathrm{out}}$ 为子通道 j 第 i 节块出口处压降，Pa；$\Delta p_{ji,\mathrm{in}}$ 为子通道 j 第 i 节块入口处压降，Pa；$\Delta p_{ji,\mathrm{f}}$ 为子通道 j 第 i 节块内的沿程摩擦压降，Pa；$\Delta p_{ji,\mathrm{a}}$ 为子通道 j 第 i 节块内流体沿轴向的加速压降，Pa；$\Delta p_{ji,\mathrm{ca}}$ 为因横流而产生的对轴向动量的附加压降，Pa；$\Delta p_{ji,\mathrm{gb}}$ 为子通道 j 第 i 节块内的组件定位格架引起的形阻压降，Pa；$\Delta p_{ji,\mathrm{out,loc}}$ 为子通道 j 第 i 节块出口处的形阻压降（只有在堆芯出口处才需要考虑改项），Pa。

相邻平行通道间冷却剂的净横流对轴向动量的影响，不同研究人员的表述方法不尽相同，下面所述仅属其中一例，即

$$\Delta p_{ji,\mathrm{ca}}=\begin{cases}-\dfrac{1}{A_j}\Delta\dot{m}_{jki}V_j, & \Delta\dot{m}_{jki}\geqslant 0\\ -\dfrac{1}{A_j}\Delta\dot{m}_{jki}(2V_j-V_k), & \Delta\dot{m}_{jki}<0\end{cases} \tag{8.4.6}$$

式中：V_j 为子通道 j 中的冷却剂的速度，m/s；V_k 为子通道 k 中的冷却剂的速度，m/s；A_j 为子通道 j 的流通截面，m^2；

式（8.4.6）的物理意义是：当净横流方向由子通道 j 流向子通道 k 时，子通道 j 内的冷却剂流速减小，而流速减小导致静压力回升，故 $\Delta p_{ji,\mathrm{ca}}$ 为负值；反之，当净横流由子通道 k 流向子通道 j 时，子通道 j 内的流量增多，流体加速，故静压力下降，即 $\Delta p_{ji,\mathrm{ca}}$ 为正值。

4. 横向动量守恒方程

相邻通道的横向压力梯度是横向流动的驱动力。由此可以写出横向动量方程为

$$\begin{aligned}\Delta p_{ji,\mathrm{out}}-\Delta p_{ki,\mathrm{out}}&=(p_{\mathrm{in}}-p_{ji,\mathrm{out}})-(p_{\mathrm{in}}-p_{ki,\mathrm{out}})\\&=p_{ki,\mathrm{out}}-p_{ji,\mathrm{out}}=-c_{jk}\frac{\left|\Delta G_{jki}\right|\Delta G_{jki}}{\dfrac{2(\rho_{ji,\mathrm{out}}+\rho_{ki,\mathrm{out}})}{2}}\end{aligned} \tag{8.4.7}$$

式中：c_{jk} 为通道 j 与 k 的第 i 个节块间的横流阻力系数；ΔG_{jki} 为通道 j 与 k 的第 i 个节块间的冷却剂横流质量流速，$\mathrm{kg/m^2\cdot s}$。

假设要计算的通道共有 n 个，轴向划分为 m 个节块，则共可列出 $4n\times m$ 个守恒方程。在给出合适的边界条件的前提下，即可以将各通道各节块内冷却剂的轴向质量流密度、比焓、压力和横流量，即共 $4n\times m$ 个未知量解出。

8.4.3　求解方法

采用两步法求解子通道模型的步骤大致如下。

（1）第一步称为全堆性分析，通常以一个燃料组件为一个子通道，根据堆芯对称情况可以只计算全堆 1/4 或 1/8 的燃料组件。边界约束条件是堆芯所有子通道进口处和出口处的压力相同、已知堆芯进口处冷却剂总流量 $\dot{m}$ 和比焓 h、堆芯出口处的压力值。各通

道内燃料棒的功率分布情况一般通过功率边界设定或更为精确的物理子通道程序耦合计算方式给出。

另外，各子通道在堆芯进口处的冷却剂流量分配是未知的，而且各子通道的流量或压力是各不相同的。对于稳态问题，可以直接将所有节块的质量、动量、能量方程进行联立，整体求解。同时在计算前，需先假设轴向第一节块进口处流量分布的初始值，然后进行求解，获得各通道内的压力分布、比焓分布和流量分布等情况。通过计算获得的各通道出口处的压力值是否一致来判断计算是否收敛。若得不到这个结论，则应对进口流量初值进行修正，然后重复上面的计算过程。根据计算所要求的计算精度，多次重复上面的过程直至堆芯入口处各通道压力相同时为止。

（2）第二步是热通道分析。在全堆性分析找出最热组件后，把最热组件中各燃料元件棒划分子通道（例如图 8.4.1 和图 8.4.2），利用燃料组件的对称性，可取热组件横截面的 1/4、1/6 或 1/8 进行计算。分析的目标是求热组件中最热通道及燃料棒的最热点。

根据全堆芯分析的结果，求解前已知的边界条件是热组件出口处的工作压力、热组件中冷却剂总流量、热组件四周边界上轴向计算点上的冷却剂比焓和横流速度；未知的边界条件为入口处工作压力、各子通道在进口处的冷却剂流量分配。具体的子通道迭代求解过程与（1）中的相同。

当各子通道的冷却剂热工参数求出后，随之就可以求出燃料元件的各温度值，在水堆中还可求出燃料元件表面的最小临界热流密度比或 MDNBR。在压水堆中，当热工参数一定时，用子通道模型计算较之用单通道模型计算，在燃料元件表面的 MDNBR 方面一般可挖掘 5%～10%的潜力。

8.4.4 常用子通道程序介绍

1. VIPRE-01

VIPRE-01 是美国电力研究院（Electric Power Research Institute，EPRI）投资开发的，能够进行详细的热工水力计算以获取稳态或瞬态的 MDNBR。VIPRE-01 是有限容积三维反应堆堆芯或其他类似结构的稳态或瞬态子通道分析程序。它能够计算详细的稳态或瞬态堆芯流量分布、冷却剂状态、燃料棒温度及 MDNBR。

VIPRE-01 源于 COBRA，并进行了扩展，在模型、数值计算、输入输出文件和适应性等方面进行了改进，以满足业主分析要求。美国核安全管理委员会（Nuclear Regulatory Commission，NRC）审查了 VIPRE-01，并发布了一份安全评估报告，表明其分析结果在许可证申请中是可以接受的。

VIPRE-01 在堆芯分析中的限制是堆芯入口流体状态需要其他系统分析程序给出。它能够计算单相流和均匀两相流，从过冷到过热以及超临界。它针对过冷沸腾，使用经验关系式，使用空泡-干度关系式来近似模拟两相的影响。采用有限容积导热模型来计算温度分布和壁面、管道、棒和燃料棒的热流密度。二氧化铀和锆合金的热物性是内置的，其他材料物性需要通过输入指定。对于燃料棒，有一个动态的燃料-包壳导热模型，用来计算热膨胀和内压力的影响。堆芯功率通过径向功率因子和轴向功率分布，以平均功率的方式给出。

2. FLICA3

FLICA3 是一个适用于稳态和瞬态反应堆堆芯热工水力分析的子通道交混程序。它采用了动量、质量和能量守恒方程，并考虑液相非平衡态的影响，以及气、液两相间具有不同的流速。为了计算通道间的横向质量流速，还增加了横向的动量守恒方程。除了这些守恒方程外，还有一个液相初始平衡方程用于过冷沸腾计算。此外，还采用了一些物理模型来描述相间相互作用、湍流交混以及液体和壁面间的相互作用。FLICA3 考虑了早期版本的特点，可用于两维的两相流计算，尤其是对反应堆堆芯进行稳态和瞬态热工水力分析，确定靠近燃料棒的流动物理参数，预测烧毁比是非常有用的。尽管如此，该程序还是有一定的局限性，由于缺乏较为全面的两相流模型以及交混叶影响模型。所以，不能对交混叶引起的局部流动进行模拟。同时，也不能对堆内倒流或干涸流动区的过热蒸汽流动进行计算。

3. COBRA 系列

COBRA 子通道程序由美国太平洋西北实验室开发，已发展了多代。下面从关键的“横向动量方程”处理和两相流模型的角度来看各代程序的演变。

COBRA-Ⅰ、Ⅱ、Ⅲ的横向动量方程只考虑压力梯度和横向摩擦损失的影响。认为动量随时间变化小得可以忽略。所以，它不能反映快速变化过程，只能是稳态或低速瞬态的一个近似表达式。

COBRA-Ⅲ C 增加了横向动量方程的两个加速项，同时改进了数值解法。运用半显式的边值解法，使它能处理绕丝或导流片引起的强迫交混。瞬态分析能力也扩大到可以分析部分阻塞。

COBRA-Ⅳ的横向动量方程增加了一项横向动量通量，使模型进一步完善。同时发展了一种新的 ACE 解法，即时间显式瞬时压力-速度法。它没有流向的限制，且可以接受流量或压力边界条件。因而能处理冷却剂喷放等复杂情况，从数值解法上为研究从喷放到再淹没的冷却剂丧失事故全过程提供了可能。但是 COBRA-Ⅳ的动量方程缺少两个不同方向的横流速度相乘积项，故它还是一个二维方程，不能准确地描写复杂的三维流动情况。

以上各代 COBRA 程序的均采用均相流模型，为了提高对两相流动的计算精度，COBRA-TF 采用了先进的两流体三流场模型，即把两相流当作气、液和液滴三种状态的流体来描述。该两相流模型的质量守恒方程、轴向动量守恒方程和横向动量守恒方程均有三个，分别描述气、液和液滴相。能量守恒方程包含两个，分别是气相和液滴-液混合相。由于相间彼此不完全独立，故方程要有一个相间的相互作用项来反映相间的动量、能量或质量的耦合关系。该模型的优点是可以获得详细的流场和相分布。它的缺点是：①目前所用的相互作用项还不够完善；②计算费用较大。有人用 COBRA-TF 和 COBRA-Ⅳ分别进行了蒸汽发生器的热工水力计算，结果表明：COBRA-TF 所用的机时和内存储量是 COBRA-Ⅳ的 3～4 倍。

习 题

1. 试阐述四道屏障和反应堆热工设计准则。

2. 为什么稳态工况最小烧毁比取 2.0～2.2，正常动态工况却取不小于 1.3？

3. 什么是平均管，什么是热管？什么是热点，热点一定在热管中吗？

4. 试解释工程的与核的热管或热点因子有什么不同，并写出热管及热点因子的定义。

5. 反应堆热管核因子为 1.5，工程因子为 2.3，则其总热管因子是多少？

6. 已知圆柱形均匀裸堆功率按轴向余弦、径向贝塞尔分布，求核热点因子。

7. 压水动力堆中，焓升工程热管因子主要由哪些分因子组成？

8. 降低热管因子及热点因子的途径有哪些？

9. 某压水堆高 3m，热棒轴向热流密度分布为 $q(z) = 1.35\cos[0.75(z-0.5)]\text{MW/m}^2$，坐标原点在堆芯中心，求热通道内轴向热点因子。

10. 已知轴向线功率分布为 $q(z) = q(0)\left(1-\dfrac{L}{2L_e^2}z\right)\cos\left(\dfrac{\pi z}{L_e}\right)$，求轴向核热点因子。

11. 在进行反应堆冷却剂的工作压力、反应堆冷却剂进、出口温度与流量选择时应考虑哪些因素？

12. 试阐述什么是单通道模型、子通道模型，它们有什么优缺点？

13. 试简要描述反应堆热工单通道设计、安全校核的一般步骤。

14. 试简要描述子通道的划分的方法。

15. 某压水堆用 UO_2 作燃料，Zr-4 作包壳材料。堆芯热功率为 953 MW，冷却剂工作压力为 14.7 MPa，堆芯进出口冷却剂温度分布为 284℃和 310℃，冷却剂质量流量为 24.6×10^8 kg/h。燃料元件外径为 10 mm，包壳内径为 8.7 mm，芯块直径为 8.53 mm，栅距为 13.3 mm。燃料元件采用正方形栅格排列，每一个组件中，元件排列的数目为 15×15，而其中有 20 根是控制棒套管，一根为中子通量密度测量管，即每个组件中实际有 204 根燃料元件。要求燃料元件中心最高温度不超过 2 200℃，试用单通道模型进行热工水力设计计算。

第 9 章　反应堆正常瞬态热工分析

9.1　集总参数法

瞬态过程一般都包含着时间和空间变化，即被研究过程的特性是时间和空间坐标的函数。这样的瞬态过程通常要用偏微分方程（组）来描述，并且在许多情况下，特别是在几何形状比较复杂的情况下，往往得不到严格的解析解。人们为了摆脱上述困境，便转向近似解法的研究工作。目前已广泛使用的近似解法有实验法、数值法、类比法和近似解析法。近似解析法中又包括积分法和集总参数法等。这些方法各有优缺点，这里不一一介绍，本章主要介绍集总参数法及其应用。

在工程上有许多这样的瞬态过程：被研究量随空间坐标的变化很小。即在被研究的区域中，在任一时刻 t，被研究量在任一位置上的取值与其在被研究区域上的平均值非常接近，或在所研究的区域上，参数变化规律相同。对于这样的过程，可以不考虑被研究量在空间上的微观分布，而只按空间上的平均值或某个代表值进行研究。为进一步简化计算，常常假定整个区域上被研究量都集中在被研究区域几何形状的中心。如同“质点”状态。因已将被研究量集中起来并想象为不占有空间体积的“质点”，故将上述研究方法称为集总参数法，或集中参数法，有时称为“点模型”。作了这样的“集总”假定之后，描述瞬态过程的与时间和空间有关的偏微分方程便简化为只与时间坐标有关的常微分方程，使问题的求解大为简化，例如熟知的“点堆”模型及其点堆中子动力学方程。

9.2　瞬态传热问题的集总参数求解

在计算物体瞬态传热问题时，即使条件很复杂，用集总参数法求解也往往能得到令人满意的结果。下面通过对两个物体间的传热问题的求解来介绍集总参数法的应用。

设有如图 9.2.1 所示的两个物体Ⅰ和Ⅱ，把物体Ⅱ看作环境（如空气或水等），物体Ⅰ处于物体Ⅱ包围之中，并假定它们最初处于平衡状态，初始温度都为 T_0，在某一时刻 $t=0$，物体Ⅱ的温度突然上升（或下降）到一恒定的均匀温度值 T，则两物体存在温差而发生热交换。例如，一个加热到一定温度（比如＞50℃）或冷却到一定温度（比如＜0℃）的铁球放入环境温度下的水池中，就属于这种情况。

如果物体Ⅰ（如铁球）内部导热热阻与两个物体之间的（外部）传热热阻相比小到可以忽略不计，那么整个物体Ⅰ内部的温度，在动态过程中任一时刻处处相等（即物体Ⅰ内部各点温度是均匀的）。显然，当物体Ⅱ突然地跃升（或跃降）到某一温度 T 并保持恒定，物体Ⅰ内部各点的温度也将均匀地由 T_0 上升或下降，直到 $t\to\infty$时达到 T，如图 9.2.2 所示。换句话说，物体Ⅰ内部热阻 R_i 比外部的换热热阻（外部热阻）R_c 小得多时，

即 $R_i \ll R_c$ 时，被研究量 T_1 在空间上的微小变化可以忽略不计，因而在研究物体Ⅰ的传热时，可以假定整个物体Ⅰ的质量都集中在几何形状的中心，即可以假定整个物体Ⅰ的热容量都集中在物体Ⅰ的几何形状的中心，所以此方法也称为集总热容参数法。

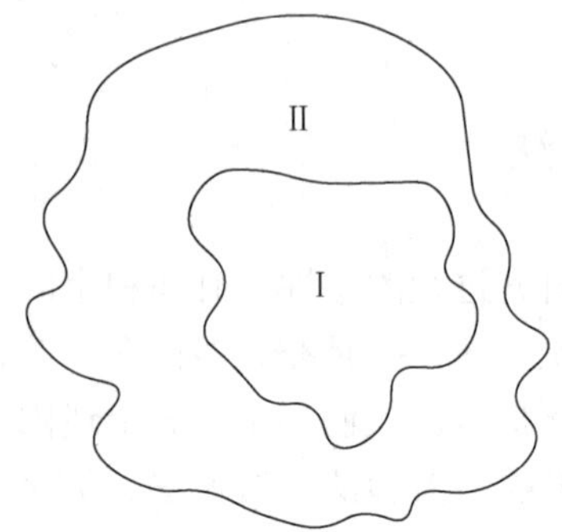

图 9.2.1　物体Ⅰ处于物体Ⅱ包围中

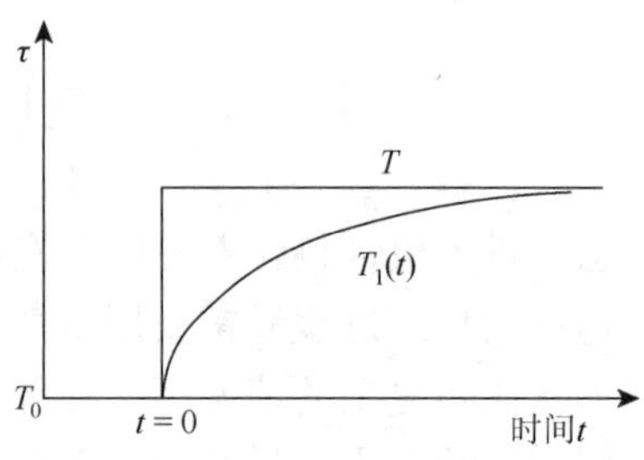

图 9.2.2　物体Ⅰ对环境温度响应曲线

下面应用集总参数法推导物体Ⅰ（如铁球）的温度响应规律。根据所研究的对象可知，设物体Ⅰ边界为控制体，则其总能量的变化率为

$$\frac{\mathrm{d}E}{\mathrm{d}t} = \frac{\rho_{\mathrm{I}} V_{\mathrm{I}} c_{p\mathrm{I}} \mathrm{d}T_{\mathrm{I}}(t)}{\mathrm{d}t} \tag{9.2.1}$$

式中：V_{I} 为物体Ⅰ的体积，m^3；ρ_{I} 为物体Ⅰ的密度，$\mathrm{kg/m^3}$；$c_{p\mathrm{I}}$ 为物体Ⅰ的比热容，J/(kg·℃)；T_{I} 为物体Ⅰ的温度，℃。

物体Ⅰ与外界物体Ⅱ的热交换率为

$$Q = \alpha A_{\mathrm{I}}[T - T_{\mathrm{I}}(t)] \tag{9.2.2}$$

式中：A_{I} 为物体Ⅰ的传热表面积，m^2；α 为物体Ⅰ与Ⅱ之间传热系数，W/(m²·℃)。

对物体Ⅰ建立能量守恒方程：

$$Q = \frac{\mathrm{d}E}{\mathrm{d}t} \tag{9.2.3}$$

把式（9.2.1）与式（9.2.2）代入式（9.2.3）得

$$\alpha A_{\mathrm{I}}[T - T_{\mathrm{I}}(t)] = \frac{\rho_{\mathrm{I}} V_{\mathrm{I}} c_{p\mathrm{I}} \mathrm{d}T_{\mathrm{I}}(t)}{\mathrm{d}t} \tag{9.2.4}$$

对式（9.2.4）积分为

$$\int_{T_0}^{T_{\mathrm{I}}(t)} \frac{\mathrm{d}T_{\mathrm{I}}(t)}{[T - T_{\mathrm{I}}(t)]} = \frac{\alpha A_{\mathrm{I}} t}{\rho_{\mathrm{I}} V_{\mathrm{I}} c_{p\mathrm{I}}} \tag{9.2.5}$$

对式（9.2.5）求解可得

$$\frac{T - T_{\mathrm{I}}(t)}{T - T_0} = \exp\left(-\frac{\alpha A_{\mathrm{I}} t}{\rho_{\mathrm{I}} V_{\mathrm{I}} c_{p\mathrm{I}}}\right) \tag{9.2.6}$$

式（9.2.6）表明，物体Ⅰ的温度按指数规律逐渐逼近物体Ⅱ的温度，如图 9.2.2 所示。由此可知，物体Ⅰ和物体Ⅱ的几何形状是很不规则的，用精确的方法求解显然是不可能的，然而使用集总参数法，可避开求解复杂的偏微分方程，使问题大为简化，很容易地得到物体 I 温度瞬态响应的表达式。该表达式较直观并能得到足够满意的结果。为了进一步讨论式（9.2.6）及其使用条件，将其改写为如下形式：

$$\frac{T_{\mathrm{I}}(t)-T_0}{T-T_0}=1-\exp(-t/\tau_{\mathrm{I}}) \tag{9.2.7}$$

式中

$$\tau_{\mathrm{I}}=\frac{\rho_{\mathrm{I}}V_{\mathrm{I}}c_{p\mathrm{I}}}{\alpha A_{\mathrm{I}}} \tag{9.2.8}$$

其中：τ_{I}称为物体 I 的时间常数，s。

由此可见，物体的时间常数等于其热容量 ρcV 与外部热阻 $1/\alpha A$ 的乘积，其物理意义是物体温度变化达到最大温度的 1/e（即 36.8%）所花的时间。

时间常数是物体温度在环境温度变化时，其响应速度的一个度量参数。在压水堆内，可以把燃料元件看作物体 I，把慢化剂看作物体 II。由于慢化剂的时间常数比燃料元件的时间常数要长得多，在反应堆反应性增加的情况下，慢化剂的温度将远远滞后于燃料的温度。所以，集总参数法在某些情况下常用于反应堆的动态分析。

对传热集总参数法作了如上介绍之后，下面进一步讨论前面所作的假定 R_{i} 远小于 R_{c} 的实质。

根据传热学可知：

$$R_{\mathrm{i}}=\frac{\delta}{\lambda A},\qquad R_{\mathrm{c}}=\frac{1}{\alpha A_{\mathrm{s}}} \tag{9.2.9}$$

式中：A_{s} 为物体的传热表面积，m^2；δ 为热量传到物体表面上所经过的平均路程，m；A 为平均路程 δ 所对应的平均传热面积，m^2；λ 为物体内部的导热系数，W/(m·℃)；α 为物体外表面与外界之间的换热系数 W/(m^2·℃)。

由式（9.2.9）可得

$$\frac{R_{\mathrm{i}}}{R_{\mathrm{c}}}=\frac{\alpha}{R_{\mathrm{c}}}\left(\frac{A_{\mathrm{s}}\delta}{A}\right)=\frac{\alpha}{\lambda}S' \tag{9.2.10}$$

式中：$S'=\dfrac{A_{\mathrm{s}}\delta}{A}$，是物体传热表面积同平均传热面积的比与导热平均路程的积，它具有长度的量纲，称为物体导热的特征长度。式（9.2.10）右边正好是毕奥准则 B_{i}。工程实践表明，当 $B_{\mathrm{i}}\ll 0.1$ 时，用集总参数法可以得到令人满意的结果。

上面介绍了在单区情况下集总参数法的应用，在两区情况下集总参数法的应用问题将在后面结合推导燃料元件温度的表达式进行介绍。知道单区和双区情况下集总参数法的应用后，便可以进一步开展多区情况下集总参数法的求解。

9.3　燃料元件径向温度变化的解析求解

反应堆热工设计安全三大准则有两个与燃料元件的温度有关，即芯块熔化与包壳烧毁问题。因此，确切掌握和控制动态过程燃料元件的瞬态温度变化，对反应堆的安全运行至关重要。本节主要介绍功率变化所对应的燃料元件径向温度分布的变化。

考虑反应堆引入反应性后，忽略各种反应性反馈效应，例如反应堆在冷态零功率时突然引入一定反应性，由于冷态时温度等反应性反馈效应相当小，在反应性引入后堆内中子密度增殖满足以下规律：

$$n(t)=n_0\exp\left(\frac{t}{\tau}\right) \tag{9.3.1}$$

式中：τ为中子增殖的周期。

本节就对这种中子密度按指数规律变化或者说堆功率按指数规律变化下元件径向温度动态变化过程的求解进行介绍。

9.3.1　板状燃料元件

由第 3 章可知，具有内热源热导体的不稳定导热微分方程的一般形式为

$$c\rho\frac{\partial T}{\partial t}=\lambda\nabla^2 T+q''' \tag{9.3.2}$$

式中：c为比热容；ρ为密度；T为温度；t是时间；λ为热导率；q'''为体积释热率。

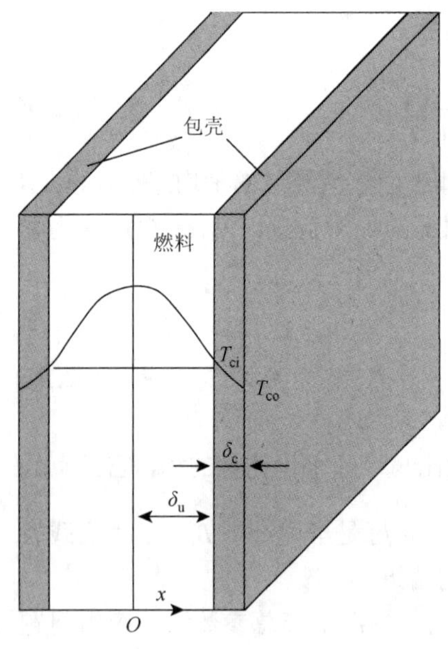

图 9.3.1　板状燃料元件

对于板状燃料元件，如图 9.3.1 所示，通常只考虑沿垂直于平板方向 x 上的导热，则燃料芯块（下标用 u 表示）的导热微分方程变成：

$$c_u\rho_u\frac{\partial T(x,t)}{\partial t}=\lambda_u\frac{\partial^2 T(x,t)}{\partial x^2}+q'''(x,t)\quad (x\leqslant\delta_u) \tag{9.3.3}$$

而包壳（下标用 c 表示）的导热微分方程为

$$c_c\rho_c\frac{\partial T(x,t)}{\partial t}=\lambda_c\frac{\partial^2 T(x,t)}{\partial x^2}\quad (\delta_u<x\leqslant\delta_u+\delta_c) \tag{9.3.4}$$

求解式（9.3.3）与式（9.3.4）的边界条件为燃料与包壳界面连续性条件

$$\lambda_u\frac{\partial T}{\partial x}\bigg|_{x=\delta_u^-}=\lambda_u\frac{\partial T}{\partial x}\bigg|_{x=\delta_u^+} \tag{9.3.5}$$

$$T\Big|_{x=\delta_u^-}=T\Big|_{x=\delta_u^+} \tag{9.3.6}$$

元件表面换热条件

$$-\lambda_c\frac{\partial T}{\partial x}\bigg|_{x=\delta_u+\delta_c}=\alpha\left(T\Big|_{x=\delta_u+\delta_c}-T_f\right) \tag{9.3.7}$$

板状元件中心对称条件

$$\frac{\partial T}{\partial x}\bigg|_{x=0}=0 \tag{9.3.8}$$

式（9.3.5）～式（9.3.7）中：δ_u为芯块的半厚度；δ_c为包壳的厚度；α为元件表面的对流换热系数；T_f为冷却剂的主流温度。

对在均匀体积释热率 q_0''' 下稳定运行的反应堆，其元件芯块内部温度呈抛物线形状分布（参见第 4 章 4.1.1 节）。当反应堆突然引入一个反应性，此时根据式（9.3.1），堆芯中的中子通量密度或功率以一定周期 τ 按指数规律变化，如果不考虑缓发中子的作用，内热源变化可写为

$$q'''(t) = q_0'''\exp\left(\frac{t}{\tau}\right) \tag{9.3.9}$$

为求解这时的温度场随时间的变化，假定因燃料元件金属包壳的热导率高、厚度薄而热阻比二氧化铀小得多可以忽略，同时燃料元件周围所对应冷却剂的温度变化得很慢，也可以认为是常数。这时，可引入下述温差的形式作为方程的变量：

$$\theta(x, t) = T(x, t) - T_f \tag{9.3.10}$$

将式（9.3.10）代入式（9.3.3）、式（9.3.7）与式（9.3.8）可得以温差表示的燃料传热方程组，并认为问题的解具有下列形式：

$$\theta(x,t) = \frac{q_0'''}{c_u\rho_u}\varphi(x)\exp(\frac{t}{\tau}) \tag{9.3.11}$$

将式（9.3.11）代入以温差表示的方程组求解（具体过程参见 9.4 节）得

$$\theta(x,t) = \frac{q_0'''}{c_u\rho_u}\left(A\text{ch}\frac{x}{\sqrt{\frac{\lambda_u}{c_u\rho_u}\tau}} + B\text{sh}\frac{x}{\sqrt{\frac{\lambda_u}{c_u\rho_u}\tau}} + \tau\right)\exp(\frac{t}{\tau}) \tag{9.3.12}$$

其中由边界条件确定的系数为

$$\text{A} = 0 \tag{9.3.13}$$

$$B = \frac{\alpha\tau}{\sqrt{\frac{c_u\rho_u\lambda_u}{\tau}}\text{sh}\left(\delta_u\sqrt{\frac{c_u\rho_u}{\lambda_u\tau}}\right) - \alpha\text{ch}\left(\delta_u\sqrt{\frac{c_u\rho_u}{\lambda_u\tau}}\right)} \tag{9.3.14}$$

将式（9.3.14）与式（9.3.13）代入将式（9.3.12），并考虑到式（9.3.10）即可求得板状燃料芯块内部温度随时间的变化为

$$T(x,t) = \frac{q_0'''\tau}{c_u\rho_u}\left(1 - \frac{\alpha\text{ch}\left(x\sqrt{\frac{c_u\rho_u}{\lambda_u\tau}}\right)}{\alpha\text{ch}\left(\delta_u\sqrt{\frac{c_u\rho_u}{\lambda_u\tau}}\right) - \sqrt{\frac{\lambda_u c_u\rho_u}{\tau}}\text{sh}\left(\delta_u\sqrt{\frac{c_u\rho_u}{\lambda_u\tau}}\right)}\right)\exp\left(\frac{t}{\tau}\right) + T_f$$

（9.3.15）

9.3.2　棒状燃料元件

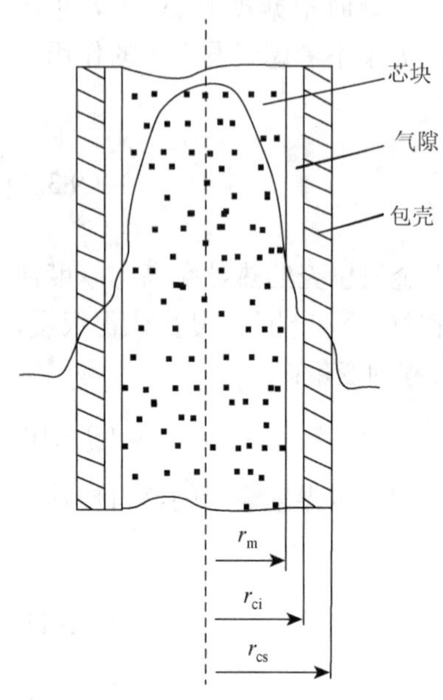

图 9.3.2　棒状燃料元件内的温度分布

棒状燃料元件如图 9.3.2 所示，由第 4 章知，其温降主要在 UO_2，为简化问题，这里同样假设在功率变化过程中，忽略包壳与气隙的导热作用，求解芯块的温度变化解析表达式。

做假设：①传热只为沿半径 r 方向的一维导热；②UO_2 的热导率是一个常数；③与燃料芯块的热阻比较，气隙和包壳的热阻比较小，在动态过程可以忽略；④燃料元件周围冷却剂的温度 T_f 变化得很慢，可以认为是常数。假定棒状燃料元件，开始在均匀体积释热率 q_0''' 下稳定运行，这时其内部温度分布呈抛物线形状分布。在某一时刻（$t=0$），反应堆突然引入一个反应性，此时根据式（9.3.1），堆芯中中子通量密度按一定的周期以指数规律随时间变化，因而燃料元件中的内热源也按同一指数规律变化，这种变化同式（9.3.9）。则棒状燃料芯块中的导热微分方程可以写为

$$c_u\rho_u\frac{\partial T(r,t)}{\partial t}=\lambda_u\left[\frac{\partial^2 T(r,t)}{\partial r^2}+\frac{1}{r}\frac{\partial T(r,t)}{\partial r}\right]+q'''(r,t) \tag{9.3.16}$$

方程的边界条件是：

$$\lambda_u\frac{\partial T}{\partial r}\bigg|_{r=r_u}=-a(T\big|_{r=r_u}-T_f) \tag{9.3.17}$$

$$\frac{\partial T}{\partial r}\bigg|_{r=0}=0 \tag{9.3.18}$$

式中：r_u 是燃料芯块的半径。

引入下述函数作为方程的变量：

$$\theta(r,t)=T(r,t)-T_f \tag{9.3.19}$$

则方程（9.3.16）～方程（9.3.18）变成：

$$\frac{\partial\theta(r,t)}{\partial t}=\frac{\lambda_u}{c_u\rho_u}\left[\frac{\partial^2\theta(r,t)}{\partial r^2}+\frac{1}{r}\frac{\partial\theta(r,t)}{\partial r}\right]+\frac{q_0'''}{c_u\rho_u}\exp\left(\frac{t}{\tau}\right) \tag{9.3.20}$$

$$\lambda_u\frac{\partial\theta}{\partial r}\bigg|_{r=r_u}=-\alpha\theta\big|_{r=r_u} \tag{9.3.21}$$

$$\frac{\partial\theta}{\partial r}\bigg|_{r=0}=0 \tag{9.3.22}$$

同样，该问题的解具有下列形式：

$$\theta(r,t)=\frac{q_0'''}{c_{\mathrm{u}}\rho_{\mathrm{u}}}\varphi(r)\exp\left(\frac{t}{\tau}\right) \tag{9.3.23}$$

将式（9.3.23）代入式（9.3.20），得到描述棒状燃料元件中渐进温度分布的函数 $\varphi(r)$的微分方程：

$$\varphi''(r)+\frac{1}{r}\varphi'(r)-\frac{c_{\mathrm{u}}\rho_{\mathrm{u}}\varphi(r)}{\lambda_{\mathrm{u}}\tau}+\frac{c_{\mathrm{u}}\rho_{\mathrm{u}}}{\lambda_{\mathrm{u}}}=0 \tag{9.3.24}$$

则解为

$$\varphi(r)=\tau+\mathrm{A}J_0\left[\left(-\frac{c_{\mathrm{u}}\rho_{\mathrm{u}}}{\lambda_{\mathrm{u}}\tau}\right)^{\frac{1}{2}}r\right]+BY_0\left[\left(-\frac{c_{\mathrm{u}}\rho_{\mathrm{u}}}{\lambda_{\mathrm{u}}\tau}\right)^{\frac{1}{2}}r\right] \tag{9.3.25}$$

式中：J_0为零阶第一类贝塞尔函数；Y_0为零阶第二类贝塞尔函数。所以：

$$\theta(r,t)=\frac{q_0'''}{c_{\mathrm{u}}\rho_{\mathrm{u}}}\left\{\tau+\mathrm{A}J_0\left[\left(-\frac{c_{\mathrm{u}}\rho_{\mathrm{u}}}{\lambda_{\mathrm{u}}\tau}\right)^{\frac{1}{2}}r\right]+BY_0\left[\left(-\frac{c_{\mathrm{u}}\rho_{\mathrm{u}}}{\lambda_{\mathrm{u}}\tau}\right)^{\frac{1}{2}}r\right]\right\}\exp\left(\frac{t}{\tau}\right) \tag{9.3.26}$$

由对称条件（9.3.22）可得

$$\left.\frac{\partial\theta}{\partial r}\right|_{r=0}=\frac{q_0'''}{c_{\mathrm{u}}\rho_{\mathrm{u}}}\left[-\mathrm{A}J_1(0)\left(-\frac{c_{\mathrm{u}}\rho_{\mathrm{u}}}{\lambda_{\mathrm{u}}\tau}\right)^{\frac{1}{2}}-BY_1(0)\left(-\frac{c_{\mathrm{u}}\rho_{\mathrm{u}}}{\lambda_{\mathrm{u}}\tau}\right)^{\frac{1}{2}}\right]\exp\left(\frac{t}{\tau}\right)=0 \tag{9.3.27}$$

式中：J_1为一阶第一类贝塞尔函数；Y_1为一阶第二类贝塞尔函数。因为$J_1(0)=0$，而 $Y_1(0)$为负无穷大，所以$A\neq0$，$B=0$。又由边界条件式（9.3.21）可得

$$A=-\alpha\tau\left\{\alpha J_0\left[\left(-\frac{c_{\mathrm{u}}\rho_{\mathrm{u}}}{\lambda_{\mathrm{u}}}\right)^{\frac{1}{2}}r_{\mathrm{u}}\right]-\lambda_{\mathrm{u}}J_1\left[\left(-\frac{c_{\mathrm{u}}\rho_{\mathrm{u}}}{\tau}\right)^{\frac{1}{2}}r_{\mathrm{u}}\right]\left(-\frac{c_{\mathrm{u}}\rho_{\mathrm{u}}}{\tau}\right)^{\frac{1}{2}}\right\}$$

将 A、B 代入式（9.3.26）得

$$\theta(r,t)=\frac{q_0'''}{c_{\mathrm{u}}\rho_{\mathrm{u}}}\left\{\tau-\frac{\alpha\tau}{E}J_0\left[\left(-\frac{c_{\mathrm{u}}\rho_{\mathrm{u}}}{\lambda_{\mathrm{u}}\tau}\right)^{\frac{1}{2}}r\right]\right\}\exp\left(\frac{t}{\tau}\right) \tag{9.3.28}$$

式中

$$E=\alpha J_0\left[\left(-\frac{c_{\mathrm{u}}\rho_{\mathrm{u}}}{\lambda_{\mathrm{u}}\tau}\right)^{\frac{1}{2}}r_{\mathrm{u}}\right]-\lambda_{\mathrm{u}}J_1\left[\left(-\frac{c_{\mathrm{u}}\rho_{\mathrm{u}}}{\lambda_{\mathrm{u}}\tau}\right)^{\frac{1}{2}}r_{\mathrm{u}}\right]\left(-\frac{c_{\mathrm{u}}\rho_{\mathrm{u}}}{\lambda_{\mathrm{u}}\tau}\right)^{\frac{1}{2}} \tag{9.3.29}$$

所以

$$T(r,t)=\frac{q_0'''}{c_{\mathrm{u}}\rho_{\mathrm{u}}}\left\{\tau-\frac{\alpha\tau}{E}J_0\left[\left(-\frac{c_{\mathrm{u}}\rho_{\mathrm{u}}}{\lambda_{\mathrm{u}}\tau}\right)^{\frac{1}{2}}r\right]\right\}\exp\left(\frac{t}{\tau}\right)+T_{\mathrm{f}} \tag{9.3.30}$$

由上式即可求得棒状燃料元件温度分布随时间的变化规律。

取某电站反应堆的热工及燃料元件参数为：$\alpha = 36\ 000\ \text{W/(m}^2\cdot℃)$，$T_f = 270℃$，$\lambda_u = 2.4\ \text{W/(m}\cdot℃)$，$c_u = 265\ \text{J/(kg}\cdot℃)$，$\rho_u = 10.4\times10^3\ \text{kg/m}^3$，$r_u = 0.003\ 5\ \text{m}$。设初始堆功率为 200 MW，元件芯块功率密度 $q_0''' = 9\times10^8\ \text{W/m}^3$，引入反应性后功率变化周期为 45 s。

由式（9.3.30）计算燃料芯块内温度随时间和位置的变化如图 9.3.3 和图 9.3.4 所示。图 9.3.3 中曲线 I 为初始时元件芯块温度分布，曲线 II 为 10 s 时芯块温度分布，曲线III为 20 s 时温度分布。由图可见，在这个过程中任意时刻芯块内部径向温度曲线大致保持一个抛物线形状。图 9.3.4 中曲线 I 为芯块中心温度变化规律，曲线 II 为芯块表面温度变化规律。可见，在反应堆引入反应性后，芯块内任意一点的温度都随时间而升高，在越靠近芯块中心的位置温度上升越快，中心温度增长的幅度也是最大的。

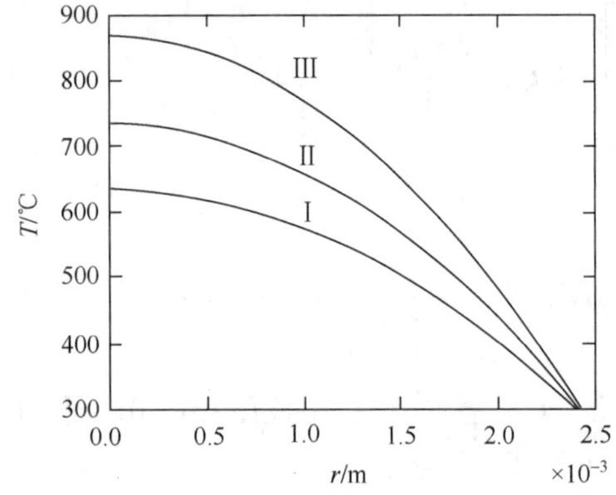

图 9.3.3　引入反应性后芯块温度场的变化

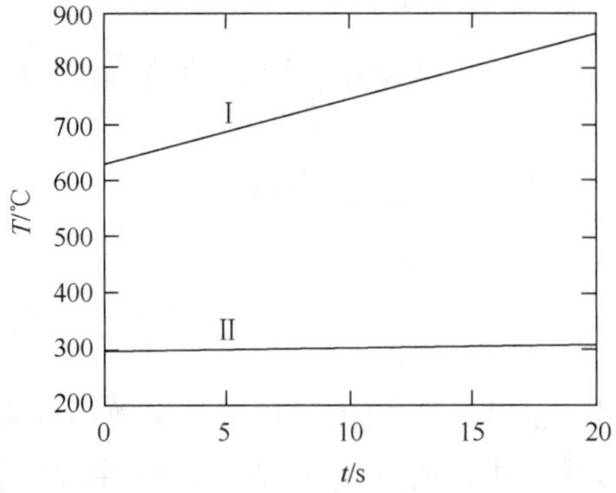

图 9.3.4　芯块中心与芯块表面温度变化曲线

如果功率变化周期为无穷大，即功率或内热源不随时间增加，其他参数不变时，由以上方程计算所得温度分布曲线不随时间变化，此种情况即为反应堆稳定运行的温度分布。

9.4　棒状元件径向温度变化的数值求解

非稳态工况，即动态工况下燃料元件内温度分布是随着时间变化的，温度分布曲线与稳态时的抛物线形状不同，主要原因是动态时元件内部与外部导热处在非平衡态。由于动态过程的温度分布是时间与坐标两个变量的函数，边界条件也比较复杂，所以，其导热微分方程的定解问题是非常不容易求解的，通常需要借助电子计算机来求数值解。

9.3 节中，对功率按指数规律变化时的燃料元件非稳态温度场进行了解析求解，然而为了得到解析解，不免做了诸多假设，所以这种解析解与实际过程存在一定的差距。为了能够更准确地描述燃料元件非稳态温度场，下面就采用数值分析，给出温度分布和温度场的变化规律。

9.4.1　数值求解方法

首先建立数学物理模型，燃料元件结构采用如图 9.3.2 示意图，从里到外依次分为芯块区（$r \leqslant r_{\mathrm{u}}$）、气隙区（$r_{\mathrm{u}} < r \leqslant r_{\mathrm{g}}$）、包壳区（$r_{\mathrm{g}} < r \leqslant r_{\mathrm{c}}$），并分别记为 u 区、g 区和 c 区。裂变能在 u 区产生，经过气隙和包壳后传向冷却剂，因此热量的传输可分为四个过程，即芯块区、气隙区、包壳区的导热和包壳外表面与冷却剂的对流换热。元件导热微分方程分别为如下。

$$c_{\mathrm{u}}\rho_{\mathrm{u}}\frac{\partial T(r,t)}{\partial t}=\frac{1}{r}\frac{\partial}{\partial r}\left[\lambda_{\mathrm{u}}(T)r\frac{\partial T(r,t)}{\partial r}\right]+q'''(r,t) \qquad (r<r_{\mathrm{u}}) \tag{9.4.1}$$

$$c_{\mathrm{g}}\rho_{\mathrm{g}}\frac{\partial T(r,t)}{\partial t}=\lambda_{\mathrm{g}}\left[\frac{\partial^2 T(r,t)}{\partial r^2}+\frac{1}{r}\frac{\partial T(r,t)}{\partial r}\right] \qquad (r_{\mathrm{u}}<r<r_{\mathrm{ci}}) \tag{9.4.2}$$

$$c_{\mathrm{c}}\rho_{\mathrm{c}}\frac{\partial T(r,t)}{\partial t}=\lambda_{\mathrm{c}}\left[\frac{\partial^2 T(r,t)}{\partial r^2}+\frac{1}{r}\frac{\partial T(r,t)}{\partial r}\right] \qquad (r_{\mathrm{ci}}<r<r_{\mathrm{cs}}) \tag{9.4.3}$$

其边界与对称条件是：

$$\lambda_{\mathrm{u}}\frac{\partial T}{\partial r}\bigg|_{r=r_{\mathrm{u}}^-}=\lambda_{\mathrm{g}}\frac{\partial T}{\partial r}\bigg|_{r=r_{\mathrm{u}}^+} \tag{9.4.4}$$

$$\lambda_{\mathrm{g}}\frac{\partial T}{\partial r}\bigg|_{r=r_{\mathrm{ci}}^-}=\lambda_{\mathrm{c}}\frac{\partial T}{\partial r}\bigg|_{r=r_{\mathrm{ci}}^+} \tag{9.4.5}$$

$$T\big|_{r=r_{\mathrm{u}}^-}=T\big|_{r=r_{\mathrm{u}}^+} \tag{9.4.6}$$

$$T\big|_{r=r_{\mathrm{ci}}^-}=T\big|_{r=r_{\mathrm{ci}}^+} \tag{9.4.7}$$

$$-\lambda_{\mathrm{c}}\frac{\partial T}{\partial r}\bigg|_{r=r_{\mathrm{cs}}^-}=a\left(T\big|_{r=r_{\mathrm{cs}}}-T_{\mathrm{f}}\right) \tag{9.4.8}$$

$$\frac{\partial T}{\partial r}\bigg|_{r=0}=0 \tag{9.4.9}$$

理论上说，由上述模型的 3 个微分方程、6 个边界与对称条件所确定的定解问题，是可以求得其温度场 $T(r,t)$ 的。但是由于燃料、包壳的导热系数、比热容都是温度的函数，并且元件内温度变化剧烈，所以需要用数值方法来求解。

1. *微分方程差分格式*

采用无稳定性限制的隐式差分法——Crank-Nicholson 法求解上述偏微分方程。取时间步长为 k，半径 r 的步长为 h，对式（9.4.1）差分的结果如下：

$$\begin{aligned}\frac{\rho_{\mathrm{u}}(T_{i,j})c_{\mathrm{u}}(T_{i,j})}{\lambda_{\mathrm{u}}(T_{i,j})}\frac{(T_{i,j+1}-T_{i,j})}{k}&=\frac{1}{2h^2}(T_{i-1,j+1}-2T_{i,j+1}+T_{i+1,j+1}+T_{i-1,j}-2T_{i,j}+T_{i+1,j})\\&\quad+\frac{1}{2ih^2}(T_{i+1,j+1}-T_{i,j+1}+T_{i+1,j}-T_{i,j})\\&\quad+\frac{q'''(r_i,t_j)}{\lambda_{\mathrm{u}}(T_{i,j})} \qquad (1\leqslant i\leqslant n-1, 0\leqslant j)\end{aligned} \tag{9.4.10}$$

式中：$r_i=i\cdot h$，$\tau_j=j\cdot k$，且使 $n=\dfrac{r_u}{h}$ 等于整数。对式（9.4.10）整理后得

$$\frac{1}{2h^2}\left\{T_{i-1,j+1}-\left(2+1/i+\frac{\rho_u(T_{i,j})c_u(T_{i,k})}{\lambda_u(T_{i,j})k}\right)T_{i,j+1}+(1+1/i)T_{i+1,j+1}\right\}$$
$$=\frac{-1}{2ih^2}\left\{T_{i-1,j}-\left(2+1/i+\frac{\rho_u(T_{i,k})c_u(T_{i,j})}{\lambda_u(T_{i,j})k}\right)T_{i,j}+(1+1/i)T_{i+1,j}\right\}-\frac{q'''_{i,j}}{\lambda_u(T_{i,j})} \tag{9.4.11}$$
$$(1\leqslant i\leqslant n-1,0\leqslant j)$$

式（9.4.11）可表示为三对角矩阵形式，同理把式（9.4.2）和式（9.4.3）也写成差分的形式：

$$\frac{\rho_g c_g}{\lambda_g}\frac{(T_{i,j+1}-T_{i,j})}{k}=\frac{1}{2h^2}(T_{i-1,j+1}-2T_{i,j+1}+T_{i+1,j+1}+T_{i-1,j}-2T_{i,j}+T_{i+1,j})$$
$$+\frac{1}{2ih^2}(T_{i+1,j+1}-T_{i,j+1}+T_{i+1,j}-T_{i,j}) \tag{9.4.12}$$
$$(n+1\leqslant i\leqslant N-1,0\leqslant j)$$

式中：$N=\dfrac{r_g}{h}$。

$$\frac{\rho_c(T_{i,j})c_c(T_{i,j})}{\lambda_c(T_{i,j})}\frac{(T_{i,j+1}-T_{i,j})}{k}=\frac{1}{2h^2}(T_{i-1,j+1}-2T_{i,j+1}+T_{i+1,j+1}+T_{i-1,j}-2T_{i,j}+T_{i+1,j})$$
$$+\frac{1}{2ih^2}(T_{i+1,j+1}-T_{i,j+1}+T_{i+1,j}-T_{i,j}) \tag{9.4.13}$$
$$(N+1\leqslant i\leqslant m-1,0\leqslant j)$$

式中：$N=\dfrac{r_c}{h}$。

2. 边界条件差分格式

以下给出边界条件的差分格式的推导。

（1）由式（9.4.9），有

$$\frac{\partial T}{\partial r}(r_0,t)=0 \tag{9.4.14}$$

再由式（9.4.1），可得

$$\frac{\rho_u(T)c_u(T)}{\lambda_u(T)}\frac{\partial T(r_0,t)}{\partial r}=\frac{\partial^2 T(r_0,t)}{\partial r^2}+\frac{1}{r_0}\frac{\partial T(r_0,t)}{\partial r}+\frac{q'''(r_0,t)}{\lambda_u(T)} \tag{9.4.15}$$

应用泰勒（Taylor）展开以及式（9.4.14）和式（9.4.15）可得

$$\frac{\partial T}{\partial r}(r_0,t_j)=\frac{T(r_1,t_j)-T(r_0,t_j)}{h}-\frac{h}{2}\frac{\partial^2 T(r_0,t_j)}{\partial r^2}+O(h^2)$$
$$=\frac{T(r_1,t_j)-T(r_0,t_j)}{h}-\frac{h}{2}\left(\frac{\rho_u(T)c_u(T)}{\lambda_u(T)}\frac{\partial T(r_0,t_j)}{\partial t}-\frac{q'''(r_0,t_j)}{\lambda_u(T)}\right)+O(h^2)=0 \tag{9.4.16}$$

忽略小量项得

$$\frac{T_{1,j}-T_{0,j}}{h}-\frac{h}{2}\frac{\rho_{\mathrm{u}}(T_{0,j})c_{\mathrm{u}}(T_{0,j})}{\lambda_{\mathrm{u}}(T_{0,j})}\frac{T_{0,j+1}-T_{0,j}}{k}=-\frac{h}{2}\frac{q'''_{0,j}}{\lambda_{\mathrm{u}}(T_{0,j})} \tag{9.4.17}$$

（2）设 $r_{\mathrm{c}}=m\cdot h$，由式（9.4.8）得

$$-\lambda_{\mathrm{c}}(T)\frac{\partial T(r_m,t)}{\partial r}=a[T(r_m,t)-T_{\mathrm{f}}] \tag{9.4.18}$$

再由式（9.4.3）可得

$$\frac{\rho_{\mathrm{c}}(T)c_{\mathrm{c}}(T)}{\lambda_{\mathrm{c}}(T)}\frac{\partial t(r_m,t)}{\partial t}=\frac{\partial^2 T(r_m,t)}{\partial r^2}+\frac{1}{r_m}\frac{\partial T(r_m,t)}{\partial r} \tag{9.4.19}$$

类似上面步骤，应用 Taylor 展开以及式（9.4.18）和式（9.4.19），并略去小量项可得

$$\frac{T_{m,j}-T_{m-1,j}}{h}-\frac{h}{2}\frac{\rho_{\mathrm{u}}(T_{m,j})c_{\mathrm{u}}(T_{m,j})}{\lambda_{\mathrm{u}}(T_{m,j})}\frac{T_{m,j+1}-T_{m,j}}{k}=\left(1-\frac{h}{2r_m}\right)\left[\frac{a(T_{m,j}-T_{\mathrm{f}})}{-\lambda_{\mathrm{c}}(T_{m,j})}\right] \tag{9.4.20}$$

（3）由边界条件式（9.4.4）得

$$\lambda_{\mathrm{u}}(T)\frac{\partial T(r_n,t)}{\partial r}=\lambda_{\mathrm{g}}\frac{\partial T(r_n,t)}{\partial r} \tag{9.4.21}$$

由式（9.4.1）可得

$$\frac{\rho_{\mathrm{u}}(T)c_{\mathrm{u}}(T)}{\lambda_{\mathrm{u}}(T)}\frac{\partial T(r_n,t)}{\partial t}=\frac{\partial^2 T(r_n,t)}{\partial r^2}+\frac{1}{r_n}\frac{\partial T(r_n,t)}{\partial r}+\frac{q'''(r_n,t)}{\lambda_{\mathrm{u}}(T)} \tag{9.4.22}$$

由式（9.4.2）可得

$$\frac{\rho_{\mathrm{g}}c_{\mathrm{g}}}{\lambda_{\mathrm{g}}}\frac{\partial T(r_n,t)}{\partial t}=\frac{\partial^2 T(r_n,t)}{\partial r^2}+\frac{1}{r_n}\frac{\partial T(r_n,t)}{\partial r} \tag{9.4.23}$$

类似上面步骤，应用 Taylor 展开以及式（9.4.21）、式（9.4.22）和式（9.4.23），并略去小量项，可得

$$\begin{aligned}&\lambda_{\mathrm{u}}(T)\frac{T_{n,j}-T_{n-1,j}}{h}-c_{\mathrm{g}}\frac{T_{n+1,j}-T_{n,j}}{h}+\frac{h\rho_{\mathrm{g}}c_{\mathrm{g}}}{2}\frac{T_{n,j+1}-T_{n,j}}{k}-\\&\frac{h\rho_{\mathrm{u}}(T)c_{\mathrm{u}}(T)}{2}\frac{T_{n,j+1}-T_{n,j}}{k}=-\frac{h}{2}q'''(r_n,t_j)\end{aligned} \tag{9.4.24}$$

（4）同上，由边界条件式（9.4.5）得

$$\lambda_{\mathrm{g}}\frac{T_{N,j}-T_{N-1,j}}{h}-\lambda_{\mathrm{c}}(T)\frac{T_{N+1,j}-T_{N,j}}{h}+\frac{h\rho_{\mathrm{c}}(T)c_{\mathrm{c}}(T)}{2}\frac{T_{N,j+1}-T_{N,j}}{k}-\frac{h\rho_{\mathrm{g}}c_{\mathrm{g}}}{2}\frac{T_{N,j+1}-T_{N,j}}{k}=0 \tag{9.4.25}$$

首先根据冷却剂与包壳的换热条件：

$$T_{\mathrm{cs}}=\frac{q'}{2\pi r_{\mathrm{cs}}\alpha}+T_{\mathrm{f}} \tag{9.4.26}$$

求得包壳外表面初始温度，再把结果代入下式：

$$-\frac{q'}{2\pi}\ln\frac{r_{cs}}{r}=\int_{T(r)}^{T_{cs}}\lambda_c(T)\,\mathrm{d}T \tag{9.4.27}$$

可得到包壳内温度变化及包壳内壁面温度，再由下式：

$$T(r)=T_{ci}+\frac{q'}{2\pi\lambda_g}\ln\frac{r_{ci}}{r} \tag{9.4.28}$$

计算出气隙温度分布。从气隙温度可得到芯块表面温度，然后再根据下式：

$$\int_0^{T(r)}\lambda_u\,\mathrm{d}T-\int_0^{T_u}\lambda_u\,\mathrm{d}T=-\int_{T(r)}^{T_u}\lambda_u\,\mathrm{d}T=\frac{q'''}{4}(r_u-r^2) \tag{9.4.29}$$

可最终算出燃料芯块温度分布。这样，就算出元件初始温度分布，也就是初始条件。通过上面初始温度分布、边界条件和微分方程的差分格式，便可求得问题的数值解。

9.4.2　功率按指数规律变化时元件径向温度

由于 9.3 节对燃料元件在功率按指数规律变化时的温度分布所进行的解析求解作一定的假设和简化，例如忽略气隙和包壳的热阻。实际上燃料元件的气隙和包壳是有一定的热阻。如果忽略气隙和包壳的热阻，是否会导致所求结果产生大的误差。现在就利用 9.4.1 节所给出的数值计算方法对功率按指数规律变化时的元件温度场进行求解，并与 9.3 节的解析结果进行对比。

为了方便比较，这里的反应堆热工参数取定值（见表 9.4.1）和 9.3 节中的数据相同。现在同样令反应堆功率增长周期为 45 s，利用 9.4.1 节中的数值求解方法，对其在此动态过程中的温度分布进行求解，结果如图 9.4.1 和图 9.4.2 所示。两图中曲线的变化规律与图 9.3.3 和图 9.3.4 相似，但图 9.3.3 和图 9.3.4 有较大的误差，导致这些误差产生的原因就是忽略了气隙和包壳的热阻而造成的。

表 9.4.1　数值计算所用燃料元件的热工参数

参数	区域		
	燃料芯块	气隙	包壳
导热系数/[W/(m·℃)]	2.4	0.2	10.7
比热容/[J/(kg·℃)]	265	5 190	183
密度/(kg/m^3)	10.4×10^3	1.5	6.55×10^3
对流换热系数/[W/(m^2·℃)]	—	36 000	—

图 9.4.1 中曲线Ⅰ表示初始时元件温度分布，曲线Ⅱ是 10 s 时温度分布，曲线Ⅲ是 20 s 时温度分布。图 9.4.2 曲线Ⅰ是燃料元件中心点温度的变化，曲线Ⅱ是元件芯块表面温度变化，曲线Ⅲ是元件包壳表面温度变化。

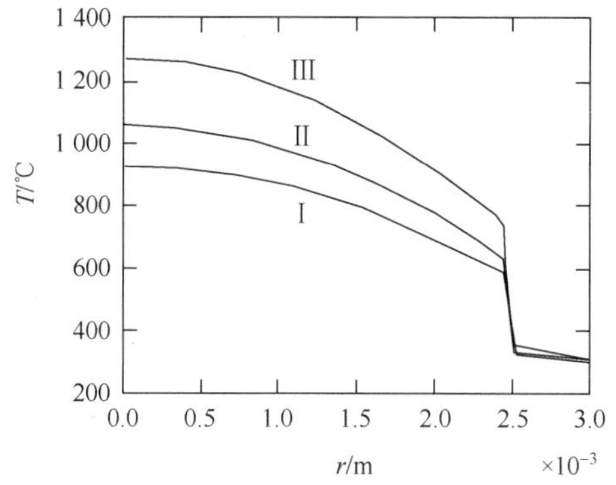

图 9.4.1　引入反应性后燃料元件温度的变化

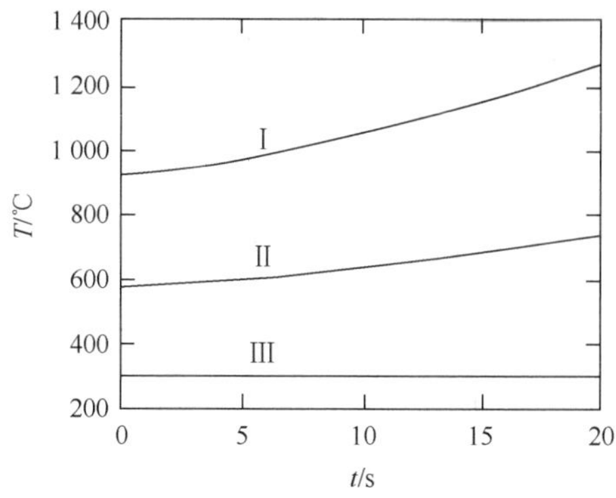

图 9.4.2　芯块中心、芯块表面与包壳外表面温度变化曲线

假如能在 9.3 节解析温度分布的基础上统一加上一个芯块表面到包壳表面的温度降，则应该会使其结果与本节的数值解接近。但从图 9.4.1 可看出在动态过程中，元件芯块表面到包壳表面的温降是随时间变化的，而且变化的幅度很大。所以要想将前面的解析解通过一些简单修正而得到比较准确的动态结果是不容易的，还需要进一步研究。实际中通常都采用数值计算，但解析解的意义在于我们能够快速给出问题的解，并以此来判断温度分布曲线类型、变化规律和考虑误差后大致的温度变化范围。

9.4.3　有温度反馈缓发超临界过程元件径向温度

1. 功率的变化规律

对小的阶跃反应性（$0<\rho_0<\beta$）引入且有温度反馈时，过去的文献给出了其核反应堆功率与反应性的变化关系，但认为无法求得功率、反应性随时间的显函数表达式，且所得分析结果只能适用于初始功率近似为零的工况，因此，有很大的局限性，针对这两个问题，这里进行了重新推导。

对处在功率运行的反应堆，可忽略中子源的作用，单组点堆中子动力学方程为

$$\frac{\mathrm{d}n(t)}{\mathrm{d}t}=\frac{[\rho(t)-\beta]}{l}n(t)+\lambda C(t) \tag{9.4.30}$$

$$\frac{\mathrm{d}C(t)}{\mathrm{d}t}=\frac{\beta}{l}n(t)-\lambda C(t) \tag{9.4.31}$$

式中：$n(t)$为中子密度；t 为时间；$\rho(t)$为反应性；β 为缓发中子总份额；l 为瞬发中子一代寿命；λ 为缓发中子先驱核衰变常数；$C(t)$为缓发中子先驱核平均浓度。因为堆功率与中子密度成正比，当式（9.4.30）与式（9.4.31）两边乘以比例系数时，$n(t)$就代表核反应堆功率。

假设核反应堆有负的反应性温度系数 α（$\alpha>0$），当小阶跃引入反应性 ρ_0（$0<\rho_0<\beta$），考虑温度反馈时，核反应堆实际反应性为

$$\rho = \rho_0 - \alpha[T(t) - T_0] \tag{9.4.32}$$

式中：T 为核反应堆瞬时温度；T_0 为核反应堆初始温度。核反应堆引入反应性 ρ_0 后，功率与温度变化关系仍采用绝热模型：

$$\frac{\mathrm{d}T}{\mathrm{d}t} = K_c n(t) \tag{9.4.33}$$

式中：K_c 为核反应堆热容量的倒数。由式（9.4.32）对 t 求导，再利用式（9.4.33）可得

$$\frac{\mathrm{d}\rho}{\mathrm{d}t} = -\alpha K_c n \tag{9.4.34}$$

由（9.4.31）式对 t 求导得

$$\frac{\mathrm{d}^2 C}{\mathrm{d}t^2} = \frac{\beta}{l}\frac{\mathrm{d}n}{\mathrm{d}t} - \lambda\frac{\mathrm{d}C}{\mathrm{d}t} \tag{9.4.35}$$

将式（9.4.30）与式（9.4.31）代入式（9.4.35）得

$$\frac{\mathrm{d}^2 C}{\mathrm{d}t^2} + \frac{(\beta - \rho + \lambda l)}{l}\frac{\beta}{l}n = \frac{(\beta + \lambda l)}{l}\lambda C \tag{9.4.36}$$

式中：项与其余两项相比可忽略，再利用式（9.4.30）消去 C 可得

$$\frac{\mathrm{d}n}{\mathrm{d}t} = \frac{\lambda\rho n}{(\beta + \lambda l)} \tag{9.4.37}$$

将式（9.4.37）除以式（9.4.34）得

$$\frac{\mathrm{d}n}{\mathrm{d}\rho} = \frac{\lambda\rho}{\alpha K_c(\beta + \lambda l)} \tag{9.4.38}$$

由上式解得

$$n = \frac{\lambda\rho^2}{2\alpha K_c(\beta + \lambda l)} + A \tag{9.4.39}$$

式中：A 为待定系数。由初始条件：当 $\rho = \rho_0$ 时，$n = n_0$ 得

$$A = n_0 + \frac{\lambda\rho_0^2}{2\alpha K_c(\beta + \lambda l)} \tag{9.4.40}$$

将 A 代入式（9.4.39）得

$$n = \frac{\lambda(\rho_0^2 - \rho^2)}{2\alpha K_c(\beta + \lambda l)} + n_0 \tag{9.4.41}$$

将式（9.4.41）代入式（9.4.34）得

$$-\frac{\mathrm{d}\rho}{\mathrm{d}t} = \frac{\lambda(\rho_0^2 - \rho^2) + 2\alpha K_c(\beta + \lambda l)n_0}{2(\beta + \lambda l)} \tag{9.4.42}$$

由式（9.4.42）解得

$$\frac{-\lambda t}{2(\beta + \lambda l)} + B = \frac{1}{2\rho_1}\ln\left(\frac{\rho_1 + \rho}{\rho_1 - \rho}\right) \tag{9.4.43}$$

式中：$\rho_1 = \sqrt{\rho_0^2 + 2\alpha K_c n_0(\beta + \lambda l)/\lambda}$；$B$ 为待定系数。由初始条件：当 $t = 0$ 时，$\rho = \rho_0$ 得

$$B = \frac{1}{2\rho_1}\ln\left(\frac{\rho_1 + \rho_0}{\rho_1 - \rho_0}\right) \tag{9.4.44}$$

将 B 代入式（9.4.43）得

$$t=\frac{\beta+\lambda l}{\lambda\rho_1}\ln\left(\frac{\rho_1-\rho}{\rho_1+\rho}\frac{\rho_1+\rho_0}{\rho_1-\rho_0}\right) \tag{9.4.45}$$

重新整理上式得核反应堆反应性随时间的变化规律为

$$\rho=\left[\rho_1-\rho_1\frac{\rho_1-\rho_0}{\rho_1+\rho_0}\exp\left(\frac{\rho_1\lambda t}{\beta+\lambda l}\right)\right]\Bigg/\left[1+\frac{\rho_1-\rho_0}{\rho_1+\rho_0}\exp\left(\frac{\rho_1\lambda t}{\beta+\lambda l}\right)\right] \tag{9.4.46}$$

将式（9.4.46）代入式（9.4.41）得

$$n=\frac{\lambda}{2\alpha K_c(\beta+\lambda l)}\left\{\rho_0^2-\left[\frac{\rho_1+\rho_0-(\rho_1-\rho_0)\exp\left(\dfrac{\rho_1\lambda t}{\beta+\lambda l}\right)}{\rho_1+\rho_0+(\rho_1-\rho_0)\exp\left(\dfrac{\rho_1\lambda t}{\beta+\lambda l}\right)}\rho_1\right]^2\right\}+n_0 \tag{9.4.47}$$

上式即为反应堆在有温度反馈缓发超临界条件下的功率随时间变化规律。

2. 动态温度分析

设反应堆初始功率 300 MW，体积功率密度约为 $q_0'''=9.05\times10^8\ \mathrm{W/m^3}$。燃料芯块与包壳的变物性参数取表 9.4.2 中数值，其他取与表 9.4.1 中相同数值。现在假如反应堆阶跃引入一个小的正反应性 $\rho_0=2\beta/3$，根据上面小阶跃反应性输入时点堆方程的求解结果式（9.4.47），并取反应堆物理参数为 $\beta=0.0065$，$l=0.0001$ s，$\lambda=0.0774(1/\mathrm{s})$，$Kc=0.05\ \mathrm{K/(MW\cdot s)}$，$\alpha=5\times10^{-5}(1/\mathrm{K})$。

表 9.4.2　燃料元件的变物性参数

参数	区域	
	燃料芯块	包壳
导热系数/[W/(m·℃)]	$[0.035+2.25\times10^{-4}\times(273+T)]^{-1}+83.0\times10^{-12}(273+T)^{-3}$	$0.005\,47(1.8T+32)+13.8$
比热容/[J/(kg·℃)]	$\dfrac{22.95\times10^6\mathrm{e}^{535.3/T}}{0.302\times T^2(\mathrm{e}^{535.3/T}-1)^2}+\dfrac{6.57}{0.302}\times10^{-3}T+\dfrac{44.8}{0.302}\times\mathrm{e}^{(-0.000189/T)}/T^2$	$286.5+0.1T$（$T<750$℃） 360（$T\geqslant750$℃）

根据式（9.4.47），得到燃料芯块功率密度随时间的变化如图 9.4.3 所示，由于压水堆的负反馈特性会抑制堆芯功率的增长，由图可见功率密度先是增长，约在 17 s 时达到最大值 $q'''=1.4674\times10^9\ \mathrm{W/m^3}$ 后开始下降。

根据式（9.4.26）～式（9.4.29）求取元件在初始时的温度分布如图 9.4.4 中曲线Ⅰ所示。利用 9.4.1 节中的数值求解方法，对元件在此动态过程中的温度分布进行求解结果如图 9.4.4 所示。图 9.4.4 中曲线Ⅱ是 10 s 时元件温度分布，曲线Ⅲ是 20 s 时温度分布。

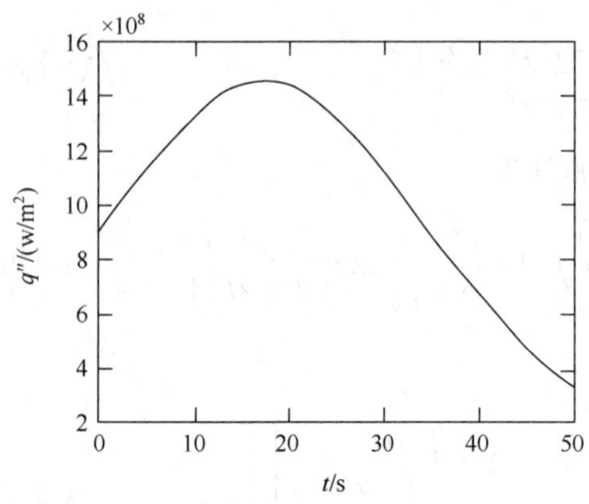

图 9.4.3　有温度反馈小阶跃反应性输入后燃料芯块功率密度变化曲线

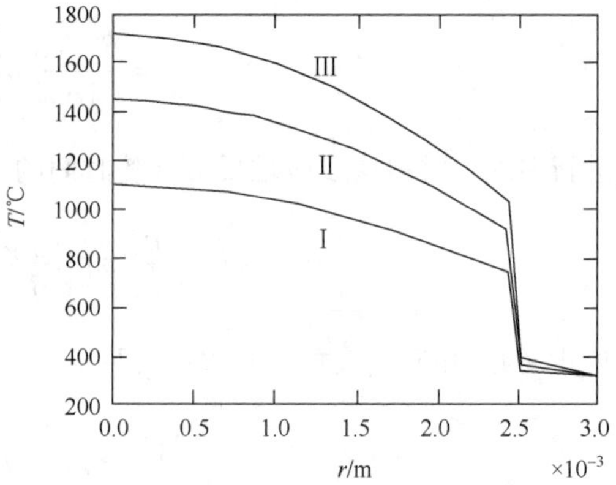

图 9.4.4　有温度反馈小阶跃反应性输入后元件温度分布变化

元件中心温度与包壳外表面温度变化曲线如图 9.4.5 所示。元件中心点温度（曲线Ⅰ）在 20.5 s 时达到最大值 1 713.4℃后开始下降，包壳外表面温度（曲线Ⅱ）几乎同时达到最大值 318℃后开始下降。可见元件温度达到最大值的时间比功率达到最大值的时间约晚 3.5 s。同时，在这个反应性扰动作用下，芯块中心点温升为 616℃，包壳温升 16.8℃，不会影响到燃料元件的结构安全。

图 9.4.6 为这个动态过程的温度分布变化。由图可以全面而直观地看出在引入小阶跃反应性后的整个功率波动过程中，元件内各点温度在各个时刻的大小。即在这个过程中任意时刻径向温度曲线大致保持一个类似抛物线形状，任意一点的温度随时间先是升高，后来又逐渐降低，而中心温度增长的幅度是最大的。

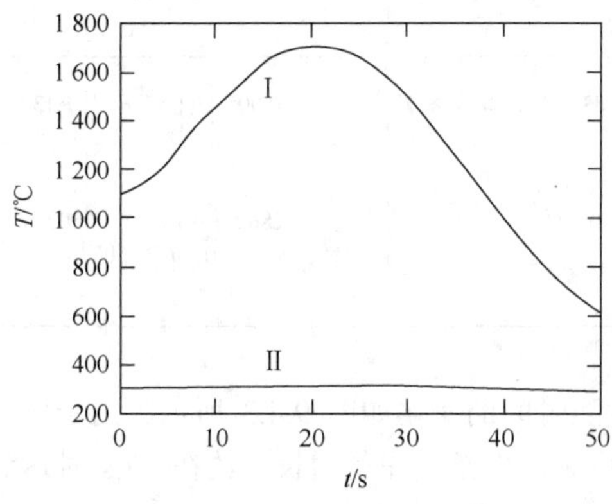

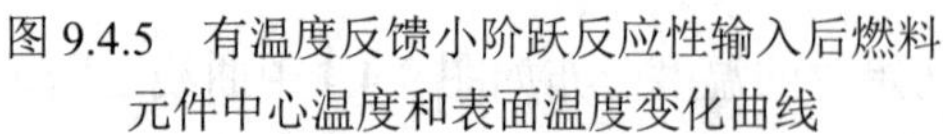

图 9.4.5　有温度反馈小阶跃反应性输入后燃料元件中心温度和表面温度变化曲线

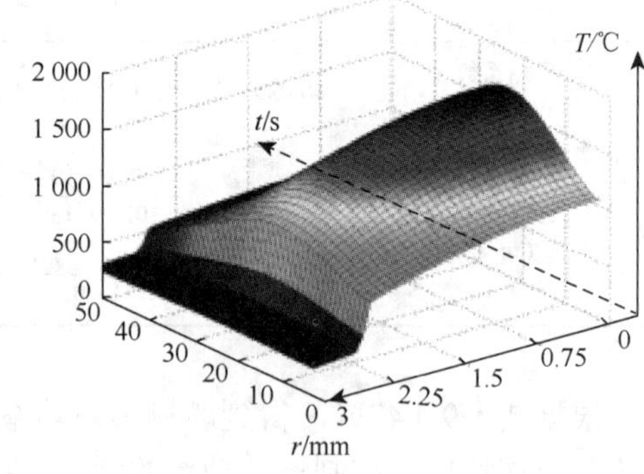

图 9.4.6　有温度反馈小阶跃反应性输入后燃料元件温度分布变化全图

9.5　动态温度场的集总参数法分析

9.5.1　棒状元件动态温度场

本节介绍采用集总参数法，分析反应堆由于引入反应性造成的超临界过程中燃料元件温度场（径向与轴向）分布及其相应的变化规律。

为了分析燃料元件动态温度场，采用六组缓发中子的点堆中子动力学方程组进行功率计算，且在计算中考虑燃料及冷却剂温度反馈。热量由芯块向冷却剂的传递则采用元件双区集总参数模型，并考虑热量由冷却剂向蒸汽发生器二次侧传递的过程中，冷却剂在管道中流动造成的时间延迟。

棒状燃料元件径向从内向外依次分为芯块区（$R \leqslant R_u$）、气隙区（$R_u < R \leqslant R_{ci}$）和包壳区（$R_{ci} < R \leqslant R_{cs}$），$R_u$、$R_{ci}$、$R_{cs}$ 分别为芯块外径、包壳内径、包壳外径。其中，仅芯块区产生功率，气隙和包壳区发热率为零。芯块内部的热量传递采用有内热源导热模型，气隙内部的热量传递采用气隙导热模型，包壳内部热量传递采用无内热源导热模型。对缓发超临界过程，包壳外表面与冷却剂之间的热量传递采用单相液体对流换热模型。

从燃料芯块中心到包壳外表面温降可表示为

$$\Delta T = \Delta T_u + \Delta T_g + \Delta T_c + \Delta T_\alpha \tag{9.5.1}$$

式中：ΔT_u 为芯块温降；ΔT_g 为气隙温降；ΔT_c 为包壳温降；ΔT_α 为膜温降。

在轴向冷却剂的热量传输中，假定冷却剂保持液相，芯块轴向热功率服从余弦分布 $q'(z) = q'(0)\cos(\pi z/L_e)$，其中 $q'(0)$ 为燃料棒轴向中心线功率密度，且忽略芯块轴向热量传递。由此得流道冷却剂温度沿轴向的分布为

$$T_l(z) = T_{l,in} + \frac{q'(0)L_e}{\pi m c_p}\left[\sin\left(\frac{\pi z}{L_e}\right) + \sin\left(\frac{\pi L}{2L_e}\right)\right] \tag{9.5.2}$$

式中：$T_{l,in}$ 为冷却剂入口温度；L 为燃料元件长度；L_e 为考虑反射层的堆芯高度；m 为流道内冷却剂质量流量，kg/s；c_p 为冷却剂比定压热容，kJ/(kg·℃)。

缓发超临界过程中，热量在芯块、包壳中传递时，热导率随温度变化明显，因此，采用变热导率的计算方法，并结合研究对象的实际情况予以一定修正。

芯块热导率常见经验公式为

$$\lambda_{u1} = \frac{3\,824}{402.55 + T} + 4.788 \times 10^{-11}(T + 273.15)^3 \tag{9.5.3}$$

$$\lambda_{u2} = \frac{100}{3.11 + 0.027\,2T} + 5.39 \times 10^{-11} T^3 \tag{9.5.4}$$

结合反应堆的燃耗及元件实际情况，气隙热导率取 0.44W/(m·℃)。燃料热导率取：

$$\lambda_u = (\lambda_{u1} + \lambda_{u2} - 0.4)/2 \tag{9.5.5}$$

包壳热导率采用第 2 章的式（2.2.2）：

$$\lambda_c = 5.47 \times 10^{-3}(1.8T + 32) + 13.8 \tag{9.5.6}$$

上述 4 个公式中 T 的单位为℃，热导率的单位为 W/(m·℃)。

当燃耗达到一定深度时，燃料芯块与包壳会在许多点上发生接触，应采用接触导热模型，为简化计算，仍采用气隙导热模型，但对气隙热导率进行一定修正。

当引入较小的正反应性，反应堆经历一缓发超临界过程，其功率变化如图 9.4.3 所示。根据功率变化，就可以计算燃料元件温度场随时间的变化。由于燃料元件温度具有轴向及径向两个方向的分布，加之随时间动态变化，无法通过一两幅图或一两个表格呈现出来。所以，这里通过在轴向、径向及时间上的几个典型温度剖面对计算结果予以分析、说明。

图 9.5.1 给出在燃料元件轴向功率密度最大处的剖面上，半径分别为 0、R_u、R_{ci}、R_{cs} 的径向位置的温度 θ 随时间的变化规律（$\theta = T/T_b$，T_b 为归一化基准温度）。从图 9.5.1 可知，元件中每点温度随时间变化规律与功率变化基本相同，仅图 9.5.1（d）中包壳外壁温度由于受冷却剂影响较大，温度随时间变化有波动。对于反应堆而言，由于冷却剂流动可能存在的各种扰动及过冷冷却剂的意外流入等不确定因素，沿燃料元件流道冷却剂温度随时间的变化曲线有时不会像功率那样光滑。

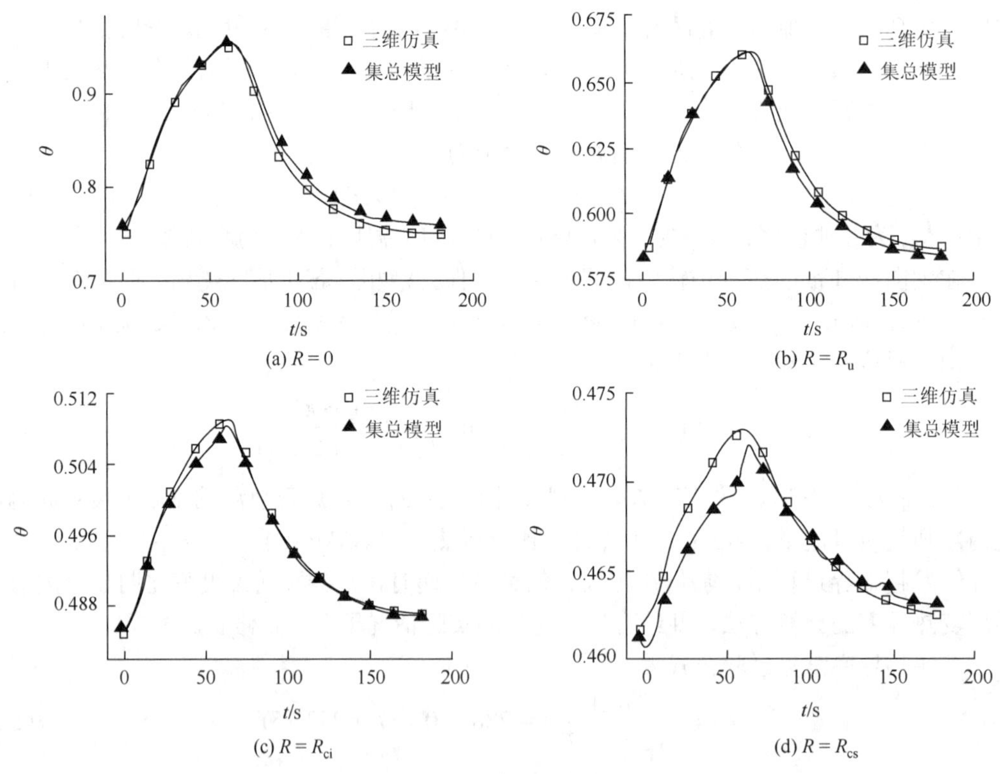

图 9.5.1　轴向功率密度最大位置温度变化

图 9.5.2 给出在 $t = 40$ s 及 $t = 150$ s 时，元件轴向功率密度最大处的温度 θ_R（$\theta_R = T_R/T_b$）沿半径 r（$r = R/R_{cs}$）分布规律。而图 9.5.3 给出在 $t = 40$ s 及 $t = 150$ s 时，径向半径为 0（芯块中心）处温度 θ_z（$\theta_z = T_z/T_b$）沿轴向位置分布规律。在图 9.5.3 中，本节所用集总模型的计算结果与三维仿真结果有一定的偏差。这是因为集总模型未考虑控制棒对轴向功

率分布的影响。三维仿真计算中，由于反应堆初始状态功率较小，控制棒处于较低位置，功率峰值位置也偏低，而集总模型却假定燃料元件功率轴向服从余弦分布，功率峰值位于燃料元件轴向中央，所以，带来二者结果的偏差。虽然二者轴向功率分布不同，但由于每根燃料元件平均功率相同，且轴向功率密度最大值相同。因此，在图 9.5.3 中，集总模型与三维仿真两种计算结果的轴向温度峰值还是比较相近的，不同的仅是位置略有偏移。当然，通过调整上述模型中燃料元件轴向功率分布，使之更符合实际分布，可以减小这种误差。

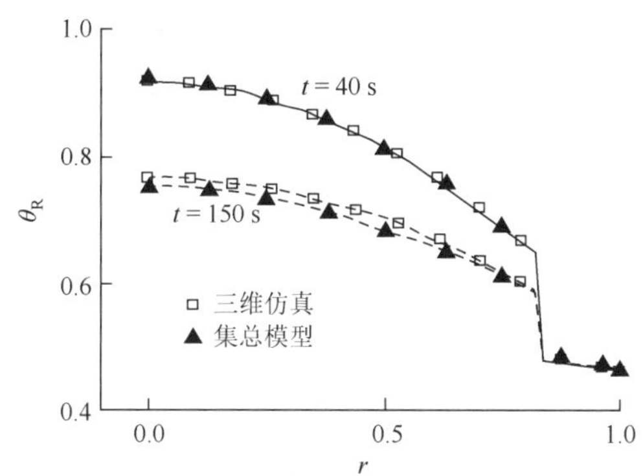

图 9.5.2　特定时间点燃料元件径向温度分布

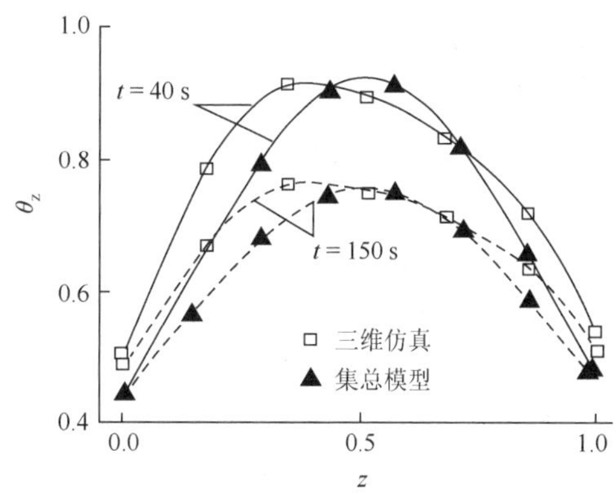

图 9.5.3　特定时间点燃料元件轴向温度分布

为帮助大家形象直观地了解燃料元件温度分布随时间的变化，图 9.5.4 与图 9.5.5 还给出了三维温度场。由图 9.5.4 可以看出，采用本节所介绍的集总参数法的结果与三维仿真结果非常接近，已很难辨别，而图 9.5.5 中的差异已在对图 9.5.1～图 9.5.3 的分析中作了说明。

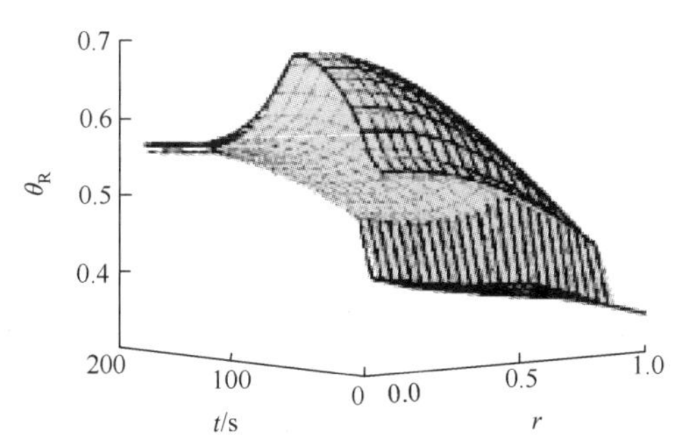

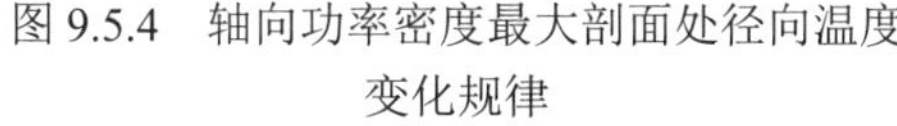
图 9.5.4　轴向功率密度最大剖面处径向温度变化规律

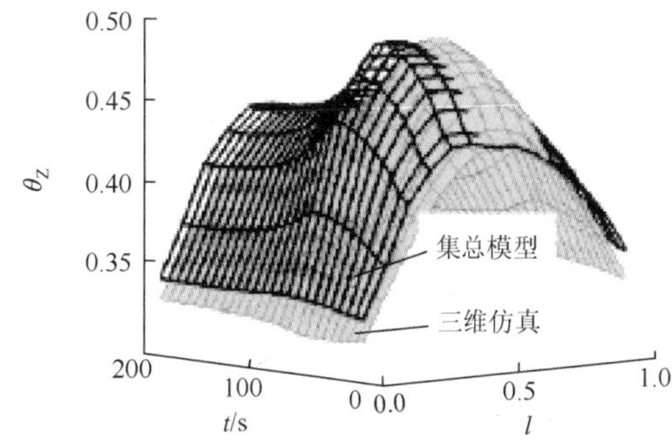

图 9.5.5　$R = R_{us}$ 剖面轴向温度变化规律

通过上述分析可知，采用集总参数法建立的物理、热工模型，可以实现对反应堆动态过程中平均通道单根燃料元件温度场的快速、准确计算。

9.5.2 堆芯热管动态温度场

压水堆热管温度场和最小烧毁比的分析在压水堆设计和运行中十分重要，是反应堆安全分析的重要工作之一。近年来随着计算机及软件技术的发展，国内外有许多学者使用大型程序对反应堆正常运行和事故工况下的热管温度场和最小烧毁比开展了研究。大型程序（如 Relap，Retran 等系列）能较准确地模拟反应堆的动态过程，但大型程序的应用需要投入大量的精力用于参数的输入和结果的输出，特别是船用堆海上运行现场，在缺乏技术支持的情况下要求其操作人员在短时间内使用大型程序完成计算是困难的。国内有学者根据船用堆运行现场技术支持的要求，基于集总参数法，设计了 Simulink 仿真程序，在输入少量宏观参数的情况下完成反应堆运行参数的准确、快速计算。本节以热管为例介绍这个集总仿真程序的一部分模型与计算方法，下节进一步介绍基于集总模型的 Simulink 仿真方法。

在堆芯物理计算中，仍然采用考虑六组缓发中子的点堆中子动力学方程，按照通道数可得到平均管的热功率 P。假定堆芯功率分布仍是径向按照零阶贝塞尔函数，轴向按照余弦函数分布。余弦函数分布一般对应于反应堆燃耗中期时的堆芯功率分布，当然，也可根据实际不同的燃耗期采用不同的分布，这里仅介绍以余弦分布的分析。根据假定，得到堆芯中子通量密度为

$$\phi(r,z)=\phi_0 J_0\left(2.405\frac{r}{R}\right)\cos\left(\frac{\pi z}{L_e}\right) \tag{9.5.7}$$

式中：L_e 为考虑反射层的堆芯高度。对式（9.5.7）积分得到径向的不均匀系数为 2.32，轴向的不均匀系数为 π/2，因此，不考虑反射层时功率不均匀系数为 $F_R^N=3.64$，该热管的总热功率为 $F_R^N\overline{P}$。则得到中心棒轴向功率分布为

$$P_h(z)=F_R^N\overline{P}\cos\left(\frac{\pi z}{L_e}\right) \tag{9.5.8}$$

式中：$z\in(-L/2,L/2)$，L 为燃料棒的高度。

对计算模型做如下假设。

（1）忽略元件的轴向导热。

（2）裂变能全部在芯块中产生，忽略冷却剂的直接加热和控制棒等堆内构件的热源，而且假设裂变能在燃料内径向分布是均匀的。

（3）燃料棒的冷却条件和几何条件对称，忽略沿燃料棒周向的传热。

（4）热管流量与平均管流量比为 n，热管内流体流动与其他通道不发生交混。

（5）芯块内温度按二次分布，气隙和包壳内温度按线性分布。

上述假设实际上在前面的章节中都用到了。现将热管轴向平均分成 14 段，根据温度二次分布假设和传热对称条件，某一段内的芯块温度为

$$T_u(x)=C_1x^2+C_2 \quad x\in(-r_u,r_u) \tag{9.5.9}$$

式中：C_1、C_2 为待求系数；r_u 为燃料芯块半径，m，为常数。该段芯块的平均温度按照体积平均给出：

$$\overline{T}_u = \frac{\int_0^{r_u} 2\pi x(C_1 x^2 + C_2)\,\mathrm{d}x}{\pi r_u^2} = \frac{1}{2}C_1 r_u^2 + C_2 \tag{9.5.10}$$

芯块热平衡与导热方程为

$$c_u m_u \frac{\mathrm{d}\overline{T}_u}{\mathrm{d}t} = Q - q_u A_u \tag{9.5.11}$$

$$q_u = -\lambda_u \left.\frac{\partial T_u}{\partial x}\right|_{x=r} = -2\lambda_u C_1 r \tag{9.5.12}$$

式（9.5.11）和式（9.5.12）中：c_u 是芯块的比热容，kJ/(kg·k)，是平均温度的函数；λ_u 是芯块的热导率，kW/(m·K)，是温度的函数；m_u 为该段芯块的质量，kg，为定值；A_u 是该段芯块的外表面积，m^2，为定值；Q 是该段芯块总的热功率，kW；q_u 为芯块表面的热流密度，kW/m^2。

忽略气隙的热容，则气隙中的导热方程为

$$q_u A_u = -\lambda_g A_g \left.\frac{\partial T_g}{\partial x}\right|_{x=r_g} = q_{ci} A_{ci} \tag{9.5.13}$$

式中：λ_g 为气隙热导率，kW/(m·K)，是温度的函数；A_g 为该段气隙中间柱面面积，m^2，为定值；r_g 为该段气隙中间对应的半径，m，为定值；q_{ci} 为包壳内表面的热流密度，kW/m^2；A_{ci} 为该段包壳内表面面积，m^2，为定值。

假定包壳内温度的分布为

$$T_c(x) = C_3 x + C_4 \tag{9.5.14}$$

则包壳内外壁面上的导热方程为

$$q_{ci} = -\lambda_{ci} \left.\frac{\partial T_c}{\partial x}\right|_{x=r_{ci}} = -\lambda_{ci} C_3 \tag{9.5.15}$$

$$q_{cs} = \lambda_{cs} \left.\frac{\partial T_c}{\partial x}\right|_{x=r_{cs}} = -\lambda_{cs} C_3 \tag{9.5.16}$$

式中：C_3、C_4 为待求系数；q_{cs} 为包壳外表面的热流密度，kW/m^2；λ_c 为包壳的热导率，kW/(m·K)，是温度的函数。

按包壳体积平均，求得其平均温度为

$$\overline{T}_c = \frac{\int_{r_{ci}}^{r_{cs}} 2\pi x(C_3 x + C_4)\,\mathrm{d}x}{\pi(r_{cs}^2 - r_{ci}^2)} = C_k C_3 + C_4 \tag{9.5.17}$$

式中：$C_k = \frac{2}{3}\frac{(r_{cs}^2 + r_{cs} r_{ci} + r_{ci}^2)}{(r_{cs} + r_{ci})}$，为常数。

按包壳体积平均，得到包壳的热平衡方程：

$$C_c m_c \frac{d\overline{T}_c}{dt} = q_{ci}A_{ci} - q_{cs}A_{cs} \tag{9.5.18}$$

$$C_c m_c \frac{d\overline{T}_c}{dt} = -\lambda_{ci}C_3 A_{ci} + \lambda_{cs}C_3 A_{cs} \tag{9.5.19}$$

式中：m_c 为该段包壳的质量，kg。在流道内冷却剂未发生沸腾时，包壳表面热流密度方程为

$$q_{cs} = \alpha(T_{cs} - T_l) \tag{9.5.20}$$

式中：α 为对流换热系数，kW/(m²·K)；T_{cs} 为包壳表面温度，℃；T_l 为热管通道冷却剂平均温度，℃。当 $T_l \geqslant T_{cs} - q/\alpha$，认为冷却剂达到充分发展欠热沸腾，包壳表面热流密度满足汤姆（Thom）公式（3.3.14）：

$$T_{cs} - T_s = 22.65(10^{-3}q_{cs})^{0.5}e^{-p/8.7} \tag{9.5.21}$$

式中：p 为反应堆工作压力，MPa；T_s 为工作压力对应的饱和水温度，℃。

该段冷却剂的能量守恒方程为

$$\frac{dmh}{dt} = \dot{m}_i h_i - \dot{m}_o h_o + q_{cs}A_{cs} \tag{9.5.22}$$

该段流体的质量守恒方程为

$$\frac{dm}{dt} = \dot{m}_i - \dot{m}_o \tag{9.5.23}$$

根据每段流体控制体体积不变得到

$$\frac{dmv}{dt} = 0 \tag{9.5.24}$$

式（9.5.22）～式（9.5.24）中：h 为冷却剂平均比焓；h_i 为冷却剂入口比焓；h_o 为冷却剂出口比焓，kJ/kg，满足 $h_o = 2h - h_i$；m 为该段冷却剂总质量，kg；$\dot{m}_i$ 为冷却剂入口质量流量，$\dot{m}_o$ 为冷却剂出口质量流量，kg/s；v 为该段冷却剂平均比体积，m³/kg。最小烧毁比使用 W-3 公式计算。

根据以上所建立的模型，就可以进行堆芯热管温度场的分析计算。这里以某船用堆二回路负荷的一个典型变化过程为例，给出了热管三维温度场和最小烧毁比的动态变化。二回路需求功率变化如图 9.5.6 所示，在短时间内功率经历急剧变化。反应堆功率变化如图 9.5.7 所示。图 9.5.8 是动态过程中归一化包壳表面温度，图 9.5.9 是动态过程中归一化燃料棒中心温度。从图 9.5.8 可见，在高功率时热管上半段包壳温度变化较小，这是发生了过冷沸腾，使壁温接近于饱和水温所致。从图 9.5.8 与图 9.5.9 可见，轴向各段棒中心温差比包壳表面温差要大很多。图 9.5.10 是动态功率达最高时燃料棒的温度场。图 9.5.11 是动态中的最小烧毁比。计算表明动态中最小烧毁比发生在 14 段中的第 8 或 9 段，图中实线和虚线有多处发生如放大区域所示的交错，可见热管的热点在动态中是变化的。动态最小烧毁比与专业的 Relap5 计算结果比较，符合很好。

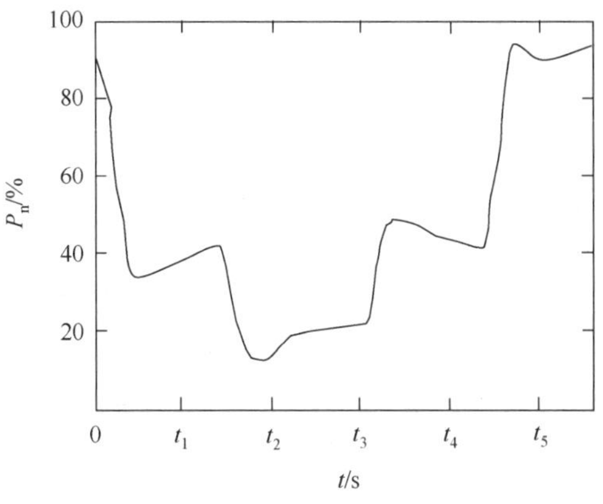

图 9.5.6　二回路负荷变化

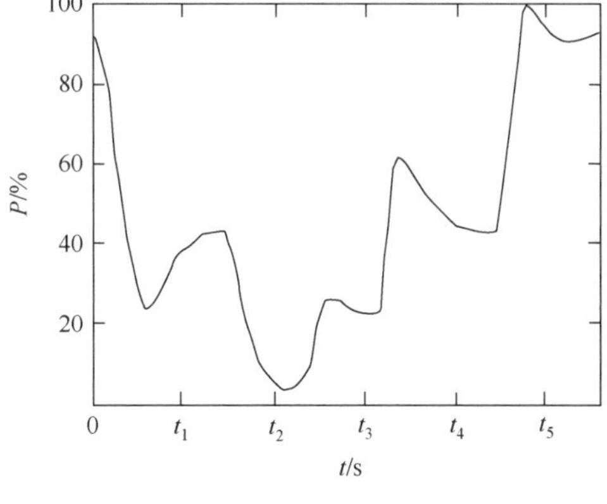

图 9.5.7　反应堆功率变化

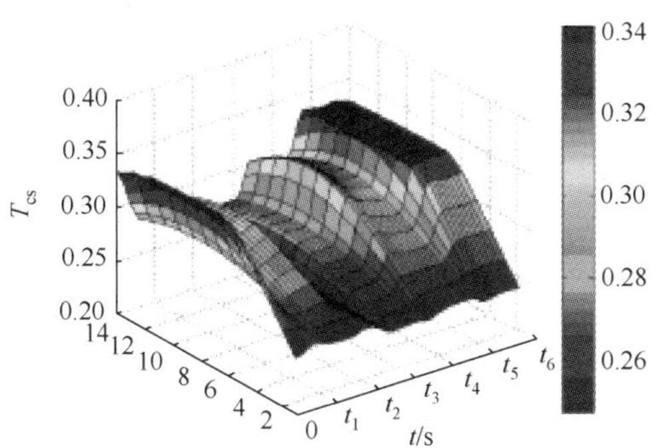

图 9.5.8　包壳表面温度变化

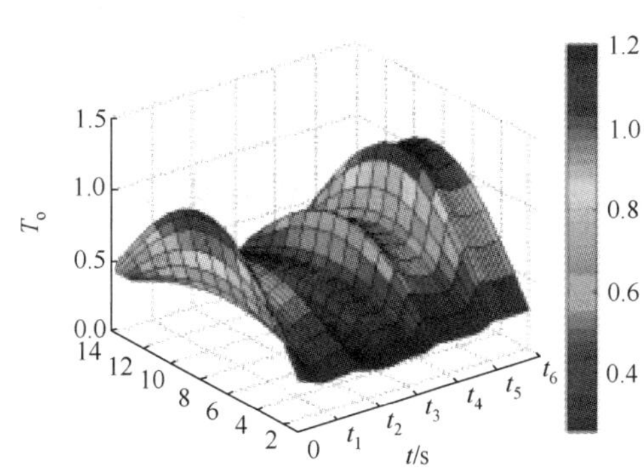

图 9.5.9　燃料棒中心温度变化

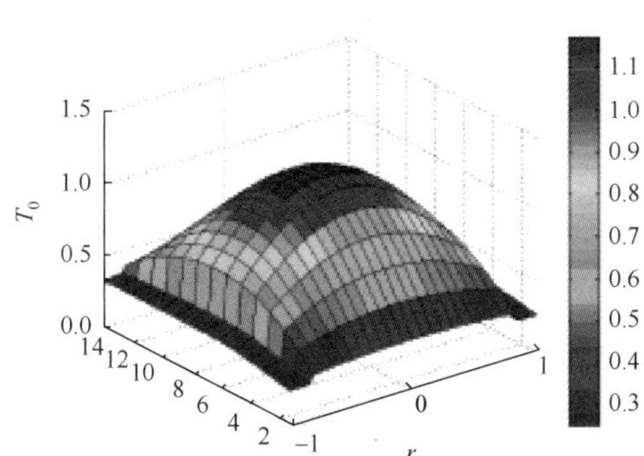

图 9.5.10　功率达最高时的燃料棒温度场

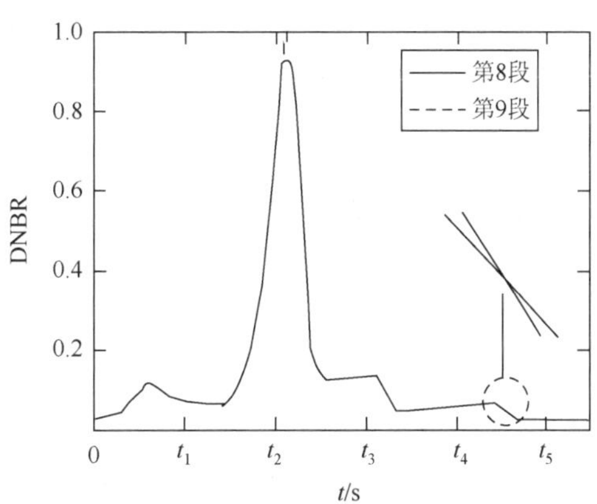

图 9.5.11　热管最小烧毁比变化

9.6　反应堆瞬态过程的快速仿真分析

核反应堆动态过程的计算机仿真对于运行、控制和核电相关人员的培训具有十分重要的意义。由于反应堆系统庞大、结构复杂，用常规语言，如 Fortran、Pascal 等进行仿真运算往往很复杂，且耗费、耗时较大。而现有的反应堆大型安全分析、仿真软件（如 Relap5、Theatre 等）大多采用 Fortran 语言编写，且采用输入卡的语句形式来实现反应堆各系统主要物理、热工水力参数值的计算。这种文本方式所使用的语句很多，如单计算反应堆热工部分的语句就有上万条，而且各条语句之间的调用又是错综复杂。所以采用反应堆大型安全分析、仿真软件，常常会面临运算量大，计算步长受到严格限制，操作界面不友好，结构非模块化，可读性差，调试困难，出错率比较高等问题。而 Simulink 仿真程序采用图形化模块编程方式实现人机界面，逻辑非常清晰直观。同时 Simulink 程序提供了大量的常用控制系统功能模块，分析人员既可直接使用，也可进行扩展，这使得实现一个大型、复杂的控制与保护系统仿真变得十分快捷和高效。本节进一步介绍基于集总参数法，利用 Simulink 程序进行反应堆瞬态过程的快速仿真方法。

9.6.1　有反馈的反应性变化过程仿真

考虑 6 组缓发中子时的点堆中子动力学方程为

$$\frac{\mathrm{d}n(t)}{\mathrm{d}t}=\frac{\rho(t)-\beta}{l}n(t)+\sum_{i=1}^{6}\lambda_i C_i(t)+Q_\mathrm{s} \tag{9.6.1}$$

$$\frac{\mathrm{d}C_i(t)}{\mathrm{d}t}=\frac{\beta_i}{l}n(t)-\lambda_i C_i(t) \tag{9.6.2}$$

式中：$n(t)$表示反应堆功率，MW；$\rho(t)$ 表示反应堆反应性；β 和 β_i 分别表示 6 组缓发中子总份额和第 i 组缓发中子份额，$i=1, 2, \cdots, 6$；l 表示瞬发中子的平均每代时间，s；λ_i 表示第 i 组缓发中子先驱核的衰变常数，$i=1, 2, \cdots, 6$, s^{-1}；$C_i(t)$表示堆内第 i 组缓发中子先驱核所可能贡献出来的潜在功率，$i=1, 2, \cdots, 6$, MW；Q_s 表示外加中子源单位时间所贡献的功率，MW/s。

假设反应堆初始处于稳定状态，则 $\frac{\mathrm{d}C_i(0)}{\mathrm{d}t}=0$，令 $n(0)=n_0$，$C_i(0)=C_{i0}$，则由式(9.6.2)可得

$$C_{i0}=\frac{\beta_i}{\lambda_i l}n_0 \tag{9.6.3}$$

当反应堆引入阶跃反应性 $\Delta\rho$ 后，反应堆的功率即会发生变化，考虑温度反馈时，温度反馈所引入的负反应性可分为：由堆芯燃料平均温度变化所引入的反应性 $\Delta\rho_\mathrm{fe}$；由冷却剂平均温度变化所引入的反应性 $\Delta\rho_\mathrm{l}$。

对于该两种由温度效应所引入的反应性，这里采用集总参数模型推导，将堆芯中所有燃料元件和包壳看作一区，所有冷却剂看作另一区，且考虑堆芯所产生的热量一直传

递到蒸汽发生器二次侧，由此可得传热方程为

$$m_{\text{fe}}c_{\text{fe}}\frac{\mathrm{d}T_{\text{fe}}(t)}{\mathrm{d}t}=n(t)-\frac{1}{R}[T_{\text{fe}}(t)-T_1(t)] \tag{9.6.4}$$

$$m_1c_1\frac{\mathrm{d}T_1(t)}{\mathrm{d}t}=\frac{1}{R}[T_{\text{fe}}(t)-T_1(t)]-2\dot{m}(t)c_1[T_1(t)-T_{1,\text{in}}(t)] \tag{9.6.5}$$

$$(mc+m_\text{p}c_\text{p})\frac{\mathrm{d}T_\text{p}(t)}{\mathrm{d}t}=2\dot{m}(t)c_1[T_1(t)-T_{1,\text{in}}(t)]-KF\left[T_p(t)-T_\text{s}(t)\right] \tag{9.6.6}$$

$$m_\text{c}c_\text{c}\frac{\mathrm{d}T_\text{s}}{\mathrm{d}t}=KF\left[T_\text{p}(t)-T_\text{s}(t)\right]-P_0 \tag{9.6.7}$$

式中：m_{fe}、m_1、m、m_p、m_c 分别表示所有燃料元件、堆芯冷却剂、一回路冷却剂、蒸汽发生器一次侧和二次侧冷却剂的总质量，kg；c_{fe}、c_1、c、c_p、c_c 分别表示燃料元件、堆芯冷却剂、一回路冷却剂、蒸汽发生器一次侧和二次侧冷却剂的比热容，各种温度下冷却剂比热的设置参照水和水蒸气性质参数（为 IF97 和 IFC67 标准），kJ/(kg·℃)；$T_{\text{fe}}(t)$，$T_1(\text{t})$，$T_\text{p}(t)$分别表示燃料元件、堆芯冷却剂和一回路冷却剂平均温度，℃；$T_{1,\text{in}}(t)$表示堆芯入口处冷却剂的平均温度，℃；$T_\text{s}(t)$表示蒸汽发生器二次侧饱和蒸汽温度，℃；R 表示堆芯热阻，℃/MW；$\dot{m}(t)$ 表示堆芯冷却剂质量流量，kg/s；K、F 分别表示蒸汽发生器传热系数，MW/(m^2·℃)和传热面积，m^2；P_0 表示蒸汽发生器二次侧产生的蒸汽带出的功率（分析中取其为定值），MW。

当反应堆引入反应性 $\Delta\rho$ 后，反应堆的功率、温度等参数即会发生变化。考虑温度反馈时，由堆芯燃料平均温度变化所引入的反应性 $\Delta\rho_{\text{fe}}$ 与由冷却剂平均温度变化所引入的反应性 $\Delta\rho_1$。分别表示为

$$\rho_{\text{fe}}=\alpha_{\text{fe}}[T_{\text{fe}}(t)-T_{\text{fe},0}] \tag{9.6.8}$$

$$\rho_1=\alpha_1[T_1(t)-T_{1,0}] \tag{9.6.9}$$

式中：α_{fe}，α_1 分别表示燃料和冷却剂温度系数，1/℃；$T_{\text{fe},0}$，$T_{1,0}$ 分别表示燃料区和冷却剂区初始平均温度，℃。

当反应堆由冷态向热态过渡或运行温度发生大幅度变化时，温度效应是主要的；而当反应堆处在高功率下运行或功率大幅度变化时，中毒效应很显著，为确保利用 Simulink 仿真结果的准确性，在以上方程组的基础上加上毒物（氙毒和钐毒）反馈，可得

$$\frac{\mathrm{d}N_\text{I}(t)}{\mathrm{d}t}=\gamma_\text{I}\varSigma_\text{f}\phi-\lambda_\text{I}N_\text{I}(t) \tag{9.6.10}$$

$$\frac{\mathrm{d}N_{\text{Xe}}(t)}{\mathrm{d}t}=\gamma_{\text{Xe}}\varSigma_\text{f}\phi+\lambda_\text{I}N_\text{I}(t)-(\lambda_{\text{Xe}}+\sigma_\text{a}^{\text{Xe}}\phi)N_{\text{Xe}}(t) \tag{9.6.11}$$

$$\frac{\mathrm{d}N_{\text{Pm}}(t)}{\mathrm{d}t}=\gamma_{\text{Pm}}\varSigma_\text{f}\phi-\lambda_{\text{Pm}}N_{\text{Pm}}(t) \tag{9.6.12}$$

$$\frac{\mathrm{d}N_{\text{Sm}}(t)}{\mathrm{d}t}=\lambda_{\text{Pm}}N_{\text{Pm}}(t)-\sigma_\text{a}^{\text{Sm}}\phi N_{\text{Sm}}(t) \tag{9.6.13}$$

式中：$N_\text{I}(t)$、$N_{\text{Xe}}(t)$、$N_{\text{Pm}}(t)$、$N_{\text{Sm}}(t)$分别表示 t 时刻 ^{135}I、^{135}Xe、^{149}Pm、^{149}Sm 的浓度，m^{-3}；γ_I、γ_{Xe}、γ_{Pm}、γ_{Sm} 分别表示 ^{135}I、^{135}Xe、^{149}Pm、^{149}Sm 裂变产额；$\varSigma_\text{f}$ 表示堆内燃料物质的热中子平均宏观裂变截面，m^{-1}；ϕ 表示堆内平均热中子通量密度，m^{-2}·s^{-1}。

由式（9.6.10）～式（9.6.13）可求得中毒引起的反应性变化量为

$$\Delta\rho_q = -\frac{\Delta\Sigma_{\mathrm{aP}}}{\Sigma_{\mathrm{aF}}+\Sigma_{\mathrm{aM}}} = -\frac{\sigma_{\mathrm{a}}^{\mathrm{Sm}}\Delta N_{\mathrm{Sm}}(t)+\sigma_{\mathrm{a}}^{\mathrm{Xe}}\Delta N_{\mathrm{Xe}}(t)}{\sigma_{\mathrm{a}}^{\mathrm{F}}N_{\mathrm{u}}+\delta_{\mathrm{a}}^{\mathrm{M}}N_{1}} \tag{9.6.14}$$

式中：Σ_{aP}、Σ_{aF}、Σ_{aM} 分别表示核毒物、燃料和慢化剂的平均中子宏观吸收截面 m^{-1}；N_{u} 表示燃料核密度，m^{-3}；N_1 表示冷却剂核密度，m^{-3}。

由以上各式可求得在考虑温度和毒物反馈时反应堆总的反应性为

$$\rho(t) = \Delta\rho + \rho_{\mathrm{fe}} + \rho_1 + \Delta\rho_{\mathrm{q}} \tag{9.6.15}$$

在利用 Simulink 对中子动力学常微分方程组进行求解时，其 Jacobian 矩阵的特征值相差悬殊，是一个典型的刚性问题。为保持求解的稳定性，选择其中可用于处理刚性问题的变步长解法 Ode45。

针对前面所建立的数学模型进行 Simulink 系统仿真，当反应堆在功率运行时，引入阶跃反应性 $\Delta\rho$ 后，仿真模型示于图 9.6.1。

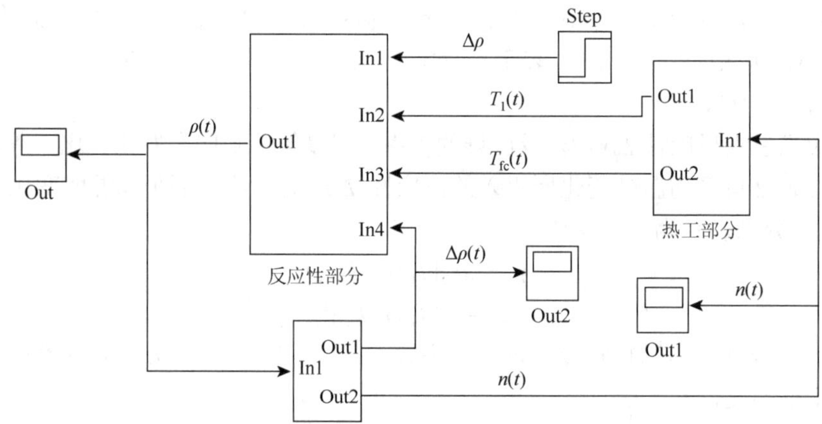

图 9.6.1　反应性变化过程 Simulink 系统仿真模块

Step 为步骤；Out 为输出；In 为输入

在利用 Simulink 进行仿真计算中，首先根据三维两群模型，在 7 种典型工况下引入阶跃反应性时，求出堆芯燃料和冷却剂平均温度的变化规律。然后假定三维两群模型和这里用 Simulink 建立的模型堆芯燃料和冷却剂平均温度变化规律具有相似性，求得 7 种典型工况下用于 Simulink 仿真计算的燃料和冷却剂温度系数，并在此基础上拟合出其温度系数随温度变化示于图 9.6.2（已归一化处理）。

功率降低与提升过程各主要运行参数的变化，如图 9.6.3 和图 9.6.4 所示。不难看出，当反应堆在功率运行时引入比较大的负（正）阶跃反应性时，反应堆的功率变化迅速，导致堆芯燃料平均温度瞬时下降（上升）。由于反应堆内的热量传递到一回路冷却剂有一定的时间延迟，所以，冷却剂的平均温度下降（上升）比较缓慢，但随着时间的延长，堆芯

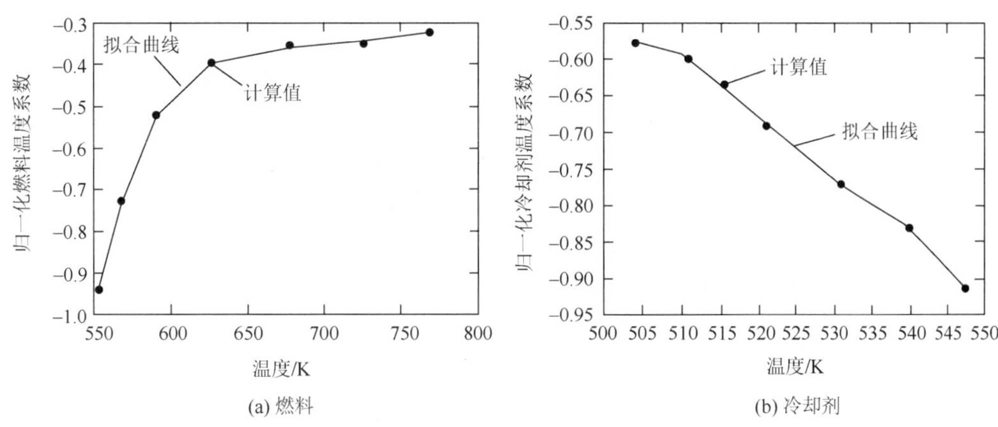

(a) 燃料　(b) 冷却剂

图 9.6.2　温度系数随时间变化

燃料和冷却剂的平均温度最终都稳定在一较低（高）值上。从图 9.6.3（d）与图 9.6.4（d）可分析得出当引入大的负（正）阶跃反应性时，燃料芯块温度反馈所引入的反应性响应速度比较快，使得反应堆功率在经历一个瞬间的下降（上升）后迅速回升（回落）。但由于燃料温度系数和冷却剂温度系数相比甚小（差一个数量级），所以，其引入反应性的幅值比较小，在反应堆功率下降（上升）瞬间以燃料温度负反馈为主，等到堆芯热量逐渐传递到一回路冷却剂时，此时反馈逐渐以冷却剂引入的正（负）反应性为主。

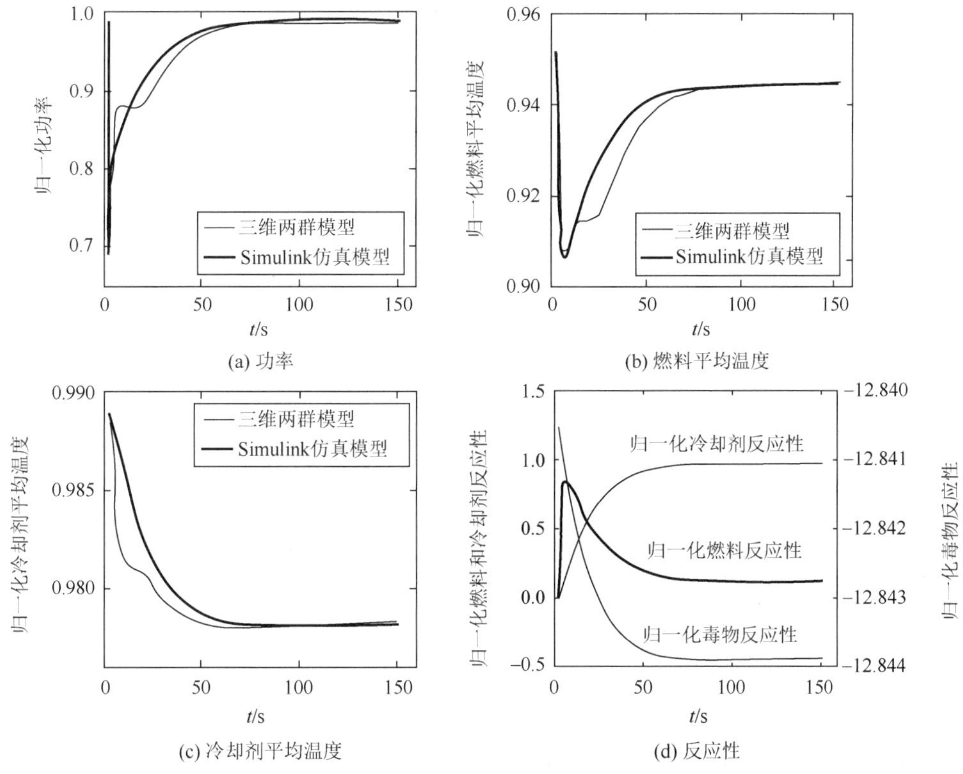

(a) 功率　(b) 燃料平均温度
(c) 冷却剂平均温度　(d) 反应性

图 9.6.3　降功率过程各主要运行参数的变化

由图 9.6.3 与图 9.6.4 和表 9.6.1 还可知，当反应堆引入阶跃反应性时，由于反应堆内功率迅速变化引起热中子通量密度发生变化，使得毒物（^{135}Xe 和 ^{149}Sm）浓度也跟着变化，但考虑到毒物浓度相对变化幅度不是很大，在所计算的 150 s 和 300 s 时间范围内，上述降功率与升功率过程，毒物引入的反应性百分比分别 0.3042%和 0.1677%。由这两个毒物反应性百分比数据可以得知，反应堆引入绝对值相等的阶跃反应性时，运行工况越高，毒物反馈引入反应性百分比越大。但由于毒物引入反应性百分比幅值相对较小，所以，在对反应堆进行实时计算时，较短时间内可近似不考虑毒物反馈的影响。

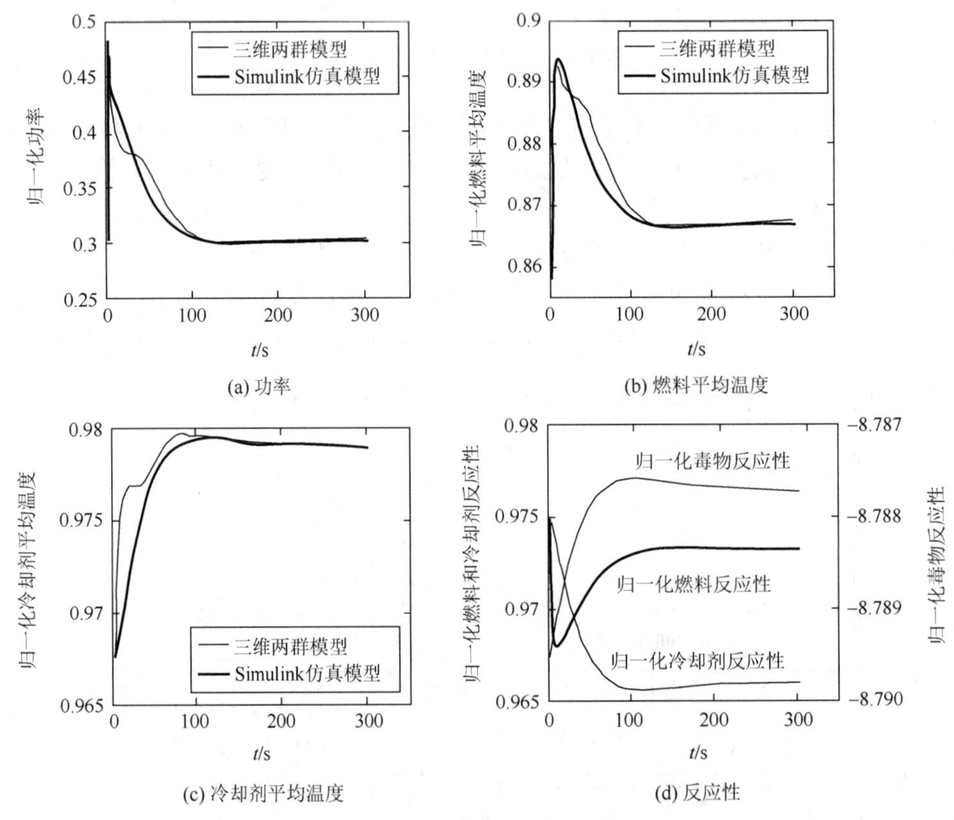

图 9.6.4　升功率过程各主要运行参数的变化

表 9.6.1　两种工况下毒物引入反应性计算结果

工况	毒物引入反应性百分比/%		
	点堆模型	三维模型	误差
降功率	0.3042	0.3045	−0.01
升功率	0.1677	0.1925	−12.88

另外从表 9.6.2 的数据可得知，利用点堆模型，考虑毒物和不考虑毒物情况时，在上述降功率与升功率过程，毒物对功率峰值的影响分别为 0.07%和–0.0021%，从这一点也可以证明在进行实时计算时可以不考虑毒物对反应堆的影响。

表 9.6.2　两种工况下毒物对功率峰值的影响

工况	功率峰值（点堆模型）		误差/%
	考虑毒物	不考虑毒物	
降功率	0.69043	0.69091	0.07
升功率	0.48145	0.48144	–0.0021

9.6.2　负荷大幅变化时的仿真

根据 9.5 节所建立的点堆双区集总参数模型，采用 Simulink 仿真软件对某船用反应堆分别从较低的工况一快速升负荷至满功率，满功率快速降负荷至较低的工况二、工况一逐级升负荷至满功率和满功率逐级降负荷至工况二 4 种情况进行仿真计算。由于二回路负荷的变化会导致反应堆内产热和输热的不平衡，进而反应堆内燃料和冷却剂温度会发生变化，通过温度负反馈特性产生反应性，此时可能会引起控制棒发生动作。在此如果知道反应堆内各控制棒的微分、积分价值和控制棒棒位等变化情况，就可以准确计算出控制棒向堆内引入的反应性。把该反应性和二回路负荷变化规律通过仿真模块引入 Simulink 系统中，构建出仿真模型节块框架如图 9.6.5 所示。从图中可以看出整个反应堆从一回路至二回路主要由五个部分组成，即：反应堆物理部分、热工部分、反应性部分、控制棒引入反应性变化部分和二回路需求功率变化部分。

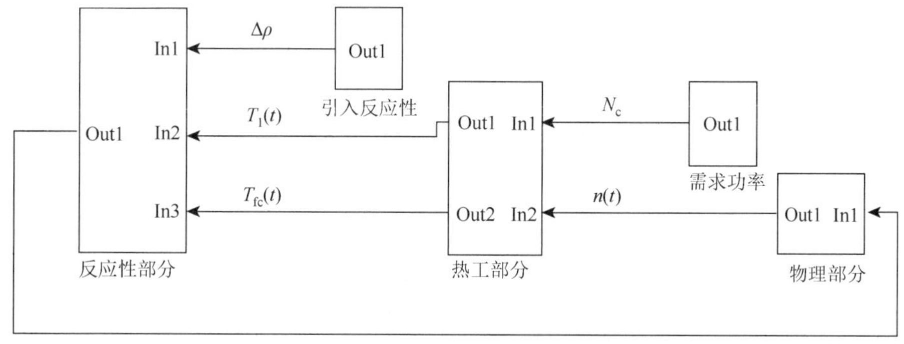

图 9.6.5　负荷大幅变化时 Simulink 系统仿真模型框图

Out 为输出，In 为输入

以二回路负荷从工况一逐级提升至满功率状态计算为例，分别用求一般微分方程求解器 Ode45，以 0.01 s 为最大步长进行仿真和用求刚性方程求解器 Ode15s，自动选择步长进行仿真，二者所得功率响应如图 9.6.6 所示。

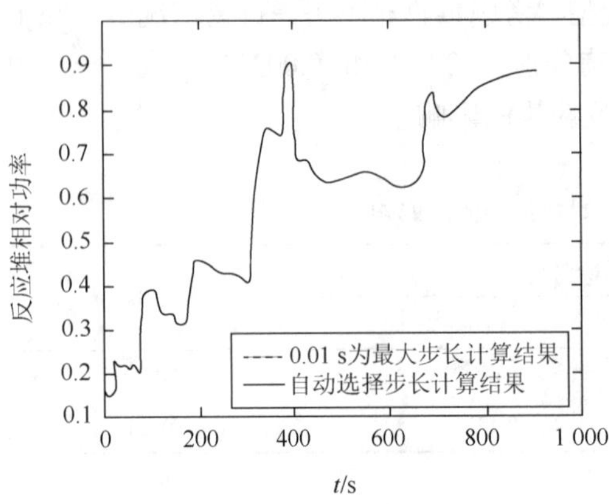

图 9.6.6　功率随时间变化图

从图 9.6.6 中可以看出，两种情况下所得曲线完全重合，说明以自动选择步长计算所得的结果可达到足够的精度。在所仿真的 915 s 时间内，如果采用前面用到的一般微分方程求解器 Ode45 共需计算 91676 步，最小步长为 7.2713×10^{5} s，计算机用时 15.58 s（不同机型用时可能会有出入）。而采用刚性方程求解器 ODe15s 共需计算 864 步，在功率变化比较平缓区最大步长达到了 12.1482 s，但在功率变化剧烈区最小步长为 4.1451×10^{-6} s，计算机总用时 0.13 s。图 9.6.7 和图 9.6.8 给出了采用两种求解器求解时仿真步长随时间变化关系，从图 9.6.8 中可以看出求解器 ODe15s 可以根据功率变化的缓急，自动调整步长，保证计算精度，适合用于求解刚性方程，以达到反应堆参数的快速计算，甚至超时预测功能。

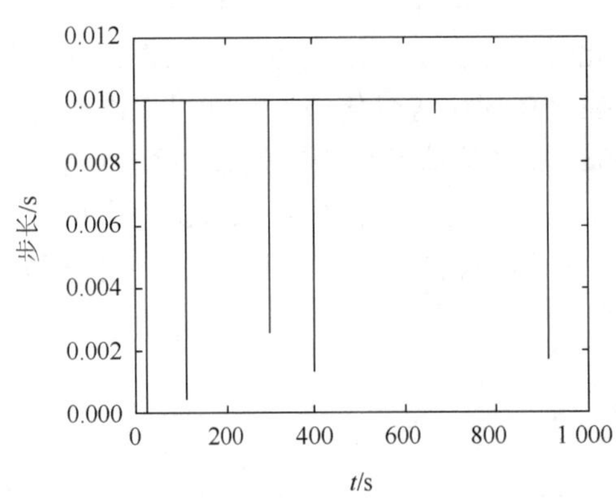

图 9.6.7　一般求解器仿真步长变化

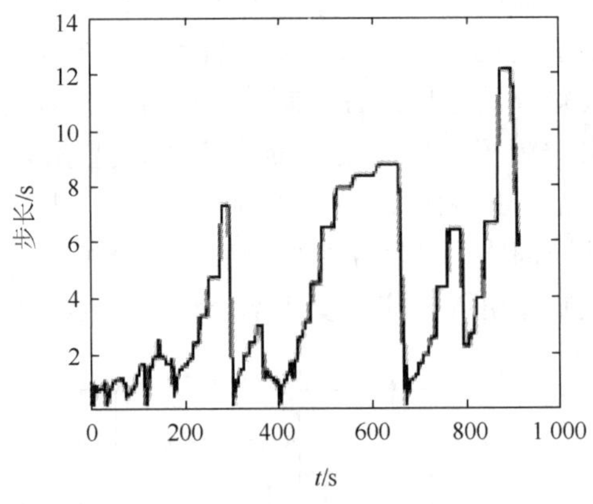

图 9.6.8　刚性求解器仿真步长变化

图 9.6.9～图 9.6.12 分别给出了反应堆二回路负荷从工况一快速提升至满功率、满功率快速降至工况二、工况一逐级提升至满功率、满功率逐级降至工况二 4 种情况下，Simulink 仿真所得到的反应堆功率、冷却剂平均温度和反应堆内总的反应性随时间变化，同时也给出较为准确和复杂的三维仿真结果用以比较。从图中可以看出，如果在比较准确地计算出二回路负荷和控制棒引入反应性变化趋势的情况下，采用上述所建立的数学模型，利用 Simulink 可专门用于处理刚性方程的变步长求解器 Ode15s，能更好地求解 6 组缓发中子点堆动力学方程组，计算量小，平均步长大，分析时间短，而且可以较好地得到堆芯内主要参数的变化规律。

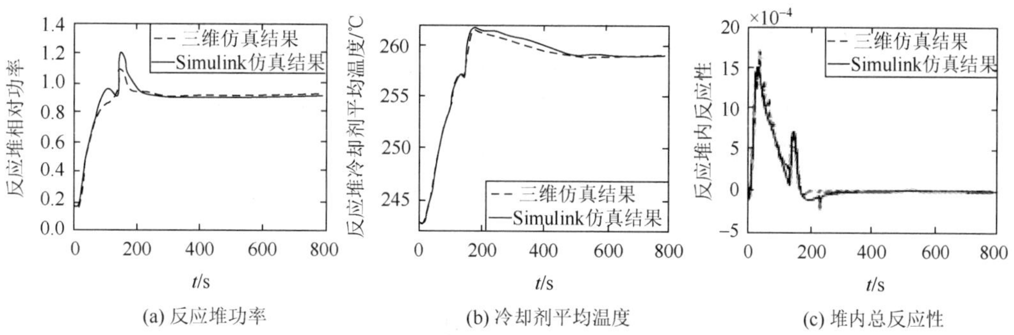

(a) 反应堆功率　(b) 冷却剂平均温度　(c) 堆内总反应性

图 9.6.9　工况一快速升负荷至满功率时反应堆功率、冷却剂平均温度和堆内总反应性变化

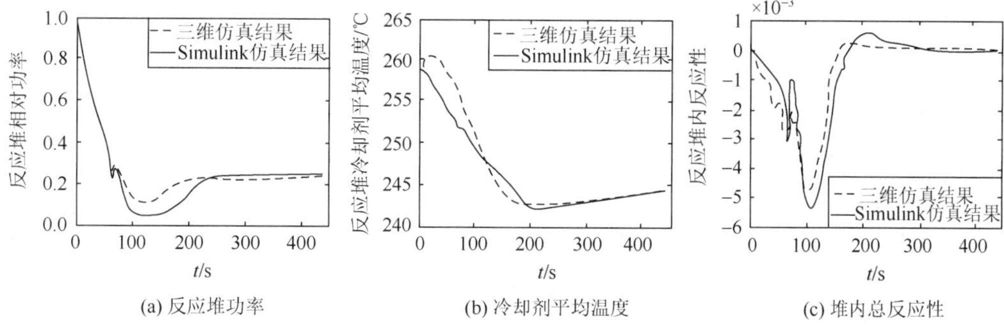

(a) 反应堆功率　(b) 冷却剂平均温度　(c) 堆内总反应性

图 9.6.10　满功率快速降负荷至工况二时反应堆功率、冷却剂平均温度和堆内总反应性变化

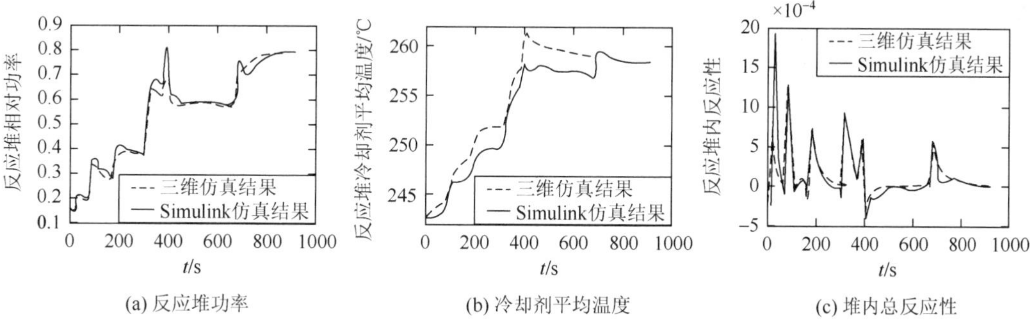

(a) 反应堆功率　(b) 冷却剂平均温度　(c) 堆内总反应性

图 9.6.11　工况一逐级升负荷至满功率时反应堆功率、冷却剂平均温度和堆内总反应性变化

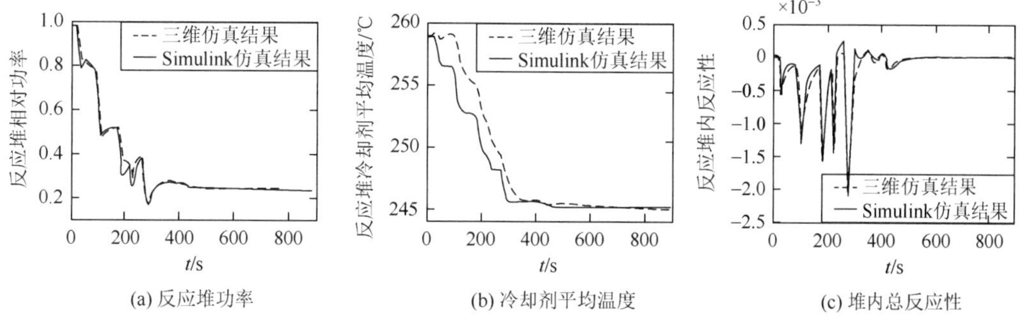

(a) 反应堆功率　(b) 冷却剂平均温度　(c) 堆内总反应性

图 9.6.12　满功率逐级降负荷至工况二时反应堆功率、冷却剂平均温度和堆内总反应性变化

通过以上分析可看出，利用点堆模型和集总参数法，通过 Simulink 可以较好地仿真出引入阶跃反应性、负荷大幅变化时反应堆内各主要运行参数的变化规律，且速度快，结果也比较准确。由于 Simulink 采用图形化建模方式，逻辑清晰直观，调试方便，其提供的常用控制系统功能模块库涵盖了大多数常见控制逻辑，分析人员既可直接使用也可以进行扩展，这使得实现一个大型、复杂的运行、控制与保护系统仿真变得十分快捷和高效。

习 题

1. 什么叫集总参数法？它使用有什么条件？

2. 什么叫时间常数？它的物理意义是什么？

3. 某反应堆的热工及燃料元件参数为：对流换热系数 $\alpha = 36\,000\ \mathrm{W/(m^2 \cdot ℃)}$，$T_f = 270℃$，$\lambda_u = 3.4\ \mathrm{W/(m \cdot ℃)}$，$c_u = 265\ \mathrm{J/(kg \cdot ℃)}$，$\rho_u = 10.4 \times 10^3\ \mathrm{kg/m^3}$，$r_u = 0.004\ \mathrm{m}$。设初始堆功率为 300 MW，元件芯块功率密度 $q_0''' = 9 \times 10^8\ \mathrm{W/m^3}$，引入反应性后功率变化周期为 50 s，求板状元件的温度变化。

4. 设反应堆初始功率 300 MW，体积功率密度约为 $q_0''' = 9.05 \times 10^8\ \mathrm{W/m^3}$，并取反应堆物理参数为 $\beta = 0.0065$，$l = 0.0001\ \mathrm{s}$，$\lambda = 0.0774$（1/s），温度系数 $\alpha = 5 \times 10^{-5}$（1/K），$K_C = 0.05\ \mathrm{K/}$（MW·s）。燃料芯块与包壳的变物性参数取表 9.4.2 中数值，其他取与表 9.4.1 中相同数值。现在假如反应堆阶跃引入一个小的正反应性 $\rho_0 = 0.5\beta$，求燃料元件棒的温度场变化。

5. 试应用集总参数模型推导出堆芯传热方程式和燃料元件双区传热方程式。

第 10 章　海洋与机动条件下的流动与换热

10.1　海洋条件下船体运动的特点

实际海洋条件是复杂多变的，这里的海洋条件主要指风、涌、浪、潮等水文和运动环境。海洋条件会造成船舶的倾斜、摇摆和起伏等。而船舶的运动也是非常复杂的，其运动往往是几种简单运动的叠加。这几种简单运动包括纵荡、横荡、升沉、横摇、纵摇和首摇等六个自由度的摇荡运动。海洋条件的影响主要体现在两方面：一是对摩擦压降系数和换热系数的影响；二是产生附加压降。通常在对船体运动进行理论分析时，假定船舶在波浪中所作的自由度摇荡运动是相互独立的。而船舶在不规则波浪中的运动也通常可以近似地认为是简谐运动，这样可以使问题简化。在六种自由度的摇荡运动中，纵摇和横摇是最普遍的。在不规则海浪下，船的纵摇平均周期接近于波浪的平均周期，而横摇周期接近于船的固有周期。通过这样的处理，不规则海浪下的船体运动便可以用简谐运动，如摇摆与起伏（图 10.1.1，图 10.1.2）等进行分析计算。

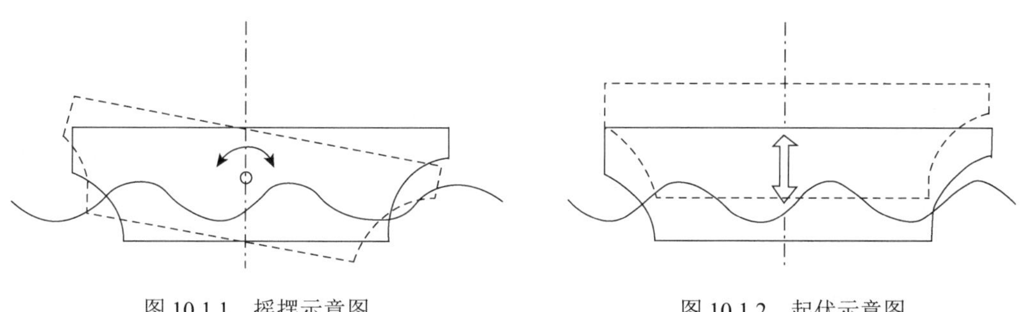

图 10.1.1　摇摆示意图　　　　图 10.1.2　起伏示意图

对于核动力系统，通常考虑较多的是倾斜、起伏和摇摆运动（包括横摇和纵摇）。考虑当船体处于倾斜状态时，附加加速度和附加力都不存在，流体的受力情况与稳态时相同，只是流体受到重力作用发生了改变。但是动量方程和能量方程的形式与稳态时的方程完全相同，因而流体的速度和温度等参数特性与稳态时的参数特性完全相同。所以，在倾斜条件下，稳态时的所有方程和关系式都适用于倾斜状态下的流体。

当船体处于起伏和摇摆状态时，对于充分发展的不可压缩层流流体，其流动速度方向与壁面平行。由于壁面的存在，壁面对流体的反作用力会抵消掉垂直于流动方向的附加力的作用。因而只需考虑沿主流流动方向流体的受力情况。这样，在起伏和摇摆条件下，流体沿主流方向的附加力便具有相同的形式，其波动振幅由起伏振幅和摇摆振幅决定，波动周期与起伏周期和摇摆周期相同。所以这两种情况可以一并进行分析。

通常可以认为船体的运动服从三角函数规律，其运动函数为

$$\theta = \theta_m \cos 2\pi t / T_r \tag{10.1.1}$$

式中：θ、θ_m 分别表示摇摆角度与振幅，rad；T_r 为摇摆周期，s；t 为时间，s。于是摇摆角速度 ω 与角加速度 β 可分别表示为

$$\begin{cases} \omega = -\dfrac{2\pi\theta_m}{T_r}\sin\dfrac{2\pi t}{T_r} \\ \beta = -\dfrac{4\pi^2\theta_m}{T_r^2}\cos\dfrac{2\pi t}{T_r} \end{cases} \tag{10.1.2}$$

10.2 摇摆与起伏时内部层流流动与对流换热

10.2.1 圆管

1. *动量方程*

对于竖直圆管内的不可压缩层流流体，其 N-S 方程可以简写成：

$$\frac{\partial u}{\partial t} = -\frac{1}{\rho}\frac{\partial p}{\partial x} + \nu\left(\frac{\partial^2 u}{\partial r^2} + \frac{1}{r}\frac{\partial u}{\partial r}\right) \tag{10.2.1}$$

式中：u 表示流速；t 为时间；ν 为运动黏度；p 表示压力。作用在流体上的压降由两部分组成，一部分是稳态项，另一部分是船体运动引起的附加压降项，具体可以表示为

$$-\frac{1}{\rho}\frac{\partial p}{\partial x} = a_r - a_o\cos\frac{2\pi t}{T_r} \tag{10.2.2}$$

式中：$a_o = n^2\theta_m L/2$；L 为流体到摇摆与起伏轴的距离；$n = 2\pi/T_r$ 为摇摆与起伏角频率；其他符号同前。

定义以下无量纲参数：

$$u^* = \frac{u}{u_m}, \quad r^* = \frac{r}{R}, \quad x^* = \frac{x}{RPrRe}, \quad t^* = \frac{ta}{R^2}, \quad \rho^* = \frac{\rho}{\rho_0}, \quad p^* = \frac{p}{\rho_0 u_m^2} \tag{10.2.3}$$

式中：

$$u_m = \frac{R^2 a_r}{4\nu}, \quad a = \frac{\lambda}{\rho c_p}, \quad Re = \frac{u_m R}{\nu} \tag{10.2.4}$$

其中：ρ_0 为参考密度，λ 为热导率，c_p 为比定压热容，P_r 为普朗特数，Re 为雷诺数。于是由式（10.2.1）可以得到无量纲化的 N-S 方程：

$$\frac{\partial u^*}{\partial t^*} = -\frac{1}{\rho^*}\frac{\partial p^*}{\partial x^*} + Pr\left(\frac{\partial^2 u^*}{\partial r^{*2}} + \frac{1}{r^*}\frac{\partial u^*}{\partial r^*}\right) \tag{10.2.5}$$

式中：

$$-\frac{1}{\rho^*}\frac{\partial p^*}{\partial x^*} = 4Pr - \frac{a_o RPrRe}{u_m^2}\cos\frac{R^2 n t^*}{a} \tag{10.2.6}$$

求解式（10.2.5）可以得到

$$u^*(r^*,t^*)=(1-r^{*2})-\frac{K}{\mathrm{i}\Omega}\mathrm{e}^{\mathrm{i}\Omega t^*}\left[1-\frac{J_0\left(\sqrt{-\mathrm{i}\Omega/Pr}r^*\right)}{J_0\left(\sqrt{-\mathrm{i}\Omega/Pr}\right)}\right] \tag{10.2.7}$$

式中：

$$\Omega=R^2n/a, K=a_{\mathrm{o}}RPrRe/u_{\mathrm{m}}^2 \tag{10.2.8}$$

式（10.2.7）中 J_0 为零阶贝塞尔函数。式（10.2.7）即为摇摆与起伏条件下圆管内不可压缩层流的无量纲速度表达式，其中，i 表示虚数，式（10.2.7）只有实部有物理意义。需要注意的是式（10.2.7）没有考虑入口段的影响，只适用于充分发展流体。从表面上，摇摆与起伏条件下的无量纲速度与 Pr 有关，但通过分析可以发现 $\mathrm{i}\Omega/Pr=\mathrm{i}d^2n/\upsilon$，同样 $K/\mathrm{i}\Omega$ 中的 Pr 数也可以约去，二者都与 Pr 无关。因而速度与 Pr 无关，而与流体黏度有关。式（10.2.7）的第一项表示波动流体的平均速度，第二项表示速度随时间的变化，其时间平均值为零。

根据以上各式，可以得到摇摆与起伏条件下圆管内层流的摩擦阻力系数为

$$f(t^*)=\frac{32}{Re}\left[2+\frac{K}{\mathrm{i}\Omega}\mathrm{e}^{\mathrm{i}\Omega t^*}\frac{\sqrt{-\mathrm{i}\Omega/Pr}J_1\left(\sqrt{-\mathrm{i}\Omega/Pr}\right)}{J_0\left(\sqrt{-\mathrm{i}\Omega/Pr}\right)}\right] \tag{10.2.9}$$

式中：J_1 为一阶贝塞尔函数。同样式（10.2.9）只有实部有意义。从式（10.2.9）可以看出当摇摆与起伏振幅比较小时，$\frac{K}{\mathrm{i}\Omega}\mathrm{e}^{\mathrm{i}\Omega t^*}\frac{\sqrt{-\mathrm{i}\Omega/Pr}J_1\left(\sqrt{-\mathrm{i}\Omega/Pr}\right)}{J_0\left(\sqrt{-\mathrm{i}\Omega/Pr}\right)}$的振幅小于 2，瞬时摩擦阻力系数始终为正。但是当摇摆与起伏振幅比较大时，$\frac{K}{\mathrm{i}\Omega}\mathrm{e}^{\mathrm{i}\Omega t^*}\frac{\sqrt{-\mathrm{i}\Omega/Pr}J_1\left(\sqrt{-\mathrm{i}\Omega/Pr}\right)}{J_0\left(\sqrt{-\mathrm{i}\Omega/Pr}\right)}$的振幅大于 2，瞬时摩擦阻力系数周期性地出现负值，这是理论分析的结果，实际上是没有意义的。

2. 能量方程

摇摆与起伏条件下圆管内不可压缩层流的能量方程可以表示为

$$\frac{\partial T}{\partial t}+u\frac{\partial T}{\partial x}=a\left(\frac{\partial^2 T}{\partial r^2}+\frac{1}{r}\frac{\partial T}{\partial r}\right) \tag{10.2.10}$$

令

$$T^*=(T-T_{\mathrm{w}})/(T_{\mathrm{in}}-T_{\mathrm{w}}) \tag{10.2.11}$$

式中：T_{w} 为壁面上的流体温度；T_{in} 为入口温度。根据式（10.2.3）、式（10.2.11）对式（10.2.10）进行无量纲化可以得到

$$\frac{\partial T^*}{\partial t^*}+u^*\frac{\partial T^*}{\partial x^*}=\frac{\partial^2 T^*}{\partial r^{*2}}+\frac{1}{r^*}\frac{\partial T^*}{\partial r^*} \tag{10.2.12}$$

式（10.2.12）满足边界条件：

$$\begin{cases}T^*(x^*,1,t^*)=0\\T^*(0,r^*,t^*)=1\\\partial T^*(x^*,0,t^*)/\partial r^*=0\end{cases} \tag{10.2.13}$$

求解式（10.2.12）可以得到

$$T^*(x^*,r^*,t^*)=\sum_{m=0}^{\infty}B_m R_m(r^*)\mathrm{e}^{-\lambda_m^2 x^*}+4C(r^*)J_0\left(\sqrt{-\mathrm{i}\Omega}r^*\right)\mathrm{e}^{\mathrm{i}\Omega t^*} \tag{10.2.14}$$

其中：

$$B_m=(-1)^m\frac{2\cdot 6^{2/3}\Gamma(2/3)}{\pi}\lambda_m^{-2/3}\quad (m=0,1,2,\cdots) \tag{10.2.15}$$

当r^*较小时：

$$R_m(r^*)=J_0(\gamma_m r^*) \tag{10.2.16}$$

对于 $0\leqslant r^*<1$：

$$R_m(r^*)=\sqrt{\frac{2}{\pi\lambda_m r^*}}\frac{\cos\left[\frac{\lambda_m}{2}\left(r^*\sqrt{1-r^{*2}}+\arcsin r^*\right)-\frac{\pi}{4}\right]}{(1-r^{*2})^{1/4}} \tag{10.2.17}$$

在管壁附近，还有

$$R_m(r^*)=\sqrt{\frac{2(1-r^*)}{3}}(-1)^m J_{1/3}\left[\frac{\sqrt{8}\lambda_m}{3}(1-r^*)^{3/2}\right] \tag{10.2.18}$$

$$\lambda_m=4m+8/3\qquad (m=0,1,2,\cdots) \tag{10.2.19}$$

其中：$J_{1/3}$为 1/3 阶贝塞尔函数。另外

$$\begin{aligned}C(r^*)=&\int_1^{r^*}\int_0^{r^*}g(r^*)\exp\int_1^{r^*}\left[\frac{-2\sqrt{-\mathrm{i}\Omega}J_1\left(\sqrt{-\mathrm{i}\Omega}r^*\right)}{J_0\left(\sqrt{-\mathrm{i}\Omega}r^*\right)}+\frac{1}{r^*}\right]\mathrm{d}r^*\mathrm{d}r^*\\&\times\exp\left\{\int_1^{r^*}\left[\frac{-2\sqrt{-\mathrm{i}\Omega}J_1\left(\sqrt{-\mathrm{i}\Omega}r^*\right)}{J_0\left(\sqrt{-\mathrm{i}\Omega}r^*\right)}+\frac{1}{r^*}\right]\mathrm{d}r^*\right\}\mathrm{d}r^*\end{aligned} \tag{10.2.20}$$

$$g(r^*)=-\frac{K}{\mathrm{i}\Omega}\left[1-\frac{J_0\left(\sqrt{-\mathrm{i}\Omega/Pr}r^*\right)}{J_0\left(\sqrt{-\mathrm{i}\Omega/Pr}\right)}\right] \tag{10.2.21}$$

Nu 可以表示为 $Nu=\dfrac{2R\alpha}{\lambda}$，由式（10.2.14）代入可以得到

$$Nu=\frac{2R\alpha}{\lambda}=\sum_{m=0}^{\infty}\frac{3.3734}{\lambda_m^{1/3}}\mathrm{e}^{-\lambda_m^2 x^*}+8J_0\left(\sqrt{-\mathrm{i}\Omega}\right)\int_0^1 g(r^*)r^*\left[\frac{J_0\left(\sqrt{-\mathrm{i}\Omega}r^*\right)}{J_0\left(\sqrt{-\mathrm{i}\Omega}\right)}\right]^2\mathrm{d}r^*\mathrm{e}^{\mathrm{i}\Omega t^*} \tag{10.2.22}$$

10.2.2　矩形通道

在稳态条件下，矩形通道内的流动速度分布是一个级数解，而圆形通道内的流动速度是一个二次函数，因而通常将矩形通道等效成圆形通道，然后对各个参数进行求解。但在核动力系统中，矩形通道的长宽比通常比较大，宽段壁面对流体的影响通常可以忽略，可以将其等效成两块平行平板间的流动，这样便可以使模型得到简化，因而这里所介绍的矩形流道实际上是板间通道。

1. 动量方程

与圆管内的分析相类似，这里不做过多的重复。在摇摆与起伏条件下，矩形通道内的层流流体的无量纲化的 N-S 方程：

$$\frac{\partial u^*}{\partial t^*}=\frac{1}{\rho^*}-\frac{\partial p^*}{\partial x^*}+Pr\frac{\partial^2 u^*}{\partial y^{*2}} \tag{10.2.23}$$

摇摆与起伏条件下矩形通道内不可压缩层流的无量纲速度表达式为

$$u^*(y^*,t^*)=1-y^{*2}-\frac{K_2}{\mathrm{i}\Omega_2}\mathrm{e}^{\mathrm{i}\Omega t^*}\left[1-\frac{\mathrm{ch}\left(\sqrt{-\mathrm{i}\Omega_2/Pr}\,y^*\right)}{\mathrm{ch}\left(\sqrt{\mathrm{i}\Omega_2/Pr}\right)}\right] \tag{10.2.24}$$

式中：

$$\Omega_2=d^2n/a,\quad K_2=a_{\mathrm{o}}dPrRe/u_{\mathrm{m}}^2 \tag{10.2.25}$$

d 为矩形板间距离的一半。由式（10.2.24）可以得到摩擦阻力系数为

$$f=\frac{18}{Re}\left[2-\frac{K}{\sqrt{\mathrm{i}\Omega Pr}}\mathrm{e}^{\mathrm{i}\Omega t^*}\mathrm{th}\sqrt{\mathrm{i}\Omega Pr}\right] \tag{10.2.26}$$

由于流体流过平行通道时，两边同时受到摩擦阻力的作用，因而平行通道内的摩擦阻力系数应写为

$$f=\frac{36}{Re}\left[2-\frac{K}{\sqrt{\mathrm{i}\Omega Pr}}\mathrm{e}^{\mathrm{i}\Omega t^*}\mathrm{th}\sqrt{\mathrm{i}\Omega Pr}\right] \tag{10.2.27}$$

式（10.2.27）在一个周期内的平均值与稳态条件下的摩擦阻力系数表达式相同，即摩擦阻力系数只取决于 Re。这表明虽然摇摆与起伏运动使流体速度一直处于波动中，但平均无量纲速度分布不发生改变，因而摩擦切应力和摩擦阻力系数不发生改变。由于起伏和摇摆运动引起的附加力的作用，摩擦阻力系数呈周期性波动，波动振幅由起伏和摇摆振幅决定。

2. 能量方程

无量纲化能量方程可以表示为

$$\frac{\partial T^*}{\partial t^*}+u^*\frac{\partial T^*}{\partial x^*}=\frac{\partial^2 T^*}{\partial y^{*2}} \tag{10.2.28}$$

其边界条件满足式（10.2.12）。通过求解可以得到

$$\begin{aligned}T^*(x^*,y^*,t^*)=&\sum_{m=0}^{\infty}B_mY_m(y^*)\mathrm{e}^{-\lambda_m^2x^*}+\frac{K_2}{\Omega_2^2}\left[-1-\frac{Pr\,\mathrm{ch}\left(\sqrt{\mathrm{i}\Omega_2/Pr}\,y^*\right)}{(1-Pr)\mathrm{ch}\sqrt{\mathrm{i}\Omega_2/Pr}}+\right.\\&\left.\frac{\mathrm{ch}\left(\sqrt{\mathrm{i}\Omega_2}\,y^*\right)}{(1-Pr)\mathrm{ch}\sqrt{\mathrm{i}\Omega_2}}-\frac{\mathrm{ch}\left[\left(\sqrt{\mathrm{i}\Omega_2}(1-y^*)\right)\right]}{\sqrt{\mathrm{i}\Omega_2}\mathrm{ch}\left(\sqrt{\mathrm{i}\Omega_2}\right)}\right]\mathrm{e}^{\mathrm{i}\Omega t^*}\end{aligned} \tag{10.2.29}$$

其中：

$$B_m=(-1)^{m+1}\frac{2^{\frac{1}{4}}6^{\frac{4}{3}}\Gamma\left(\frac{2}{3}\right)}{\pi^{3/2}}\lambda_m^{-\frac{7}{6}}\quad(m=0,1,2,\cdots) \tag{10.2.30}$$

当 y^* 较小时（在中心附近）：

$$Y_m(y^*)=\cos(\lambda_m y^*) \tag{10.2.31}$$

对于 $0\leqslant y^*<1$：

$$Y_m(y^*)=\frac{\cos\lambda_m\left[\dfrac{\arcsin y^*}{2}+\dfrac{\sin(2\arcsin y^*)}{4}\right]}{(1-y^{*2})^{\frac{1}{4}}} \tag{10.2.32}$$

在壁面附近，还有：

$$Y_m(y^*)=(-1)^m\left(\frac{2}{9}\right)^{\frac{1}{4}}\sqrt{\pi\lambda_m(1-y^*)}J_{1/3}\left[\frac{\sqrt{8}\lambda_m}{3}(1-y^*)^{3/2}\right] \tag{10.2.33}$$

$$\lambda_m=4m+1/3 \qquad (m=0,1,2,\cdots) \tag{10.2.34}$$

努塞特数为

$$Nu=2d\alpha/\lambda \tag{10.2.35}$$

将式（10.2.29）代入式（10.2.35）中可以得到

$$\begin{aligned}Nu=&\sum_{m=0}^{\infty}\frac{4\sqrt{3}\Gamma(2/3)}{\pi\Gamma(4/3)\lambda_m^{1/3}}\mathrm{e}^{-\lambda_m^2x^*}\\&+\frac{2K_2}{\Omega_2^2}\left[-\frac{Pr\sqrt{\mathrm{i}\Omega_2/Pr}\,\mathrm{th}\left(\sqrt{\mathrm{i}\Omega_2/Pr}\right)}{1-Pr}+\frac{\sqrt{\mathrm{i}\Omega_2}\,\mathrm{th}\left(\sqrt{\mathrm{i}\Omega_2}\right)}{1-Pr}\right]\mathrm{e}^{\mathrm{i}\Omega_2t^*}\end{aligned} \tag{10.2.36}$$

10.3 摇摆与起伏时内部湍流流动与对流换热

10.3.1 圆管

1. 动量方程

对于圆管内的湍流流体，其流动速度方向与壁面平行。在海洋条件下，假设垂直于主流方向的附加力只对湍流脉动速度产生影响。在摇摆与起伏条件下，流体沿主流方向的附加力的波动振幅由摇摆与起伏振幅决定，波动周期与摇摆或起伏周期相同。建立圆柱坐标系，假设参数沿周向呈对称分布。用 x 表示流动方向，x 轴与圆管中心线重合，r 表示到 x 轴的距离。

在摇摆与起伏条件下，圆管内湍流流体的 N-S 方程可以简写为

$$\frac{\partial u}{\partial t}=-\frac{1}{\rho}\frac{\partial p}{\partial x}+\nu\left(\frac{\partial^2u}{\partial r^2}+\frac{1}{r}\frac{\partial u}{\partial r}\right)-\frac{\partial\overline{u'v'}}{\partial r}-\frac{F_\mathrm{a}}{\rho} \tag{10.3.1}$$

式中：u 表示流速，m/s；t 为时间，s；ν 为流体运动黏度，$\mathrm{m^2/s}$；p 表示流体动压场与静压场之差，Pa。u' 和 v' 为脉动速度，m/s；F_a 为附加力，N。则可以表示为

$$F_\mathrm{a}/\rho=a_\mathrm{o}\cos nt=\frac{n^2\theta_mL}{2}\cos nt \tag{10.3.2}$$

目前大多数人认为：湍流运动是由各种大小和涡量不同的涡旋叠加而成的，其中最大涡尺度与流动环境密切相关，最小涡尺度则由黏性确定；流体在运动过程中，涡旋不断破碎、合并，流体质点轨迹不断变化。对于充分发展的湍流，包括均匀各向同性湍流和自由剪切湍流的自模拟区，该阶段湍流结构一般不受流动环境以及外部尺寸的直接影响，是属于经典定义的湍流，从中得到的有关湍流的结论更具有普适性。因而当 Re 比较大时，可以假设船体运动不会改变湍流中各种涡结构的运动特性，而只是使其产生一些波动。因而将湍流速度分解成：

$$u(x,r,t)=u_1(x,r)+u_2(r,t) \tag{10.3.3}$$

式（10.3.1）可以分解成：

$$\begin{cases}0=-\dfrac{1}{\rho}\dfrac{\partial p}{\partial x}+\nu\left(\dfrac{\partial^2 u_1}{\partial r^2}+\dfrac{1}{r}\dfrac{\partial u_1}{\partial r}\right)-\dfrac{\partial\overline{u'v'}}{\partial r}\\ \dfrac{\partial u_2}{\partial t}=\nu\left(\dfrac{\partial^2 u_2}{\partial r^2}+\dfrac{1}{r}\dfrac{\partial u_2}{\partial r}\right)-\dfrac{F_a}{\rho}\end{cases} \tag{10.3.4}$$

通过求解可以得到

$$u=u_m(r/R)^{1/7}-\frac{a_o}{\mathrm{i}n}\mathrm{e}^{\mathrm{i}nt}\left[1-\frac{J_0\left(\sqrt{-\mathrm{i}}\varepsilon r/R\right)}{J_0\left(\sqrt{-\mathrm{i}}\varepsilon\right)}\right],\quad 4\times10^3\leqslant Re\leqslant10^5 \tag{10.3.5}$$

$$u=2.5u_*\ln\frac{ru_*}{\upsilon}+5.5u_*-\frac{a_o}{\mathrm{i}n}\mathrm{e}^{\mathrm{i}nt}\left[1-\frac{J_0\left(\sqrt{-\mathrm{i}}\varepsilon r/R\right)}{J_0\left(\sqrt{-\mathrm{i}}\varepsilon\right)}\right],\quad Re\geqslant10^5 \tag{10.3.6}$$

式中：

$$u_*=\sqrt{\tau_0/\rho} \tag{10.3.7}$$

$$\varepsilon=R\sqrt{n/\nu} \tag{10.3.8}$$

其中：τ_0 为壁面切应力，Pa；ε 为沃默斯利数。

当 Re 比较小时，尤其是当 Re 处于临界 Re 附近时，湍流刚刚形成，船体运动带来的附加力可能会改变湍流中各种涡结构的运动特性，式（10.3.5）的第一项可能与实际值之间有一些偏差，需要用实验结果进行修正。

在求摩擦阻力系数的过程中将式（10.3.5）和式（10.3.6）分成稳态项和波动项两部分进行求解。由于 1/7 次幂速度分布律可以由布拉休斯（Blasius）阻力公式导出。式（10.3.5）的稳态项产生的摩擦阻力系数可以表示为

$$f_1=0.316\,4/Re^{0.25} \tag{10.3.9}$$

式中：$Re=2\overline{u}R/\nu$；$\overline{u}$ 为横截面上的平均速度。式（10.3.6）的波动项产生的摩擦阻力系数可以表示为

$$f_2=\frac{4R}{\nu Re^2}\frac{A}{\mathrm{i}n}\frac{\sqrt{-\mathrm{i}}\varepsilon J_1(\sqrt{-\mathrm{i}}\varepsilon)}{J_0(\sqrt{-\mathrm{i}}\varepsilon)}\mathrm{e}^{\mathrm{i}nt} \tag{10.3.10}$$

因而在 $4\times10^3\leqslant Re\leqslant10^5$，摩擦阻力系数可以表示为

$$f=0.3164/Re^{0.25}+\frac{4R}{\nu Re^2}\frac{A}{\mathrm{i}n}\frac{\sqrt{-\mathrm{i}}\varepsilon J_1\left(\sqrt{-\mathrm{i}}\varepsilon\right)}{J_0\left(\sqrt{-\mathrm{i}}\varepsilon\right)}\mathrm{e}^{\mathrm{i}nt} \tag{10.3.11}$$

同样，在 $Re \geqslant 10^5$，摩擦阻力系数可表示为

$$f = f_0 + \frac{4R}{\nu Re^2}\frac{A}{\mathrm{i}n}\frac{\sqrt{-\mathrm{i}}\varepsilon J_1\left(\sqrt{-\mathrm{i}}\varepsilon\right)}{J_0\left(\sqrt{-\mathrm{i}}\varepsilon\right)}\mathrm{e}^{\mathrm{i}nt} \tag{10.3.12}$$

式中：f_0 由 Pr 普适摩擦律决定，可表示为

$$1/\sqrt{f_0} = 2\lg\left(Re\sqrt{f_0}\right) - 0.8 \tag{10.3.13}$$

式（10.3.11）～式（10.3.13）即为摇摆与起伏条件下圆管内的湍流摩擦阻力系数表达式，当 Re 比较小时（特别是当 Re 在临界 Re 附近时），式（10.3.11）可能与实际结果之间存在一定误差。从式（10.3.11）、式（10.3.12）可以看出，Re 对摩擦阻力系数时均值的影响要明显小于对摩擦阻力系数波动振幅的影响。平均摩擦阻力系数大约与 Re 的四分之一次方成反比，而摩擦阻力系数的波动振幅与 Re 的二次方成反比。

有学者曾对摇摆状态下水平光滑管内的单相水的流动特性进行了实验研究，并给出该实验范围内摇摆状态下圆管内波动流体的摩擦阻力系数表达式。在该实验中，由于流体处于湍流状态，所以将式（10.3.11）与实验结果进行比较，取实验中在常温常压下的单相水为研究对象、摇摆振幅和摇摆周期分别为 15°和 10 s，结果如图 10.3.1 所示。

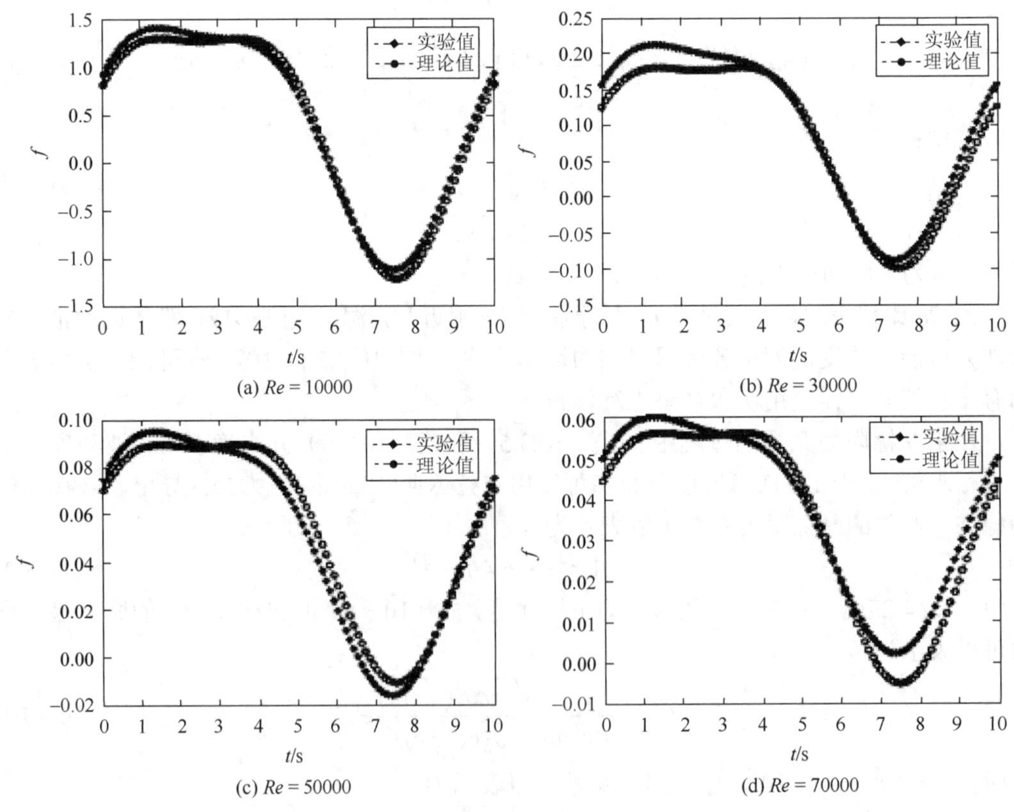

图 10.3.1　摩擦阻力系数理论与实验结果的比较

从图 10.3.1 中可以看出，理论结果与实验结果在 10 000$<Re<$70 000 是比较一致的，两者吻合较好。由于水平管内的流体受摇摆切向力和法向力的影响比较明显，摇摆切向力的波动周期与摇摆周期相同，而法向力的波动周期为摇摆周期的一半，因而摩擦阻力系数随时间的波动曲线并不是简单的正弦函数曲线。

2. 能量方程

不可压缩湍流的能量方程可以表示为

$$\frac{\partial T}{\partial t}+u\frac{\partial T}{\partial x}=a\left(\frac{\partial^2 T}{\partial r^2}+\frac{1}{r}\frac{\partial T}{\partial r}\right)-\frac{\partial \overline{v'T'}}{\partial r} \tag{10.3.14}$$

令

$$T^*=(T-T_w)/(T_m-T_w) \tag{10.3.15}$$

式中：T_m 为流体平均温度；T_w 为壁面温度。取无量纲参数：

$$u^*=u/u_m,\ r^*=r/R,\ x^*=x/(RPrRe)$$
$$t^*=ta/R^2,\ u_m=R^2a_r/4\nu,\ a=\lambda/\rho c_p \tag{10.3.16}$$

对式（10.3.14）进行无量纲化可以得到

$$\frac{\partial T^*}{\partial t^*}+u^*\frac{\partial T^*}{\partial x^*}=\frac{\partial^2 T^*}{\partial r^{*2}}+\frac{1}{r^*}\frac{\partial T^*}{\partial r^*}-\frac{\partial \overline{v'^*T'^*}}{\partial r^*} \tag{10.3.17}$$

式（10.3.17）满足边界条件：

$$\begin{cases}T^*(x^*,1,t^*)=0\\T^*(0,r^*,t^*)=1\\\partial T^*(x^*,0,t^*)/\partial r^*=0\end{cases} \tag{10.3.18}$$

同样假设船体运动不会改变湍流中各种涡结构的运动特性，而只是使其产生一些波动。因而将无量纲温度分成两部分：

$$T^*(x^*,r^*,t^*)=T_1^*(x^*,r^*)+T_2^*(r^*,t^*) \tag{10.3.19}$$

其中，$T_1^*(x^*,r^*)$ 满足：

$$u_1^*\frac{\partial T_1^*}{\partial x^*}=\frac{\partial^2 T_1^*}{\partial r^{*2}}+\frac{1}{r^*}\frac{\partial T_1^*}{\partial r^*}-\frac{\partial \overline{v'^*T'^*}}{\partial r^*} \tag{10.3.20}$$

式（10.3.20）满足边界条件：

$$\begin{cases}T_1^*(x^*,1)=0\\T_1^*(0,r^*)=1\\\partial T_1^*(x^*,0)/\partial r^*=0\end{cases} \tag{10.3.21}$$

而 $T_2^*(r^*,t^*)$ 满足：

$$\frac{\partial T_2^*}{\partial t^*}+u_2^*\frac{\partial T_1^*}{\partial x^*}=\frac{\partial^2 T_2^*}{\partial r^{*2}}+\frac{1}{r^*}\frac{\partial T_2^*}{\partial r^*} \tag{10.3.22}$$

式（10.3.22）满足边界条件：

$$\begin{cases} T_2^*(1,t^*)=0 \\ \partial T_2^*(0,t^*)/\partial r^*=0 \end{cases} \tag{10.3.23}$$

可以解得

$$T_2^*(r^*,t^*)=4C(r^*)J_0\left(\sqrt{-\mathrm{i}\Omega_1}\,r^*\right)\mathrm{e}^{\mathrm{i}\Omega_1 t^*} \tag{10.3.24}$$

式中：

$$\begin{aligned} C(r^*)=&\int_1^{r^*}\int_0^{r^*} g(r^*)\exp\int_1^{r^*}\left[\frac{-2\sqrt{-\mathrm{i}\Omega_1}J_1\left(\sqrt{-\mathrm{i}\Omega_1}r^*\right)}{J_0\left(\sqrt{-\mathrm{i}\Omega_1}r^*\right)}+\frac{1}{r^*}\right]\mathrm{d}r^*\mathrm{d}r^* \\ &\times\exp\left\{\int_1^{r^*}\left[\frac{-2\sqrt{-\mathrm{i}\Omega_1}J_1\left(\sqrt{-\mathrm{i}\Omega_1}r^*\right)}{J_0\left(\sqrt{-\mathrm{i}\Omega_1}r^*\right)}+\frac{1}{r^*}\right]\mathrm{d}r^*\right\}\mathrm{d}r^* \end{aligned} \tag{10.3.25}$$

努塞特数可以表示为

$$Nu=\frac{d\alpha}{\lambda}=\frac{2\partial T^*}{\partial r^*}\bigg|_{r^*=1} \tag{10.3.26}$$

于是，圆管内湍流的瞬时 Nu 可以表示为

$$Nu=\frac{2\partial T_1^*}{\partial r^*}\bigg|_{r^*=1}+8\frac{\partial\left[C(r^*)J_0\left(\sqrt{-\mathrm{i}\Omega_1}r^*\right)\right]}{\partial r^*}\bigg|_{r^*=1}\mathrm{e}^{\mathrm{i}\Omega_1 t^*} \tag{10.3.27}$$

式（10.3.27）的第一项即为稳态条件下的 Nu。已有不少学者对此进行了一系列理论和实验研究，并得出了各式各样的 Nu 表达式。这里采用其中比较通用的 Dittus-Boelter 公式。于是式（10.3.27）可以表示为

$$Nu=0.023Re^{0.8}Pr^{0.4}+8\int_0^1 g(r^*)r^*\left[\frac{J_0\left(\sqrt{-\mathrm{i}\Omega_1}r^*\right)}{J_0\left(\sqrt{-\mathrm{i}\Omega_1}\right)}\right]^2\mathrm{d}r^*\mathrm{e}^{\mathrm{i}\Omega_1 t^*} \tag{10.3.28}$$

式中：

$$g(r^*)=-\frac{K_1}{\mathrm{i}\Omega_1}\left[1-\frac{J_0\left(\sqrt{-\mathrm{i}\Omega_1/Pr}\,r^*\right)}{J_0\left(\sqrt{-\mathrm{i}\Omega_1}\right)}\right] \tag{10.3.29}$$

$$\Omega_1=R^2n/a,\qquad K_1=a_{\mathrm{o}}RPrRe/u_{\mathrm{m}}^2 \tag{10.3.30}$$

式（10.3.28）即为摇摆与起伏条件下圆管内的湍流 Nu。当 Re 比较小时，式（10.3.28）的第一项与实际值之间存在一定偏差。从式（10.3.28）～式（10.3.30）可以看出，平均 Nu 只与 Re 和 Pr 有关，Nu 的波动项也与 Re 和 Pr 有关。

10.3.2　矩形通道

与层流的分析类似，矩形通道内的摩擦阻力系数和传热系数的求解可以将矩形管等效成圆形通道，然后再进行求解。当矩形通道长宽比非常大时，可用将矩形通道等效成平行平板。

1. 动量方程

对于平行平板，用 x 表示流动方向、y 表示到壁面的距离、x 轴位于平行通道中间，在摇摆和起伏条件下，平行通道内的层流流体的 N-S 方程可以简写成：

$$\frac{\partial u}{\partial t}=-\frac{1}{\rho}\frac{\partial p}{\partial x}+\nu\frac{\partial^2 u}{\partial y^2}-\frac{\partial \overline{u'v'}}{\partial y}-\frac{F_a}{\rho} \tag{10.3.31}$$

式中：u 表示流速；t 为时间；ν 为运动黏度；附加力与式（10.3.2）相同。

同样将湍流速度分解为

$$u(x,y,t)=u_1(x,y)+u_2(y,t) \tag{10.3.32}$$

式（10.3.31）可以分解为

$$\begin{cases} 0=-\dfrac{1}{\rho}\dfrac{\partial p}{\partial x}+\nu\dfrac{\partial^2 u_1}{\partial y^2}-\dfrac{\partial \overline{u'v'}}{\partial y} \\ \dfrac{\partial u_2}{\partial t}=\nu\dfrac{\partial^2 u_2}{\partial y^2}-\dfrac{F_a}{\rho} \end{cases} \tag{10.3.33}$$

式（10.3.33）中 $u_1(x, y)$的解可以用 1/7 次幂律表示，即

$$u_1/u_m=[(d-y)/\delta]^{1/7} \tag{10.3.34}$$

式中：δ 为边界层厚度，m。式（10.3.33）中 $u_2(y, t)$的解可以表示为

$$u_2(y,t)=-\frac{a_o}{in}e^{int}\left[1-\frac{\operatorname{ch}\left(y\sqrt{in/\nu}\right)}{\operatorname{ch}\left(d\sqrt{in/\nu}\right)}\right] \tag{10.3.35}$$

将式（10.3.34）、式（10.3.35）代入式（10.3.32）得到

$$u(y,t)=u_m[(d-y)/\delta]^{1/7}-\frac{a_o}{in}e^{int}\left[1-\frac{\operatorname{ch}\left(y\sqrt{in/\nu}\right)}{\operatorname{ch}\left(d\sqrt{in/\nu}\right)}\right] \tag{10.3.36}$$

式（10.3.36）即为起伏和摇摆条件下平行通道内不可压缩湍流的速度表达式。在求摩擦阻力系数的过程中将式（10.3.36）分成稳态项和波动项两部分进行求解。式（10.3.36）的稳态项产生的局部表面摩擦阻力系数可以表示为

$$f_1=0.074Re^{-0.2} \tag{10.3.37}$$

式中：

$$Re=u_m l/\nu \tag{10.3.38}$$

其中：l 为平板长度。

式（10.3.36）的波动项产生的局部表面摩擦阻力系数可以表示为

$$f_2=\frac{2a_o l^2 e^{int}}{\nu Re^2\sqrt{in\nu}}\operatorname{th}\left(d\sqrt{in\nu}\right) \tag{10.3.39}$$

所以平板上的局部表面摩擦阻力系数可以表示为

$$f=0.074Re^{-0.2}+\frac{2a_o l^2 e^{int}}{\nu Re^2\sqrt{in\nu}}\operatorname{th}\left(d\sqrt{in\nu}\right) \tag{10.3.40}$$

式（10.3.40）的使用范围为 $5\times10^5<Re<10^7$。

2. 能量方程

不可压缩湍流的能量方程可以表示为

$$\frac{\partial T}{\partial t}+u\frac{\partial T}{\partial x}=a\frac{\partial^2 T}{\partial y^2}-\frac{\partial \overline{v'T'}}{\partial r} \tag{10.3.41}$$

对式（10.3.41）进行无量纲化可以得到

$$\frac{\partial T^*}{\partial t^*}+u^*\frac{\partial T^*}{\partial x^*}=\frac{\partial^2 T^*}{\partial y^{*2}}-\frac{\partial \overline{v'^*T'^*}}{\partial r^*} \tag{10.3.42}$$

式（10.3.42）满足边界条件：

$$\begin{cases}T^*(x^*,1,t^*)=0\\T^*(0,y^*,t^*)=1\\\partial T^*(x^*,0,t^*)/\partial y^*=0\end{cases} \tag{10.3.43}$$

同样假设船体运动不会改变湍流中各种涡结构的运动特性，而只是使其产生一些波动。因而将无量纲温度分成两部分：

$$T^*(x^*,y^*,t^*)=T_1^*(x^*,y^*)+T_2^*(y^*,t^*) \tag{10.3.44}$$

式中，$T_1^*(x^*,y^*)$满足：

$$u_1^*\frac{\partial T_1^*}{\partial x^*}=\frac{\partial^2 T_1^*}{\partial y^{*2}}-\frac{\partial \overline{u'^*T'^*}}{\partial r^*} \tag{10.3.45}$$

式（10.3.45）满足边界条件：

$$\begin{cases}T_1^*(x^*,1)=0\\T_1^*(0,y^*)=1\\\partial T_1^*(x^*,0)/\partial y^*=0\end{cases} \tag{10.3.46}$$

而$T_2^*(y^*,t^*)$满足：

$$\frac{\partial T_2^*}{\partial t^*}+u_2^*\frac{\partial T_1^*}{\partial x^*}=\frac{\partial^2 T_2^*}{\partial y^{*2}} \tag{10.3.47}$$

式（10.3.47）满足边界条件：

$$\begin{cases}T_2^*(1,t^*)=0\\\partial T_2^*(0,t^*)/\partial y^*=0\end{cases} \tag{10.3.48}$$

可以解得

$$\begin{aligned}T_2^*(y^*,t^*)=\frac{K_2}{\Omega_2^2}\Bigg[&-1-\frac{Pr\mathrm{ch}(\sqrt{\mathrm{i}\Omega_2/Pr}\,y^*)}{(1-Pr)\mathrm{ch}(\sqrt{\mathrm{i}\Omega_2/Pr})}+\\&\frac{\mathrm{ch}(\sqrt{\mathrm{i}\Omega_2}\,y^*)}{(1-Pr)\mathrm{ch}(\sqrt{\mathrm{i}\Omega_2})}-\frac{\mathrm{ch}\left[\sqrt{\mathrm{i}\Omega_2}(1-y^*)\right]}{\sqrt{\mathrm{i}\Omega_2}\mathrm{ch}(\sqrt{\mathrm{i}\Omega_2})}\Bigg]\mathrm{e}^{\mathrm{i}\Omega_2 t^*}\end{aligned} \tag{10.3.49}$$

式中：

$$\Omega_2 = d^2 n / a, \qquad K_2 = a_o dPrRe / u_m^2 \tag{10.3.50}$$

将 Nu 也分成两部分进行求解，由温度稳态项导出的 Nu 可以表示为

$$Nu_1 = 0.03Re^{0.8}Pr^{0.4} \tag{10.3.51}$$

由式（10.3.49）导出的 Nu 可以表示为

$$Nu_2 = \frac{2K_2}{\Omega_2^2}\left[-\frac{Pr\sqrt{\mathrm{i}\Omega_2 / Pr}\,\mathrm{th}\sqrt{\mathrm{i}\Omega_2 / Pr}}{1-Pr}+\frac{\sqrt{\mathrm{i}\Omega_2}\,\mathrm{th}\left(\sqrt{\mathrm{i}\Omega_2}\right)}{1-Pr}\right]\mathrm{e}^{\mathrm{i}\Omega_2 t^*} \tag{10.3.52}$$

所以平板上的 Nu 可以表示为

$$Nu = 0.03Re^{0.8}Pr^{0.6} + \frac{2K_2}{\Omega_2^2}\left[-\frac{Pr\sqrt{\mathrm{i}\Omega_2 / Pr}\,\mathrm{th}\sqrt{\mathrm{i}\Omega_2 / Pr}}{1-Pr}+\frac{\sqrt{\mathrm{i}\Omega_2}\,\mathrm{th}\left(\sqrt{\mathrm{i}\Omega_2}\right)}{1-Pr}\right]\mathrm{e}^{\mathrm{i}\Omega_2 t^*} \tag{10.3.53}$$

10.4　舰船机动对一回路自然循环的影响

除上述海洋条件外，海上航行的核动力舰船，由于其技术性能要求，需要频繁地做水平和垂直方向机动，包括水平方向的启动、加速、减速、停车、回旋和竖直方向的下潜、上浮，一回路的流动与换热都会与陆基核电站的情形有较大的差别，有其特殊性。对于强迫循环，因为主泵的压头较大，舰船的运动和海洋条件不会对一回路的流量和热工水力特性带来很大的影响。而在自然循环条件下，由于流体的驱动压头较小，上述运动状态会对一回路自然循环的驱动压降产生显著影响，从而影响回路自然循环能力、回路的热工水力特性和载热能力。本节主要针对舰船反应堆自身特殊的运动状态，介绍舰船机动与海洋条件对一回路自然循环的影响。

典型分散布置的船用核动力装置组成如图 10.4.1 所示，系统由对称的左右两个回路组成。图中包含固定在船上的非惯性坐标系，坐标原点设在反应堆进出口管的交点处，x 正向为艇首方向。

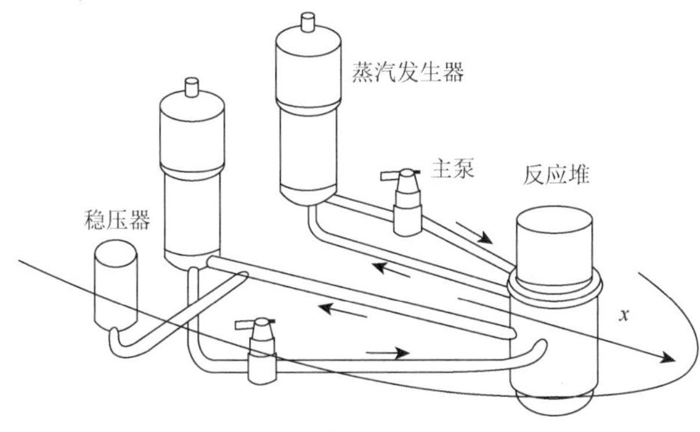

图 10.4.1　典型分散布置的船用核动力装置组成示意图

为方便计算，可对一回路进行简化，做如下假设：①反应堆和蒸汽发生器的换热采用集总参数模型；②在管路同一横截面上的各点参数相同；③忽略散热损失；④流动阻力压降和临界热流密度均采用强制循环时的计算方法。

根据假设可得到热中心之间的有效高差，如图 10.4.2 所示，其值为

$$H_{\mathrm{eff}} = Z_{\mathrm{c}} + h_{\mathrm{d}} + Z_{\mathrm{b}} \tag{10.4.1}$$

因 Z_{c}、h_{d} 和 Z_{b} 变化规律相同，仅与倾角有关，故 H_{eff} 仅与倾角有关，则问题可进一步简化为如图 10.4.3 所示，有

$$H_{\mathrm{eff}} = L\sin\theta \tag{10.4.2}$$

式中：L 为反应堆和蒸汽发生器热中心等效距离在艇中轴面上的投影；θ 为线段 L 与艇轴的夹角。而对于一体化堆，则无论潜艇俯、仰，H_{eff} 都将减小；φ 为俯仰角。

$$H_{\mathrm{eff}}(t) = H_{\mathrm{eff}}\cos\varphi \tag{10.4.3}$$

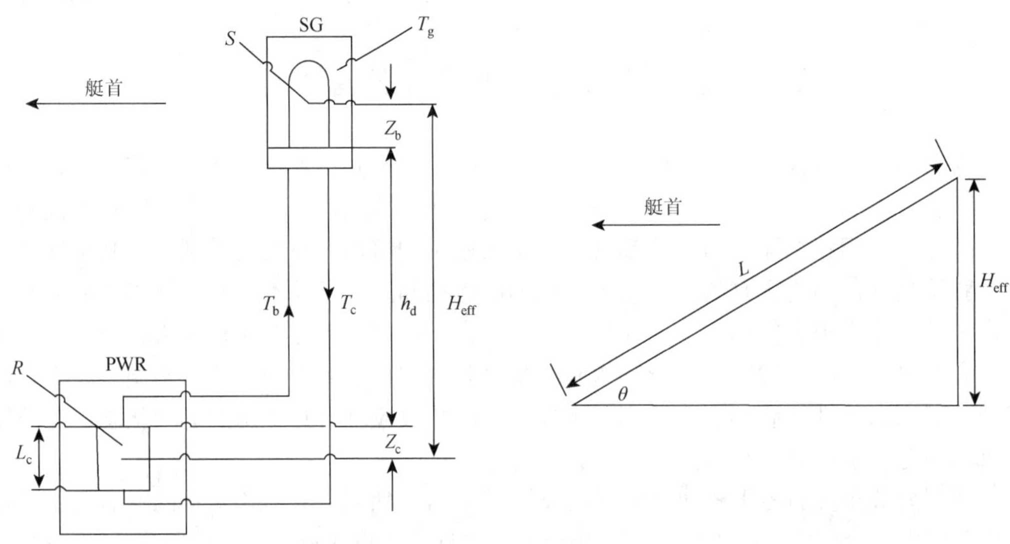

图 10.4.2 热中心有效高差

图 10.4.3 热中心有效高差简化图

在一回路冷却剂稳定流动的情况下，阻力压降 Δp_{r} 和驱动压降 Δp_{d} 应平衡：

$$\Delta p_{\mathrm{r}} = \Delta p_{\mathrm{d}} \tag{10.4.4}$$

流动的受力方程为

$$\sum\left(\frac{L_i}{A_i}\right)\frac{\partial \dot{m}}{\partial t} = \Delta p_{\mathrm{d}}(t) - \Delta p_{\mathrm{r}}(t) \tag{10.4.5}$$

式中：L_i、A_i 分别为第 i 段控制体的长度、横截面积；$\dot{m}$ 为冷却剂质量流量。对于自然循环，回路流动驱动压降与流动阻力压降分别为

$$\Delta p_{\mathrm{d}} = (\rho_{\mathrm{c}} - \rho_{\mathrm{h}})aH_{\mathrm{eff}} \tag{10.4.6}$$

$$\Delta p_{\mathrm{r}} = \sum \Delta p_{\mathrm{c}i} + \sum \Delta p_{\mathrm{f}i} + \sum \Delta p_{\mathrm{a}i} \tag{10.4.7}$$

式中：ρ_{c} 和 ρ_{h} 分别为冷管段和热管段冷却剂的平均密度；a 是加速度；H_{eff} 是有效高位差；

Δp_c、Δp_f、Δp_a分别表示形状阻力压降、摩擦压降、附加压降；i表示第i段控制体。舰船有诸如加速上浮、下潜等动作，将在竖直方向产生附加加速度，引起 a 的变化，加上海洋条件的作用，将改变式（10.4.5）中自然循环流动的驱动力或阻力，或同时改变驱动力和阻力，从而影响回路的自然循环。

显然，若舰船作水平方向的变速机动，只产生水平方向的加速度，不会对a产生影响，此时$a=g$，g为重力加速度的值。故舰船的运动包含竖直方向的变速时才会产生竖直z方向的加速度分量。根据达朗贝尔原理，在每一个冷却剂质点上加以相应的惯性力，则这时冷却剂k方向受的质量力是重力和惯性力的合力，即

$$\boldsymbol{a}=-g\boldsymbol{k}-a_z\boldsymbol{k}=(-g-a_z)\boldsymbol{k} \tag{10.4.8}$$

$$a=|g+a_z| \tag{10.4.9}$$

10.4.1　紧急上浮与速潜对驱动压降的影响

1. 紧急上浮

紧急上浮一般是采用紧急吹除水柜的方式使潜艇上浮至半潜状态，不考虑潜艇的俯仰，不考虑海水密度随深度的变化，吹除水柜产生的浮力使潜艇获得竖直向上的加速度，$a_z=\dfrac{\Delta f_{浮}}{\mathrm{m}_{艇}}\boldsymbol{z}$，这个加速度随着潜艇竖直$z$方向的速度和阻力的增加而迅速减小直至为零。所以，合加速度a获得一个阶跃增加后迅速减小，对应的Δp_d也有同样的变化过程，但整个过程中 Δp_d不会小于稳态运行时的值，即自然循环能力获得瞬时的增加而趋向于稳态值，这样的情形对于运行不会产生不利影响。

2. 速潜

速潜是与紧急上浮相反的过程，通过向水柜注水使潜艇获得竖直向下的加速度，迅速下潜，$a_z=\dfrac{\Delta f_{浮}}{\mathrm{m}_{艇}}\boldsymbol{z}$，这个加速度随着潜艇竖直$z$方向的浮力和阻力的增加而迅速减小直至为零。合加速度a获得一个阶跃减小后迅速增加，对应的Δp_d也先减小后迅速增加。这种情形对于自然循环能力影响最大，会出现自然循环能力趋向于零的过程，因此在实际操作中要尽量避免此种情况的发生。

3. 变深机动

变深机动是潜艇改变航行深度最常用的机动动作，包括上浮和下潜。潜艇变深主要依靠首舵和尾舵的作用，产生俯仰角，潜艇以一定俯仰角航行产生的流动阻力和螺旋桨推力的合力的竖直分量，即产生竖直方向加速度的作用力。先考虑上浮过程，假定仰角φ从 0 到 45°，角速度均匀，取$\omega=\pi/24\,(1/s)$，潜艇向艇首方向的加速度恒定，取为$a'g$，则

$$a=g(1+a'\sin\omega t) \tag{10.4.10}$$

$$H_{\text{eff}}(t) = H_{\text{eff}}(\cos\omega t - \text{ctg}\theta\sin\omega t) \tag{10.4.11}$$

对于一体化堆，θ 为 $\pi/2$，则

$$H_{\text{eff}}(t) = H_{\text{eff}}\cos\alpha = H_{\text{eff}}\cos\omega t \tag{10.4.12}$$

将式（10.4.11）代入式（10.4.6）得

$$\Delta p_{\text{d}} = H_{\text{eff}}g(\rho_{\text{c}} - \rho_{\text{h}})(1 + a'\sin\omega t)(\cos\omega t - \text{ctg}\theta\sin\omega t) \tag{10.4.13}$$

可见 Δp_{d} 只与 a'、θ 有关并随时间变化，现分别讨论：① a' 分别取为 0.005、0.01、0.05、0.2、0.4 和 0.6，$\text{ctg}\theta = 3$。Δp_{d} 随时间变化如图 10.4.4、图 10.4.5 所示。② $\text{ctg}\theta$ 分别取为 0、1、2、3、4 和 5，对应的 θ 角在 90°与 10°之间，90°即为一体化堆。θ 角对 Δp_{d} 的影响如图 10.4.6 所示。

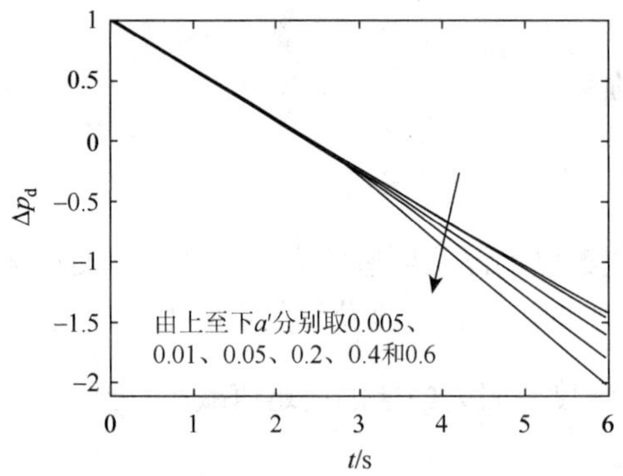

图 10.4.4　加速上浮过程分布式布置 Δp_{d} 变化

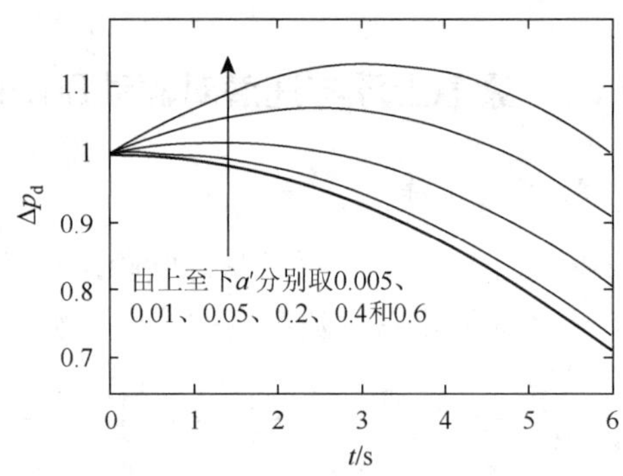

图 10.4.5　加速上浮过程一体化堆 Δp_{d} 变化

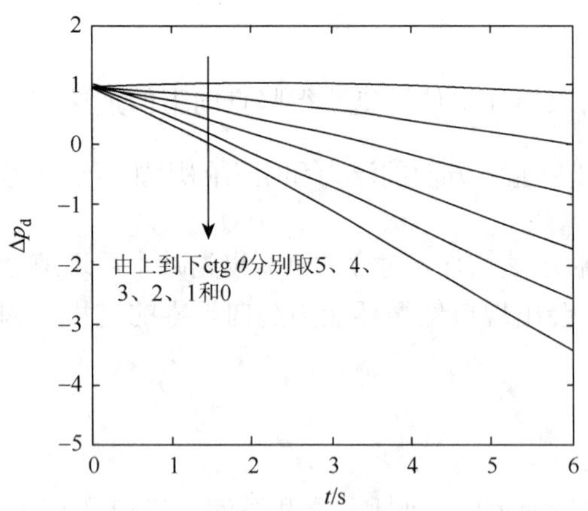

图 10.4.6　加速上浮过程分布式布置 θ 角对 Δp_{d} 的影响

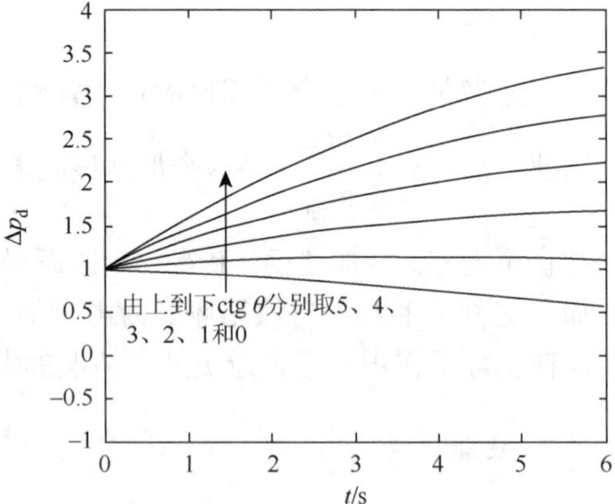

图 10.4.7　加速下潜过程分布式布置 θ 角对 Δp_{d} 的影响

对于下潜过程，基本假设不变，俯角 φ 从 0°～45°，角速度均匀，取 $\omega = \pi/24$，潜艇向艇首方向的加速度恒定，则有

$$\Delta p_{\mathrm{d}} = H_{\mathrm{eff}} g(\rho_{\mathrm{c}} - \rho_{\mathrm{h}})(1 - a' \sin \omega t)(\cos \omega t + \mathrm{ctg}\theta \sin \omega t) \tag{10.4.14}$$

取与前面相同的 a'，$\mathrm{ctg}\theta$ 及 θ 角的变化范围。下潜时 θ 角对 Δp_{d} 的影响如图 10.4.7 所示，不同加速度 $a'g$，Δp_{d} 随时间变化如图 10.4.8、图 10.4.9 所示。图 10.4.4、图 10.4.5、图 10.4.8、图 10.4.9 中的粗线是 $a' = 0.005$ 和 $a' = 0.01$ 的重合线，两加速度比较接近，两曲线基本重合。

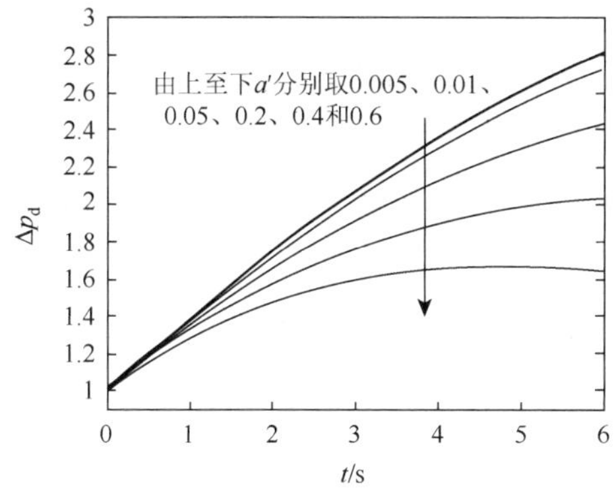

图 10.4.8　加速下潜过程分布式布置 Δp_{d} 变化

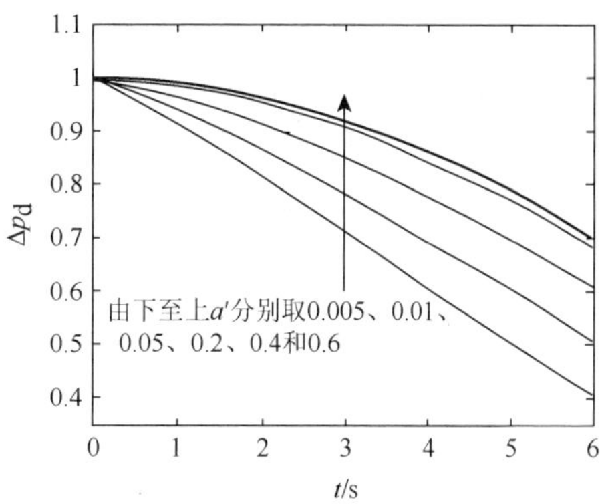

图 10.4.9　加速下潜过程一体化堆 Δp_{d} 变化

10.4.2　舰船运动对主要热工参数的影响

1.水平加速直线运动

船体水平加速不改变热中心的有效高差，仅在回路中产生附加压降。船体的水平加速度为 a 时，第 i 段管路的附加压降为 $\Delta p_{ai} = \dfrac{\boldsymbol{a}\boldsymbol{L}_{ix}}{v_i}$，$\boldsymbol{a}$ 为加速度矢量，$\boldsymbol{L}_{ix}$ 为该管段 x 方向矢量，以沿管段内流体的实际流动方向为正方向，v_i 为该管段的比体积。可见水平加速直线运动条件下，只有与 x 方向平行的管段或有 x 方向分量的管段内才会产生附加压降。水平加速度方向与管段内流体流动方向相同时附加压降为正，产生流动阻力，反之为负，产生驱动力。将左回路各控制体内的附加压降相加得到左回路的总附加压降 $\Delta p_{\mathrm{az}} = \sum \Delta p_{\mathrm{a}i}$，同理可得右回路的总附加压降。水平加速直线运动条件下，左右回路由于对称性，所受的影响相同。

有学者曾计算在水平加速直线运动条件下，分散布置的船用核动力装置自然循环的瞬态特性。以船体向前加速度为 0.5 m/s^2，且保持恒定，加速 10 s 为例做计算，给出核功率、回路进出口温度及平均温度，左右回路流量的响应特性，如图 10.4.10 所示。

由图 10.4.10 可见，船舶直线变速运动只对与船体平行管道内的冷却剂产生影响。船舶直线变速运动只对与船体平行管道内的冷却剂产生影响，且对左右环路影响效果一致。但对于每个环路，变速运动对反应堆进、出口管道内冷却剂影响不同。船体加速向前时，

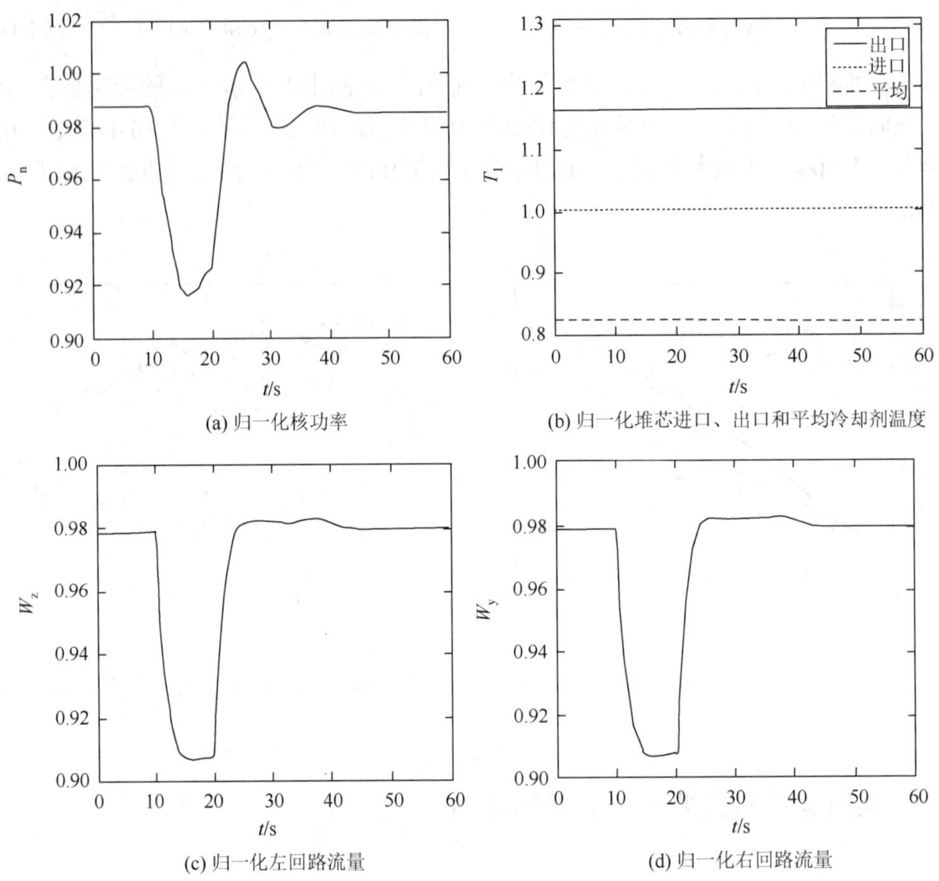

(a) 归一化核功率　　(b) 归一化堆芯进口、出口和平均冷却剂温度

(c) 归一化左回路流量　　(d) 归一化右回路流量

图 10.4.10　自然循环水平加速直线运动主要参数响应

反应堆出口平行于船体的管道内产生相反的加速度（热端的冷却剂流向船艉），该加速度引入的附加力与冷却剂流动方向相同，对流体流动起加速作用；但反应堆入口平行于船体的管道内产生加速度的方向与冷却剂流动方向相反，对流体流动起减速作用；由于反应堆进出口冷却剂的密度不一致，附加力不会完全抵消，入口管道内冷却剂密度大，产生的附加力更大，因而在船体加速向前时，自然循环流量会略微降低；船体加速向后的情况正好与之相反，入口冷却剂内产生的附加力与流动方向相同，整个环路的自然循环流量略微增加。总体来说，船体的变速运动对反应堆自然循环运行参数影响不大，参数变化没有引起相关控制系统的动作。

2. 竖直加速直线运动

与水平加速度类似，竖直加速也仅在回路中产生附加压降。当竖直加速度为 a 时，第 i 段管路的附加压降为 $\Delta p_{ai}=\dfrac{aL_{iz}}{v_i}$，类似地，只有与 z 方向平行的管段或有 z 方向分量的管段内才会产生附加压降。竖直加速度方向与管段内流体流动方向相同时附加压降为正，产生流动阻力，反之为负，产生驱动力。将左回路各个控制体内的附加压降相加得到左回路的总附加压降 $\Delta p_{az} = \sum \Delta p_{ai}$ ，同理可得右回路的总附加压降。显然，左右回路所受的影响是相同的。

有学者曾计算在竖直加速直线运动条件下，船用堆自然循环的瞬态特性。以向上加速度为 0.3 m/s^2，且保持恒定，加速 60 s 为例做计算，给出核功率、回路进出口温度及平均温度、左右回路流量的响应特性，如图 10.4.11 所示。

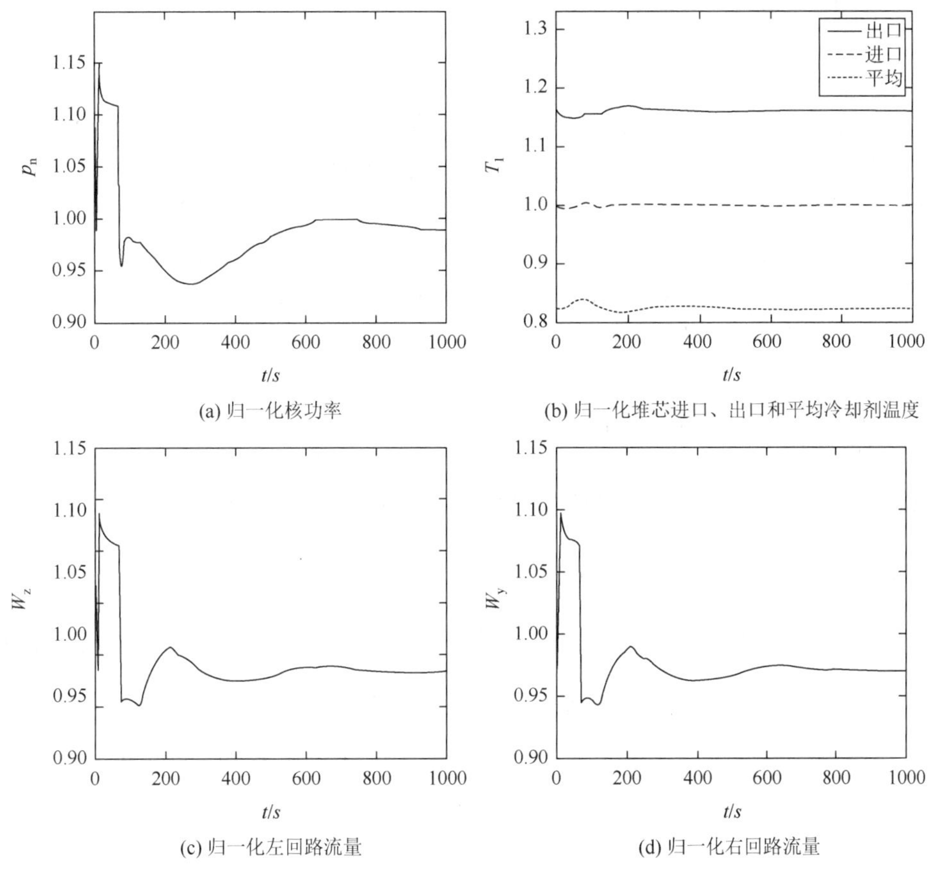

(a) 归一化核功率　(b) 归一化堆芯进口、出口和平均冷却剂温度

(c) 归一化左回路流量　(d) 归一化右回路流量

图 10.4.11　自然循环竖直加速直线运动主要参数响应

由图 10.4.11 可见，竖直向上加速开始后回路流量增加，停止加速后流量又上升逐渐恢复平衡，说明竖直向上加速度对回路产生的附加压降是负值。左右回路的流量和温度是对称的，反映了竖直加速度对左右回路相同的影响。加速开始后，反应堆功率因堆芯流量增加而增大，在所计算的加速度下，功率下降幅度较大，回路冷却剂温度变化也较大。可见竖直向上加速度值对自然循环流动影响较大。竖直向下的加速度情况相反，在回路中产生正的附加压降，导致回路流量减小。

在实际运行中，竖直方向的加速度主要对应于潜艇的紧急上浮和速潜。紧急上浮一般是采用紧急吹除水柜的方式使潜艇上浮，不考虑潜艇的俯仰。如果不考虑海水密度随深度的变化，吹除水柜产生的浮力使潜艇获得竖直向上的瞬时加速度与前面考虑的恒定加速度不同，这个加速度随着潜艇竖直方向的速度和阻力的增加而迅速减小直至为零。

因此竖直方向加速度获得一个初始正值后迅速减小，对应的附加压降也有同样的变化过程，但整个过程中附加压降一直是负值，即自然循环能力获得瞬时的增加而趋向于稳态值。速潜是与紧急上浮相反的过程，通过向水柜注水使潜艇获得竖直向下的瞬时加速度，这个加速度随着潜艇竖直方向的浮力和阻力的增加而迅速减小直至为零。因此竖直方向加速度获得一个初始负值后迅速增加，对应的附加压降也有同样的过程，整个过程中附加压降一直是正值，即自然循环能力获得瞬时的减小而后趋向于稳态值。

3. 回旋

与其他条件不同，回旋是建立在惯性坐标系上的，船体以一定的速度绕海面上固定的某点做圆周运动。如图 10.4.12 所示，为船体的向左回旋运动。图中 R 为回旋半径（非惯性系原点到惯性系原点的距离）。船舶回转对船用核动力装置自然循环运行的影响机理与船舶直线变速运动基本相同。回旋不改变自然循环驱动的有效高差，作用在冷却剂上的额外力是由于转动引入的向心加速度引起的，这些向心力只作用沿回转半径方向流动的冷却剂上。匀速回旋时船体运动的加速度：

$$a_{\mathrm{n}} = -\omega^2 \boldsymbol{R} \tag{10.4.15}$$

式中：a_{n} 为法向加速度，m/s^2；ω 为回旋角速度，rad/s。只有管段方向具有向心分量时才能在管段中产生附加压降，平行于 x 或 z 方向的管段内没有附加压降产生。$\omega = v_{\mathrm{c}} / R$，$v_{\mathrm{c}}$ 为船的航速，m/s。回路中第 i 段控制体中心与回旋中心的距离为 R'，则该管段内产生的附加压降为 $\Delta p_{ai} = -\dfrac{v_{\mathrm{c}}^2 \boldsymbol{R}' \boldsymbol{L}_{iR'}}{R^2 v_i}$，其中符号意义同前。将左回路各个控制体内的附加压降相加得到左回路的总附加压降 $\Delta p_{az} = \sum \Delta p_{ai}$，将右回路各个控制体内的附加压降相加得到右回路的总附加压降 $\Delta p_{ay} = \sum \Delta p_{ai}$。因左回路和右回路对称管段在回旋条件下两者的 R'不同，且两者的 $\boldsymbol{L}_{iR'}$ 方向恰好是相反的，因此在回旋条件下左右回路所受的影响不同。

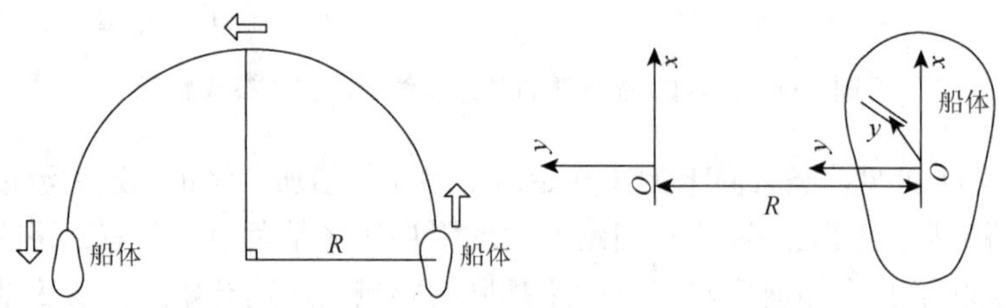

图 10.4.12　船体回旋示意图

有学者曾计算船体运动速度约 3.6 m/s，回旋半径 250 m，向左回旋约 90°，回旋假定为匀速回旋，回旋开始前及结束后船体是匀速直线运动的条件下，船用堆自然循环的瞬态特性。给出核功率、回路进出口温度及平均温度、左右回路流量的响应特性，如图 10.4.13 所示。

由图 10.4.13 可见，向左回旋左回路流量增加，而右回路流量减小，说明向左回旋的向心加速度在左回路产生的附加压降为负值，而在右回路产生的附加压降为正值，左右回路的流量和进口温度是不相同的。回旋开始后，反应堆功率有下降趋势，但变化很小，回路流量的变化也很小。可见该条件下的回旋对自然循环流动影响不大。向右回旋对自然循环的影响与向左回旋类似。相关文献指出，在船体可能的速度和回旋半径范围内，回旋对自然循环的影响很小。

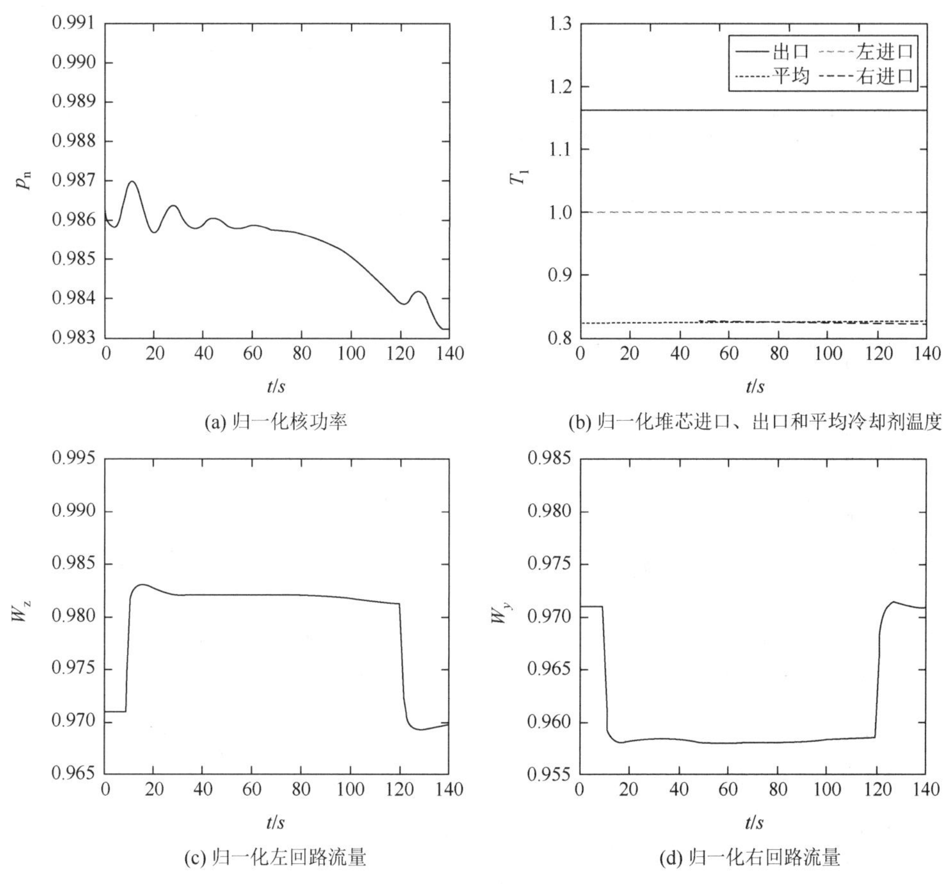

图 10.4.13　自然循环回旋运动主要参数响应

4. 横倾

横倾将改变回路冷热源的相对位置，从而自然循环驱动的有效高差，横倾的瞬态过程可能会产生附加压降，瞬态结束后附加压降。横倾对左右回路的影响是不对称的。有学者曾计算了左倾 15°船用堆自然循环的瞬态特性，给出核功率、回路进出口温度及平均温度、左右回路流量、堆芯总流量和蒸汽发生器压力的响应特性，如图 10.4.14 所示。

由图 10.4.14 可见，右倾后由于左回路的有效高差增大，右回路的有效高差减小，因而左回路流量增大，而右回路流量减小，堆芯总流量有增加但增加幅度较小。另外，左回路进口温度升高而右回路进口温度降低，相应的左蒸汽发生器压力上升而右蒸汽发生器压力下降。由于右蒸汽发生器压力可能下降到低于汽轮机允许运行的最低压力，而导致系统不可运行，所以蒸汽发生器压力是横倾的主要限制参数。左倾与右倾的情况类似。

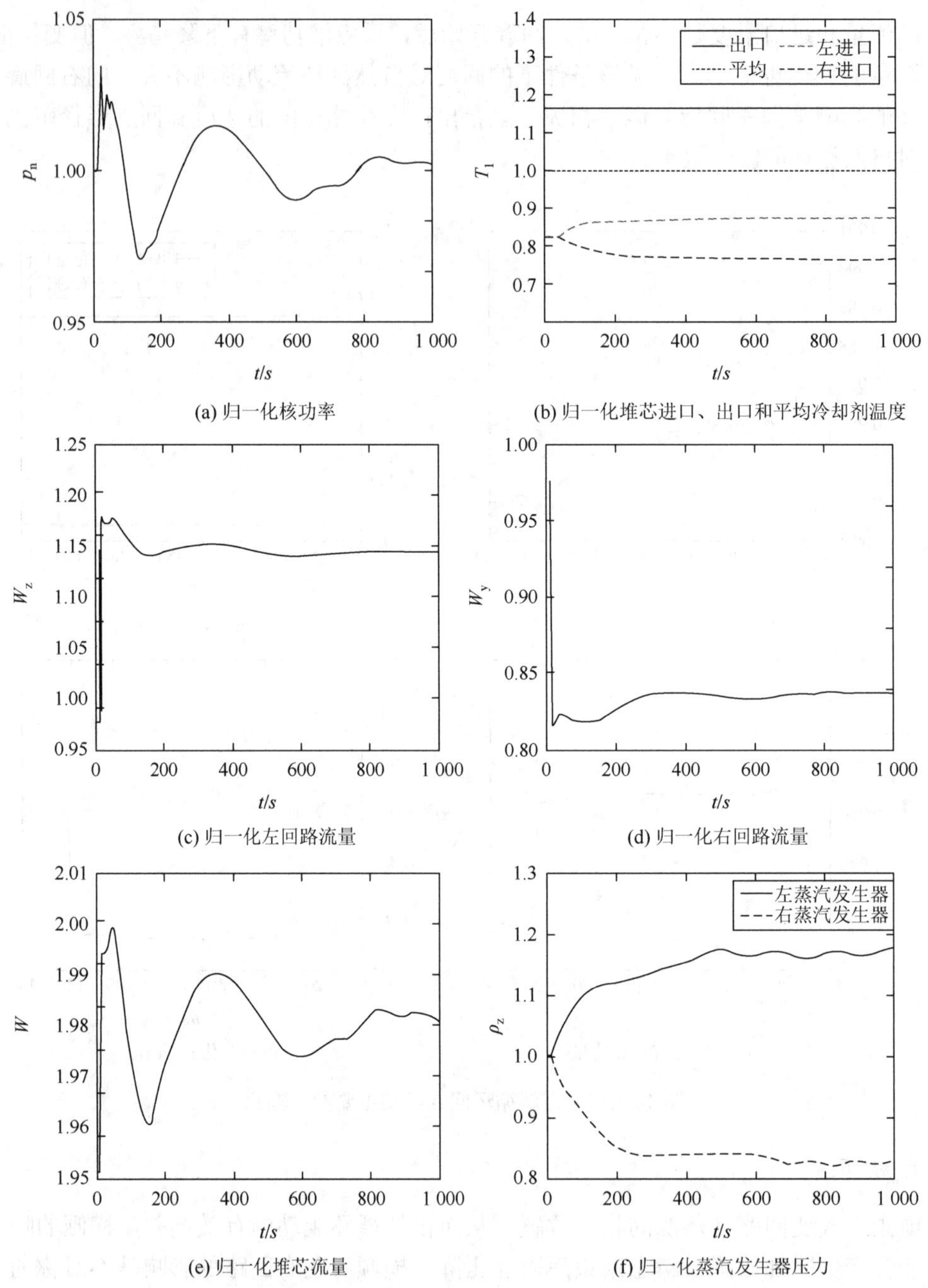

(a) 归一化核功率　　(b) 归一化堆芯进口、出口和平均冷却剂温度

(c) 归一化左回路流量　　(d) 归一化右回路流量

(e) 归一化堆芯流量　　(f) 归一化蒸汽发生器压力

图 10.4.14　自然循环右倾主要参数响应

5. 纵倾

与横倾类似，纵倾也将改变回路冷热源的相对位置，从而影响自然循环驱动的有效高差。纵倾也只在瞬态过程中产生附加压降。纵倾分为前倾和后倾，对左右回路的影响是对称的，但对于分散布置的核动力装置，前倾和后倾的作用是相反的。前倾抬高了蒸汽发生器与反应堆的相对位高，而在后倾的情况下，上述参数变化正好相反。有学者曾

分别计算前倾 15°和后倾 15°船用堆自然循环的瞬态特性，给出了核功率、回路进出口温度及平均温度、左右回路流量、堆芯总流量和蒸汽发生器压力的响应特性的比较结果，如图 10.4.15 所示。对于分散布置核动力装置，前倾自然循环流量增加，有利于自然循环，而后倾则不利于自然循环运行。

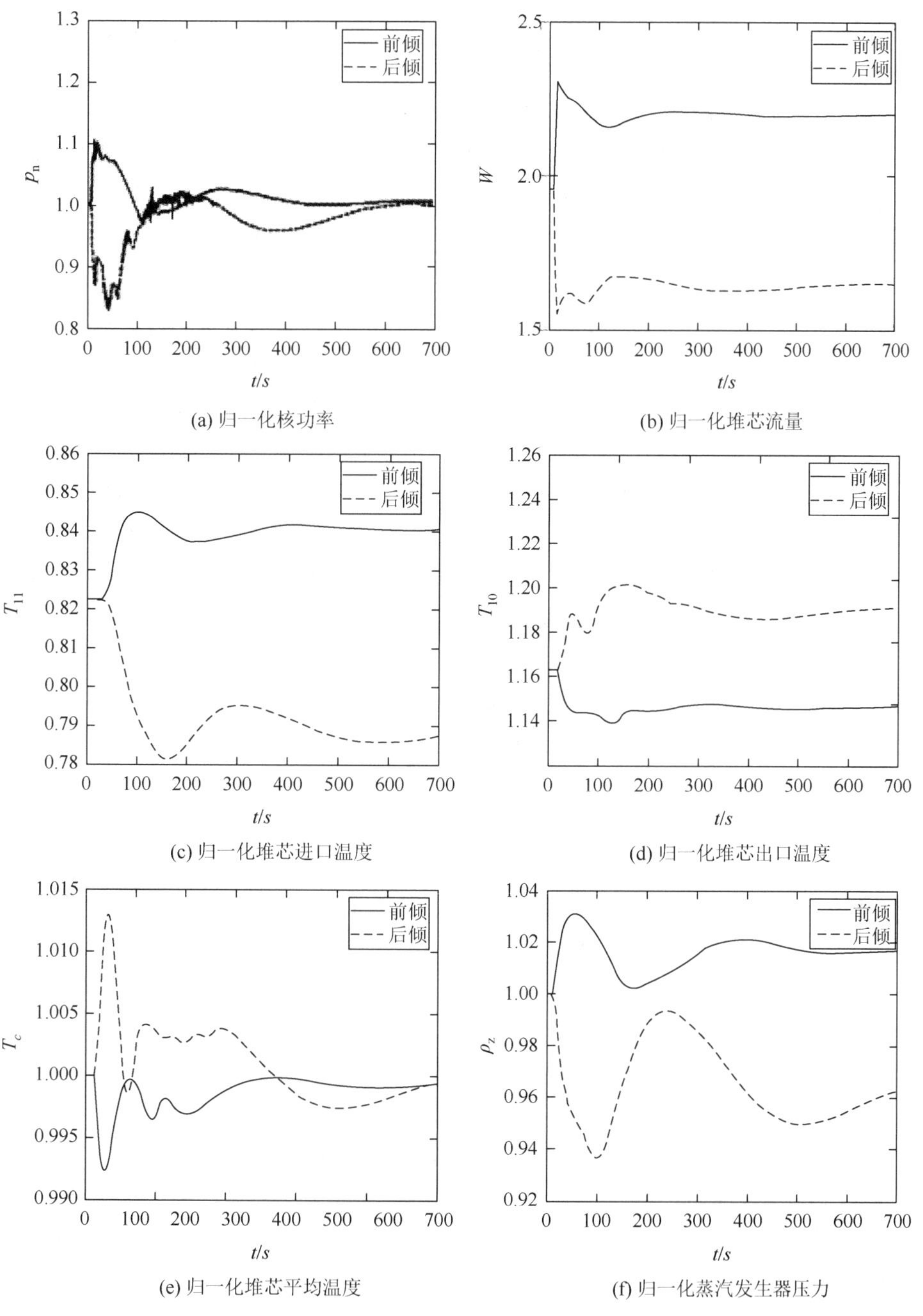

图 10.4.15　自然循环纵倾主要参数响应

6. 摇摆

船舶的横摇与纵摇对自然循环运行将产生不同的影响，主要是对附加惯性压降大小及冷热源的相对位差变化的影响有所不同。在自然循环稳定运行时，假设船体以不同摇摆角度与摇摆周期的简谐运动来分析横摇与纵摇对分散布置的船用核动力装置自然循环的影响。研究结果表明船体的横摇与纵摇均会引起环路自然循环流量及反应堆功率的波动，如反应堆入口总流量增加，将使活性区冷却剂温度下降，温度的负反馈作用引起反应堆功率增加，反应堆入口总流量减少则与之相反；功率变化要略微滞后于流量变化，流量变化滞后于相对位置的变化；功率与流量呈正弦函数变化趋势；纵摇时反应堆与蒸汽发生器相对位置变化幅度大且双环路变化同步；横摇时左右环路的对称布置使得其参数变化趋势相反，结果相互抵消了一部分摇摆的影响，因此纵摇对堆芯稳态自然循环的影响远大于横摇；纵摇时由于反应堆功率变化超过功率自动调节死区，即使二回路负荷不变，其引起的功率波动也可引起自动调节控制棒的频繁动作，这对反应堆控制非常不利；虽然反应堆功率与流量出现波动，但由于反应堆进、出口温度的测点分别在主泵出口管线与蒸汽发生器进口管线处，受反应堆传输热延迟效应的影响，反应堆进出口温度及平均温度均未发生明显变化，蒸汽发生器与稳压器压力也基本不变；反应堆功率与流量的波动将造成燃料元件平均温度与包壳温度的波动，轴向功率峰高的位置，参数波动大；摇摆造成核动力运行参数的波动幅度与摇摆周期及摇摆幅度密切相关：相同振幅下，摇摆周期越小，影响越大，参数波动越剧烈；相同周期下，摇摆振幅越大，影响越大。产生这种差异的原因主要是摇摆引起的附加压降不同；附加压降取决于加速度（角加速度和向心加速度），振幅相同，周期越小，加速度越大，最终使得附加压降越大；而当周期相同，振幅越大，加速度也越大，最终也使得附加压降越大。

虽然横摇时左右环路的位差变化可以相互弥补，但摇摆产生的附加压降影响更大，且摇摆增大了流体的流动阻力，将会引起堆芯自然循环流量的下降。纵摇工况下也可以得出相同结论。

对舰船核动力装置，附加压降对自然循环的影响要大于位差的影响，附加压降使反应堆功率和堆芯流量下降的幅度要大于位差变化所引起的变化幅度。这是因为虽然附加加速度比较小，但附加压降中的密度项要远大于提升压降中的密度差计算项，所以综合起来附加压降对自然循环影响权重更大。

习 题

1. 试说在海洋运动条件下船体运动有哪些特点。
2. 试分析摇摆对圆管内层与湍流流动与对流换热有什么不同的影响。
3. 试分析摇摆对圆管与矩形通道内层流流动与对流换热有什么不同的影响。
4. 在什么情况下，需要考虑舰船的加速度和倾斜对回路的流量和热工水力特性带来的影响？
5. 试分析比较船体的水平、竖直加速、回旋、横倾、纵倾、摇摆对热工水力特性影响的异同点。

第 11 章　核动力装置热工水力计算分析工具简介

11.1　核动力装置热工水力计算分析工具的发展

核动力装置发展的近几十年来，在轻水堆设计和动态分析与仿真中发展了一些热工水力计算分析程序。早期的两相系统分析程序采用均匀平衡态模型（homogeneous equilibrium model），对两相混合物的质量、能量和动量仅建立单一守恒方程。因此，该模型又被称为等速等温模型（equal velocity and equal temperature model），采用此类模型的代表程序为 RELAP4/MOD6。

但是在核动力装置中，流体的两相流动大部分是不均匀的。因此，具有不同的两相平均速度和温度的分离流模型开始发展起来，其典型的做法是从经验关系式导出两相的平均速度比。由 Zuber 和 Findlay 提出的漂移流模型成为主要的分析模型，该模型利用代表气液两相介质横向分布的量和代表两相之间局部相对速度的量来描述两相流相间非均匀流动的效应，漂移流模型只有混合物的动量方程。漂移流模型可以描述相间的相对滑移，同时它又考虑了空泡份额分布的不均匀性，一般认为是一种较好的空泡份额计算方法。在不同的流型下有不同的漂移流关系，Ishii 和 Kataoka 在这方面做了大量的工作，并提出了一套完整的关系式。这些成果不仅是建立在机理性分析的基础上，而且是来自对大量实验数据的总结。但对于某些情况，其速度比不能由局部的、基于混合物的流动条件决定（如两相以相反方向流动，每相都由不同驱动力驱动的情况），相间不再是内在耦合的，此类模型就不再适用了。为此引入了六方程的两流体模型来处理此类情况。

两流体模型通过局部瞬时空泡份额的定义，允许在任何位置两相同时存在，这也被称为“交叉介质”方法。两流体模型认为气相和液相各自满足其质量、动量和能量守恒方程，且包括相间质量、动量和热传递的相间相互作用项。相间速度比和热不平衡不再由外部经验关系式来确定，而是由相交界面和壁面间的动量和能量交换决定。由于其计算的精度较高，两流体模型在核动力装置热工水力最佳估算程序及安全评审中得到较好的应用，如 RELAP5 系列、CATHARE、TRAC 等大型核动力装置热工水力分析程序均采用了两流体模型。

一维系统程序中所有的流动都假设发生在一维管道中，采用的参数，诸如空泡份额、速度、焓等也是用管道截面平均值来描述。尽管在局部平均过程中已经考虑了相界面的存在，但在交叉介质六方程模型中，相界面的特性还是无法反映。另外，在核动力装置的部分区域，如压力容器的上下腔室、蒸汽发生器一次侧进出口腔室、蒸汽发生器二次侧管束区等，流体的流动明显是三维的；在低流量条件下的自然循环工况，反应堆内的冷却剂流动也具有较明显的三维特征。因而基于一维模型的系统分析程序在局部区域及特殊现象的模拟上存在固有的不足。随着计算工具的快速发展和对反应堆热工水力特性研究的深入，人们不再满足于一维系统程序计算的结果；而新一代的反应堆要进一步提高安全性和经济性，需要对反应堆系统的热工水力、物理和机械特性等进行更为深入的研究，发展精确的计算分析方法成为一种必然趋势。在此背景下，计算流体动力学（computational fluid dynamics，CFD）方法开始得到广泛的应用。RELAP5-3D 系统分析程序就是在 RELAP5/MOD3.2 基础上汲取了 CFD 计算方法进行开发的，它包含三维流场的热工水力模型，可以对事故条件下反应堆、蒸汽发生器等重要部件的三维流场进行分析计算。CATHARE-3D、TRAC-PF1 等系统分析程序也具有类似功能。

核动力装置中，流动与换热现象的尺度范围变化较大，热量传递的时间尺度和空间尺度跨越了数个数量级。这种发生在涵盖几个数量级的几何空间及时间范围内的物理过程被称为多尺度物理现象。针对核动力装置热工水力为多尺度物理现象，国际上提出了多尺度耦合模拟的方法，将核动力装置分为系统、部件和局部 3 个尺度，对各尺度的计算模拟进行耦合。其中，系统尺度主要是针对整个反应堆回路系统，适合采用系统程序进行模拟，如 RELAP5、RETRAN 等程序；部件尺度主要是针对反应堆堆芯、热交换器等具有多孔介质特征的部件，采用子通道分析程序模拟，如 COBRA、FLICA 等程序；局部尺度是指堆内呈现出强烈三维流动的大空间区域，采用 CFD 程序进行模拟。在系统、部件和局部 3 种尺度上的模拟中，网格划分尺寸逐次减小，而网格数量则逐次增加。从数值求解的角度出发，可以将多尺度耦合分为强耦合和弱耦合两种方法。强耦合是将各尺度的基本方程联立起来求解，因此该方法也称为基于求解的耦合（solution-based coupling）或内耦合；弱耦合是在各尺度上利用单独的程序模拟，程序之间通过边界数据交换实现耦合，所以也称为基于数据的耦合（Data-based coupling）或外耦合。强耦合需要求解复杂的线性或非线性方程组，因此数值求解非常困难，也非常难以实现；而弱耦合不需要增加数值求解的难度，仅需要处理边界条件，这样可以充分利用现有程序的功能特性，实现过程也相对简单容易，但有可能带来数值计算的稳定性和收敛性问题。目前国内外的研究以弱耦合方式为主。

11.2　最佳估算程序

根据国际原子能机构（International Atomic Energy Agency，IAEA）定义，最佳估算事故分析应符合以下三个条件：①根据选定的接受准则，事故分析不引入有意的悲观性；②使用最佳估算程序；③包含不确定性分析。而最佳估算程序的两个基本特征为：①根据选定的接受准则，不引入有意的悲观性；②对于需要模拟的相关进程，程序包含足够详细的模型。

从 1994 年经济合作与发展组织核能署（OECD/NEA）对其成员国进行的问卷调查结果，以及 1998 年召开的热工水力安全分析最佳估算方法国际会议的摘要与结论，可以看出除英国以外，NEA 成员国的核监管当局都允许采用最佳估算的事故分析方法。本节仅对最佳估算程序的建模方式，计算不确定性的主要来源，以及 RELAP5 程序进行简要介绍。

11.2.1　最佳估算程序的建模方式

控制体划分是最佳估算程序的一项重要的工作。控制体是指将反应堆及冷却剂管道划分为若干各自独立，可以用来描述冷却剂系统不同部位和空间的形状及物理状态的容积，这些容积也可以被称为控制容积。目前被广泛采用的热工水力瞬态最佳估算程序中，都是先将核动力装置划分为若干个控制体，然后对每个控制体求解质量守恒和能量守恒方程。

控制体划分是将所要描述的系统在空间坐标上离散化。控制体划分得越密，越能真实地描述系统的各种状态参数。但随着控制体划分数目的增加，计算耗时就会增加。因此需要综合考虑计算步长、计算时间与计算精度的关系；一般地，控制体划分在热工水力参数变化剧烈（主要是指流体或传热部件存在较大的温度梯度与压力梯度）的部位要更为精细，在热工水力参数变化小的部位可以相对简略。

描述控制体的特征参数主要包括控制体的长度、面积、体积、表面粗糙度、当量直径、位高；控制体的状态参数包括压力、温度、密度（或比体积）、比内能、比焓、含汽（气）率等。这些参数对于描述控制体的几何尺寸与初始状态是必不可少的。

用来表示控制体之间连接关系的管线即为流线。流线上没有体积的概念，它将体积归并于连接的控制体中，因此对每条流线只需要求解动量守恒方程，进而求解流体的流速与流量。描述流线的特征参数主要包括流线的流通面积、能量损失系数（局部阻力系数）、水力学直径等；流线的状态参数包括流体的质量流量或流速等。

11.2.2　计算结果不确定性的主要来源

最佳估算程序为反应堆的设计、安全分析和运行提供了一些可靠的计算结果，但由于模化方法、计算技术、理论模型、不确定性分析方法等诸多因素的影响，此类大型程序的计算结果不可避免地存在一个大小不等的变化范围，总的说来，计算结果不确定性的来源主要有以下四类。

（1）程序系统物理模型引起的不确定性：主要指系统流体模型、流道几何近似模型、数学平均化处理模型，以及程序和部件模型中对某些物理现象缺乏考虑引起的不确定性等。

（2）基本封闭关系式引起的不确定性：为使数学问题可求解，系统理论方程必须进行合理的简化处理；为了使方程系统闭合求解，对系统工质的状态特性以及动量、能量、质量交换传递过程需要补充足够的封闭关系。封闭关系式的获得包括纯经验方法、纯机理方法以及混合方法。实验数据的获取和处理、模型方程建构中的简化假设以及实验结果的外推都会带来计算结果的不确定性。

（3）构造和求解系统数值方程引起的不确定性：指对系统进行结构离散划分引入的计算结果不确定性，以及构造、求解数值方程系统时，因计算方法引起的计算结果不确定性。

（4）用户因素引起的不确定性：包括用户对程序本身不熟练，对计算目标的控制体划分不准确等导致的计算结果不确定性。

11.2.3 最佳估算程序的验证

最佳估算程序的验证（code validation）是针对预期将会发生的重要现象，根据相关的实验数据来评估程序计算结果的精确性。在发展最佳评估分析方法之初，以美国核管理委员会（U.S. Nuclear Regulatory Commission，USNRC）、OECD/NEA 和 IAEA 为代表的国际组织就在验证问题上进行了不懈的努力。

NRC 主要通过国际程序评估和应用计划（ICAP）以及此后的程序应用和维护计划（CAMP）来进行最佳估算程序的验证工作，程序开发者和使用者的验证工作都包括在这些计划中。OECD/CSNI 开展旨在增加安全分析工具的有效性和精确性的国际合作活动主要分为三类：①OECD/CSNI 与 IAEA 联合开展的国际标准问题训练遵守《国际船舶和港口设施保安规则》（International Ship and Portfacility Security Code，简称 ISPS 规则；②计算基准研究（OECDUAM LWR Benchmark）；③Round Robin 试验（RRT）。其中最佳估算程序的验证主要由 ISPS 来完成。

实践证明，同一个最佳估算程序对不同的实验数据，其模拟效果是不同的。对于某些实验数据的模拟可以比较精确，而对于另外的某些数据，就可能极不准确。由于这种现象的存在，对某个特定的最佳估算程序需要建立所谓的“验证矩阵”，通过这种验证矩阵，可以用不同类型的实验数据或同一实验装置上的不同工况下的实验数据来进行该程序的验证，从而使程序验证的结论尽可能地完备。验证矩阵将预期发生的重要现象与已进行的相关实验联系起来，给出现象对于实验类型，现象对于实验装置，以及实验装置对于实验类型的相互关系，从而使程序验证者可以方便地选择所需的实验数据来进行某种程序的验证，为最佳估算程序的国际化验证奠定良好的基础。

11.2.4 常用程序简介

1. RELAP 系列程序

RELAP 系列软件是美国爱达荷国家工程实验室（Idaho National Energy Laboratory，INEL）为美国核管会开发的轻水堆瞬态分析程序，可模拟轻水堆系统的瞬态过程，其范围包括失水事故、失流事故、给水丧失事故及未停堆预期瞬变（ATWS）、失去厂外电源、全厂断电、汽轮机脱扣等，几乎覆盖了核电厂所有的热工水力瞬态。RELAP 程序系列的最早版本是 1966 年的 RELAPSE（Reactor Leak and Power Safety Excursion）。随后的版本把最初的名字缩写为 RELAP（Reactor Excursion and Leak Analysis Program），依次有 RELAP2、RELAP3、RELAP4，这些版本的 RELAP 程序都是基于两相流动的平衡态的模型。1976 年，在 RELAP4 程序的发展中应用了两相非平衡态模型。很快 RELAP 的代码进行了全部的重写，它的目标是为了能有效地完成两相非平衡态模型的计算。它继承了以前 RELAP 版本的优点，而且增加了许多新的功能。

RELAP5 从开始研制到 RELAP5/MOD3.3 投入使用大约有 40 多年，RELAP5 已应用大量实例和各个国家许多的实验数据进行了验证和比较。RELAP5 的发展工作仍在进行之中，以便扩大其功能范围，能够在先进型压水堆中得到应用。在 RELAP5/MOD3.4 这一新版本中，集中了人们在两相流理论研究、数值求解方法、计算机编程技巧及各种规模实验等方面取得的研究成果。

RELAP5/SCDAP/MOD3.2 合并了 RELAP5/MOD3.2 和 SCDAP 的模型。RELAP5 包括反应堆冷却剂系统热工水力、控制系统、中子动力学和不凝性气体等模型；SCDAP 用于严重事故下堆芯行为模拟。该程序可对压水堆、沸水堆、研究堆和一般热工水力装置的热工水力瞬态行为进行模拟和计算。

RELAP5-3D 是在 RELAP5/MOD3.2 基础上开发的，包含三维流场的热工水力模型，可以对事故条件下反应堆、蒸汽发生器等重要部件的三维流场进行分析计算。除了点堆模型外，RELAP5-3D 还提供与堆芯三维时空中子动力学的接口。

RELAP5 主要的计算模型包括：水力学模型、热构件模型、反应堆动力学模型、控制系统、中断系统。其中控制系统与中断系统主要是用来模拟实际反应堆操作控制系统的动作及对各种控制信号的处理。计算的核心部分主要由前三大模型来实现。RELAP5 程序可模拟的设备包括阀门、分离器、干燥器、泵、电加热器、汽轮机、安注箱等，控制系统模块包括算术函数、微分与积分函数、触发逻辑等。

2. CATHARE 程序

CATHARE 是由法国原子能委员会、法马通公司和法国电力公司共同编制并于 1999 年 4 月发布的大型热工水力计算程序。

CATHARE 的应用主要涉及核电厂系统和部件设计、应急操作程序的定义和评估、新型堆芯管理研究、新型反应堆和系统设计，以及实验项目的实验前预算分析和实验后的完善评估。该程序还开发安全分析时用于计算程序预测结果不确定性的一种数学方法。

CATHARE 程序可模拟任何一种实验装置和压水堆（包括西方型压水堆和 WWER），还可用于其他类型的反应堆（聚变堆、RBMK 反应堆、沸水堆和研究堆）。目前，CATHARE 程序的应用范围正在向气体反应堆方向扩展（高温气冷堆，气体透平模块化氦冷堆等），很快将开发气体透平和气体压缩机的专用计算模块。CATHARE 程序还可以与 CRONOS（三维中子物理程序）、FLICA（堆芯热工水力分析程序）、ICARE2（分析裂变产物释放和堆芯熔毁的严重事故程序）等程序耦合使用。

CATHARE 程序以两流体六方程模型为基础。通过增加 1～4 个输运方程可模拟系统中出现的不可压缩气体的输运特性（如氮气、氢气、空气）。程序基本模拟了两相流的所有流型，只有两种过渡流型被明确地写入程序的几个封闭关系式中，使用的这两种过渡流型分别是汽液分层与不分层流动之间的过渡态和环状流与雾状流之间的过渡态，这两种过渡流型主要描述从分离流向弥散流的过渡；环状流和反环状流采用 CCFL 模型（汽液逆止流限制）进行描述。程序可以对冷却剂与壁面和燃料棒之间的各种热传递过程进行计算；界面传热传质模型不仅可以描述由过热蒸汽引起的蒸发和过冷液体引起的冷凝现象，还可描述准稳态过冷蒸汽或过热液体引起的气相冷凝和液体闪蒸现象。

CATHARE 程序的数值方法有以下特点。

（1）采用一阶有限容积、有限差分的方法。

（2）对时间的离散化，零维和一维模块采用全隐格式，而三维模块采用半隐格式。

（3）质量方程和能量方程采用守恒形式进行离散化。

（4）相的产生和消失问题通过使用剩余容积份额和界面质量、热量传递的近似条件来正确求解。

（5）壁面导热问题与水力计算耦合求解。

CATHARE 程序采用的数值方法经过了一系列数值标准实验的验证计算。验证计算证明，这种数值方法能够在宽的压力和温度范围内处理两流体六方程模型描述的带或不带不凝性气体的所有两相流流型问题。它可以解决大量界面传质和高流速条件下的不可压缩和可压缩流动问题，能够较精确地保证质量和能量的守恒，以及对压力波和密度波的传播进行精确求解。CATHARE 程序可以保证 CPU 运行时间满足工程需要。

CATHARE 程序用 Newton-Raphson 迭代方法求解非线性方程组，每次迭代包括以下 3 个步骤。

（1）每个单元的内部变量的增量作为接口变量增量的函数被消去。

（2）计算所有接口变量的增量，以获得变量新值。

（3）更新所有接口变量增量，并计算收敛性。

CATHARE 程序中有特点的是其三维模块模型，该模型最初是为了模拟反应堆事故工况下压力容器的三维状态，它主要用于计算三维现象明显的大破口失水事故时的喷放、再注水和再淹没等阶段。它还可以用于计算压水堆的其他瞬态情况（包括低压瞬态）、沸水堆瞬态情况、安全壳计算问题。此外，三维模块还可以被用于其他领域的实验分析中，如严重事故中压力容器的外部冷却、池式热交换器等。三维模块也可以与中子物理程序、堆芯热工水力程序、严重事故程序耦合。

3. TRAC 程序

瞬态反应堆分析程序 TRAC 研制的主要目标是要得到一个轻水堆先进的最佳估算程序，它应能够可靠地估算轻水堆各种事故的进程与后果，因此需要用广泛的实验数据对程序计算结果进行检验和评价，提高程序的可信度。为了达到上述目标，在研制 TRAC 程序时遵循下列原则。

（1）程序对各种实验工况都应该具有足够的测算精度。在从一种实验转到另一个实验时，不需要用户改变和调整模拟方案和参数变量。

（2）对重要的物理现象要尽可能地从基本原理上去模拟，以便于外推到实验覆盖参数范围以外。这种模化方法还有助于给出系统热工水力特性更详细的结果。

（3）程序要有足够的灵活性，使之能够模拟轻水堆设计的各种方案和有关的实验要求。

根据上述原则研究开发的 TRAC 版本称作“详细计算”版本。已研制出来的有 TRAC-P1、TRAC-P1A、TRAC-PD2 等。TRAC 程序研究工作的另一个目标是提供一个“决速运算”版本。它能够用来进行参数研究、显示计算、安全审评，以及时间很长的瞬变过程（如小破口失水事故）。在这种版本中，通常用一些经验性的模型来缩短运算时间。目前已研究出来的快速运算版本有 TRAC-PF1、TRAC-PF1/MOD1 和 TRAC-PF1/MOD2 等。

下面介绍 TRACPF1 及其新版本的一些重要特点。

（1）多维流体动力学模型。

该程序对反应堆压力容器以外的部件用一维模型，而在压力容器以内采用完整的三维（r，θ，z）方程。这样就可以准确地计算反应堆压力容器内部的许多复杂多维流动工况，例如应急冷却水的旁路现象、堆芯再湿过程中的预冷作用，以及堆芯下腔室中液位的上下振荡、在淹没期间上腔室脱水和积水回落等，都可以用三维流体动力学力方程本身模化出来。这些过程对确定事故过程的行为起着重要作用。

在模拟事故工况时，可以将容器内某些特定的流道边界堵塞住，使之能模拟下降段这类内部结构；也可以规定内部阻力，来模拟堆芯支撑板这类结构；还可以把一维部件与压力容器内网格单元的任一面（包括内部网格单元）相连接，以模拟相应的环接管等等。在适当的工况下，压力容器内的三维处理可以简化维处理。

（2）非均匀不平衡态两相流模型。

程序采用完整的两流体场方程来描述两相流动问题。在气相中还附加了一个不可凝气体质量守恒方程，并认为蒸汽和不可凝气体组成的混合气体是平衡均匀流。这样，模型内一共有七个基本场方程。这种两相流模型可以描述气液逆向流动、欠热水与过热蒸气相互作用等重要物理现象。

（3）与流动工况有关的结构特性方程包。

结构方程描述气相与液相之间的质量、动量和能量传递以及两相与系统构件之间的相互作用。由于这些相互作用特性与流动工况有很大关系，所以在程序中编入了与流动工况有关的结构特性方程包。

（4）全面的传热分析能力。

TRAC 中的传热模型包括计算结构材料和燃料棒内温度场的热传导模型，以及描述结构件与冷却剂之间传热的模型。两相传热用全沸腾曲线计算，该曲线是以局部表面条件和流动条件为基础的许多传热关系式构成的。

在燃料棒热传导模型中考虑了间隙热导率的变化、金属-水反应及骤冷现象。燃料棒的轴向可以划分出更精细的网格节点，以便详细模化再淹没传热和跟踪燃料棒通道中的骤冷前沿。在 TRAC 初期版本中，骤冷前沿的推进速度是用经验关系式来描述。后来发现，这种关系式在模拟低淹没速率时误差较大。因此在 TRAC-PF1 中编入了一个新的再淹没模型，直接描述骤冷前沿附近的轴向热传导问题。

堆芯的总功率水平或是查表取得，或从包括衰变热的点堆中子动力学方程解得。空间功率分布由堆芯内径向和轴向功率分布形状因子加上燃料棒内的径向分布来确定。在堆芯每个网格单元中，只取一根“平均燃料棒”和一根“热棒”进行传热计算。所谓平均燃料棒是对该网格中的所有棒取平均数而得到的。

（5）模块化结构。

TRAC 程序的结构完全是模块式的。程序中有许多部件模块。这些模块通过输入数据组装在一起，可以有效地模拟任何一个压水堆结构或实验构形。这种结构可以使 TRAC 程序适应多种用途。该程序还可以在不影响其他模块的前提下改进、修改或增加一些部件模块。程序中已有的模块能模拟安全注射水箱、管道、稳压器、泵、蒸汽发生器、

T 形部件、阀门、压力容器及其内部构件等。

TRAC 的功能也是模块式的。这就是说，主要的计算功能在一些独立的模块中实现。例如，基本的一维流体动力学解法、壁面温度场解法、传热系数选择及其他一些功能都是在一些子程序中进行的。所有部件模块都存取这些子程序组。当可以得到更好的关系式或实验数据时，这种模块化结构使程序易于改进。

（6）强稳定性数值方法。

程序场方程的处理包括两部分：一部分是对压力容器内的三维半隐式差分处理；另一部分是一维有限差分处理。TRAC-P 就采用了一种一维强稳定性两步法的数值方法。这种方法由基本步骤和稳定化步骤所组成，在差分处理时，相应地生成了基本方程组和稳定差分方程组。这种新的时间积分逼近法打破了传统的 Courant 稳定性条件限制，允许使用较大的时间步长，改善了解的稳定性，大大加快了运算速度。

（7）整个事故过程的协调分析。

该程序能对包括初始条件在内的整个事故过程进行协调一致的连续分析。其稳态初始化功能为其后的瞬态计算提供协调一致的初始条件。瞬态计算中也无须人为地把过程分成几个阶段进行计算。如果有必要，一次运行就能够完成稳态初始化和瞬态计算。

（8）TRAC-PF1/MOD1 和 TRAC-PF1/MOD2 的特点。

TRAC-PF1/MOD1 增加了第八个场方程，用来跟踪处理液相中的流动，例如水中的硼浓度问题就用这个方法处理。此外它还改进了冷凝模型及膜态沸腾区的壁面传热模型，在功能方面也作了较多改进。修改了蒸汽发生器模型，可以更好地模拟蒸汽管道破裂事故；增加了二次侧汽轮机部件，能够更好地模拟二回路系统；允许用户输入从实验得到的压力容器内再淹没曲线；增加了新的汽水分离模型。总之，人们认为改进后的 MOD1 版本模化能力有较多的改善。

TRAC-PPI/MOD2 采用了一种新的空泡份额分布模型，改进了传热计算。使用新发展的通用热力结构，可以模拟任何两个流体栅元间的导热通路。采用二维导热方程，可以模拟堆内任意形状，物体的导热问题。它还采用了三维强稳定性两步法的数值方法，增大了计算使用的时间步长，使计算速度提高了约两倍。新采用的矢量化方法也使多维计算速度大为提高。

4. ATHLET 程序

ATHLET（Analysis of Thermal-hydraulics of Leaks and Transients）程序是由德国核设施与反应堆安全机构开发的用于轻水反应堆（包括 WWER 和 RBMK 反应堆）设计基准事故和超设计基准事故（未发生堆芯熔化）模拟的最佳估算系统分析程序。ATHLET 程序已通过大量的整体实验和分项实验，包括大部分国际标准问题（International Standard Problems）的系统复杂的验证过程。该程序是德国反应堆安全评审和安全许可证申请的参考程序。ATHLET 程序的特点包括先进的热工水力模型、高度模块化的程序结构、分离独立的物理模型和数值求解方法等。程序主要由流体动力学模块、传热和热传导模块、中子动力学模块以及通用控制模块组成，同时还具备与其他独立模块或程序耦合的通用接口。ATHLET 程序采用模块化网络结构来描述热工水力系统，通过连接基本的流体动力学单元（如 pipe、branch、cross-connection 等）来实现系统建模。对于每个流体动力学单元，使用全隐式求解器对流场平衡偏微分方程组进行空间近似后，再进行时间积分求解。

ATHLET 程序提供两套一维两相流体动力学模型，即 5 方程模型（包括液相和气相分别的质量和能量守恒方程，以及两相混合动量守恒方程）和两流体模型（包括液相和气相分别的质量、能量和动量守恒方程，也即 6 方程模型）。对于 5 方程模型，还可配合应用全范围漂移流模型计算相间相对速度，以及混合界面（Mixture-level）动态跟踪模型来模拟热力非平衡过程。基于有限体积法进行空间离散，在控制体（control volume）中求解质量和能量方程，在控制体连接点（tie point）上求解动量方程。求解变量为压力、液相温度、气相温度、质量含汽率、质量流量（5 方程模型）或两相的速度（6 方程模型）。

5. cosSYST 程序

cosSYST 热工水力系统分析软件主要应用于压水堆冷却系统各类瞬态与事故工况行为研究，由我国国家电投集团科学技术研究院有限公司核电软件技术中心自主研发。该软件逐渐成为核电厂分析的基础，是核电厂全范围模拟机产品必须提供的核心软件之一，对核电厂热工安全分析、操纵员培训、研究与教学具有重要意义。

cosSYST 软件功能的应用涵盖了整个压水堆系统的瞬态与非失水事故分析、小破口失水事故分析、大破口失水事故分析。如一次侧热输出增加、二次侧系统热移出能力减少、反应堆冷却剂系统流量下降、反应性及功率分布异常、反应堆冷却剂装量增加、反应堆冷却剂装量减少、未能紧急停堆的预期瞬态（ATWS）、各类小破口失水事故、各类最佳估算大破口事故。该软件具备计算冷却剂系统的压力与流量、包壳温度、堆芯功率、蒸汽流量等事故中关键参数的能力，能够模拟事故中各个发展阶段的现象以及核电厂系统中各类设备的功能。

cosSYST 软件采用了先进的设计理念，保证了其易于扩展性和广泛适用性。

程序融合架构设计：梳理分析瞬态与非失水事故分析、小破口失水事故分析、大破口失水事故分析的通用功能模块，并将其打包复用。

自由格式的建模设计：采用所见即所得的设计理念，易于理解的用户输入格式。

一体化的网格设计：采用通用网格变量复用，特有变量定制的方式。

多相多场通用的求解架构：采用通用的求解架构，通过方程某项的开闭，实现模型开闭。如考虑横流效应，通过增加方程对流项实现。

包含许多通用的程序模型来模拟各种系统：通用的设备模型（泵、阀门、管道、安注箱、分离器、汽轮机）；通用的功率模型（点堆中子动力学）；通用控制系统模型（加、减、乘、除、积分、微分等）；通用的特殊过程模型（临界流、水平分层夹带、热分层、相向流等）。

cosSYST 的架构设计特点，保证了其易于扩展且具有广泛适用性。通用模型与定制化特殊模块结合，可应用在不同的工程领域。如与模拟机平台结合，可形成核电厂全范围模拟机产品；与严重事故模型结合，可形成严重事故分析软件，用于严重事故分析；与新堆型的特殊模块结合，可形成新堆型安全分析软件。

目前已经基于大量的实验完成了 cosSYST 软件验证和确认，完成了评价模型的适宜性评估。未来将持续推动该软件在各堆型的工业应用，为推动我国核电软件“走出去”奠定基础。

11.3 计算流体动力学程序

11.3.1 计算流体动力学简介

CFD 是指采用数值方法、通过计算机来求解各类流体流动及热量传递问题的流体力学分支学科，它与以实验方法为主要研究手段的实验流体力学，以获得分析解为主要目标的分析流体力学，共同构成了现代流体力学的研究基础。随着计算机科学与软件技术的不断发展，计算流体动力学在流体力学、热流科学研究及热力设备的计算机辅助设计中的作用愈加重要。

采用计算流体动力学方法进行流动与传热问题的数值模拟计算与分析，包括环节有：①建立反映实际问题或物理问题本质的数学模型；②选择坐标及速度分量基矢量；③建立原物理问题中连续空间的离散网格；④确定建立离散方程的方法；⑤选取对流项与扩散项的离散格式；⑥对边界条件进行离散化的处理；⑦求解代数方程；⑧解的分析及数值计算不确定度的估计。考虑到计算流体动力学的相关模型已广为熟知，故不再赘述，本节仅对计算流体动力学控制方程的通用形式、计算区域网格划分、湍流模型，以及 FLUENT 程序的主要特点进行介绍。

11.3.2 控制方程的通用形式

流体流动要受物理守恒定律的支配，基本的守恒定律包括：质量守恒定律、动量守恒定律、能量守恒定律。所有的控制方程都可经过适当的数学处理，将方程中的因变量、时变项、对流项和扩散项写成标准形式，然后将方程相关的其余各项集中在一起定义源项，从而化为通用微分方程，具体形式为

$$\frac{\partial(\rho\phi)}{\partial t}+\mathrm{div}(\rho\boldsymbol{V}\phi)=\mathrm{div}(\Gamma_{\phi}\mathrm{grad}\phi)+\mathrm{S}_{\phi} \tag{11.3.1}$$

式中：$\boldsymbol{V}$ 表示流体的速度矢量；ϕ为通用变量，可以代表 u、v、w、T 等求解变量；Γ_{ϕ} 为广义扩散系数；S_{ϕ} 为广义源项。

“广义”即表示处于 Γ_{ϕ} 和 S_{ϕ} 位置上的项不一定是原来物理意义上的量，而是数值计算模型方程中的一种定义，不同求解变量之间的区别除了边界条件与初始条件外，主要在于 Γ_{ϕ} 和 S_{ϕ} 的表达式不同。我们只需考虑通过微分方程式（11.3.1）的数值解，写出求解该方程的源程序，就可以求解不同类型的流体流动及传热问题。

11.3.3　计算区域网格划分

对流动与传热问题进行数值计算需要对计算区域进行离散化，网格是离散化的基础，网格节点是离散化的物理量的存储位置，网格在离散的过程中起着关键的作用。实际上，流动与传热问题数值计算结果的精度及计算过程的效率，主要取决于所生成的网格与所采用的算法。目前生成复杂计算区域中网格的方法分类如图 11.3.1 所示。从总体上来说，流动与传热问题数值计算中采用的网格可以大致分为结构化网格与非结构化网格两大类。一般数值计算中正交与非正交曲线坐标系中生成的网格都是结构化网格，其特点是每一节点与其邻点之间的联结关系固定不变且隐含在所生成的网格中。结构化网格中需要存储的是每一个节点及控制容积的几何信息，由于节点的邻点关系可以依据网格编号的规律自动获得，因而此类信息不必专门存储。非结构化网格中，节点的位置无法用一个固定的法则予以有序的命名。这种网格虽然生成过程比较复杂，但却有着极好的适应性，尤其对具有复杂边界的流场计算问题特别有效。

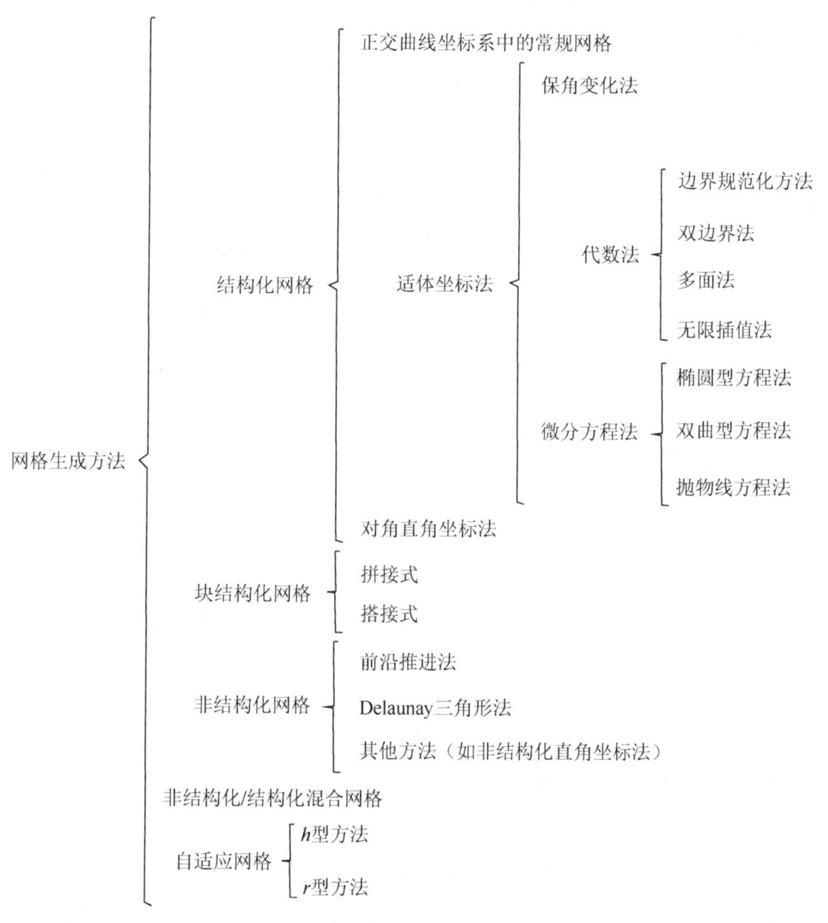

图 11.3.1　网格生成技术分类

11.3.4 湍流模型

当雷诺数小于某一临界值时，流动是平滑的，相邻的流体层彼此有序地流动，这种流动称为层流。当雷诺数大于临界值时，会出现一系列复杂的变化，最终导致流动特征的本质变化，流动呈无序的混乱状态，流体是不稳定的，速度等流动特性都随机变化，这种状态称为湍流。

从物理结构上看，可以把湍流看成是由各种不同尺度的涡叠加而成的流动现象，这些涡的大小和旋转方向是随机性的。大尺度的涡主要由流动边界条件决定，尺寸可以与流场尺寸相比拟，它主要受惯性影响而存在，是引起低频脉动的原因；小尺度的涡主要是由黏性力所决定，其尺寸可能只有流场尺度的千分之一的量级，是引起高频脉动的原因。大尺度的涡破裂后形成小尺度的涡，较小尺度的涡破裂后形成更小尺度的涡。在充分发展流动区域内，涡的尺寸可以在相当宽的范围内连续变化。大尺度的涡不断地从主流获得能量，通过涡间的相互作用，能量逐渐向小尺寸的涡传递。最后由于流体黏性的作用，小尺度的涡不断消失，机械能转化为流体的热能。同时，由于边界的作用、扰动及速度梯度的作用，新的涡旋又不断地产生，这就构成了湍流运动。由此可见，湍流中涡的产生与消失是不断进行的，涡的尺度可以从微米级到整个流场尺度范围内连续变化。湍流结构的复杂性带来对湍流模拟和求解的困难。

目前认为，三维非稳态 N-S 方程对于层流和湍流都是适用的，对于湍流的数值模拟方法可以分为直接数值模拟方法和非直接数值模拟方法。其中，非直接数值模拟方法是不直接计算湍流的脉动特性，而是通过对湍流进行近似和简化处理；非直接数值模拟方法分为大涡模拟、统计平均法和 Reynolds 平均法。其中，Reynolds 平均法中的两方程模型是目前使用最为广泛的湍流模型，包括标准 k-ε 模型、低 Reynolds 数 k-ε 模型、k-omega 模型、SST k-omega 模型等。

11.3.5 CFD 计算的误差分析

近些年来，CFD 方法有了很大的发展，但是 CFD 方法的可信度（不确定度）一直是研究者们关心的问题。

AIAA 在 1998 年发布的 *Guide for the Verification and Validation of Computational Fluid Dynamics Simulations*（CFD 仿真验证和确认指南）中对误差（error）和不确定度（uncertainty）给出了相关见解：误差是建模和模拟过程中可认知的缺陷，不是由于知识缺乏导致的；而不确定度是由于知识的缺乏，在建模和模拟过程中潜在的缺陷。

CFD 计算结果误差的来源主要为：物理模型误差、离散误差、计算机舍入误差、程序设计误差等。

（1）物理模型误差。其主要源于不精确的物理模型，即控制方程和边界条件不能充分地描述要模型化的物理现象。例如湍流模型、流动由层流到湍流的转捩模式的误差、气体状态方程与真实情况之间的误差以及边界条件表述的误差等。

（2）离散误差。其主要来源与各种数值方法对控制方程及边界条件的离散化，因空间离散和时间离散的有限精度以及有限分辨率导致数值解与所求解方程的精确解之间存在误差；空间网格及表面网格不够密和不够光滑所带来的误差。

（3）计算机舍入误差。源于计算机数据存储字长的限制。

（4）程序设计误差。属于简单失误，一般可在使用某些方法或者在程序验证过程中发现这些错误。

（5）程序迭代计算收敛判定误差。

以对流项离散格式为例，对流扩散方程中对流项的离散格式一直是计算流体动力学的一个基础研究课题。由 N-S 方程离散得出的离散方程的误差包括守恒性、迁移性、数值黏性、有界性、相误差（phase error）及混淆误差（aliasing error）。要使离散格式具有守恒性，只要界面上的各种插值从界面两侧描述时都相同即可。对于假扩散引入的计算误差，通常采用构造带迎风倾向的高阶格式来解决。然而，对于非绝对稳定的格式，在对流动剧烈变化的局部区域有可能产生越界现象（overshoot/undershoot），数值计算的结果超出物理问题本身所规定的物理量的上下限，而且会使得非负值的标量（如浓度、湍流脉动动能及耗散率）变为负值，有可能使数值求解过程发散。为使所构造的离散格式既能具有较高的准确度，又能有效地克服振荡及越界现象，已发展出的方法包括通量密度混合法（density mixing method）和组合通量密度限制法（composite flux limiter method）。而相误差和混淆误差则是与波动特性模拟有关的两个数值特性，在对具有波特性的流动现象进行数值计算时，由于离散过程引入的截断误差，数值计算结果可能使波的振幅发生衰减，这就是数值耗散（numerical dissipation）或假扩散，也可能使波的相发生变化，即数值弥散（numerical dispersion）或相误差。凡是格式的截断误差带有二阶或四阶导数的，该格式就有数值耗散。截断误差带三阶、无阶导数项的，该格式就有数值弥散或相误差。而混淆误差，是指数值计算结果使不同频率分量的能量发生“混淆”的现象，若不控制混淆误差，则在湍流计算中流体的湍流度就会逐渐衰弱。目前已发展出的高阶迎风格式通常难以在上述的六个数值特性方面都有良好的表现，在不同的流动与换热问题中，六种数值特性的重要性是不一样的。对于一般的不可压缩流体中的流动与换热，若流场中物理量不发生剧烈变化，满足守恒性、迁移性和数值黏性的要求即可。若存在较大的梯度，则应考虑有界性的离散格式。而数值弥散及混淆误差，主要是在湍流直接数值模拟及大涡模拟中需要加以考虑。

11.3.6　FLUENT 软件简介

FLUENT 为通用型三维计算流体力学软件，被广泛地应用于核动力、能源、汽车、石油化工、航空航天等各个领域，是目前处于世界领先地位的 CFD 软件之一。FLUENT 使用 C 语言开发完成，支持 UNIX 和 Windows 等平台，支持基于 MPI 的并行环境，其通过交互的菜单界面与用户进行交互，用户可通过多窗口方式随时观察计算的过程和计算结果。

FLUENT 软件包含丰富的物理模型，主要包括一系列的传热、相变、辐射模型、湍流模型和噪声模型、化学反应模型、多相流模型等完成对各种流体工作条件的模拟。在数值求解技术上，针对不同问题特点，FLUENT 主要包括基于压力的求解器和基于密度的求解器。压力求解器主要用于计算低速不可压缩流动问题，包括基于压力的分离求解器和基于压力的耦合求解器。密度求解器主要用于计算高速可压缩流动问题，主要包括基于密度的显式求解器和基于密度的隐式求解器。FLUENT 软件包含多种常用材料物性参数，用户可以根据需要选择，也可以结合研究问题的特点，自行设置材料的物性参数。FLUENT 内置 MPI 并行机制，通过自动分区计算，大大提高计算的效率。在 FLUENT 软件的基础上，需要对研究问题进行细致的分析，进行合适的几何建模和网格划分，选择合适的物理模型和数值求解格式，从而形成可靠的模拟方案。

计算网格是进行 CFD 计算的基础，计算网格的质量会对计算精度产生很大的影响。FLUENT 支持的网格生成软件包括 ICEM CFD、GAMBIT、TGRID、PREPDF、GEOMESH 及其他 CAD/CAE 软件包。GAMBIT 采用的 TGrid 体网格生成工具以六面体为核心，采用边界层划分、设定非均匀的网格尺寸函数，可自动、快速地生成混合网格，图 11.3.2 为 GAMBIT 体网格单元类型。

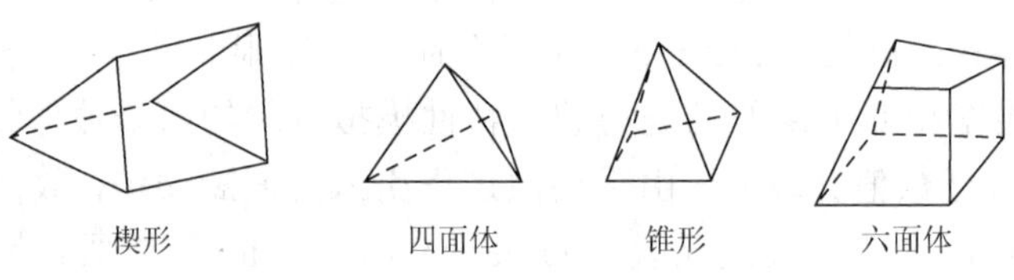

图 11.3.2　GAMBIT 体网格单元类型

11.4　核动力装置自然循环分析平台

核动力装置的自然循环能力对保障反应堆安全、实现其非能动安全功能等方面都具有非常重要的意义。相对于强迫循环，自然循环下的冷却剂流量要低，使得冷却剂传输热的延迟效应增强，导致各运行参数及控制系统的耦合效应明显。一些相关研究单位针对船用核动力装置开发了自然循环运行分析平台，该平台是由基于两相流不平衡态的反应堆及主冷却剂系统热工水力模型、三维少群时空中子动力学模型、反应堆热工水力与中子动力学的耦合模型、一回路辅助系统及二回路系统（BOP 系统）的流体网络模型、综合控制系统模型组成。该平台可以对核动力装置强迫循环、自然循环及过渡过程进行分析。分析平台基本组成及模块之间的耦合关系如图 11.4.1 所示。本节对该平台的一些基本物理模型进行简要介绍。

11.4.1　反应堆时空中子动力学计算模块

对于绝大多数研究自然循环的试验装置，由于无法准确模拟反应堆内的反应性反馈效应，所以对于自然循环过渡过程的模拟与实际装置存在一定的差异。目前自然循环的

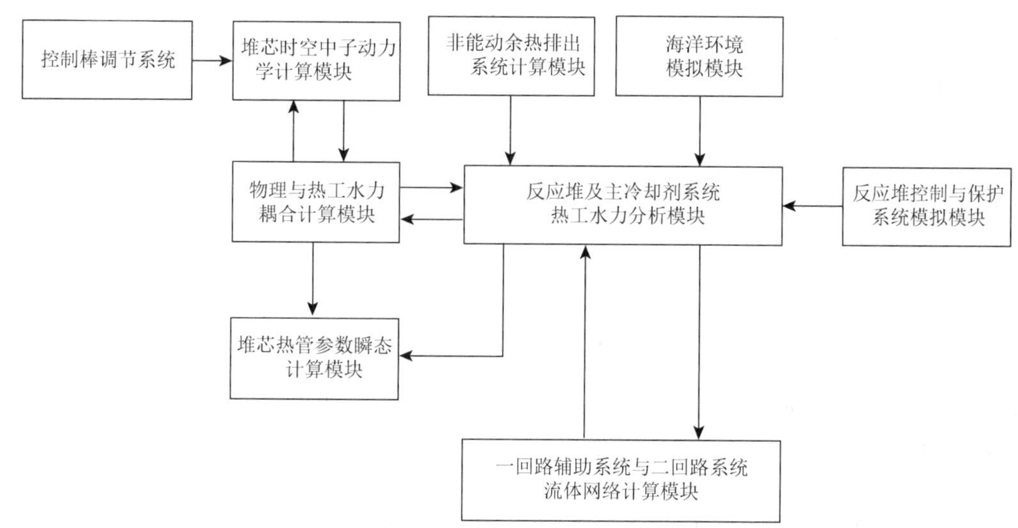

图 11.4.1　船用核动力装置自然循环运行分析平台基本组成

理论分析与计算通常采用 RELAP5、RETRAN、TRAC、ATHLET 等大型热工水力瞬态分析程序，这些大型程序的中子动力学模型一般均采用点堆中子动力学模型，不仅无法模拟中子通量密度在空间上的响应，而且需要输入各类反应性反馈系数及权重因子进行反应性反馈的计算；不同的反应堆轴向功率分布对自然循环运行也会产生影响；海洋条件下反应堆自然循环流量的波动也会引起反应性与功率的变化。这些均需要通过建立较准确的中子动力学模型进行计算与分析。

反应堆中子动力学计算模块采用了两群三维中子时空动力学方程求解快群与热群的中子通量密度。时空动力学模型可以描述模拟中子通量密度在三维空间上的响应，反应性反馈的计算由时空中子动力学方程求解获得，克服了点堆模型求解反应性反馈的局限性，即不再需要输入各类反应性反馈系数和权重因子等参数，对于反应性反馈强烈的瞬态过程、海洋条件下反应性反馈计算及控制棒响应的计算是非常合适的模型。

（1）与时间、能量相关的中子扩散方程。

精确描述堆内中子行为的方程是中子输运方程，由于该方程含有方向矢量 $\boldsymbol{\Omega}$、位置矢量 $\boldsymbol{r}$、能量变量 E 和时间变量 t，对其求解非常困难。在近似和略去各向异性散射中子能量变化的条件下，可以得到与 Ω 无关的三维两群中子时空相关扩散方程：

$$\begin{aligned}\frac{1}{v_1}\frac{\partial\phi_1(r,t)}{\partial t}&=\nabla\cdot D_1(r,t)\nabla\phi_1(r,t)-\varSigma_{a1}(r,t)\phi_1(r,t)-\varSigma_{12}(r,t)\phi_1(r,t)\\&\quad+(1-\beta)\nu\varSigma_{f1}(r,t)\phi_1(r,t)+(1-\beta)\nu\varSigma_{f2}(r,t)\phi_1(r,t)+S_d(r,t)+S(r,t)\end{aligned}\tag{11.4.1}$$

$$\frac{1}{v_2}\frac{\partial\phi_2(r,t)}{\partial t}=\nabla\cdot D_2(r,t)\nabla\phi_2(r,t)-\varSigma_{a2}(r,t)\phi_2(r,t)-\varSigma_{12}(r,t)\phi_1(r,t)\tag{11.4.2}$$

式中：$\phi(r,t)$为距离 r 处 t 时刻的中子通量密度，$1/(m^2\cdot s)$；下标 1 表示快群、2 表示热群；v 为中子平均速度，m/s；D 为扩散系数，m；$\varSigma_{a1}(r,t)$为快中子宏观吸收截面，1/m；$\varSigma_{a2}(r,t)$为热中子宏观吸收截面，1/m；$\varSigma_{12}(r,t)$为快群向热群的宏观转移截面，1/m；$\varSigma_{f1}(r,t)$为快群宏观裂变截面，1/m；$\varSigma_{f2}(r,t)$为热群宏观裂变截面，1/m；ν 为每次裂变的中子产额；

$S_d(r, t)$为缓发中子源项，$1/(m^3\cdot s)$；β 为缓发中子份额，$S(r, t)$为外加中子源项，$1/(m^3\cdot s)$。

缓发中子源项：

$$S_d(r,t)=\sum_{k=1}^{6}\lambda_k C_k(r,t) \tag{11.4.3}$$

式中：λ_k 为第 k 组缓发中子先驱核的衰变常数，1/s。

（2）缓发中子先驱核方程。

缓发中子先驱核浓度 C_k 按下式计算：

$$\frac{\partial C_k(r,t)}{\partial t}=-\lambda_k C_k(r,t)+\beta_k \nu \Sigma_{f1}(r,t)\phi_1(r,t)+\beta_k \nu \Sigma_{f2}(r,t)\phi_2(r,t) \tag{11.4.4}$$

式中：λ 为缓发中子先驱核衰变常数，s^{-1}；C 为缓发中子先驱核浓度，cm^{-3}；下标 k 表示缓发中子组数，β_k 为第 k 组缓发中子份额。

（3）衰变热方程。

反应堆衰变热主要来源于 ^{235}U，^{238}U 和 ^{239}Pu 的裂变产物，根据裂变产物的份额和衰变常数把它们划分为 23 组，衰变热方程为

$$\frac{dQ_{di}(t)}{dt}=-\lambda_{di}Q_{di}(t)+\lambda_{di}\beta_{di}Q_P(t)\quad (i=1,2,\cdots,23) \tag{11.4.5}$$

式中：$Q_{di}(t)$为第 i 组衰变热；λ_{di} 为第 i 组裂变产物的衰变常数；β_{di} 为第 i 组裂变产物的份额；$Q_P(t)$为瞬发中子裂变功率。

（4）重要裂变产物动力学方程。

对反应堆裂变产物中有两种重要的同位素：^{135}Xe 和 ^{149}Sm。这两种同位素具有较大的热中子吸收截面和裂变产额，对反应性有较大的影响。

^{135}Xe 的实际衰变过程非常复杂，根据裂变产物的产额和半衰期对其简化后的衰变链如图 11.4.2 所示。

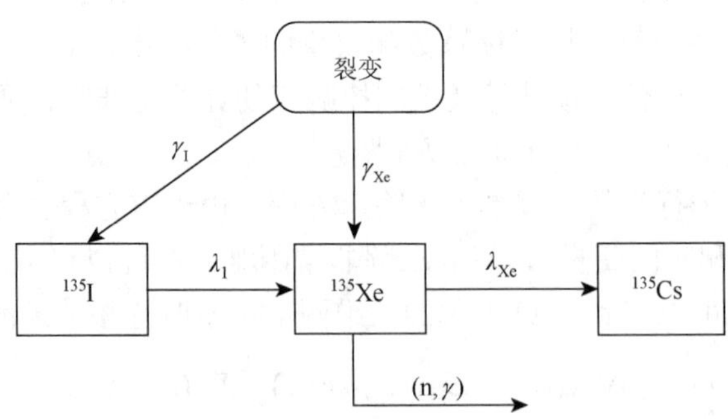

图 11.4.2　简化的 ^{135}Xe 衰变链

根据图 11.4.2 简化的模型，^{135}Xe 的动力学方程为

$$\frac{dI}{dt}=-\gamma_I\overline{\Sigma_f}\phi-\lambda_I I \tag{11.4.6}$$

$$\frac{dXe}{dt}=\gamma_I I+\gamma_{Xe}\overline{\Sigma_f}\phi-\lambda_{Xe}Xe-\overline{\sigma_{a,Xe}}\phi Xe \tag{11.4.7}$$

式中：I 表示 ^{135}I 的浓度；γ_{I} 表示 ^{135}I 的裂变产额；λ_{I} 表示 ^{135}I 的衰变常数；Xe 表示 ^{135}Xe 的浓度；γ_{Xe} 表示 ^{135}Xe 的裂变产额；λ_{Xe} 表示 ^{135}Xe 的衰变常数；$\overline{\sigma_{\mathrm{a,Xe}}}$ 表示 ^{135}Xe 的平均微观吸收截面。

裂变产物中 ^{149}Sm 对反应堆的影响仅次于 ^{135}Xe，^{149}Sm 的裂变产物链如图 11.4.3 所示。^{149}Sm 的动力学方程为

$$\frac{\mathrm{d}P_m}{\mathrm{d}t} = \gamma_{\mathrm{Pm}}\overline{\Sigma_{\mathrm{f}}}\phi - \lambda_{\mathrm{Pm}}Pm \tag{11.4.8}$$

$$\frac{\mathrm{d}S_m}{\mathrm{d}t} = \lambda_{\mathrm{Pm}}Pm - \overline{\sigma_{\mathrm{a,Sm}}}\phi Sm \tag{11.4.9}$$

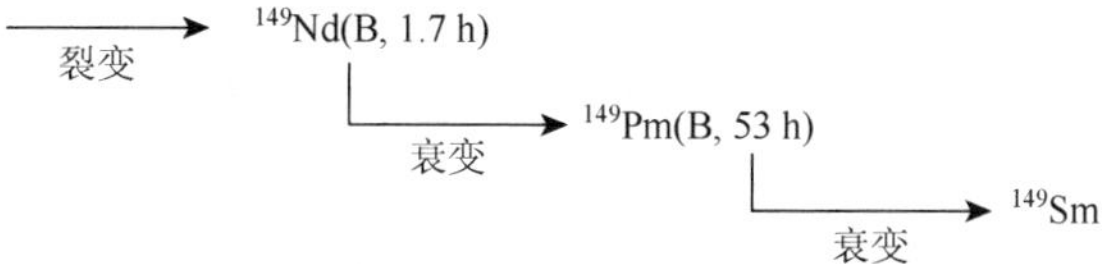

图 11.4.3　^{149}Sm 的衰变链

式中：P_m 表示 ^{149}Pm 的浓度；γ_{Pm} 表示 ^{149}Pm 的裂变产额；λ_{Pm} 表示 ^{149}Pm 的衰变常数；S_m 表示 ^{149}Sm 的浓度；γ_{Sm} 表示 ^{149}Sm 的裂变产额；λ_{Sm} 表示 ^{149}Sm 的衰变常数；$\overline{\sigma_{\mathrm{a,Sm}}}$ 表示 ^{149}Sm 的平均微观吸收截面。

（5）反应性控制与反馈模型。

船用核动力装置的各种瞬态过程，主要依靠控制棒的移动来实现反应性的控制。此外，冷却剂温度、密度和燃料温度变化对反应性和功率也有重要影响，必须予以考虑。以上各因素对反应性的影响通过群常数变化来反映，具体计算方法如下。

控制棒布置方案和插入高度对反应性、中子通量密度分布的影响通过扩散常数、裂变截面、转移截面、宏观吸收截面的变化来反映，并假设控制棒只对其所在节块的群常数有影响，与控制棒插入份额 f_{rod} 有关，如图 11.4.4。

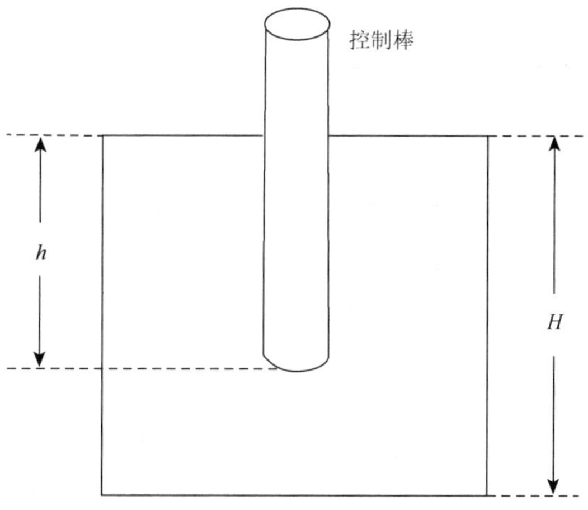

图 11.4.4　控制棒插入份额

控制棒插入份额f_{rod}的计算为

$$f_{rod}(k)=\frac{\text{结块}k\text{内控制棒高度}}{\text{结块}k\text{的高度}}=\frac{h}{H} \tag{11.4.10}$$

当控制棒穿过节块k时，$f_{rod}(k)=1$；当控制棒不落入节块k时，$f_{rod}(k)=0$。控制棒落入节块k时，引起节块k的群常数变化量$\Delta\xi$可以线性近似为

$$\Delta\xi=f_{rod}(k)\Delta\xi_k \tag{11.4.11}$$

式中：$\Delta\xi_k$表示控制棒全部插入时引起节块k的群常数ξ的变化量。

节块宏观吸收截面、宏观迁移截面、扩散系数主要受冷却剂密度的变化影响，具体计算如下：

$$\Sigma_{a,1}=\Sigma_{a,1}(\text{base})+\sigma_{a,1}(\text{water})\times\Delta N_w \tag{11.4.12}$$

$$\Sigma_{a,2}=\Sigma_{a,2}(\text{base})+\sigma_{a,2}(\text{water})\times\Delta N_w \tag{11.4.13}$$

$$D_1=1/[1/D_1(\text{base})+3\sigma_{tr,2}(\text{water})\times\Delta N_w] \tag{11.4.14}$$

$$D_2=1/[1/D_2(\text{base})+3\sigma_{tr,2}(\text{water})\times\Delta N_w] \tag{11.4.15}$$

式（11.4.12）～式（11.4.15）中：ΔN_w表示单位体积水分子数变化量，它直接反映冷却剂密度变化；σ_{tr}表示冷却剂微观迁移截面；base 表示基准状态。

冷却剂温度变化将影响宏观吸收截面、宏观裂变截面和迁移截面，计算中采用近似修正：

$$\Delta\Sigma_x=\left(\frac{\mathrm{d}\Sigma_x}{\mathrm{d}\sqrt{T_m}}\right)\left(\sqrt{T_m}-\sqrt{T_{m,ref}}\right) \tag{11.4.16}$$

式中：$T_{m,ref}$是基准状态下冷却剂温度；$\Delta\Sigma_x$表示x截面的变化量。

燃料温度变化主要对快群吸收截面产生影响，计算中采用近似修正：

$$\Delta\Sigma_{a,1}=\left(\frac{\mathrm{d}\Sigma_{a,1}}{\mathrm{d}\sqrt{T_f}}\right)\left(\sqrt{T_f}-\sqrt{T_{f,ref}}\right) \tag{11.4.17}$$

式中：$T_{f,ref}$是基准状态下燃料平均温度。

11.4.2 反应堆及主冷却剂系统热工水力分析模块

在 RELAP5/MOD3 程序的基础上，为简化海洋条件对两相自然循环的影响，将气、液动量方程修改为气、液混合物动量方程；并增加了海洋条件与船舶运动引入的附加压降；气、液相间作用计算采用了漂移流模型，构成基于两相漂移流模型的基本守恒方程。流体的流型判别准则、流体与各类热构件的换热关系式（自然对流换热模型采用了 RELAP5/MOD3.2 模型）、气液相间传质与换热关系式、水力学关系式（局部阻力系数低雷诺数修正模型采用试验获得的经验关系式；摩擦因子计算采用 RELAP5/MOD3.3 非等温条件下的计算模型）、压力矩阵的求解方法与 RELAP5/MOD3 程序一致。建立的数学模型不仅可以对海洋条件下单相自然循环运行特性进行计算分析，而且可以分析非能动余热排出系统的两相自然循环运行特性。

程序有六个基本场方程，含有七个基本因变量，分别为压力（p）、气液相比热力学（U_g, U_f）、气相空泡份额（α_g）、气液相速度（u_g, u_f）、非冷凝含汽量（X_n）。为了使方程组闭合，引入漂移流方程。

（1）不可凝气体质量守恒方程：

$$\frac{\partial}{\partial t}(a_g\rho_g X_n)+\frac{1}{A}\frac{\partial}{\partial x}(a_g\rho_g u_g X_n A)=S_n / A \tag{11.4.18}$$

式中：a_g 是气相空泡份额；ρ_g 是气相密度；u_g 是气相速度；A 是流道横截面面积，S_n 是非冷凝气体的外加源项，X_n 是非冷凝气体的含量。

（2）气相质量守恒方程：

$$\frac{\partial}{\partial t}(a_g\rho_g)+\frac{1}{A}\frac{\partial}{\partial x}(a_g\rho_g u_g A)=\Gamma+S_g / A \tag{11.4.19}$$

式中：Γ 是气液相间的质量交换率，kg/(m^3·s)，S_g 是气相的外加源项。

（3）液相质量守恒方程：

$$\frac{\partial}{\partial t}(a_f\rho_f)+\frac{1}{A}\frac{\partial}{\partial x}(a_f\rho_f u_f A)=-\Gamma+S_f / A \tag{11.4.20}$$

式中：a_f 是液相空泡份额；ρ_f 是液相密度；u_f 是液相速度；S_f 是液相的外加源项。

（4）气相能量守恒方程：

$$\begin{aligned}&\frac{\partial}{\partial t}(a_g\rho_g U_g)+\frac{1}{A}\frac{\partial}{\partial x}(a_g\rho_g U_g u_g A)+p\frac{\partial a_g}{\partial t}+\frac{p}{A}\frac{\partial}{\partial x}(a_g u_g A)\\&=q''_{wg}+q''_{ig}+(\Gamma-\Gamma_w)h_g^*+\Gamma_w h_g^s+\mathrm{DISS}_g+S_{gQ} / A\end{aligned} \tag{11.4.21}$$

式中：U_g 是气相热力学；p 是压力；q''_{wg} 是热构件到气相的热流密度；q''_{ig} 是液相到气相的热流密度；Γ_w 是热构件表面的气相质量产生率；h_g^s 是气相饱和状态下的焓；h_g^* 是气相焓；DISS_g 是气相能量耗散；S_{gQ} 是气相的外加源。

（5）液相能量守恒方程：

$$\begin{aligned}&\frac{\partial}{\partial t}(a_f\rho_f U_f)+\frac{1}{A}\frac{\partial}{\partial x}(a_f\rho_f U_f u_f A)+p\frac{\partial a_f}{\partial t}+\frac{p}{A}\frac{\partial}{\partial x}(a_f V_f A)\\&=q''_{wf}+q''_{if}+(\Gamma-\Gamma_w)h_f^*+\Gamma_w h_f^s+\mathrm{DISS}_f+S_{fQ} / A\end{aligned} \tag{11.4.22}$$

式中：U_f 是液相热力学；q''_{wf} 是热构件到液相的热流密度；q''_{if} 是气相到液相的热流密度，h_f^s 是液相饱和状态下的焓；h_f^* 是液相焓；DISS_f 是液相能量耗散；S_{fQ} 是液相的外加源。

（6）考虑摇摆、倾斜、浮沉、船体变速等效应的两相混合物动量守恒方程写为

$$\begin{aligned}&a_g\rho_g\frac{\partial u_g}{\partial t}+a_f\rho_f\frac{\partial u_f}{\partial t}+\frac{1}{2}a_g\rho_g\frac{\partial u_g^2}{\partial t}+\frac{1}{2}a_f\rho_f\frac{\partial u_f^2}{\partial t}\\&=-\frac{\partial p}{\partial x}+\rho B_x-a_g\rho_g v_g\mathrm{FWG}-a_f\rho_f v_f\mathrm{FWF}-\Gamma(u_g-u_f)+\Delta p_a+S_V\end{aligned} \tag{11.4.23}$$

式中：B_x 是 x 方向的体积力；FWF 是液相的壁面摩擦系数；FWG 是气相的壁面摩擦系数；S_V 是外加质量源的动量。

Δp_a 为摇摆、船体变速引起的附加压降，Pa，可表示为

$$\Delta p_{\mathrm{a}}=\left(\int_L F_{\mathrm{a}}\mathrm{d}\boldsymbol{L}/\mathrm{d}L\right)/A \tag{11.4.24}$$

式中：L 表示控制体；A 为控制体的截面积，m^2；F_{a} 为控制体中冷却剂由于摇摆、船体变速作用而受到的附加力，N；F_{a} 分为法向力和切向力两部分，可表示为

$$F_{\mathrm{a}}=F'_{\mathrm{n}}+F'_{\mathrm{t}}=-\mathrm{d}m\cdot[\boldsymbol{\omega}\times(\boldsymbol{\omega}\times r)+\boldsymbol{\beta}\times r] \tag{11.4.25}$$

式中：$\mathrm{d}m$ 为微元体质量，kg；ω，β 分别是摇摆角速度和角加速度，可表示为

$$\omega=\frac{2\pi\theta_{\mathrm{m}}}{T}\cos\frac{2\pi t}{T} \tag{11.4.26}$$

$$\beta=-\frac{4\pi^2\theta_{\mathrm{m}}}{T^2}\sin\frac{2\pi t}{T} \tag{11.4.27}$$

$$\mathrm{d}m=\rho A\mathrm{d}l,\ \boldsymbol{\omega}=\omega\boldsymbol{i},\ \boldsymbol{\beta}=\beta\boldsymbol{i},\ \boldsymbol{r}=y\boldsymbol{j}+z\boldsymbol{k} \tag{11.4.28}$$

p'_{g} 为摇摆过程中随时间变化的提升压降，Pa，可表示为

$$p'_{\mathrm{g}}=\rho(g+a)H\cos\theta' \tag{11.4.29}$$

式中：H 为控制体高度，m；θ'为控制体与 z 轴的夹角，rad；a 为船体浮沉引入的加速度，$\mathrm{m/s^2}$。

（7）简谐海洋条件下系统坐标方程。

摇摆、倾斜时控制体与 z 轴的夹角写为

$$\theta'=\arctan\frac{\sqrt{(y_2-y_1)^2+(x_2-x_1)^2}}{z_2-z_1} \tag{11.4.30}$$

式中：x_2，y_2，z_2 为摇摆时控制体的出口 x，y，z 轴坐标；x_1，y_1，z_1 为摇摆时控制体的入口 x，y，z 轴坐标，m。

横摇时坐标变换：其中 x 不变，空间任意点 y 的坐标为

$$y=y_0+\sqrt{y_0^2+z_0^2}[\cos(\theta+\theta_0)-\cos\theta_0] \tag{11.4.31}$$

式中：y_0，z_0 为初始不摇摆时的坐标，m；θ_0 为不摇摆时控制体的倾斜角，rad；θ 为摇摆的角度，rad。

$$\theta_0=\begin{cases}\arcsin\dfrac{z_0}{\sqrt{y_0^2+z_0^2}} & (y\geqslant 0)\\[2ex] \pi-\arcsin\dfrac{z_0}{\sqrt{y_0^2+z_0^2}} & (y<0)\end{cases} \tag{11.4.32}$$

横摇时 z 坐标的变化类似于 y 坐标的变化；纵摇时，y 轴保持不变，x，z 变化与横摇类同。

（8）漂移流方程。

$$(1-\alpha_{\mathrm{g}}C_0)u_{\mathrm{g}}-\alpha_{\mathrm{f}}C_0u_{\mathrm{f}}=u_{\mathrm{gj}} \tag{11.4.33}$$

式中：u_{gj} 是漂移速度，m/s；C_0 是分布系数，采用了 Kataoka＆Ishii 模型。C_0、u_{gj} 根据管道的角度不同、两相流的流型不同而取值不同。

在两相流的系统中，流型对热工水力特性的影响较大，不同流型下呈现出不同的流动和传热特性。通常以空泡份额和质量流量两个参数来划分流型，以流向的倾斜角来区分水平流动与垂直流动：

$$15\leqslant\varphi\leqslant90°，垂直流动$$

$$0\leqslant\varphi<15°，水平流动$$

11.4.3　一回路辅助系统及二回路系统流体网络计算模块

核动力装置系统包含大量的作为流体运动空间的管路系统，这些管路系统大多具有复杂的网络拓扑结构；同时，管路系统内部流体的流动机理还有许多内容仍处于研究阶段，难以完整地建立起详细描述流体运动过程的流体动力学方程。在核动力装置实时模拟分析中，关心的是管路系统内各管路节点处的压力、流量等参数的瞬态特性。为了描述管道中流体运动的规律，通常把被研究的管道分成若干节段，每个节段定义为一个控制体。然后使用流线把相关的控制体连接起来，构成一个管道系统或闭合回路系统，这样的系统被称为流体网络系统。采用集总参数法对控制体和流线进行处理，给出描述流体在管道系统中流动的质量、能量和动量守恒方程。若能将每个控制体及流线内的参数变化过程描述清楚，那么就可以准确地描述整个系统的瞬态特性。

一般来说，一个流体网络系统可以通过分割划分为由一系列串联或并联的控制体组成的网络系统，对于这样的系统，可以应用基尔霍夫定律进行分析。

（1）基尔霍夫回路定律。

围绕任何一个环路的压降之和应该等于零，即

$$\sum\Delta p_i=0 \tag{11.4.34}$$

（2）基尔霍夫接点定律。

在流体网络的每一个接点上，任一瞬间的流量代数和等于零，即

$$\sum\dot{m}_i=0 \tag{11.4.35}$$

（3）导纳。

导纳是流体网络问题中的基本术语，来自电路网络，其原意是电阻的倒数。因流体网络计算类似于电路网络计算，故将电路网络中的导纳引用到流体网络中。流体网络的导纳是流动阻力系数的倒数平方根，即

$$\pi=\sqrt{\frac{1}{K}} \tag{11.4.36}$$

式中：K 为局部阻力系数或称能量损失系数。

在稳态流体网络系统中，流量与压降的关系式为

$$\dot{m}=a(p_1-p_2)^{\frac{1}{2}} \tag{11.4.37}$$

它们的关系是非线性关系，即流量与压降的平方根成正比关系。因此，确定流体网络中流线的导纳后，通过控制体的压降就能计算管路中流体的流量。

（4）阀门。

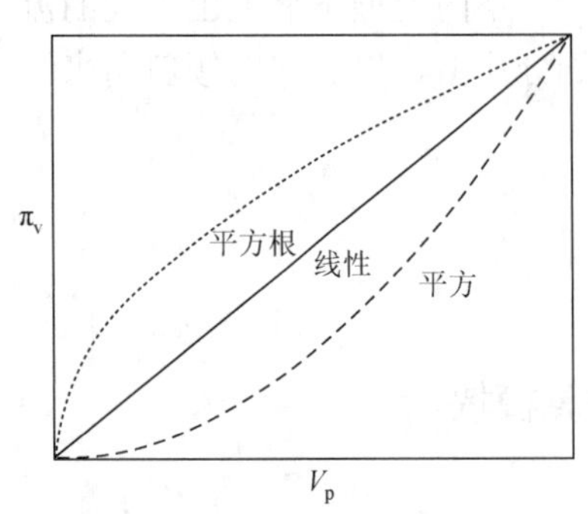

图 11.4.5　截止阀特性曲线

阀门的开启与关闭会对管道的流动阻力产生影响，在引入导纳的概念后，这种影响可以转化为导纳随阀门开度 V_p 变化而变化的关系，在分析时，只需在普通流线的导纳基础上加入一个阀门开度对导纳影响的修正系数。

在流体网络系统中的阀门，根据结构和功能的不同具有多种类型，此处对常见的截止阀进行讨论。

截止阀阀门开度对所在流线导纳的影响，根据不同的阀门而呈现不同的变化趋势，如图 11.4.5 所示为三种最常见的截止阀导纳随开度变化的特性曲线。图中线性导纳指的是导纳和阀门开度成正比，而平方导纳指的是导纳和阀门开度的平方成正比，平方根导纳则和阀门开度的平方根成正比。这样就可以得出截止阀对所在流线导纳的影响关系式如下。

线性特性截止阀：

$$\pi_V = AV_p \tag{11.4.38}$$

平方特性截止阀：

$$\pi_V = AV_p^2 \tag{11.4.39}$$

平方根特性截止阀：

$$\pi_V = A\sqrt{V_p} \tag{11.4.40}$$

式中：A 为比例系数。模型中阀门开度 V_p 通常用归一化的开度表示，即阀门全开时值为 1，全关时值为 0，中间状态在 0 和 1 之间取值。需要说明的是，在初始条件下把导纳看成是管道的一个内在属性，即流线的导纳只与流线的截面积、长度、管道材料和局部阻力特性有关，而在计算的过程中参照动量方程进一步求解不同流型下导纳的变化。所以，阀门对导纳的影响可归于局部阻力特性对导纳的影响。

常见截止阀多数归于上述所示的三种，若实际应用中截止阀的特性比较特别，则可以使用自定义的关系表达式来计算。

（5）串并联流体网络模型。

串并联流体网络的模型建立在单控制体模型基础之上。其需要解决的是组合回路的等效导纳问题。

图 11.4.6 为一个串并联组合回路，图中以阀门来代表网络中的阻力件。根据该图，可以得出等效导纳。

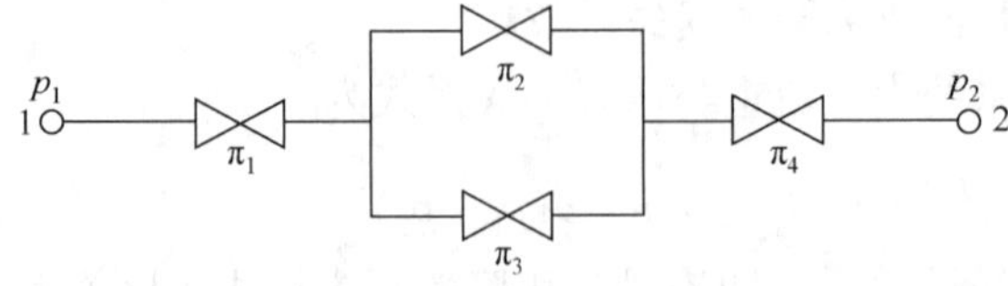

图 11.4.6　串并联组合回路

并联导纳：

$$\pi_{\mathrm{P}}=\pi_2+\pi_3 \tag{11.4.41}$$

串联导纳：

$$\pi_{\mathrm{S}}=\frac{1}{\sqrt{\dfrac{1}{\pi_1^2}+\dfrac{1}{\pi_{\mathrm{P}}^2}+\dfrac{1}{\pi_4^2}}} \tag{11.4.42}$$

π_{S} 即为从 1 至 2 总的等效导纳。根据该导纳值就可以计算流过 1 至 2 的流量。对于 n 个串并联组合回路，可以用相同的方法计算总的等效导纳。

在模拟 BOP 系统（即除了核岛外的热工水力流体网络系统）中，常常使用一种非平衡态无相间作用的两相流模型。该模型建立于两相的非平衡态基础上，分别建立气、液的质量、能量、动量守恒方程，但不考虑两相间的作用效应。这种模型由于考虑了两相流的非平衡态效应，其应用范围比均匀流模型更加广泛。由于不考虑相间的相互作用，在一些热工水力瞬态的计算上精度有所下降，但计算速度较快，所以该模型主要应用于流体网络的建模。

习　题

1. 多尺度耦合分为强耦合和弱耦合两种方法，那么什么是强耦合和弱耦合？
2. 简要阐述最佳估算程序的建模方式，以及计算结果不确定性的主要来源。
3. 湍流中大尺度的涡与小尺度的涡主要区别是什么？
4. 采用计算流体动力学方法进行流动与传热问题的计算与分析时，通常包括哪些环节？
5. 按照 AIAA 给出的见解，误差和不确定度有何不同？
6. CFD 计算结果误差的主要来源有哪些？
7. 相对于强迫循环分析，核动力装置自然循环运行分析有哪些需要特别注意的方面？

参考文献

蔡章生，1989. 核反应堆热工与安全分析. 武汉：海军工程学院.

陈文振，陈志云，黎浩峰，2005. 加热容器内工质蒸发过程分析. 武汉：海军工程大学.

陈文振，匡波，张志宏，2022. 气液两相流动. 北京：科学出版社.

陈文振，商学利，张帆. 温度反馈阶跃反应性输入下的燃料元件温度场分析. 原子能科学技术，2008，42（sl）：158-161.

陈文振，张黎明，肖红光，2019. 核反应堆工程原理. 上. 北京：中国原子能出版社.

陈志云，陈文振，罗磊，2012. 摇摆条件下矩形通道内冷却剂温度与流场分析. 原子能科学技术，46（3）：299-304.

陈志云，陈文振，罗磊，等，2008. Simulink 仿真软件在船用堆参数快速计算中的应用. 原子能科学技术，42（sl）：182-185.

陈志云，陈文振，许国军，等，2007. 核动力船机动航行对一回路自然循环驱动力的影响. 核科学与工程，27（2）：133-137.

程尚模，1990. 传热学. 北京：高等教育出版社.

高璞珍，王兆祥，刘顺隆，1999. 起伏对强制循环和自然循环的影响. 核科学与工程，19（2）：116-119.

郝建立，陈文振，王少明，2013. 自然循环蒸汽发生器倒 U 型管内倒流现象影响因素研究. 原子能科学技术. 47（1）：65-69.

黄彦平，2000. 反应堆大型热工水力分析程序计算结果不确定性的来源与对策. 核动力工程，21（3）：248-250.

庞凤阁，高璞珍，王兆祥，等，1995. 海洋条件对自然循环影响的理论研究. 核动力工程，16（4）：330-334.

皮茨，西索姆，2002. 传热学. 葛新石，等，译. 北京：科学出版社.

任祖功，1982. 动力反应堆热工水力分析. 北京：原子能出版社.

商学利，黎浩峰，陈文振，等，2010. 缓发超临界过程燃料元件温度场动态分析与快速计算. 原子能科学技术，44（s1）：312-316.

沈维道，蒋智敏，童钧耕，2001. 工程热力学. 北京：高等教育出版社.

孙中宁，2006. 核动力设备. 哈尔滨：哈尔滨工程大学出版社.

汤烺孙，J. 韦斯曼，1983. 压水反应堆热工分析. 袁乃驹，裘怿椿，杨彬，译. 北京：原子能出版社.

王补宣，1982. 工程传热传质学：上册. 北京：科学出版社.

王福军，2004. 计算流体动力学分析：CFD 软件原理与应用. 北京：清华大学出版社.

王乔，黎浩峰，陈文振，等，2009. 基于 Simulink 输入阶跃反应性时有温度和毒物反馈的反应堆动态响应仿真. 原子能科学技术，43（9）：823-827.

西德工程师协会，1974. 水和水蒸气热力学性质图表. 北京：水利电力出版社.

徐济鋆，2001. 沸腾传热与气液两相流. 修订版. 北京：原子能出版社.

杨强生，1985. 对流传热与传质. 北京：高等教育出版社.

杨瑞昌，刘京宫，黄彦平，等，2008. 自然循环蒸汽发生器倒 U 型管内倒流特性研究. 工程热物理学报. 29（5）：807-810.

于雷，2006. 舰船核动力装置动力学. 武汉：海军工程大学.

于雷，2008. 船用核动力装置自然循环运行特性研究. 武汉：海军工程大学.

于平安，朱瑞安，喻真烷，等，1986. 核反应堆热工分析. 修订版. 北京：原子能出版社.

于平安，朱瑞安，喻真烷，等，2002. 核反应堆热工分析. 3 版. 上海：上海交通大学出版社.

臧希年，申世飞，2003. 核电厂系统及设备. 北京：清华大学出版社.

张法邦，2001. 核反应堆运行物理. 北京：原子能出版社.

章德，2011. 自然循环条件下 UTSG 非均匀流动特性研究. 武汉：海军工程大学.

赵新文，2001. 舰艇核动力一回路装置. 北京：海潮出版社.

钟声玉，王克光，1980. 流体力学和热工理论基础. 北京：机械工业出版社.

AURIA F D，SALAH A B，2005. Coupled 3D neutron kinetics and thermal-hydraulics techniques and relevance for the design of natural circulation systems. IAEA：AEA-TECDOC-1281，Vienna：IAEA：497-517.

BABELLI I，ISHII M，2001. Flow excursion instability iN downward flow systems part 1：single-phase instability. Nuclear Engineering and Design，206：91-96.

CHEN W Z，GUO L F，ZHU B，et al.，2007. Accuracy of analytical methods for obtaining supercritical transients with temperature feedback. Progress in Nuclear Energy，49（4）：290-302.

CHEN Z Y，CHEN W Z，HAO J L，2012. Simulink simulation of dynamic temperature field of hot channel in a marine reactor core. Annals of Nuclear Energy，42（4）：165-168.

CHEN Z Y，HAO J L，CHEN W Z，2012，The development of fast simulation program for marine reactor parameters，Annals of Nuclear Energy，40（1）：45-52.

CHU X，CHEN W Z，HAO J L，et al.，2017. Experimental and theoretical investigations on effect of U-tube inlet and secondary temperatures on reverse flow inside UTSG. Annals of Nuclear Energy，110（deca）：1073-1080.

CHU X，CHEN W Z，YAN L S，et al.，2019. CFD investigation on reverse flow characteristics in U-tubes under two-phase natural circulation. Progress in Nuclear Energy，114（7）：145-154.

DONG Z，HUANG X J，FENG J T，et al.，2009. Dynamic model for control system design and simulation of a low temperature nuclear reactor. Nuclear Engineering and Design，239（10）：2141-2151.

GAL D，SAPHIER D，1991. A DSNP movable boundary U-tube steam generator model. Heat Transfer and Luid Flow，95（1）：64-75.

HAO J L，CHEN W Z，CHEN Z Y，2012. The development of natural circulation operation support program for ship nuclear power machinery. Annals of Nuclear Energy，50：199-205.

HAO J L，CHEN W Z，WANG S M，et al.，2014. Scaling modeling analysis of flow instability in U-tubes of steam generator under natural circulation. Annals of Nuclear Energy，64（feba）：169-175.

HAO J L，CHEN W Z，ZHANG D，2013. Effect of U-tube length on reverse flow in UTSG primary side under natural circulation. Annals of Nuclear Energy，56（juna）：66-70.

HAO J L，LI M R，CHEN W Z，et al.，2021. Theoretical investigation on the solution of the single-phase flowinstability among parallel U-tubes. Annals of Nuclear Energy，160（1）：108-406.

HAO J L，LI M R，CHEN W Z，et al.，2022. Experimental research on space distribution of reverse flow U-tubes in steam generator primary side. Nuclear Engineering and Design，388：111650.

ISHIDA T，YORITSUNE T，2002. Effects of ship motions on natural circulation of deep sea research reactor DRX. Nuclear Engineering and Design，215（1-2）：51-67.

HOLMAN J P，HEAT T，2005. McGraw-Hill companies. Inc. 北京：机械工业出版社.

JEONG J J，HWANG M，LEE Y J，et al.，2004. Non-uniform flow distribution in the steam generator U-tubes of a pressurized water reactor plant during single and two-phase natural circulations. Nuclear Engineering and Design，231（3）：303-314.

KUKITA Y，NAKAMURA H，TASAKA K，et al.，1988. Nonuniform steam generator U-tube flow distribution during natural circulation tests in ROSA-IV large scale test facility. Nuclear Science and Engineering，99（4）：289-298.

LI M R，CHEN W Z，HAO J L，et al.，2020. CInvestigation on reverse flow characteristics in UTSGs with coupled heat transfer between primary and secondary sides. Annals of Nuclear Energy，137：107064.

MURATA H，SAWADA K I，MICHIYUKI K S，2002. Natural circulation characteristics of a marine reactor in rolling motion and heat transfer in the core. Nuclear Engineering and Design，215（1a2）：69-85.

REYES J N，2005. Governing equations in two-phase fluid natural circulation flows. IAEA：IAEATECDOC-1281，Vienna：IAEA：155-170.

SANDERS J，1988. Stability of single-phase natural circulation with inverted U-tube steam generators. Journal of Heat Transfer，110：735-742.

SMITH B L，2005. Computational fluid dynamics for natural circulation flows. IAEA：AEA-TECDOC-1281. Vienna：IAEA：535-551.

The RELAP5 Code Development Team. RELAP5/MOD3. 3 Code Manual Volume IV：Models and Correlations. IDaho：Idaho National Engineering Laboratory，2001：124-202.

VIJAYAN P K，NAYAK A，2005. Introduction to instabilities in natural circulation systems. IAEA：IAEA-TECDOC-1281. Vienna：IAEA：173-191.

WAKLIL M M E，1976. 核反应堆热工学. 陈叔平，马驰，李世坤，译. 北京：原子能出版社.

WANG Q，ZHANG D，CHEN W Z，et al.，2011. Real-time simulation of response to loadvariation for a ship reactor based on point-reactor double regions and lumped parameter model. Annals of Nuclear Energy，38（5）：1156-1160.

WATANABE T，ANODA Y，TAKANO M，2014. System-CFD coupled simulation of flow instability in steam generator U tubes. Annals of Nuclear Energy，70：141-146.

YADIGAROGLU G，2005. Computational fluid dynamics for nuclear applications：from CFD to multi-scale CMFD. Nuclear Engineering and Design，235（2a4）：153-164.

YAN B H，YU L，YANG Y H，2010. Heat transfer with laminar pulsating flow in a channel or tube in rolling motion. International Journal of Thermal Sciences，49（6）：1003-1009.

YAN B H，YU L，YANG Y H，2011. Theoretical model of laminar flow in a channel or tube under ocean conditions. Energy Conversion and Management，52（7）：2587-2597.

附录Ⅰ 一些核燃料的热物性

燃　料	U	U-2%质量 Zr	U_3Si（U－3.8%质量 Si）	U－12%质量 Mo	Zr－14%质量 U
$\rho/(g\cdot cm^{-3})$	19.05（93℃） 18.87（204℃） 18.33（649℃）	18.3（室温）	15.57±0.02（室温）	16.9（室温）	7.16
熔点/℃	1133	1127	985	1150	1782
$\lambda/[W/(m\cdot ℃)^{-1}]$	27.34（93℃） 30.28（316℃） 35.50（538℃） 38.08（760℃）	21.98（35℃） 27（300℃） 37（600℃） 48.11（900℃）	14.98（25℃） 17.48（65℃）	13.48（室温）	11（20℃） 11.61（100℃） 12.32（200℃） 13.02（300℃） 18（700℃）
$c_p/[J/(kg\cdot ℃)^{-1}]$	116.39（93℃） 171.66（538℃） 194.27（649℃）	120.16（93℃）		133.98～150.72（300～400℃）	282.19（93℃）

燃料	UO_2	UO_2－80%原子数 PuO_2－20%原子数	ThO_2	UC	UN
$\rho/(g\cdot cm^{-3})$	10.98	11.08	10.01	13.63	14.32
熔点/℃	2 849	2 780	3 299	2 371	2 843
$\lambda/[W/(m\cdot ℃)^{-1}]$	4.33（499℃） 2.60（1 093℃） 2.16（1 699℃） 4.33（2 204℃）	3.50（499℃） 1.80（1998℃）	12.62（93℃） 9.42（204℃） 6.21（371℃） 4.64（538℃） 3.58（760℃） 2.91（1 316℃）	21.98～23.02（199～982℃）	15.92（327℃） 20.60（732℃） 24.40（1 121℃）
$c_p/[J/(kg\cdot ℃)^{-1}]$	237.40（32℃） 316.10（732℃） 376.81（1 732℃） 494.04（2 232℃）	近似于 UO_2	229.02（32℃） 291.40（732℃） 324.48（1 732℃） 343.32（2 232℃）	146.54（93℃）	271.71（327℃） 234.46（736℃） 251.21（1 121℃）

附录II　水和水蒸气的热物性

（1）饱和水和水蒸气的热物性

T/℃	p/10^5 Pa	水								水蒸气						
		v/($m^3 \cdot kg^{-1}$)	h/($kJ \cdot kg^{-1}$)	μ/($\times 10^4$ Pa·s)	λ/[W/(m·℃)$^{-1}$]	c_p/[k/(kg·℃)$^{-1}$]	s/[kJ/(kg·℃)$^{-1}$]	σ/($\times 10^3$ $N \cdot m^{-1}$)	Pr	v/($m^3 \cdot kg^{-1}$)	h/($kJ \cdot kg^{-1}$)	μ/($\times 10^4$ Pa·s)	λ/[W/(m·℃)$^{-1}$]	c_p/[k/(kg·℃)$^{-1}$]	s/[kJ/(kg·℃)$^{-1}$]	Pr
0.01	0.006 112	0.001 000 2	0.00	17.920 0	0.565	—	0.000 0	75.64	13.37	206.2	2 501.6	8.84	0.016 7	—	9.157 5	0.981 6
10	0.012 270	0.001 000 3	41.99	13.054 6	0.584	4.193	0.151 0	74.23	9.373	106.4	2 519.9	9.17	0.017 4	1.860	8.902 0	0.981 2
50	0.123 35	0.001 012 1	209.26	5.471 1	0.642	4.181	0.703 5	67.94	3.563	12.05	2 592.2	10.51	0.020 4	1.899	8.077 6	0.978 4
100	1.013 3	0.001 043 7	419.06	2.818 7	0.679	4.216	1.306 9	58.91	1.750	1.673	2 676.0	12.37	0.025 0	2.028	7.355 4	1.003
110	1.432 7	0.001 051 9	461.32	2.555 2	0.681	4.229	1.418 5	56.96	1.587	1.210	2 691.3	12.71	0.025 7	2.070	7.238 8	1.024
120	1.985 4	0.001 060 6	503.72	2.329 5	0.685	4.245	1.527 6	54.96	1.444	0.891 5	2 706.0	13.04	0.026 8	2.120	7.129 3	1.032
130	2.701 3	0.001 070 0	546.31	2.136 1	0.686	4.263	1.634 4	52.93	1.327	0.668 1	2 719.9	13.37	0.028 7	2.176	7.026 1	1.014
140	3.614	0.001 080 1	589.10	1.970 0	0.686	4.285	1.739 0	50.85	1.231	0.508 5	2 733.1	13.69	0.029 7	2.241	6.928 4	1.033
150	4.760	0.001 090 8	632.15	1.826 9	0.686	4.310	1.841 6	48.74	1.148	0.392 4	2 745.4	14.02	0.031 0	2.314	6.835 8	1.047
160	6.181	0.001 102 2	675.47	1.703 2	0.682	4.339	1.942 5	46.58	1.084	0.306 8	2 756.7	14.35	0.031 9	2.398	6.747 5	1.079
170	7.920	0.001 114 5	719.12	1.595 7	0.678	4.371	2.041 6	44.40	1.029	0.242 6	2 767.1	14.69	0.033 6	2.491	6.663 0	1.089
180	10.027	0.001 127 5	763.12	1.501 7	0.674	4.408	2.139 3	42.19	0.9821	0.193 8	2 776.3	15.03	0.035 2	2.596	6.581 9	1.109
190	12.551	0.001 141 5	807.52	1.418 7	0.670	4.449	2.235 6	39.95	0.9421	0.156 3	2 784.3	15.38	0.037 2	2.713	6.503 6	1.122
200	15.549	0.001 156 5	852.37	1.345 0	0.664	4.497	2.330 7	37.69	0.9109	0.127 2	2 790.9	15.74	0.038 8	2.843	6.427 8	1.153

续表

T/℃	$p/10^5$ Pa	水								水蒸气						
		v/ ($m^3 \cdot kg^{-1}$)	h/ ($kJ \cdot kg^{-1}$)	μ/($\times 10^4$ Pa·s)	λ/[W/ (m·℃)$^{-1}$]	c_p/ [k/(kg·℃)$^{-1}$]	s/ [kJ/(kg·℃)$^{-1}$]	σ/ ($\times 10^3$ $N \cdot m^{-1}$)	Pr	v/ ($m^3 \cdot kg^{-1}$)	h/ ($kJ \cdot kg^{-1}$)	μ/($\times 10^4$ Pa·s)	λ/[W/ (m·℃)$^{-1}$]	c_p/ [k/(kg·℃)$^{-1}$]	s/ [kJ/(kg·℃)$^{-1}$]	Pr
210	19.077	0.001 172 6	897.74	1.278 8	0.654	4.551	2.424 7	35.41	0.889 9	0.104 2	2 796.2	16.10	0.040 5	2.988	6.353 9	1.188
220	23.198	0.001 190 0	943.67	1.218 7	0.643	4.613	2.517 8	33.10	0.874 3	0.086 04	2 799.9	16.46	0.043 2	3.150	6.281 7	1.200
230	27.976	0.001 208 7	990.26	1.163 7	0.632	4.685	2.610 2	30.77	0.862 7	0.071 45	2 802.0	16.83	0.045 3	3.331	6.210 7	1.238
240	33.478	0.001 229 1	1 037.6	1.112 7	0.626	4.769	2.702 0	28.42	0.847 7	0.059 65	2 802.2	17.20	0.047 9	3.536	6.140 6	1.270
250	39.776	0.001 251 3	1 085.8	1.065 0	0.615	4.867	2.793 5	26.06	0.842 8	0.050 04	2 800.4	17.57	0.051 0	3.772	6.070 8	1.299
260	46.943	0.001 275 6	1 134.9	1.019 9	0.602	4.983	2.884 8	23.67	0.844 2	0.042 13	2 796.4	17.94	0.054 2	4.047	6.001 0	1.340
270	55.058	0.001 302 5	1 185.2	0.976 9	0.590	5.122	2.976 3	21.30	0.848 1	0.035 59	2 789.9	18.31	0.057 7	4.373	5.930 4	1.388
280	64.202	0.001 332 4	1 236.8	0.935 5	0.577	5.290	3.068 3	18.94	0.857 7	0.030 13	2 780.4	18.69	0.061 3	4.767	5.858 6	1.453
290	74.461	0.001 365 9	1 290.0	0.895 5	0.564	5.499	3.161 1	16.61	0.873 1	0.025 54	2 767.6	19.09	0.067 3	5.253	5.784 8	1.490
300	85.927	0.001 404 1	1 345.0	0.856 4	0.547	5.762	3.255 2	14.30	0.902 1	0.021 65	2 751.0	19.53	0.073 2	5.863	5.708 1	1.564
310	98.700	0.001 448 0	1 402.4	0.817 8	0.532	6.104	3.351 2	12.04	0.938 3	0.018 33	2 730.0	20.03	0.079 8	6.650	5.627 8	1.669
320	112.89	0.001 499 5	1 462.6	0.779 4	0.512	6.565	3.450 0	9.81	0.999 4	0.015 48	2 703.7	20.64	0.088 3	7.722	5.542 3	1.805
330	128.63	0.001 561 5	1 526.5	0.740 0	0.485	7.219	3.552 8	7.66	1.102	0.012 99	2 670.2	21.40	0.099 1	9.361	5.449 0	2.021
340	146.05	0.001 638 7	1 595.5	0.698 2	0.455	8.233	3.661 6	5.59	1.263	0.010 78	2 626.2	22.39	0.116 7	12.21	5.342 7	2.343
350	165.35	0.001 741 1	1 671.9	0.657 6	0.447	10.11	3.780 0	3.65	1.474	0.008 799	2 567.7	23.73	0.138 0	17.15	5.217 7	2.949
360	186.75	0.001 895 9	1 764.2	0.597 2	0.425	14.58	3.921 0	1.90	2.049	0.006 940	2 485.4	25.68	0.174 0	25.12	5.060 0	3.707
370	210.54	0.002 213 6	1 890.2	0.521 6	0.418	43.17	4.110 8	0.45	5.387	0.004 973	2 342.8	29.72	0.293 0	76.92	4.814 4	7.802
374	220.81	0.002 840 7	2 046.3	0.435 7	0.793	—	4.348 7	0.00	136.42	0.003 458	2 155.0	38.35	0.791 0	—	4.516 6	212.77
374.15	221.20	0.003 17	2 107.4	0.406 0	0.914	∞	4.442 9	0.00	∞	0.003 17	2 107.4	40.60	0.914 0	∞	4.442 9	∞

（2）水和水蒸气在不同温度和不同压力下的比焓 h

（单位：kJ/kg）

T/℃	p/(×10^5 Pa)																	
	1	10	20	30	40	50	60	70	80	90	100	110	120	130	140	150	160	170
0	0.1	1.0	2.0	3.0	4.0	5.1	6.1	7.1	8.1	9.1	10.1	11.1	12.1	13.1	14.1	15.1	16.1	17.1
10	42.1	43	43.9	44.9	45.9	46.9	47.8	48.8	49.8	50.7	51.7	52.7	53.6	54.6	55.6	56.5	57.5	58.4
20	84	84.8	85.7	86.7	87.6	88.6	89.5	90.4	91.4	92.3	93.2	94.2	95.1	96.0	97.0	97.9	98.8	99.7
30	125.8	126.6	127.5	128.4	129.3	130.2	131.1	132.0	132.9	133.8	134.7	135.6	136.6	137.5	138.4	139.3	140.2	141.1
40	167.5	168.3	169.2	170.1	171.0	171.9	172.7	137.6	174.5	175.4	176.3	177.2	178.0	178.9	179.8	180.7	181.6	182.4
50	209.3	210.1	211.0	211.8	212.7	213.5	214.4	215.3	216.1	217.0	217.8	218.7	219.6	220.4	221.3	222.1	223.0	223.8
60	251.2	251.9	252.7	253.6	254.4	255.3	256.1	256.9	257.8	258.6	259.4	260.3	261.1	262.0	262.8	263.6	246.5	265.3
70	293.0	293.8	294.6	295.4	296.2	297.0	297.8	298.7	299.5	300.3	301.1	301.9	302.7	303.6	304.4	305.2	306.0	306.8
80	335.0	335.7	336.5	337.3	338.1	338.8	339.6	340.4	341.2	342.0	342.8	343.6	344.4	345.2	346.0	346.8	347.6	348.4
90	377.0	377.7	378.4	379.2	380.0	380.7	381.5	382.3	383.1	383.8	384.6	385.4	386.2	386.9	387.7	388.5	389.3	390.0
100	2 676.2	419.7	420.5	421.2	422.0	422.7	423.5	424.2	425.0	425.7	426.5	427.3	428.0	428.8	429.5	430.3	431.0	431.8
110	2 696.4	461.9	462.7	463.4	464.1	464.9	465.6	466.3	467.0	467.8	468.5	469.2	470.0	470.7	471.4	472.2	472.9	473.6
120	2 716.5	504.3	505.0	505.7	506.4	507.1	507.8	508.5	509.2	509.9	510.6	511.3	512.1	512.8	513.5	514.2	514.9	515.6
130	2 736.5	546.8	547.5	548.2	548.8	549.5	550.2	550.9	551.6	552.2	552.9	553.6	554.3	555.0	555.7	556.4	557.0	557.7
140	2 756.4	589.5	590.2	590.8	591.5	592.1	592.8	593.4	594.1	594.7	595.4	596.1	596.7	597.4	598.0	598.7	599.4	600.0
150	2 776.3	632.5	633.1	633.7	643.3	635.0	635.6	636.2	636.8	637.5	638.1	638.7	639.4	640.0	640.6	641.3	641.9	642.5
160	2 796.2	675.7	676.3	676.9	677.5	678.1	678.6	679.2	679.8	680.4	681.0	681.6	682.2	682.8	683.4	684.0	684.6	685.3
170	2 816.0	719.2	719.8	720.3	720.9	721.4	722.0	722.6	723.1	723.7	724.2	724.8	725.4	725.9	726.5	727.1	727.7	728.2
180	2 853.8	2 776.5	763.6	764.1	764.6	765.2	765.7	766.2	766.7	767.2	767.8	768.3	768.8	769.4	769.9	770.4	771.0	771.5
190	2 855.6	2 802.0	807.9	808.3	808.8	809.3	809.7	810.2	810.7	811.2	811.6	812.1	812.6	813.1	813.6	814.1	814.6	815.1

续表

T/℃	p/(×10⁵ Pa)																	
	1	10	20	30	40	50	60	70	80	90	100	110	120	130	140	150	160	170
200	2 875.4	2 826.8	852.6	853.0	853.4	853.8	854.2	854.6	855.1	855.5	855.9	856.4	856.8	857.2	857.7	858.1	858.6	859.0
210	2 895.2	2 851.0	897.8	898.1	898.5	898.8	899.2	899.5	899.9	900.3	900.7	901.0	901.4	901.8	902.2	902.6	903.0	903.4
220	2 915.0	2 874.6	2 819.9	943.9	944.1	944.4	944.7	945.0	945.3	945.6	945.9	946.3	946.6	946.9	947.2	947.6	947.9	948.3
230	2 934.8	2 897.8	2 848.4	990.3	990.5	990.7	990.9	991.1	991.3	991.6	991.8	992.0	992.3	992.6	992.8	993.1	993.4	993.6
240	2 954.6	2 920.6	2 875.9	2 822.9	1 037.7	1 037.8	1 037.9	1 038.0	1 038.1	1 038.3	1 038.4	1 038.6	1 038.7	1 038.9	1 039.1	1 039.2	1 039.4	1 039.6
250	2 974.5	2 943.0	2 902.4	2 854.8	1 085.8	1 085.8	1 085.8	1 085.8	1 085.8	1 085.8	1 085.8	1 085.9	1 085.9	1 086.0	1 086.1	1 086.2	1 086.3	1 086.4
260	2 994.4	2 965.2	2 928.1	2 885.1	2 835.6	1 134.9	1 134.7	1 134.6	1 134.5	1 134.3	1 134.2	1 134.2	1 134.1	1 134.0	1 134.0	1 133.9	1 133.9	1 133.9
270	3 014.4	2 987.2	2 953.1	2 914.1	2 869.8	2 818.9	1 185.1	1 184.7	1 184.4	1 184.1	1 183.9	1 183.6	1 183.4	1 183.2	1 183.0	1 182.8	1 182.6	1 182.5
280	3 034.4	3 009.0	2 977.5	2 942.0	2 902.0	2 856.9	2 804.9	1 236.5	1 236.0	1 235.5	1 235.0	1 234.5	1 234.1	1 233.7	1 233.3	1 232.9	1 232.6	1 232.3
290	3 054.4	3 030.6	3 001.5	2 968.9	2 932.7	2 892.2	2 846.7	2 794.1	1 289.5	1 288.7	1 287.9	1 287.2	1 286.5	1 285.8	1 285.2	1 284.6	1 284.0	1 283.5
300	3 074.5	3 052.1	3 025.0	2 995.1	2 962.0	2 925.5	2 885.0	2 839.4	2 786.8	1 344.5	1 343.4	1 342.2	1 341.2	1 340.1	1 339.2	1 338.2	1 337.4	1 336.5
310	3 094.6	3 073.5	3 048.2	3 020.5	2 990.2	2 957.0	2 920.7	2 880.5	2 835.2	2 783.2	1 402.2	1 400.5	1 398.8	1 397.3	1 395.9	1 394.5	1 393.2	1 392.0
320	3 114.8	3 094.9	3 071.2	3 045.4	3 017.5	2 987.2	2 954.2	2 918.3	2 878.7	2 834.3	2 783.5	2 723.5	1 460.8	1 458.5	1 456.3	1 454.3	1 452.4	1 450.0
330	3 135.0	3 116.1	3 093.8	3 069.9	3 044.0	3 016.1	2 986.1	2 953.6	2 918.4	2 879.7	2 836.5	2 787.4	2 730.2	1 526.0	1 522.6	1 519.4	1 516.4	1 513.7
340	3 155.3	3 137.4	3 116.3	3 093.9	3 069.8	3 044.1	3 016.5	2 987.0	2 955.3	2 920.9	2 883.4	2 841.7	2 794.7	2 740.6	2 675.7	1 593.3	1 588.3	1 583.8
350	3 175.6	3 158.5	3 138.6	3 117.5	3 095.1	3 071.2	3 045.8	3 018.7	2 989.9	2 959.0	2 925.8	2 889.6	2 849.7	2 805.0	2 754.2	2 694.8	2 620.8	1 667.7
360	3 196.0	3 179.7	3 160.8	3 140.9	3 119.9	3 097.6	3 074.0	3 049.1	3 022.7	2 994.7	2 964.8	2 932.8	2 898.1	2 860.2	2 818.1	2 770.8	2 716.5	2 652.4
370	3 216.5	3 200.9	3 182.9	3 164.1	3 144.3	3 123.4	3 101.5	3 078.4	3 054.0	3 028.4	3 001.3	2 972.5	2 941.8	2 908.8	2 873.0	2 833.6	2 789.9	2 740.7

（3）水和水蒸气在不同温度和不同压力下的比容 v

（单位：m^3/kg）

T/℃	p/(×10^5 Pa)								
	1	10	20	30	40	50	60	70	80
0	0.001 000 2	0.000 999 7	0.000 999 2	0.000 998 7	0.000 998 2	0.000 997 7	0.000 997 2	0.000 996 7	0.000 996 2
10	0.001 000 2	0.000 909 8	0.000 999 3	0.000 998 8	0.000 998 4	0.000 997 9	0.000 997 4	0.000 997 0	0.000 996 5
20	0.001 001 7	0.001 001 3	0.001 000 8	0.001 000 4	0.000 999 9	0.000 999 5	0.000 999 0	0.000 998 6	0.000 998 1
30	0.001 004 3	0.001 003 9	0.001 003 4	0.001 003 0	0.001 002 5	0.001 002 1	0.001 001 6	0.001 001 2	0.001 000 8
40	0.001 007 8	0.001 007 4	0.001 006 9	0.001 006 5	0.001 006 0	0.001 005 6	0.001 005 2	0.001 004 7	0.001 004 3
50	0.001 012 1	0.001 011 7	0.001 011 2	0.001 010 8	0.001 010 3	0.001 009 9	0.001 009 4	0.001 009 0	0.001 008 6
60	0.001 017 1	0.001 016 7	0.001 016 2	0.001 015 8	0.001 015 3	0.001 014 9	0.001 014 4	0.001 014 0	0.001 013 5
70	0.001 022 8	0.001 022 4	0.001 021 9	0.001 021 5	0.001 021 0	0.001 020 5	0.001 020 1	0.001 019 6	0.001 019 2
80	0.001 029 2	0.001 028 7	0.001 028 2	0.001 027 8	0.001 027 3	0.001 026 8	0.001 026 3	0.001 025 9	0.001 025 4
90	0.001 036 1	0.001 035 7	0.001 035 2	0.001 034 7	0.001 034 2	0.001 033 7	0.001 033 2	0.001 032 7	0.001 032 2
100	1.696	0.001 043 2	0.001 042 7	0.001 042 2	0.001 041 7	0.001 041 2	0.001 040 6	0.001 040 1	0.001 039 0
110	1.744	0.001 051 4	0.001 050 8	0.001 050 3	0.001 049 8	0.001 049 2	0.001 048 7	0.001 048 1	0.001 047 6
120	1.793	0.001 060 2	0.001 059 6	0.001 059 0	0.001 058 4	0.001 057 9	0.001 057 3	0.001 056 7	0.001 056 2
130	1.841	0.001 069 6	0.001 069 0	0.001 068 4	0.001 067 7	0.001 067 1	0.001 065 0	0.001 066 0	0.001 065 4
140	1.889	0.001 079 6	0.001 079 0	0.001 078 3	0.001 077 7	0.001 077 1	0.001 076 4	0.001 075 8	0.001 075 2
150	1.936	0.001 090 4	0.001 089 7	0.001 089 0	0.001 088 3	0.001 087 7	0.001 087 0	0.001 086 3	0.001 085 6
160	1.984	0.001 101 9	0.001 101 2	0.001 100 5	0.001 099 7	0.001 099 0	0.001 098 3	0.001 097 6	0.001 096 8
170	2.031	0.001 114 3	0.001 113 5	0.001 127	0.001 111 9	0.001 111 1	0.001 110 3	0.001 109 6	0.001 108 8

续表

T/℃	p/($\times10^5$ Pa)								
	1	10	20	30	40	50	60	70	80
180	2.078	0.194 4	0.001 126 7	0.001 125 8	0.001 124 9	0.001 124 1	0.001 123 2	0.001 122 4	0.001 121 6
190	2.125	0.200 2	0.001 140 8	0.001 139 9	0.001 138 9	0.001 138 0	0.001 137 1	0.001 136 2	0.001 135 3
200	2.172	0.205 9	0.001 156 0	0.001 155 0	0.001 154 0	0.001 153 0	0.001 151 9	0.001 151 0	0.001 150 0
210	2.219	0.211 5	0.001 172 5	0.001 171 4	0.001 170 2	0.001 169 1	0.001 168 0	0.001 166 9	0.001 165 8
220	2.266	0.216 9	0.102 1	0.001 189 1	0.001 187 8	0.001 186 6	0.001 185 3	0.001 184 1	0.001 182 9
230	2.313	0.222 3	0.105 3	0.001 208 4	0.001 207 0	0.001 205 6	0.001 204 2	0.001 202 8	0.001 201 5
240	2.359	0.227 6	0.108 4	0.068 16	0.001 228 0	0.001 226 4	0.001 224 9	0.001 223 3	0.001 221 8
250	2.406	0.232 7	0.111 4	0.070 55	0.001 251 2	0.001 249 4	0.001 247 6	0.001 245 8	0.001 244 1
260	2.453	0.237 9	0.114 4	0.072 83	0.051 72	0.001 275 0	0.001 272 9	0.001 270 8	0.001 268 7
270	2.499	0.243 0	0.117 2	0.075 01	0.053 63	0.040 53	0.001 301 3	0.001 298 8	0.001 296 4
280	2.546	0.248 0	0.120 0	0.077 12	0.055 44	0.042 22	0.033 17	0.001 330 7	0.001 327 7
290	2.592	0.253 0	0.122 8	0.079 17	0.057 17	0.043 80	0.034 72	0.028 02	0.001 363 9
300	2.639	0.258 0	0.125 5	0.081 16	0.058 83	0.045 30	0.036 14	0.029 46	0.024 26
310	2.685	0.262 9	0.128 2	0.083 10	0.060 44	0.046 73	0.037 48	0.030 76	0.025 60
320	2.732	0.267 8	0.130 8	0.085 00	0.062 00	0.048 10	0.038 74	0.031 98	0.026 81
330	2.778	0.272 7	0.133 4	0.086 87	0.063 51	0.049 42	0.039 95	0.033 12	0.027 92
340	2.824	0.277 6	0.136 0	0.088 71	0.064 99	0.050 70	0.041 11	0.034 20	0.028 96
350	2.871	0.282 4	0.138 6	0.090 53	0.066 45	0.051 94	0.042 22	0.035 23	0.029 95
360	2.917	0.287 3	0.141 1	0.092 32	0.067 87	0.053 16	0.043 30	0.036 23	0.030 88
370	2.964	0.292 1	0.143 6	0.094 09	0.069 27	0.054 35	0.044 36	0.037 19	0.031 78

续表

T/℃	p/(×10^5 Pa)								
	90	100	110	120	130	140	150	160	170
0	0.000 995 8	0.000 995 3	0.000 994 8	0.000 994 3	0.000 993 8	0.000 093 3	0.000 992 8	0.000 992 3	0.000 991 9
10	0.000 996 0	0.000 995 6	0.000 995 1	0.000 994 7	0.000 994 2	0.000 993 8	0.000 993 3	0.000 992 8	0.000 992 4
20	0.009 977 0	0.000 997 2	0.000 996 8	0.000 996 3	0.000 995 9	0.000 995 5	0.000 995 0	0.000 994 6	0.000 994 2
30	0.001 000 3	0.000 999 9	0.000 999 5	0.000 999 0	0.000 998 6	0.000 998 2	0.000 997 7	0.000 997 3	0.000 996 9
40	0.001 003 9	0.001 003 4	0.001 003 0	0.001 002 6	0.001 002 1	0.001 001 7	0.001 001 3	0.001 000 9	0.001 000 4
50	0.001 008 1	0.001 007 7	0.001 007 3	0.001 006 8	0.001 006 4	0.001 006 0	0.001 005 5	0.001 005 1	0.001 004 7
60	0.001 013 1	0.001 012 7	0.001 012 2	0.001 011 8	0.001 011 3	0.001 010 9	0.001 010 5	0.001 010 0	0.001 009 6
70	0.001 018 7	0.001 018 3	0.001 017 8	0.001 017 4	0.001 016 9	0.001 016 5	0.001 016 0	0.001 015 6	0.001 015 1
80	0.001 024 9	0.001 024 5	0.001 024 0	0.001 023 5	0.001 023 1	0.001 022 6	0.001 022 1	0.001 021 7	0.001 021 2
90	0.001 031 7	0.001 031 2	0.001 030 8	0.001 030 3	0.001 029 8	0.001 029 3	0.001 028 9	0.001 028 4	0.001 027 9
100	0.001 039 1	0.001 038 6	0.001 038 1	0.001 037 6	0.001 037 1	0.001 036 6	0.001 036 1	0.001 035 6	0.001 035 1
110	0.001 047 1	0.001 046 5	0.001 046 0	0.001 045 5	0.001 045 0	0.001 044 5	0.001 043 9	0.001 043 4	0.001 042 9
120	0.001 055 6	0.001 055 1	0.001 054 5	0.001 054 0	0.001 053 4	0.001 052 9	0.001 052 3	0.001 051 8	0.001 051 3
130	0.001 064 8	0.001 064 2	0.001 063 6	0.001 063 0	0.001 062 4	0.001 061 9	0.001 061 3	0.001 060 7	0.001 060 2
140	0.001 074 5	0.001 073 9	0.001 073 3	0.001 072 7	0.001 072 1	0.001 071 5	0.001 070 9	0.001 070 3	0.001 069 7
150	0.001 085 0	0.001 084 3	0.001 083 7	0.001 083 0	0.001 082 4	0.001 081 7	0.001 081 1	0.001 080 4	0.001 079 8
160	0.001 096 1	0.001 095 4	0.001 094 7	0.001 094 0	0.001 093 3	0.001 092 6	0.001 091 9	0.001 091 3	0.001 090 6
170	0.001 108 0	0.001 107 3	0.001 106 5	0.001 105 8	0.001 105 0	0.001 104 3	0.001 103 5	0.001 102 8	0.001 102 1
180	0.001 120 7	0.001 119 9	0.001 119 1	0.001 118 3	0.001 117 5	0.001 116 7	0.001 115 9	0.001 115 1	0.001 114 3
190	0.001 134 4	0.001 133 5	0.001 132 6	0.001 131 7	0.001 130 8	0.001 130 0	0.001 129 1	0.001 128 3	0.001 127 4

续表

T/℃	p/(×10^5 Pa)								
	90	100	110	120	130	140	150	160	170
200	0.001 149 0	0.001 148 0	0.001 147 0	0.001 146 1	0.001 145 1	0.001 144 2	0.001 143 3	0.001 142 3	0.001 141 4
210	0.001 164 7	0.001 163 6	0.001 162 6	0.001 161 5	0.001 160 5	0.001 159 5	0.001 158 4	0.001 157 4	0.001 156 4
220	0.001 181 7	0.001 180 5	0.001 179 3	0.001 178 2	0.001 177 0	0.001 175 9	0.001 174 8	0.001 173 6	0.001 172 5
230	0.001 200 1	0.001 198 8	0.001 197 5	0.001 196 2	0.001 194 9	0.001 193 7	0.001 192 4	0.001 191 2	0.001 189 9
240	0.001 220 3	0.001 218 8	0.001 217 3	0.001 215 8	0.001 214 4	0.001 213 0	0.001 211 5	0.001 210 2	0.001 208 8
250	0.001 242 3	0.001 240 6	0.001 238 9	0.001 237 3	0.001 235 6	0.001 234 0	0.001 232 4	0.001 230 8	0.001 229 3
260	0.001 266 7	0.001 264 8	0.001 262 8	0.001 260 9	0.001 259 0	0.001 257 2	0.001 255 3	0.001 253 5	0.001 251 7
270	0.001 294 0	0.001 291 7	0.001 289 4	0.001 287 2	0.001 285 0	0.001 282 8	0.001 280 7	0.001 278 6	0.001 276 5
280	0.001 324 9	0.001 322 1	0.001 319 4	0.001 316 7	0.001 314 1	0.001 311 5	0.001 309 0	0.001 306 5	0.001 304 1
290	0.001 360 4	0.001 357 0	0.001 353 6	0.001 350 4	0.001 347 2	0.001 344 1	0.001 341 1	0.001 338 1	0.001 335 2
300	0.001 402 2	0.001 397 9	0.001 393 6	0.001 389 5	0.001 385 5	0.001 381 7	0.001 377 9	0.001 374 3	0.001 370 7
310	0.021 43	0.001 447 2	0.001 441 6	0.001 436 2	0.001 431 0	0.001 426 0	0.001 421 2	0.001 416 6	0.001 412 1
320	0.022 69	0.019 26	0.016 28	0.001 494 1	0.001 487 0	0.001 480 1	0.001 473 6	0.001 467 4	0.001 461 5
330	0.023 81	0.020 42	0.017 55	0.015 02	0.001 560 0	0.001 549 7	0.001 540 2	0.001 531 3	0.001 522 9
340	0.024 84	0.021 47	0.018 64	0.016 19	0.014 01	0.012 00	0.001 632 4	0.001 617 6	0.001 604 2
350	0.025 79	0.022 42	0.019 61	0.017 21	0.015 10	0.013 21	0.011 46	0.009 764	0.001 728 3
360	0.026 69	0.023 31	0.020 49	0.018 11	0.016 04	0.014 21	0.012 56	0.011 04	0.009 584
370	0.027 55	0.024 14	0.021 31	0.018 93	0.016 88	0.015 08	0.013 48	0.012 03	0.010 69

（4）水和水蒸气在不同温度和不同压力下的动力黏度系数 μ

（单位：$\times 10^6$ Pa·s）

$p/(\times 10^5$ Pa)	T/℃																					
	0	25	50	75	100	150	200	250	300	350	375	400	425	450	475	500	550	600	650	700	750	800
1	1 791	890.9	547.1	377.3	12.42	14.29	16.20	18.30	20.36	22.43	23.45	24.47	25.49	26.50	27.51	28.52	30.53	32.55	34.6	36.6	38.6	40.5
	18	8.9	5.5	3.8	0.25	0.29	0.33	0.37	0.41	0.45	0.47	0.49	0.51	0.53	0.55	0.86	0.92	0.98	1.0	1.1	1.2	1.2
5	1 790	891.2	546.7	378.0	281.7	182.3	16.05	18.16	20.25	22.32	23.43	24.44	25.49	26.53	27.57	28.64	30.67	32.77	34.7	36.7	38.5	40.3
	18	8.9	5.5	3.8	2.8	1.8	0.32	0.36	0.41	0.45	0.47	0.49	0.51	0.53	0.55	0.86	0.92	0.98	1.0	1.1	1.2	1.2
10	1 789	891.1	546.8	378.2	281.9	182.4	15.92	18.09	20.21	22.29	23.40	24.43	25.49	26.53	27.58	28.65	30.68	32.79	34.8	36.8	38.5	40.4
	18	8.9	5.5	3.8	2.8	1.8	0.32	0.36	0.40	0.45	0.47	0.49	0.51	0.53	0.55	0.86	0.92	0.98	1.0	1.1	1.2	1.2
25	1 786	890.8	547.1	378.5	282.3	182.8	134.6	17.85	20.07	22.22	23.37	24.41	25.49	26.54	27.59	28.66	30.72	32.84	34.8	36.8	38.6	40.4
	18	8.9	5.5	3.8	2.8	1.8	1.4	0.36	0.40	0.44	0.47	0.49	0.51	0.53	0.55	0.86	0.92	0.99	1.0	1.1	1.2	1.2
50	1 780	890.3	547.7	379.2	283.1	183.4	135.2	106.5	19.88	22.15	23.33	24.42	25.52	26.60	27.66	28.73	30.82	32.77	34.9	36.9	38.7	40.6
	18	8.9	5.5	3.8	2.8	1.8	1.4	1.1	0.40	0.44	0.47	0.49	0.51	0.53	0.55	0.86	0.92	0.98	1.1	1.1	1.2	1.2
75	1 774	889.8	548.3	379.8	283.8	184.1	135.9	107.2	19.75	22.12	23.34	24.46	25.58	26.68	27.76	28.81	30.94	32.87	34.9	37.0	38.7	40.7
	18	8.9	5.5	3.8	2.8	1.8	1.4	1.1	0.40	0.44	0.47	0.49	0.51	0.53	0.56	0.86	0.93	0.99	1.1	1.1	1.2	1.2
100	1 768	889.4	548.7	380.4	284.7	184.7	136.4	107.8	87.1	22.16	23.39	24.52	25.65	26.75	27.82	28.95	31.08	33.02	35.1	37.2	39.0	40.9
	18	8.9	5.5	3.8	2.9	1.9	1.4	1.1	1.7	0.44	0.47	0.49	0.51	0.53	0.56	0.87	0.93	0.99	1.1	1.1	1.2	1.2
125	1 762	889.1	549.1	381.0	285.3	185.3	137.0	108.5	88.0	22.35	23.57	24.69	25.81	26.91	27.98	29.09	31.19	33.2	35.2	37.4	39.2	41.1
	18	8.9	5.5	3.8	2.9	1.9	1.4	1.1	1.8	0.45	0.47	0.49	0.52	0.54	0.56	0.87	0.94	1.0	1.1	1.1	1.2	1.2
150	1 756	888.7	549.5	381.6	286.0	186.0	137.6	109.1	89.0	22.84	23.88	24.98	26.06	27.13	28.18	29.30	31.44	33.4	35.5	37.6	39.4	41.2
	18	8.9	5.5	3.8	2.9	1.9	1.4	1.1	1.8	0.45	0.48	0.50	0.52	0.54	0.56	0.88	0.94	1.0	1.1	1.1	1.2	1.2

续表

$p/(\times10^5$ Pa)	T/℃																					
	0	25	50	75	100	150	200	250	300	350	375	400	425	450	475	500	550	600	650	700	750	800
175	1 750	888.5	550.0	382.3	286.7	186.6	138.2	109.8	89.9	67.3	24.49	25.37	26.38	27.42	28.42	29.49	31.70	33.7	35.7	37.8	39.6	41.4
	18	8.9	5.5	3.8	2.9	1.9	1.4	1.1	1.8	2.0	0.49	0.51	0.53	0.55	0.57	0.88	0.95	1.0	1.1	1.1	1.2	1.2
200	1 744	888.2	550.4	382.9	287.4	187.3	138.8	110.4	90.8	69.5	25.85	26.03	26.83	27.80	28.76	29.81	31.98	33.9	35.9	38.0	39.8	41.6
	17	8.9	5.5	3.8	2.9	1.9	1.4	1.1	1.8	2.1	0.52	0.52	0.54	0.56	0.58	0.89	0.96	1.0	1.1	1.1	1.2	1.3
225	1 738	887.9	550.9	383.5	288.0	187.9	139.4	111.1	91.6	71.4	48.2	27.11	27.50	28.31	29.17	30.17	32.38	34.2	36.2	38.2	39.8	41.9
	17	8.9	5.5	3.8	2.9	1.9	1.4	1.1	1.8	2.1	3.9	0.54	0.55	0.57	0.58	0.91	0.97	1.0	1.1	1.2	1.2	1.3
250	1 733	887.6	551.3	384.2	288.7	188.5	140.0	111.7	92.4	73.0	58.8	29.10	28.43	28.99	29.70	30.56	32.73	34.6	36.5	38.5	40.2	41.9
	17	8.9	5.5	3.8	2.9	1.9	1.4	1.1	1.9	2.2	1.2	0.58	0.57	0.58	0.59	0.92	0.98	1.0	1.1	1.2	1.2	1.3
275	1 728	887.4	551.8	384.8	289.4	189.1	140.6	112.3	93.1	74.4	62.4	33.88	29.81	29.84	30.33	31.08	33.11	34.9	36.8	38.7	40.4	42.2
	17	8.9	5.5	3.9	2.9	1.9	1.4	1.1	1.9	2.2	1.2	0.68	0.60	0.60	0.61	0.93	0.99	1.1	1.1	1.2	1.2	1.3
300	1 723	887.2	552.3	385.5	290.0	189.8	141.2	112.9	93.9	75.7	64.9	43.97	31.84	30.97	31.06	31.68	33.6	35.3	37.2	39.0	40.7	42.5
	17	8.9	5.5	3.9	2.9	1.9	1.4	1.1	1.9	2.3	1.3	0.89	0.64	0.62	0.62	0.95	1.0	1.1	1.1	1.2	1.2	1.3
350	1 713	886.8	553.3	386.7	291.4	191.0	142.3	114.1	95.3	78.0	68.6	56.4	39.47	34.19	33.17	33.10	34.6	36.1	37.9	39.8	41.3	43.0
	17	8.9	5.5	3.9	2.9	1.9	1.4	1.1	1.9	2.3	1.4	1.1	0.79	0.68	0.66	0.99	1.0	1.1	1.1	1.2	1.2	1.3
400	1 705	886.6	554.3	388.0	292.7	192.2	143.5	115.3	96.5	79.9	71.3	62.1	49.26	39.16	36.06	35.2	35.7	37.5	38.8	40.4	42.0	43.7
	17	8.9	5.5	3.9	2.9	1.9	1.4	1.2	1.9	2.4	1.4	1.2	0.99	0.78	0.72	1.1	1.1	1.1	1.2	1.2	1.3	1.3
450	1 697	886.5	555.3	389.3	294.0	193.4	144.6	116.4	97.8	81.7	73.7	65.8	55.6	44.87	39.90	37.6	37.4	38.6	40.0	41.2	43.1	44.4
	17	8.9	5.5	3.9	2.9	1.9	1.5	1.2	2.0	2.5	1.5	1.3	1.1	0.90	0.8	1.1	1.1	1.2	1.2	1.2	1.3	1.3
500	1 690	886.4	556.3	390.6	295.4	194.6	145.8	117.6	99.0	83.4	75.9	68.2	60.1	50.5	44.0	40.5	39.1	40.0	40.6	42.2	43.7	45.3
	17	8.9	5.6	3.9	3.0	2.0	1.5	1.2	2.0	2.5	2.3	2.0	1.8	1.5	1.3	1.2	1.2	1.2	1.2	1.3	1.3	1.4
550	1 684	886.5	557.4	392.0	296.7	195.8	146.9	118.7	100.2	84.9	77.8	70.9	63.6	55.3	48.4	43.9	41.0	41.4	41.8	42.5	44.6	45.9
	17	8.9	5.6	3.9	3.0	2.0	1.5	1.2	2.0	2.6	2.3	2.1	1.9	1.7	1.5	1.3	1.2	1.2	1.3	1.3	1.3	1.4

续表

p/(×10^5 Pa)	T/℃																					
	0	25	50	75	100	150	200	250	300	350	375	400	425	450	475	500	550	600	650	700	750	800
600	1 679	886.7	558.5	393.3	298.0	197.0	148.0	119.7	101.3	86.3	79.5	73.1	66.1	59.2	52.3	47.6	43.1	41.7	42.9	43.2	44.8	46.6
	17	8.9	5.6	3.9	3.0	2.0	1.5	1.2	2.0	2.6	2.4	2.2	2.0	1.8	1.6	1.4	1.3	1.3	1.3	1.3	1.3	1.4
650	1 674	886.9	559.7	394.6	299.4	198.2	149.0	120.8	102.5	87.7	81.0	75.2	68.1	62.3	55.5	50.8	45.1	43.2	43.9	44.2	45.4	46.8
	17	8.9	5.6	4.0	3.0	2.0	1.5	1.2	2.0	2.6	2.4	2.3	2.0	1.9	1.7	1.5	1.4	1.3	1.3	1.3	1.4	1.4
700	1 670	887.3	560.9	395.9	300.7	199.4	150.1	121.9	103.6	89.0	82.5	76.9	70.5	64.9	58.8	53.7	47.5	44.8	44.3	44.4	46.2	47.4
	17	8.9	5.6	4.0	3.0	2.0	1.5	1.2	2.1	2.7	2.5	2.3	2.1	2.0	1.8	1.6	1.4	1.3	1.3	1.3	1.4	1.4
750	1 666	887.7	562.0	397.3	302.0	200.6	151.2	122.9	104.6	90.3	83.9	78.5	72.2	66.9	61.3	56.2	49.7	45.7	45.5	45.6	46.8	48.1
	17	8.9	5.6	4.0	3.0	2.0	1.5	1.2	2.1	2.7	2.5	2.4	2.2	2.0	1.8	1.7	1.5	1.4	1.4	1.4	1.4	1.4
800	1 662	888.3	563.3	398.6	303.4	201.8	152.3	123.9	105.6	91.4	85.2	79.9	74.0	68.3	63.6	58.7	52.1	47.4	47.0	46.6	47.3	48.6
	17	8.9	5.6	4.0	3.0	2.0	1.5	1.2	2.1	2.7	2.6	2.4	2.2	2.1	1.9	1.8	1.6	1.4	1.4	1.4	1.4	1.4
850	1 659	888.8	564.5	400.0	304.6	203.3	153.3	124.9	106.6	92.6	86.4	81.4	75.8	70.2	65.5	60.8	54.0	49.9	47.6	17.6	48.1	49.0
	17	8.9	5.7	4.0	3.1	2.0	1.5	1.2	2.1	2.8	2.6	2.4	2.3	2.1	2.0	1.8	1.6	1.5	1.4	1.4	1.4	1.5
900	1 656	889.5	565.8	401.4	305.9	204.2	154.3	125.9	107.6	93.7	87.5	82.7	77.2	72.3	67.3	62.8	55.8	51.4	18.9	49.1	48.9	49.7
	17	8.9	5.7	4.0	3.1	2.0	1.5	1.3	2.2	2.8	2.6	2.5	2.3	2.2	2.0	1.9	1.7	1.5	1.5	1.5	1.5	1.5
950	1 653	890.3	367.1	402.8	307.3	205.4	155.4	126.9	108.6	94.7	88.7	83.6	78.6	73.8	69.1	64.6	57.7	53.6	50.9	49.5	49.8	50.3
	17	8.9	5.7	4.0	3.1	2.1	1.6	1.3	2.2	2.8	2.7	2.5	2.4	2.2	2.1	1.9	1.7	1.6	1.5	1.5	1.5	1.5
1000	1 651	891.1	568.4	404.2	308.6	206.5	156.4	127.9	109.6	95.8	89.8	85.0	79.8	74.6	69.8	66.1	59.3	55.1	52.1	50.5	51.1	51.0
	17	8.9	5.7	4.0	3.1	2.1	1.6	1.3	2.2	2.9	2.7	2.6	2.4	2.2	2.1	2.0	1.8	1.7	1.6	1.5	1.5	1.5

注：本表每一对数值中，上面的是黏性系数值，下面的是（±）允差值，单位均为（×10^{-6} Pa·s）。

（5）水和水蒸气在不同温度和不同压力下的比定压热容

[单位：kJ/(kg·℃)]

$p/(\times10^5\ \text{Pa})$	T/℃													
	0	50	100	120	140	150	160	180	200	220	240	250	260	280
0.1	4.217	1.893	1.903	1.909	1.916	1.920	1.924	1.933	1.943	1.953	1.964	1.969	1.975	1.987
1	4.217	4.181	2.026	2.005	1.991	1.986	1.983	1.979	1.979	1.982	1.986	1.989	1.993	2.001
5	4.215	4.180	4.215	4.244	4.285	4.310	2.291	2.216	2.161	2.123	2.097	2.088	2.080	2.071
10	4.212	4.179	4.214	4.243	4.283	4.308	4.337	2.593	2.446	2.340	2.263	2.233	2.208	2.170
20	4.207	4.177	4.211	4.240	4.280	4.305	4.334	4.403	4.494	2.918	2.694	2.608	2.534	2.419
25	4.204	4.175	4.210	4.239	4.279	4.304	4.332	4.401	4.491	4.612	2.966	2.840	2.734	2.569
30	4.201	4.174	4.209	4.238	4.277	4.302	4.330	4.399	4.488	4.608	3.282	3.108	2.963	2.738
40	4.196	4.172	4.207	4.235	4.275	4.299	4.327	4.394	4.483	4.600	4.761	4.856	3.528	3.139
50	4.191	4.170	4.205	4.233	4.272	4.296	4.323	4.390	4.477	4.592	4.750	4.853	4.977	3.659
60	4.180	4.167	4.203	4.230	4.269	4.293	4.320	4.386	4.471	4.585	4.739	4.839	4.961	4.375
70	4.181	4.165	4.200	4.228	4.266	4.290	4.317	4.382	4.456	4.577	4.729	4.826	4.944	5.274
75	4.178	4.164	4.199	4.227	4.265	4.288	4.315	4.380	4.463	4.574	4.724	4.820	4.936	5.260
80	4.175	4.163	4.198	4.226	4.263	4.287	4.313	4.378	4.461	4.570	4.718	4.814	4.928	5.247
90	4.170	4.161	4.196	4.223	4.261	4.284	4.310	4.373	4.455	4.563	4.708	4.801	4.913	5.221
100	4.165	4.158	4.194	4.221	4.258	4.281	4.307	4.369	4.450	4.556	4.698	4.789	4.898	5.196
110	4.160	4.156	4.192	4.218	4.255	4.278	4.303	4.365	4.445	4.549	4.689	4.777	4.883	5.172
120	4.155	4.154	4.190	4.216	4.253	4.275	4.300	4.361	4.440	4.542	4.679	4.766	4.869	5.149
125	4.153	4.153	4.189	4.215	4.251	4.273	4.299	4.359	4.437	4.539	4.674	4.760	4.862	5.137

续表

$p/(\times10^5\ \mathrm{Pa})$	$T/^\circ\mathrm{C}$													
	0	50	100	120	140	150	160	180	200	220	240	250	260	280
130	4.151	4.152	4.188	4.214	4.250	4.272	4.297	4.357	4.435	4.535	4.670	4.755	4.855	5.126
140	4.146	4.150	4.185	4.212	4.247	4.269	4.294	4.354	4.430	4.529	4.661	4.744	4.842	5.105
150	4.141	4.148	4.183	4.209	4.245	4.266	4.291	4.350	4.425	4.522	4.652	4.733	4.829	5.084
160	4.136	4.145	4.181	4.207	4.242	4.263	4.288	4.346	4.420	4.516	4.643	4.722	4.816	5.064
170	4.131	4.143	4.179	4.205	4.239	4.261	4.285	4.342	4.415	4.510	4.634	4.712	4.804	5.044
175	4.129	4.142	4.178	4.204	4.238	4.259	4.283	4.340	4.413	4.507	4.630	4.707	4.797	5.035
180	4.127	4.141	4.177	4.203	4.237	4.258	4.282	4.338	4.411	4.504	4.626	4.702	4.791	5.026
190	4.122	4.139	4.175	4.200	4.234	4.255	4.279	4.335	4.406	4.497	4.618	4.692	4.780	5.007
200	4.117	4.137	4.173	4.198	4.232	4.252	4.276	4.331	4.401	4.491	4.609	4.683	4.768	4.990
210	4.113	4.135	4.171	4.196	4.229	4.250	4.273	4.327	4.397	1.485	4.601	4.673	4.757	4.973
220	4.108	4.133	4.169	4.194	4.227	4.247	4.270	4.324	4.392	4.480	4.594	4.664	4.746	4.956
225	4.108	4.132	4.168	4.193	4.226	4.246	4.268	4.322	7.390	4.477	4.590	4.659	4.740	4.948
230	4.104	4.131	4.167	4.192	4.224	4.244	4.267	4.320	4.388	4.474	4.586	4.655	4.735	4.940
240	4.099	4.129	4.165	4.189	4.222	4.242	4.264	4.317	4.383	4.468	4.578	4.646	4.724	4.924
250	4.095	4.127	4.163	4.187	4.219	4.239	4.261	4.313	4.379	4.463	4.571	4.637	4.714	4.909
260	4.090	4.125	4.161	4.185	4.217	4.235	4.258	4.310	4.375	4.457	4.563	4.629	4.704	4.894
270	4.086	4.123	4.159	4.183	1.215	4.234	4.255	4.306	4.370	4.452	4.556	4.620	1.694	4.879
275	4.084	4.122	4.158	4.182	4.213	4.232	4.254	4.305	4.368	4.449	4.553	4.616	4.689	4.872
280	4.082	4.121	4.157	4.181	4.212	4.231	4.253	4.303	4.356	4.446	4.549	4.612	4.684	4.865
290	4.077	4.119	4.155	4.179	4.210	4.229	4.250	4.300	4.362	4.441	4.542	4.604	4.674	4.852

续表

$p/(\times 10^5\ \mathrm{Pa})$	T/℃													
	0	50	100	120	140	150	160	180	200	220	240	250	260	280
300	4.073	4.117	4.153	4.177	4.207	4.226	4.247	4.295	4.358	4.436	4.535	4.596	4.665	4.838
310	4.069	4.115	4.151	4.175	4.205	4.224	4.244	4.293	4.354	4.430	4.529	4.588	4.656	4.825
320	4.065	4.113	4.150	4.172	4.203	4.221	4.241	4.290	4.350	4.425	4.522	4.580	4.647	4.812
330	4.060	4.111	4.148	4.170	4.200	4.219	4.239	4.286	4.346	4.420	4.515	4.573	4.638	4.800
340	4.056	4.109	4.146	4.168	4.198	4.216	4.236	4.283	4.342	4.415	4.509	4.565	4.629	4.788
350	4.052	4.107	4.144	4.166	4.196	4.214	4.233	4.280	4.338	4.410	4.502	4.558	4.621	4.776
360	4.048	4.106	4.142	4.164	4.194	4.211	4.231	4.277	4.334	4.406	4.495	4.551	4.612	4.764
370	4.044	4.104	4.140	4.162	4.191	4.209	4.228	4.274	4.330	4.401	4.490	4.544	4.604	4.753
380	4.040	4.102	4.138	4.160	4.189	4.206	4.226	4.271	4.326	4.396	4.484	4.537	4.596	4.742
390	4.036	4.100	4.137	4.158	4.187	4.204	4.223	4.268	4.323	4.391	4.478	4.530	4.588	4.731
400	4.032	4.098	4.135	4.156	4.185	4.202	4.220	4.265	4.319	4.387	4.472	4.523	4.581	4.720
420	4.024	4.095	4.131	4.152	4.180	4.197	4.215	4.258	4.312	4.378	4.461	4.510	4.565	4.700
440	4.016	4.091	4.127	4.149	4.176	4.192	4.210	4.253	4.304	4.369	4.449	4.497	4.551	4.680
450	4.013	4.089	4.126	4.147	4.174	4.190	4.208	4.250	4.301	4.364	4.444	4.491	4.544	4.671
460	4.009	4.087	4.124	4.145	4.172	4.188	4.205	4.247	4.297	4.360	4.438	4.485	4.537	4.661
480	4.001	4.084	4.120	4.141	4.167	4.183	4.200	4.241	4.290	4.352	4.428	4.473	4.523	4.643
500	3.994	4.081	4.117	4.137	4.163	4.179	4.196	4.235	4.284	4.343	4.417	4.461	4.510	4.626

续表

$p/(\times 10^5\ \mathrm{Pa})$	T/℃													
	300	320	340	350	360	380	400	420	425	440	450	460	480	500
0.1	1.998	2.011	2.023	2.029	2.036	2.049	2.062	2.075	2.078	2.089	2.095	2.102	2.116	2.129
1	2.010	2.020	2.031	2.037	2.043	2.055	2.067	2.280	2.083	2.093	2.099	2.106	2.119	2.132
5	2.066	2.066	2.069	2.071	2.074	2.081	2.090	2.100	2.102	2.110	2.116	2.122	2.133	2.146
10	2.145	2.129	2.120	2.118	2.116	2.117	2.120	2.126	2.128	2.133	2.138	2.142	2.152	2.162
20	2.337	2.279	2.239	2.224	2.213	2.196	2.186	2.182	2.182	2.182	2.183	2.185	2.190	2.197
25	2.451	2.367	2.308	2.286	2.267	2.240	2.222	2.212	2.211	2.208	2.207	2.207	2.210	2.214
30	2.578	2.464	2.383	2.532	2.326	2.287	2.261	2.244	2.241	2.235	2.232	2.231	2.230	2.233
40	2.873	2.686	2.553	2.502	2.459	2.392	2.346	2.314	2.308	2.293	2.285	2.280	2.273	2.270
50	3.234	2.949	2.751	2.675	2.611	2.512	2.441	2.392	2.381	2.356	2.344	2.333	2.319	2.310
60	3.691	3.254	2.980	2.874	2.784	2.646	2.547	2.476	2.462	2.426	2.407	2.391	2.367	2.352
70	4.298	3.649	3.247	3.101	2.980	2.795	2.663	2.569	2.550	2.501	2.475	2.453	2.420	2.397
75	4.686	3.879	3.398	3.228	3.088	2.876	2.726	2.619	2.597	2.542	2.512	2.486	2.447	2.420
80	5.155	4.141	3.565	3.365	3.203	2.961	2.792	2.671	2.646	2.583	2.549	2.520	2.475	2.444
90	5.741	4.793	3.953	3.677	3.461	3.146	2.932	2.781	2.750	2.671	2.629	2.592	2.535	2.494
100	5.692	5.693	4.441	4.058	3.765	3.354	3.086	2.899	2.862	2.766	2.714	2.669	2.598	2.547
110	5.645	7.083	5.071	4.532	4.132	3.592	3.255	3.028	2.982	2.867	2.804	2.750	2.665	2.602
120	5.601	6.486	5.903	5.136	4.585	3.869	3.443	3.166	3.112	2.975	2.901	2.837	2.736	2.661
125	5.580	6.433	6.427	5.501	4.853	4.025	3.545	3.240	3.181	3.032	2.951	2.882	2.772	2.691
130	5.560	6.383	7.061	5.920	5.155	4.195	3.653	3.317	3.253	3.090	3.003	2.929	2.810	2.722
140	5.521	6.291	9.082	6.973	5.885	4.588	3.893	3.482	3.405	3.214	3.112	3.025	2.888	2.787

续表

$p/(\times 10^5$ Pa)	T/℃													
	300	320	340	350	360	380	400	420	425	440	450	460	480	500
150	5.483	6.206	8.088	8.543	6.841	5.066	4.168	3.663	3.571	3.346	3.228	3.128	2.971	2.854
160	5.448	6.128	7.775	11.896	8.156	5.658	4.488	3.864	3.754	3.488	3.351	3.236	3.057	2.925
170	5.414	6.056	7.519	9.677	10.212	6.399	4.864	4.090	3.956	3.642	3.483	3.351	3.148	2.998
175	5.397	6.022	7.407	9.301	11.905	6.840	5.077	4.212	4.066	3.724	3.552	3.412	3.195	3.036
180	5.381	5.989	7.304	8.988	15.646	7.340	5.309	4.343	4.182	3.809	3.624	3.474	3.243	3.075
190	5.350	5.927	7.120	8.494	13.406	8.559	5.840	4.631	4.435	3.991	3.770	3.603	3.342	3.155
200	5.321	5.869	6.961	8.117	11.233	10.199	6.476	4.958	4.721	4.192	3.941	3.742	3.447	3.238
210	5.292	5.814	6.820	7.816	10.012	13.390	7.241	5.333	5.044	4.412	4.119	3.891	3.557	3.324
220	5.265	5.763	6.695	7.569	9.203	19.659	8.167	5.761	5.410	4.655	4.313	4.050	3.637	3.414
225	5.252	5.738	6.638	7.461	8.889	26.581	8.702	5.998	5.612	4.787	4.416	4.134	3.733	3.461
230	5.239	5.715	6.583	7.361	8.617	43.400	9.292	6.252	5.826	4.925	4.524	4.221	3.796	3.508
240	5.213	5.669	6.482	7.183	8.166	73.716	10.673	6.813	6.296	5.222	4.755	4.406	3.924	3.605
250	5.189	5.626	6.389	7.027	7.814	25.665	13.504	7.453	6.828	5.552	5.007	4.605	4.060	3.707
260	5.166	5.585	6.304	6.889	7.570	17.235	17.018	8.180	7.427	5.915	5.281	4.820	4.204	3.813
270	5.143	5.546	6.226	6.766	7.395	13.875	22.092	9.004	8.098	6.315	5.580	5.051	4.356	3.823
275	5.132	5.527	6.189	6.710	7.318	12.841	24.858	9.455	8.462	6.529	5.739	5.173	4.435	3.980
280	5.121	5.509	6.153	6.656	7.250	12.038	26.990	9.932	8.847	6.753	5.904	5.300	4.516	4.038
290	5.100	5.473	6.086	6.555	7.123	10.863	27.424	11.775	9.676	7.229	6.254	5.566	4.686	4.158
300	5.080	5.439	6.022	6.453	7.002	10.040	24.484	13.300	11.281	7.744	6.630	5.581	4.861	4.283
310	5.060	5.407	5.963	6.378	6.890	9.425	20.834	14.867	12.529	8.298	7.032	6.154	5.053	4.412

续表

$p/(\times 10^5\ \text{Pa})$	T/℃													
	300	320	340	350	360	380	400	420	425	440	450	460	480	500
320	5.041	5.376	5.907	6.299	6.788	8.947	17.637	16.159	13.760	8.887	7.459	6.474	5.249	4.547
330	5.022	5.346	5.855	6.226	6.682	8.562	15.215	16.842	14.824	9.511	7.909	6.810	5.455	4.687
340	5.004	5.317	5.805	6.158	6.590	8.244	13.454	16.844	15.355	10.164	8.379	7.161	5.668	4.831
350	4.987	5.290	5.758	6.094	6.507	7.976	12.161	16.361	15.464	11.263	8.868	7.526	5.889	4.979
360	4.970	5.263	5.713	6.034	6.424	7.747	11.187	15.622	15.199	11.806	9.371	7.902	6.116	5.132
370	4.953	5.237	5.670	5.977	6.351	7.548	10.432	14.774	14.706	12.180	9.884	8.286	6.347	5.287
380	4.937	5.213	5.630	5.924	6.280	7.374	9.833	13.899	14.097	12.364	10.452	8.678	6.583	5.445
390	4.921	5.189	5.591	5.873	6.212	7.219	9.346	13.053	13.437	12.377	10.737	9.073	6.820	5.604
400	4.906	5.166	5.553	5.824	6.150	7.081	8.942	12.267	12.769	12.257	10.909	9.470	7.059	5.764
420	4.877	5.121	5.483	5.734	6.030	6.845	8.310	10.931	11.510	11.773	10.953	9.820	7.536	6.082
440	4.849	5.080	5.418	5.651	5.917	6.640	7.838	9.901	10.442	11.137	10.719	9.892	8.006	6.390
450	4.835	5.060	5.387	5.612	5.862	6.538	7.643	9.482	9.986	10.800	10.542	9.865	8.180	6.539
460	4.823	5.041	5.357	5.574	5.814	6.449	7.470	9.115	9.580	10.462	10.341	9.799	8.332	6.684
480	4.797	5.004	5.301	5.498	5.719	6.282	7.174	8.506	8.896	9.808	9.899	9.584	8.440	6.959
500	4.773	4.969	5.248	5.422	5.628	6.132	6.930	8.027	5.350	9.210	9.437	9.302	8.381	7.218

（6）水和水蒸气在不同温度和不同压力下的热导率 λ

[单位：$\times 10^3$kW/(m·℃)]

$p/(\times 10^5$ Pa)	T/℃ 0	25	50	75	100	150	200	250	300	350	375	400	425	450	475	500	550	600	650	700	750	800
1	563.0	610.0	643.2	654.0	25.0	28.9	33.3	38.1	43.3	49.0	52.0	54.9	57.9	60.6	63.8	67.1	73.1	79.9	86.4	93.4	100.5	107.5
	11.3	12.2	12.9	13.3	0.5	0.6	0.7	0.8	0.9	1.0	1.0	1.1	1.2	1.2	1.3	1.3	1.5	2.4	2.6	2.8	3.0	3.2
5	563.4	610.5	643.2	654.3	680.3	687.6	34.1	38.7	43.7	49.1	52.6	55.5	58.5	61.4	64.5	67.7	74.0	80.5	87.2	93.8	100.9	108.0
	11.3	12.2	12.9	13.3	13.7	13.8	1.0	1.2	1.3	1.5	1.6	1.7	1.8	1.8	1.9	2.0	2.2	3.2	3.5	3.8	4.0	4.3
10	563.7	610.8	643.3	665.5	680.9	687.7	35.9	39.5	44.3	49.5	53.0	56.0	58.6	61.7	64.7	68.0	74.3	81.0	87.7	94.3	101.4	108.6
	11.3	12.2	12.9	13.3	13.6	13.8	1.1	1.2	1.3	1.5	1.6	1.7	1.8	1.9	1.9	2.0	2.2	3.2	3.5	3.8	4.1	4.3
25	565.6	611.1	643.7	666.2	682.4	690.3	668.5	43.8	46.5	50.9	54.7	56.9	59.6	62.6	65.6	68.7	75.1	81.5	88.8	95.3	102.4	109.5
	11.3	12.2	12.9	13.3	13.6	13.8	13.4	1.3	1.4	1.5	1.6	1.7	1.8	1.9	2.0	2.1	2.3	3.3	3.6	3.8	4.1	4.4
50	567.0	612.6	645.2	667.2	683.4	691.2	671.4	625.0	52.7	54.1	56.5	58.6	60.9	64.0	66.4	69.3	75.4	81.5	91.4	95.7	103.6	109.6
	11.3	12.3	12.9	13.4	13.7	13.8	13.4	12.5	1.6	1.6	1.7	1.8	1.8	1.9	2.0	2.1	2.3	3.3	3.7	3.8	4.1	4.4
75	570.0	613.8	646.6	668.6	684.7	694.1	673.0	628.5	63.6	59.6	60.5	62.7	64.0	66.7	69.5	73.3	80.8	87.5	96.4	101.1	108.1	112.4
	11.4	12.3	12.9	13.4	13.7	13.9	13.5	12.6	1.9	1.8	1.8	1.9	1.9	2.0	2.1	2.2	2.4	3.5	3.9	4.0	4.3	4.5
100	570.9	614.8	648.4	669.3	686.2	695.1	674.8	631.3	557.4	68.2	65.3	66.9	67.4	69.4	72.1	75.6	82.5	89.4	97.5	102.9	111.2	118.1
	11.4	12.3	13.0	13.4	13.7	13.9	13.5	12.6	11.1	2.0	2.0	2.0	2.0	2.1	2.2	2.3	2.5	3.6	3.9	4.1	4.4	4.7
125	571.3	616.3	649.1	671.6	687.4	697.2	678.0	634.0	561.6	81.2	73.6	72.4	72.0	74.1	76.1	79.4	85.0	90.7	97.9	102.9	109.9	116.3
	11.4	12.3	13.0	13.4	13.7	13.9	13.6	12.7	11.2	2.4	2.2	2.2	2.2	2.2	2.3	2.4	2.6	3.6	3.9	4.1	4.4	4.7
150	572.7	616.5	650.4	672.9	689.3	699.7	680.0	638.3	565.8	112.8	84.8	79.9	77.8	78.4	79.3	82.4	87.5	93.4	100.3	105.6	112.7	118.0
	11.5	12.3	13.0	13.5	13.8	14.0	13.6	12.8	11.3	3.4	2.5	2.4	2.3	2.4	2.4	2.5	2.6	3.7	4.0	4.2	4.5	4.7
175	572.7	618.1	651.4	674.3	690.6	700.9	682.3	639.1	570.5	452.5	104.2	90.0	84.8	84.0	84.2	85.7	90.2	96.2	102.5	106.0	114.4	119.7
	11.5	12.4	13.0	13.5	13.8	14.0	13.6	12.8	11.4	13.6	3.1	2.7	2.5	2.5	2.5	2.6	2.7	3.8	4.1	4.2	4.6	4.8

续表

$p/(\times 10^5\ Pa)$	T/℃																					
	0	25	50	75	100	150	200	250	300	350	375	400	425	450	475	500	550	600	650	700	750	800
200	573.8	619.1	652.9	675.8	691.1	703.2	683.7	640.9	575.5	465.0	156.1	104.9	93.7	90.8	90.1	91.6	94.9	98.6	105.5	109.3	116.8	122.7
	11.5	12.4	13.1	13.5	13.8	14.1	13.7	12.8	11.5	14.0	4.7	3.1	2.8	2.7	2.7	2.7	2.8	3.9	4.2	4.4	4.7	4.9
225	574.1	620.5	653.8	677.9	692.4	705.3	685.8	645.8	581.2	476.1	378.2	124.1	105.9	98.6	95.9	96.0	98.1	102.6	107.6	112.1	119.2	123.7
	11.5	12.4	13.1	13.6	13.8	14.1	13.7	12.9	11.6	14.3	38.3	3.7	3.2	3.0	2.9	2.9	2.9	4.1	4.3	4.5	4.8	4.9
250	576.7	621.2	655.2	678.8	694.3	706.3	689.3	648.1	587.5	481.9	400.11	166.4	120.6	108.3	102.8	101.5	102.3	105.7	110.7	114.5	121.5	126.2
	11.5	12.4	13.1	13.6	13.9	14.1	13.8	13.0	11.8	14.5	2.0	5.0	3.6	3.2	3.1	3.0	3.1	4.2	4.4	4.6	4.9	5.0
275	577.6	622.3	656.2	679.8	696.1	707.5	690.4	651.3	589.4	490.4	412.9	240.8	139.2	120.3	111.1	107.3	106.1	108.7	113.0	118.0	123.4	127.8
	11.6	12.4	13.1	13.6	13.9	14.1	13.8	13.0	11.8	14.7	12.4	7.2	4.2	3.6	3.3	3.2	3.2	4.3	4.5	4.7	4.9	5.1
300	577.9	623.4	657.8	681.1	697.1	710.4	692.3	652.6	593.4	498.4	425.7	336.7	175.0	133.8	119.4	114.1	110.6	112.3	116.2	119.9	125.7	130.2
	11.6	12.5	13.2	13.6	13.9	14.2	13.8	13.1	11.9	15.0	12.8	10.1	5.3	4.0	3.6	3.4	3.3	4.5	4.6	4.8	5.0	5.2
350	579.9	625.0	660.2	684.1	700.0	713.6	696.5	659.6	601.3	511.7	452.7	384.2	260.5	176.3	144.3	129.7	121.1	119.8	122.7	125.1	130.0	134.6
	11.6	12.5	13.2	13.7	14.0	14.3	13.9	13.2	12.0	15.4	13.6	11.5	7.8	5.3	4.3	3.9	3.6	4.8	4.9	5.0	5.2	5.4
400	582.8	626.5	662.4	686.5	701.8	717.1	700.4	664.1	608.3	526.2	470.6	398.7	330.8	233.2	178.9	152.9	133.9	129.2	129.5	131.8	135.8	139.3
	11.7	12.5	13.2	13.7	14.0	14.3	14.0	13.3	12.2	15.8	14.1	12.0	9.9	7.0	5.4	4.6	4.0	5.2	5.2	5.3	5.4	5.6
450	583.6	629.0	664.1	689.7	704.7	721.0	704.0	670.1	615.3	537.1	486.1	425.0	365.2	286.6	219.0	180.1	148.2	138.5	136.4	137.7	141.1	144.5
	11.7	12.6	13.3	13.8	14.1	14.4	14.1	13.4	12.3	16.1	14.6	12.8	11.03	8.6	6.6	5.4	4.4	5.5	5.5	5.5	5.6	5.8
500	586.4	630.5	666.0	691.8	707.8	724.1	708.1	673.1	621.5	546.9	498.4	444.3	80.8	324.6	253.0	211.2	163.7	150.5	145.4	144.8	146.1	149.2
	11.7	12.6	13.3	13.8	14.2	14.5	14.2	13.5	12.4	16.4	15.0	17.8	15.2	13.0	10.5	8.4	6.5	7.5	7.3	7.2	7.3	7.5
550	588.6	633.3	666.6	693.9	710.5	726.1	712.1	677.3	628.8	557.5	510.1	450.6	401.4	354.4	297.4	244.3	184.0	162.1	153.6	152.2	152.6	154.7
	11.8	12.7	13.3	13.9	14.2	14.5	14.2	13.6	12.6	16.7	15.3	18.4	16.1	14.2	11.9	9.8	7.4	8.1	7.7	7.6	7.6	7.7
600	590.1	634.8	670.4	696.6	712.6	729.2	715.3	682.1	633.8	565.9	524.7	475.8	423.4	366.5	321.6	277.1	206.7	176.4	164.2	159.3	158.8	160.6
	11.8	12.7	13.4	13.9	14.3	14.6	14.3	13.6	12.7	17.0	15.7	19.0	16.9	14.7	12.9	11.1	8.3	8.8	8.2	8.0	7.9	8.0
650	592.1	638.2	672.8	699.4	715.3	732.6	718.4	687.5	638.6	573.9	534.6	488.6	438.2	386.7	331.7	299.3	228.5	191.0	174.8	167.6	165.7	166.6
	11.8	12.8	13.5	14.0	14.3	14.7	14.4	13.7	12.8	17.2	16.0	19.5	17.5	15.5	13.3	12.0	9.1	9.6	8.7	8.4	8.3	8.3

续表

p/(×10^5 Pa)	T/℃																					
	0	25	50	75	100	150	200	250	300	350	375	400	425	450	475	500	550	600	650	700	750	800
700	596.7	639.3	674.1	702.4	717.5	735.4	721.0	691.3	645.2	582.3	545.8	498.7	452.6	406.5	355.3	322.4	252.6	205.3	186.0	177.5	172.6	172.6
	11.9	12.8	13.5	14.0	14.4	14.7	14.4	13.8	12.9	17.5	16.4	19.9	18.1	16.3	14.2	12.9	10.1	10.3	9.3	8.9	8.6	8.6
750	598.6	640.8	675.2	704.7	719.6	738.0	725.4	695.7	648.0	589.3	554.2	510.5	467.1	421.3	376.1	327.0	269.1	218.3	198.2	185.5	180.2	178.2
	12.0	12.8	13.5	14.1	14.4	14.8	14.5	13.9	13.0	17.7	16.6	20.4	18.7	16.9	15.0	13.1	10.8	10.9	9.9	9.3	9.0	8.9
800	599.2	644.7	677.2	706.9	723.4	739.3	728.8	698.7	653.1	597.9	563.7	521.3	479.9	435.4	392.8	345.9	297.6	234.8	209.3	(196.3)	(189.9)	(185.2)
	12.0	12.9	13.5	14.1	14.5	14.8	14.6	14.0	13.1	17.9	16.9	20.9	19.2	17.4	15.7	–13.8	11.9	11.7	10.5	9.8	9.5	9.3
850	601.4	646.5	679.9	708.4	728.0	741.6	732.4	702.2	659.4	604.3	571.3	532.3	488.2	447.6	410.0	366.1	312.3	246.0	222.5	(206.5)	(196.3)	(193.5)
	12.0	12.9	13.6	14.1	14.5	14.8	14.6	14.0	13.2	18.1	17.1	21.3	19.5	17.9	16.4	14.6	12.5	12.3	11.1	10.3	9.8	9.7
900	604.5	648.2	680.6	709.7	728.0	744.6	734.9	707.1	664.6	611.1	578.3	543.9	499.5	450.6	424.4	384.8	308.0	259.0	232.8	(215.4)	(204.7)	(200.8)
	12.1	13.0	13.6	14.2	14.6	14.9	14.7	14.1	13.3	18.3	17.3	21.8	20.0	18.4	17.0	15.4	12.3	12.9	11.6	10.8	10.2	10.0
950	608.3	649.9	685.2	713.3	730.8	747.7	738.7	710.9	669.3	615.3	586.1	552.5	510.5	473.0	434.5	395.4	322.2	272.9	242.9	(226.2)	(213.8)	(206.0)
	12.2	13.0	13.7	14.3	14.6	15.0	14.8	14.2	13.4	18.5	17.6	22.1	20.4	18.9	17.4	15.9	12.9	13.6	12.1	11.3	10.7	10.3
1000	609.2	650.0	685.5	715.5	735.4	749.4	741.9	714.9	671.9	624.1	593.6	560.7	519.1	483.9	445.0	411.9	337.3	287.5	255.0	(235.5)	(220.6)	(251.1)
	12.2	13.0	13.7	14.3	14.7	15.0	14.8	14.3	13.4	18.7	17.8	22.4	20.8	19.4	17.8	16.5	13.5	14.4	12.8	11.8	11.0	10.8

注：本表每一对数值中，上面的是热导率数值，下面的是（±）允差值

附录Ⅲ 氦气的热物性

（1）氦气的比焓、比熵、密度

T/K	名称	p/MPa 0.098(1)[①]	0.98(10)	3.92(40)	6.87(70)	9.81(100)
300	$h/(\mathrm{kJ\cdot kg^{-1}})$	1 573.0	1 576.0	1 586.0	1 596.0	1 606.0
	$s/[\mathrm{kJ/(kg\cdot ℃)}]$	31.41	26.63	23.75	22.59	21.86
	$\rho/(\times 100\mathrm{g\cdot cm^{-3}})$	0.016 25	0.161 8	0.638 1	1.101	1.552
400	$h/(\mathrm{kJ\cdot kg^{-1}})$	2 092.0	2 095.0	2 105.0	2 115.0	2 125.0
	$s/[\mathrm{kJ/(kg\cdot ℃)}]$	32.90	28.12	25.25	24.09	23.35
	$\rho/(\times 100\mathrm{g\cdot cm^{-3}})$	0.012 19	0.121 5	0.481 1	0.833 4	1.179
500	$h/(\mathrm{kJ\cdot kg^{-1}})$	2 612.0	2 615.0	2 624.0	2 634.0	2 644.0
	$s/[\mathrm{kJ/(kg\cdot ℃)}]$	34.06	29.28	26.40	25.25	24.51
	$\rho/(\times 100\mathrm{g\cdot cm^{-3}})$	0.009 753	0.097 30	0.386 1	0.670 4	0.950 3
600	$h/(\mathrm{kJ\cdot kg^{-1}})$	3 131.0	3 134.0	3 144.0	3 153.0	3 163.0
	$s/[\mathrm{kJ/(kg\cdot ℃)}]$	35.01	30.23	27.35	26.19	25.45
	$\rho/(\times 100\mathrm{g\cdot cm^{-3}})$	0.008 128	0.081 12	0.322 4	0.560 6	0.795 9
700	$h/(\mathrm{kJ\cdot kg^{-1}})$	3 650.0	3 653.0	3 663.0	3 672.0	3 682.0
	$s/[\mathrm{kJ/(kg\cdot ℃)}]$	35.81	31.03	28.15	26.99	26.25
	$\rho/(\times 100\mathrm{g\cdot cm^{-3}})$	0.006 967	0.069 56	0.276 8	0.481 8	0.684 7
800	$h/(\mathrm{kJ\cdot kg^{-1}})$	4 169.0	4 172.0	4 182.0	4 191.0	4 201.0
	$s/[\mathrm{kJ/(kg\cdot ℃)}]$	36.50	31.72	28.84	27.68	26.95
	$\rho/(\times 100\mathrm{g\cdot cm^{-3}})$	0.006 896	0.060 88	0.242 4	0.422 4	0.600 7
900	$h/(\mathrm{kJ\cdot kg^{-1}})$	4 689.0	4 692.0	4 701.0	4 710.0	4 720.0
	$s/[\mathrm{kJ/(kg\cdot ℃)}]$	37.12	32.33	29.46	28.30	27.56
	$\rho/(\times 100\mathrm{g\cdot cm^{-3}})$	0.005 419	0.541 3	0.215 7	0.376 0	0.535 1
1000	$h/(\mathrm{kJ\cdot kg^{-1}})$	5 208.0	5 211.0	5 220.0	5 229.0	5 239.0
	$s/[\mathrm{kJ/(kg\cdot ℃)}]$	37.66	32.88	30.00	28.84	28.10
	$\rho/(\times 100\mathrm{g\cdot cm^{-3}})$	0.004 877	0.048 72	0.194 2	0.338 8	0.482 3
1100	$h/(\mathrm{kJ\cdot kg^{-1}})$	5 727.0	5 730.0	5 739.0	5 748.0	5 758.0
	$s/[\mathrm{kJ/(kg\cdot ℃)}]$	38.16	33.38	30.50	29.34	28.60
	$\rho/(\times 100\mathrm{g\cdot cm^{-3}})$	0.004 434	0.044 30	0.176 7	0.308 3	0.439 1

①括号内为工程单位制的压力值（$\mathrm{kgf/cm^3}$）。

续表

T/K	p/MPa					
	名称	0.098(1)①	0.98(10)	3.92(40)	6.87(70)	9.81(100)
1200	$h/(\mathrm{kJ\cdot kg^{-1}})$	6 247.0	6 249.0	6 258.0	6 267.0	6 276.0
	$s/[\mathrm{kJ/(kg\cdot ℃)}]$	38.61	33.83	30.95	29.79	29.05
	$\rho/(\times 100\mathrm{g\cdot cm^{-3}})$	0.004 065	0.040 61	0.162 0	0.282 8	0.402 9
1300	$h/(\mathrm{kJ\cdot kg^{-1}})$	6 766.0	6 769.0	6 778.0	6 787.0	6 795.0
	$s/[\mathrm{kJ/(kg\cdot ℃)}]$	39.03	34.24	31.37	30.20	29.47
	$\rho/(\times 100\mathrm{g\cdot cm^{-3}})$	0.003 752	0.037 49	0.149 6	0.261 2	0.372 3
1400	$h/(\mathrm{kJ\cdot kg^{-1}})$	7 285.0	7 288.0	7 297.0	7 306.0	7 314.0
	$s/[\mathrm{kJ/(kg\cdot ℃)}]$	39.41	34.63	31.75	30.59	29.85
	$\rho/(\times 100\mathrm{g\cdot cm^{-3}})$	0.003 484	0.034 82	0.139 0	0.242 7	0.335 9
1500	$h/(\mathrm{kJ\cdot kg^{-1}})$	7 805.0	7 807.0	7 816.0	7 825.0	7 833.0
	$s/[\mathrm{kJ/(kg\cdot ℃)}]$	39.77	34.99	32.11	30.95	30.21
	$\rho/(\times 100\mathrm{g\cdot cm^{-3}})$	0.003 252	0.032 50	0.129 7	0.226 6	0.323 1

（2）比热容、热导率、普朗特数

T/K	p/MPa					
	名称	0.098(1)①	0.98(10)	3.92(40)	6.87(70)	9.81(100)
300	$c_p/[\mathrm{kJ/(kg\cdot K)^{-1}}]$	5.193	5.193	5.194	5.195	5.196
	$\lambda/[\mathrm{W/(m\cdot K)^{-1}}]$	0.155	0.155	0.157	0.158	0.160
	Pr	0.699	0.668	0.665	0.662	0.659
400	$c_p/[\mathrm{kJ/(kg\cdot K)^{-1}}]$	5.193	5.193	5.192	5.192	5.191
	$\lambda/[\mathrm{W/(m\cdot K)^{-1}}]$	0.189	0.189	0.190	0.191	0.193
	Pr	0.668	0.667	0.666	0.664	0.662
500	$c_p/[\mathrm{kJ/(kg\cdot K)^{-1}}]$	5.193	5.193	5.192	5.190	5.189
	$\lambda/[\mathrm{W/(m\cdot K)^{-1}}]$	0.221	0.221	0.222	0.223	0.224
	Pr	0.668	0.667	0.666	0.664	0.663
600	$c_p/[\mathrm{kJ/(kg\cdot K)^{-1}}]$	5.193	5.193	5.191	5.190	5.189
	$\lambda/[\mathrm{W/(m\cdot K)^{-1}}]$	0.251	0.251	0.252	0.253	0.253
	Pr	0.667	0.667	0.666	0.665	0.663
700	$c_p/[\mathrm{kJ/(kg\cdot K)^{-1}}]$	5.193	5.193	5.191	5.190	5.189
	$\lambda/[\mathrm{W/(m\cdot K)^{-1}}]$	0.280	0.280	0.280	0.281	0.282
	Pr	0.667	0.667	0.666	0.665	0.664

①括号内为工程单位制压力值（$\mathrm{kgf/cm^3}$）。

续表

T/K	名称	p/MPa 0.098(1)①	0.98(10)	3.92(40)	6.87(70)	9.81(100)
800	c_p/[kJ/(kg·K)$^{-1}$]	5.193	5.193	5.191	5.190	5.189
	λ/[W/(m·K)$^{-1}$]	0.307	0.307	0.308	0.308	0.309
	Pr	0.667	0.666	0.666	0.665	0.664
900	c_p/[kJ/(kg·K)$^{-1}$]	5.193	5.193	5.192	5.190	5.189
	λ/[W/(m·K)$^{-1}$]	0.334	0.334	0.335	0.335	0.336
	Pr	0.666	0.666	0.666	0.665	0.664
1000	c_p/[kJ/(kg·K)$^{-1}$]	5.193	5.193	5.192	5.190	5.189
	λ/[W/(m·K)$^{-1}$]	0.360	0.360	0.360	0.361	0.361
	Pr	0.666	0.666	0.666	0.665	0.665
1100	c_p/[kJ/(kg·K)$^{-1}$]	5.193	5.193	5.192	5.191	5.190
	λ/[W/(m·K)$^{-1}$]	0.385	0.385	0.386	0.386	0.386
	Pr	0.666	0.666	0.666	0.665	0.665
1200	c_p/[kJ/(kg·K)$^{-1}$]	5.193	5.193	5.192	5.191	5.190
	λ/[W/(m·K)$^{-1}$]	0.410	0.410	0.410	0.410	0.411
	Pr	0.666	0.666	0.666	0.665	0.665
1300	c_p/[kJ/(kg·K)$^{-1}$]	5.193	5.193	5.192	5.191	5.190
	λ/[W/(m·K)$^{-1}$]	0.434	0.434	0.434	0.434	0.435
	Pr	0.666	0.666	0.665	0.665	0.665
1400	c_p/[kJ/(kg·K)$^{-1}$]	5.193	5.193	5.192	5.191	5.190
	λ/[W/(m·K)$^{-1}$]	0.457	0.457	0.457	0.458	0.458
	Pr	0.666	0.666	0.665	0.665	0.665
1500	c_p/[kJ/(kg·K)$^{-1}$]	5.193	5.193	5.192	5.191	5.190
	λ/[W/(m·K)$^{-1}$]	0.480	0.480	0.480	0.481	0.481
	Pr	0.666	0.666	0.665	0.665	0.665

（3）氦气在不同温度和不同压力下的动力黏性系数 μ

（单位：MPa·s）

T/℃	p/MPa 0.098(1)①	0.98(10)	1.96(20)	2.94(30)	3.92(40)	4.91(50)	5.98(60)	9.81(100)
60	21.29	21.29	21.29	21.29	21.29	21.29	21.29	21.29
70	21.68	21.68	21.68	21.68	21.68	21.68	21.78	21.78
80	22.17	22.17	22.17	22.17	22.17	22.17	22.17	22.17

①括号内为工程单位制压力值（kgf/cm^3）。

续表

T/℃	p/MPa							
	0.098(1)	0.98(10)	1.96(20)	2.94(30)	3.92(40)	4.91(50)	5.98(60)	9.81(100)
90	22.56	22.56	22.56	22.56	22.56	22.56	22.56	22.56
100	22.95	22.96	22.96	22.96	22.96	22.96	22.96	22.96
110	23.35	23.35	23.35	23.35	23.35	23.35	23.35	23.45
120	23.74	23.74	23.74	23.74	23.74	23.74	23.84	23.84
130	24.13	24.13	24.13	24.13	24.23	24.23	24.23	24.23
140	24.62	24.62	24.62	24.62	24.62	24.62	24.62	24.62
150	25.02	25.02	25.02	25.02	25.02	25.02	25.02	25.02
160	25.41	25.41	25.41	25.41	25.41	25.41	25.41	25.41
170	25.70	25.70	25.70	25.80	25.80	25.80	25.80	25.80
180	26.09	26.09	26.09	26.09	26.19	26.19	26.19	26.19
190	26.59	26.59	26.59	26.59	26.59	26.59	26.59	26.59
200	26.88	26.88	26.88	26.88	26.88	26.88	26.88	26.88
230	28.06	28.06	28.06	28.05	28.06	28.06	28.06	28.06
250	28.74	28.74	28.74	28.74	28.74	28.74	28.74	28.74
280	29.82	29.82	29.82	29.82	29.82	29.82	29.82	29.82
300	30.51	30.51	30.51	30.51	30.51	30.51	30.51	30.51
350	32.27	32.27	32.27	32.27	32.27	32.27	32.27	32.27
400	33.94	33.94	33.94	33.94	33.94	33.94	33.94	33.94
450	35.71	35.71	35.71	35.71	35.71	35.71	35.71	35.71
500	37.38	37.38	37.38	37.38	37.38	37.38	37.38	37.38
600	40.61	40.61	40.61	40.61	40.61	40.61	40.61	40.61
700	43.85	43.85	43.85	43.85	43.85	43.85	43.85	43.85
800	46.89	46.89	46.89	46.89	46.89	46.89	46.89	46.89
900	50.03	50.03	50.03	50.03	50.03	50.03	50.03	50.03
1000	53.07	53.07	53.07	53.07	53.07	53.07	53.07	53.07